Die Methoden der
Rahmenstatik

Aufbau, Zusammenfassung und Kritik

Von

Dr.-Ing. habil. Otto Luetkens

Mit 38 Abbildungen und 9 Zahlentafeln

Springer-Verlag
Berlin / Göttingen / Heidelberg
1949

ISBN-13:978-3-642-92529-0   e-ISBN-13:978-3-642-92528-3
DOI: 10.1007/978-3-642-92528-3

Vorwort.

Die Statik als Grundlagenforschung ist eine Wissenschaft, ihre Anwendung im täglichen Gebrauch nähert sich dem Zustand eines Handwerkes. Man liest daher nicht selten, die „elementare" Statik sei so weit abgeschlossen, daß nur noch unwesentliche Verbesserungen zu erzielen seien. Das ist aber zweifellos nur bedingt richtig. Zwischen der Schaffung einer Grundlage und der Fertigstellung eines mit gutem Wirkungsgrad ausgestatteten Endproduktes gleich welcher Art liegt ein weiter Weg. Wenn auch alle neueren statischen Arbeiten fast ausschließlich von den gleichen Lehrsätzen ausgehen, so ist dennoch in der Anwendung der Grundgesetze zur Zeit noch kein Gleichgewichtszustand festzustellen.

Die elementare Statik ist leicht verständlich, da sie sich auf wenigen Grundgesetzen aufbaut, aber ihre Sprache ist schwierig oder zum mindesten schwer einprägsam. So ist auch die Tatsache zu verstehen, daß die mannigfaltigen neueren Methoden bisher eine verhältnismäßig geringe Verbreitung in der Praxis gefunden haben. Die meisten Statiker benutzen ein eingefahrenes Geleis, in welches sie zufällig während ihrer Berufsausbildung hineingeraten sind. Der Wirkungsgrad unseres reichhaltigen Schrifttums ist sehr gering. Gelesen und verstanden werden hauptsächlich die Arbeiten, welche eine dem Leser bereits vertraute Richtung einschlagen. Jeder Autor versucht zwar, den bisherigen Weg abzukürzen oder einen neuen Weg zur Verringerung des Arbeitsaufwandes zu zeigen, nur achten wenige auf das Verkehrsmittel, auf das alle angewiesen sind, das ist unsere Sprache und Bezeichnungsweise. Wir pflegen grundsätzlich neue Bezeichnungen einzuführen, wenn wir selbst etwas schreiben. Zum Dank dafür verausgaben wir uns meist beim Studium fremder Arbeiten mit der Einprägung ungewohnter Begriffe und Bezeichnungen. Wir verlieren einen großen Teil unserer aufgewandten Mühe an eine unproduktive Gedächtnisbelastung. Es geht so viel durch diese innere Reibung verloren, daß wir zum guten Schluß kaum merken, wie gering häufig der geistige Gewinn im Vergleich zur geleisteten Arbeit ist. Die Einführung einheitlicher Bezeichnungen würde zwar manchen Einzelausdruck verlängern, aber das geistige Produkt wesentlich fördern.

Hinzu kommt die merkwürdige Neigung des Ingenieurs, andere von der Zweckmäßigkeit seines Verfahrens zu überzeugen. Man liest selten, auf welches Teilgebiet sich die Anwendung einer Methode beschränkt, dafür um so häufiger, wie man mit vieler Mühe das betreffende Verfahren auf weitere Gebiete ausdehnen kann. Obgleich manche Statikbücher außer dem unvermeidlichen Hinweis auf die Mängel anderer Verfahren nur die Darstellung einer einzigen Methode enthalten, werden meist alle verfügbaren Zeichen aufgebraucht, so daß zwangsläufig in jedem anderen Buch die gleichen Zeichen eine andere Bedeutung haben.

Nach dieser einleitenden Kritik an der Form unseres Fachschrifttums wird jeder Leser erwarten, hier nicht den gleichen Fehler wieder anzutreffen. Aber trotz der eigenen Einsicht war ich nicht imstande, geschlossen etwa die vorbildliche Bezeichnungsweise von Müller-Breslau, Grüning, Beyer oder Dischinger zu übernehmen. Die grundlegenden Werke enthalten die schwierigen Ableitungen der allgemeinen Gesetze der Statik und bedürfen einer verwickelteren Bezeichnungsweise, als es bei der praktischen Anwendung der Grundlagen notwendig und zweckmäßig ist.

Den Anlaß zu der vorliegenden Arbeit gab das Bestreben, selbst Klarheit über den heutigen Stand des Schrifttums zu gewinnen, soweit dieses unter den obwaltenden Umständen möglich ist. Damit verband sich folgende Überlegung. Die Zusammenfassung von Methoden, die von verschiedenen Gesichtswinkeln heraus entwickelt wurden, führt meist leichter zu einer Verbesserung des einen oder anderen Verfahrens, als wenn man genau den eingeschlagenen Weg des jeweiligen geistigen Urhebers weiterverfolgt. Es läßt sich mancher Vorteil aus der Erkenntnis paralleler Gedankengänge ziehen.

Der Versuch, die zur Zeit gebräuchlichen Methoden in die gleiche Sprache zu übersetzen, bringt zwangsläufig eine beträchtliche Änderung in der Ableitung und Darstellung mit sich. Der hiermit verbundene Nachteil wird aber dadurch aufgewogen, daß die Zusammenfassung ähnlicher Ausdrücke in einheitlicher Form die Möglichkeit zu gedrängter Kürze schafft, welche die Voraussetzung für den angestrebten Überblick der vorhandenen Möglichkeiten bietet.

Eine andere Frage bei der Abfassung eines statischen Buches berührt die grundsätzliche Einstellung zur Ausübung des Statikerberufes. Ist es erstrebenswert, Rahmenformeln der Art zu entwickeln, daß ihre Anwendung fast ohne jede statische Denkarbeit ermöglicht wird? Hierüber kann man sehr geteilter Meinung sein. Namhafte Autoren bejahen diese Frage und geben Anweisungen zur Lösung auch hochgradig unbestimmter Systeme, ohne in eine Diskussion der Ausgangsbasis einzutreten. Für eine solche Auffassung spricht hauptsächlich folgendes Argument. Es ist nicht die Hauptaufgabe des Statikers, irgendwelche Berechnungen aufzustellen, sondern die konstruktiv und statisch richtige Struktur für ein Bauwerk zu finden. Die eigentliche Berechnung ist nur ein Hilfsmittel. Ferner ist zuzugeben, daß auch die beste Theorie nur dann einen praktischen Wert besitzt, wenn ihre Anwendung kein Übermaß an Arbeitsaufwand erfordert. Man braucht zur schnellen Rechenarbeit fertige Formeln, deren Anwendung keine großen statischen Überlegungen erfordert. Trotz alledem bin ich der Auffassung, daß eine weitgehende Schematisierung mehr schadet als nützt. Betrachtet man die Formgebung oder Formfindung als das Wesentliche, so ist ein klares, anschauliches Bild vom Kräfteverlauf notwendig; der Statiker soll nicht nur mechanisch eine fertig gestellte Aufgabe herunterrechnen.

Das Bestreben, die Anwendung von Gesetzen für jeden Einzelfall zu paragraphieren und damit die Mechanisierung der statischen Berufsausübung zu fördern, hemmt die Fortentwicklung. Für den praktisch tätigen Ingenieur entfällt dann später die Notwendigkeit eines gründlichen Studiums, und damit verengt sich der Kreis der Mitarbeiter an jeglicher Forschung. Auch führt die Mechanisierung zwangsläufig zur Weitschweifigkeit und zur Einführung vieler Begriffe von untergeordneter Bedeutung, wodurch die Übersicht leidet. Durch den immer weiter fortschreitenden Ausbau der einzelnen Methoden läuft die Wissenschaft der Statik Gefahr, in einen Katechismus zu verfallen. Die Aufgabe einer Zusammenfassung der Berechnungsmethoden zwingt den Verfasser, die allen Verfahren gemeinsamen Grundlagen in ausführlicher Form herauszustellen und damit wieder mit den Anfangsgründen anzufangen. Es mag zunächst widersinnig erscheinen, daß man den Weg zur praktischen Rationalisierung hochentwickelter Verfahren mit einer Rückkehr zur Darlegung altbekannter Grundlagen beginnen muß, aber man trifft den gemeinsamen Kern der Verfahren erst in den Grundlagen an. Die Wahl einer möglichst allgemeinen Ausgangsbasis hat im übrigen den Vorteil, daß der Weg kürzer wird, als wenn man von einer höher entwickelten Stufe ausgeht, weil die Wegrichtung nicht eingeengt ist. Diese Auffassung verdanke ich in der Hauptsache meinem Lehrer Martin Grüning, dessen gesamte Arbeiten diese Grundtendenz deutlich erkennen lassen.

Die vorliegende Arbeit bezweckt nicht nur eine Zusammenfassung der statischen Verfahren, sondern auch einen Ausgleich zwischen den beiden Anschauungen, wonach einerseits die Rahmenstatik vor allem in der Lösung algebraischer Gleichungen, andererseits in der Auslegung statisch-geometrischer Zusammenhänge besteht. Die Betrachtung des algebraischen Zusammenhanges ist häufig ein ausgezeichnetes Hilfsmittel, dessen Beachtung manchen statischen Umweg ersparen kann, gleichwohl bleibt die Algebra ein Hilfsmittel.

Man ist es in statischen Abhandlungen gewohnt, von möglichst allgemeinen Ansätzen auszugehen und dann die für den Einzelfall gültigen Vereinfachungen anzuschreiben. Wie wohl in jeder Wissenschaft sind auch in der Statik die grundsätzlichen Ansätze zunächst am schwersten zu verstehen. Dagegen wird der Sinn am praktischen Beispiel leichter klar. Versucht man nun von einem praktischen Beispiel ausgehend in die allgemeine Theorie vorzustoßen, so lassen sich Umwege und Wiederholungen kaum vermeiden. Die Darstellung verliert auch an Eleganz und Kürze. Die vollständige Durchrechnung eines praktischen Beispieles erleichtert aber das Verständnis so sehr, daß ich hierauf nicht verzichten möchte. Kurze Andeutungen machen dem Leser meist viel Kopfzerbrechen und verleiten ihn zu umständlichen Überlegungen. Da einige theoretische Betrachtungen nicht zu umgehen sind, stelle ich sie in einem Anfangskapitel zusammen und erläutere dann alle Verfahren am gleichen Beispiel des symmetrischen dreifeldrigen Rahmens mit aufgehendem Mittelteil. Dieses System hat den Vorzug der leichten Überleitung auf die meisten Rahmenformen des Hochbaues.

Der Umfang der vorliegenden Arbeit beschränkt sich bewußt auf die einfachen Rahmensysteme mit geraden Stäben von stabweise konstantem Trägheitsmoment und damit auf das praktische Bedürfnis für die Stabwerke im Hochbau. Die Umwandlung der Ansätze auf Systeme mit Eckschrägen usw. sowie auf die Bedürfnisse des Brückenbaues bereitet zwar in vielen Fällen keine Schwierigkeit, erfordert aber eine unerwünschte Ausweitung der Bezeichnungen. Die Zusammenfassung vorhandener Methoden verleitet zwangsläufig dazu, festgestellte Mängel abzustellen und neue Wege zu suchen. Infolgedessen wird auch in der vorliegenden Arbeit das Ziel einer Synthese mehrfach überschritten. Ich habe aber den Hauptwert nicht auf die Entwicklung „neuer" Methoden, sondern auf die gedankliche Zusammenfügung vorhandener Verfahren gelegt. Am Schluß dieses Buches befindet sich ein Schrifttumsverzeichnis, dessen Auswahl teilweise ohne Prüfung des Wertes der einzelnen Beiträge erfolgen mußte, da mir zur Zeit keine öffentliche Bibliothek zur Verfügung steht.

Den Ehrgeiz, ein vollständiges Lehrbuch zu schreiben, besitze ich nicht; vor allem soll diese Arbeit den aus dem Kriege heimgekehrten Fachkollegen die Einarbeitung in die neueren Verfahren der Rahmenstatik erleichtern. Ich bin für jede Kritik dankbar. Daß es viel Widerspruch auslösen muß, wenn auch die Schwächen der einzelnen Verfahren herausgestellt werden, liegt in der Natur der Aufgabe.

Dem Springer-Verlag bin ich für die sorgfältige Drucklegung sehr zu Dank verpflichtet.

Dortmund, im November 1946.

Otto Luetkens.

Inhaltsverzeichnis.

Druckfehlerberichtigung.

Seite 44 Zeile 22 von oben   lies: B_{ki}'' statt: B_{ki}
Seite 97 ,,   7 von unten   lies: cos z statt: eos z
Seite 243 ,,   2 von unten   lies: Continuous statt: Continous
Seite 245 ,,   15 bis 16 von unten lies: Melan   statt: Mellan
                                        Melles   statt: Meles

Luetkens, Methoden der Rahmenstatik.

Einleitung.

Die Aufgabestellung schließt die Entwicklung der Theorie, die Darlegung des inneren Zusammenhanges ihrer Anwendungsformen und die Zusammenfassung ihrer Ergebnisse ein. Daraus ergibt sich die Einteilung der vorliegenden Arbeit.

Der erste, theoretische Teil enthält die Entwicklung der allgemeinen Ansätze und wendet sich an einen Leserkreis, der sich für den Fortschritt in der Theorie dieses Fachgebietes interessiert. Besondere Aufmerksamkeit ist der zweckmäßigen Wahl des Hauptsystems und der Ausnutzung mehrfacher Symmetrie bei der Aufstellung der Ausgangsgleichungen zur Berechnung der Überzähligen gewidmet.

Der zweite Teil beschreibt die einzelnen Verfahren und deren praktische Durchführung. Es werden alle Verfahren behandelt, welche sich aus den Überlegungen des ersten Teiles ergeben. Will sich ein Leser ausschließlich mit den Ergebnissen befassen, welche sich auf die häufig vorkommenden ebenen Rahmenformen beziehen, so kann er sich die Durchsicht mancher Abschnitte ersparen, deren Kenntnis zum Verständnis der üblichen Verfahren nicht erforderlich ist. Es sollen daher alle Abschnitte aufgezählt werden, welche keine unmittelbare Nutzanwendung für die Praxis enthalten, und welche auch deswegen manchem Leser weniger leicht verständlich sein dürften, weil die gewählte Betrachtungsweise zum Teil von der üblichen Form abweicht. Es sind dieses die Kapitel I B a, b und c, I B d — jedoch ausschließlich der allgemeinen Betrachtungen über die Zweckmäßigkeit der Zugrundelegung eines geometrisch bestimmten Hauptsystems —, das Kapitel I B e, ferner der gesamte Abschnitt I E sowie die Kapitel II B c und II C f. In diesen Abschnitten sind einerseits die Grundlagen zur Untersuchung von ebenen und räumlichen Systemen und deren notwendige bzw. nützliche Hilfsmittel zusammengestellt, andererseits wird hierin besonders die Analogie der Ansätze von Kräften und Formänderungen herausgeschält. Alle übrigen Kapitel der Teile I und II beschränken sich auf eine kurze Darstellung der einzelnen Verfahren zur Berechnung ebener Rahmen. Es bedarf einer großen Kürze, um die Übersichtlichkeit zu wahren. Es ist aber ein ausführliches Verzeichnis der Veröffentlichungen über das Rahmenthema angefügt, denen der Leser die Einzelheiten des ihn besonders interessierenden Verfahrens entnehmen kann. Da erfahrungsgemäß das vollständig durchgerechnete Beispiel den Zeitaufwand zur Einarbeitung wesentlich abkürzt, ist der Durchrechnung von Zahlenbeispielen verhältnismäßig viel Raum gegeben worden. Auch sind die meisten Zwischenrechnungen angeschrieben, weil deren Rekonstruktion häufig sehr zeitraubend für den Leser ist.

Der dritte Teil umfaßt die Gegenüberstellung der Verfahren, die Abwägung ihrer Vorzüge und Schwächen und die Nutzanwendung auf einige der gebräuchlichsten Rahmenformen. Eine Zusammenstellung fertiger Rahmenformeln für bestimmte Lastfälle ist bewußt unterblieben. Dagegen geht die Darstellung auf einige Möglichkeiten der Rationalisierung der Berechnungsverfahren ein.

Besondere Aufmerksamkeit ist der Einführung in die Bezeichnungsweise zu widmen. Die Beherrschung der gewählten Zeichen und Ausdrücke bildet die einzige Voraussetzung für das schnelle Verständnis der Ansätze. Die Einprägung ungewohnter Bezeichnungen, deren Notwendigkeit durch die Zusammenfassung verschiedenartiger Methoden bedingt wird, geschieht zweckmäßig vor der Durchsicht der eigentlichen Abhandlung. Sowohl in mathematischer, als auch in statischer Hinsicht werden an den Leser keine besonderen Anforderungen gestellt.

I. Grundlagen der Berechnung.

A. Einführung einheitlicher Bezeichnungen.

a) Einteilung der Zeichen.

Zur Berechnung eines statisch oder geometrisch unbestimmten Stabwerkes bedient sich die Statik der Wechselbeziehungen zwischen den Schnittkräften und Formänderungen, welche durch die Belastung des Stabwerkes erzeugt werden. Alle Methoden der Berechnung gehen zwar von den gleichen statischen oder geometrischen Grundbedingungen aus, sie verwenden aber zu einem großen Teil voneinander abweichende Ausdrücke und Bezeichnungen, um zu den einfachsten und kürzesten Ansätzen zu gelangen. Eine Übersicht über die einzelnen Verfahren verlangt aber eine einheitliche Bezeichnungsweise, selbst wenn hierdurch die Kürze der Ansätze leidet.

Da die Einfachheit und Klarheit der Bezeichnungen entscheidend den Wirkungsgrad jeder statischen Arbeit beeinflußt, soll die Bezeichnungsweise hier ausführlicher behandelt werden, als es sonst üblich ist. Viele Zeichen haben sich aus der klassischen Statikliteratur allgemein eingebürgert und sollen in der von Beyer verwendeten Form übernommen werden. Abweichungen hiervon werden dadurch bedingt, daß die vorliegende Arbeit einen Überblick über die in der Praxis meist benötigten Ansätze vermitteln soll und sich ebenso an den wissenschaftlich geschulten Fachkollegen und an den praktisch tätigen Statiker wendet, der aus Zeitmangel nicht den ständigen Wandel im Schrifttum verfolgen kann. Auch setzt die Übertragung der statischen Berechnungen in Schreibmaschinenschrift der Kompliziertheit der Schreibweise eine natürliche Grenze.

Für die Wahl der Bezeichnungen gilt der allgemeine Grundsatz: Soweit als möglich soll bereits die Art der Zeichen auf deren Bedeutung hinweisen, z. B. sollen Formänderungsgrößen ausschließlich durch kleine griechische Buchstaben ausgedrückt werden.

Über die Bedeutung eines Kommas im Fußindex wird folgende Regelung getroffen: Das Komma im Fußindex bedeutet stets „verursacht durch die Belastungs- bzw. Verrückungseinheit in … am jeweiligen Hauptsystem". Vor dem Komma steht die betrachtete Schnittstelle, hinter dem Komma der Ort der Ursache.

Die einzelnen Zeichen erhalten folgende Bedeutung:

Arabische Ziffern bezeichnen die „ausgezeichneten Punkte" eines Systems, das sind die Knoten-, Eck- und Auflagerpunkte. In den allgemeinen Ansätzen werden statt dessen wie üblich kleine lateinische Buchstaben gebraucht.

Das „System" ist die idealisierte Darstellung des wirklichen Tragwerkes, in welcher sowohl die geometrische Lage der Stabachsen im unbelasteten Zustand des Tragwerkes als auch die Lagerungsbedingungen festgelegt werden.

Als „benachbart" werden zwei ausgezeichnete Punkte dann bezeichnet, wenn sie an den entgegengesetzten Enden des gleichen Stabes liegen. Ein solcher Stab, der die Punkte 2 und 3 verbindet, heißt Stab 2—3 und hat die Länge $l_{23} = l_{32}$. Geht man von der meist nur angenähert zutreffenden Voraussetzung aus, daß das Trägheitsmoment der Stabquerschnitte in der ganzen Stablänge konstant ist, so lautet die auf ein Vergleichsträgheitsmoment J_c bezogene „reduzierte Länge"

$$s_{23} = s_{32} = l_{23} \frac{J_c}{J_{23}}.$$

Arabische Ziffern als einfache Fußindizes beziehen sich auf den ausgezeichneten Punkt selbst, als Doppelindizes bezeichnen sie die Stäbe oder die Schnittpunkte an Stäben unmittelbar neben dem durch den ersten Index ausgezeichneten Punkt. Die Ziffer 0 als einziger oder als zweiter Fußindex hinter dem Komma kennzeichnet wie üblich die Herkunft aus äußerer Last.

Lateinische Ziffern werden in den Ansätzen als Indizes verwandt, die sich auf den Einzelfall des jeweils untersuchten Systems beziehen, und bezeichnen die Zugehörigkeit zu besonderen Zuständen, welche in den allgemeinen Ansätzen durch große lateinische Buchstaben ausgedrückt werden. Bei der Aufstellung von Gleichungen für ein bestimmtes System treten die arabischen Ziffern an die Stelle der kleinen lateinischen Buchstaben, die römischen Ziffern an die Stelle der großen lateinischen Buchstaben.

Große lateinische Buchstaben werden wie üblich für die Elastizitäts- und Querschnitts-Konstanten, Lasten, Stütz- und Schnittkräfte verwendet.

E, G sind der Elastizitäts- und Schubmodul;

F, J sind die Fläche und das Trägheitsmoment eines Querschnittes;

P ist eine vertikale Last;

C ist eine vertikale Stützkraft, außerdem werden wie üblich die häufig vorkommenden Konstanten in Ansätzen und Tafeln mit C bezeichnet;

H wird sowohl für horizontale Lasten wie auch Stützkräfte verwendet;

M, N, Q sind die Schnittkräfte des ebenen Spannungszustandes;

X, Y sind Schnittkräfte als Überzählige, für welche im Falle von Einzelunbekannten X, im Falle von Gruppenunbekannten Y gewählt wird;

S, W drücken — abweichend von der üblichen Bezeichnungsweise — die Steifigkeit eines Stabwerkelementes aus. S bezieht sich auf den Ansatz der Steifigkeit am geometrisch bestimmten Hauptsystem, W auf den Ansatz am wirklichen System,

Die „Steifigkeit" ist das Moment, welches eine Verdrehung im Betrage $+1$ erzeugt, und stellt somit eine Schnittkraft dar. Damit erklärt sich die Wahl eines großen lateinischen Buchstabens an Stelle des griechischen ξ, welches häufig für den ähnlichen Begriff des „Stabwertes" verwandt wird.

Mit doppeltem Fußindex bedeutet

S_{ki} bzw. W_{ki} die Stabsteifigkeit des Stabes $k{-}i$ am Stabende ki.

Mit einfachem Fußindex bezeichnet

S_k bzw. W_k die „Knotensteifigkeit" des Knotens k,

$S_{k'}$ bzw. $W_{k'}$ die „Stockwerksteifigkeit", die wir später erläutern.

Stellen wir uns am k-seitigen Ende des Stabes $k{-}i$, d. h. an der Schnittstelle ki die Einfügung eines Gelenkes vor und lassen am stabseitigen Gelenkufer das Moment, S_{ki} bzw. W_{ki} angreifen, so erzeugt dieses eine Stabendverdrehung im Betrage $+1$. Je größer die Stabeinspannung am Stabende ik ist, um so mehr wächst das Moment. welches notwendig ist, um das Stabende ki um den Betrag $+1$ zu verdrehen. Suchen wir das Moment, welches alle im Knoten k eingespannten Stabenden in gleicher Weise um den Betrag $+1$ zu verdrehen vermag, so erhalten wir den Begriff der Knotensteifigkeit als Summe der Stabsteifigkeiten. Wäre der Begriff des Widerstandsmomentes nicht bereits für das Kräftespiel im Einzelquerschnitt gebräuchlich, so könnte man den Ausdruck „Steifigkeit" durch „Widerstandsmoment des Systems" ersetzen.

Auf die Einprägsamkeit der gewählten Zeichen wird der allergrößte Wert gelegt, um die Denkarbeit von jeder vermeidbaren Belastung des Gedächtnisses frei zu machen.

Kleine lateinische Buchstaben bezeichnen erstens Längen, zweitens dimensionslose Beiwerte, für welche sonst meist griechische Buchstaben verwandt werden, und drittens ausgezeichnete Punkte eines Systems, zu denen auch gedachte Gelenke und Schnittstellen zu zählen sind. Die kleinen lateinischen Buchstaben als Bezeichnung für ausgezeichnete Punkte werden nur in allgemeinen Gleichungsansätzen verwendet, sie werden bei der Untersuchung bestimmter Systeme durch arabische Ziffern ersetzt.

Längen.

l_{ki} ist die Länge des Stabes k—i,

s_{ki} ist die reduzierte Stablänge.

Beiwerte.

a_{ki} ist der „Abklingungswert", das ist der Übertragungskoeffizient der Abklingung von Momenten oder Verdrehungen im unbelasteten Teil des Stabwerkes. Der erste Index zeigt den Ort der Wirkung, der zweite den Ort der Herkunft oder Ursache an. Das Komma zwischen den Indizes wird meist fortgelassen, a_{ki} bedeutet aber je nach dem Zusammenhang $a_{k,i}$ oder $a_{ki,ik}$.

b_{ki} bzw. w_{ki} ist die Verteilungszahl einer im Knoten k angreifenden Momenteneinheit und stellt den Momentenanteil dar, welcher auf das Stabende ki entfällt. b_{ki} bezieht sich auf den Ansatz am geometrisch bestimmten Hauptsystem, w_{ki} auf den Ansatz am wirklichen System.

b_{ki} und $m_{k,i}$ werden außerdem als Beiwerte der Überzähligen für bestimmte Formen von allgemeinen Gleichungsansätzen gebraucht, vgl. S. 71 und 64.

$c_{k,i}$ ist der Beiwert der Überzähligen in den mathematischen Gleichungsansätzen der üblichen allgemeinen Form.

m_{ki} lautet der Hilfswert der Gaußschen Gleichungsauflösung, vgl. S. 66.

i_{ki} ist das Verhältnis des Festpunktabstandes zur Stablänge, d. h. der auf die Stablänge l bezogene Festpunktabstand, vgl. S. 200.

Ausgezeichnete Punkte.

„k" bezeichnet den jeweils betrachteten Knoten, die Bezeichnung der übrigen Knoten wechselt je nach Bedarf.

Am unverschieblichen System werden meist alle Nachbarknoten mit „i", die Nachbarknoten unter Ausschluß von i mit „x" bezeichnet. Brauchen wir für jeden Nachbarknoten von k eine besondere Bezeichnung, so benennen wir den oberhalb, unterhalb, links und rechts von k gelegenen Knoten mit „o", „u", „i" und „j" bzw. „m".

Am verschieblichen System braucht man eine Kennzeichnung aller Knoten, welche dem gleichen Riegel angehören. k, o und u werden dann für alle Knoten des gleichen Riegels angesetzt. k', o' und u' sind die Bezeichnungen für den Ort der Festhaltung des zu den einzelnen Riegeln zugehörigen Stabdrehwinkels, wie dieses bei der Beschreibung der Hauptsysteme erläutert wird.

Kleine griechische Buchstaben bezeichnen mit Ausnahme von α und β stets Formänderungsgrößen, d. h. Verrückungen. „Verrückung" ist der Sammelbegriff sowohl für geradlinige Verschiebungen als auch für Verdrehungen.

ξ ist das Zeichen für jede beliebige geometrische Größe als Überzählige. Die ungewöhnliche Wahl dieses Zeichens erklärt sich aus dem Anklang an die statische Überzählige X.

Geradlinige Verschiebungen bezeichnen wir wie folgt:

ζ_k ist die vertikale Verschiebung des Knotens oder Auflagers k, korrespondierend mit den Stützkräften C_k.

ψ_k ist die horizontale Verschiebung von k, korrespondierend mit den Horizontalkräften H_k.

In der Bezeichnung der Verdrehungen müssen wir scharf zwischen absoluten und relativen Verdrehungen unterscheiden.

φ_k ist die **absolute** Verdrehung des Knotens k, welche gleich der Verdrehung φ_{ki} aller in k einmündenden, biegungssteif angeschlossenen Stabenden ki ist.

φ_{ki} setzt sich aus zwei Anteilen zusammen, aus der Verdrehung des Stabendes ki gegenüber der geradlinigen Verbindung der Knotenpunkte k und i, der sogenannten Stabsehne, und der Verdrehung dieser Stabsehne.

τ_{ki} ist der von der Stabendtangente und der Stabsehne eingeschlossene Winkel, der „Stabendwinkel",

ϑ_{ki} bzw. $\vartheta_{k'}$ ist die Verdrehung der Stabsehne, der „Stabdrehwinkel".

Ferner benötigen wir den reziproken Wert der Steifigkeiten S bzw. W, das ist also diejenige Stabendverdrehung, welche in ki ein Moment $M_{ki} = +1$ erzeugt.

$\varrho_{ki} = \dfrac{1}{S_{ki}}$ ist der Stabendwinkel in ki aus $M_{ki} = +1$ am jeweils gewählten Hauptsystem.

$\gamma_{ki} = \dfrac{1}{W_{ki}}$ ist der entsprechende Stabendwinkel am wirklichen System.

$\varepsilon_{ki} = \dfrac{1}{W_k - W_{ki}}$ ist der reziproke Drehwiderstand des Knotens k unter Ausschluß des Stabes $k-i$.

Die beiden letzten Ausdrücke werden nur beim Festpunktverfahren benötigt.

δ_g ist die **relative** oder gegenseitige Verdrehung zweier in einem Gelenk g einmündenden Stabenden, das ist der von zwei Stabendtangenten eingeschlossene Winkel. Befindet sich das betreffende Gelenk in einem Stabende ki, so kann man es auch nach der Schnittstelle mit ki benennen, dann lautet die gegenseitige Verdrehung der Gelenkufer δ_{ki}. Bei Doppelindizes muß man also darauf achten, ob diese durch ein Komma getrennt sind. Nach der vorangegangenen Festlegung bedeutet $\delta_{g,h}$ die gegenseitige Stabendverdrehung beiderseits des Gelenkes g infolge eines Doppelmomentes $M_h = -1$, am Hauptsystem.

Eine Ausnahme in der Festlegung der Bezeichnungsweise bilden α und β.

α ist eine häufig gebrauchte Funktion der Abklingungswerte a, daher wird der gleiche Buchstabe in griechischer Schrift gewählt.

β hat sich als Substitutionskoeffizient der Gaußschen Elimination so eingebürgert, daß die Beibehaltung dieses Ausdruckes gegenüber der Abweichung von der grundsätzlichen Einteilung der Zeichen als das geringere Übel betrachtet wird.

Bei den meisten Berechnungsverfahren setzt man die statischen oder geometrischen Unbekannten entweder am jeweiligen Hauptsystem oder am wirklichen System an. In manchen Fällen — so z. B. bei der Gleichungsauflösung — brauchen wir noch eine Bezeichnung für die Ansätze an einem System, in welchem ein Teil der Überzähligen bereits eliminiert ist. Wird der erste Fußindex überstrichen — z. B. $\delta_{\overline{g},h}$ oder $M_{\overline{k},i}$ —, so gilt der Ansatz für ein System, in welchem g—1 bzw. k—1 Überzählige eliminiert sind. Ist ein Hauptsystem durch Einfügung von Gelenken gebildet, so bedeutet beispielsweise $\delta_{\overline{c},d}$ die gegenseitige Stabendverdrehung im Gelenk c aus $M_d = -1$ am System, welches in a und b keine Gelenke mehr besitzt, während diese in c, $d \ldots n$ noch vorhanden sind.

Einordnung der Gleichungen. Alle Gleichungen mit Ausnahme der kurzen Nebenrechnungen erhalten fortlaufende, arabische Zahlen in eckiger Umklammerung.

Unbedeutende Abwandlungen des gleichen Ansatzes werden durch angefügte Buchstaben gekennzeichnet. Kleine Buchstaben beziehen sich auf die Art der Lagerung des der betrachteten Schnittstelle gegenüberliegenden Stabendes, vgl. Lagerungsfälle a, b, c S. 43. „n" bedeutet, daß der betreffende Ansatz für ein System mit unendlich vielen, gleichen Abschnitten gilt. Große Buchstaben zeigen an, daß es sich um die Anwendung eines bereits in allgemeiner Form entwickelten Gleichungsansatzes auf das betreffende Hauptsystem A, B, B^* oder C handelt.

b) Hauptsysteme.

Die gebräuchlichen statischen Verfahren gehen sämtlich von drei vereinfachenden Hypothesen aus, die sich für den praktisch notwendigen Genauigkeitsgrad der Standfestigkeitsberechnung als tragbar erwiesen haben und wie folgt lauten:

1. Der Elastizitätsmodul des verwandten Baustoffes ist konstant (Hooke).
2. Die Querschnitte des gebogenen Stabes bleiben eben (Navier).
3. Die Verformung der Systemlinien eines Tragwerkes — oder kurz des „Systems" — ist so klein im Verhältnis zu seinen Abmessungen, daß eine Verlagerung der Lastangriffspunkte nicht berücksichtigt zu werden braucht.

Diese drei Annahmen bilden die Grundlage für das Gesetz der linearen Überlagerung von Kräften und Formänderungen aller Art, nach welchen man die an einer bestimmten Stelle des Systems auftretende Kraft oder Formänderung gesondert nach ihren Entstehungsursachen ansetzen und überlagern bzw. aufspalten darf. Man bezeichnet dieses als „Superpositionsgesetz". Hieraus folgt die große Vereinfachung, daß alle Ansätze der Rahmenstatik die Form von linearen Gleichungen haben.

Danach liegt es nahe, das jeweils zu untersuchende System zunächst in seiner geometrischen oder statischen Struktur so abzuändern, daß es sich zum Ansatz einfacher Bestimmungsgleichungen eignet, und an diesem Ersatzsystem nicht nur die angreifenden Lasten, sondern auch die der Strukturänderung entsprechenden statischen oder geometrischen Unbekannten anzusetzen. Diese müssen dann die durch die Einführung des Ersatzsystems vorgenommene Abweichung von dem ursprünglichen System wieder ausgleichen. Ein derartiges Ersatzsystem bezeichnet man als Grund- oder Hauptsystem, weil sich nach seiner Wahl der einzuschlagende Rechnungsgang richtet.

Es gibt zwei Arten von Gleichungen zur Bestimmung der in einem Tragwerk auftretenden Kräfte und der zwangsläufig hiermit verbundenen Verformung. Sie enthalten entweder eine statische Aussage, welche sich aus einer Gleichgewichtsbedingung ergibt, oder eine **geometrische** Aussage, welche aus den geometrischen Eigenschaften des zu untersuchenden Tragwerkes bzw. aus einer hieraus abzuleitenden Verträglichkeitsbedingung folgt.

Man benötigt beide Arten von Gleichungen sowohl zur Bestimmung der statischen als auch der geometrischen Unbekannten. Eine eingehende Besprechung der Bestimmungsgleichungen erfolgt später, an dieser Stelle soll nur vermerkt werden, daß man in der Rahmenstatik lediglich diese beiden Gleichungsarten antrifft.

Je nach der Eignung zur Berechnung statischer oder geometrischer Unbekannter unterscheidet man zwischen einem statischen und geometrischen Hauptsystem. Ein statisches Hauptsystem entsteht durch Änderung der geometrischen Eigenschaften des ursprünglichen Systems. An jeder Stelle des Systems, welche eine geometrische Änderung erfährt, werden diejenigen statischen Kräfte als statische Unbekannte angesetzt, welche den durch die Annahme geänderter geometrischer Vorbedingungen gemachten Fehler wieder ausgleichen. Umgekehrt entsteht ein geometrisches Hauptsystem durch Änderung der statischen Struktur des ursprünglichen Systems, zu deren Ausgleich geometrische Verrückungen oder geometrische Unbekannte einzuführen sind.

Die Grundform des Hauptsystems ist das statisch bzw. geometrisch **bestimmte** Hauptsystem. Zur Kennzeichnung dieser Begriffe bedarf es der eingehenden Klärung der Bestandteile eines Systems und ihrer gegenseitigen Bezeichnungen. Da aber hier die Einteilung des Stoffes ausschließlich nach der Unterscheidung des den einzelnen Verfahren zugrundegelegten Hauptsystems erfolgt, sollen die verschiedenen Hauptsysteme bereits zu Beginn dieser Ausarbeitung herausgestellt werden. Eine Untersuchung der inneren Zusammenhänge und eine genauere Begriffsfestlegung werden im nächsten Abschnitt nachgeholt.

Ein **statisch bestimmtes** System ist dadurch gekennzeichnet, daß die Bestimmung aller Schnittkräfte aus den drei Gleichgewichtsbedingungen der Ebene $\Sigma M = 0$, $\Sigma H = 0$, $\Sigma V = 0$ folgt. Die durch die Belastung verursachten Formänderungen haben somit keinen Einfluß auf die Größe der Schnittkräfte. Reichen die Gleichgewichtsbedingungen nicht aus, um alle Schnittkräfte eines Stabwerkes zu bestimmen, so ist das System statisch **unbestimmt**.

Das statisch bestimmte Hauptsystem bildet man dadurch, daß man an geeigneten Stellen des Tragwerkes den inneren oder äußeren Verband ganz oder teilweise löst, indem man ihn durchschneidet oder durch Gelenkeinfügung beweglich macht. Die hierdurch frei werdenden inneren Kräfte, die Schnittkräfte M, N, Q werden durch die Überzähligen X ersetzt. Ein solches statisch bestimmtes Hauptsystem, welches ausschließlich durch Schnitte und Gelenkeinfügungen entstanden ist, bezeichnen wir als **Hauptsystem** A.

Während der Begriff der statischen Bestimmtheit aus der Elementarstatik geläufig ist, bedarf die Bezeichnung einer „geometrisch bestimmten" Lagerung der näheren Erläuterung. Ähnlich wie im statisch bestimmten System die Schnittkräfte allein durch statische Bedingungen gegeben sind, ist eine geometrisch bestimmte Lagerung eines Stabes so beschaffen, daß ihr geometrisches Verhalten allein von geometrischen Bedingungen abhängt. Zur Beschreibung dieses Verhaltens ist entsprechend den drei Schnittkräften jeder Schnittstelle die Angabe dreier geometrischer Komponenten nötig, und zwar zweier Verschiebungen, z. B. in Richtung der Stabachse und rechtwinklig dazu, und der Verdrehung. Für die Anzahl der Freiheiten einer Lagerung bzw. der ihnen entsprechenden Festhaltungen gebraucht man in der Kinematik den Begriff des „Freiheitsgrades". Nach dieser Erklärung gehören zu den geometrisch bestimmten Lagerungen in erster Linie jene, bei denen die geometrischen Komponenten Null sind oder sonst einen gegebenen Wert haben, also die feste Einspannung oder der Fall gegebener Auflagerverrückungen. Aber auch die freidrehbare oder in einer Richtung frei verschiebliche Lagerung gehören dazu, da das geometrische Verhalten des Stabendes dabei allein von den geometrischen Bedingungen abhängt, denen der Stab unterworfen ist. „Geometrisch unbestimmt" ist dagegen jede elastisch nachgiebige Lagerung, denn die Auflagerverrückung hängt dann von den am Auflager übertragenen Kräften ab.

Eine geometrisch bestimmte Lagerung wird im allgemeinen für jedes äußere Auflager eines Systems vorausgesetzt, sofern die gestellte Aufgabe keine elastisch senkbare Stützung vorsieht. Elastisch nachgiebig und damit geometrisch unbestimmt sind dagegen die Verdrehung eines Stabendes an den Eck- und Knotenpunkten eines Stabwerkes und häufig auch seine Verschiebungen. Aus der Festlegung der geometrisch bestimmten Lagerung hat man den Begriff „geometrisch bestimmtes Hauptsystem" entwickelt. So bezeichnet man jedes System, dessen Stäbe in ihren Enden sämtlich geometrisch bestimmt gelagert sind. Daß diese Regelung nicht sehr glücklich getroffen ist, soll später eingehend dargelegt werden. Es wird fälschlich der Eindruck der Analogie mit dem „statisch bestimmten Hauptsystem" erweckt. Während aber die statische Bestimmtheit eine Trennung von statischen Unbekannten in zwei Gruppen bewirkt, deren eine mit elementaren Ansätzen und deren andere mit sogenannten Arbeitsgleichungen ermittelt wird, enthält ein geometrisch bestimmtes System überhaupt keine geometrischen Unbekannten. Es gibt daher auch kein geometrisch bestimmtes rahmenartiges Stabwerk. Im geometrisch bestimmten Hauptsystem müssen alle geometrischen Unbekannten zum Ausgleich der eingeführten Abweichung von den statischen Gegebenheiten des ursprünglichen Systems gleichzeitig angesetzt werden. Das statisch bestimmte Hauptsystem stellt eine höhere Entwicklungsstufe als das geometrisch bestimmte Hauptsystem dar. Dieser Hinweis möge genügen, um die Zweckmäßigkeit der Abwandlung des üblichen geometrischen Hauptsystems zu begründen, welche wir durch ein Kreuz kennzeichnen werden.

Verbleiben wir bei der gebräuchlichen Ausdrucksweise, so können wir das geometrisch bestimmte Hauptsystem auf zweierlei Art bilden.

Erstens können wir alle unbestimmten elastischen Formänderungen oder Verrückungen durch eine starre Festhaltung verhindern, in diesem Fall stellen die Überzähligen unterdrückte Total- oder Partialverrückungen dar. Das Hauptsystem besitzt, abgesehen von den Endlagerungen, nur starr festgehaltene Eck- und Knotenpunkte. Wir wollen dieses Gebilde, das Beyer eine Knotenpunktfigur nennt, als Hauptsystem B bezeichnen.

Zweitens können wir die geometrische Unbestimmtheit dadurch beseitigen, daß wir alle Stabenden durch Einfügung von Gelenken freimachen. Stellt diese so entstehende „Knotenkette" ein bewegliches System dar, so muß sie durch zusätzliche Haltestäbe ausgesteift werden. Ein solches System, das wir als Hauptsystem C kennzeichnen wollen, ist sowohl geometrisch als auch statisch bestimmt. Es steht uns infolgedessen frei, ob wir Schnittkräfte oder Verrückungen als Überzählige einführen wollen.

Wie bereits angedeutet, wollen wir für das Hauptsystem B noch eine andere Fassung wählen, welche eine Trennung der geometrischen Unbekannten, d. h. eine Abzweigung einer Gruppe von Unbekannten in eine gesonderte Vorberechnung bezweckt. Wie später ausgeführt wird, wählt man als geometrische Unbekannte einerseits die

Drehwinkel φ aller inneren Knoten — die Auflagerknoten sind geometrisch bestimmt gelagert —, andererseits die Verschiebungen ζ, ψ der inneren Knoten, welche meist für eine in einem geradlinigen Stabzug liegende Folge von inneren Knoten die gleiche Größe haben. Statt der Verschiebungen ζ, ψ führt man gern die relativen Verdrehungen der durch die relativen Verschiebungen zweier Stabzüge verdrehten Stabsehne, d. h. die Stabdrehwinkel ϑ ein. Die Knotendrehwinkel φ drücken die absolute Verdrehung, die Stabdrehwinkel ϑ die relative Verschiebung der inneren Knoten gegenüber dem nächstfolgenden kinematisch zusammengehörigen Stabzug oder gegenüber den unverschieblichen Auflagern des Systems aus.

Soll das Hauptsystem B so abgewandelt werden, daß von den geometrischen Unbekannten ein Teil in einem besonderen Rechnungsgang als Vor- oder Nachstufe abgezweigt wird, so liegt es nahe, eine Trennung zwischen Knoten- und Stabdrehwinkeln durchzuführen. Danach können wir entweder das System mit unverdrehbaren, aber verschieblichen Innenknoten oder das System mit unverschieblichen, aber verdrehbaren Innenknoten als Vorstufe und damit als geometrisch unbestimmtes Hauptsystem verwenden. Beide Möglichkeiten sind später genauer zu prüfen. Das System mit verschieblichen, aber unverdrehbaren Innenknoten bezeichnen wir künftig als Hauptsystem B^*.

Da sich die meisten Verfahren aus der Eigenart des jeweils zugrundegelegten Hauptsystems erklären, wollen wir der Beschreibung und Festlegung der Hauptsysteme besondere Sorgfalt widmen. Grundsätzlich stehen uns bei der Bildung jedes der drei Hauptsysteme noch mancherlei Möglichkeiten offen. Wir wollen uns aber bei der Wahl der Hauptsysteme nur von dem praktischen Gesichtspunkt leiten lassen, welche Systeme im allgemeinen zu den kürzesten Ansätzen führen, und uns auf die nachfolgenden Arten von Hauptsystemen beschränken.

Es werden hier nur Tragwerke mit geraden Stäben und stabweise konstantem Trägheitsmoment behandelt. Zur Beschreibung eines solchen Tragwerkes gehören folgende Angaben, welche zusammen das „System" ergeben.

1. die geometrische Lage der Stabachsen und ihrer Schnittpunkte,

2. die Art der Stabverbindung innerhalb des Tragwerkes und die Art der Endauflagerung,

3. das Trägheitsmoment bzw. die Querschnittsfläche der Stäbe,

4. der Elastizitätsmodul des Baustoffes.

Infolge irgendeiner äußeren Belastung erleidet jedes System elastische Verschiebungen. Im Gegensatz zur Berechnung eines Fachwerkes vernachlässigt man beim Stabwerk im allgemeinen die elastischen Stablängenänderungen und die hierdurch bedingte Knotenpunktsverschiebung, weil die Längenänderung gegenüber der Krümmung eines Stabes eine Auswirkung kleinerer Größenordnung auslöst. Läßt ein System nur eine Knotenpunktsverschiebung zu, wenn sich die Stablängen und damit die Abstände der Knotenpunkte ändern, so spricht man von einem unverschieblichen System. Andernfalls ist das System verschieblich. Wenn man alle Stabenden durch Einfügung von Gelenken beweglich macht, so entsteht aus einem unverschieblichen System meist ein statisch bestimmtes, aus einem verschieblichen ein bewegliches mit einem oder mehreren Freiheitsgraden.

Bei der Bildung des Hauptsystems A beschränken wir uns aus später ersichtlichen Gründen auf die Einfügung von Gelenken. Wir erhalten dann als einzige Art von statischen Unbekannten X nur Momente.

Das **Hauptsystem** B bedarf keiner Erläuterung, sofern man absolute Verrückungen als geometrische Unbekannte wählt. Das gilt für das unverschiebliche System, bei welchem die Knotendrehwinkel φ die einzigen geometrischen Unbekannten ξ darstellen.

Eine mechanische Veranschaulichung der Festhaltung der Knotenverdrehung, welche unabhängig von der Festhaltung der Verschiebungen sein muß, läßt sich leicht mit Hilfe einer zweigliedrigen Parallelführung für jeden inneren Knoten gesondert durchführen. Wir können uns also sowohl das Hauptsystem B, wenn das wirkliche System unverschieblich ist, als auch das verschiebliche **Hauptsystem** B^* derart vorstellen, daß jeder Innenknoten ein feststellbares Bolzengelenk nach Art einer Kupplung besitzt, dessen Bolzen infolge einer Parallelführung unverdrehbar zur Bildebene gehalten wird. Jedes Bolzengelenk ist einzeln feststellbar, sodaß wir die Auswirkung einer Knotenverdrehung in jedem Stadium der Rechnung verfolgen können, in welchem einzelne Knoten als verdrehbar und andere als starr unverdrehbar angesetzt werden müssen.

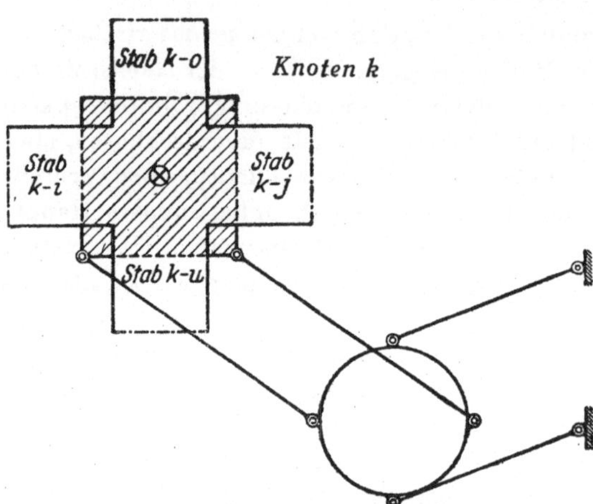

$\otimes = $ *feststellbares Bolzengelenk zwischen der schraffierten Unterlagsscheibe, welche infolge der Parallelführung verschieblich und unverdrehbar ist, und dem Knoten k des Stabwerkes.*

Abb. 1. Festhaltung der Innenknoten.

Am verschieblichen System setzt man meist als weitere Unbekannte die Stabdrehwinkel ϑ an. Die gebräuchlichsten Systeme besitzen horizontale oder geneigte Riegel, welche infolge unnachgiebiger vertikaler Stützung nur horizontal verschieblich sind. Ein Stabdrehwinkel drückt dann die relative Verschiebung zweier Riegel oder eines Riegels gegenüber der Ruhelager der Auflager aus. Sind die von einer Verschiebung unmittelbar betroffenen Stiele von verschiedener Länge, so ist der dem Stiel u—a zugehörige Stabdrehwinkel umgekehrt proportional zum Verhältnis der Stablänge l_{ua} zur Vergleichslänge l_c eines bestimmten Stieles (vgl. Abb. 2).

$$\vartheta_{u-a} = \vartheta_{u'}\,\frac{l_c}{l_{ua}}.$$

Wollen wir uns später alle Ansätze — abweichend von der sonst üblichen abstrakteren Darstellung — möglichst anschaulich, bildlich vorstellen, so entsteht die Frage, wo die Festhaltung des Stabdrehwinkels angreift. Hierüber brauchen wir Klarheit, um in den Arbeitsgleichungen den Ausdruck Kraft mal Weg ansetzen zu können. Wir wollen daher das Hauptsystem B gemäß Abb. 2 wie folgt festlegen:

Zur Festhaltung der elastisch verschieblichen Eck- und Knotenpunkte denken wir uns ein besonderes Hilfsstabwerk aus starren, unelastischen Stäben. Dieses muß so beschaffen sein, daß man die Festhaltung jeder unbekannten relativen Verschiebung einzeln unabhängig von der Festhaltung aller übrigen Verschiebungen lösen kann. Das Hilfsstabwerk ist gelenkig am System angeschlossen und enthält die den un-

bekannten Stabdrehwinkeln entsprechenden Festhaltegelenke, welche nach Art einer Kupplung die
gegenseitige Verschiebung zweier
Stäbe oder Stabzüge verhindern
oder freigeben können. Das Hilfsstabwerk besteht aus unelastischen
Riegeln und Stielen. Diese sind
einerseits durch feststellbare Halte-
gelenke, deren Anzahl den kinematischen Bewegungsfreiheiten
entspricht, andererseits durch einfache frei drehbare Gelenke miteinander verbunden. Jedes Festhaltegelenk im Hilfsstabwerk ist
der Ort der Festhaltung eines Stabdrehwinkels.

Diese Darstellung betont die
Analogie der Wirkungsweise der
Knoten- und Stabdrehwinkel. Es
vereinfacht den Aufbau der Bedingungsgleichungen für die Unbekannten, wenn diese von gleicher
Dimension und Größenordnung

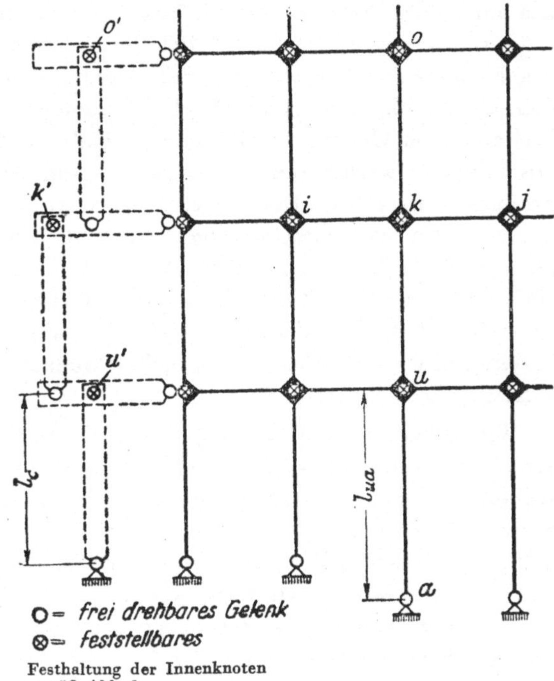

Festhaltung der Innenknoten
gemäß Abb. 1

Abb. 2. Hilfsstabwerk des Hauptsystems B
für verschiebliche Systeme.

sind. Diese allgemeine Überlegung führt bereits dazu, bei der Wahl der geometrischen Unbekannten die Stabdrehwinkel der geradlinigen Festhaltung durch
eine Haltekraft vorzuziehen.

Beim Hauptsystem C wollen wir einerseits die Art der Festhaltung, andererseits
die Lage der Gelenke festlegen. Wie später begründet wird, verwenden wir das Haupt-

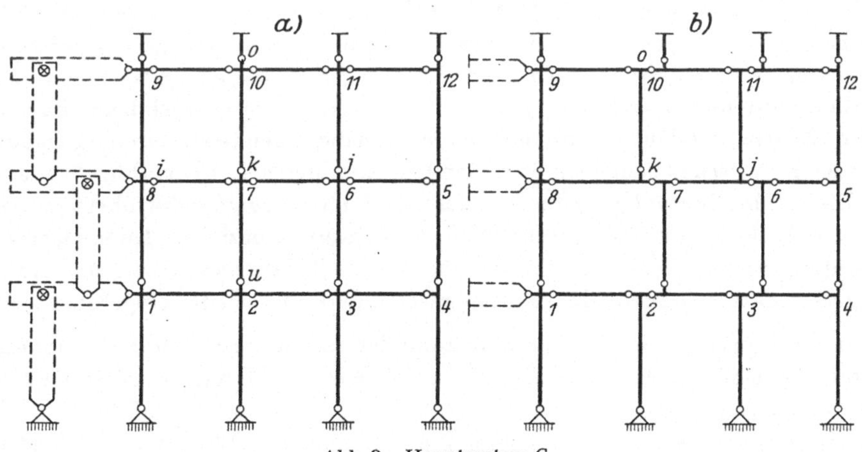

Abb. 3. Hauptsystem C.

system ausschließlich zur Berechnung statischer — also nicht geometrischer —
Größen. Die Festhaltung eines verschieblichen Systems kann man entweder mit Hilfe
von Festhaltekräften oder von Festhaltemomenten bewirken. Wir ziehen letztere vor,

um nur Unbekannte von einheitlicher Dimension zu erhalten. Damit ist die Form des Hilfsstabwerkes gegeben. Bezüglich der Gelenkanordnung gibt es zwei Möglichkeiten, welche beide ihre Berechtigung haben und daher auch nebeneinander behandelt werden sollen. Abb. 3a zeigt die übliche Form der Gelenkanordnung. Die Horizontalstäbe besitzen zwei Gelenkanschlüsse, während die Vertikalstäbe zwei bis vier Gelenkanschlüsse aufweisen. Wir gehen dabei von einfachen Systemen mit nur rechtwinkligen Stabanschlüssen aus. Der Aufbau der Bestimmungsgleichungen für die statischen Unbekannten wird gleichmäßiger, wenn wir die Gelenke gemäß Abb. 3b anordnen. Die Abstände der Gelenke vom theoretischen Schnittpunkt der Stabachsen müssen als sehr klein betrachtet werden. Jedes Gelenk verbindet einen Horizontalstab mit einem Vertikalstab, jeder Stab besitzt nur zwei bis drei Gelenkanschlüsse. Die Gelenke bezeichnen wir entweder mit einfachen Buchstaben oder mit den Doppelzeichen der betreffenden Schnittstelle.

Wir wollen alle Verfahren später nach ihrer Zugehörigkeit zu den vorgenannten drei Arten von Hauptsystemen einordnen. Meist unterscheidet man zwischen Kraftgrößen- und Formänderungsgrößenverfahren, je nachdem ob man als Unbekannte Schnittkräfte oder Formänderungen wählt. Bei dieser Unterscheidung müßte man z. B. das Croßsche Verfahren zu den Kraftgrößenverfahren zählen, da nur Momente und keine Drehwinkel ermittelt werden. Seinem Aufbau nach gehört die Methode von Croß aber zu den Formänderungsgrößenverfahren. Diese Schwierigkeit tritt bei der hier gewählten Einteilung nicht auf.

Die Einordnung der verschiedenen Verfahren nach dem jeweils zugrundeliegenden Hauptsystem deckt sich zufällig auch mit der zeitlichen Reihenfolge, in der die Verfahren aufkamen. Das älteste Verfahren ist das Kraftgrößenverfahren, welches vom Hauptsystem A ausgeht, später wurde das Formänderungs- oder Drehwinkelverfahren entwickelt, und zwar auf der Grundlage des Hauptsystems B. Die in letzter Zeit aufgekommenen Verfahren der Momentengleichungen verwenden meist das Hauptsystem C.

c) Vorzeichenregeln.

Wie üblich, werden in allen Abbildungen die Momente auf der gezogenen Seite jedes Stabquerschnittes aufgetragen. Bei der Festlegung der Vorzeichen hat es sich als zweckmäßig erwiesen, zwei verschiedene Regelungen zu wählen, je nachdem ob man vom Hauptsystem A oder B ausgeht. Am Hauptsystem C lassen sich beide Regeln anwenden. Wie später erläutert wird, bezeichnet man die in den Bestimmungsgleichungen enthaltenen statischen oder geometrischen Unbekannten als „Überzählige" einer Aufgabe. Da wir als Überzählige fast ausschließlich Momente oder Drehwinkel verwenden, braucht sich die Vorzeichenregelung auch nur hierauf zu beziehen. Im übrigen sollen nach unten gerichtete Vertikalverschiebungen — z. B. Stützensenkungen — und von links nach rechts gerichtete Horizontalverschiebungen als positiv eingeführt werden.

Vorzeichenregel I. Zur Vereinfachung der Abbildungen sehen wir davon ab, alle Stäbe auf einer Seite zu stricheln, wie es üblich ist, und legen statt dessen für jedes System einen Blickpunkt fest. Alle Momente sind positiv, welche auf der dem Blickpunkt M zugewandten Seite der Stäbe Zug erzeugen. Der Blickpunkt M liegt stets unterhalb der Abbildung und, sofern nicht besonders eingezeichnet, in der Mitte des Systems, und bei symmetrischen Systemen in oder rechts seitlich der Symmetrieachse. Die gegenseitige Stabverdrehung an einem Gelenk ist positiv, wenn sich der Winkel zwischen den Endquerschnitten oder „Gelenkufern" nach oben bzw. auf der dem Blickpunkt abgewandten Seite öffnet. Ein in den Stabenden am Gelenk angebrachtes positives Doppelmoment erzeugt somit auch eine positive Winkelverdrehung.

Die gleiche Regelung gilt auch für die absolute Verdrehung φ_{ki} eines Stabendes ki und für dessen Verdrehung τ_{ki} zur Stabsehne. Der Drehwinkel wird positiv gezählt, wenn er sich an der betrachteten Gelenkstelle nach der dem Blickpunkt abgewandten Seite öffnet, oder anders ausgedrückt, wenn die Rückdrehung in die Ursprungslage ein negatives Moment erfordert.

Vorzeichenregel II. Die Verdrehung eines Knotens und eines Stabendes wird im Uhrzeigersinn positiv gezählt. Denken wir uns alle Knoten als kleine Scheiben herausgeschnitten und die in den Schnitten freiwerdenden inneren Spannungen durch äußere Schnittkräfte ersetzt, so richtet sich die Bezeichnungsweise der Vorzeichen für die Momente danach, ob man das stab- oder knotenseitige Schnittufer betrachtet. Abweichend von Beyer wollen wir übereinstimmend mit Croß ein Doppelmoment am Stabende als positiv bezeichnen, wenn es auf den Knoten im Uhrzeigersinn und auf den Stab entgegen dem Uhrzeigersinn einwirkt. Damit betrachten wir die Wirkung am Knoten als primär.

Das Kräftespiel am Hilfsstabwerk des Hauptsystems B ist als Reaktion der Verrückung des eigentlichen Systems zu betrachten, daher gilt für den Vorzeichensinn sowohl der Momente als auch der Verdrehungen im Hilfsstabwerk die Umkehrung der für das eigentliche Stabwerk aufgestellten Vorzeichenregel.

Die Klärung der Vorzeichenfrage ist von größter Wichtigkeit. Die Möglichkeit von Mißverständnissen und Fehlern ist deshalb so groß, weil sich die statischen Ansätze auf die actio oder auf die reactio beziehen können, hinzu kommt die notwendige Unterscheidung zwischen dem absoluten und dem relativen Richtungssinn einer Verdrehung.

In den Bestimmungsgleichungen der Überzähligen bezieht man die Ansätze der Momente und Drehwinkel auf den Angriffsort einer bestimmten Überzähligen. Man verwendet daher ständig Ausdrücke mit zwei Fußindizes, deren erster — vor dem Komma — den Ort der Wirkung und deren zweiter — nach dem Komma — den Ort der Ursache bezeichnet. Wir müssen die Bedeutung dieser Indizes noch bezüglich des anzusetzenden Vorzeichens ergänzen.

$$\genfrac{}{}{0pt}{}{\xi_{k,i}}{X_{k,i}} \text{ ist die } \frac{\text{Verrückung}}{\text{Schnittkraft}}, \text{ welche in } k \text{ im Drehsinn der } \frac{\text{Belastungseinheit } X_k = -1}{\text{Verrückungseinheit } \xi_k = -1}$$

$$\text{durch die } \frac{\text{Belastungseinheit } X_i = -1}{\text{Verrückungseinheit } \xi_i = -1}, \text{ die in } i \text{ angreift, verursacht wird.}$$

Es ist nun zu beachten, daß wir die ausgezeichneten Punkte eines Systems je nach der jeweiligen Zweckmäßigkeit entweder durch einfache oder durch zwei Zeichen ausdrücken. M_{ki} bedeutet das Moment an der Schnittstelle ki, welche das am Knoten k gelegene Stabende des Stabes $k{-}i$ bezeichnet, dagegen bedeutet $M_{k,i}$ das Moment im Angriffsort k der überzähligen Verrückung ξ_k infolge $\xi_i = -1$. Hierin ist ein Mangel in der gewählten Bezeichnungsweise zu erblicken, der durch die Einführung des Kommas im Index ausgeglichen bzw. gemildert wird.

ξ_{ki} und X_{ki} sind hinsichtlich ihres Vorzeichens absolute Werte, die durch die betreffende Vorzeichenregel eindeutig festgelegt sind. $\xi_{ki,mn}$ und $X_{ki,mn}$ sind bezüglich ihres Vorzeichens relative Werte, sie sind positiv, wenn die Überzähligen, welche in ki und mn mit gleichem Vorzeichen angesetzt werden, an beiden Schnittstellen in übereinstimmendem Drehsinn wirken. Für $\xi_{ki,mn}$ und $X_{ki,mn}$ ist es daher gleichgültig, ob die Belastungs- bzw. Verrückungseinheiten positiv oder negativ eingeführt werden. $\xi_{ki,ki}$ und $X_{ki,ki}$ sind in jedem Fall positiv.

Betrachtet man die Überzähligen als Reaktion der äußeren Belastung, so führt man sie mit negativen Belastungs- bzw. Verrückungseinheiten ein. Das ergibt einen Vorzeichenwechsel in den sogenannten Belastungsgliedern $\xi_{ki,0}$ und $X_{ki,0}.$

$\dfrac{\xi_{ki,0}}{X_{ki,0}}$ ist positiv, wenn die $\dfrac{\text{Schnittkraft } X_{ki} = -1}{\text{Verrückung } \xi_{ki} = -1}$ in ihrem Drehsinn mit der Wirkung aus der äußeren Belastung in ki übereinstimmt. Über die Zweckmäßigkeit der Wahl negativer Einheiten für die Überzähligen kann man sehr geteilter Meinung sein. Die meisten Autoren bejahen diese Frage, weil dann die auf der rechten Seite der Bestimmungsgleichungen stehenden Belastungsglieder ein positives Vorzeichen haben. Andererseits wird dadurch die Vorzeichenüberlegung um ein Gedankenglied verwickelter. Wir wollen künftig nur negative Einheiten der Überzähligen verwenden, weil es so am gebräuchlichsten ist. Es ist aber nicht zu leugnen, daß diese Festlegung der Tendenz nach einer Vereinfachung der Betrachtungsweise widerspricht.

Um die erfahrungsgemäß immer wiederkehrenden Überlegungen betreffs der Vorzeichenfrage abzukürzen, wollen wir einige Ausdrücke bereits an dieser Stelle durch Abbildungen hinsichtlich ihres Vorzeichens klarstellen.

Die Vorzeichenregel I wird nur an den statisch bestimmten Hauptsystemen A und C angewendet, welche zur Hauptsache aus beiderseits frei drehbar gelagerten Stäben bestehen. Wir wollen das Vorzeichen des Ausdruckes $\tau_{ki,ik}$ am Stabe k—i bestimmen.

Belasten wir das Stabende ki mit einem Moment $M_{ki} = -1$, vergl. Abb. 4, so erhalten wir in den Stabenden ki und ik je eine Stabendverdrehung, welche beide im übereinstimmenden Drehsinn von $M_{ki} = -1$ und $M_{ik} = -1$, d. h. in negativem Sinne wirken. Da τ_{ki} und τ_{ik} im Vorzeichen übereinstimmen, wird

$$\tau_{ki,ik} = +$$

Die Vorzeichenregel II entspricht den Bedürfnissen des Hauptsystems B, welches an Stelle der elastischen Einspannungen der Stabenden eine unverdrehbare Auflagerung einführt, so daß alle inneren Stäbe beiderseits fest eingespannt zu betrachten sind.

Erteilen wir dem Knoten k die Verdrehung -1, so erhalten wir gemäß Abb. 5 in den Schnittstellen ki und ik je ein Moment, welche beide das knotenseitige

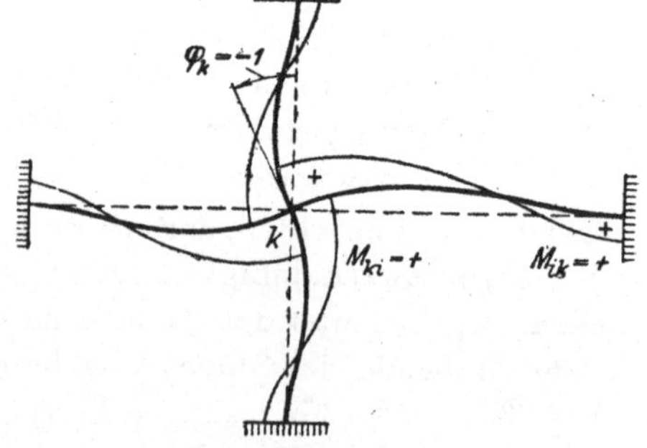

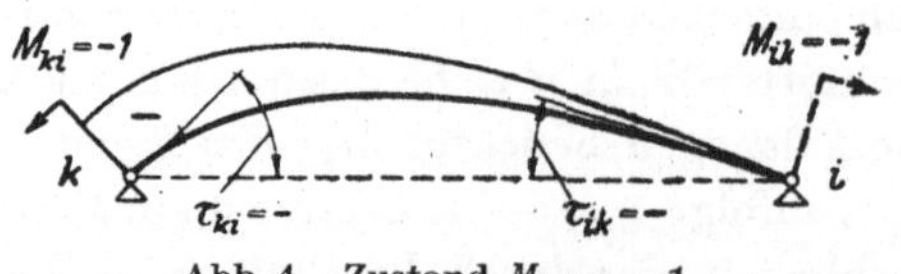

Abb. 4. Zustand $M_{ki} = -1$.   Abb. 5. Zustand $\varphi_k = -1$.

Schnittufer im übereinstimmenden Sinne, und zwar positiv im Uhrzeigersinn zu verdrehen suchen. Da M_{ki} und M_{ik} im Vorzeichen übereinstimmen, wird nach der oben getroffenen Vorzeichenregelung $\quad M_{k,i} = +$

Da die üblichen Systeme nur horizontal verschieblich sind, erstreckt sich die Verdrehung der Stabsehnen meistens nur auf die Vertikalstäbe k—u. Lösen wir das Ge-

lenk k' im Hilfsstabwerk und erteilen dem Vertikalstab des Hilfssystems eine Verdrehung $\vartheta_{k'} = -1$,
d. h. im Hilfssystem im Uhrzeigersinn drehend, und machen dann
das Gelenk k' wieder fest, so mußten wir bei der Drehung die Biegesteifigkeit aller Vertikalstäbe dieses
Geschosses überwinden und erhalten eine Momentenfläche gemäß
Abb. 6. Da beim Hauptsystem B
alle Systemknoten unverdrehbar
festgehalten gedacht sind, werden
die in den Enden der Vertikalstäbe anfallenden Momente von der

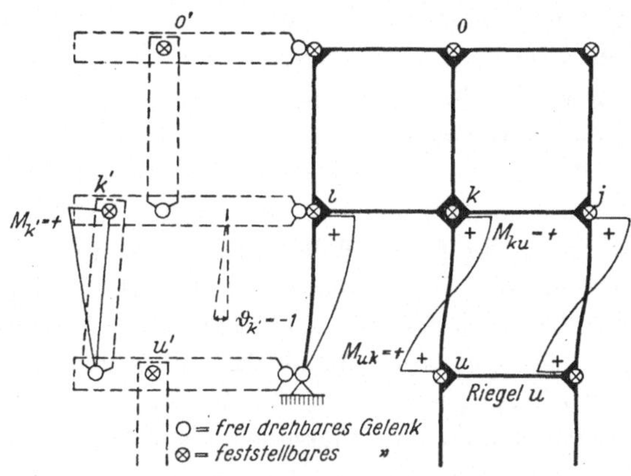

Abb. 6. Zustand $\vartheta_{k'} = -1$.

in Abb. 1 dargestellten Haltekonstruktion übernommen, die Riegel des eigentlichen
Systems bleiben frei von Momenten. Aus der Stabdrehung $\vartheta_{k'} = -1$ erhält sowohl
das Moment $M_{k'}$ im Festhaltegelenk k' des Hilfsstabwerkes als auch das Moment M_{ku}
in dem Vertikalstabende am Knoten k übereinstimmend einen positiven Drehsinn,
folglich ist

$$M_{k,k'} = +$$

B. Beziehung zwischen Kräften und Formänderungen.

Die ausreichende Grundlage für alle Ansätze der Rahmenstatik bilden vier
Gesetze:

1. das Prinzip der virtuellen Arbeit,
2. das Superpositionsgesetz,
3. der Reduktionssatz,
4. das Reziprozitätsgesetz von Maxwell-Betti.

Um eine Übersicht über die vorliegenden Möglichkeiten zu gewinnen, wollen wir
die Grundgesetze in allgemeiner Form wiederholen, ohne auf strenge Ableitungen einzugehen. Während die meisten Veröffentlichungen der Rahmenstatik von einer höheren
Entwicklungsstufe — z. B. von den Stabgleichungen oder den Ansätzen des Festpunktverfahrens — ausgehen, wollen wir auf einer möglichst breiten Grundlage aufbauen. Es lassen sich beträchtliche Umwege einsparen, wenn man in den Grundlagen
weiter zurückgeht und die durch ausgetretene Wege geschaffene Einengung vermeidet.
Die ausführliche Erläuterung einzelner Punkte hat, wie bereits erwähnt, den Zweck,
die Kenntnis der Grundgesetze gleichsam in das Unterbewußtsein zu verlagern, um
später die Anwendung um so kürzer fassen zu können. Wir benötigen für diese Darstellung einige theoretische Begriffe, die beim praktischen Gebrauch der später behandelten Verfahren nicht mehr vorkommen. Daher ist auf diese Begriffe in dem früheren
Abschnitt, der in die allgemeine Bezeichnungsweise einführt, keine Rücksicht genommen worden.

Die Grundgesetze und -begriffe, welche wir Otto Mohr, Clerk Maxwell,
Heinrich Müller-Breslau u. a. verdanken, sind mit genauer Formulierung in den
bekannten Lehrbüchern nachzulesen. Die Aufgabestellung bedingt eine wesentliche
Kürzung, wenngleich hierdurch die wissenschaftliche Genauigkeit nicht in vollem

Umfange gewahrt bleibt. Wir übernehmen hier die Grundgedanken in teilweise wörtlicher, teilweise gekürzter Fassung

a) aus der „Statik des ebenen Tragwerkes" von Martin Grüning,

b) aus verschiedenen Arbeiten von Peter Pasternak.

Wir werden in der Darstellung von dem Analogieprinzip der Statik ausführlichen Gebrauch machen. Es betrifft die Wechselbeziehung zwischen Ursache und Wirkung, Kraft und Weg, d. h. zwischen den beiden Faktoren, aus denen die Arbeit besteht. Wir sind gewohnt, aus einer Belastung auf eine Verformung zu schließen, es gilt aber auch der Rückschluß aus einer Verformung auf eine Belastung. Kräfte und Verrückungen lassen sich oft in völlig analoger Weise behandeln, so daß das Analogieprinzip sehr geeignet ist, von bekannten Beziehungen zwischen Kräften auf Beziehungen zwischen Verrückungen zu schließen und umgekehrt.

a) Gliederung des Tragwerkes.

Die statische Untersuchung eines Stabwerkes dient zur Beantwortung zweier Fragen, erstens nach der Beanspruchung aller Stabquerschnitte und damit nach den auftretenden Kräften — man bezeichnet dieses als die „Gleichgewichtsaufgabe" — und zweitens nach der hiermit verbundenen Formänderung des Tragwerkes. Die zweite, sogenannte „Formänderungsaufgabe" hat im Hochbau weniger Bedeutung, ihre Lösung wird aber häufig als Zwischenstufe zur Ermittlung des Kräfteverlaufes verwendet. In beiden Fällen stehen uns zweierlei Hilfsmittel zur Verfügung, einerseits die statischen Gleichgewichtsbedingungen und andererseits die geometrischen Verträglichkeitsbedingungen des jeweilig zugrundeliegenden Systems. Je nachdem, ob wir von statischen oder geometrischen Ansätzen ausgehen, richtet sich der Bedarf an Angaben, welche uns das gegebene System liefern muß. Bei einer statischen Betrachtung gehen wir von den Stäben und Stabverbindungen, bei einer geometrischen Betrachtung von der Verschiebung und Verdrehung der Knotenpunkte aus. Dementsprechend unterscheidet sich der Aufbau der Gliederung eines Systems.

1. Gliederung zur Lösung der Gleichgewichtsaufgabe.

Glieder des Stabwerkes sind nach der Definition von Grüning folgende Bestandteile des statischen Systems.

Gesamtzahl
im System

1. Stäbe s .... z_s

2. Steife Ecken e .... z_e
Eine steife Ecke ist die biegungsfeste Verbindung zweier in einem Knoten zusammentreffender Stabenden. Ein aus n biegungssteifen Stabanschlüssen gebildeter Knoten enthält $n-1$ steife Ecken.

3. Stützen c .... z_c
Jede Auflagerung läßt sich idealisiert durch Anordnung von Pendelstützen oder kurz „Stützen" darstellen, sie umfaßt somit ein bis drei Stützen. Die frei drehbare und in einer Richtung verschiebliche Auflagerung wird durch eine Stütze bewirkt. Eine zweite Stütze beseitigt die Verschieblichkeit. Der Sonderfall zweier paralleler Stützen erzeugt eine Einspannung, verbunden mit einer Verschieblichkeit senkrecht zur Richtung der Stützen. Drei Stützen ergeben die unverschiebliche Einspannung.

Gesamtzahl aller Glieder $z_s + z_e + z_c$

Die Zahl der Glieder und die Art ihrer Zusammensetzung kennzeichnen den Aufbau des jeweiligen statischen „Systems". Zur Einteilung der Systeme dienen folgende Begriffe.

Stabilität. Ein Tragwerk besitzt vollkommene Stabilität, wenn seine Knotenpunkte ihre Lage nur bei gleichzeitiger Änderung der Abmessungen einzelner bzw. aller inneren Glieder (s und e) oder bei Verrückung der äußeren Glieder (c) ändern können. Hat ein Tragwerk gerade die zur Stabilität erforderliche Anzahl von Gliedern, soll es einfach stabil genannt werden. Ist die Zahl der Glieder um n größer, so können im allgemeinen mehrere einfach stabile Gebilde aus den vorhandenen Gliedern zusammengesetzt werden. Die Glieder sind als notwendige und überzählige zu unterscheiden, wenn man eine bestimmte Anordung wählt. Tragwerke dieser Art werden $n + 1$ fach stabil genannt. Bezeichnen wir wie Grüning alle ausgezeichneten Punkte eines Systems einschließlich der Auflagerpunkte als Knotenpunkte — später werden nur die inneren Knotenpunkte als solche bezeichnet —, so ist deren Lage durch je zwei Verschiebungskomponenten eindeutig bestimmt. Beträgt die Gesamtzahl der Knotenpunkte z_k, so ist die Zahl der Glieder eines Systems von einfacher Stabilität gemäß der Begriffsfestlegung

$$z_s + z_e + z_c = 2\,z_k$$
$$z_e + z_c = 2\,z_k - z_s.$$

Ferner muß die Zahl der Stützen $\qquad z_c \geqq 3 \qquad$ sein.

Es gibt noch den Sonderfall der unendlich kleinen Verschieblichkeit einzelner innerer Glieder eines Tragwerkes, welche also erst bei Verrückungen endlicher Größe Formänderungen erleiden. Tragwerke dieser Art werden in der Rahmenstatik nicht verwandt und sollen hier nicht näher behandelt werden.

Labilität. Erfüllt ein Tragwerk die Bedingungen der vollkommenen Stabilität nicht, so ist es labil. Die Knotenpunkte eines labilen Tragwerkes können ihre Lage ändern, ohne daß gleichzeitig irgendein inneres Glied eine Formänderung erfährt.

Grad der statischen Unbestimmtheit. Die statischen Unbekannten des ebenen Stabwerkes sind die je drei statischen Komponenten der Stabendquerschnitte an den Knotenpunkten einschließlich der Auflagerpunkte. Von dieser Vielzahl scheiden wir zunächst die Querkräfte der Stabenden an den inneren Knoten als einfache Funktionen der Stabendmomente aus. Grüning ersetzt nun die Stabendmomente durch die einer steifen Ecke entsprechenden Eckmomente. Danach ist ein Stabendmoment die Differenz zweier Eckmomente bzw. für den Fall, daß der betreffende Knoten nur von zwei Stabenden gebildet wird, gleich dem Eckmoment. Durch die Einführung der Eckmomente verringert sich die Zahl der Unbekannten an jedem inneren Knoten um je eins, und es entspricht jedem Glied des Stabwerkes eine statische Unbekannte. Die Gesamtzahl der statischen Unbekannten beträgt somit

$$z_s + z_e + z_c.$$

Ähnlich wie man sich jede Auflagerung durch „Stützen" idealisiert vorstellen kann, denken wir uns die steife Eckverbindung zweier Stäbe dadurch hergestellt, daß die Stabenden am Knoten frei drehbar, d. h. gelenkig angeschlossen und durch eine kleine, gelenkig angeschlossene Strebe — wie eine Kopfstrebe im Holzbau — verbunden sind. Jede statische Unbekannte ist dann unmittelbar als Schnittkraft eines Gliedes vorstellbar.

Statisch bestimmt ist ein Tragwerk, dessen innere Kräfte ausschließlich mit Hilfe der Gleichgewichtsbedingungen ermittelt werden können. Wir verfügen je Knoten über drei Gleichgewichtsbedingungen, von denen wir eine — $\Sigma M = 0$ — bereits zur Verringerung der Unbekanntenzahl durch die Einführung der Eckmomente an

Stelle der Stabendmomente verbraucht haben. Die Zahl der verfügbaren Gleichgewichtsbedingungen beträgt somit $2\,z_k$ und die Bedingung der statischen Bestimmtheit deckt sich mit derjenigen der einfachen Stabilität. Trotzdem unterscheiden sich diese beiden Begriffe voneinander. Es gibt auch in labilen Systemen für bestimmte Lastfälle Gleichgewichtszustände, die Stabilität ist also keine notwendige Voraussetzung der statischen Bestimmtheit.

Zieht man von der Gesamtzahl der statischen Unbekannten die verfügbaren Gleichgewichtsbedingungen ab, so ergibt sich die Zahl der statischen Überzähligen und damit auch der Grad der statischen Unbestimmtheit zu

$$n = z_s + z_e + z_c - 2\,z_k.$$

In diesem Ansatz werden Zugbänder, innere Gelenke usw. selbsttätig mit berücksichtigt. Man spricht von einem n-fach statisch unbestimmten System.

2. Gliederung zur Lösung der Formänderungsaufgabe.

Geometrische Kennzeichnung des Stabwerkes. Bei der von Grüning gewählten Form der „Glieder" entspricht jedem einzelnen Glied nicht nur eine statische Unbekannte, sondern auch eine elastische Formänderung des betreffenden Gliedes, die wir später als innere Verrückung bezeichnen. Dadurch ist der Übergang von der statischen zur geometrischen Betrachtung eines Systems wesentlich erleichtert. Es fragt sich zunächst, von welcher Voraussetzung wir bei der Untersuchung des Formänderungszustandes ausgehen, ob diese nach vorheriger Ermittlung des statischen Gleichgewichtszustandes oder völlig unabhängig hiervon erfolgt.

Im ersten Fall wollen wir zunächst ein einfach stabiles System zugrundelegen. Aus den Gleichgewichtsbedingungen erhalten wir die jedem Glied zugeordnete statische Unbekannte und können damit auch die Formänderung des betreffenden Gliedes ermitteln. Kennen wir die Einzelverrückung oder -verformung jedes Gliedes, so ist es eine einfache Aufgabe der analytischen Geometrie, hierauf die Verrückung der ausgezeichneten Punkte des Systems zu errechnen. Da die Auflagerverrückungen im allgemeinen durch die Aufgabestellung — und zwar meist gleich Null — gegeben sind, stellen die Verrückungen der inneren Knotenpunkte eine Art von Unbekannten der Formänderungsaufgabe dar. Die Verrückung eines Punktes in der Ebene ist durch zwei Verschiebungskomponenten im Koordinatensystem ausgedrückt. Wir ersetzen später die absoluten Verschiebungen durch relative und bezeichnen die Winkeländerung der Stabsehnen als „Stabdrehwinkel". Sind wir von bekannten Einzelverrückungen jedes Gliedes ausgegangen, so ist die Ermittlung der je zwei Verschiebungskomponenten jedes Knotens im einfach stabilen System eindeutig bestimmt, denn die Zahl der Unbekannten beträgt $2\,z_k$ und ist somit gleich der Gesamtzahl der Glieder. In dieser Betrachtung sind die Verschiebungskomponenten der Knotenpunkte bzw. die Stabdrehwinkel die einzigen geometrischen Unbekannten. Die Verdrehung der Knoten, die sogenannten Knotendrehwinkel, scheiden völlig aus der Betrachtung aus. Im $n+1$ fach stabilen oder n-fach statisch unbestimmten System wird die Formänderungsaufgabe bezüglich der Stabdrehwinkel n-fach überbestimmt, worauf wir noch später zurückkommen werden.

Betrachten wir die Stabdrehwinkel als einzige geometrische Unbekannte der Aufgabe, so müssen wir feststellen, daß es eine große Anzahl von Systemen gibt, deren Lagerung keine Verdrehung der Stabsehnen ohne Änderung der Stablängen zuläßt und die also keine solchen Unbekannten enthalten. Derartige Systeme werden in der

Praxis als unverschieblich bezeichnet, wenngleich dieser Ausdruck nur bedingt richtig ist. Da im allgemeinen gegenüber der Krümmung der Stäbe die Stablängenänderungen in statischer und geometrischer Hinsicht eine Wirkung von kleinerer Größenordnung ausüben, werden sie bei der Berechnung der Stabwerke meist vernachlässigt. Unter dieser Voraussetzung kann man ein System, in dem durch Stabkrümmungen allein keine Stabdrehwinkel entstehen, unverschieblich nennen.

Wollen wir die Formänderungsaufgabe unabhängig von der Gleichgewichtsaufgabe behandeln, so müssen wir eine Kennzeichnung des Systems wählen, welche sich lediglich auf die Ansatzorte der geometrischen Unbekannten, d. h. auf die Knoten eines Systems bezieht. Die Auflagerverrückungen selbst zählt man zwar nicht zu den geometrischen Unbekannten, die Bewegungsfreiheiten der jeweiligen Lagerung sind aber bei Ermittlung der Verschiebungsmöglichkeiten des Gesamtsystems, deren Zahl als Freiheitsgrad bezeichnet wird, zu berücksichtigen. Die inneren Knoten mit einer oder mehreren steifen Ecken stellen die Ansatzorte der unbekannten Knotenverdrehungen, d. h. der Knotendrehwinkel, dar. Innere Gelenkknoten, d. h. solche ohne jede steife Ecke, scheiden als Ansatzorte geometrischer Unbekannter aus. Die Stabdrehwinkel wirken an den feststellbaren Gelenken im Hilfsstabwerk gemäß Abb. 2.

Kurz zusammengefaßt wird die geometrische Beschaffenheit eines Systems durch die Zahl der inneren Knoten und deren Lage im Stabwerk bzw. Hilfsstabwerk gekennzeichnet. Die Anzahl der inneren Knoten im Stabwerk, welche mindestens eine steife Ecke enthalten, ergibt die Zahl der Knotendrehwinkel, die Zahl der Freiheitsgrade und der notwendigen Festhaltegelenke im Hilfsstabwerk gibt die Zahl der Stabdrehwinkel an. Zur Unterscheidung der inneren und äußeren Knoten stellen wir uns in der Systemskizze alle Auflagerungen im Form von Pendelstützen vor, so daß alle äußeren oder Auflagerknoten die auflagerseitigen Endknoten dieser Pendelstützen bilden.

Als innere Knoten bezeichnen wir alle in ihrer Verdrehung elastisch nachgiebigen Knoten eines Systems im Gegensatz zu den äußeren oder Auflagerknoten.

Grad der geometrischen Unbestimmtheit. Der Begriff der geometrischen Unbestimmtheit, den wir bereits einleitend erläuterten, ist anders geartet als der Begriff der statischen Unbestimmtheit. Versteht man unter einem statisch bestimmten System ein solches, welches sich ausschließlich mit Hilfe der Gleichgewichtsbedingungen lösen läßt, so würde die Analogie der Begriffsbildung verlangen, daß sich ein geometrisch bestimmtes System ausschließlich mit Hilfe der Verträglichkeitsbedingungen lösen läßt. Dem statischen Grundgesetz von dem Gleichgewicht der Kräfte entspricht das geometrische Grundgesetz von der Verträglichkeit der Formänderungen, nach dem die Gleichheit der Stabendwinkel an den steifen Ecken und damit die Kontinuität der Biegelinie an allen gelenklosen Stellen der Stabachsen einzuhalten ist. Eine solche Begriffsfestlegung der geometrischen Bestimmtheit wäre zwar folgerichtig, aber nur sinnvoll, wenn man dadurch einen Teil der geometrischen Unbekannten abzweigen und gesondert ausschließlich durch Ansatz von Verträglichkeitsbedingungen gewinnen könnte. Die Bestimmungsgleichungen der Knoten- und Stabdrehwinkel sind, wie später ausgeführt wird, statische Ansätze, d. h. Gleichgewichtsbedingungen. Daher ist es üblich, beide Arten von Drehwinkeln als geometrische Unbekannte zusammenzufassen und deren Summe als Grad der geometrischen Unbestimmtheit zu bezeichnen. Zwischen der Anzahl der inneren Knoten bzw. der unbekannten Knotendrehwinkel und der Anzahl der Festhaltungen im Hilfsstabwerk bzw. der unbekannten Stabdrehwinkel besteht keine einfache Beziehung, ein gemeinschaftlicher Ansatz zu

Abzählung des Unbestimmtheitsgrades dürfte daher kaum von Interesse sein. Wir betrachten beide Arten von Drehwinkeln später gesondert. Die Frage, ob eine Änderung der Grundbegriffe die Berechnung geometrischer Unbekannter vereinfachen würde, bedarf noch der Klärung.

b) Erläuterung der Begriffe beim Ansatz der Arbeit.

Der Ansatz der Formänderungsarbeit erfordert eine klare Unterscheidung zwischen äußeren und inneren Kräften und ihren Wegen bzw. Verrückungen. Diese Unterscheidung wird dadurch erschwert, daß gleichzeitig der Ort und die Art von Ursache und Wirkung angegeben werden müssen. Die Ursache kann eine Belastung oder eine Verrückung sein, die Belastung bzw. Verrückung kann äußerer oder innerer Art sein, kann einem wirklichen oder nur gedachten Vorgang angehören. Es fehlen für alle diese Unterscheidungen kurze Bezeichnungen, mit denen man ohne umständliche Definition arbeiten kann.

1. Kräfte.

Man unterscheidet im allgemeinen zwischen äußeren Kräften, unter denen man alle von außen angreifenden Kräfte versteht, und inneren Kräften, welche als Reaktion in den Elementen der Stabquerschnitte auftreten. Schwierig wird die Begriffsfestlegung, wenn wir die Arbeit aus „äußeren Kräften" als „äußere Arbeit" und die Arbeit aus „inneren Kräften" als „innere Arbeit" bezeichnen würden. Dann ist die Unterscheidung von außen und innen nach actio und reactio unrichtig. Lassen wir an einer bestimmten Schnittstelle eine innere Kraft angreifen, so würde diese als actio betrachtet eine „äußere" Arbeit verrichten. Diesen Widerspruch umgeht man meist dadurch, daß man sich eine in einem gedachten Schnitt angesetzte innere Kraft als äußere Kraft vorstellt. Wir belasten aber die Denkarbeit unnötig durch derartige Zwischenüberlegungen und müssen versuchen, statt dessen die Grundbegriffe einheitlich auszurichten, wenngleich eine solche Regelung nur von zentraler Stelle aus erfolgreich sein kann. Bei der Gliederung eines Systems sind Stützen und Auflagerknoten „äußere", dagegen Stäbe, steife Ecken und elastisch verdrehbare Knoten sind „innere" Glieder bzw. Knoten. Diese geometrische Bezeichnungsweise ist eindeutig. Ebenso klar verständlich ist die Unterscheidung der statischen Kräfte, je nachdem ob sie außerhalb oder innerhalb eines Systems angreifen. Für die innere Kraft besitzen wir den einfachen Ausdruck „Schnittkraft". Die äußere Kraft wird hier künftig kurz als „Last" bezeichnet, obgleich der Begriff „Belastung" im Sprachgebrauch beide Arten von Kräften umfaßt. Dagegen wollen wir die Ausdrücke „außen" und „innen" beim Begriff der Arbeit vermeiden. Beim Ansatz der Arbeit ist es im allgemeinen durch die Aufgabestellung bekannt, ob äußere oder innere Kräfte angesetzt werden. Wir sprechen daher von der Arbeit der äußeren und inneren Kräfte. Innerhalb des Ansatzes benötigen wir die Unterscheidung, ob die betreffende Arbeitsleistung in einem einzelnen Punkt bzw. Querschnitt erfolgt oder sich über die ganze Länge eines bzw. mehrerer Stäbe erstreckt. Hierfür wiederum die Begriffe „außen" und „innen" anzuwenden, ist nach den obigen Darlegungen nicht ratsam, wenn es auch teilweise so geschieht. Die Einführung einer zutreffenden kurzen Bezeichnung für die Arbeit an einzelnen Punkten und ganzen Stäben oder Stabzügen wäre zu begrüßen.

Für die Kräfte ergeben sich danach folgende Bezeichnungen.

Äußere Kräfte, auch angreifende Kräftepaare, d. h. Momente, werden **Lasten** genannt. Es ist zu beachten, daß wir damit von der üblichen Bezeichnungsweise abweichen und unter einer Last nur eine Kraft der meist durch die Aufgabestellung gegebenen äußeren Belastung des Systems verstehen. Dagegen umfaßt der Begriff „Belastung" äußere und innere Kräfte, ferner Temperatureinwirkungen, Schwindwirkungen, Stützensenkungen und auch das Kriechen.

Innere Kräfte bezeichnen wir als **Schnittkräfte** und verstehen darunter jene Kräfte, die man an einer Schnittstelle des Tragwerkes anbringen muß, um das Gleichgewicht der abgeschnittenen Teile zu erhalten. Ein Schnitt macht stets gleich große entgegengesetzt wirkende Doppelkräfte frei. Eine Schnittkraft bezeichnet also im Gegensatz zu einer Last stets eine Doppelkraft an den beiden Schnittufern.

2. Verrückungen.

Aus der Betrachtung der von den Kräften an einem Tragwerk geleisteten Arbeit ergibt sich die Notwendigkeit, die Weganteile der Arbeitsprodukte zu untersuchen. Das sind die Verrückungen, worunter sowohl Verschiebungen als auch Verdrehungen zu verstehen sind. Die Verrückungen können entweder elastischer Art sein, wie sie durch eine Tragwerksbelastung wirklich erzeugt werden, oder sie können irgendwelche rein geometrisch definierte Bewegungen sein, die wir dem Tragwerk vorschreiben, um aus der dabei geleisteten Arbeit die statischen Unbekannten zu bestimmen. In beiden Fällen muß man die Voraussetzung treffen, daß die Verrückungen im Vergleich zu den Tragwerksabmessungen genügend klein sind, um die Änderung dieser Abmessungen vernachlässigen zu können.

Äußere Verrückungen sind die Weganteile bei der von den Lasten geleisteten Arbeit, es sind also die Komponenten der Verschiebung der Lastangriffspunkte in Richtung der Lasten.

Innere Verrückungen nennen wir die Weganteile der von den Schnittkräften geleisteten Arbeit. Die inneren Verrückungen bestehen entweder in der Öffnung einzelner Schnitte, insbesondere der gegenseitigen Verdrehung δ der Stabenden beiderseits eines meist gedachten Gelenkes, wobei das Paar der entgegengesetzten Schnittkräfte (Doppelmoment) Arbeit leistet, oder in der kontinuierlich für einen Stab oder Stabteil vorgeschriebenen gegenseitigen Verrückung $d\xi$ benachbarter Querschnitte. $d\xi$ kann somit eine Längenänderung oder eine Krümmung ausdrücken.

3. Arbeit.

In der Statik ist es üblich, den Begriff „Arbeit" völlig abstrakt zu gebrauchen, d. h. man bildet ein Produkt von Kräften und Verrückungen, welche nicht in ursächlichem Zusammenhang miteinander stehen. Die gesamte Arbeit, welche ein Belastungszustand mit einem Verrückungszustand an einem System leistet, setzt sich aus einer Anzahl von Einzelbeiträgen an allen Orten zusammen, welche sowohl eine Belastung als auch eine Verrückung erfahren. Dabei unterscheidet man einerseits zwischen den Arbeitsbeiträgen an bestimmten, einzelnen Ansatzorten, welche als Einzelwerte zu einer Summe addiert werden, und den Arbeitsbeiträgen in den Stabelementen, welche mit Hilfe der Integration zu einem Gesamtbetrag zusammengefaßt werden müssen. Wir werden, wie es in der Rahmenstatik üblich ist, den Einfluß der Längs- und Querkräfte auf die Formänderung meist vernachlässigen und begegnen daher zur Hauptsache Momenten, Verdrehungen und Krümmungen. Nur die Längenänderung durch Temperatureinflüsse, Schwinden usw., sowie die elastische Dehnung von Zugbändern ist gegebenenfalls zu berücksichtigen. Dann treten als innere Verrückungen auch Längenänderungen der Stäbe auf, welche im Falle der Wärmeänderung zu den bekannten und im Falle der elastischen Zugbanddehnung zu den unbekannten geometrischen Größen zählen.

In allen Ansätzen der „Arbeit“ in der Statik begegnet uns häufig das Beiwort virtuell, man spricht sowohl von virtuellen Belastungen als auch von virtuellen Verrückungen bzw. Geschwindigkeiten. „Virtuell“ wird meist mit „gedacht“ übersetzt, diese Übersetzung deckt aber nicht ganz den Sinn des Wortes. Die lateinische Wurzel ist bekanntlich „virtus“, die Fähigkeit oder Tugend, d. h. die Anpassung an gegebene Vorschriften bzw. — sinngemäß angewendet — die Beachtung übergeordneter Voraussetzungen. Man will also durch den Ausdruck „virtuell“ die Freiheit in der Wahl des jeweiligen Ansatzes einschränken, ein solcher „gedachter“ Ansatz soll auch mit den Voraussetzungen des betrachteten Systems verträglich sein. Dem gedachten und virtuellen steht der wirkliche oder tatsächliche Gleichgewichts- oder Formänderungszustand gegenüber. Das Beiwort „wirklich“ bezieht man entweder auf die Ursache, d. h. die gegebene äußere Belastung bzw. Verrückung im Gegensatz zu einem jeweils gedachten Ansatz, oder auf die Wirkung, d. h. das unveränderte System im Gegensatz zum Hauptsystem, oder drittens auf Ursache und Wirkung zusammen.

Wir betonen hier die Mängel und Schwierigkeiten in der Statik, welche nicht in der Materie selbst, sondern ausschließlich in der Vernachlässigung der klaren sprachlichen Darstellung liegen. Die Ausführlichkeit in der Erläuterung der Bezeichnungen kann daher kaum übertrieben werden, so überflüssig sie auch im Einzelfall zu sein scheint, in welchem der Leser zufällig mit einem Ausdruck den gleichen Begriff wie der Autor verbindet.

c) Betrachtungen am statisch unbestimmten System.

Die Lösung der Gleichgewichtsaufgabe besteht zur Hauptsache in der Ermittlung der Gleichungen, durch welche die statischen Überzähligen bestimmt werden. Diese werden wie äußere Doppelkräfte am statisch bestimmten Hauptsystem angesetzt. Wir wollen in diesem Abschnitt die allgemeinen Grundlagen untersuchen, welche das Wesen der Bestimmungsgleichungen der statischen Überzähligen erkennen lassen, und uns auf die Betrachtung der Möglichkeiten ihres Ansatzes beschränken, ohne hieraus vorerst die Nutzanwendung zu ziehen.

Wir suchen den Gleichgewichtszustand, der sich unter gegebener, beliebiger Belastung an einem n-fach statisch unbestimmten System einstellt. Unter einem Gleichgewichtszustand versteht man das Zusammenwirken aller äußeren und inneren statischen Kräfte, welches alle Gleichgewichtsbedingungen erfüllt.

Grüning stellt a. a. O. zur Klärung der Grundlagen analytisch-geometrische Gleichungen für die Verrückungen der Glieder als Funktionen der Verschiebungskomponenten der Knotenpunkte auf. Auch wenn wir diese Gleichungen im einzelnen nicht anschreiben, ist einzusehen, daß die Verrückung jedes Gliedes als ein Ausdruck angesetzt werden kann, in dem nur die Verschiebungskomponenten der Knotenpunkte in linearer und quadratischer Form vorkommen. Trifft die übliche Voraussetzung zu, daß die Formänderungen gegenüber den Stabwerksabmessungen klein sind, so können die Quadrate der Verschiebungskomponenten vernachlässigt werden.

Man kann jedes Glied eines Systems als einen gelenkig angeschlossenen Stab betrachten. Eine steife Ecke ist durch eine Kopfstrebe zwischen zwei Stabenden, eine Auflagerverbindung durch eine Pendelstütze zu ersetzen. Kopfstreben und Pendelstützen sind unelastische Hilfsstäbe. Erfährt ein elastischer Stab eine Belastung, so verursacht diese eine Längenänderung des Stabes, d. h. eine Abstandsänderung der anschließenden beiden Knotenpunkte. Die Längenänderung eines Stabes ist somit die Funktion der Verschiebungskomponenten zweier Knoten. Erhält eine unelastische Kopfstrebe eine Belastung, so bewirkt diese eine Verbiegung der beiden angeschlossenen elastischen Stäbe und eine gegenseitige Verrückung dreier Knoten, d. h. eine Winkeländerung. Der Winkel zwischen den beiden Stabsehnen, welche die steife Ecke einschließen, ist die Funktion der Verschiebungskomponenten dreier Knoten. Die Anzahl der Stützen bewirkt eine gleiche Zahl von Festhaltungen, denen ebensoviel Verrückungen entsprechen. Diese Verrückungen sind Funktionen der Verschiebungskomponenten des betreffenden Auflagerknotens und im Falle vorliegender Einspannung auch des anschließenden Nachbarknotens.

Den $(z_s + z_e + z_c)$ Gliedern eines Stabwerkes entsprechen demnach ebenso viele Verrückungen ξ. Damit erhalten wir $(z_s + z_e + z_c)$ Gleichungen

$$[a] \quad \xi = f(\zeta_k, \psi_k),$$

in denen $2 z_k$ Knotenverschiebungen ζ_k, ψ_k vorkommen, während die Zahl der Glieder und damit auch der Gleichungen [a] um n größer als $2 z_k$ ist. Wir können daher die $2 z_k$ Verschiebungskomponenten der Knotenpunkte aus den Gleichungen [a] eliminieren und müssen dann n Gleichungen [b] übrig behalten, welche die geometrischen Beziehungen für die Verrückungen ξ der Glieder, d. h. Verträglichkeitsbedingungen in linearer Gleichungsform ausdrücken. Diese n geometrischen Gleichungen [b] legen zusammen mit den $2 z_k$ statischen Gleichgewichtsbedingungen alle statischen Unbekannten eindeutig fest. Es gibt nur einen bestimmten Wert jeder statischen Größe, der alle Gleichungen erfüllt. Es bestehen zwar unendlich viele mögliche Gleichgewichtszustände, aber nur einer davon erfüllt die durch die Elastizität des Baustoffes gegebenen Verträglichkeitsbedingungen, durch welche die Formänderung beschränkt ist, nur ein Gleichgewichtszustand ist gleichzeitig geometrisch möglich.

Diese Betrachtung zeigt einerseits die Bestimmtheit der Aufgabe, andererseits läßt sich daraus ableiten, daß die sogenannten Elastizitätsgleichungen [b] unabhängig von der Wahl des Hauptsystems immer die gleichen geometrischen Aussagen wiedergeben. Da diese Gleichungen die Längenänderung der Stäbe durch Temperaturänderung usw. und gegebenfalls die Verschiebungen der Stützen als gegebene Größen enthalten, sind die statischen Größen eines Tragwerkes mehrfacher Stabilität auch von diesen abhängig, während sie im Tragwerk einfacher Stabilität hiervon unabhängig sind.

Wir entnehmen dieser von Grüning übernommenen Darstellung die Tatsache, daß alle Bestimmungsgleichungen der statischen Überzähligen geometrischen Inhaltes sind. Beschränken wir uns bei der Bildung des statisch bestimmten Hauptsystems auf Gelenkeinfügungen in den Stabenden, so beziehen sich diese geometrischen Aussagen ausschließlich auf die gegenseitige Verdrehung der Stabsehnen, d. h. auf die Stabdrehwinkel eines Systems, welche je nach der Eigenart des Systems gleich oder ungleich Null sein können.

Über die Auswahl der überzähligen statischen Unbekannten bzw. der ihnen entsprechenden überzähligen Glieder haben wir bisher nichts festgelegt. Um aber alle übrigen statischen Unbekannten mit Hilfe der Gleichgewichtsbedingungen berechnen zu können, müssen sie den Gliedern eines einfach stabilen Systems entsprechen. Daraus folgt die Unterteilung der Unbekannten in zwei Gruppen. Die erste Gruppe bilden die überzähligen und primären Unbekannten, deren Anzahl zu

$$n = z_s + z_e + z_c - 2 z_k$$

ermittelt wurde. Der zweiten Gruppe gehören die sekundären Unbekannten an, welche den Gliedern eines einfach stabilen Stabwerkes zugeordnet sind.

Wir wollen nunmehr die Bedingungsgleichungen der Überzähligen untersuchen unter der Voraussetzung, daß die Überzähligen den überzähligen Gliedern eines beliebig gewählten einfach stabilen Systems entsprechen. Am n-fach statisch unbestimmten Tragwerk ist die Zahl der statischen Unbekannten um n größer als die Zahl der verfügbaren Gleichgewichtsbedingungen. Es kann n statischen Unbekannten, die durch die Gleichgewichtsbedingungen nicht bestimmt sind, jeder willkürliche Wert beigelegt werden, ohne die Erfüllung der Gleichgewichtsbedingungen unmöglich zu machen. Diese n statischen Unbekannten sind die primären Unbekannten oder Überzähligen der Gleichgewichtsaufgabe. Man beachte, daß sich mit dem Begriff „Gleichgewichtszustand" keine Aussage über das gleichzeitige geometrische Verhalten des Systems, d. h. die Innehaltung der Verträglichkeitsbedingungen verbindet. Es sind unendlich viele Gleichgewichtszustände bei bestimmten Lasten P möglich. Sind alle Lasten P gleich Null, so haben die Überzähligen gleichwohl nicht unbedingt den Wert Null. Vielmehr können auch in diesem Fall die n Überzähligen jeden willkürlichen Wert annehmen, während die Erfüllung der Gleichgewichtsbedingungen durch die $2\,z_k$ verbleibenden sekundären statischen Größen erzwungen wird. Daraus ergibt sich der wichtige Schluß, daß zwischen den n Überzähligen Beziehungen bestehen, welche auch ohne Lasten gelten müssen. Diese Beziehungen stellen somit einen Gleichgewichtszustand dar, der ohne äußere Lasten besteht und „Selbstspannungszustand" genannt wird. Da diese Feststellung von grundsätzlicher Bedeutung für die Betrachtungsweise der ganzen Aufgabe ist, sei nochmals wiederholt, daß die Bedingungsgleichungen der statischen Überzähligen geometrische Verträglichkeitsbedingungen sind, welche durch Selbstspannungszustände auszudrücken sind.

Ein Selbstspannungszustand enthält im wirklichen System nur innere Kräfte, d. h. Schnittkräfte. Gehen wir aber von der Betrachtung des statisch bestimmten Hauptsystems aus, so ist der Selbstspannungszustand dadurch gekennzeichnet, daß als Lasten nur Doppelkräfte in den zur Bildung des Hauptsystems eingefügten Schnittstellen angesetzt werden. Dadurch entsteht in den Schnittstellen der zur Bildung des Hauptsystems durchschnittenen oder gelösten Glieder eine dem jeweiligen Glied entsprechende Verrückung des Hauptsystems. Man kann also einen Selbstspannungszustand als Folge einer inneren Verrückung der selbstgespannten, überzähligen Glieder und damit als eine geometrische Aussage betrachten. Die Einheit eines Selbstspannungszustandes, der durch die Selbstspannung eines einzelnen Gliedes verursacht ist, bezieht sich auf die dem selbstgespannten Glied zugeordnete statische Überzählige, nicht auf die Verrückung dieses Gliedes. In einem System einfacher Stabilität umfaßt ein Selbstspannungszustand nur die selbstgespannten Glieder, da die Selbstspannung eines Gliedes in den anderen Gliedern keine Kraft und damit auch keine Spannung auslösen kann.

Alle möglichen Selbstspannungszustände eines statisch unbestimmten Systems sind, wie oben ausgeführt wurde, durch keine statischen Gleichgewichtsbedingungen miteinander verknüpft, oder um eine andere Bezeichnung zu gebrauchen, sie sind voneinander statisch unabhängig. Dieser Feststellung bedurfte es nicht, weil wir ja davon ausgingen, daß alle verfügbaren Gleichgewichtsbedingungen zur Bestimmung der sekundären statischen Unbekannten gebraucht werden. Die gegenseitigen Beziehungen derjenigen Selbstspannungszustände, welche sich als Bedingungen zur Ermittlung der statischen Überzähligen eignen, können nur geometrischer Art sein. Sie sind die Verrückungen, die bei der Selbstspannung eines überzähligen Gliedes in den übrigen überzähligen Gliedern auftreten. Die Selbstspannungszustände, welche die Bestimmungsgleichungen der statischen Überzähligen liefern, sind in ihrer allgemeinen Form voneinander geometrisch abhängig. Statt dessen kann man den Bestimmungsgleichungen solche Selbstspannungszustände zugrundelegen, welche voneinander geometrisch unabhängig sind. In diesem Fall erhalten wir auch Bestimmungsgleichungen gegenseitiger Unabhängigkeit. Stellen wir dieses als Forderung auf, so ergibt sich daraus die Notwendigkeit, daß die gesuchten Selbstspannungszustände voneinander geometrisch unabhängig sind. Gehen wir von zwei beliebigen Selbstspannungszuständen A und B aus, so sind diese dann geometrisch unabhängig voneinander, wenn der Zustand A keine Verrückung im Sinne der durch Zustand B verursachten Formänderung bewirkt. Andernfalls würde die geometrische Aussage eines Zustandes diejenige des anderen Zustandes überschneiden. Dieses wird noch leichter verständlich, wenn wir annehmen, daß jeder der beiden Zustände durch Selbstspannung eines einzigen überzähligen Gliedes erzeugt wird. Die geometrische Unabhängigkeit zweier Zustände wird dann dadurch gekennzeichnet, daß ein Zustand wohl eine äußere Verrückung des gesamten Systems einschließlich des in dem anderen Zustand selbstgespannten Gliedes, aber keine innere Verrückung dieses Gliedes verursachen darf.

Der praktische Rechnungsgang zur Ermittlung geeigneter Selbstspannungszustände von geometrischer Unabhängigkeit wird erst später mit Hilfe des Prinzips der virtuellen Arbeit entwickelt, wir wollen hier zunächst das Ergebnis der bisherigen Betrachtung zusammenfassen.

„Die Bestimmungsgleichungen der statischen Überzähligen erfüllen stets geometrische Verträglichkeitsbedingungen und können beliebigen Selbstspannungszuständen gegenseitiger geometrischer Unabhängigkeit entnommen werden."

Die Forderung der gegenseitigen geometrischen Unabhängigkeit ist die einzige und ausreichende Vorbedingung für die Richtigkeit der gesuchten Selbstspannungszustände. Daraus folgt die Freiheit in der Wahl dieser Zustände. Ist die Auswahl der Überzähligen durch Bildung eines statisch bestimmten Hauptsystems getroffen, so kann man den ersten Selbstspannungszustand völlig frei wählen, d. h. jeder Überzähligen eine beliebige Selbstspannung zuerteilen. Alle weiteren Selbstspannungszustände unterliegen der Einschränkung, daß sie von den vorher festgelegten Selbstspannungszuständen geometrisch unabhängig sein müssen. Der n-te Zustand muß $n - 1$ Bedingungen unterworfen sein.

Jeder einzelne Selbstspannungszustand kann als Überlagerung von n Zuständen betrachtet werden, welche aus der Selbstspannung eines einzelnen überzähligen Gliedes am statisch bestimmten Hauptsystem entstehen. Jeder der gesuchten n Zustände besteht also aus wiederum n Einzelzuständen am statisch bestimmten Hauptsystem. Damit ist die theoretische Grundlage des sogenannten „Gruppenlastenverfahrens" gegeben.

Ein Sonderfall von n geometrisch unabhängigen Selbstspannungszuständen ergibt sich auf folgende Art: Man verwandelt das wirkliche, n fach statisch unbestimmte System durch einen Schnitt (eine Gelenkeinfügung) in ein $n - 1$ fach statisch unbestimmtes Hauptsystem und bringt als Lasten die dem Schnitt entsprechende Überzählige als Doppelkraft (Doppelmoment) der Größe Eins an. Der dadurch im $n - 1$ fach unbestimmten System entstehende Gleichgewichtszustand ist ein Selbstspannungszustand des n-fach unbestimmten Systems. Verfährt man in dieser Weise mit den n Überzähligen, so erhält man Selbstspannungszustände, deren geometrische Unabhängigkeit aus der geometrischen Kontinuität der $n - 1$ Schnittstellen unmittelbar zu erkennen ist. Die Momentenlinien, welche durch Selbstspannung eines überzähligen Gliedes am $n - 1$ fach statisch unbestimmten System gebildet werden, nennen wir wie Dischinger die Zustandslinien der betreffenden Überzähligen.

Gehen wir bei der Lösung der Formänderungsaufgabe von der statischen Gliederung des Systems aus, so können wir mit Hilfe der Gleichungen [a] die Verschiebungskomponenten aller Knoten aus den statischen Kräften bzw. deren Einzelverrückungen als geometrische Unbekannte ermitteln. Die Knotenpunktverschiebungen sind absolute Größen, man kann daraus die absoluten Verdrehungen der inneren Knoten, die Knotendrehwinkel, sowie die relativen Verschiebungen aller Knotenpunkte, die Stabdrehwinkel, entwickeln. Die Ermittlung dieser geometrischen Unbekannten nach vorheriger Lösung der Gleichgewichtsaufgabe wird selten benötigt, meist löst man die Formänderungsaufgabe an einem geometrischen Hauptsystem. Wir können daher die Ableitung der Drehwinkel aus den Knotenverschiebungen hier auslassen. Es sei nur darauf hingewiesen, daß die Verschiebungskomponenten der Knotenpunkte alle geometrischen Angaben für einen Verformungszustand einschließen.

Wählen wir die Komponenten der Knotenverschiebung als geometrische Unbekannte, so ist deren Ermittlung aus den Gleichungen [a] eine Aufgabe n-facher Überbestimmtheit, da in den $2\,z_k + n$ Gleichungen [a] nur $2\,z_k$ Unbekannte vorkommen. Die $2\,z_k$ notwendigen Bestimmungsgleichungen müssen voneinander unabhängige Aussagen über die vorermittelten statischen Unbekannten bzw. über die Verrückung der ihnen entsprechenden Glieder enthalten. Die Unabhängigkeit ist für alle Glieder eines beliebig wählbaren Systems einfacher Stabilität gegeben. Daraus folgt, daß wir zum Ansatz der Bestimmungsgleichungen für die Knotenverschiebungen jedes einfach stabile System zugrundelegen können, welches aus den Gliedern des wirklichen Systems gebildet werden kann. Diese Überlegung soll den Zusammenhang der Gleichungen [a] mit dem Reduktionssatz zeigen, auf den wir später zurückkommen.

d) Betrachtungen am geometrisch unbestimmten System.

Die Zugrundelegung eines geometrischen Hauptsystems dient meistens zur Lösung der Formänderungsaufgabe, die statischen Unbekannten werden dann in einem zweiten Rechnungsgang ermittelt. In einigen neueren Verfahren überspringt man auch die Ausrechnung der geometrischen Unbekannten und setzt die statischen Unbekannten unmittelbar an einem geometrischen Hauptsystem an. Die Lösung der Formänderungsaufgabe besteht zur Hauptsache in der Ermittlung der Bestimmungsgleichungen für die geometrischen Unbekannten. Wir wollen in diesem Abschnitt das Wesen dieser Bestimmungsgleichungen untersuchen.

Das geometrisch bestimmte Hauptsystem B schafft noch einfachere Voraussetzungen als das statisch bestimmte Hauptsystem A. Wir haben hier die ursprünglich freie Wahl der Festhaltungsart gegen die Verschieblichkeit der Knotenpunkte ausgeschaltet, indem wir uns für den Ansatz der Stabdrehwinkel entschieden haben, welche nicht die absolute, sondern die relative Verschiebung zweier Knotenpunkte und damit zweier Stabzüge ausdrücken. Dadurch ist das Hauptsystem B für jedes System festgelegt. Die einzigen geometrischen Unbekannten sind die Drehwinkel φ_k und $\vartheta_{k'}$ der Knoten k des eigentlichen Stabwerkes und der Knoten k' des Hilfsstabwerkes. Die durch die Aufgabestellung festgelegte geometrische Struktur eines Systems liefert die sogenannten „Verträglichkeitsbedingungen", welche zusammen mit den statischen

Gleichgewichtsbedingungen die Grundlage jeder Rahmenberechnung bilden. Die von Grüning gewählte Gliederung des Stabwerkes hat den großen Vorzug, daß jedes Glied gleichzeitig der Ansatzort einer (statischen) Gleichgewichtsbedingung und einer (geometrischen) Verträglichkeitsbedingung ist.

Der Stab kennzeichnet eine Abstandshaltung, die steife Ecke bzw. die gelenkig eingefügte Kopfstrebe drückt die gegenseitige Unverdrehbarkeit zweier Stabenden, d. h. die Gleichheit der Stabendwinkel an einer biegungssteifen Eckverbindung zweier Stäbe aus, die Stütze bewirkt eine Festhaltung in ihrer Richtung.

Wie im statischen Hauptsystem alle Gleichgewichtsbedingungen, so werden im geometrischen Hauptsystem alle Verträglichkeitsbedingungen eingehalten. Folglich bleiben für die Bestimmungsgleichungen der geometrischen Unbekannten bei Zugrundelegung eines geometrischen Hauptsystems ausschließlich die statischen Gleichgewichtsbedingungen übrig. Jede Festhaltung eines Knotens im Hauptsystem bedeutet eine Abweichung von der Gleichgewichtsbedingung, welche die Summe der Stabendmomente an jedem Knoten zu Null vorschreibt. Aus der Übereinstimmung der Anzahl von Festhaltungen — somit auch von geometrisch unbekannten Verdrehungen — und der Zahl verfügbarer Gleichgewichtsbedingungen folgt die Bestimmtheit der Aufgabe. Die bereits im wirklichen System geometrisch bestimmt gelagerten Knotenpunkte scheiden selbsttätig aus der Betrachtung aus, da hier die Gleichgewichtsbedingungen auch im Hauptsystem eingehalten werden.

Für die gegenseitigen Beziehungen der geometrischen Unbekannten müssen n voneinander unabhängige Aussagen über das statische Gleichgewicht an allen n im Hauptsystem zusätzlich festgehaltenen Knoten gefunden werden. Die einfachste Form dieser Gleichungen, welche die Forderung der gegenseitigen Unabhängigkeit erfüllt, erhält man dadurch, daß man jeder Unbekannten die Verdrehung im Betrag 1 vorschreibt, im Ansatzort jeder Unbekannten die Wirkungen am Hauptsystem überlagert und dann die Gleichgewichtsbedingung für jeden Knoten anschreibt. Die wechselseitigen Beziehungen der Unbekannten sind also auch ohne äußere Belastungen anzusetzen, genau wie bei der Gleichgewichtsaufgabe am statisch bestimmten Hauptsystem. Wir bilden Formänderungszustände, welche nur durch gedachte Eigenverrückungen der Unbekannten entstehen. Ein solcher Zustand, der nicht durch bestimmte äußere Belastungen erzeugt wird, soll ein „Selbstverformungszustand" genannt werden. Das ist ein dem Selbstspannungszustand analoger Begriff. Dem Ansatz innerer Kräfte am Hauptsystem A entspricht der Ansatz äußerer Verrückungen am Hauptsystem B bzw. B^*.

Diese Form der Gleichungen, durch welche die geometrischen Unbekannten miteinander verknüpft sind, ist aber nicht die einzig mögliche, wie leicht zu beweisen ist. Bei jeder Selbstverformung eines Knotens entsteht dort ein überschüssiges Moment, welches der betreffenden Verdrehung entspricht. Bilden wir zwei Selbstverformungszustände, in denen alle Knoten durch eine Selbstverdrehung belastet werden, so ist die Unabhängigkeit der statischen Aussagen, welche diese Selbstverformungszustände ausdrücken sollen, auch dann gewahrt, wenn der eine Zustand keine freien, überschüssigen oder unausgeglichenen Knotenmomente im Sinne des anderen Zustandes erzeugt. Dann sind diese beiden Zustände statisch unabhängig voneinander, die den Knotenverdrehungen des eines Zustandes entsprechenden Knotenmomente erzeugen keine Knotenmomente, welche den Knotenverdrehungen des anderen Zustandes entsprechen.

Somit können wir über das Wesen der Bestimmungsgleichungen der geometrischen Unbekannten allgemein folgendes aussagen:

„Die Bestimmungsgleichungen der geometrischen Unbekannten erfüllen stets statische Gleichgewichtsbedingungen und können beliebigen Selbstverformungszuständen gegenseitiger statischer Unabhängigkeit entnommen werden."

Wir haben es bisher vermieden, von geometrischen „Überzähligen" zu sprechen, wir können aber jede Knotenfesthaltung als überzähliges Glied des Systems betrachten, welches beim geometrischen Hauptsystem zugefügt, während es beim statischen Hauptsystem beseitigt wurde. Zu den Überzähligen zählen beim Ansatz am Hauptsystem B sowohl Knoten- als auch Stabdrehwinkel, am Hauptsystem B^* nur Knotendrehwinkel.

Wie früher schon angedeutet, ist es vorteilhaft, wenn bereits durch die Einführung des Hauptsystems eine Trennung der Unbekannten in zwei Gruppen stattfindet. Faßt man beim Hauptsystem A diejenigen Unbekannten, welche als Kräfte in den Gliedern eines einfach stabilen Systems auftreten, zu einer Gruppe von sekundären Unbekannten zusammen, so haben diese die Eigenschaft, daß der Ansatz einer sekundären Unbekannten im Hauptsystem keine Auswirkung in den übrigen sekundären Unbekannten auslöst. Der Selbstspannungszustand einer sekundären Unbekannten beschränkt sich auf ein Glied, den Ansatzort eben dieser Unbekannten. In den über die Zahl der Glieder des einfach stabilen Systems hinausgehenden, „überzähligen" Gliedern greifen die primären Unbekannten oder „Überzähligen" an. Jede Überzählige ist durch geometrische Bedingungen mit den übrigen Überzähligen verknüpft, algebraisch betrachtet, entsteht daher zwischen den n Überzähligen eine Gleichungsgruppe von n Gleichungen mit n Unbekannten. In diesen Gleichungen kommen nur Überzählige, keine sekundären Unbekannten vor. Letztere werden später als Funktionen der Überzähligen ermittelt. Diese getrennte Behandlung der primären und sekundären Unbekannten wird nur dadurch ermöglicht, daß die sekundären Unbekannten beim Ansatz am Hauptsystem einander nicht beeinflussen und nicht auch ihrerseits durch ein gemeinschaftliches Gleichungssystem miteinander verknüpft sind.

Diese Überlegung soll dazu dienen, um ein geometrisches Hauptsystem zu finden, welches gleichfalls eine Trennung der geometrischen Unbekannten in primäre und sekundäre Größen herbeiführt. Für die Wahl der geometrischen Unbekannten haben sich in den bisherigen Verfahren die Knoten- und Stabdrehwinkel als zweckmäßig erwiesen. Damit ist eine Trennung in zwei Arten von Unbekannten vollzogen. Es liegt also nahe, empirisch vorzugehen und zu untersuchen, ob Knoten- oder Stabdrehwinkel am Hauptsystem mit unverschieblichen bzw. unverdrehbaren Knoten die geforderte Eigenschaft haben, daß der Ansatz einer geometrischen Unbekannten nicht die Verrückung der übrigen Unbekannten gleicher Art bedingt oder hervorruft. Ein zwar unverschiebliches, aber mit freier Drehbarkeit aller Knoten ausgestattetes Hauptsystem erfüllt diese Forderung nicht. Die Verdrehung eines Knotens teilt sich zwangsläufig allen Nachbarknoten mit. Dagegen läßt sich in einem verschieblichen System mit unverdrehbaren Knoten jeder Stabdrehwinkel einzeln ansetzen, ohne die Verrückung eines anderen Stabdrehwinkels auszulösen. Es besteht also die Möglichkeit, die Stabdrehwinkel als sekundäre Unbekannte und als Funktionen der Knotendrehwinkel aufzufassen. Auf diesem Wege gelangen wir zur Bildung eines geometrisch unbestimmten Hauptsystems von freier Verschieblichkeit, welches wir früher bereits als Hauptsystem B^* bezeichneten.

Für die Einführung des Hauptsystems B^* spricht nicht nur die Verkleinerung der Bestimmungsgleichungsmatrix, sondern mehr noch die Vermeidung ungleichartiger Gleichungsbeiwerte innerhalb des Gleichungssystems. Wie später erläutert wird, ist die Auflösung einer Gleichungsmatrix um so einfacher und um so weniger fehlerempfindlich, je größer der Beiwert des Hauptgliedes in der Diagonalen der Matrix im Vergleich zu den sonstigen Beiwerten ist. Gerade in dieser Hinsicht erweist sich die Zusammenfassung von Knoten- und Stabdrehwinkeln in ein gemeinschaftliches Gleichungssystem als ungünstig. Diese Betrachtung der Gleichungsauflösung bildet im übrigen die Veranlassung zu der obigen Überlegung.

Es wäre unrichtig, wenn man eine Schwierigkeit oder eine große Fehlerempfindlichkeit, welche sich bei der Auflösung von Gleichungen herausstellt, lediglich als algebraischen Zufall auffassen würde. Tritt eine wesentliche Verschiebung der Knotenpunkte infolge der äußeren Belastung ein, so bedeutet der Ansatz am unverschieblichen Hauptsystem eine starke Abweichung von dem tatsächlichen Verformungszustand. Die Knotendrehwinkel erhalten zunächst ohne Berücksichtigung der Stabdrehwinkel völlig unzutreffende Werte.

Wenn auch das Hauptsystem B^* nach der geltenden Begriffsfestlegung geometrisch unbestimmt ist, so verbinden sich hiermit nicht die üblichen ungünstigen Folgen, welche sich aus der Wahl unbestimmter Hauptsysteme sonst ergeben. Im Gegenteil ist festzustellen, daß wir durch die Wahl des Hauptsystems B^* die gleiche Ausgangsstufe der Berechnung erreichen, welche in der Gleichgewichtsaufgabe das Hauptsystem A einnimmt. Der scheinbare Nachteil, der sich mit dem Begriff eines unbestimmten Hauptsystems verbindet, würde fortfallen, wenn man unter der geometrischen Bestimmtheit des Systems nicht die geometrisch bestimmte Lagerung aller Stabenden, sondern die Unverdrehbarkeit aller elastisch verdrehbaren Knoten verstehen würde.

Wir haben für die Einführung eines bisher ungebräuchlichen, geometrischen Hauptsystems zunächst nur Zweckmäßigkeitserwägungen vorgebracht. Es läßt sich aber auch zeigen, daß die Einbeziehung der Stabdrehwinkel in den Begriff der Überzähligen nicht folgerichtig ist. Wir unterscheiden zwischen notwendigen und überzähligen Gliedern eines Stabwerkes und verbinden mit einem Glied den Begriff einer statischen Funktion, welche dieses Glied ausübt. Glieder sind notwendig, wenn ihr Fehlen eine Lücke in den statischen Stabilitätsbedingungen bedeutet. Überzählige Glieder können fehlen, ohne die Stabilität zu gefährden. Den statischen Stabilitätsbedingungen entsprechen in geometrischer Hinsicht diejenigen Angaben, welche geometrisch die Stabilität ausdrücken. Notwendig sind nur die Angaben über die Lage der Knotenpunkte, d. h. über die Verschiebungskomponenten der Knoten. Überzählig im Sinne der Stabilität sind die Angaben über die Verdrehung der Knoten. Folglich kommen in den früher besprochenen geometrischen Ausgangsgleichungen [a] von Grüning auch nur die Verschiebungskomponenten, nicht irgendwelche Knotendrehwinkel, vor. Aus dem gleichen Grunde beziehen sich die statischen Ausgangsgleichungen der Formänderungsaufgabe nur auf die notwendigen Glieder des Stabwerkes, wie später durch den sogenannten Reduktionssatz ausgedrückt wird. Es wäre also durchaus folgerichtig, wenn man sowohl die statische als auch die geometrische Bestimmtheit auf die Kernfrage der Statik, das ist die Stabilität eines Tragwerkes, beziehen würde.

Für die vorangegangene Betrachtung über das Wesen der Gleichungen zur Bestimmung geometrischer Unbekannter ist es belanglos, ob wir die Knoten- und Stabdrehwinkel gemeinschaftlich als Überzählige am Hauptsystem B oder nur die Knotendrehwinkel als Überzählige am Hauptsystem B^* ansetzen. Auch für letztere ist die gegenseitige statische Unabhängigkeit der Gleichungen die einzige und ausreichende Voraussetzung ihrer Richtigkeit.

e) Das Prinzip der virtuellen Arbeit.

Man kann das P. d. v. A. zum Ausgangspunkt der ganzen Mechanik machen, da sich aus ihm alle übrigen Sätze ableiten lassen. Seine Bedeutung für das hier behandelte Teilgebiet der Statik verdankt dieses Gesetz seiner fast unbegrenzten Tragweite. Es stellt eine Definition des Gleichgewichts dar und lautet: Man erkennt einen Gleichgewichtszustand daran, daß die Arbeit zu Null wird, welche die am Tragwerk wirkenden Kräfte zusammen bei einer virtuellen Änderung des Formänderungszustandes leisten.

Das Kräftespiel in einem elastischen Körper kann man mathematisch dadurch beschreiben, daß man sich den Körper in sehr kleine Elemente zerlegt denkt, von denen jedes mit einigen Elementen seiner Umgebung durch elastische Kräfte verbunden ist. Im Falle eines Gleichgewichtszustandes gilt dieser für jedes Element. Die Summe der an einem Element angreifenden Kräfte bzw. ihrer Projektionen auf eine beliebige Richtung x muß gleich Null sein. Statt dessen kann man die Gleichgewichtsbedingung auch so aussprechen: Bei einer Verschiebung des Elementes um dx muß die Summe der Arbeit, welche die am Element angreifenden Kräfte leisten, Null sein, denn die Arbeit jeder Kraft ist ja gleich ihrer Projektion in der Wegrichtung, multipliziert mit dem Weg dx. Stellt man sich nun vor, daß die Elemente des Körpers Verrückungen beliebiger Art, aber kleiner Größe erfahren, so ergibt die Summierung der Arbeit am Einzelelement die obige Aussage.

Die fragliche Verrückung, welche zur Vorstellung eines gedachten Arbeitsvorganges dient, bezeichnet man als „virtuell", sie ist einer einzigen Bedingung in der Größenordnung unterworfen, daß sich die gegenseitige Lage der einzelnen Elemente und damit auch die Richtung der untereinander wirkenden Kräfte nicht verändern darf. Theoretisch müßte also die virtuelle Verrückung unendlich klein sein. Damit ergibt sich aber sofort die Notwendigkeit, das Nullwerden der Arbeitssumme genauer zu erklären, denn bei unendlich kleinen Weganteilen würde doch die Arbeit immer gleich Null sein, auch wenn kein Gleichgewicht herrscht. Offenbar muß die Arbeitssumme sozusagen stärker Null werden als die Verrückungen, oder in der üblichen mathematischen Sprechweise, die Arbeitssumme muß im Gleichgewichtsfall von zweiter Ordnung klein sein, sofern man den virtuellen Verrückungen eine Kleinheit erster Ordnung zuschreibt. Die wirklichen Formänderungen haben in dieser Betrachtung die gleiche Größenordnung, sie sind im Vergleich zu den Stablängen von erster Ordnung klein. Jedes Glied der Arbeitssumme besteht aus einem endlichen Kraftanteil und einem von erster Ordnung kleinen Weganteil, infolgedessen sind alle Glieder von erster Ordnung unendlich klein, aber ihre Summe darf im Gleichgewichtsfalle nicht in den Größenordnungsbereich der wirklichen Verrückungen fallen, sondern muß von höherer Ordnung klein sein.

Aus dem Bedürfnis, ohne den abstrakten Begriff einer Ordnung des Unendlichkleinwerdens auszukommen, spricht man gerne von virtuellen Geschwindigkeiten statt Verrückungen. Dividiert man alle dx durch das Zeitelement dt, so entkommt gleichsam die Betrachtung der Arbeitsanteile aus der unendlich kleinen Größenordnung in den endlichen Bereich, man hat es dann mit endlichen Produkten von Kräften mit Geschwindigkeiten zu tun. Es genügt, die Summe dieser Produkte zu Null vorzuschreiben, ohne daß man auf die Art des Nullwerdens näher eingehen muß. Allerdings handelt es sich dann nicht um eine Arbeitssumme, sondern eine Leistungssumme. Der Begriff „Geschwindigkeit" ist der eigentlichen Statik fremd und bedeutet eine immerhin vermeidbare Vermehrung oder Verwicklung der Grundbegriffe, wir wollen es daher beim Ansatz der Verrückungen belassen. Man ist es im übrigen in der Statik gewohnt, zweitrangige Größen zu vernachlässigen, d. h. gleich Null zu setzen, es kann daher kaum schwer fallen, mit „unendlich klein" nicht den absoluten, sondern den relativen Begriff einer bezüglichen Größenordnung zu verbinden. Bei der strengen Ableitung des Gesetzes, welche zur Bildung der Arbeitssumme in den drei Koordinatenrichtungen ein dreifaches Integral benötigt, läuft die Beweisführung praktisch auch nur darauf hinaus, daß die Glieder höherer Kleinheitsordnung gleich Null zu setzen sind. Mit dieser Feststellung erübrigt sich die Durchführung der mathematischen Beweisführung, welche von einem praktisch tätigen Ingenieur meist nicht mehr restlos verstanden wird. Es soll hier aber großer Wert auf die Verständlichkeit der wenigen Grundlagen der Rahmenstatik gelegt werden.

Die Kräfte, die an den Elementen des elastischen Körpers wirken, sind äußere und innere. Im Gleichgewichtsfall ist die Arbeit der äußeren Kräfte so groß wie die der inneren, nur haben die beiden Anteile verschiedene Vorzeichen, so daß sich zusammen die Summe Null ergibt. Die inneren Kräfte haben die Eigentümlichkeit, immer paarweise aufzutreten, die Gleichheit von actio und reactio ist seit Newton bekannt. Zur Bildung der Arbeit der inneren Kräfte multipliziert man die zwischen zwei Elementen wirkende innere Kraft mit der virtuellen Abstandsänderung der beiden Elemente als innere Verrückung. Bezeichnet man eine innere Zugkraft als positiv, so ist es gebräuchlich, in Anlehnung an die Zusammengehörigkeit von Ursache und Wirkung auch eine virtuelle Abstandsvergrößerung positiv zu bezeichnen, obwohl bei einer solchen die Zugkräfte selbstverständlich negative Arbeit leisten. Die innere Kraft ist der Widerstand gegen eine Formänderung. Hierdurch wird der Umstand verschleiert, daß einer positiven äußeren Arbeit eine negative innere Arbeit entspricht, man sagt: „Die Arbeit der äußeren Kräfte ist gleich der Arbeit der inneren Kräfte", was auch formal bei obiger Vorzeichenfestsetzung zutrifft.

Das P. d. v. A. bindet das Gleichgewicht an den Wert einer von den auftretenden Kräften geleisteten Arbeit. Den Begriff „Arbeit" faßt man in der Statik völlig abstrakt, man bildet auch eine Arbeit aus Kräften, die in keinem ursächlichen Zusammenhang mit den zurückgelegten Wegen oder Verrückungen stehen. Da die Arbeit das Produkt aus Kraft und Weg in der Kraftrichtung ist, drückt das Gesetz eine Bedingung aus, welche sowohl von den Kräften als auch von den Wegen erfüllt werden kann. Man kann also die Frage stellen

1. nach den Kräften, die bei einem gegebenen virtuellen Verrückungszustand die Arbeitsgleichungen erfüllen,

2. nach den virtuellen Verrückungen, die bei einem gegebenen Gleichgewichtszustand die Arbeitsgleichungen erfüllen.

Der erste Fall liefert ein Mittel zur Bestimmung von Kräften eines Gleichgewichtszustandes, der zweite zur Ermittlung der wirklichen elastischen Verschiebungen, die durch einen gegebenen Gleichgewichtszustand hervorgerufen werden. Man kann die wirklichen elastischen Verschiebungen als virtuelle Verrückungen ansehen, da diese voraussetzungsgemäß gleichfalls klein gegenüber den Tragwerksabmessungen sind. In diesem Fall bezieht man die Bezeichnung „virtuell" im Gegensatz zu „wirklich" auf die Kräfte und spricht von einem virtuellen Belastungszustand, der zur Ermittlung wirklicher Verrückungen angesetzt wird.

Durch die Freiheit in der Wahl virtueller Zustände hat man es in der Hand, in der Arbeitsgleichung nur jene Kräfte oder Verrückungen erscheinen zu lassen, auf die sich gerade das Augenmerk richtet. Darin zeigt sich die Überlegenheit des P. d. v. A. gegen über anderen, weniger anpassungsfähigen Gleichgewichts- oder Formänderungsbedingungen. Man kann beispielsweise einen virtuellen Verrückungszustand bilden, bei dem die Stäbe wie starre, unelastische Glieder gerade bleiben und sich nur in virtuell eingefügten Knotengelenken bewegen. In diesem virtuellen Zustand können nur die Anschlußmomente der Stabenden und die äußeren Kräfte Arbeit leisten. Wählt man dagegen einen virtuellen Zustand, in dem die Stäbe Krümmungen und Längenänderungen erfahren, so leisten die Biegemomente und Normalkräfte in jedem Stabelement ihren Arbeitsanteil.

Bei der **Anwendung** des Prinzips der virtuellen Arbeit werden die inneren Verrückungen entweder geometrisch vorgeschrieben, oder man betrachtet die durch einen bestimmten Gleichgewichtszustand erzeugten elastischen Verrückungen als virtuelle Verrückungen. Unter den bekannten Voraussetzungen, daß der Einfluß der Querkräfte vernachlässigt werden darf, erzeugen die durch die Lasten P hervorgerufenen Schnittkräfte M und N in einem Stabelement der Länge dx eine elastische Verdrehung

$$d\delta = \frac{M\,dx}{EJ}$$

und eine elastische Längenänderung

$$d\xi = \frac{N\,dx}{EF}.$$

Betrachtet man in beiden Ausdrücken den endlichen Anteil ohne den Faktor dx, so entsteht im ersten Ausdruck die Krümmung, das ist bekanntlich der reziproke Wert des Krümmungshalbmessers, im zweiten die relative Längenänderung. Die Schnittkräfte $\overline{M}$, $\overline{N}$ aus den Lasten $\overline{P}$ eines zweiten Gleichgewichtszustandes leisten in einem Stabelement folgende Arbeit

$$d A_i = \overline{M}\,\frac{M\,dx}{EJ} + \overline{N}\,\frac{N\,dx}{EF}.$$

Der Einfluß der Längskräfte auf die Formänderung kann bei Stabwerken meist vernachlässigt werden, so daß dann rechts das zweite Glied wegfällt. Dem ersten Gleichgewichtszustand gehören außer den inneren Verrückungen $d\delta$ und $d\xi$ die äußeren Verrückungen ξ an. Das sind die elastischen Verrückungen infolge der Lasten P. Ganz allgemein bedeutet ξ_m den Weganteil der Arbeit einer Last $\overline{P}_m$, also die Verrückungskomponente im Punkt m, das ist die Verdrehung oder Verschiebung in Richtung der Last. Der erste Gleichgewichtszustand kann auch ein Selbstspannungszustand oder ein Selbstverformungszustand sein. Die Kräfte werden in einem Selbstspannungszustand paarweise angesetzt, ihnen entsprechen relative Verrückungen ξ, z. B. entspricht einem Doppelmoment M_g in einem Gelenk g die gegenseitige Stabendverdrehung δ_g. Die Arbeitsgleichung lautet dann

$$\Sigma \overline{P}\,\xi_m = \int \frac{\overline{M}M}{EJ}\,dx + \int \frac{\overline{N}N}{EF}\,dx.$$

Verwenden wir das (stabweise konstante) Trägheitsmoment zu der Substitution $\dfrac{dx}{J} = \dfrac{ds}{J_c}$ und vernachlässigen den Einfluß der Längskräfte, so ist das Grundgesetz von der Gleichheit der Arbeit der äußeren und inneren Kräfte

$$\Sigma \overline{P}_m\,\xi_m = \frac{1}{EJ_c} \int \overline{M}M\,ds. \tag{1}$$

Das Integral erstreckt sich über alle Stäbe, in denen sowohl $\overline{M}$ als auch M wirken, bei allen übrigen Stäben ergibt sich der Arbeitsanteil zu Null.

Wir haben bisher die Arbeit der Gleichgewichtsgruppe $\overline{P}$, $\overline{M}$, $\overline{N}$ bei den Verrükkungen ξ und $d\xi$ betrachtet. Berechnet man die Arbeit der Gleichgewichtsgruppe P, M, N bei den Verrückungen $\overline{\xi}$ und $d\overline{\xi}$, so bleibt der Ausdruck für die Arbeit der inneren Kräfte unverändert, während die linke Seite von Gleichung [1] dann $\Sigma P_m \cdot \overline{\xi}_m$ lautet. Hierin ist der Satz von Betti enthalten, der die Arbeit der äußeren Kräfte betrifft und folgendermaßen ausgesprochen werden kann: Die Arbeit der Lasten P bei den elastischen Verrückungen infolge der Lasten $\overline{P}$ ist gleich der Arbeit der Lasten $\overline{P}$ bei den Verrückungen infolge der Lasten P. Hieraus kann man zwei Sonderfälle ableiten. Nimmt man als Lastgruppe P eine Last gleich Eins im Punkt m und als Lastgruppe $\overline{P}$ eine Last Eins in n, so erhält man den ursprünglichen Maxwellschen Satz, das „Reziprozitätsgesetz"

$$\xi_{m,n} = \xi_{n,m},$$

worin der erste Index den Ort der Verrückung, der zweite den Ort der Kraft als Ursache der Verrückung bedeutet. Schreibt man andererseits die äußeren Verrückungen vor, und zwar erstens die Gruppe ξ, bestehend aus der Verrückung Eins im Punkt m und Null im Punkt n, und zweitens die Gruppe $\overline{\xi}$, bestehend aus Eins im Punkt n und Null im Punkt m, so erhält man einen Satz von der „Gegenseitigkeit der Kräfte", welche am Ort einer Verrückung durch eine andere Verrückung ausgelöst werden. $P_{m,n}$ ist die Kraft am Ort m als Widerstand einer Verrückung ξ_m infolge einer Verrückung ξ_n in n.

$$P_{m,n} = P_{n,m}.$$

Für diesen Satz hat sich noch kein Name eingebürgert.

Eine erschöpfende Darstellung aller Möglichkeiten zur Ausnutzung des P. d. v. A. würde hier zu weit führen. Man kann aber folgende allgemeingültige Anweisung anschreiben:

Wollen wir eine $\frac{\text{statische}}{\text{geometrische}}$ Unbekannte berechnen, so führen wir einen virtuellen $\frac{\text{Verrückungs-}}{\text{Belastungs-}}$ zustand ein, in welchem die der gesuchten Unbekannten entsprechende $\frac{\text{Verrückung}}{\text{Kraft}}$ den Wert $+\overline{1}$ erhält. Wir sind dadurch in der Lage, aus einer gegebenen $\frac{\text{Belastung}}{\text{Verrückung}}$ die dieser entsprechende $\frac{\text{Verrückung}}{\text{Kraft}}$ an einer bestimmten Stelle zu berechnen. Suchen wir die $\frac{\text{Verrückung}}{\text{Kraft}}$ an einem bestimmten Einzelort, so steht auf der linken Gleichungsseite als Arbeit der in einzelnen Punkten oder Querschnitten angreifenden Kräfte nur die gesuchte Größe mal eins, auf der rechten Seite der Gleichung ist die Arbeit der inneren Kräfte anzusetzen, welche bei einer Verformung des Systems in den Stäben Widerstand leisten. Dadurch entsteht der bekannte Ansatz zur Berechnung einer geometrischen Unbekannten ξ_m infolge einer Lastgruppe P mit den Momenten M. Man benötigt dazu die Momente $\overline{M}$ infolge $\overline{P}_m = \overline{1}$, woraus sich ergibt

$$\overline{1}\,\xi_m = \frac{1}{EJ_c} \int \overline{M}\,M\,ds\,. \tag{2}$$

Wir behandeln hier zur Hauptsache die Ermittlung der Bestimmungsgleichungen für die Unbekannten. Die Gleichung [2] verwenden wir zur Berechnung der Beiwerte und Belastungsglieder für die Elastizitätsgleichungen am Hauptsystem A, welches nur durch Einfügung von Gelenken gebildet wurde. Die gegenseitige Stabendverdrehung im eingefügten Gelenk g infolge eines Doppelmomentes X_h im Gelenk h lautet

$$\delta_{g,h} = \frac{1}{E J_c} \int \overline{M}_g\, M_h\, ds$$

und ebenso die Verdrehung in g infolge äußerer Last

$$\delta_{g,0} = \frac{1}{E J_c} \int \overline{M}_g\, M_0\, ds \,.$$

Man kann das Prinzip der virtuellen Arbeit als den Schlüssel für die Wechselwirkung zwischen Kräften und Formänderungen betrachten. Die Freiheit im Ansatz eines virtuellen Zustandes machen wir uns in völlig verschiedener Art zunutze, je nachdem ob wir einen virtuellen Verrückungszustand oder einen virtuellen Belastungszustand einführen. Innerhalb der Gleichung [1] faßt man die Kraftanteile der Arbeit unter der Bezeichnung „Kraftgruppe", die Weganteile unter der Bezeichnung „Verrückungsgruppe" zusammen.

1. Der virtuelle Belastungs- und Verrückungszustand am statischen Hauptsystem.

Zur Ermittlung geometrischer Unbekannter entnehmen wir nach der obigen allgemeinen Anweisung beim Ansatz der Arbeit

die Verrückungsgruppe dem wirklichen Gleichgewichtszustand, zu dessen Verformung die gesuchten Verrückungen gehören, und

die Kraftgruppe einem virtuellen Belastungszustand, dessen Wahl hier erörtert werden soll.

Beim Ansatz der Arbeit sollen möglichst wenige Glieder im virtuellen Zustand eine Kraft ausüben, um die Arbeitsleistung auf diese Glieder zu beschränken. Demnach wird man so vielen Gliedern die virtuelle Kraft Null vorschreiben, wie es die Gleichgewichtsbedingung zuläßt. Schreibt man einem Glied die Kraft Null vor, so bedeutet das eine geometrische Änderung des wirklichen Systems, nämlich die Durchschneidung eines Stabes oder Hilfsstabes, durch welchen wir die betreffende steife Ecke oder Auflagerung ersetzt haben. Bei der Bildung des virtuellen Zustandes fangen wir also damit an, daß wir alle zur Erfüllung der Gleichgewichtsbedingungen nicht erforderlichen Glieder durchschneiden. Dadurch erhalten wir im allgemeinen ein statisch bestimmtes System. Voraussetzung ist aber nicht einmal die einfache Stabilität, sondern nur die Innehaltung der Gleichgewichtsbedingungen, so daß wir auch ein labiles System zum Ansatz des virtuellen Zustandes verwenden können. Sehen wir aber von dieser Steigerung der erlaubten Freizügigkeit ab und bilden zunächst den virtuellen Zustand an einem statisch bestimmten Hauptsystem, so stoßen wir damit wieder auf die Überbestimmtheit der Formänderungsaufgabe, die wir schon früher erwähnten. Denn der Ansatz der Arbeit erfolgt nach den obigen Festlegungen des virtuellen Zustandes nur an einem Teil der Stäbe. Es steht uns die Freiheit zu, jedes beliebige System einfacher Stabilität, welches man aus den vorhandenen Gliedern des Stabwerkes bilden kann, dem Ansatz der virtuellen Belastung zugrunde zu legen. Wir dürfen aber keine Glieder beliebig hinzufügen, darin zeigt sich der Unterschied zwischen dem Begriff „virtuell" und „gedacht". Die sich aus dem P. d. v. A. und aus der Überbestimmtheit der Formänderungsaufgabe ergebende Erleichterung im Ansatz der Arbeit führt die Bezeichnung „Reduktionssatz". Der Vorteil des Reduktionssatzes zeigt sich vor allem bei statisch unbestimmten Systemen und besteht darin, daß man das jeweilige $\overline{M}$ im Integral der Gleichung [2] in einfacher Weise an einem beliebig wählbaren statisch bestimmten System ansetzen kann, und daß sich das Integral $\int M \overline{M}\, ds$ nur auf wenige Stäbe erstreckt. Grüning erwähnt a. a. O. den Reduktionssatz nicht namentlich, formuliert seine Anwendung zur Bildung möglichst einfacher virtueller Gleichgewichtszustände aber wie folgt:

„Nach der Wahl der jeweils zweckentsprechenden Lasten (eines virtuellen Belastungszustandes) ist der Belastung dasjenige statisch bestimmte System aus den Gliedern des vorliegenden Tragwerkes zu unterwerfen, für welches sich die Arbeit der inneren Kräfte am einfachsten berechnen läßt."

Die Ermittlung geometrischer Unbekannter mit Hilfe des oben beschriebenen virtuellen Belastungszustandes bezieht sich in gleicher Weise auf innere und äußere Verrückungen. Wir können also mit Hilfe des P. d. v. A. auch die Verrückung eines Selbstspannungszustandes $Y_a = -1$ durch einen anderen Selbstspannungszustand $Y_b = -1$ ausrechnen, indem wir den Zustand $Y_a = -1$ als wirkliche Verrückung betrachten, und aus $\overline{Y_b} = -1$ den virtuellen Belastungszustand bilden. Auf der linken Seite der Gleichung [1] steht dann die Verrückung an den einzelnen Angriffsorten der inneren Kräfte, welche im Zustand Y_a selbstgespannt sind, auf der rechten Seite drückt das Integral $\int M_a \overline{M_b}\, ds$ die Arbeit beider Zustände in den Stäben aus. Sollen beide Zustände **geometrisch unabhängig** voneinander sein, d. h. soll ein Zustand keine Verrückung des Stabwerkes im Sinne des anderen Zustandes erzeugen, so muß die Summe der Verrückungen an den Einzelorten auf der linken Gleichungsseite den Wert Null haben. Damit haben wir das uns noch fehlende Kriterium für die Unabhängigkeit zweier Selbstspannungszustände ermittelt.

$$0 = \int M_a M_b\, ds \,. \tag{3}$$

Hierin sind die Werte M_a der Momentenfläche $Y_a = -1$ und M_b der Momentenfläche aus $Y_b = -1$ zu entnehmen.

Nach den Ausführungen von Seite 25 sind die Bestimmungsgleichungen der statischen Überzähligen aus Selbstspannungszuständen zu entwickeln, welche voneinander unabhängig sein müssen. Die einfachste Art zur Erreichung der gegenseitigen Unabhängigkeit besteht darin, daß man jeden der n Selbstspannungszustände wie folgt bildet. Man ordnet jeder Überzähligen einen Selbstspannungszustand zu, in welchem nur der fraglichen Überzähligen die Selbstspannung -1, allen übrigen Überzähligen die Selbstspannung Null zuerteilt wird. Dieser Zustand schreibt dem Stabwerk am Ansatzort einer Überzähligen diejenige virtuelle Verrückung, deren Größe der Wirkung der Überzähligen $X_g = -1$ entspricht, am Ansatzort aller $n-1$ übrigen Überzähligen die virtuelle Verrückung Null vor. Zu diesem Ergebnis waren wir früher auf analytischem Wege gelangt. Befolgen wir die Anweisung des Prinzips d. v. A., so ergibt sich eine geometrische Verträglichkeitsbedingung als Aussage über die Beziehung zwischen den statischen Überzähligen dadurch, daß wir die Arbeit aus den Kräften des vorgenannten virtuellen Belastungszustandes und den Verrückungen aus gegebener Belastung bilden und gleich Null setzen. Da das Prinzip d. v. A. der Mehrzahl der praktisch tätigen Statiker nicht oder nicht mehr geläufig ist, wollen wir die Arbeitsgleichung mit bewußter Wiederholung der Entwicklung des Ansatzes anschreiben.

Der virtuelle Belastungszustand wird an einem beliebigen, aus Gliedern des wirklichen Systems zusammengesetzten, einfach stabilen Ersatzsystem (Hauptsystem) angesetzt. Diesem Zustand sind die Kräfte an den Einzelorten und in den Stabelementen zu entnehmen. Die Kräfte an den Einzelorten bestehen aus der Überzähligen $\overline{X}_g = -1$ und ihren Auflagerreaktionen, sie fallen aber aus dem Arbeitsansatz heraus, da die wirklichen Verrückungen aus gegebener Belastung am ursprünglichen System gleich Null werden. Eine gegenseitige Stabendverdrehung der Ufer des eingefügten Gelenkes am Ansatzort der Überzähligen widerspricht den Verträglichkeitsbedingungen des wirklichen Systems. Die Gruppe der kontinuierlich wirkenden inneren Kräfte des virtuellen Zustandes besteht aus den Momenten $\overline{M}_{m,g}$. Die Wege dieser Kräfte sind dem Formänderungszustand aus gegebener Last am wirklichen System zu entnehmen. Der Weganteil der Arbeit der inneren Kräfte aus gegebener Belastung beträgt an der Schnittstelle m nach dem Superpositionsgesetz, wenn die Überzähligen X_h am Ersatzsystem als äußere Lasten angesetzt werden, für das Stabelement ds

$$d\xi_m = d\xi_{m,0} + \sum_h X_h\, d\xi_{m,h} = M_{m,0}\frac{ds}{EJ_c} + \sum_h X_h\, M_{m,h}\frac{ds}{EJ_c}.$$

Da die Arbeit der Einzelkräfte gleich Null ist, so muß die Arbeit der inneren Kräfte in den Stabelementen allein der Forderung des Prinzips genügen und gleichfalls den Wert Null haben. Hieraus erhalten wir die bekannte Ausgangsgleichung zur Berechnung statischer Überzähliger, welche später als Verträglichkeitsbedingung für den Angriffsort (g) von X_g angeschrieben wird.

$$A_i = 0 = \frac{1}{EJ_c}\int \overline{M}_{m,g}\, M_{m,0}\, ds + \frac{1}{EJ_c}\sum_h X_h \int \overline{M}_{m,g}\, M_{m,h}\, ds$$

$$(g) \qquad \delta_{(g)} = 0 = \delta_{g,0} + \sum_h X_h\, \delta_{g,h} \qquad (h = a,\, b,\, ..\, g\, ..\, n). \qquad\qquad [4]$$

Auf diesem Wege erhalten wir das übliche Gleichungssystem von n Gleichungen (g) mit n Unbekannten X_g.

Wollen wir die Beziehungen der statischen Überzähligen untereinander unabhängig von der jeweiligen Belastung untersuchen, so können wir die Verrückung jeweils einer Überzähligeneinheit $X_g = -1$ als wirklichen Verrückungszustand ansetzen. Den virtuellen Belastungszustand liefert eine andere Überzähligeneinheit $\overline{X}_h = -1$. Die Gruppe der an Einzelorten angreifenden Kräfte des virtuellen Belastungszustandes besteht aus $\overline{X}_h = -1$ in h und den Auflagerreaktionen $\overline{C}_h$, die Gruppe der entsprechenden Verrückungen des wirklichen Verrückungszustandes besteht nur aus einer Verrückung δ_g in g, somit wird die linke Seite von Gleichung [1] gleich Null, da der Verrückungszustand am Ansatzort der Lasten keine Verrückungen enthält. Die Arbeit wird ausschließlich durch die Gruppe der inneren Kräfte, welche in allen von der Zustandslinie für $\overline{X}_h = -1$ erfaßten Stabquerschnitten m den Wert $\overline{M}_{m,h}$ haben, und durch die Gruppe der inneren Verrückungen $M_{m,g}\dfrac{ds}{EJ_c}$ in m aus $X_g = -1$ gebildet. Läßt man in dem Ausdruck der linken Gleichungsseite von [1] den Kraftanteil fort, da dieser gleich der Krafteinheit, also gleich -1 ist, so erhalten wir eine Aussage über die Verrückung in g. Der ursächliche Zustand $\overline{X}_h = -1$ ist aus einer durch Selbstspannung erzeugten Verrückung in h hervorgegangen, er ist also an einem $n-1$ fach statisch unbestimmten System mit nur einer Gelenkeinfügung in h angesetzt. Zum Unterschied einer am Hauptsystem angesetzten Verrückung ξ bezeichnen wir diejenige am $n-1$ fach statisch unbestimmten System mit

ξ' bzw. mit δ', wenn wir uns bei der Bildung des Hauptsystems A auf Gelenkeinfügungen beschränken. Die Arbeitsgleichung nach dem Prinzip d. v. A. lautet somit

$$0 = \frac{1}{EJ_c} \int M_{m,g}\, \overline{M}_{m,h}\, ds = \delta'_{g,\bar h} = \delta'_{\bar g, h}\,. \tag{5}$$

Dabei kann eine der beiden Momentenflächen an einem einfach stabilen Ersatzsystem, d. h. an jedem aus den Gliedern des wirklichen Systems zusammengesetzten statisch bestimmten Hauptsystem angesetzt werden. Die Gleichung [5] ist die statische Form der Aussage über die gegenseitige Unabhängigkeit zweier Selbstspannungszustände, welche durch die Selbstspannung je einer Einzelüberzähligen gebildet sind.

Sind die Selbstspannungszustände bzw. deren Zustandslinien mit Hilfe der obigen Gleichungen [5] ermittelt — unter bestimmten Voraussetzungen läßt sich eine Zustandslinie auch als Abklingungsvorgang in anderer Form entwickeln —, so erhalten wir für die Überzähligen Gleichungen mit nur einer Unbekannten. Um unmittelbar eine Bedingungsgleichung für eine statische Überzählige X_g anzuschreiben, wählen wir nach der allgemeinen Anwendungsregel des Prinzips einen virtuellen Verrückungszustand aus $\bar\delta_g = -1$ und bilden die Arbeit aus den Kräften infolge gegebener Belastung und den Verrückungen des virtuellen Verrückungszustandes. Von den Verrückungen des virtuellen Zustandes tritt an Einzelorten nur eine einzige Verrückung am Ansatzort von X_g, innere Verrückungen in den Stabelementen treten dagegen meist im ganzen Stabwerk auf. An den Angriffsorten der Lasten, der Auflagerkräfte und der $n-1$ Überzähligen mit Ausschluß von X_g ist die Arbeit gleich Null. Die Gleichung [1] lautet dann

$$X_g\, \delta'_{g,g} = \frac{1}{EJ_c} \int M_{m,0}\, \overline{M}_{m,g}\, ds = \delta'_{g,0}$$

$$X_g = \frac{\delta'_{g,0}}{\delta'_{g,g}}\,. \tag{6}$$

Hierin wird die Zustandslinie für $X_g = -1$ am wirklichen System mit nur einem Gelenk in g, die Momentenlinie aus gegebener Belastung meist am statisch bestimmten Hauptsystem angesetzt. Die Gültigkeit der Gleichung [6] beschränkt sich nicht auf Einzelunbekannte, die Aussage für einen von den übrigen $n-1$ Zuständen unabhängigen Selbstspannungszustand hat die gleiche Form, auch wenn gleichzeitig mehrere oder alle Überzähligenglieder eines Stabwerkes Selbstspannungen erfahren. Um zu kennzeichnen, daß es sich um einen Gruppen-Selbstspannungszustand handelt, wählen wir später für die Unbekannten die Bezeichnung Y_J anstatt X_g. Die Verwendung von Gruppenunbekannten, durch welche ein Zusammenwirken mehrerer oder aller Überzähligen ausgedrückt wird, ist die gleiche wie die der Einzelunbekannten. Kennzeichnet $Y_J = -1$ einen Selbstspannungszustand, der von $n-1$ anderen Selbstspannungszuständen geometrisch unabhängig ist, so lautet die Gleichung [6] in allgemeinerer Form

$$Y_J = \frac{\delta_{J,0}}{\delta_{J,J}}\,. \tag{7}$$

Es ist zweckmäßig, sich den Sinn dieser Aussage praktisch vorzustellen. Aus n Gruppen- oder Einzel-Überzähligen erhalten wir für die Verrückung eines beliebigen Punktes oder Querschnittes am wirklichen System auch n Teilbeträge. Dadurch, daß die von einer Überzähligen verursachte Verrückung des Systems voraussetzungsgemäß unabhängig von den Verrückungen aller übrigen Überzähligen ist, d. h. daß eine Überzählige keine Verrückung im Sinne einer anderen Überzähligen erzeugt, können wir die Verformungen des Systems aus jeder Gruppen- oder Einzel-Überzähligen einzeln ansetzen und überlagern. Der Zähler von Gleichung [7] bedeutet den Anteil der Verrückung infolge gegebener Belastung, welcher im Sinne des Verrückungszustandes von $Y_J = -1$ erfolgt. Dieser Anteil beträgt das Y_J-fache der Verrückung aus der Überzähligeneinheit. Die sich aus Gleichung [6] bzw. [7] errechnenden Werte für X_g bzw. Y_J sind die Erweiterungsfaktoren der Selbstspannungszustände. Die Momentenfläche am wirklichen System setzt sich aus der M_0-Fläche und den erweiterten Zustandslinien zusammen.

Für die je zwei Stabendmomente zweier im Knoten k biegungssteif angeschlossenen Stäbe bestehen recht einfache Beziehungen, welche später als Momentengleichungen für die Ansätze am Hauptsystem C benötigt werden. Jeder aus n Stäben gebildete Knoten enthält $n-1$ steife Ecken, welche im Hauptsystem durch Gelenke g ersetzt werden, und somit auch $n-1$ statische Unbekannte M_g. Hierbei ist es gleichgültig,

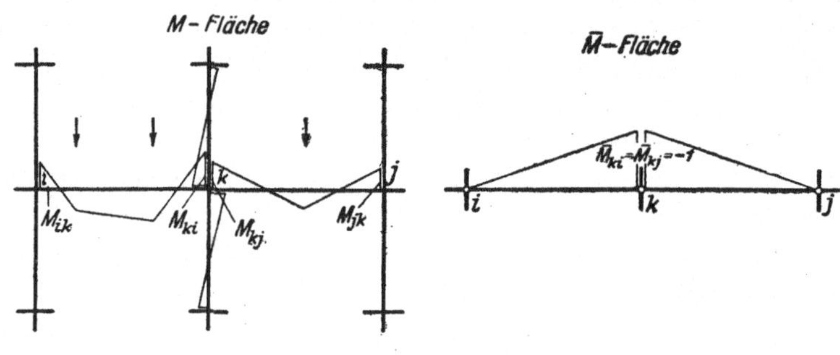

Abb. 7.

ob wir diese steifen Ecken zwischen je zwei im Drehsinn aufeinander folgenden Stäben oder zwischen zwei beliebigen, in k zusammentreffenden Stäben k—i und k—j bilden. Setzen wir den Verlauf der gesuchten Momente aus gegebener Belastung als bekannt voraus, so können wir für jede steife Ecke die Arbeitsgleichung aus virtueller Belastung, d. h. Selbstspannung $\overline{M}_g = -1$ (am Hauptsystem) und der Verrückung aus gegebener Belastung (am wirklichen System) ansetzen. Hierbei machen wir von der Freiheit Gebrauch, daß wir wahlweise die Kraftgruppe oder die Verrückungsgruppe am Hauptsystem ansetzen dürfen. Die Arbeitsgleichung verbindet dann je zwei Stabendmomente der beiden fraglichen Stäbe, also insgesamt vier Stabendmomente miteinander. Die Arbeit an den Einzelorten der angreifenden Kräfte ist gleich Null, da der Verrückungszustand im wirklichen System den Weganteil gleich Null liefert. Die Arbeit der inneren Kräfte in den Stabelementen errechnet sich aus der Integration der Momentenflächen beider Zustände, welche in Abb. 7 dargestellt sind.

$$A_i = 0 = \frac{1}{EJ_c} \int M_{m,0}\, \overline{M}_{m,g}\, ds$$

Die M-Fläche setzt sich aus den M_0-Flächen am beiderseitig frei drehbar gelagerten Stab und den Dreiecken mit dem Stabendmoment als Basis zusammen. Die Auswertung des Integrals ergibt folgenden Ansatz.

$$0 = \frac{s_{ki}}{6}\,(2\,M_{ki} + M_{ik}) + \frac{s_{kj}}{6}\,(2 M_{kj} + M_{jk}) + \tau_{ki,0} + \tau_{kj,0} \qquad [8]$$

Die beiden letzten Glieder stellen die Integration der jeweiligen M_0-Fläche mit den Dreiecken der $\overline{M}$-Fläche dar, sie sind die Stabendwinkel aus gegebener Belastung bei frei drehbarer Stabendlagerung und somit die Belastungsglieder der Gleichung.

Das n-te Stabendmoment an einem Knoten muß immer als Differenz der übrigen $n-1$ Stabendmomente angeschrieben werden. Besitzt ein Knoten nur zwei Stabenden, so ist $M_{ki} = M_{kj}$ oder in abgekürzter Schreibweise gleich M_k. Für den einfachen Stabzug erhalten wir dann die bekannte Clapeyronsche Gleichung.

Die Gleichung [8] ist von Bleich als Viermomentensatz bezeichnet und bildet die Grundlage der sogenannten Momentengleichungen.

2. Der virtuelle Verrückungs- und Belastungszustand am geometrischen Hauptsystem.

Der duale Zusammenhang zwischen den Hauptsystemen A und B^* muß nach dem Analogieprinzip zu gleichartigen Ansätzen führen. Die Zugrundelegung des statisch bestimmten Hauptsystems A ergab fast ausschließlich nur Aussagen über die Arbeit, welche die Stäbe in ihren Stabelementen leisten. Aus Gründen der Analogie ist zu erwarten, daß sich die Ansätze am geometrisch bestimmten Hauptsystem hauptsächlich auf die Einzelorte des Systems, und zwar die inneren Knoten beziehen. Wie wir auf Seite 29 ausgeführt haben, sind die Verdrehungen der inneren Knoten im Sinne der Stabilitätsbedingungen überzählige Größen, während die Knotenverschiebungen oder Stabdrehwinkel in dem gleichen Sinne zu den notwendigen Angaben zählen. Wenn wir somit die Knotendrehwinkel als die eigentlichen Überzähligen der Formänderungsaufgabe ermitteln wollen, so können wir dem virtuellen Zustand ein System mit starren, unelastischen Stäben zugrundelegen, welche an allen Innenknoten mit Gelenken angeschlossen sind. Zu diesem Zweck müssen wir die inneren Knoten als kleine Scheiben betrachten. Deren Abmessungen sollen größenordnungsmäßig um einen Grad kleiner als die virtuellen Verrückungen sein, so daß die mit der Verdrehung verbundenen Verschiebungskomponenten der Gelenkpunkte vernachlässigt werden können.

Durch eine virtuelle Verdrehung der Knotenscheibe k um $\overline{\varphi}_k = 1$ entsteht in den Gelenken (ki) aller anschließenden Stäbe $k-i$ ebenfalls eine Verdrehung $\overline{\delta}_{(ki)} = 1$. Wir wollen die Arbeit aus diesem Verrückungszustand mit den Kräften aus gegebener äußerer Last bilden, welche am wirklichen System auftreten. Da der virtuelle Verrückungszustand an einem Ersatzsystem mit unelastischen Stäben angesetzt ist, beschränkt sich die Arbeit auf die Einzelorte, d. h. auf die Gelenkorte ki. Die Summe der Kräfte in den Stabenden ki, die sämtlich die gleiche Verdrehung $\overline{1}$ erleiden sollen, beträgt nach dem Superpositionsgesetz

beim Ansatz am Hauptsystem B

$$\Sigma M_{ki} = M_{k,0} + \varphi_k\, M_{k,k} + \sum_i \varphi_i\, M_{k,i} + \sum_{a'} \vartheta_{a'}\, M_{k,a'}\,,$$

beim Ansatz am Hauptsystem B^*

$$\Sigma M_{ki} = M_{k,0}^* + \sum_z \varphi_z\, M_{k,z}^*$$

Bilden wir die Arbeit

$$\overline{1}\,\Sigma M_{ki} = 0\,,$$

so erhalten wir die einfache Gleichgewichtsbedingung für den Knoten k, welche die übliche Ausgangsgleichung zur Bestimmung der geometrischen Überzähligen darstellt.

$$k) \qquad M_k = 0 = M_{k,0} + \varphi_k\, M_{k,k} + \sum_i \varphi_i\, M_{k,i} + \sum_{a'} \vartheta_{a'}\, M_{k,a'}$$

$$0 = M^*_{k,0} + \sum_z \varphi_z\, M^*_{k,z}. \tag{9}$$

Hierin sind i alle inneren Nachbarknoten von k, z alle inneren Knoten einschließlich k.

Bevor wir weitere Folgerungen des P. d. v. A. für die Ansätze am Hauptsystem B bzw. B^* anschreiben, wollen wir die beiden Möglichkeiten der Bildung eines virtuellen Verrückungszustandes untersuchen. Der Umstand, daß wir Einzel- und Doppelmomente mit dem gleichen Buchstaben M bezeichnen, kann leicht zu Irrtümern führen. Wir wollen an dieser Stelle auf die Selbstverformungszustände eingehen, und zwar auf solche, die durch den Ansatz einer geometrischen Einzelgröße, z. B. eines Knotendrehwinkels entsteht. Dem Knotendrehwinkel entspricht als Kraft ein Einzelmoment M_k, welches zum Unterschied von Doppelmomenten das Gleichgewicht am Knoten stört, d. h. welches bei der Gleichgewichtsbedingung $\sum M_{ki} = 0$ als Summand einzubeziehen ist. Man nennt M_k ein freies, unausgeglichenes Moment oder ein Knotenmoment.

Setzen wir die Selbstverformung durch eine Knotenverdrehung φ_k am wirklichen System an, so erhalten einerseits die Knoten als Einzelorte der geometrischen Unbekannten eine äußere Verrückung, andererseits die Stabelemente eine gegenseitige innere Verrückung. Wollen wir die Arbeit mit den Kräften aus gegebener Belastung bilden, so besitzt ein solcher Gleichgewichtszustand keine freien, unausgeglichenen Momente in den Knoten. Folglich fällt in dem Ansatz der Arbeit der Arbeitsanteil an den Einzelansatzorten der geometrischen Unbekannten, d. h. die linke Seite der Gleichung [1] fort, és bleibt nur das Integral auf der rechten Gleichungsseite.

Legen wir der Selbstverformung durch eine Knotendrehung φ_k das vorher beschriebene System mit Knotenscheiben und gelenkigem Anschluß aller Stäbe an diese Knotenscheiben zugrunde, so beschränkt sich die Verrückung auf eine gegenseitige Verdrehung der Gelenkufer und damit auf die Einzelansatzorte der Unbekannten. Die Arbeit auf der rechten Seite der Gleichung [1] wird zu Null, wenn wir die Arbeit dieses virtuellen Verrückungszustandes mit einem anderen Gleichgewichtszustand bilden.

Beide Möglichkeiten führen zum gleichen Ergebnis, es soll nur der Grund dargelegt werden, weshalb wir in jedem Fall nur eine Seite der Arbeitsgleichung zu berücksichtigen haben. Da uns die Wahl freisteht, entscheiden wir uns für die linke Gleichungsseite, die Summenbildung ist kürzer als die Integration. Die nachfolgenden Überlegungen beziehen sich daher ausschließlich auf virtuelle Verrückungszustände an der Knotenscheiben-Figur. Sowohl Gleichgewichts- als auch Verrückungszustände, welche gleichzeitig an mehreren Orten vorgeschriebene Werte enthalten können, werden mit Y bezeichnet.

Wie wir früher beschrieben haben, benötigen wir zur Ermittlung von geometrischen Unbekannten Selbstverformungszustände gegenseitiger, statischer Unabhängigkeit. Als Unbekannte wählen wir nur Knotendrehwinkel, welche nach den Erörterungen von Seite 29 die einzigen Überzähligen der Formänderungsaufgabe sind, und sofern wir statt des richtigeren Hauptsystems B^* das übliche Hauptsystem B verwenden, kommen noch die Stabdrehwinkel, d. h. die Drehwinkel der Knoten des Hilfsstabwerkes hinzu. Soll ein Selbstverformungszustand $Y_A = -1$ keine statischen Kräfte auslösen, welche der Verrückung des Selbstverformungszustandes $Y_B = -1$ entsprechen, so setzen wir einen Zustand Y_A am Ersatzsystem an, verdrehen also alle Knotenscheiben k, welche im Zustand $Y_A = -1$ eine Selbstverformung erleiden, um die dem Zustand Y_A angehörigen Beträge $\varphi_{k,A}$ und bilden den Selbstverformungszustand $Y_B = -1$ am wirklichen System, welches in den Stabenden ki die Einspannmomente $M_{ki,B}$ aufweist. Dann ergibt sich aus dem P. d. v. A.

$$\sum_k \varphi_{k,A} \sum_i M_{ki,B} = \sum_k \varphi_{k,A} M_{k,B} = 0 . \tag{10}$$

Die einfachste Form von Selbstverformungszuständen gegenseitiger, statischer Unabhängigkeit entsteht dadurch, daß man jeweils in einem Zustand nur die Verrückung eines Drehwinkels gleich -1 und diejenige aller übrigen Drehwinkel gleich Null setzt. Dann lautet die Gleichung [10] für die Zustände $Y_k = -1$ (mit $\varphi_k = -1$, $\varphi_i = 0$) und $Y_x = -1$ (mit $\varphi_x = -1$, $\varphi_k = 0$) als Gleichgewichtsbedingung am Knoten k

$$\sum_x M'_{ki,x} = M'_{k,x} = 0 . \tag{10'}$$

Hierin sind x sämtliche Einzelansatzorte der unbestimmten Drehwinkel einschließlich der Nachbarknoten i, d. h. alle Innenknoten, mit Ausnahme von k. M' drückt den Ansatz am $n-1$ fach geometrisch unbestimmten Hauptsystem aus, in dem alle Knoten mit Ausnahme des Knotens x von der Festhaltung befreit sind. Die Gleichung [10'] sagt aus, daß in einem Selbstverformungszustand infolge $\varphi_k = -1$ alle übrigen Knoten kein unausgeglichenes Moment besitzen, also sich elastisch einspielen. Mit Hilfe der Gleichung [10'] können wir jeden Selbstverformungszustand Y_k bilden, der aus der Selbstverformung eines Knotens folgt. Ein derartiger Selbstverformungszustand gibt uns die Möglichkeit, die entsprechende Unbekannte φ_k aus einer Gleichung mit nur dieser einen Unbekannten zu ermitteln.

Wir setzen voraus, der Selbstverformungszustand $\varphi_k = -1$ ist bekannt, in diesem beträgt $\overline{\varphi}_k = -1$, $\overline{\varphi}_x = -1 \cdot a_{x,k}$. Die sich für alle übrigen Knoten x ergebenden Knotendrehwinkel sind gleichzeitig die sogenannten Abklingungswerte, die wir mit a bezeichnen. Es bedeutet somit $a_{x,k}$ die Verdrehung im Knoten x infolge Selbstverdrehung des Knotens k um den Betrag $+1$. Damit haben wir die Verrückungsgruppe auf der linken Seite von Gleichung [1] beschrieben. Die Kraftgruppe entnehmen wir dem Gleichgewichtszustand aus gegebener Belastung am wirklichen System, das nur eine Festhaltung durch den gesuchten Knotendrehwinkel φ_k erfährt, also $n-1$ fach geometrisch unbestimmt ist. An allen Knoten x, d. h. mit Ausnahme von k, enthält der wirkliche Gleichgewichtszustand keine freien, unausgeglichenen Momente, so daß die Arbeit $\overline{\varphi}_x M'_{x,0} = \overline{\varphi}_x \sum M'_{xi,0}$ gleich Null wird, da $\sum M'_{xi,0} = 0$ ist. Die Kraftgruppe besteht nur aus den Stabendmomenten $M_{ki,0}$ in den Gelenken der Knotenscheibe k bzw. ihrer Summe $\sum M_{ki,0} = M_{k,0}$. Nach dem Superpositionsgesetz beträgt das Knotenmoment aus gegebener Belastung

$$M_k = M'_{k,0} - \varphi_k M'_{k,k} - \sum_x \varphi_x M'_{k,x} .$$

Da alle Selbstverformungszustände aus $\overline{\varphi}_x = -1$ in k kein freies Knotenmoment besitzen, wie Gleichung [10'] besagt, d. h. $M'_{k,x} = 0$ ist, fällt das Σ-Glied weg. Der Ansatz der Arbeit

$$\overline{\varphi}_k M_k = 1 M_k = 0$$

ergibt die einfache Gleichgewichtsbedingung für den Knoten k

$$\varphi_k = \frac{M'_{k,0}}{M'_{k,k}} . \tag{11}$$

$M'_{k,0} = \sum_i M'_{ki,0}$ ist das Einspannmoment am $n-1$ fach geometrisch unbestimmten System, welches in k eine Festhaltung besitzt. $M'_{ki,0}$ können wir nach der noch zu entwickelnden Gleichung [15], vgl. Seite 45, ausrechnen, da alle $a_{x,k}$-Werte als bekannt vorausgesetzt wurden. Das gleiche gilt für $M'_{k,k} = \sum M'_{ki,k}$.

Wird ein Selbstverformungszustand $Y_A = -1$ in ganz allgemeiner Form gebildet, dann können in jedem Ansatzort k und x bestimmte Einzelverrückungen auftreten. Ist Y_A statisch unabhängig von den $n-1$ übrigen Selbstspannungszuständen, welche sich aus der Bedingungsgleichung [10] ableiten lassen, so können wir auch den Zustand Y_A als eine Unbekannteneinheit betrachten. Y_A ist dann ein Erweiterungsfaktor des Zustandes $Y_A = -1$. Wir wollen die Arbeit aus diesem virtuellen Verrückungszustand mit den Kräften eines Gleichgewichtszustandes aus gegebener Belastung bilden.

Der Ansatz erstreckt sich dann auf alle Ansatzorte, in denen der Zustand $Y_A = -1$ eine virtuelle Verrückung erfährt. Es möge im Knoten k ein zum Zustand $Y_A = -1$ gehöriger Einzelwert $\overline{\varphi}_{k,A}$ wirken. Den Gleichgewichtszustand stellen wir uns als Ergebnis einer Überlagerung der Momente am geometrisch bestimmten Hauptsystem B bzw. am System B^* und der um den Faktor Y_J erweiterten Zustände $Y_J = -1$ vor. Die n voneinander statisch unabhängigen Selbstverformungszustände bestehen also aus dem Zustand $Y_A = -1$ und $n-1$ Zuständen $Y_J = -1$.

Das Knotenmoment $M_{k,0}$ beträgt

$$M_{k,0} = M^0_{k,0} - Y_A\, M^0_{k,A} - \sum_J Y_J\, M^0_{k,J}\,.$$

M^0 sind Momente am Hauptsystem. Die Arbeitsgleichung schreibt sich danach

$$0 = \sum_k \left(M^0_{k,0}\, \overline{\varphi}_{k,A} - Y_A\, \overline{\varphi}_{k,A}\, M^0_{k,A} - \sum_J Y_J\, \overline{\varphi}_{k,A}\, M^0_{k,J} \right).$$

Den ersten Summanden können wir

$$\sum_k M^0_{k,0}\, \overline{\varphi}_{k,A} = M_{A,0}$$

schreiben, es ist die Arbeit der Einzelverdrehungen $\varphi_{k,A}$ und der Belastungsglieder $M_{k,0}$ am geometrischen Hauptsystem.

Der zweite Summand enthält als Faktor der Unbekannten Y_A die Arbeit aus Kräften und Wegen des Selbstverformungszustandes $Y_A = -1$ und soll mit

$$\sum_k M^0_{k,A}\, \overline{\varphi}_{k,A} = M_{A,A}$$

bezeichnet werden.

Der dritte Summand ist nach Gleichung [10] gleich Null.

Folglich lautet die Bestimmungsgleichung für Y_A bzw. eine beliebige Unbekannte Y_J.

$$Y_J = \frac{M_{J,0}}{M_{J,J}}. \tag{12}$$

Für diesen Ansatz gilt das gleiche, wie für Gleichung [7], vgl. Seite 37. Die Gleichungen [3] und [7] bilden die Grundlage des sogenannten Gruppenlastenverfahrens für statische Unbekannte, die Gleichungen [10] und [12] für geometrische Unbekannte. Die Anwendung dieser Gleichungen wird später beschrieben, an dieser Stelle soll nur die Analogie des allgemeinen Gleichungsaufbaues gezeigt werden.

f) Verrückungen am statisch bestimmten Hauptsystem A.

Allgemeiner Ansatz. Zur Lösung der Gleichgewichtsaufgabe benötigen wir später die absoluten und auch die relativen Stabendverdrehungen an den Gelenken. Beschränken wir uns auf Hauptsysteme, welche ausschließlich durch Gelenkeinfügungen gebildet sind, so können wir die bei totaler Schnittführung entstehenden Abstandsänderungen der Schnittufer in der Darstellung fehlen lassen. Grundsätzlich macht dieses aber keinen Unterschied, wir müssen in jedem Fall die der gesuchten Verrückung ξ entsprechende Belastungseinheit einführen und die Momentenfläche dieses virtuellen Belastungszustandes bilden. Dadurch erhalten wir die Momente $\overline{M}$. Wir suchen die Verrückung ξ infolge eines beliebigen äußeren oder inneren Belastungszustandes, dessen Momentenfläche aus den Momenten M gebildet und als gegeben vorausgesetzt wird. Bei Vernachlässigung der durch die Längskräfte geleisteten Formänderungsarbeit ist die gesuchte Verrückung nach dem P.d.v.A.

$$\xi = \frac{1}{E J_c} \int \overline{M}\, M\, ds.$$

Das Integral erstreckt sich über alle Stäbe des Systems und setzt sich aus den Teilintegralen für jeden Stab zusammen. Bei geraden Stäben sind die Momentenflächen aus dem Ansatz von Schnittkräften geradlinig begrenzt, ebenso wie die Momentenflächen aus äußerer Last in den unbelasteten Stäben. Die Teilintegrale aus geradlinig begrenzten, d. h. trapezförmigen Momentenflächen errechnen sich bei stabweise konstantem Trägheitsmoment nach der Vorzeichenregel I mit Hilfe der bekannten Trapezregel

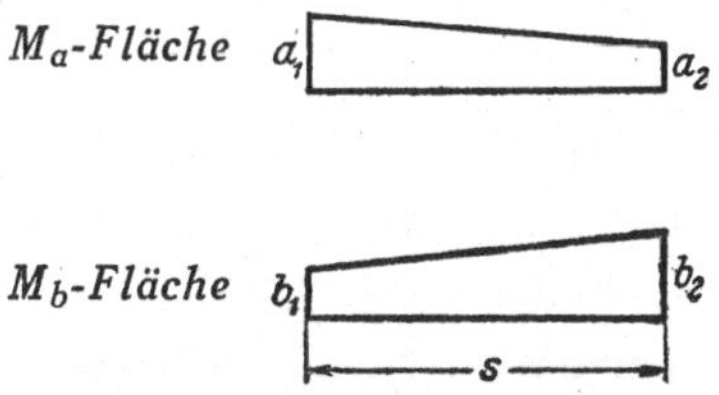

$$\int M_a\, M_b\, ds = \frac{s}{6}\, [a_1\, (2\, b_1 + b_2) + a_2\, (b_1 + 2\, b_2)]$$

Abb. 8. Integration geradlinig begrenzter Momentenflächen.

Ansatz am Einzelstab. Wir wollen nach der Trapezregel die Stabendverdrehung $\tau_{ki,\, ki}$, welche der in k gelenkig gelagerte Stab k—i aus M_{ki} in ki erleidet, bei geometrisch bestimmter Lagerung des Stabendes ik anschreiben. Wir unterscheiden 3 Fälle der geometrisch bestimmten Lagerung, die später häufig gebraucht werden.

Lagerungsfall. a) Das Stabende ik ist in i frei drehbar gelagert, b) das Stabende ik ist in i fest und unverschieblich eingespannt, c) das Stabende ik ist in i fest in ein senkrecht zur Stabachse verschiebliches Endauflager eingespannt.

Die gesuchten Stabendverdrehungen $\tau_{ki,\, ki}$ sind die reziproken Stabsteifigkeiten, welche wir mit ϱ_{ki} bezeichnen wollten.

a) Die Momentenflächen aus $M_k = +1$ und aus $\overline{M}_k = +1$ sind Dreiecke, $a_1 = b_1 = +1$, $a_2 = b_2 = 0$

$$\varrho_{ki} = + \frac{s_{ki}}{3\, E J_c} \tag{13a}$$

b) Die M-Fläche aus $M_k = +1$ ist ein verschränktes Trapez mit $a_1 = +1$, $a_2 = -\frac{1}{2}$. Die $\overline{M}$-Fläche aus $\overline{M}_k = +1$ bilden wir nach dem Reduktionssatz am beiderseits gelenkig gelagerten Stabe als statisch bestimmtem Hauptsystem und erhalten wie oben $b_1 = +1$, $b_2 = 0$.

$$\varrho_{ki} = + \frac{s_{ki}}{4\,EJ_c} \qquad\qquad [13\,\mathrm{b}]$$

c) Die Momentenflächen sind Rechtecke mit $a_1 = a_2 = b_1 = b_2 = +1$.

$$\varrho_{ki} = + \frac{s_{ki}}{1\,EJ_c} \qquad\qquad [13\,\mathrm{c}]$$

Für Stäbe mit ein- oder beiderseitigen Eckschrägen bestimmter Form gibt es ausgearbeitete Tabellen (vgl. B e y e r , D i s c h i n g e r , G u l d a n u. a.). Da die Berücksichtigung von Eckschrägen bei einzelnen Verfahren einen wesentlichen Mehraufwand an Rechenarbeit bedingt, ohne die grundsätzliche Darlegung zu ändern, soll auf eine Wiedergabe an dieser Stelle verzichtet werden.

Die Stabendverdrehung aus äußerer Last im Drehsinn der negativen Belastungseinheit errechnet sich für den beiderseits frei drehbar gelagerten Stab $k-i$ aus der Integration der $\overline{M}_k = -1$-Fläche und der M_0-Fläche

$$E\,J_c\,\tau_{ki,\,0} = \int \overline{M}_k\,M_0\,ds = \frac{s_{ki}}{6}\,B_{ki}$$

Die Werte B_{ki} sind in Tafel A 1 des Anhanges für die meist vorkommenden Lastfälle zusammengestellt.

Die gegenseitigen Stabendverdrehungen $\delta_{g,\,0}$ am Gelenk g aus äußerer Last sind die B e l a s t u n g s g l i e d e r der Bestimmungsgleichungen und setzen sich aus den Teilintegralen zusammen, welche aus der M_0-Fläche und der $\overline{M}_g = -1$-Fläche zu bilden sind. Die Trapeze, aus denen die Momentenfläche infolge des Doppelmomentes $\overline{M}_g = -1$ besteht, zerlegt man in Dreiecke und verwendet entsprechend die Beiwerte B_{ki} und B_{ik}. Stellt die $\overline{M}_g$-Fläche im Stabe $k-i$ ein Rechteck bzw. ein gleichseitiges verschränktes Trapez dar, so lauten die Beiwerte der Belastungsglieder B'_{ki} bzw. B_{ki}. Bei der Untersuchung eines statisch unbestimmten Systems darf man nach dem Reduktionssatz für die M_0-Fläche ein anderes Hauptsystem zugrundelegen, als dasjenige, welches man beim Ansatz der $\overline{M}_g$-Fläche verwandt hat.

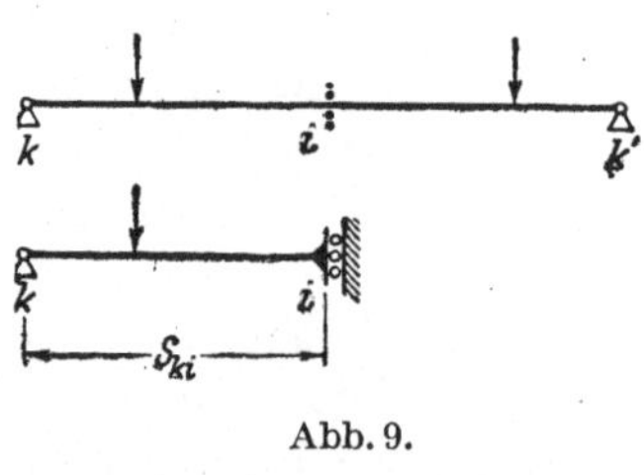

Abb. 9.

Für den Fall eines symmetrisch belasteten symmetrischen Stabwerkes, dessen Symmetrieachse den Stab $k-k'$ in Feldmitte schneidet, beschränkt sich die statische Untersuchung auf eine Hälfte des Stabwerkes. Als Stablänge wird $s_{ki} = \frac{1}{2}\,s_{kk'}$ eingeführt, den Stab $k-i$ kann man gemäß Abb. 9 in i als fest eingespannt, aber vertikal frei verschieblich gelagert betrachten, das ist der Lagerungsfall c. Bei der Benutzung der Taf. A 1 muß man dann als Stablänge den Wert $2\,s_{ki}$ einsetzen und den Tafelwert halbieren.

S t a b g l e i c h u n g. Die allgemeine Beziehung zwischen Momenten und Drehwinkeln am Einzelstab wird als „Stabgleichung" bezeichnet. Durch eine gedachte Gelenkeinfügung an den Stabenden werden die Schnittkräfte durch äußere Kräfte am beiderseits frei drehbar gelagerten Stab ersetzt. Wir bilden die Verdrehungen der Stabendtangenten φ_{ki} und φ_{ik}, welche am wirklichen gelenklosen System mit den Knotendrehwinkeln φ_k und φ_i übereinstimmen müssen. Die gesamte Stabendverdrehung setzt sich aus dem Stabdrehwinkel und der auf die Stabsehne bezogenen Stabendverdrehung zusammen.

$$\varphi_k = \vartheta + \tau_{ki}$$

τ_{ki} errechnet sich nach dem P.d.v.A. aus der Abb. 10. Wir schreiben das Ergebnis nach Vorzeichenregel I an und setzen die Vorzeichen gemäß Vorzeichenregel II in Klammern.

$$\varphi_k = \overset{+}{(-)}\, \vartheta \,\overset{+}{(-)}\, M_{ki}\, \frac{s_{ki}}{3\,EJ_c}\, \overset{+}{(+)}\, M_{ik}\, \frac{s_{ki}}{6\,EJ_c}\, \overset{-}{(-)}\, B_{ki}\, \frac{s_{ki}}{6\,EJ_c}$$

$$\varphi_i = \overset{-}{(-)}\, \vartheta \,\overset{+}{(-)}\, M_{ik}\, \frac{s_{ki}}{3\,EJ_c}\, \overset{+}{(+)}\, M_{ki}\, \frac{s_{ki}}{6\,EJ_c}\, \overset{-}{(+)}\, B_{ik}\, \frac{s_{ki}}{6\,EJ_c}$$

[14]

$\overline{M}$-Fläche infolge $\overline{M}_{ki} = +1$

M-Fläche aus gegebener Belastung

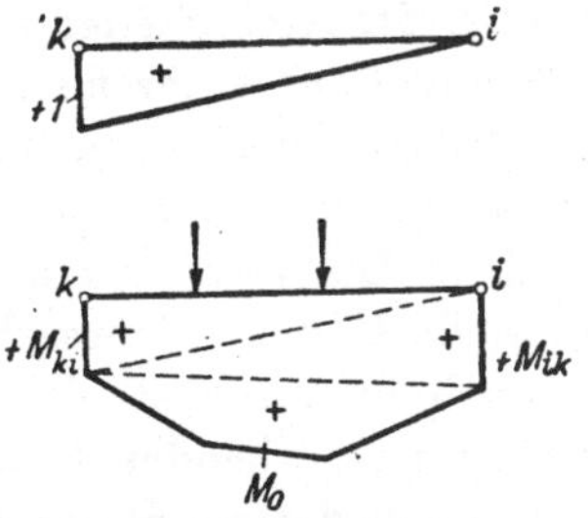

Abb. 10. Momentenflächen für den Ansatz der Stabendverdrehung.

g) Momente und Steifigkeiten am geometrisch bestimmten Hauptsystem B.

Lösen wir die Stabgleichung [14] nach M_{ki} und M_{ik} auf, so erhalten wir die Stabendmomente als Funktionen der Drehwinkel. Am Hauptsystem B verwenden wir stets die Vorzeichenregel II, wir setzen daher in Gleichung [15] die sich aus der Vorzeichenregel I ergebenden Vorzeichen in Klammern.

$$M_{ki} = \overset{-}{(+)}\, \frac{(2\,B_{ki} - B_{ik})}{3}\, \overset{-}{(+)}\, \varphi_k\, \frac{4\,EJ_c}{s_{ki}}\, \overset{-}{(-)}\, \varphi_i\, \frac{2\,EJ_c}{s_{ki}}\, \overset{-}{(-)}\, \vartheta\, \frac{6\,EJ_c}{s_{ki}}$$

$$M_{ik} = \overset{+}{(+)}\, \frac{(2\,B_{ik} - B_{ki})}{3}\, \overset{-}{(+)}\, \varphi_i\, \frac{4\,EJ_c}{s_{ki}}\, \overset{-}{(-)}\, \varphi_k\, \frac{2\,EJ_c}{s_{ki}}\, \overset{-}{(+)}\, \vartheta\, \frac{6\,EJ_c}{s_{ki}}$$

[15]

Die Gleichung [15] wird meist etwas anders geschrieben. Der erste Summand ist das Einspannmoment des beiderseits fest eingespannten Stabes, er kann daher — bezogen auf das Hauptsystem B — mit $M_{ki,0}$ bzw. mit $M_{ik,0}$ bezeichnet werden. Der Ausdruck $\dfrac{2\,EJ_c}{s_{ki}}$ wird häufig als Stabwert S''_{ki} eingeführt, dann lautet Gleichung [15]

$$M_{ki} = +\, M_{ki,0} - \varphi_k\, 2\, S''_{ki} - \varphi_i\, S''_{ki} - \vartheta\, 3\, S''_{ki}\,.$$

Um möglichst wenige Begriffe zu verwenden, vermeiden wir diesen Ausdruck „Stabwert" zugunsten des Begriffes „Steifigkeit", der die verschiedenen Möglichkeiten der geometrisch bestimmten Lagerung des Stabendes berücksichtigt.

Die S t a b s t e i f i g k e i t S_{ki}, welche — genauer gefaßt — die Steifigkeit des Stabendes ki bedeutet, ist dasjenige Moment, welches in einem am Stabende ki eingefügten Gelenk angesetzt werden muß, um eine auf die Stabsehne bezogene relative Stabendverdrehung $\tau_{ki,ki}$ im Werte 1 zu erzeugen, und zwar im Richtungssinn der gewählten Belastungseinheit $M_k = +1$ bzw. -1. S_{ki} ist somit der reziproke Wert der Stabendverdrehung $\tau_{ki,ki} = \varrho_{ki}$.

$$S_{ki} = \frac{1}{\varrho_{ki}}\,.$$

Die Größe von S_{ki} hängt einerseits von der Schlankheit des Stabes $k-i$, andererseits von der Lagerung des Stabendes ik ab. Für die auf S. 43 festgelegten Lagerungsfälle a, b, c errechnet sich die Stabsteifigkeit

$$\text{Lagerungsfall a)} \quad S_{ki} = \frac{1}{\varrho_{ki}} = \frac{3\,EJ_c}{s_{ki}} = \frac{3\,EJ}{l_{ki}}. \qquad [16a]$$

$$\text{Lagerungsfall b)} \quad S_{ki} = \frac{1}{\varrho_{ki}} = \frac{4\,EJ_c}{s_{ki}} = \frac{4\,EJ}{l_{ki}} \qquad [16b]$$

$$\text{Lagerungsfall c)} \quad S_{ki} = \frac{1}{\varrho_{ki}} = \frac{EJ_c}{s_{ki}} = \frac{EJ}{l_{ki}} \qquad [16c]$$

In allen Berechnungen am geometrisch bestimmten Hauptsystem B gehen wir von den gedachten Stabsteifigkeiten im Hauptsystem aus, in welchem alle elastisch verdrehbaren Knotenpunkte durch starre Festhaltung ersetzt sind. Wir wollen daher die Gleichung [15] nochmal für jeden Lagerungsfall (L.-F.) des Stabendes ik gesondert anschreiben, indem wir jeweils die zugehörige Stabsteifigkeit S_{ki} nach Gl. [16] einsetzen. Der erste Summand in Gl. [17] drückt das Einspannmoment an der Schnittstelle ki bei — tatsächlicher oder im Sinne des Hauptsystems gedachter — unverdrehbarer Festhaltung des Knotens k und bei der fallweise festgelegten Lagerung des Stabendes ik aus und soll mit $M_{ki,\,0}$ bezeichnet werden. $M_{ki,\,0}$ wird das Belastungsglied genannt und kann für die üblichen Lastfälle aus der Taf. A 2 des Anhanges abgelesen werden.

L.-F. a. Bei frei drehbarer Stabend-Lagerung in i wird mit $M_{ik} = 0$ nach Gl. [14]

$$M_{ki} = + M'_{ki,\,0} - S_{ki}\,(\varphi_k + \vartheta), \qquad [17a]$$

hierin ist $M'_{ki,\,0} = -\dfrac{B_{ki}}{2}$, dagegen ist $M'_{ik,\,0} = +\dfrac{B_{ik}}{2}$.

L.-F. b.

$$M_{ki} = + M_{ki,\,0} - S_{ki}\left(\varphi_k + \frac{1}{2}\,\varphi_i + \frac{3}{2}\,\vartheta\right), \qquad [17b]$$

hierin ist $M_{ki,\,0} = -\dfrac{2\,B_{ki} - B_{ik}}{3}$.

L.-F. c.

$$M_{ki} = + M''_{ki,\,0} - S_{ki}\,\varphi_k, \qquad [17c]$$

hierin wird mit $s_{kk'} = 2\,s_{ki}$ das Glied $M''_{ki,\,0} = -\dfrac{B_{kk'}}{6}$.

Die Knotensteifigkeit S_k ist das Moment, welches den von der Festhaltung im Hauptsystem B freigemachten Knoten k um den Betrag 1 im Richtungssinn der gewählten Belastungseinheit $M_k = +1$ bzw. -1 verdreht. Infolge einer Knotenverdrehung müssen alle biegungssteif angeschlossenen Stabenden ki die gleiche Verdrehung 1 erleiden. Die durch eine Knotenverdrehung $\varphi_k = 1$ verursachten Momente in den anschließenden Stabenden sind die Stabsteifigkeiten, deren Summe zufolge der Gleichgewichtsbedingung $\Sigma\,M = 0$ gleich der Knotensteifigkeit sein muß.

$$S_k = \Sigma\,S_{ki}. \qquad [18]$$

Durch die Stabsteifigkeiten jedes anschließenden Stabendes ist auch das Verhältnis gegeben, in welchem sich ein am Knoten k angreifendes Moment M_k auf die einzelnen Stabenden verteilt. Ein unmittelbar im Knoten k angreifendes Moment M_k erzeugt im ausgezeichneten Stabende kx des Stabes $k - x$

$$M_{kx} = M_k\,\frac{S_{kx}}{\Sigma\,S_{ki}} = M_k\,\frac{S_{kx}}{S_k} = M_k\,b_{kx}. \qquad [19]$$

Wir nennen b_{kx} die „Verteilungszahl" des Knotens k für das Stabende kx.

Die **S t o c k w e r k s t e i f i g k e i t** $S_{k'}$ ist das Moment, welches den von der Festhaltung im Hilfsstabwerk des Hauptsystems B freigemachten Knoten k' um den Stabdrehwinkel $\vartheta_{k'} = 1$ im Richtungssinn der gewählten Belastungseinheit $M_{k'} = +1$ bzw. -1 verdreht.

Zur Vereinfachung behandeln wir nur Stabwerke mit rechtwinkligen Stabanschlüssen gemäß Abb. 2 und Abb. 6. Lösen wir die Festhaltung des Gelenkes k' im Hilfsstabwerk, belassen aber die Unverdrehbarkeit der Gelenkverbindungen zwischen System und Hilfsstabwerk, d. h. aller inneren Knoten des Stabwerkes, so bleiben die horizontalen Riegel des Systems von der Stabverdrehung $\vartheta_{k'}$ völlig unbeeinflußt, vgl. Abb. 6. Lediglich in den Stielen $k—u$ treten Momente auf, welche aber wegen der unverdrehbaren Festhaltung der Stabenden von den starren Riegeln des Hilfsstabwerkes übernommen und weitergeleitet werden.

Die Stabendmomente infolge einer Stabverdrehung errechnen sich nach Gl. [17] mit $\varphi_k = \varphi_i = 0$ wie folgt.

L.-F. a.   Ist der Stiel $k—u$ in uk frei drehbar gelagert, so wird nach Gl. [16a] infolge $\vartheta_{k'} = +1$

$$M_{ku} = -S_{ku}.$$

L.-F. b.   Ist der Stiel $k—u$ beiderseits in den Stabenden ku und uk fest — im Sinne des Hauptsystems B — eingespannt, so wird nach Gl. [17b] infolge $\vartheta_{k'} = +1$

$$M_{ku} = M_{uk} = -\frac{3}{2}\,S_{ku}.$$

L.-F. c.   Ist der Stiel $k—u$ in uk fest eingespannt, aber senkrecht zur Stabachse frei verschieblich gelagert, so verursacht eine Stabdrehung $\vartheta_{k'}$ keine Momente im Stab $k—u$.

Die Größe der Stockwerksteifigkeit $S_{k'}$ gewinnen wir aus der Gleichgewichtsbedingung, daß die Summe der Horizontalkräfte in einem oberhalb der Knoten u geführten Horizontalschnitt gleich Null sein muß (vgl. Abb. 6, S. 15)

$$\Sigma H = 0 = \frac{S_{k'}}{l_{ku}} + \frac{(M_{ku} + M_{uk})}{l_{ku}}.$$

M_{ku} sind die Kopfmomente, M_{uk} die Fußmomente aller Stiele des betreffenden Geschosses.

$$S_{k'} = -\sum (M_{ku} + M_{uk}) = +\sum_a S_{ku} + \sum_b 3\,S_{ku}. \qquad [20]$$

Hierin erstreckt sich die Summe $\sum_a$ auf alle am Fußende frei drehbar gelagerten Stiele $k—u$, während $\sum_b$ die oben und unten eingespannten Stiele $k—u$ umfaßt.

Greift im Knoten k' des Ersatzstabwerkes das Moment $M_{k'}$ an, so verteilt sich seine Wirkung auf die eingespannten Stabenden der Stäbe $k—u$ im Verhältnis der Momente M_{ku} bzw. M_{uk}.

L.-F. a. (Gelenk in uk)

$$M_{ku} = -M_{k'}\,\frac{S_{ku}}{S_{k'}} = -M_{k'}\,b_{(k')\,k}. \qquad [19'a]$$

L.-F. b. (Einspannung in uk)

$$M_{ku} = M_{uk} = -M_{k'}\,\frac{3\,S_{ku}}{2\,S_{k'}} = -M_{k'}\,b_{(k')\,k} = -M_{k'}\,b_{(k')\,u}. \qquad [19'b]$$

$b_{(k') k}$ und $b_{(k') u}$ sind die Verteilungszahlen des Knotens k' für die Stabenden ku und uk.

Um später auch die Ansätze am **Hauptsystem** B^* anschreiben zu können, wollen wir die Steifigkeiten S_{ki}^* und S_k^* bilden. Die Stabsteifigkeiten S_{ki}^* unterscheiden sich von S_{ki} nur dann, wenn der Stab $k-i$ bei der Verschiebung des Systems eine Stabdrehung erfährt.

Ist $\vartheta_{ki} = 0$, d. h. ist $k-i$ wie in Abb. 2 ein Riegel, so ist

$$S_{ki}^* = S_{ki}.$$

Ist $\vartheta_{uk} = \vartheta_{k'}$, d. h. ist $k-u$ wie in Abb. 2 ein Vertikalstab, so beträgt das Moment $M_{k',ku}$ im Knoten k' infolge der Verdrehung $\varphi_{ku} = +1$ beim Ansatz im Hauptsystem B

im L.-F. a. (Gelenk in uk) $M_{k',ku} = -S_{ku}$

im L.-F. b. (Einspannung in uk) $M_{k',ku} = -\dfrac{3}{2} S_{ku}.$

Löst man die Festhaltung in k', so lautet

$$S_{ku}^* = S_{ku} + M_{k',ku}\, b_{(k') k}, \tag{21}$$

folglich wird

im L.-F. a. (Gelenk in uk) $S_{ku}^* = S_{ku}(1 - b_{(k') k})$

im L.-F. b. (Einspannung in uk) $S_{ku}^* = S_{ku}(1 - \dfrac{3}{2} b_{(k') k}).$

Wollen wir eine gemeinschaftliche Formel für beide Lagerungsfälle anschreiben, so setzen wir

$$S_{ku}^* = S_{ku} - S_{k'}\, b^2_{(k') k} \tag{21}$$

und ebenso für den Stab $k-o$ mit $\vartheta_{ko} = \vartheta_{o'}$

$$S_{ko}^* = S_{ko} - S_{o'}\, b^2_{(o') k}. \tag{21}$$

Die **Knotensteifigkeit** S_k^* lautet danach für Systeme gemäß Abb. 2

$$S_k^* = S_k - S_{k'}\, b^2_{(k') k} - S_{o'}\, b^2_{(o') k}. \tag{22}$$

Die Verteilungszahlen am Hauptsystem B^* ergeben sich sinngemäß zu

$$b_{ki}^* = \frac{S_{ki}^*}{S_k^*}.$$

h) Einflußlinien.

Trägt man die Größe einer bestimmten statischen oder geometrischen Unbekannten infolge einer wandernden Einzellast $P_m = 1$ an jeder Stelle m auf, an welcher P_m angreifen kann, so entsteht die „Einflußlinie" der Unbekannten. Am unbestimmten System drücken wir jede Unbekannte als Funktion der Überzähligen aus. Die Einflußlinie einer Unbekannten setzt sich nach dem Superpositionsgesetz aus einem Beitrag der Einzellast am Hauptsystem und den von den Überzähligen erzeugten Beträgen zusammen. Vornehmlich braucht man die Einflußlinien für die Überzähligen selbst.

Während im Brückenbau die Einflußlinien naturgemäß sehr häufig benötigt werden, bedarf man ihrer im Hochbau nur in vereinzelten Fällen, z. B. bei Kranlasten. Für den Durchlaufträger enthalten die Handbücher bereits fertig ausgearbeitete Tafelwerte.

Ist die Überzählige, deren Einflußlinie wir suchen, eine **s t a t i s c h e** Größe X_g, welche in g angreift, so verlangt die geometrische Kontinuitätsbedingung für den Ort g, daß die Überzählige X_g die durch die Einführung des Hauptsystems verursachte geometrische Änderung des Systems wieder ausgleicht, wie dieses im folgenden Kapitel näher erläutert wird. Ist X_g ein Doppelmoment, g somit ein eingefügtes Gelenk, so lautet die Kontinuitätsbedingung für g nach Gl. [6], S. 37

$$X_g = \frac{\delta'_{g,m}}{\delta'_{g,g}}.$$

Hierin bedeuten $\delta'_{g,m}$ bzw. $\delta'_{g,g}$ die gegenseitigen Stabendverdrehungen im Gelenk g infolge $P_m = +1$ bzw. infolge $X_g = -1$ am $n-1$-fach statisch unbestimmten System, welches nur in g ein eingefügtes Gelenk besitzt.

Nach dem Satz von M a x w e l l ist die gegenseitige Stabendverdrehung in g aus $P_m = +1$ gleich der Durchbiegung in m und in Richtung von P_m infolge $X_g = -1$.

$$\delta_{g,m} = \zeta'_{m,g},$$

folglich ist die Einflußlinie für ein Doppelmoment X_g gleich der mit $\dfrac{1}{\delta'_{g,g}}$ erweiterten Biegelinie für den Selbstspannungszustand $X_g = -1$.

Die Auftragung der Momente infolge $X_g = -1$ am $n-1$-fach statisch unbestimmten System liefert die Momentenlinien dieses Selbstspannungszustandes, die D i s c h i n g e r „Zustandslinien" nennt. Um die Einflußlinie für X_g auftragen zu können, müssen wir die Zustandslinie für $X_g = -1$ kennen. Diese wird später aus den allgemeinen Arbeitsgleichungen mit Hilfe der konjugierten Matrix ermittelt oder als Ausdruck einer Abklingung in besonderen Verfahren entwickelt. Wir wollen die Einflußlinie für einen Stab $k-i$ bilden. Die Zustandslinie infolge $X_g = -1$ zeigt im Stabende ki bzw. ik den Wert $a_{ki,g}$ bzw. $a_{ik,g}$.

Erfährt das System durch eine Einzellast im Stabe $k-i$ keine Knotenpunktsverschiebungen, so können wir die M_o-Fläche am gelenkig gelagerten Stab $k-i$ bilden und den Zähler $\delta'_{m,g}$ der Einflußkoordinaten mit Hilfe der in Tafel A 3 ausgerechneten Funktionswerte anschreiben. $\delta'_{g,m} = \zeta'_{m,g}$ folgt aus der Integration der M_o-Fläche und der Momentenfläche aus $X_g = -1$, vgl. Gl. [2], S. 33. Wir bezeichnen den Abstand des Punktes m von k bzw. i mit $x\,l_{ki}$ bzw. $x_1\,l_{ki}$, dann lautet

$$\zeta_{m,g} = \frac{1}{6}\,l_{ki}\,s_{ki}\,[a_{ki,g}\,(x_1 - x_1^3) + a_{ik,g}\,(x - x^3)].$$

Der Erweiterungsfaktor $\dfrac{1}{\delta'_{g,g}}$ ist der Beiwert β_{gg}, welcher später entweder aus der konjugierten Matrix der Gleichungsauflösung nach dem Schema von G a u ß oder als Funktion der Abklingungswerte $a_{ki,g}$ und $a_{ik,g}$ oder in anderer Form entwickelt wird.

Bewirkt die Belastung P_m eine Verschiebung von Knotenpunkten, so erstreckt sich die M_o-Fläche auf mehrere Stäbe. Die Durchbiegung $\zeta'_{m,g}$ muß dann in allgemeiner Form durch Integration der M_o-Fläche infolge $P_m = 1$ und der Zustandsfläche infolge $X_g = -1$ errechnet werden. Die Ordinate der Einflußlinie lautet in jedem Fall

$$y_m = \zeta'_{m,g}\,\beta_{gg}.$$

Die obige Entwicklung ist in sinngemäßer Abwandlung von D i s c h i n g e r übernommen, welcher statt der Momentenabklingungswerte $a_{ki,g}$ die Festpunktabstände i_{ki} verwendet.

In gleicher Weise lassen sich auch die Ordinaten der Einflußlinien für g e o m e t r i s c h e Überzählige anschreiben. Wir suchen den Drehwinkel ξ_q des Knotens q

infolge $P_m = +1$. Der Angriffsort m liege im Felde $k - i$ im Abstand $x\, l_{ki}$ von k. Wir setzen voraus, daß wir die Werte $a_{k,\,q}$ und $a_{i,q}$ der Drehwinkelabklingung und damit den gesamten Verlauf des Selbstverformungszustandes $\xi'_q = -1$ kennen. In der späteren Schreibweise lassen wir das Komma im Index des Abklingungswertes fort und bezeichnen mit a_{kq} die Verdrehung des Knotens k infolge Verdrehung der Knoten q um $\xi_q = 1$. Der Selbstverformungszustand $\xi'_q = -1$ zeigt die Drehwinkelabklingung am $n - 1$-fach unbestimmten System, dessen sämtliche Knoten mit Ausnahme von q elastisch drehbar sind. Nur der Knoten q ist in seiner Verdrehung $\xi_q = -1$ festgehalten, er kann aber verschieblich sein.

Aus der Gleichgewichtsbedingung für den Knoten q ergibt sich gemäß Gl. [11], S. 41

$$\xi_q = \frac{M'_{q,\,m}}{M'_{q,\,q}}.$$

M' bezeichnet den Ansatz am vorbeschriebenen $n - 1$-fach unbestimmten System. Nach dem Satz von Maxwell ist die Knotenverdrehung in q aus $P_m = +1$ gleich der Durchbiegung in m und in Richtung von P_m infolge $\xi_q = -1$. Die Einflußlinie für eine Knotenverdrehung ξ_q ist gleich der mit $\dfrac{1}{M'_{q,\,q}}$ erweiterten Biegelinie für den Selbstverformungszustand $\xi_q = -1$.

Zur Ermittlung des Ausdruckes $M'_{q,\,m}$ vergleiche man den Ansatz von $M_{A,\,o}$ in Gl. [12], S. 42. Bewirkt P_m keine Verschiebung der Knotenpunkte, so beschränken sich die Knotenmomente aus P_m am Hauptsystem B bzw. B^* auf die Knoten k und i

$$\begin{aligned} M'_{q,\,m} &= a_{kq}\, M_{ki,\,o} + a_{iq}\, M_{ik,\,o} \\ &= x\, x_1\, (a_{kq}\, x_1 - a_{iq}\, x)\, l_{ki}. \end{aligned}$$

Wenn $a_{iq} = a_{kq}\, a_{ik}$ ist, so wird

$$M'_{q,\,m} = l_{ki}\, x\, x_1\, a_{kq}\, (x_1 - a_{ik}\, x).$$

Verschieben sich die Knotenpunkte infolge der Last P_m, so lautet

$$M'_{q,\,m} = \sum_k a_{kq}\, M_{k,\,0}.$$

Legt man das Hauptsystem B zugrunde, so umfaßt die Summe alle Knoten k einschließlich derjenigen am Hilfsstabwerk, in denen Knotenmomente aus P_m entstehen. Zweckmäßig bildet man den Belastungszustand am Hauptsystem B^*.

Der Wert $\dfrac{1}{M'_{q,\,q}} = \beta_{qq}$ kann auf verschiedene Art gewonnen werden, die Ableitung ist der Beschreibung der einzelnen Verfahren zu entnehmen.

C. Aufstellung der Elastizitätsgleichungen.

a) Allgemeine Form der Arbeitsgleichung an den Hauptsystemen A und B.

Zwischen den Bestimmungsgleichungen der statischen und geometrischen Überzähligen besteht ein klarer Dualismus, so daß wir — der Schreibweise von Pasternak folgend — die Entwicklung der Bestimmungsgleichungen für die Überzähligen gemeinsam anschreiben können.

Setzt man alle $\genfrac{}{}{0pt}{}{\text{statischen}}{\text{geometrischen}}$ Überzähligen gleich Null, so erhält man das $\genfrac{}{}{0pt}{}{\text{statisch}}{\text{geometrisch}}$ bestimmte Hauptsystem $\genfrac{}{}{0pt}{}{A}{B}$. Dieses ist ein Ersatzsystem, in welchem die $\genfrac{}{}{0pt}{}{\text{geometrische}}{\text{statische}}$ Struktur des wirklichen Systems dadurch verändert wird, daß an

einzelnen ausgezeichneten Punkten der vorhandene Verband durch $\genfrac{}{}{0pt}{}{\text{Schnitte oder}}{\text{zusätzliche}}$

$\genfrac{}{}{0pt}{}{\text{Gelenkeinfügungen gänzlich oder teilweise gelöst}}{\text{Kräfte starr in seiner ursprünglichen Lage und Richtung festgehalten}}$ wird. Zum

Ausgleich werden die durch die $\genfrac{}{}{0pt}{}{\text{geometrische Loslösung freigemachten Schnitt-}}{\text{statische Festhaltung unterdrückten Verrük-}}$

$\genfrac{}{}{0pt}{}{\text{kräfte } X_k}{\text{kungen } \xi_k}$ als Überzählige eingeführt.

Hieraus ergeben sich folgende $\genfrac{}{}{0pt}{}{\text{geometrischen}}{\text{statischen}}$ Bedingungen: Die durch die Ein-

führung des Hauptsystems $\genfrac{}{}{0pt}{}{\text{freigemachten Verrückungen}}{\text{hinzugefügten Festhaltungen}}$ müssen in ihren Ansatz-

punkten und Richtungen bzw. Stellungen infolge der jeweiligen Belastung gleich
Null werden. Wir stellen daher nach dem Superpositionsgesetz am Ansatzort jeder

Überzähligen die $\genfrac{}{}{0pt}{}{\text{geometrische Verträglichkeitsbedingung}}{\text{statische Gleichgewichtsbedingung}}$ auf. Man ermittelt zu-

nächst, welche Wirkung jede Überzählige am Ansatzort einer bestimmten Überzähligen haben würde, wenn sie den Wert -1 hätte, d. h. man berechnet die Wir-

kung der n e g a t i v e n $\genfrac{}{}{0pt}{}{\text{Belastungseinheit}}{\text{Verrückungseinheit}}$ der Überzähligen und erweitert dann

die Ausdrücke mit dem Größenwert der Überzähligen. Die Einführung negativer

Einheiten für die Überzähligen bedeutet, daß man die $\genfrac{}{}{0pt}{}{\text{Verrückung}}{\text{Kraft}}$ am Ort ihres

Ansatzes in negativer Richtung anschreibt. Das ergibt eine Umkehrung des Vorzeichens im Belastungsglied.

Bezeichnen wir alle Angriffstellen der statischen Überzähligen und zwar getrennt
nach der jeweiligen Angriffsrichtung bzw. Stellung fortlaufend mit $a, b, c, .. k .. n$
— an einer Schnittstelle können also bis zu drei Angriffstellen liegen —, dann bedeutet X_k eine beliebige Schnittkraft und ξ_k die dieser Schnittkraft entsprechende
gegenseitige Verrückung der Schnittufer. Die allgemeine Form der Elastizitätsgleichung, welche sich auf die Angriffstelle k von X_k bezieht, lautet

am Hauptsystem A:
$$\xi_k = 0 = X_a\,\xi_{k,a} + X_b\,\xi_{k,b} + \cdots + X_k\,\xi_{k,k} + X_n\,\xi_{k,n} - \xi_{k,0}.$$

Verwenden wir die gleichen Zeichen auch am Hauptsystem B, dann sind ξ_k die
geometrischen Überzähligen, d. h. die Drehwinkel, a bis n deren Ansatzorte, d. h.
die Knoten im System einschließlich des Hilfsstabwerkes, und X_k ist das dem Drehwinkel ξ_k entsprechende Moment. Mit diesen Bezeichnungen lautet die Elastizitätsgleichung, die sich auf den Ansatzort k bezieht,

am Hauptsystem B:
$$X_k = 0 = \xi_a\,X_{k,a} + \xi_b\,X_{k,b} + \cdots + \xi_k\,X_{k,k} + \xi_n\,X_{k,n} - X_{k,0}.$$

Bei der Bildung des statisch bestimmten Hauptsystems A beschränken wir uns
auf die Einfügung von Gelenken g und erhalten als einzige Art von statischen Überzähligen X_g nur Momente, denen als Verrückungen die gegenseitigen Stabendver-

drehungen δ_g entsprechen. Wir setzen daher als Ausgangsgleichung am Hauptsystem A die gegenseitige Stabendverdrehung im Gelenk g gleich Null.

Ausgangsgleichung am Hauptsystem A.

$$X_a\,\delta_{g,a} + X_b\,\delta_{g,b} + \cdots + X_g\,\delta_{g,g} + \cdots + X_n\,\delta_{g,n} = \delta_{g,0}. \qquad [23]$$

Beiwerte der Gleichung [23]. Die Beiwerte der statischen Überzähligen lauten

$$\delta_{k,i} = \frac{1}{EJ_c} \int M_k\,M_i\,ds$$

$$\delta_{k,k} = \frac{1}{EJ_c} \int M_k\,M_k\,ds.$$

Meist werden alle Glieder der Gleichung mit EJ_c erweitert, infolgedessen kommt dieser Wert nur auf der rechten Gleichungsseite in denjenigen Belastungsgliedern vor, welche den Wert EJ_c nicht im Nenner enthalten. Die Integrale $\int M_k\,M_i\,ds$ und $\int M_k\,M_k\,ds$ werden aus den Momentenflächen gebildet, welche durch den Ansatz von $M_k = -1$ bzw. $M_i = -1$ am statisch bestimmten Hauptsystem entstehen. Da diese Momentenflächen je nach Wahl des Hauptsystems verschiedene Form haben, muß die Integration in jedem Fall gesondert durchgeführt werden, vgl. S. 43.

Das Belastungsglied $\delta_{k,0}$ lautet

$$\delta_{k,0} = \frac{1}{EJ_c} \int M_k\,M_0\,ds$$

und wird durch Integration der Momentenflächen infolge $M_k = -1$ und M_0 aus äußerer Last am statisch bestimmten Hauptsystem errechnet. Die Momentenfläche infolge $M_k = -1$ verläuft im Bereich eines Stabes $k - i$ geradlinig und setzt sich aus zwei Dreiecken mit der Höhe M_{ki} bzw. M_{ik} zusammen. Demzufolge zerlegt man das Integral in zwei Bestandteile und schreibt

$$\delta_{k,0} = \frac{s_{ki}}{6\,EJ_c}\,(M_{ki}\,B_{ki} + M_{ik}\,B_{ik}).$$

Die Konstanten B_{ki} und B_{ik} sind in Tafel A1 für die häufig vorkommenden Lastfälle ausgerechnet. Ist $M_{ki} = M_{ik}$, d. h. bei rechteckiger Momentenfläche infolge $M_k = -1$, so lautet

$$\delta_{k,0} = \frac{s_{ki}}{6\,EJ_c}\,M_{ki}\,B'_{ki}.$$

Für den Fall, daß $M_{ki} = -M_{ik}$ ist, schreiben wir

$$\delta_{k,0} = \frac{s_{ki}}{6\,EJ_c}\,M_{ki}\,B''_{ki}.$$

Soll der Fall einer Knotenpunktsverschiebung untersucht werden, so ist der hierdurch im Hauptsystem entstehende Stabdrehwinkel $\dfrac{\zeta_k}{l_{ki}}$ bzw. $\dfrac{\psi_k}{l_{ki}}$ unmittelbar als Belastungsglied $\delta_{k,0}$ anzuschreiben. Da hier der Faktor EJ_c im Nenner fehlt, ist $\delta_{k,0}$ mit diesem Wert zu erweitern. Eine Knotenpunktsverschiebung entsteht meist entweder durch eine Verschiebung der Stützpunkte oder durch eine gleichmäßige Erwärmung der Stäbe. Es bezeichne

t die Gradzahl der Erwärmung oder Abkühlung,

a_t die Materialkonstante der bezogenen Dehnung infolge der Erwärmung von $t = 1^0$. Dann beträgt die Längenänderung eines Stabes von der Länge l_{ki}

$$\Delta\xi = l_{ki}\,t\,a_t.$$

Für Stahl beträgt $\qquad a_t = 0{,}000\ 010,$

für Beton und Stahlbeton $\qquad a_t = 0{,}000\ 012.$

Für den Fall ungleichmäßiger Erwärmung, durch welche die oberen Randfasern aller Querschnitte eines Stabes um t_o, die unteren Randfasern um t_u erwärmt werden, erhalten wir infolge der Wärmedifferenz $\Delta t = t_o - t_u$ eine Dehnungsdifferenz von $\Delta t\, a_t\, l_{ki}$ und bei einer Querschnittshöhe h (in cm) auf die gesamte Länge des Stabes bezogen eine gegenseitige Verdrehung der Endquerschnitte von

$$\delta = \Delta t\, a_t\, \frac{l_{ki}}{h} = \delta_{ki} + \delta_{ik}.$$

Ist der Stab $k - i$ beiderseits frei drehbar gelagert, so lautet die Stabendverdrehung, d. h. das Belastungsglied

$$\delta_{k,\,0} = \Delta t\, a_t\, \frac{l_{ki}}{2\,h} \qquad \text{(Lag.-Fall a)}.$$

Ist der Stab in i unverdrehbar, aber senkrecht zur Stabachse frei verschieblich gelagert (Lag.-Fall c), so entfällt auf das frei drehbare Stabende in k der volle Betrag von

$$\delta_{k,\,0} = \Delta t\, a_t\, \frac{l_{ki}}{h} \qquad \text{(Lag.-Fall c)}.$$

Benötigen wir die Konstanten B_{ki}, so lauten diese nach Erweiterung mit EJ_c

$$B_{ki} = \delta_{k,\,0}\, \frac{6}{s_{ki}} = \Delta t\, a_t\, \frac{3}{h}\, EJ_{ki} \qquad \text{(Lag.-Fall a)}$$

$$B'_{ki} = \delta_{k,\,0}\, \frac{6}{s_{ki}} = \Delta t\, a_t\, \frac{6}{h}\, EJ_{ki} \qquad \text{(Lag.-Fall c)}.$$

Als geometrische Überzählige wählen wir nur Drehwinkel ξ, worunter sowohl Knotendrehwinkel φ als auch Stabdrehwinkel ϑ zu verstehen sind. Die den Drehwinkeln zugeordneten Kräfte sind ausschließlich Momente M. Die Knotenpunkte am System und am Hilfssystem sollen mit arabischen Ziffern bezeichnet werden. Die Ausgangsgleichung am Hauptsystem B drückt die Gleichgewichtsbedingung für den Knotenpunkt k bzw. k' aus.

Ausgangsgleichung am Hauptsystem B.

$$\xi_1 M_{k,\,1} + \xi_2 M_{k,\,2} + \cdots + \xi_k M_{k,\,k} + \cdots + \xi_n M_{k,\,n} = M_{k,\,0} \qquad [24]$$

Auf der linken Seite der Gleichungen [23] und [24] steht eine Summe von Produkten aus Überzähligen und Beiwerten, auf der rechten Seite das „Belastungsglied".

Beiwerte der Gleichung [24]. Die Beiwerte der geometrischen Überzähligen lassen sich für viele Systeme, welche nur aus horizontalen Riegeln und vertikalen Stielen bestehen, in allgemeiner Form anschreiben. Im geometrisch bestimmten Hauptsystem B der vorgenannten Art erzeugt eine Knotenverdrehung φ_k Momente

in den Stabenden ki am Knoten k,

in den Stabenden ik an den Nachbarknoten i,

am Knoten k' des Hilfsstabwerkes in Höhe des zu k gehörigen Riegels und

am Knoten o' des Hilfsstabwerkes in Höhe des nächsthöheren Riegels, vgl. Abb. 2. Die Wirkung von φ_k beschränkt sich auf die Knotendrehwinkel der Nachbarknoten i und auf die Stabdrehwinkel der beiden unmittelbar angrenzenden Stockwerke.

Eine Stabdrehung $\vartheta_{k'}$ erzeugt Momente

am Knoten k' des Hilfsstabwerkes,

an allen Knoten k des in Höhe von k' befindlichen Riegels und

an allen Knoten u des nächsttieferen, in Höhe von u' befindlichen Riegels, welche biegungssteif mit den aufgehenden Stielen verbunden sind, d. h. sofern sich an den Schnittstellen uk kein Gelenk befindet (vgl. Abb. 6).

Die Beiwerte der geometrischen Überzähligen erhalten wir aus den Gleichungen [17] und [20].

Gl.	Moment		Beiwerte
---	in	aus	
[17b]	k	$\varphi_k = -1$	$M_{k,k} = +\sum S_{ki} = +S_k$
[17b]	k i	$\varphi_i = -1$ $\varphi_k = -1$	$M_{k,i} = +\dfrac{1}{2} S_{ki}$
[17a] [17b]	k k'	$\vartheta_{k'} = -1$ $\varphi_k = -1$	$M_{k,k'} = \begin{cases} +S_{ku} & \text{(wenn in } uk \text{ ein Gelenk ist)} \\ +\dfrac{3}{2} S_{ku} & \text{(wenn } uk \text{ eingespannt ist)} \end{cases}$
[20]	k'	$\vartheta_{k'} = -1$	$M_{k',k'} = +S_{k'} = +\sum_a S_{ku} + \sum_b 3\,S_{ku}$ (vergl. Seite 47)
— [17b]	k' u	$\varphi_u = -1$ $\vartheta_{k'} = -1$	$M_{k',u} = \begin{cases} 0 & \text{(wenn in } uk \text{ ein Gelenk ist)} \\ +\dfrac{3}{2} S_{ku} \; . & \text{(wenn } uk \text{ eingespannt ist)} \end{cases}$

Das Belastungsglied $M_{k,0}$ ist die Summe der Einspannmomente aus äußerer Last aller in k biegungssteif angeschlossenen Stabenden ki. Das Einspannmoment des in ki unverdrehbar eingespannten Stabes $k-i$ ist für die geometrisch bestimmten Lagerungsfälle des Stabendes ik in Tafel A 2 des Anhanges angeschrieben. Beim Lagerungsfall c betrachtet man das querverschieblich eingespannte Stabende ik als Feldmitte eines beiderseits fest eingespannten Stabes von der Länge $s_{kk'} = 2\,s_{ki}$ (vgl. Abb. 9), der symmetrisch belastet wird, oder man verwendet die Tafelwerte M''_{ki}.

Das Belastungsglied $M_{k',0}$ ist das Moment in k' aus äußerer Last. Führen wir in Abb. 2 einen Horizontalschnitt durch die Stielfüße oberhalb des Riegels u und somit oberhalb des Gelenkes u' im Hilfsstabwerk, so gilt die Gleichgewichtsbedingung, daß die Summe aller Horizontalkräfte in diesem Schnitt gleich Null ist. Damit erhalten wir die Querkraft im starren Vertikalstiel $k'-u'$ des Hilfsstabwerkes, die wir mit $H_{k',0}$ bezeichnen wollen. $H_{k',0}$ ist die Summe der in Höhe und oberhalb des zu k' gehörigen Riegels angreifenden äußeren Horizontallasten einschließlich der auf die Knoten k entfallenden Lastanteile aus der Horizontalbelastung der Stiele $k-u$. Somit wird

$$M_{k',0} = H_{k',0}\, l_{ku}.$$

Wird das Hauptsystem durch Knotenpunktverschiebungen belastet, sei es durch absolute Verschiebungen der Stützpunkte oder sei es durch Längenänderungen der Stäbe infolge gleichmäßiger Erwärmung, so entsteht in einzelnen Stäben eine Verdrehung ihrer Stabsehne, d. h. ein Stabdrehwinkel im Betrage von $\vartheta = \dfrac{\zeta}{l_{ki}}$ bzw.

$\frac{\varPsi}{l_{ki}}$. Dieser erzeugt nach Gl. [17] mit $M_{ki,0} = 0$, $\varphi_k = 0$ und $\varphi_i = 0$ ein Einspannmoment M_{ki}, d. h. ein Belastungsglied

$$M_{k,0} = -\frac{6\,E\,J_{ki}}{l_{ki}}\,\vartheta \qquad \text{(wenn } i\,k \text{ fest eingespannt ist)}$$

$$M_{k,0} = -\frac{3\,E\,J_{ki}}{l_{ki}}\,\vartheta \qquad \text{(wenn } i\,k \text{ frei drehbar gelagert ist).}$$

Im Falle ungleichmäßiger Erwärmung beträgt das Belastungsglied, d. h. das
Einspannmoment für den beiderseits eingespannten Stab $k - i$

$$M_{ki,0} = -\,M_{ik,0} = E\,J_{ki}\,\alpha_t\,\varDelta t\,\frac{1}{h} \qquad \text{(Lag.-Fall b).}$$

Ist das Stabende $i\,k$ unverdrehbar, aber senkrecht zur Stabachse frei verschieblich
gelagert, so bleibt dieser Betrag der gleiche

$$M_{ki,0} = E\,J_{ki}\,\alpha_t\,\varDelta t\,\frac{1}{h} \qquad \text{(Lag.-Fall c).}$$

Ist das Stabende $i\,k$ frei drehbar, aber unverschieblich gelagert, so wird

$$M_{ki,0} = E\,J_{ki}\,\alpha_t\,\varDelta t\,\frac{3}{2\,h} \qquad \text{(Lag.-Fall a).}$$

Die allgemeine Bestimmungsgleichung [24] gilt auch für den Ansatz am H a u p t -
s y s t e m B^*, der die Knotendrehwinkel φ als einzige Art von geometrischen Überzähligen enthält. Die Gleichungsbeiwerte, welche wir mit $M_{k,i}^*$ bezeichnen wollen,
lassen sich gleichfalls in allgemeiner Form anschreiben. Die Möglichkeit ihres ex-
pliziten Ansatzes folgt daraus, daß die Stabdrehwinkel geometrisch unabhängig
voneinander sind, d. h.

$$M_{k',u'} = 0, \quad M_{k',o'} = 0.$$

Dadurch sind die Bestimmungsgleichungen für die Stabdrehwinkel unabhängig
voneinander. Ihr Ansatz ergibt sich aus der Gleichgewichtsbedingung am Knoten
des Hilfsstabwerkes. Wir setzen φ_k am Hauptsystem B an und berechnen die Stabdrehwinkel $\vartheta_{k'}$ und $\vartheta_{o'}$. Die Gleichgewichtsbedingung für k' und o' lautet

$$k')\ M_{k'} = 0 = \varphi_k\,M_{k',k} + \vartheta_{k'}\,M_{k',k'}$$

$$o')\ M_{o'} = 0 = \varphi_k\,M_{o',k} + \vartheta_{o'}\,M_{o',o'}.$$

Da $M_{k',k} = M_{k,k'}$ ist, stellt $\dfrac{M_{k',k}}{M_{k',k'}}$ die Verteilungszahl $b_{(k')\,k}$ der Stockwerksteifigkeit

$M_{k',k} = S_{k'}$ am Stabende $k\,u$ des Knotens k dar. Somit erzeugt die Knotendrehung
φ_k die Stabdrehwinkel

$$\vartheta_{k'} = -\,b_{(k')\,k}\,\varphi_k$$

$$\vartheta_{o'} = -\,b_{(o')\,k}\,\varphi_k.$$

Um $M_{k,i}^*$ zu erhalten, überlagern wir die Momente in k aus $\varphi_i = -1$, $\vartheta_{k'} = +\,b_{(k')\,i}$
und $\vartheta_{o'} = +\,b_{(o')\,i}$. Das Ergebnis hängt von der gegenseitigen Lage von k und i
ab. Die meisten verschieblichen Systeme sind so beschaffen, daß ihre Knoten sich
in der gleichen Richtung verschieben können. Abb. 2 und Abb. 6 setzen eine vertikale Unverschieblichkeit voraus, wie es häufig zutrifft. Eine Vertauschung der
Koordinatenbezeichnung erlaubt auch eine Verwendung der Skizzen für vertikal
verschiebliche Systeme. Beim Ansatz von $M_{k,i}^*$ sind zwei Fälle zu unterscheiden:

1. Gehören k und i einem Stabzug an, der in der Richtung der möglichen Verschiebung verläuft, z. B. in Abb. 2 und 6 dem Riegel in Höhe von k', so lautet $M^*_{k,i} = M_{ki,i}$ (aus φ_i) $+ M_{ku,k'}$ (aus $\vartheta_{k'}$) $+ M_{ko,o'}$ (aus $\vartheta_{o'}$).

Die einzelnen Werte entnehmen wir der vorangegangenen Aufstellung, somit wird

$$M^*_{k,i} = +\frac{1}{2} S_{ki} - \left(\frac{3}{2}\right) b_{(k')i} S_{ku} - \left(\frac{3}{2}\right) b_{(o')i} S_{ko} \qquad [25]$$

$$= +\frac{1}{2} S_{ki} - b_{(k')k} b_{(k')i} S_{k'} - b_{(o')k} b_{(o')i} S_{o'}.$$

Der erste Summand $\frac{1}{2} S_{ki}$ gilt nur für den Fall, daß k und i benachbart sind, andernfalls fällt er weg. Die Faktoren $\left(\frac{3}{2}\right)$ setzen einen biegungssteifen Anschluß der Stabenden uk bzw. ok gemäß Lagerungsfall b voraus. Ist das Stabende uk bzw. ok gemäß Lagerungsfall a gelenkig angeschlossen, so ist statt dessen der Beiwert 1 einzuführen. Im Lagerungsfall c wird der Summand gleich Null.

2. Gehören k und i zwei einander benachbarten Stabzügen an, welche in der Richtung der möglichen Verschiebung verlaufen, z. B. in Abb. 2 und 6 den in Höhe von k' und u' befindlichen Riegeln, so wird

$$M^*_{k,u} = M_{ku,u} \text{ (aus } \varphi_u\text{)} + M_{ku,k'} \text{ (aus } \vartheta_{k'}\text{)}$$
$$M^*_{k,o} = M_{ko,o} \text{ (aus } \varphi_o\text{)} + M_{ko,o'} \text{ (aus } \vartheta_{o'}\text{)}.$$

Sind k und u bzw. k und o zwei benachbarte Knoten, so lautet

$$M^*_{k,u} = +\frac{1}{2} S_{ku} - \frac{3}{2} b_{(k')u} S_{ku} = +\frac{1}{2} S_{ku} (1 - 3 b_{(k')u}) \qquad [25']$$

$$M^*_{k,o} = +\frac{1}{2} S_{ko} - \frac{3}{2} b_{(o')o} S_{ko} = +\frac{1}{2} S_{ko} (1 - 3 b_{(o')o}).$$

Gehören k und u bzw. k und o verschiedenen Stäben an, so fällt der erste Summand fort.

$$M^*_{k,u} = - b_{(k')k} b_{(k')u} S_{k'} \qquad [25'']$$
$$M^*_{k,o} = - b_{(o')k} b_{(o')o} S_{o'}$$

und im Falle biegungssteifer Anschlüsse aller fraglichen vier Stabenden

$$M^*_{k,u} = -\frac{3}{2} b_{(k')u} S_{ku}$$

$$M^*_{k,o} = -\frac{3}{2} b_{(o')o} S_{ko}.$$

Die Gl. [25] gilt also in jedem Fall. Der erste Summand fällt fort, wenn k und i nicht benachbart sind, der zweite bzw. dritte Summand wird nur dann ungleich Null, wenn der Ansatz des betreffenden Stabdrehwinkels am Hauptsystem B^* sowohl in k als auch in i Momente erzeugt.

Aus Gl. [25] lassen sich auch die **Stabendmomente am Hauptsystem B^*** ablesen. Die Auflösung der Ausgangsgleichungen ergibt nur Knotendrehwinkel, folglich können wir die Stabendmomente ohne Vorermittlung der Stabdrehwinkel nicht nach Gl. [17] anschreiben. Es sollen alle Knoten, welche mit dem Knoten k durch die Beziehung $M^*_{k,y} \neq 0$ verknüpft sind, mit y und nur die unmittelbaren Nachbarknoten mit i bezeichnet werden. Dann setzt sich im Ansatz [25] $M^*_{k,y}$ aus der Summe $\sum_i M^*_{ki,y}$ zusammen. Wir wollen diese Summe in ihre Bestandteile zerlegen und erhalten die gesuchten, einzelnen Stabendmomente.

Das Hauptsystem B^* unterscheidet sich vom Hauptsystem B nur in der Lagerung der Stäbe mit elastisch verdrehbarer Sehne. In Stäben mit unverdrehbarer

Sehne ist der Stabdrehwinkel gleich Null, es gelten daher für die Stabendmomente M_{ki} unverändert die Ansätze [17]. Mit der Knotenbezeichnung von Abb. 2 lauten somit die Werte M_{ki} und M_{ky} unter der Voraussetzung, daß der Riegelstabzug $i - k - j$ unverdrehbare Stabsehnen aufweist

$$M_{ki} = - S_{ki}\left(\varphi_k + \frac{1}{2}\varphi_i\right) = - S_{ki}^*\left(\varphi_k + \frac{1}{2}\varphi_i\right)$$

$$M_{kj} = - S_{kj}\left(\varphi_k + \frac{1}{2}\varphi_j\right) = - S_{kj}^*\left(\varphi_k + \frac{1}{2}\varphi_j\right).$$

Für die Stabenden ku und ko gilt allgemein

$$M_{ku} = - S_{ku}^*\,\varphi_k - \sum_y M_{ku,\,y}^*\,\varphi_y \qquad\qquad [26]$$

$$M_{ko} = - S_{ko}^*\,\varphi_k - \sum_y M_{ko,\,y}^*\,\varphi_y.$$

Ist y einer der unmittelbar anschließenden Knoten u oder o, so können wir nach Gl. [25] wie folgt schreiben

$$M_{ku,\,u}^* = + S_{ku}\left(\frac{1}{2} - \left(\frac{3}{2}\right) b_{(k')\,u}\right) = + S_{ku}^* - \frac{1}{2} S_{ku}$$

$$M_{ko,\,o}^* = + S_{ko}\left(\frac{1}{2} - \left(\frac{3}{2}\right) b_{(k')\,o}\right) = + S_{ko}^* - \frac{1}{2} S_{ko}$$

Als Funktion von φ_k, φ_u oder φ_o, d. h. wenn außer φ_k, φ_u oder φ_o alle übrigen φ_y gleich Null sind, wird

$$M_{ku} = - S_{ku}\left[\left(1 - \left(\frac{3}{2}\right) b_{(k')\,k}\right)\varphi_k + \left(\frac{1}{2} - \left(\frac{3}{2}\right) b_{(k')\,u}\right)\varphi_u\right]$$

$$M_{ko} = - S_{ko}\left[\left(1 - \left(\frac{3}{2}\right) b_{(o')\,k}\right)\varphi_k + \left(\frac{1}{2} - \left(\frac{3}{2}\right) b_{(o')\,o}\right)\varphi_o\right].$$

Ist y ungleich u oder o, sondern ein beliebiger Knoten der drei fraglichen Riegelzüge in Höhe von u, k oder o, so entnehmen wir dem zweiten bzw. dritten Summand der Gleichung [25]

$$M_{ku,\,y}^* = - \left(\frac{3}{2}\right) S_{ku}\, b_{(k')\,y} = - b_{(k')\,k}\, b_{(k')\,y}\, S_{k'}$$

$$M_{ko,\,y}^* = - \left(\frac{3}{2}\right) S_{ko}\, b_{(o')\,y} = - b_{(o')\,k}\, b_{(o')\,y}\, S_{o'}.$$

Dann lautet der Ansatz [26]

$$M_{ku} = - S_{ku}\left[\left(1 - \left(\frac{3}{2}\right) b_{(k')\,k}\right)\varphi_k - \sum_y \left(\frac{3}{2}\right) b_{(k')\,y}\,\varphi_y\right]$$

$$M_{ko} = - S_{ko}\left[\left(1 - \left(\frac{3}{2}\right) b_{(o')\,k}\right)\varphi_k - \sum_y \left(\frac{3}{2}\right) b_{(o')\,y}\,\varphi_y\right].$$

Für den Beiwert $M_{k,\,k}^*$ folgt aus der Überlagerung der Momente infolge $\varphi_k = -1$, ϑ_k' und ϑ_o'

$$M_{k,\,k}^* = + S_k - b_{(k')\,k}^2\, S_{k'} - b_{(o')\,k}^2\, S_{o'}$$

$$= + S_k - \left(\frac{3}{2}\right) b_{(k')\,k}\cdot S_{ku} - \left(\frac{3}{2}\right) b_{(o')\,k}\, S_{ko}.$$

Das Belastungsglied beim Ansatz am Hauptsystem B^* lautet

$$M_{k,\,0}^* = M_{k,\,0} - M_{k',\,0}\, b_{(k')\,k} - M_{o',\,0}\, b_{(o')\,k}. \qquad\qquad [27]$$

b) Allgemeine Form der Arbeitsgleichung am Hauptsystem C.

Die Doppeleigenschaft statischer und geometrischer Bestimmtheit verleiht dem Hauptsystem C die Eignung, als Grundlage sowohl für die geometrischen als auch für die statischen Bedingungsgleichungen zu dienen.

Wollen wir unmittelbar die **statischen Unbekannten** ermitteln, so erhalten wir zwei Arten von Überzähligen,

1. die Stabendmomente in den eingefügten Gelenken an den inneren Knotenpunkten — das sind solche ohne äußere Stützung bzw. Einspannung —. Auf einen Knotenpunkt k mit n biegungssteifen Stabanschlüssen entfallen $n - 1$ überzählige, primäre Einspannmomente, das n-te Moment ergibt sich sekundär aus $M_k = \sum M_{ki} = 0$. Beschränken wir uns auf Systeme mit nur rechtwinkligen Stabanschlüssen, so ist n gleich 2 bis 4.

2. die Stabdrehwinkel. Die gebräuchlichsten statischen Systeme sind nur horizontal verschieblich, dann bedingt jedes Geschoß einen Stabdrehwinkel, welcher somit nur die Vertikalstäbe $k - u$ und $k - o$ verdreht. Die Stabdrehwinkel der horizontalen Stäbe sind unter den obigen Voraussetzungen gleich Null.

Zur Verringerung der Anzahl der statischen Überzähligen betrachtet man die Einspannmomente in den unverschieblichen Auflagereinspannungen — das sind meist Fußeinspannungen in den „äußeren“, d. h. Auflager-Knotenpunkten — als sekundär und rechnet sie gesondert als Funktionen der anderen primären Überzähligen aus. Gemäß Gl. [14] wird nach Vorzeichenregel II mit $\varphi_u = 0$

$$M_{uk} = + \frac{1}{2}\, M_{ku} - \vartheta_{k'}\, \frac{3\,E J_c}{s_{ku}} + M'_{uk,\,0}\,. \qquad [28]$$

Da die Vorzeichenregel I eine willkürliche, keine absolute Regelung darstellt, wollen wir beim Hauptsystem C die Vorzeichenregel II verwenden, wenn dieses auch nicht üblich ist.

1. Die Arbeitsgleichungen für die **statischen Überzähligen** X_g — das sind die Doppelmomente in den eingefügten Gelenken g — drücken die geometrische Kontinuitätsbedingung aus, daß die Stabenden an den Gelenkufern die gegenseitige Verdrehung $\delta_g = 0$ erleiden. Wir wollen die durch ein eingefügtes Gelenk ausgezeichneten Stabendquerschnitte durch Einklammerung kennzeichnen. Das statisch überzählige Moment am Gelenk $(k\,i)$ lautet somit $X_{(ki)}$.

Betrachten wir das in Abb. 3 festgelegte Hauptsystem C, so ist eines der beiden Stabenden $k\,i$ bzw. $i\,k$ entweder geometrisch bestimmt gelagert oder durch e i n eingefügtes Gelenk an einem inneren Knotenpunkt angeschlossen, während das andere Stabende an einem inneren Knotenpunkt mit e i n b i s d r e i eingefügten Gelenken angeschlossen ist. Wir wollen gemäß Abb. 11 dasjenige Stabende, welches in mehr als einem Gelenk endigt, mit $k\,i$ und das Stabende mit nur einem Gelenkanschluß oder mit äußerer Lagerung mit $i\,k$ bezeichnen. Für Stäbe mit beiderseits einfachem Gelenkanschluß ist diese Unterscheidung überflüssig. Die Nachbarknoten von k sollen mit i bzw. mit y gemäß Abb. 11 gekennzeichnet werden.

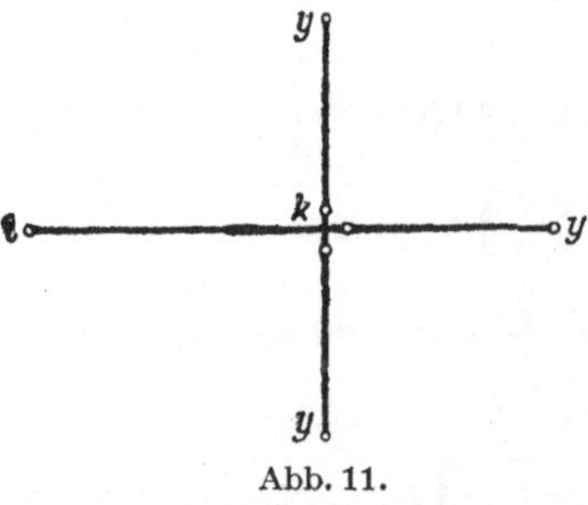

Abb. 11.

Verbindet das Gelenk $(k\,y)$ die Stäbe $k\!-\!y$ und $k\!-\!i$, so lautet die auf den Angriffsort von $X_{(ky)}$, d. h. auf das Gelenk $(k\,y)$ bezogene Arbeitsgleichung

$$\delta_{(ky)} = 0 = \varphi_{ky} - \varphi_{ki}. \tag{29}$$

Wir wollen die Stabendverdrehungen φ_{ky} und φ_{ki} für einen beliebigen Stab $k{-}i$ anschreiben. Ist i ein Auflagerknoten, so bezeichnen wir ihn mit a.

Bei den nachfolgenden Ansätzen gelten die Vorzeichen nur für den Fall der Gelenkanordnung a), die Ausdrücke selbst auch für den Fall der Gelenkanordnung b).

Bei fester Einspannung des Stabes $k{-}a$ in $a\,k$, d. h. im Auflagerknoten a, wird M_{ak} aus dem Ansatz eliminiert.

$$\text{Lag.-Fall a)} \quad M_{ak} = 0$$

$$\text{Lag.-Fall b)} \quad M_{ak} = M'_{ak,\,0} + \frac{1}{2}\,M_{ka} - \vartheta_{k'}\,\frac{3\,EJ_c}{s_{ka}}$$

$$\text{Lag.-Fall c)} \quad M_{ak} = M''_{ak,\,0} - M_{ka}.$$

Befindet sich in $i\,k$ ein eingefügtes Gelenk, so ist

$$M_{ik} = +\,X_{(ik)}.$$

Bezüglich des Ansatzes für M_{ki} sind zwei Fälle zu unterscheiden.

Befindet sich in $k\,i$ ein eingefügtes Gelenk $(k\,i)$, so beträgt

$$M_{ki} = +\,X_{(ki)}.$$

Besitzt dagegen das gewählte Hauptsystem C in $k\,i$ kein eingefügtes Gelenk, so folgt aus der Gleichgewichtsbedingung

$$M_{ki} = -\,\sum X_{(ky)}.$$

Die Ansätze für die Stabendverdrehungen lauten somit nach Gl. [14]

Lagerung des Stabendes ik	ϱ_{ki}		
eingefügtes Gelenk (ik)	$\dfrac{s_{ki}}{3\,EJ_c}$	$\varphi_{ki} = -\,\vartheta_{k'} - M_{ki}\,\varrho_{ki} + X_{(ik)}\,\dfrac{\varrho_{ki}}{2} + M'_{ki,\,0}\,\varrho_{ki}$	[30 n]
		$\varphi_{ik} = -\,\vartheta_{k'} - X_{(ik)}\,\varrho_{ki} + M_{ki}\,\dfrac{\varrho_{ki}}{2} + M'_{ik,\,0}\,\varrho_{ki}$	
Lag.-Fall a)	$\dfrac{s_{ka}}{3\,EJ_c}$	$\varphi_{ka} = -\,\vartheta_{k'} - M_{ka}\,\varrho_{ka} + M'_{ka,\,0}\,\varrho_{ka}$	[30 a]
Lag.-Fall b)	$\dfrac{s_{ka}}{4\,EJ_c}$	$\varphi_{ka} = -\,\dfrac{3}{2}\,\vartheta_{k'} - M_{ka}\,\varrho_{ka} + M_{ka,\,0}\,\varrho_{ka}$	[30 b]
Lag.-Fall c)	$\dfrac{s_{ka}}{EJ_c}$	$\varphi_{ka} = -\,M_{ka}\,\varrho_{ka} + M''_{ka,\,0}\,\varrho_{ka}$	[30 c]

Die Werte $M_{ki,\,0}$, $M'_{ki,\,0}$ und $M''_{ki,\,0}$ lauten

$$M_{ki;\,0} = -\,\frac{2\,B_{ki} - B_{ik}}{3}$$

$$M'_{ki,\,0} = -\,\frac{B_{ki}}{2} \quad , \qquad M'_{ik,\,0} = +\,\frac{B_{ik}}{2} \tag{31}$$

$$M''_{ki,\,0} = -\,\frac{B_{kk'}}{6} \quad , \qquad (s_{kk'} = 2\,s_{ki}).$$

Anstatt nun die Arbeitsgleichung $\delta_{(ki)} = 0$ nach Gl. [29] in Form einer Summe zu schreiben, deren zwei Summanden mit Hilfe der Gl. [30 n, a, b, c] gebildet werden, können wir die Arbeitsgleichung auch unmittelbar anschreiben, indem wir die für das Hauptsystem A entwickelte Gl. [23] um den Verdrehungsbeitrag der Stabdrehwinkel erweitern, welche sich auf die an das Gelenk $(k\,y)$ angeschlossenen Stäbe beziehen. Der Stabdrehwinkel drückt am Hauptsystem C nicht nur die Verdrehung der Stabsehnen, sondern gleichzeitig bereits die gesuchte gegenseitige Stabendverdrehung an den Gelenkufern aus.

Wir wollen die der Gl. [29] entsprechende erweiterte Gl. [23] anschreiben.

$$\delta_{(ky)} = 0 \quad , \quad X_a\,\delta_{(ky),\,a} + X_b\,\delta_{(ky),\,b} + \cdots + X_{(ky)}\,\delta_{(ky),\,(ky)} \qquad [32]$$
$$\cdots + X_n\,\delta_{(ky),\,n} \pm \vartheta_{k'} \pm \vartheta_{0'} = \delta_{(ky),\,0}.$$

Der hier angeschriebene Fall, daß in der Arbeitsgleichung zwei Stabdrehwinkel vorkommen, setzt voraus, daß die Stabsehnen beider Stäbe eine Verdrehung erleiden können. Dieses gilt nur für das Gelenk, das in Abb. 3a zwei Vertikalstäbe miteinander verbindet, bei der Gelenkanordnung b kommt in einer Gleichung nur ein Stabdrehwinkel vor, weil jedes Gelenk zwischen einem Horizontalstab und einem Vertikalstab liegt.

Die Beiwerte $\delta_{(ky),\,(ky)}$ sind zweigliedrig:

$$\delta_{(ky),\,(ky)} = \varrho_{ki} + \varrho_{ky}$$

die Beiwerte $\delta_{(ky),\,g}$ sind eingliedrig. Ist g ein Gelenk am Knoten k, so wird

$$\delta_{(ky),\,g} = + \varrho_{ki} \text{ bzw. } = + \varrho_{ky},$$ je nachdem ob das Gelenk g am Stab $k{-}i$ oder $k{-}y$ angeschlossen ist. Ist g ein Gelenk am Knoten y, so lautet

$$\delta_{(ky),\,g} = \pm \frac{1}{2}\,\varrho_{ky}, \text{ und zwar}$$

positiv, wenn beide Gelenke innerhalb oder außerhalb des durch die Gelenke verbundenen Stabes liegen,

negativ, wenn nur eines der beiden Gelenke in dem sie verbindenden Stab liegt.

Die Vorzeichen gelten nur für die Gelenkanordnung a), bei Gelenkanordnung b) müssen sie fallweise ermittelt werden.

Das Bestreben, die Zahl der Beiwerte, welche ungleich Null sind, und damit die Anzahl der Gleichungsglieder zu vermindern, macht einen Vergleich der beiden Möglichkeiten für die Gelenkanordnung gemäß Abb. 3a und 3b notwendig. Wir vergleichen einen Mittelknoten, welcher drei Gelenke besitzt. Stellen wir die diesen drei Gelenken zugehörigen drei Arbeitsgleichungen auf, so enthalten diese abgesehen von ihren Belastungsgliedern bei der Gelenkanordnung a) 21 Glieder, bei der Gelenkanordnung b) 18 Glieder. Bei der Gelenkanordnung a) erhalten wir zwei 6 gliedrige und eine 9 gliedrige Gleichung, während die Anordnung b) zu drei regelmäßigen 6 gliedrigen Gleichungen führt. Die Gelenkanordnung b) hat demnach den Vorzug der kürzeren Ansätze, welche noch dazu bei vielen Systemen aus nur drei Überzähligen-Gliedern bestehen.

2. Die Arbeitsgleichungen für die g e o m e t r i s c h e n Überzähligen ϑ gewinnt man aus der statischen Gleichgewichtsbedingung, daß die Summe der Horizontalkräfte in den horizontal durch jedes Stockwerk gelegten Schnitten gleich Null ist. Ähnlich wie Gl. [20], welche sich aber nur auf das Hauptsystem B bezog, lautet der Ansatz

$$\sum H = 0 = \sum H_0 + \sum (M_{ku} - M_{uk})\,\frac{1}{1_{ku}} \qquad [33]$$
$$\sum (M_{ku} - M_{uk}) + \sum H_0\,1_{ku} = 0.$$

In Gleichung [33] wurden alle auf einem Riegel liegenden Knoten mit „k“, die k benachbarten, darunterliegenden Knoten mit „u“ bezeichnet. Die Kopfmomente M_{ku} werden im Falle der Gelenkanordnung a) als Differenzen dreier statischer Überzähliger, im Falle der Anordnung b) als Differenzen zweier statischer Überzähliger gebildet. Gleichung [33] wird eine **Stockwerksgleichung** genannt, weil sie alle statischen Überzähligen eines Stockwerkes miteinander verbindet. Sind die Stielfüße $u\,k$ fest in einem äußeren Knotenpunkt (Auflagerknoten) eingespannt, so wird nach Gl. [28]

$$M_{ku} - M_{uk} = \frac{3}{2}\, M_{ku} - \vartheta_{k'}\, \frac{3\,EJ_c}{s_{ku}} + \frac{1}{2}\, B_{uk}.$$

Das vorbeschriebene Verfahren wird nebenbei als „Verfahren der Momentengleichungen" bezeichnet, es unterscheidet sich aber grundsätzlich von dem althergebrachten „δ_{ik}-Verfahren", d. h. der Aufstellung von Arbeitsgleichungen am Hauptsystem A, nur durch die gleichförmige Festlegung der Gelenklagen und durch die Einführung der Stabdrehwinkel als zusätzliche geometrische Überzählige. Am unverschieblichen System besteht kein Unterschied zwischen beiden Verfahren.

Wollen wir im ersten Rechnungsgang die geometrischen Unbekannten ermitteln, so wählen wir zweckmäßig wiederum die Knoten- und Stabdrehwinkel als Überzählige. Die Arbeitsgleichungen zur Berechnung der Knotendrehwinkel lauten völlig gleich wie beim Hauptsystem B, es ist für jeden Knoten die Summe der Stabendmomente zu bilden und gleich Null zu setzen. Die Stabendmomente als Funktionen der geometrischen Überzähligen folgen aus Gl. [15]. Wir können auch die Fassung von Gl. [17a bis 17c] benutzen, wenn wir für S_{ki} die den Lagerungsfällen a, b, c entsprechenden Werte $\dfrac{x\,EJ_c}{s_{ki}}$ einsetzen. Die Steifigkeiten S_{ki} bezogen sich auf das Hauptsystem B.

Im übrigen besitzt das Hauptsystem B den Vorzug der größeren Anschaulichkeit insofern, als die Belastungsglieder die leicht einprägsame Bedeutung der Einspannmomente haben. Auch die Bestimmungsgleichungen für die Stabdrehwinkel müssen unabhängig von der Wahl des Hauptsystems wegen der übereinstimmenden Wahl aller Überzähligen zum gleichen Ansatz führen.

Wir legen die Vorzeichenregel II zugrunde und bilden die Summe der Horizontalkräfte gemäß Gl. [15], jedoch mit den sich aus dem Wechsel der Vorzeichenregel ergebenden veränderten Vorzeichen. Wir bilden die Summe $M_{ku} + M_{uk}$ oder in abgekürzter Schreibweise $M_k + M_u$ aus Gl. [15]

$$M_k + M_u = - \frac{6\,EJ_c}{s_{ku}}\, (\varphi_k + \varphi_u + 2\,\vartheta) - \frac{1}{3}\, (B_{ku} + \dot{B}_{uk}).$$

Das zweite Glied ist das Belastungsglied und stellt die Summe der Einspannmomente eines am Kopf und Fuß fest eingespannten Stabes aus äußerer Last dar, es ist also gleichbedeutend mit dem Ausdruck $H_0\, l_{ku}$ in Gl. [33].

c) Überzählige als Funktionen der Belastungsglieder.

Die Gl. [23] und [24] sind in algebraischer Hinsicht völlig gleichartig. n Gleichungen enthalten n Unbekannte X_k mit $\dfrac{n\,(n+1)}{2}$ Beiwerten $c_{k,\,i}$ und n Belastungsglieder $c_{k,\,0}$. Es kommen $\dfrac{n\,(n-1)}{2}$ Beiwerte mit vertauschten Indizes zweimal vor. Wir wollen hier die Buchstaben X und c als mathematische Zeichen sowohl für Kräfte als auch für Wege, d. h. völlig abstrakt, gebrauchen. Die Beiwerte $c_{k,\,i}$ sind

Konstanten, welche von den elastischen Eigenschaften des betreffenden Systems abhängen und nach deren Festlegung unveränderlich sind. Die Belastungsglieder sind bei Untersuchung mehrerer Lastfälle zwar gegebene, aber variable Größen.

Um nicht für jeden Lastfall den ganzen Rechnungsgang der Gleichungsauflösung wiederholen zu müssen, liegt es nahe, die Gleichungen so umzuformen, daß jede Unbekannte X_k unmittelbar als Funktion der n Belastungsglieder abzulesen ist. Statt der früheren Konstanten $c_{k,i}$ erhalten wir neue konstante Beiwerte β_{ki}, welche gleichfalls durch die Wahl der Systemabmessungen gegeben sind.

Bezeichnen wir den Ansatzort der Unbekannten X mit „k" ($k = a,\ b,\ c \dots i \dots n$), so lautete die ursprüngliche Gl. [23] bzw. [24]

$$X_a\, c_{k,a} + X_b\, c_{k,b} + \dots + X_k\, c_{k,k} + \dots + X_n\, c_{k,n} = c_{k,0}.$$

Der Ansatz zur Bestimmung der β-Werte folgt aus der Aufgabestellung. β_{ki} soll der Beiwert eines auf den Ort i, d. h. den Ansatzort von X_i bezogenen Belastungsgliedes $c_{i,0}$ sein, welcher zur Unbekannten X_k führt

$$c_{i,0}\, \beta_{ki} = X_k.$$

Wir sondern die Wirkung eines einzelnen Belastungsgliedes $c_{i,0}$ ab, setzen also $c_{i,0} = 1$ und alle übrigen Belastungsglieder gleich Null und müssen aus den n Gleichungen n Werte $X_k = \beta_{ki}$ (k variabel, i konstant) erhalten. Das gleiche gilt für sämtliche n Angriffsorte i, wir erhalten somit das nachfolgende Gleichungsschema mit n Lastfällen $a]$, $b] \dots n].$.

Gl.-Nr.	Linke Seite					Rechte Seite					
	X_a	X_b	.	.	X_n	Lastfall	a]	b]	.	.	n]
a)	$c_{a,a}$	$c_{a,b}$	.	.	$c_{a,n}$	$c_{a,0} =$	1	0	0	0	0
b)	$c_{b,a}$	$c_{b,b}$	.	.	$c_{b,n}$	$c_{b,0} =$	0	1	.	.	0
.	.	.	.	.	.	$. =$	0	0	.	.	0
.	.	.	.	.	.	$. =$	0	0	.	.	0
n)	$c_{n,a}$	$c_{n,b}$	.	.	$c_{n,n}$	$c_{n,0} =$	0	0	0	0	1

Die Auflösung dieser Gleichungsgruppen wird im folgenden Abschnitt behandelt. Wir erhalten die gesuchten Beiwerte β_{ki} als Funktionen der ursprünglichen c-Werte. Im einzelnen folgt aus der Auflösung der Gleichungsgruppe mit den Belastungsgliedern von

$$\text{Lastfall } a]\ \ X_a = \beta_{aa}\ ,\ \ X_b = \beta_{ba}\ ,\ \dots,\ \dots,\ X_n = \beta_{na}$$
$$\text{Lastfall } b]\ \ X_a = \beta_{ab}\ ,\ \ X_b = \beta_{bb}\ ,\ \dots,\ \dots,\ X_n = \beta_{nb}$$
$$\text{Lastfall } \ \ .\ \ .\ = .\ \ ,\ \ .\ = .\ ,\ \dots,\ \dots,\ .\ = .$$
$$\text{Lastfall } \ \ .\ \ .\ = .\ \ ,\ \ .\ = .\ ,\ \dots,\ \dots,\ .\ = .$$
$$\text{Lastfall } n]\ \ X_a = \beta_{an}\ ,\ \ X_b = \beta_{bn}\ ,\ \dots,\ \dots,\ X_n = \beta_{nn}.$$

Stehen auf der rechten Seite der Bestimmungsgleichungen die wirklichen Belastungsglieder, so ergeben sich die Unbekannten durch Überlagerung aus der Gleichung

$$X_k = c_{a,0}\, \beta_{ka} + c_{b,0}\, \beta_{kb} + \dots + c_{k,0}\, \beta_{kk} + \dots + c_{n,0}\, \beta_{kn}. \tag{34}$$

Dieses dürfte wohl die günstigste Form der Bestimmungsgleichungen für die Überzähligen sein. Die Kenntnis der β-Werte vermittelt gleichzeitig die Beschreibung jeden Selbstspannungszustandes $X_i = -1$, welcher die Fortpflanzung oder Weiterleitung einer Überzähligen-Einheit im ganzen System angibt. Wurden als Überzählige

Momente gewählt, so ergibt die Auftragung der mit $\frac{1}{\beta_{ii}}$ erweiterten β_{ki}-Werte an den Angriffstellen (Gelenken) k den Momentenverlauf am ganzen System, d. h. die „Zustandslinie" für $X_i = -1$, wie später dargelegt wird. Mit Hilfe dieser Zustandslinien können wir die betreffenden Überzähligen jeweils durch eine Gleichung mit nur einer Unbekannten ermitteln.

Die β-Werte werden ebenfalls in Form einer Matrix, der sogenannten „konjugierten" Matrix, aufgetragen. Ist die Matrix der c-Werte symmetrisch zur Hauptdiagonalen, was für alle Gl. [23] und [24] zutrifft, so wird auch die konjugierte Matrix symmetrisch, $$\beta_{ki} = \beta_{ik},$$ wie dieses auch aus dem Satz von Maxwell folgt. Denn β_{ik} ist die Überzählige in i beim Selbstspannungszustand, welcher dadurch entsteht, daß in k die mit der Überzähligen X_k korrespondierende Größe im Betrage „+ 1" angesetzt wird. Ist X_k ein $\dfrac{\text{Moment}}{\text{Drehwinkel}}$, so entspricht diesem als korrespondierende Größe $\dfrac{\text{die gegen-}}{\text{das Mo-}}$ seitige Stabendverdrehung $\dfrac{}{\text{ment}}$ am $\dfrac{\text{eingefügten Gelenk}}{\text{festgehaltenen Knoten}}$.

d) Knotenmomente als Überzählige.

In den vorangegangenen Kapiteln a bis c wurden die Elastizitätsgleichungen in ihrer gebräuchlichen Form angeschrieben. Ihr Ansatz am geometrisch bestimmten Hauptsystem B bedient sich einer gleichsam übergeordneten Unbekannten-Einheit, welche durch die Zusammenfassung der Stabenden zu dem Begriff eines Knotens entsteht. Dadurch verringert sich die Anzahl der Überzähligen, andererseits bedingt die Zugrundelegung des Hauptsystems B den Nachteil, daß die Überzähligen geometrische Größen sind. Der Rückschluß aus dem geometrischen Verhalten der Knoten auf die gesuchten statischen Größen in den Stabenden erfordert einen Wechsel der Maßeinheiten, welcher innerhalb eines Rechnungsganges nicht erwünscht ist. Man fragt sich daher, ob es nicht möglich ist, auch für das Verhalten eines Knotens — d. h. unter Beibehaltung der übergeordneten Ausgangsbasis — eine statische Größe als Überzählige einzuführen.

Soweit dem Verfasser bekannt ist, findet sich erstmalig 1941 ein entsprechender Ansatz in einer Arbeit von Bäumelt. Da die hierzu erforderliche Einsicht in das Fachschrifttum durch die Zeitverhältnisse unmöglich gemacht wird, kann hier die Prioritätsfrage aber nicht geklärt werden. Die vorerwähnte Veröffentlichung von Bäumelt beschränkt sich auf das unverschiebliche System. Wir wollen den Gedanken aufgreifen und in allgemeine Form kleiden.

In der allgemeinen Bedingungsgleichung [24] zur Bestimmung geometrischer Unbekannter ist $M_{k,k} = S_k$ das Moment in k, welches im Hauptsystem B durch die Verdrehung $\xi_k = 1$ am Knoten k erzeugt wird. Demnach ist $\xi_k\, M_{k,k}$ ein Moment, das im Hauptsystem am Knoten k durch jene Verdrehung ausgelöst wird, welche im wirklichen System tatsächlich eintritt. Man kann nun statt der geometrischen Größe ξ_k den Ausdruck $\xi_k\, M_{k,k}$ als Unbekannte einführen. Diesen Ausdruck nennen wir das „Knotenmoment" M_k.

$$M_k = \xi_k\, M_{k,k} = \xi_k\, S_k,$$

wobei k ein Knoten des wirklichen Systems oder des gedachten Hilfsstabwerkes sein kann. Dementsprechend setzen wir in Gl. [24]

$$\xi_1 = \frac{M_1}{M_{1,1}}, \; \xi_2 = \frac{M_2}{M_{2,2}}, \ldots, \xi_k = \frac{M_k}{M_{k,k}}, \ldots, \xi_n = \frac{M_n}{M_{n,n}}.$$

Die Beiwerte der Bedingungsgleichungen für die M_k nennen wir $m_{k,i}$, so daß

$$M_1\, m_{k,1} + M_2\, m_{k,2} + \cdots + M_{k,k} + \cdots + M_n\, m_{k,n} = M_{k,0} \qquad [35]$$

wird, hierin ist

$$m_{k,i} = \frac{M_{k,i}}{M_{i,i}}.$$

Legen wir der Lösung das Hauptsystem B^* zugrunde, so ist das Knotenmoment $M_k^* = \xi_k\, S_k^*$. Der Ansatz [35] bleibt unverändert, wenn wir die Beiwerte $m_{k,i}$ durch $m_{k,i}^*$ ersetzen.

$$m_{k,i}^* = \frac{M_{k,i}^*}{M_{i,i}^*} = \frac{M_{k,i}^*}{S_i^*}.$$

Die Beiwerte $m_{k,i}$ bzw. $m_{k,i}^*$ besitzen wohlbemerkt keinerlei Zusammenhang mit den Hilfswerten m_{ki} der Gaußschen Elimination. Am Hauptsystem B erhalten wir für die Beiwerte $m_{k,i}$ folgende Ausdrücke. Ist k ein Knoten des wirklichen Systems, so gilt $M_{i,i} = S_i$, $M_{k,i} = \frac{1}{2} S_{ki}$

$$m_{k,i} = \frac{S_{ki}}{2\, S_i} = \frac{1}{2}\, b_{ik} = b_{ik}'.$$

Man beachte, daß im allgemeinen $b_{ki} \neq b_{ik}$ und somit auch $m_{i,k} \neq m_{k,i}$ ist. Ist k ein Knoten des Hilfsstabwerkes — wir bezeichnen ihn nach Abb. 2 mit k', o' oder u' —, so wird

$$M_{k',k'} = S_{k'}, \quad M_{k,k'} = \begin{cases} S_{ku} & \text{(Gelenk in } uk) \\ \dfrac{3}{2}\, S_{ku} & \text{(Einspannung in } uk) \end{cases}$$

$$m_{k,k'} = b_{(k')k}$$

$$M_{o',o'} = S_{o'}, \quad M_{k,o'} = \dfrac{3}{2}\, S_{ko} \quad \text{(Einspannung in } ko)$$

$$m_{k,o'} = b_{(o')k} = b_{(o')o}$$

Dagegen lautet

$$M_{k,k} = S_k, \quad M_{k',k} = \begin{cases} S_{ku} & \text{(Gelenk in } uk) \\ \dfrac{3}{2}\, S_{ku} & \text{(Einspannung in } uk) \end{cases}$$

$$m_{k',k} = \begin{cases} b_{ku} & \text{(Gelenk in } uk) \\ \dfrac{3}{2}\, b_{ku} & \text{(Einspannung in } uk) \end{cases}$$

$$M_{u,u} = S_u, \quad M_{k',u} = \begin{cases} 0 & \text{(Gelenk in } uk) \\ \dfrac{3}{2}\, S_{ku} & \text{(Einspannung in } uk) \end{cases}$$

$$m_{k',u} = \frac{3}{2}\, b_{uk}.$$

Mit diesen Beiwerten lauten die Ausgangsgleichungen [35] verschieden, je nachdem ob sie sich auf einen Knoten k oder k' beziehen.

$$M_k + \sum_i M_i\, b_{ik}' + M_{k'}\, b_{(k')k} + M_{o'}\, b_{(o')k} = M_{k,0} \qquad [36]$$

hierin ist k ein bestimmter Knoten, i sind alle Nachbarknoten von k.

$$M_{k'} + \sum_k M_k\, b_{ku} \qquad\qquad\qquad = M_{k',0} \quad \text{(Gelenk in } uk\text{)}$$

$$M_{k'} + \sum_k M_k\, \frac{3}{2}\, b_{ku} + \sum_u M_u\, \frac{3}{2}\, b_{uk} = M_{k',0} \quad \text{(Einspannung in } uk\text{)}$$

[37]

hierin sind k bzw. u alle Knoten des Riegels in Höhe von k' bzw. u'.

Am **H a u p t s y s t e m** B^* übernehmen wir die Ausdrücke für $M^*_{k,i}$ sowie für $M^*_{k,k} = \sum_i M^*_{k,i} = S^*_k$ von S. 56 bzw. 57. Damit lautet Gleichung [35]

$$M^*_k + \sum_i M^*_i\, m^*_{k,i} = M^*_{k,0}\,. \qquad\qquad [35^*]$$

Ein Vorzug dieser Gl. [35] und [35*] ist darin zu erblicken, daß alle Beiwerte in der Hauptdiagonalen der Gleichungsmatrix gleich 1 sind, dem steht gegenüber dem Ansatz [24] der schwerwiegende Nachteil entgegen, daß eine unsymmetrische Gleichungsmatrix entsteht. Die Beiwerte mit vertauschten Indizes sind ungleich und bedingen eine umfangreichere Berechnung der Vorwerte.

Wir können Gl. [35] bzw. [35*] auch in der Form von Gl. [34] schreiben, müssen aber hierbei beachten, daß die β-Werte mit vertauschten Indizes nicht bzw. nur ausnahmsweise gleich sind. Die konjugierte Matrix ist gleichfalls unsymmetrisch zur Hauptdiagonalen.

D. Auflösung der Elastizitätsgleichungen.

a) Elimination der Überzähligen nach der Methode von Gauß, Aufstellung der konjugierten Matrix.

Die nachfolgende, von G a u ß eingeführte Eliminationsmethode ist bisher allen sonstigen Verfahren der Gleichungsauflösung, z. B. der Determinantenmethode und dem Substitutionsverfahren, überlegen, so daß wir uns auf dieses eine Verfahren beschränken können. Zum Verständnis dürfte es genügen, das Rechenschema für 5 Gleichungen mit 5 Unbekannten anzuschreiben, die Erweiterung der Ansätze für eine größere Zahl von Unbekannten bereitet keine Schwierigkeit. Häufig sind in der Gleichungsmatrix nur die unmittelbar neben der Hauptdiagonalen befindlichen Felder besetzt. Wir wollen daher die für diese dreigliedrigen Gleichungssysteme benötigten Glieder durch eine Umrahmung besonders kennzeichnen. Für die Beiwerte δ und M führen wir c als gemeinsames Zeichen ein. Die Matrix der zu lösenden Ausgangsgleichungen hat folgende Form:

Glg.-Nr.	Summanden der linken Seite					Summe der Beiwerte	Rechte Seite
	X_a	X_b	X_c	X_d	X_e		
a)	$c_{a,a}$	$c_{a,b}$	$c_{a,c}$	$c_{a,d}$	$c_{a,e}$	Σa	$c_{a,0}$
b)	$c_{b,a}$	$c_{b,b}$	$c_{b,c}$	$c_{b,d}$	$c_{b,e}$	Σb	$c_{b,0}$
c)	$c_{c,a}$	$c_{c,b}$	$c_{c,c}$	$c_{c,d}$	$c_{c,e}$	Σc	$c_{c,0}$
d)	$c_{d,a}$	$c_{d,b}$	$c_{d,c}$	$c_{d,d}$	$c_{d,e}$	Σd	$c_{d,0}$
e)	$c_{e,a}$	$c_{e,b}$	$c_{e,c}$	$c_{e,d}$	$c_{e,e}$	Σe	$c_{e,0}$

Bei der Auflösung dieser Gleichungen unterscheiden wir zwei Fälle:

1. Die Gleichungsmatrix ist symmetrisch zur Hauptdiagonalen, d. h. alle Beiwerte mit gleichen, aber vertauschten Indizes sind gleich, wie dieses in den Ansätzen der Rahmenstatik fast immer zutrifft.

2. Die Gleichungsmatrix ist unsymmetrisch zur Hauptdiagonalen.

Zahlentafel 1a. Vorwärtselimination der Unbekannten für symmetrische Gleichungsmatrix.

Hilfswerte m	Gl.-Nr.	X_a	X_b	X_c	X_d	X_e	Summenprobe	Rechte Seite
$m_{aa}=+1:c_{a,a}$	a)	$c_{a,a}$	$c_{a,b}$	$c_{a,c}$	$c_{a,d}$	$c_{a,e}$	Σa	$c_{a,0}$
	b)	$(c_{b,a})$	$c_{b,b}$	$c_{b,c}$	$c_{b,d}$	$c_{b,e}$	Σb	$c_{b,0}$
$m_{ab}=-c_{a,b}\,m_{aa}$	a) m_{ab}		$c_{a,b}\,m_{ab}$	$c_{a,c}\,m_{ab}$	$c_{a,d}\,m_{ab}$	$c_{a,e}\,m_{ab}$	$\Sigma a\,m_{ab}$	$c_{a,0}\,m_{ab}$
$m_{bb}=+1:c_{\bar b,b}$	$\bar b$)		$c_{\bar b,b}$	$c_{\bar b,c}$	$c_{\bar b,d}$	$c_{\bar b,e}$	$\Sigma\bar b$	$c_{\bar b,0}$
	c)	$(c_{c,a})$	$(c_{c,b})$	$c_{c,c}$	$c_{c,d}$	$c_{c,e}$	Σc	$c_{c,0}$
$m_{ac}=-c_{a,c}\,m_{aa}$	a) m_{ac}			$c_{a,c}\,m_{ac}$	$c_{a,d}\,m_{ac}$	$c_{a,e}\,m_{ac}$	$\Sigma a\,m_{ac}$	$c_{a,0}\,m_{ac}$
$m_{bc}=-c_{\bar b,c}\,m_{bb}$	$\bar b$) m_{bc}			$c_{\bar b,c}\,m_{bc}$	$c_{\bar b,d}\,m_{bc}$	$c_{\bar b,e}\,m_{bc}$	$\Sigma\bar b\,m_{bc}$	$c_{\bar b,0}\,m_{bc}$
$m_{cc}=+1:c_{\bar c,c}$	$\bar c$)			$c_{\bar c,c}$	$c_{\bar c,d}$	$c_{\bar c,e}$	$\Sigma\bar c$	$c_{\bar c,0}$
	d)	$(c_{d,a})$	$(c_{d,b})$	$(c_{d,c})$	$c_{d,d}$	$c_{d,e}$	Σd	$c_{d,0}$
$m_{ad}=-c_{a,d}\,m_{aa}$	a) m_{ad}				$c_{a,d}\,m_{ad}$	$c_{a,e}\,m_{ad}$	$\Sigma a\,m_{ad}$	$c_{a,0}\,m_{ad}$
$m_{bd}=-c_{\bar b,d}\,m_{bb}$	$\bar b$) m_{bd}				$c_{\bar b,d}\,m_{bd}$	$c_{\bar b,e}\,m_{bd}$	$\Sigma\bar b\,m_{bd}$	$c_{\bar b,0}\,m_{bd}$
$m_{cd}=-c_{\bar c,d}\,m_{cc}$	$\bar c$) m_{cd}				$c_{\bar c,d}\,m_{cd}$	$c_{\bar c,e}\,m_{cd}$	$\Sigma\bar c\,m_{cd}$	$c_{\bar c,0}\,m_{cd}$
$m_{dd}=+1:c_{\bar d,d}$	$\bar d$)				$c_{\bar d,d}$	$c_{\bar d,e}$	$\Sigma\bar d$	$c_{\bar d,0}$
	e)	$(c_{e,a})$	$(c_{e,b})$	$(c_{e,c})$	$(c_{e,d})$	$c_{e,e}$	Σe	$c_{e,0}$
$m_{ae}=-c_{a,e}\,m_{aa}$	a) m_{ae}					$c_{a,e}\,m_{ae}$	$\Sigma a\,m_{ae}$	$c_{a,0}\,m_{ae}$
$m_{be}=-c_{\bar b,e}\,m_{bb}$	$\bar b$) m_{be}					$c_{\bar b,e}\,m_{be}$	$\Sigma\bar b\,m_{be}$	$c_{\bar b,0}\,m_{be}$
$m_{ce}=-c_{\bar c,e}\,m_{cc}$	$\bar c$) m_{ce}					$c_{\bar c,e}\,m_{ce}$	$\Sigma\bar c\,m_{ce}$	$c_{\bar c,0}\,m_{ce}$
$m_{de}=-c_{\bar d,e}\,m_{dd}$	$\bar d$) m_{de}					$c_{\bar d,e}\,m_{de}$	$\Sigma\bar d\,m_{de}$	$c_{\bar d,0}\,m_{de}$
$m_{ee}=+1:c_{\bar e,e}$	$\bar e$)					$c_{\bar e,e}$	$\Sigma\bar e$	$c_{\bar e,0}$

$\bar e$) $\quad X_e = c_{\bar e,0}\,m_{ee}$

$\bar d$) $\quad X_d = c_{\bar d,0}\,m_{dd} + X_e\,m_{de}$

$\bar c$) $\quad X_c = c_{\bar c,0}\,m_{cc} + X_e\,m_{ce} + X_d\,m_{cd}$

$\bar b$) $\quad X_b = c_{\bar b,0}\,m_{bb} + X_e\,m_{be} + X_d\,m_{bd} + X_c\,m_{bc}$

a) $\quad X_a = c_{a,0}\,m_{aa} + X_e\,m_{ae} + X_d\,m_{ad} + X_c\,m_{ac} + X_b\,m_{ab}$

1. Rechnungsgang für symmetrische Gleichungsmatrix. Das Gaußsche Schema ergibt sich wie folgt:

Gl. a), welche die Bedingung $c_a = 0$ am Hauptsystem ausdrückt, bleibt in ihrer Ausgangsform bestehen. In

Gl. b) eliminiert man X_a, indem man die mit $m_{ab} = -\dfrac{c_{b,a}}{c_{a,a}} = -c_{b,a}\,m_{aa}$ erweiterte Gl. a) zur Gl. b) hinzuzählt. Dadurch erhält man die Bedingungsgleichung $c_{\bar b} = 0$ am einfach unbestimmten System, in welchem das Gelenk bzw. die Festhaltung in a) beseitigt ist. Die zweite umgeformte Gleichung erhält die Numerierung $\bar b$). In

Gl. c) werden X_a und X_b eliminiert. Zur Ausscheidung von X_a addiert man zur Ausgangsgleichung c) die mit $m_{ac} = -\dfrac{c_{c,a}}{c_{a,a}} = -c_{c,a}\,m_{aa}$ erweiterte Gl. a), hierzu addiert man zur Ausscheidung von X_b die mit $m_{bc} = -\dfrac{c_{\overline{b},a}}{c_{\overline{b},b}} = -c_{\overline{b},a}\,m_{bb}$ erweiterte Gl. $\overline{b}$), wie dieses in Zahlentafel 1 zu verfolgen ist. Die dritte umgeformte Gleichung erhält die Numerierung $\overline{c}$) und drückt aus, daß $c_{\overline{c}} = 0$ ist. Die Überstreichung des Index i kennzeichnet das jeweilige System, bei dem alle Gelenke bzw. Festhaltungen $a, b, \ldots i - 1$ beseitigt sind.

Die weiteren Gl. $\overline{d}$) und $\overline{e}$) werden analog gebildet.

Die in Zahlentafel 1a eingeklammerten Beiwerte der Ausgangsgleichungen werden nur zur Bildung der Summe in der vorletzten Spalte gebraucht, welche zur Rechenkontrolle dient. Die Summen $\Sigma\,\overline{i}$ ergeben sich aus der Addition in horizontaler und senkrechter Richtung.

Die zur Rechenkontrolle gebräuchliche Rückwärtselimination besteht in einer Umkehrung der Gleichungsfolge. Es dürfte sich erübrigen, das Rechenschema hierfür nochmal anzuschreiben.

Die β - W e r t e der konjugierten Matrix gewinnt man durch Rekursion aus den Gl. $\overline{e}$), $\overline{d}$), $\overline{c}$), $\overline{b}$), a). Setzen wir $c_{\overline{e},0} = 1$, alle übrigen Belastungsglieder gleich Null, so erhalten wir

$$X_e = \beta_{ee} = m_{ee}, \quad X_d = \beta_{ed} = \beta_{ee}\,m_{de}, \quad X_c = \beta_{ec} = \beta_{ee}\,m_{ce} + \beta_{ed}\,m_{cd}$$

usw.

Die Werte β_{dk} erhalten wir ebenso, beginnend mit Gl. $\overline{d}$), wenn wir $c_{\overline{d},0} = 1$ und alle weiteren Belastungsglieder gleich Null setzen. Das Ergebnis schreiben wir in Zahlentafel 2a an.

Zahlentafel 2a. B e i w e r t e d e r k o n j u g i e r t e n M a t r i x.

$$
\begin{aligned}
\beta_{ee} &= \boxed{m_{ee}} \\
\beta_{de} &= \beta_{ee}\,m_{de} \\
\beta_{ce} &= \beta_{ee}\,m_{ce} + \beta_{de}\,m_{cd} \\
\beta_{be} &= \beta_{ee}\,m_{be} + \beta_{de}\,m_{bd} + \beta_{ce}\,m_{bc} \\
\beta_{ae} &= \beta_{ee}\,m_{ae} + \beta_{de}\,m_{ad} + \beta_{ce}\,m_{ac} + \beta_{be}\,m_{ab} \\[4pt]
\beta_{dd} &= \beta_{de}\,m_{de} + m_{dd} \\
\beta_{cd} &= \beta_{de}\,m_{ce} + \beta_{dd}\,m_{cd} \\
\beta_{bd} &= \beta_{de}\,m_{be} + \beta_{dd}\,m_{bd} + \beta_{cd}\,m_{bc} \\
\beta_{ad} &= \beta_{de}\,m_{ae} + \beta_{dd}\,m_{ad} + \beta_{cd}\,m_{ac} + \beta_{bd}\,m_{ab} \\[4pt]
\beta_{cc} &= \beta_{ce}\,m_{ce} + \beta_{cd}\,m_{cd} + m_{cc} \\
\beta_{bc} &= \beta_{ce}\,m_{be} + \beta_{cd}\,m_{bd} + \beta_{cc}\,m_{bc} \\
\beta_{ac} &= \beta_{ce}\,m_{ae} + \beta_{cd}\,m_{ad} + \beta_{cc}\,m_{ac} + \beta_{bc}\,m_{ab} \\[4pt]
\beta_{bb} &= \beta_{be}\,m_{be} + \beta_{bd}\,m_{bd} + \beta_{bc}\,m_{bc} + m_{bb} \\
\beta_{ab} &= \beta_{be}\,m_{ae} + \beta_{bd}\,m_{ad} + \beta_{bc}\,m_{ac} + \beta_{bb}\,m_{ab} \\[4pt]
\beta_{aa} &= \beta_{ae}\,m_{ae} + \beta_{ad}\,m_{ad} + \beta_{ac}\,m_{ac} + \beta_{ab}\,m_{ab} + m_{aa}
\end{aligned}
$$

Viele gebräuchliche Systeme führen zu dreigliedrigen Gleichungen. Dann fallen die nicht umrahmten Glieder fort.

Die G a u ß sche Elimination eignet sich auch zur Lösung der dreigliedrigen Gleichungen, so daß man sich durchaus auf dieses eine Rechenverfahren beschränken kann. Die zur Aufstellung der konjugierten Matrix benötigten Hilfswerte m kann man aber im Falle dreigliedriger Gleichungen auch als K e t t e n b r u c h aus Zahlentafel Ia ablesen.

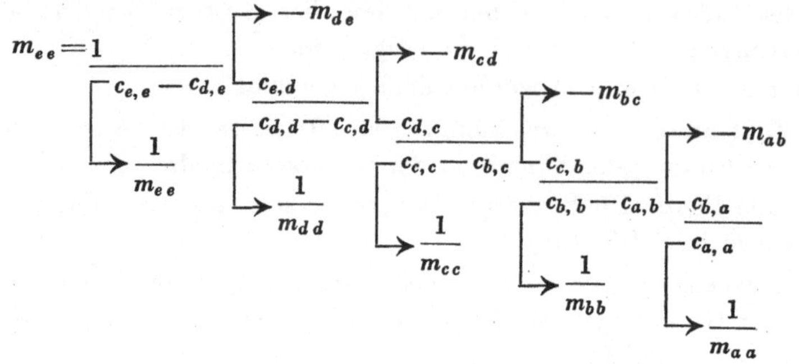

$$
m_{ee} = 1 \quad
\begin{array}{l}
\rightarrow\ -m_{de} \\
\hline
c_{e,e} - c_{d,e}\ \big\lfloor\ c_{e,d} \\
\rightarrow \dfrac{1}{m_{ee}}
\end{array}
\quad
\begin{array}{l}
\rightarrow\ -m_{cd} \\
\hline
c_{d,d} - c_{c,d}\ \big\lfloor\ c_{d,c} \\
\rightarrow \dfrac{1}{m_{dd}}
\end{array}
\quad
\begin{array}{l}
\rightarrow\ -m_{bc} \\
\hline
c_{c,c} - c_{b,c}\ \big\lfloor\ c_{c,b} \\
\rightarrow \dfrac{1}{m_{cc}}
\end{array}
\quad
\begin{array}{l}
\rightarrow\ -m_{ab} \\
\hline
c_{b,b} - c_{a,b}\ \big\lfloor\ c_{b,a} \\
\rightarrow \dfrac{1}{m_{bb}}
\end{array}
\quad
\begin{array}{l}
c_{a,a} \\
\rightarrow \dfrac{1}{m_{aa}}
\end{array}
$$

Dieser Kettenbruch wird von rechts beginnend ausgerechnet, er bedeutet:

$$
\frac{1}{m_{aa}} = c_{a,a}, \qquad -m_{ab} = \frac{c_{b,a}}{c_{a,a}}, \qquad \frac{1}{m_{bb}} = c_{b,b} - c_{a,b}\frac{c_{b,a}}{c_{a,a}}, \qquad \text{usw.}
$$

Nachdem wir die „Substitutionskoeffizienten" β algebraisch abgeleitet haben, wollen wir uns auch mit ihrer statischen Auslegung befassen.

Da die Bestimmungsgleichungen von β aus der Rekursion der Eliminationsgleichungen entwickelt wurden, ist jeder β-Wert unabhängig von der Reihenfolge der Bezeichnungen für die Angriffsorte der Überzähligen und von der Gleichungsfolge. Jeder β-Wert ist durch die in der Aufgabestellung eingeschlossene Festlegung der Stabwerksabmessungen eindeutig bestimmt. Wollen wir die Ausdrücke β_{kk} und β_{ki} statisch deuten, so können wir k als Angriffsort der letzten Überzähligen betrachten und können von der letzten Gl. $\bar{k}$) in der Gleichungsfolge der Zahlentafel I ausgehen. i ist der Angriffsort einer beliebigen anderen Überzähligen X_i.

β_{kk} wurde aus der Bedingung $c_{k,0} = 1$ gewonnen. Diese Bedingung drückt einen gedachten Gleichgewichtszustand aus, welcher durch einen bestimmten Wert der Überzähligen X_k ausgelöst wird, d. h. es liegt ein Selbstspannungszustand vor. Dieser Selbstspannungszustand wird am $(n-1)$-fach unbestimmten System angesetzt, in dem alle übrigen Überzähligen außer X_k eliminiert sind, er entsteht dadurch, daß die Wirkung der einzigen Überzähligen X_k zu $c_k = 1$ angesetzt wird. β_{kk} ist derjenige Wert der Überzähligen X_k, welcher an ihrem Angriffsort die Wirkung 1 verursacht. $\beta_{ik} = \beta_{ki}$ ist dann der Wert der eliminierten Überzähligen X_i, der sich aus dem gleichen Selbstspannungszustand infolge $c_k = 1$ ergibt. Die β-Werte haben somit die Bedeutung und Dimension der jeweiligen Überzähligen.

Am Hauptsystem A bezeichnen wir mit $k, i \ldots$ die eingefügten Gelenke, mit X_k, X_i die an den Gelenkufern wirkenden Doppelmomente, c_k, c_i sind dann die gegenseitigen Stabendverdrehungen δ_k und δ_i. Als Folge einer gegenseitigen Stabendverdrehung $\delta_k = 1$ entstehen folgende Momente:

$$
\underline{\text{in } k} \qquad M_k = \frac{1}{\delta_{\bar{k},k}} = \beta_{kk}, \qquad\qquad \underline{\text{in } i} \qquad M_i = \beta_{ik}.
$$

Nach der früheren Definition der „Steifigkeiten“ könnte man β_{kk} als Steifigkeit der Schnittstelle k bezeichnen.

Setzen wir in k eine Verdrehung $\delta_k = \dfrac{1}{\beta_{kk}}$ an, so wird

$$\underline{\text{in } k} \qquad M_k = 1, \qquad\qquad \underline{\text{in } i} \qquad M_i = \frac{\beta_{ik}}{\beta_{kk}} = a_{ik}\,.$$

Die Auftragung dieser Momentenfläche zeigt die „Z u s t a n d s l i n i e“ für $M_k = 1$ am $(n-1)$-fach statisch unbestimmten System. Der Ausdruck a_{ik} ist der Übertragungsfaktor oder A b k l i n g u n g s w e r t in i aus $M_k = 1$ (erster Index = Ort, zweiter Index = Ursache).

Um eine Rechenkontrolle der β-Werte zu erhalten, können wir $\delta_{\bar{k},k}$ einerseits aus obiger Gleichung als reziproken Wert von β_{kk} und andererseits durch Superposition am statisch bestimmten Hauptsystem ausdrücken. Aus $M_k = 1$ wird $M_i = \dfrac{\beta_{ik}}{\beta_{kk}}$, folglich

$$\delta_{\bar{k},k} = \frac{1}{\beta_{kk}} = 1\,\delta_{k,k} + \sum_i \frac{\beta_{ki}}{\beta_{kk}}\,\delta_{k,i}$$

$$1 = \beta_{kk}\,\delta_{k,k} + \sum_i \beta_{ki}\,\delta_{k,i}\,. \qquad\qquad [38]$$

2. R e c h n u n g s g a n g   f ü r   u n s y m m e t r i s c h e   G l e i c h u n g s - m a t r i x. Aus der Ungleichheit der Beiwerte mit vertauschten Indizes folgt eine Änderung des Rechnungsschemas für die Hilfswerte gemäß Zahlentafel Ib (s. S. 70). Die eckig eingeklammerten Vorwerte werden als Summe der rund eingeklammerten Werte gewonnen.

b) Iteration.

In der praktischen Statik bewertet man ein mathematisches Verfahren zur Auflösung von Gleichungen nur vom Gesichtspunkt des Arbeitsaufwandes aus. Dieser hängt von der Zahl der Rechenoperationen und der erforderlichen Stellenzahl der Einzelwerte ab. Das G a u ß sche Eliminationsverfahren eignet sich wohl im allgemeinen am besten zur Gleichungsauflösung. Von einer gewissen Zahl von Unbekannten an — diese dürfte etwa je nach der Art des vorliegenden Systems bei 8 bis 12 liegen — steht der erforderliche Arbeitsaufwand nicht mehr im Einklang mit dem Nutzen des Ergebnisses. Läßt man einen bestimmten Fehler-Prozentsatz zu, der praktisch ohne erhebliche Bedeutung für die Bemessung ist, so nimmt die zur Erzielung der gewünschten Genauigkeit notwendige Stellenzahl bei der Ausrechnung mit der Zahl der Unbekannten in recht unangenehmer Folge zu. Die verfügbaren Hilfsmittel des Rechenschiebers und der Rechenmaschine setzen uns bereits Grenzen. Außerdem ist es sinnlos, die Fortpflanzung der Momente von der Angriffsstelle aus weiter als notwendig zu verfolgen. Seit der Einführung von geometrischen Unbekannten, welche bedeutend schneller als die statischen abklingen, haben daher auch Approximationsmethoden Eingang in die Praxis der Statik gefunden. Soweit diese mehr statischer Natur sind — z. B. das C r o ß sche Verfahren —, werden sie in späteren Abschnitten behandelt. Die mathematische Iteration in ihrer Anwendung auf die Statik ist noch zu jung, um bereits zu einem Einheitsverfahren geführt zu haben, wie es später zu erwarten ist. Da die Iterationslösungen nicht allgemein bekannt sein dürften, müssen wir ausführlicher auf die verschiedenen Möglichkeiten eingehen.

Zahlentafel 1b. Vorwärtselimination der Unbekannten für unsymmetrische Gleichungsmatrix.

Hilfswerte m	Gl.-Nr.	Linke Seite					Summenprobe	Rechte Seite
		X_a	X_b	X_c	X_d	X_e		
$m_{aa}=+1:c_{a,a}$	a)	$c_{a,a}$	$c_{a,b}$	$c_{a,c}$	$c_{a,d}$	$c_{a,e}$	Σa	$c_{a,0}$
	b)	$(c_{b,a})$	$c_{b,b}$	$c_{b,c}$	$c_{b,d}$	$c_{b,e}$	Σb	$c_{b,0}$
$m_{ba}=-c_{b,a}m_{aa}$	a) m_{ba}		$c_{a,b}m_{ba}$	$c_{a,c}m_{ba}$	$c_{a,d}m_{ba}$	$c_{a,e}m_{ba}$	$\Sigma a\,m_{ba}$	$c_{a,0}m_{ba}$
$m_{bb}=+1:c_{\bar b,b}$	$\bar b$)		$c_{\bar b,b}$	$c_{\bar b,c}$	$c_{\bar b,d}$	$c_{\bar b,e}$	$\Sigma \bar b$	$c_{\bar b,0}$
	c)	$(c_{c,a})$	$(c_{c,b})$	$c_{c,c}$	$c_{c,d}$	$c_{c,e}$	Σc	$c_{c,0}$
$m_{ca}=-c_{c,a}m_{aa}$	a) m_{ca}		$(c_{a,b}m_{ca})$	$c_{a,c}m_{ca}$	$c_{a,d}m_{ca}$	$c_{a,e}m_{ca}$	$\Sigma a\,m_{ca}$	$c_{a,0}\cdot m_{ca}$
$m_{cb}=-c_{c,\bar b}m_{bb}$	$\bar b$) m_{cb}		$[c_{c,\bar b}]$	$c_{\bar b,c}m_{cb}$	$c_{\bar b,d}m_{cb}$	$c_{\bar b,e}m_{cb}$	$\Sigma \bar b\,m_{cb}$	$c_{\bar b,0}m_{cb}$
$m_{cc}=+1:c_{\bar c,c}$	$\bar c$)			$c_{\bar c,c}$	$c_{\bar c,d}$	$c_{\bar c,e}$	$\Sigma \bar c$	$c_{\bar c,0}$
	d)	$(c_{d,a})$	$(c_{d,b})$	$(c_{d,c})$	$c_{d,d}$	$c_{d,e}$	Σd	$c_{d,0}$
$m_{da}=-c_{d,a}m_{aa}$	a) m_{da}		$(c_{a,b}m_{da})$	$(c_{a,c}m_{da})$	$c_{a,d}m_{da}$	$c_{a,e}m_{da}$	$\Sigma a\,m_{da}$	$c_{a,0}m_{da}$
$m_{db}=-c_{d,\bar b}m_{bb}$	$\bar b$) m_{db}		$[c_{d,\bar b}]$	$(c_{\bar b,c}m_{db})$	$c_{\bar b,d}m_{db}$	$c_{\bar b,e}m_{db}$	$\Sigma \bar b\,m_{db}$	$c_{\bar b,0}m_{db}$
$m_{dc}=-c_{d,\bar c}m_{cc}$	$\bar c$) m_{dc}			$[c_{d,\bar c}]$	$c_{\bar c,d}m_{dc}$	$c_{\bar c,e}m_{dc}$	$\Sigma \bar c\,m_{dc}$	$c_{\bar c,0}m_{dc}$
$m_{dd}=+1:c_{\bar d,d}$	$\bar d$)				$c_{\bar d,d}$	$c_{\bar d,e}$	$\Sigma \bar d$	$c_{\bar d,0}$
	e)	$(c_{e,a})$	$(c_{e,b})$	$(c_{e,c})$	$(c_{e,d})$	$c_{e,e}$	Σe	$c_{e,0}$
$m_{ea}=-c_{e,a}m_{aa}$	a) m_{ea}		$(c_{a,b}m_{ea})$	$(c_{a,c}m_{ea})$	$(c_{a,d}m_{ea})$	$c_{a,e}m_{da}$	$\Sigma a\,m_{ea}$	$c_{a,0}m_{ea}$
$m_{eb}=-c_{e,\bar b}m_{bb}$	$\bar b$) m_{eb}		$[c_{e,\bar b}]$	$(c_{\bar b,c}m_{eb})$	$(c_{\bar b,d}m_{eb})$	$c_{\bar b,e}m_{eb}$	$\Sigma \bar b\,m_{eb}$	$c_{\bar b,0}m_{eb}$
$m_{ec}=-c_{e,\bar c}m_{cc}$	$\bar c$) m_{ec}			$[c_{e,\bar c}]$	$(c_{\bar c,d}m_{ec})$	$c_{\bar c,e}m_{ec}$	$\Sigma \bar c\,m_{ec}$	$c_{\bar c,0}m_{ec}$
$m_{ed}=-c_{e,\bar d}m_{dd}$	$\bar d$) m_{ed}				$[e_{e,\bar d}]$	$c_{\bar d,e}m_{ed}$	$\Sigma \bar d\,m_{ed}$	$c_{\bar d,0}m_{ed}$
$m_{ee}=+1:c_{\bar e,e}$	$\bar e$)					$c_{\bar e,e}$	$\Sigma \bar e$	$c_{\bar e,0}$

$\bar e$) $X_e = c_{\bar e,0}\,m_{ee}$

$\bar d$) $X_d = (c_{\bar d,0} - X_e\,c_{\bar d,e})\,m_{dd}$

$\bar c$) $X_c = (c_{\bar c,0} - X_e\,c_{\bar c,e} - X_d\,c_{\bar c,d})\,m_{cc}$

$\bar b$) $X_b = (c_{\bar b,0} - X_e\,c_{\bar b,e} - X_d\,c_{\bar b,d} - X_c\,c_{\bar b,c})\,m_{bb}$

a) $X_a = (e_{a,0} - X_e\,c_{a,e} - X_d\,c_{a,d} - X_c\,c_{a,c} - X_b\,c_{a,b})\,m_{aa}$

Die Iteration liefert das Endergebnis nicht in einem einzigen Rechnungsvorgang, sondern in einer Folge von Rechnungsgängen, deren jeder das Ergebnis des vorangegangenen berichtigt. Wir unterscheiden zwei Formen von Iterationsverfahren:

1. die unmittelbare Iteration der gesuchten Unbekannten,

2. die Iteration der Korrekturwerte.

Wir bezeichnen jeden Rechnungsgang als eine Stufe und numerieren diese fortlaufend. Wesentlich für den Arbeitsaufwand ist es, daß bereits das Ergebnis der ersten Stufe nicht allzuweit vom richtigen Endergebnis entfernt liegt, sonst werden zu viele

Stufen erforderlich. Es liegt daher nahe, die erste Annäherung durch Hlifsrechnungen zu verbessern. Um nicht ihren Zweck zu verfehlen, dürfen solche Hilfsrechnungen aber keinen größeren Umfang als die ersparten Stufen haben. Man sieht wohl in dieser Richtung weitere Entwicklungsmöglichkeiten der Iteration.

Die Ausgangsgleichung wollen wir abändern, indem wir sie durch den Beiwert des Hauptgliedes $c_{k,k}$ kürzen und die neuen Beiwerte

$$+ \frac{c_{k,0}}{c_{k,k}} = b_{k0}, \qquad - \frac{c_{k,i}}{c_{k,k}} = b_{ki} \quad \text{schreiben.}$$

Die b-Werte der Iteration entsprechen den m-Werten der Elimination, jedoch mit dem Unterschied, daß die b-Werte am bestimmten Hauptsystem gebildet werden, während die m-Werte an dem Hauptsystem gebildet wurden, welches der jeweiligen Eliminationsstufe entsprach.

Die Matrix der Ausgangsgleichungen für 5 Überzählige hat dann folgende Form,

Gl.-Nr.	X_a	X_b	X_c	X_d	X_e	Rechte Seite
a)	$b_{aa}=1 \; - b_{ab}$		$- b_{ac}$	$- b_{ad}$	$- b_{ae}$	b_{a0}
b)	$- b_{ba}$	$b_{bb}=1 \; - b_{bc}$		$- b_{bd}$	$- b_{be}$	b_{b0}
c)	$- b_{ca}$	$- b_{cb}$	$b_{cc}=1 \; - b_{cd}$		$- b_{ce}$	b_{c0}
d)	$- b_{da}$	$- b_{db}$	$- b_{dc}$	$b_{dd}=1 \; - b_{de}$		b_{d0}
e)	$- b_{ea}$	$- b_{eb}$	$- b_{ec}$	$- b_{ed}$	$b_{ee}=1$	b_{e0}

Es ist zu beachten, daß hier b_{ki} im allgemeinen ungleich b_{ik} ist. Die Umrahmung kennzeichnet die Glieder, welche in einem dreigliedrigen Gleichungssystem fortfallen.

1. **Unmittelbare Iteration der Unbekannten.** Wir benennen X_n in erster Annäherung, d. h. in erster Iterationsstufe, N_1, in zweiter Stufe N_2 und so fort. Da man bei der Berechnung jedes neuen Wertes alle übrigen Unbekannten in ihrer letztverbesserten Größe einsetzen muß, trägt man die errechneten Endwerte jeder Stufe jeweils laufend nach. Während der Ausrechnung von D_4 hat diese Zusammenstellung die nebenstehende Form.

Stufe	X_a	X_b	X_c	X_d	X_e
1	A_1	B_1	C_1	D_1	E_1
2	A_2	B_2	C_2	D_2	E_2
3	A_3	B_3	C_3	D_3	E_3
4	A_4	B_4	C_4	?	

Zahlentafel 3a.   **Iteration der Unbekannten.**

		X_a	X_b	X_c	X_d	X_e
Stufe 1	$A_1 = b_{a0}$		$+ b_{b0}\,b_{ab}$	$+ b_{c0}\,b_{ac}$	$+ b_{d0}\,b_{ad}$	$+ b_{e0}\,b_{ae}$
	$B_1 = b_{b0}$	$+ A_1\,b_{ba}$		$+ b_{c0}\,b_{bc}$	$+ b_{d0}\,b_{bd}$	$+ b_{e0}\,b_{be}$
	$C_1 = b_{c0}$	$+ A_1\,b_{ca}$	$+ B_1\,b_{cb}$		$+ b_{d0}\,b_{cd}$	$+ b_{e0}\,b_{ce}$
	$D_1 = b_{d0}$	$+ A_1\,b_{da}$	$+ B_1\,b_{db}$	$+ C_1\,b_{dc}$		$+ b_{e0}\,b_{de}$
	$E_1 = b_{e0}$	$+ A_1\,b_{ea}$	$+ B_1\,b_{eb}$	$+ C_1\,b_{ec}$	$+ D_1\,b_{ed}$	
Stufe 2	$A_2 = b_{a0}$		$+ B_1\,b_{ab}$	$+ C_1\,b_{ac}$	$+ D_1\,b_{ad}$	$+ E_1\,b_{ae}$
	$B_2 = b_{b0}$	$+ A_2\,b_{ba}$		$+ C_1\,b_{bc}$	$+ D_1\,b_{bd}$	$+ E_1\,b_{be}$
	$C_2 = b_{c0}$	$+ A_2\,b_{ca}$	$+ B_2\,b_{cb}$		$+ D_1\,b_{cd}$	$+ E_1\,b_{ce}$
	$D_2 = b_{d0}$	$+ A_2\,b_{da}$	$+ B_2\,b_{db}$	$+ C_2\,b_{dc}$		$+ E_1\,b_{de}$
	$E_2 = b_{e0}$	$+ A_2\,b_{ea}$	$+ B_2\,b_{eb}$	$+ C_2\,b_{ec}$	$+ D_2\,b_{ed}$	

Stufe 3, 4 . . . In jeder folgenden Iterationsstufe sind alle Zifferindizes je Stufe um 1 zu erhöhen.

Die unmittelbare Iteration nach dem Rechenschema der Zahlentafel 3a hat den großen Vorzug, daß sich Rechenfehler selbsttätig ausgleichen. Man kann daher häufig Zwischenstufen durch Schätzung ersetzen und dadurch die Rechnung abkürzen.

T a k a b e y a wählt als erste Annäherung $N_1 = \dfrac{b_{n0}}{\Sigma b_{ni}}$, worin Σb_{ni} die Summe der Beiwerte der Gleichung n) in der Ausgangsmatrix bedeutet, er führt aber erst von der zweiten Stufe ab die verbesserten Vorwerte der gleichen Stufe ein, A_1 bis A_n sind nach obigem Ansatz eingliedrig. Für den Fall, daß in einer Gleichungsgruppe zwei verschiedene Arten von Unbekannten — z. B. Knoten- und Stab-Drehwinkel — vorkommen, schlägt T a k a b e y a eine Vorberechnung zur Verbesserung der ersten Näherungswerte vor. Dadurch zerfällt jede solche Gleichung in zwei Teile. Zwischen den gleichartigen Überzähligen mag die Iteration häufig schnell gelingen, aber bei gemeinschaftlichem Ansatz ungleichartiger Unbekannter liefert die erste Annäherung womöglich noch nicht einmal richtige Vorzeichen. Zur Unterscheidung nennen wir die Unbekannten nebst Beiwerten der ersten Art wie oben X und b, diejenigen der zweiten Art Z und d. Wir wählen ein Beispiel mit drei Überzähligen X und zwei Überzähligen Z, dann lautet die Matrix der Ausgangsgleichungen

Gl.-Nr.	X_a	X_b	X_c	Z_d	Z_e	Rechte Seite
a)	$b_{aa}=1$	$-b_{ab}$	$-b_{ac}$	$-d_{ad}$	$-d_{ae}$	b_{a0}
b)	$-b_{ba}$	$b_{bb}=1$	$-b_{bc}$	$-d_{bd}$	$-d_{be}$	b_{b0}
c)	$-b_{ca}$	$-b_{cb}$	$b_{cc}=1$	$-d_{cd}$	$-d_{ce}$	b_{c0}
d)	$-b_{da}$	$-b_{db}$	$-b_{dc}$	$d_{dd}=1$	$-d_{de}$	d_{d0}
e)	$-b_{ea}$	$-b_{eb}$	$-b_{ec}$	$-d_{ed}$	$d_{ee}=1$	d_{e0}

Bezeichnen wir die Angriffstellen der Überzähligen X allgemein mit i ($i = a$, b, c) und die Angriffstellen der Überzähligen Z allgemein mit k ($k = d$, e), dann bilden wir zunächst folgende Hilfswerte:

$$d_{ad} = + \frac{d_{ad}}{\Sigma b_{ai}}, \qquad d'_{bd} = + \frac{d_{bd}}{\Sigma b_{bi}}, \qquad d'_{cd} = + \frac{d_{cd}}{\Sigma b_{ci}}$$

$$d'_{ae} = + \frac{d_{ae}}{\Sigma b_{ai}}, \qquad d'_{be} = + \frac{d_{be}}{\Sigma b_{bi}}, \qquad d'_{ce} = + \frac{d_{ce}}{\Sigma b_{ci}}$$

$$b'_{a0} = + \frac{b_{a0}}{\Sigma b_{ai}}, \qquad b'_{b0} = + \frac{b_{b0}}{\Sigma b_{bi}}, \qquad b'_{c0} = + \frac{b_{c0}}{\Sigma b_{ci}}.$$

Geht man davon aus, daß in allergröbster Annäherung in jeder Gleichung sämtliche X von gleicher Größenordnung und auch sämtliche Z untereinander von gleicher Größenordnung sind, so lauten Gl. a) bis c)

$$\text{a)} \quad X_a' = b'_{a0} + d'_{ad} Z_d' + d'_{ae} Z_e' = A_1$$

$$\text{b)} \quad X_b' = b'_{b0} + d'_{bd} Z_d' + d'_{be} Z_e' = B_1$$

$$\text{c)} \quad X_c' = b'_{c0} + d'_{cd} Z_d' + d'_{ce} Z_e' = C_1.$$

Setzen wir X' in Gl. d) und e) ein, so wird

$$\text{d)} \quad Z_d' = \frac{d_{d0} + b_{da} b'_{a0} + b_{db} b'_{b0} + b_{dc} b'_{c0}}{1 - d_{de} + b_{da} \Sigma d'_{ak} + b_{db} \Sigma d'_{bk} + b_{dc} \Sigma d'_{ck}}$$

$$\text{e)} \quad Z_e' = \frac{d_{e0} + b_{ea} b'_{a0} + b_{eb} b'_{b0} + b_{ec} b'_{c0}}{1 - d_{ed} + b_{ea} \Sigma d'_{ak} + b_{eb} \Sigma d'_{bk} + b_{ec} \Sigma d'_{ck}}$$

Nach Ausrechnung der Hilfswerte d' und b' wird $Z_{d'}$ und $Z_{e'}$ ermittelt, um dann A_1, B_1, C_1 nach obigen Gleichungen anschreiben zu können. D_1 können wir dann nach der Ausgangsgleichung d) mit $X_a = A_1$, $X_b = B_1$, $X_c = C_1$, $Z_e = Z_{e'}$ und E_1 nach Gl. e) mit den vorermittelten Werten berechnen. Die Iteration der weiteren Stufen erfolgt dann wieder wie früher.

An dem gewählten Beispiel mit nur fünf Unbekannten ist der Nutzen der Methode nicht ersichtlich. Ein Gleichungssystem mit dieser geringen Anzahl von Unbekannten wird zweckmäßig durch Elimination aufgelöst, nicht durch Iteration oder gar durch eine Iteration mit umfangreicher Vorberechnung der ersten Iterationsstufe.

Wollen wir d i e B e i w e r t e d e r k o n j u g i e r t e n M a t r i x mit Hilfe der Iteration gewinnen, so zeigt die nachfolgende Zahlentafel 4a den Rechnungsgang. Um das Schema für alle Stufen gleichmäßig anschreiben zu können, bezeichnen wir die in den ersten Stufen ausfallenden Glieder mit dem Index 0. In jeder nächstfolgenden Stufe sind alle Indizes um 1 zu erhöhen, es erhalten damit auch die in der ersten Stufe fehlenden Glieder von der zweiten Stufe an einen Wert.

Zahlentafel 4a.

B e i w e r t e d e r k o n j u g i e r t e n M a t r i x a u f G r u n d d e r
I t e r a t i o n f ü r e i n z u r H a u p t d i a g o n a l e n s y m m e t r i s c h e s
G l e i c h u n g s s y s t e m.

$$\beta_{ki} = KJ_1 + KJ_2 + KJ_3 + \ldots, \quad KJ_0 = 0.$$

Stufe 1

$$AA_1 = \frac{1}{c_{a,a}} \qquad\qquad + AB_0\, b_{ab} + AC_0\, b_{ac} + AD_0\, b_{ad} + AE_0\, b_{ae}$$
$$AB_1 = \qquad AA_1\, b_{ba} \qquad\qquad + AC_0\, b_{b0} + AD_0\, b_{bd} + AE_0\, b_{be}$$
$$AC_1 = \qquad AA_1\, b_{ca} + AB_1\, b_{cb} \qquad\qquad + AD_0\, b_{cd} + AB_0\, b_{ce}$$
$$AD_1 = \qquad AA_1\, b_{da} + AB_1\, b_{db} + AC_1\, b_{dc} \qquad\qquad + AE_0\, b_{de}$$
$$AE_1 = \qquad AA_1\, b_{ea} + AB_1\, b_{eb} + AC_1\, b_{ec} + AD_1\, b_{ed}$$

$$BB_1 = \frac{1}{c_{b,b}} + AB_1\, b_{ba} \qquad\qquad + BC_0\, b_{bc} + BD_0\, b_{bd} + BE_0\, b_{be}$$
$$BC_1 = \qquad AB_1\, b_{ca} + BB_1\, b_{cb} \qquad\qquad + BD_0\, b_{cd} + BE_0\, b_{ce}$$
$$BD_1 = \qquad AB_1\, b_{da} + BB_1\, b_{db} + BC_1\, b_{dc} \qquad\qquad + BE_0\, b_{de}$$
$$BE_1 = \qquad AB_1\, b_{ea} + BB_1\, b_{eb} + BC_1\, b_{ec} + BD_1\, b_{ed}$$

$$CC_1 = \frac{1}{c_{c,c}} + AC_1\, b_{ca} + BC_1\, b_{cb} \qquad\qquad + CD_0\, b_{cd} + CE_0\, b_{ce}$$
$$CD_1 = \qquad AC_1\, b_{da} + BC_1\, b_{db} + CC_1\, b_{dc} \qquad\qquad + CE_0\, b_{de}$$
$$CE_1 = \qquad AC_1\, b_{ea} + BC_1\, b_{eb} + CC_1\, b_{ec} + CD_1\, b_{ed}$$

$$DD_1 = \frac{1}{c_{d,d}} + AD_1\, b_{da} + BD_1\, b_{db} + CD_1\, b_{dc} \qquad\qquad + DE_0\, b_{de}$$
$$DE_1 = \qquad AD_1\, b_{ea} + BD_1\, b_{eb} + CD_1\, b_{ec} + DD_1\, b_{ed}$$

$$EE_1 = \frac{1}{c_{e,e}} + AE_1\, b_{ea} + BE_1\, b_{eb} + CE_1\, b_{ec} + DE_1\, b_{ed}$$

Stufe 2, 3 ... Zifferindizes sind je Stufe um 1 zu erhöhen.

2. Iteration der Korrekturwerte. In der ersten Annäherung, d. h. in der Stufe 1, vernachlässigt man den Einfluß der nachfolgenden Unbekannten, die übrigen Stufen unterscheiden sich von dem obigen Rechenschema dadurch, daß man das Ergebnis der Vorstufe nicht als Summanden mitführt, sondern jeweils die Differenzen oder Korrekturwerte gesondert ausrechnet und diese am Schluß in einer Zusammenstellung addiert. Die Ergebnisse in Form von Differenzen sind zwar sehr gut zu überblicken, jedoch gleichen sich irgendwelche Rechenfehler nicht selbsttätig aus.

Zahlentafel 3 b.

Differenzen-Iteration der Unbekannten.

Stufe 1

$$A_1 = b_{a0}$$
$$B_1 = b_{b0} \quad + \; A_1\, b_{ba}$$
$$C_1 = b_{c0} \quad + \; A_1\, b_{ca} \quad + \; B_1\, b_{cb}$$
$$D_1 = b_{d0} \quad + \; A_1\, b_{da} \quad + \; B_1\, b_{db} \quad + \; C_1\, b_{dc}$$
$$E_1 = b_{e0} \quad + \; A_1\, b_{ea} \quad + \; B_1\, b_{eb} \quad + \; C_1\, b_{ec} \quad + \; D_1\, b_{ed}$$

Stufe 2

$$A_2 = \qquad\qquad\qquad B_1\, b_{ab} \quad + \; C_1\, b_{ac} \quad + \; D_1\, b_{ad} \quad + \; E_1\, b_{ae}$$
$$B_2 = \qquad\quad A_2\, b_{ba} \qquad\qquad + \; C_1\, b_{bc} \quad + \; D_1\, b_{bd} \quad + \; E_1\, b_{be}$$
$$C_2 = \qquad\quad A_2\, b_{ca} \quad + \; B_2\, b_{cb} \qquad\qquad + \; D_1\, b_{cd} \quad + \; E_1\, b_{ce}$$
$$D_2 = \qquad\quad A_2\, b_{da} \quad + \; B_2\, b_{db} \quad + \; C_2\, b_{dc} \qquad\qquad + \; E_1\, b_{de}$$
$$E_2 = \qquad\quad A_2\, b_{ea} \quad + \; B_2\, b_{eb} \quad + \; C_2\, b_{ec} \quad + \; D_2\, b_{ed}$$

Stufe 3, 4 ... In jeder folgenden Stufe sind alle Ziffernindizes je um 1 zu erhöhen.

Das Gesamtergebnis der Iterationsrechnung lautet

$$X_n = N_1 + N_2 + N_3 + N_4 + \cdots$$

Als Beispiel für die Iteration der Korrekturwerte wollen wir die Beiwerte der konjugierten Matrix für ein zur Hauptdiagonale symmetrisches Gleichungssystem nach dem obigen Schema berechnen. Wir bilden also

$$\beta_{ki} = KJ_1 + KJ_2 + KJ_3 + \cdots$$

β_{ki} ist gleich β_{ik}, daraus ergeben sich zwei Möglichkeiten für die Reihenfolge der Iteration.

1) β_{ik} ist $\dfrac{\text{das Doppelmoment}}{\text{die Knotendrehung}}$ in i aus $\dfrac{\text{einer gegenseitigen Stabendverdrehung}}{\text{einem Knotenmoment}}$ in k am Hauptsystem, welches nur in k $\dfrac{\text{ein Gelenk}}{\text{eine Festhaltung}}$ besitzt, β_{kk} gewinnen wir aus der Ausgangsgleichung k) mit dem Belastungsglied $c_{k,0} = 1$, d. h. $b_{k,0} = \dfrac{1}{c_{k,k}}$.

Betrachten wir die Ursache in k als konstant, den Wirkungsort i als variabel, dann erhalten wir die weiteren Werte β_{ik} mit konstantem k aus den übrigen Gl. i) mit dem Belastungsglied $c_{i,0} = 0$. Daraus folgt das Rechenschema der Zahlentafel 4b.

2) Aus der Umkehrung von Ursache und Wirkung erhalten wir die Rekursion des Rechnungsganges von 1). Da wir bei der Berechnung der β-Werte völlig unabhängig von der Reihenfolge der Bezeichnungen für Knoten bzw. Gelenke sind, erübrigt es sich, die Rekursion von 1) anzuschreiben.

Zahlentafel 4b.

B e i w e r t e   d e r   k o n j u g i e r t e n   M a t r i x   a u f   G r u n d
d e r   D i f f e r e n z e n - I t e r a t i o n f ü r   e i n   z u r   H a u p t d i a g o n a l e n
s y m m e t r i s c h e s   G l e i c h u n g s s y s t e m.

Stufe 1

$$AA_1 = \frac{1}{c_{a,a}}$$

$$AB_1 = AA_1\, b_{ba}$$

$$AC_1 = AA_1\, b_{ca} + AB_1\, b_{cb}$$

$$AD_1 = AA_1\, b_{da} + AB_1\, b_{db} + AC_1\, b_{dc}$$

$$AE_1 = AA_1\, b_{ea} + AB_1\, b_{eb} + AC_1\, b_{ec} + AD_1\, b_{ed}$$

$$BB_1 = \frac{1}{c_{b,b}} + AB_1\, b_{ba}$$

$$BC_1 = AB_1\, b_{ca} + BB_1\, b_{cb}$$

$$BD_1 = AB_1\, b_{da} + BB_1\, b_{db} + BC_1\, b_{dc}$$

$$BE_1 = AB_1\, b_{ea} + BB_1\, b_{eb} + BC_1\, b_{ec} + BD_1\, b_{ed}$$

$$CC_1 = \frac{1}{c_{c,c}} + AC_1\, b_{ca} + BC_1\, b_{cb}$$

$$CD_1 = AC_1\, b_{da} + BC_1\, b_{db} + CC_1\, b_{dc}$$

$$CE_1 = AC_1\, b_{ea} + BC_1\, b_{eb} + CC_1\, b_{ec} + CD_1\, b_{ed}$$

$$DD_1 = \frac{1}{c_{d,d}} + AD_1\, b_{da} + BD_1\, b_{db} + CD_1\, b_{dc}$$

$$DE_1 = AD_1\, b_{ea} + BD_1\, b_{eb} + CD_1\, b_{ec} + DD_1\, b_{ed}$$

$$EE_1 = \frac{1}{c_{e,e}} + AE_1\, b_{ea} + BE_1\, b_{eb} + CE_1\, b_{ec} + DE_1\, b_{ed}$$

Stufe 2

$$AA_2 = AB_1\, b_{ab} + AC_1\, b_{ac} + AD_1\, b_{ad} + AE_1\, b_{ae}$$

$$AB_2 = AA_2\, b_{ba} + AC_1\, b_{bc} + AD_1\, b_{bd} + AE_1\, b_{be}$$

$$AC_2 = AA_2\, b_{ca} + AB_2\, b_{cb} + AD_1\, b_{cd} + AE_1\, b_{ce}$$

$$AD_2 = AA_2\, b_{da} + AB_2\, b_{db} + AC_2\, b_{dc}$$

$$AE_2 = AA_2\, b_{ea} + AB_2\, b_{eb} + AC_2\, b_{ec} + AD_2\, b_{ed}$$

$$BB_2 = AB_2\, b_{ba} + BC_1\, b_{bc} + BD_1\, b_{bd} + BE_1\, b_{be}$$

$$BC_2 = AB_2\, b_{ca} + BB_2\, b_{cb} + BD_1\, b_{cd} + BE_1\, b_{ce}$$

$$BD_2 = AB_2\, b_{da} + BB_2\, b_{db} + BC_2\, b_{dc} + BE_1\, b_{de}$$

$$BE_2 = AB_2\, b_{ea} + BB_2\, b_{eb} + BC_2\, b_{ec} + BD_2\, b_{ed}$$

$$CC_2 = AC_2\, b_{ca} + BC_2\, b_{cb} + CD_1\, b_{cd} + CE_1\, b_{ce}$$

$$CD_2 = AC_2\, b_{da} + BC_2\, b_{db} + CC_2\, b_{dc} + CE_1\, b_{de}$$

$$CE_2 = AC_2\, b_{ea} + BC_2\, b_{eb} + CC_2\, b_{ec} + CD_2\, b_{ed}$$

$$DD_2 = AD_2\, b_{da} + BD_2\, b_{db} + CD_2\, b_{dc} + DE_1\, b_{de}$$

$$DE_2 = AD_2\, b_{ea} + BD_2\, b_{eb} + CD_2\, b_{ec} + DD_2\, b_{ed}$$

$$EE_2 = AE_2\, b_{ea} + BE_2\, b_{eb} + CE_2\, b_{ec} + DE_2\, b_{ed}$$

Stufe 3, 4 . . . Ziffernindizes sind je Stufe um 1 zu erhöhen.

c) Auflösung dreigliedriger Gleichungen als algebraische Grundlage der Abklingungsverfahren.

Die Auflösung dreigliedriger Gleichungen ist bereits im Abschnitt I D, a durch die Beschreibung der G a u ß schen Elimination und des Kettenbruches ausreichend erläutert. Die wesentliche Vereinfachung, welche eine Gleichungsmatrix von gleichmäßigem Aufbau, in welcher nur die Felder der Hauptdiagonalen und die unmittelbar benachbarten Felder besetzt sind, vor allen Systemen von mehr als dreigliedrigen und unregelmäßigen Gleichungen auszeichnet, ist durch die Einrahmungen in den Tafeln hervorgehoben. Der Rechnungsgang zur Lösung dreigliedriger Gleichungen läßt sich aber noch weiter ausbauen und durch Auswertung der Zwischenstufen in fertigen Rechentafeln vereinfachen. Betrachten wir diesen Vorgang von der statischen Seite aus, so stoßen wir auf eine Gruppe von Verfahren, die wir als Abklingungsverfahren zusammenfassen.

Obgleich wir uns an dieser Stelle nur mit der algebraischen Gleichungsauflösung befassen, soll zunächst eine kurze Einführung in das Gebiet der statischen Abklingungsverfahren überleiten.

Das Festpunktverfahren ist das älteste und bekannteste Abklingungsverfahren und bildet daher den Ausgangspunkt fast aller ähnlich gearteten neueren Methoden. Wie wohl die meisten ersten Ansätze der Statik ist auch das Festpunktverfahren einseitig aus den Gedankengängen der graphischen Statik entwickelt worden. Das zeigt die Wahl der Festpunktabstände und Kreuzlinienabschnitte als Elemente dieser Methode. Derartige geometrische Größen eignen sich wenig für algebraische Ansätze. Das Festpunktverfahren ist daher auch als Ausgangsbasis ungeeignet, wenn man einen allgemeinen Überblick darüber gewinnen will, welche Abklingungsverfahren es bereits gibt und welche Grenzen ihrem weiteren Ausbau gesetzt sind. Eine Zusammenfassung der zahlreichen neueren Verfahren ist sehr notwendig. Die vielen anderslautenden Namen, welche die jeweiligen Autoren ihren Verfahren beigelegt haben, lassen zunächst auch beim kritischen Leser gar nicht den Gedanken aufkommen, daß der Kern fast immer der gleiche sein könne.

Bekanntlich bilden die einfachen Arbeitsgleichungen seit ihrer Herleitung durch C l a r k M a x w e l l (1864) und O t t o M o h r (1874) die einzige Grundlage aller Verfahren zur Berechnung von statisch unbestimmten Tragwerken. Die Auflösung solcher Gleichungen durch Elimination der Unbekannten ist seit dem Jahr 1810, in welchem C a r l F r i e d r i c h G a u ß seinen Algorithmus als Rechenvorschrift zur Auflösung linearer Gleichungen veröffentlichte, nicht mehr verbessert worden. Legen wir unseren heutigen Arbeiten einen entsprechend großen Maßstab an, so läßt sich wohl nicht leugnen, daß wir reichlich freigiebig mit der Namensgebung „neuer" Verfahren umgegangen sind, welche wir ohne Schwierigkeit als einfache Umformung der Eliminationsrechnung von G a u ß erkennen können. Wir fassen daher alle auf der Grundlage der Elimination entwickelten Verfahren unter dem allgemeinen Begriff der „Abklingung" zusammen und wählen nur für den Fall, daß die Iteration als neuere Form der Gleichungsauflösung die Grundlage eines Verfahrens bildet, die Bezeichnung „Ausgleich". Auf diese Weise wird die Zusammengehörigkeit verwandter Methoden betont.

Der B e g r i f f „A b k l i n g u n g" hat erst in den neueren Verfahren eine größere Bedeutung erhalten und bedarf daher einer Definition. Die Reihenfolge der Überzähligen ist durch die Bedingung des gleichmäßigen Aufbaues der Gleichungen gegeben. Für zwei in dieser Reihenfolge benachbarte Überzählige X_k und X_i definieren wir die „Abklingungszahl" a_{ki} als den Wert der Überzähligen X_k beim Selbstspannungszustand $X_i = +1$. Dieser Selbstspannungszustand ist mathematisch dadurch gekennzeichnet, daß in der Gleichungsmatrix alle Belastungsglieder Null sind mit Ausnahme des Gliedes $c_{i,0}$, welches dem Zustand $X_i = +1$ entspricht. Der dreigliedrige Aufbau der Gleichungen bewirkt nun, daß man e i n e G l e i c h u n g f ü r z w e i a u f e i n a n d e r f o l g e n d e A b k l i n g u n g s - z a h l e n aufstellen und sie nacheinander berechnen kann, ohne daß man Gleichungen mit mehreren Unbekannten lösen müßte.

Die „Abklingung" erfaßt einen Vorgang am w i r k l i c h e n System. Im Gegensatz hierzu setzt man bei einigen Verfahren, wie z. B. bei der Methode von C r o ß, die Wirkung einer Überzähligen am Ort der benachbarten Überzähligen am H a u p t - system an, wie es sich aus der Form der Iterationslösung von Gleichungen ergibt. Für das Abklingen am Hauptsystem müssen wir zur Erleichterung der Darstellung einen anderen Ausdruck wählen. Damit ist der „A u s g l e i c h" als Vorgang am Hauptsystem definiert.

Alle Abklingungs- und Ausgleichverfahren zeichnen sich gegenüber der allgemeinen Gleichungsauflösung dadurch aus, daß jede Einzelheit des Lösungsganges eine leichtverständliche statische Deutung erfährt. Das erklärt sowohl die Mannigfaltigkeit der jeweils gewählten Bezeichnungen — vgl. S u t e r, „Die Methode der Festpunkte" — als auch das Bestreben fast aller Autoren, unter Umgehung der mathematisch abstrakten Ableitung eine möglichst anschauliche statische Darstellung zu geben. Um aber einen klaren Überblick zu gewinnen, müssen wir von den algebraischen Zusammenhängen ausgehen und damit die Lösung einer gleichsam konkret einfachen Aufgabe mit einer abstrakten Überlegung beginnen.

Vom algebraischen Standpunkt aus bedeutet ein Abklingungsverfahren stets eine Lösung von Gleichungen, welche nur eine Unbekannte enthalten. Daher läßt sich auch das Gruppenlastenverfahren in der für unsymmetrische Systeme bestimmten Fassung als Abklingungsrechnung auslegen. Scheiden wir aber die Bildung von Gruppen-Überzähligen, d. h. die Zusammenfassung mehrerer Einzelwirkungen zu einer Überzähligeneinheit, aus unserer Betrachtung aus, so gibt es bis heute, wie schon erwähnt, nur die allgemeinen Elastizitätsgleichungen, welche die gegenseitigen Beziehungen der Einzel-Überzähligen ausdrücken. Würden wir ein Abklingungsverfahren entwickeln, welches nicht auf die üblichen Ansätze der Elastizitätsgleichungen zurückzuführen wäre, so hätten wir damit gleichzeitig auch eine neue Form der Elastizitätsgleichungen gefunden. Als Beispiel dafür, daß eine Abwandlung des gewohnten Gleichungsansatzes im Bereich der Möglichkeit liegt, sei auf die Einführung von Knotenmomenten am Hauptsystem B verwiesen.

Die Unbekannten der Abklingungsberechnung sind nicht die Überzähligen der Elastizitätsgleichungen, sondern deren Verhältniswerte, die Abklingungszahlen. Aus der Tatsache, daß in dem Rechnungsgang der Abklingungsverfahren jeder Abklingungswert eine Funktion des vorermittelten Wertes ist, so daß in jeder Gleichung nur eine Unbekannte vorkommt, ergibt sich die eindeutige Schlußfolgerung, daß in den dem jeweiligen Verfahren zugrunde liegenden Elastizitätsgleichungen eine Überzählige nur als Funktion zweier benachbarter Überzähliger auftreten darf. Wie ein Blick auf den Rechnungsgang der G a u ß schen Elimination (Zahlentafel 1a) zeigt, bildet die Form der dreigliedrigen Gleichungen die Voraussetzung dafür, daß jede Zeile $\bar{i}$) nur zwei Überzählige enthält. Ihre Verhältniszahl ist dann eine einzige Unbekannte dieser Gleichung. Die Matrix der Elastizitätsgleichungen darf nur in der Hauptdiagonalen und den unmittelbar benachbarten Feldern besetzt sein.

Für das Hauptsystem A folgt daraus die Notwendigkeit der Gelenkanordnung b. Die meisten Abklingungsverfahren beziehen sich auf das H a u p t s y s t e m B, so daß wir uns hiermit ausführlich befassen müssen. Beim Gleichungsansatz am Hauptsystem B erfüllt jedes u n v e r s c h i e b l i c h e System mit einfacher Knotenfolge unter Ausschluß der geschlossenen Stabzüge die obige Voraussetzung. Der Begriff „einfache Knotenfolge“ soll ausdrücken, daß die Verbindung aller geometrisch unbestimmt gelagerten, elastisch verdrehbaren bzw. auch verschieblichen Innenknoten nur durch einen einzigen Stabzug gebildet wird. Bei Ausschluß geschlossener Stabzüge münden in den ersten und letzten Innenknoten nur je ein Stab mit geometrisch unbestimmter Lagerung des entgegengesetzten Stabendes, alle übrigen Innenknoten schließen je zwei Stäbe mit geometrisch unbestimmter Endlagerung an. Die Anzahl der übrigen Stäbe, welche eine geometrisch bestimmte Endlagerung besitzen, ist dabei ohne Einfluß. Die geschlossenen Stabzüge weisen in der ersten Gleichung eine Besetzung der ersten zwei sowie des n-ten Feldes auf und bieten somit nicht die Möglichkeit, mit der Abklingungsrechnung zu beginnen. Bei Vorliegen einer Symmetrie umgeht man diese Schwierigkeit durch Belastungsumordnung. Dadurch wird die Lage aller Stäbe in der Symmetrieachse geometrisch bestimmt und es steht für die Ansätze ein offener Stabzug zur Verfügung. Gehört der geschlossene Stabzug einem unsymmetrischen System an, so hilft man sich bei manchen Verfahren damit, daß man die Grundlage der Eliminationsrechnung verläßt und zur Iteration übergeht. Derartige Lösungen werden hier als unbefriedigend aus grundsätzlichen Erwägungen heraus nicht weiter behandelt.

Die vorangegangene algebraische Überlegung erklärt die Tatsache, daß das unverschiebliche, offene System mit einfacher Knotenfolge stets die Ausgangsbasis jedes Abklingungsverfahrens am Hauptsystem B bildet. Daß man die Verschieblichkeit in einem neuen Rechnungsgang durch Ansetzen von Arbeitsgleichungen berücksichtigen kann, ist wohl selbstverständlich. Dabei führt man die der Verschiebung entsprechenden Überzähligen wie äußere Lasten ein und bildet Gleichungen nach dem Superpositionsgesetz.

Diese Entwicklung von Arbeitsgleichungen am unbestimmten Hauptsystem kann nicht als Bestandteil des Abklingungsverfahrens gewertet werden. Eine Betrachtung über die Zweckmäßigkeit dieses Vorgehens werden wir beim C r o ß schen Verfahren anstellen. Sehen wir von allen derartigen Ansätzen ab, so findet sich im Fachschrifttum — soweit dem Verfasser bekannt ist — keine Ausweitung der Abklingungsverfahren auf v e r s c h i e b l i c h e Systeme. Eine solche Ausweitung auf beliebige verschiebliche Systeme ist auch gar nicht möglich, wie die algebraische Betrachtung beweist. Wenn also manche Autoren versichern, daß eine Ausweitung ihres Verfahrens auf verschiebliche Systeme nur aus Zeitmangel unterbliebe, aber grundsätzlich keine Schwierigkeit bereite, so ist es sehr bedauerlich, daß hierfür kein Beweis vorliegt. Bleiben wir beim ursprünglichen Begriff der Abklingung von Einzelwerten, schließen also alle dem Gruppenlastenverfahren entnommenen Gedanken einer Umordnung von Lasten und Überzähligen aus, so bleibt die einfache Knotenfolge als absolute Voraussetzung bestehen. Ist ein System verschieblich, so ergibt sich aus der Forderung einer aus dreigliedrigen Gleichungen gebildeten Matrix eine zweite Voraussetzung für die Anwendung eines Abklingungsverfahrens. Von der Verdrehung einer Stabsehne (Stabdrehwinkel) dürfen jeweils nur zwei einander benachbarte Knoten erfaßt werden, d. h. eine gegenseitige Verschiebung erleiden. Hierbei handelt es sich nur um die Frage der relativen, nicht der absoluten Verschiebungen. Verschieben sich bei Ansatz eines Stabdrehwinkels mehr als zwei Knotenpunkte gegeneinander, so sind auch mehr als zwei Knoten durch eine Überzählige miteinander verkettet, die Möglichkeit einer einfachen Abklingung scheidet aus. Ist auch die zweite Voraussetzung erfüllt, daß sich die Wirkung jedes Stabdrehwinkels auf zwei benachbarte Knoten beschränkt, so müssen wir alle Stabdrehwinkel vorher eliminieren, um dreigliedrige Gleichungen zu erhalten. Hiergegen könnte man einwenden, daß man damit zu einem unbestimmten Hauptsystem gelangt. Das ist aber in der Vorstufe ohne Belang, wie der Ansatz der Belastungsglieder am Hauptsystem B beweist, welche gleichfalls eine Vorberechnung am unbestimmten System erfordern. Verfolgen wir diesen Gedanken weiter, so benötigen wir eine andere Form des Hauptsystems B, welche sich aus der Elimination der Stabdrehwinkel ergibt. Dieses Hauptsystem mit unverdrehbaren, aber verschieblichen inneren Knoten bezeichneten wir als H a u p t s y s t e m B^*.

In s t a t i s c h e r Hinsicht ist die Errechnung aller Abklingungswerte in einem System gleichbedeutend mit der Ermittlung aller Selbstspannungszustände, die aus einer Überzähligeneinheit als Belastung entstehen. Ein solcher Selbstspannungszustand zeigt ebenfalls die Abklingung vom Ort des Belastungsanfalles — oder bildlich ausgedrückt, vom Abklingungsherd — bis zu den entferntesten Teilen des Systems. Diesen Vorgang verfolgt man beim Abklingungsverfahren unmittelbar am System und nicht wie früher in der abstrakten Form der Arbeitsgleichungen, wenn diese auch das gleiche besagen.

Wie erläutert wurde, müssen sich alle Ansätze eines Abklingungsverfahrens aus dreigliedrigen Arbeitsgleichungen ableiten lassen. Der Unterschied der verschiedenen Verfahren folgt einerseits aus der Wahl der Überzähligen und damit des zugrundeliegenden Hauptsystems, andererseits aus der Art der Gleichungsauflösung. Da wir die auf der Iterationsbasis aufgebauten Verfahren als „Ausgleichverfahren" gesondert untersuchen wollen und somit nur die Elimination zur Gleichungsauflösung verwenden beziehen sich die Verschiedenheiten der Gleichungsauflösung nur auf die im Rahmen des G a u ß schen Algorithmus enthaltenen Möglichkeiten.

Die nachstehenden Ansätze sind unabhängig von der Wahl der Überzähligen und gelten für die Verfahren an sämtlichen Hauptsystemen.

Die G l e i c h u n g s m a t r i x der dreigliedrigen Gleichungen lautet:

Gl.-Nr.	X_a	X_b	X_c	X_d	$X.$	X_h	X_i	X_k	X_m	
a)	$c_{a,a}$	$c_{a,b}$								$c_{a,0}$
b)	$c_{b,a}$	$c_{b,b}$	$c_{b,c}$							$c_{b,0}$
c)		$c_{c,b}$	$c_{c,c}$	$c_{c,d}$						$c_{c,0}$
d)			$c_{d,c}$	$c_{d,d}$	$\cdot\cdot$					$c_{d,0}$
$\cdot\cdot$				$\cdot\cdot$	$\cdot\cdot$					$\cdot\cdot$
h)					$\cdot\cdot$	$c_{h,h}$	$c_{h,i}$			$c_{h,0}$
i)						$c_{i,h}$	$c_{i,i}$	$c_{i,k}$		$c_{i,0}$
k)							$c_{k,i}$	$c_{k,k}$	$c_{k,m}$	$c_{k,0}$
m)								$c_{m,k}$	$c_{m,m}$	$c_{m,0}$

Gl. a) liefert X_a als Funktion von X_b.

$$\text{Aus } X_b = +1 \text{ folgt } X_a = -\frac{c_{a,b}}{c_{a,a}} = a_a = m_{ab}.$$

$$\text{Aus } X_b = + X_b \ ,, \quad X_a = X_b\, a_{ab}.$$

Gl. b) liefert X_b als Funktion von X_c.

$$\text{Aus } X_c = +1 \text{ folgt } X_b = -\frac{c_{b,c}}{c_{b,b} + a_{ab}\, c_{b,a}} = a_{bc} = m_{bc}.$$

Gl. c) liefert X_c als Funktion von X_d und so fort.

Der allgemeine Ansatz für die Abklingungswerte a lautet

$$a_{km} = -\frac{c_{k,m}}{c_{k,k} + a_{ik}\, c_{k,i}}, \qquad a_{ik} = -\frac{c_{k,m} + a_{km}\, c_{k,k}}{a_{km}\, c_{k,i}}. \qquad [39]$$

Die Rekursionsrechnung (Rückwärtselimination) ergibt

$$a_{ki} = -\frac{c_{k,i}}{c_{k,k} + a_{mk}\, c_{k,m}}, \qquad a_{mk} = -\frac{c_{k,i} + a_{ki}\, c_{k,k}}{a_{ki}\, c_{k,m}}.$$

Auf diesem Wege entsteht der Kettenbruch

$$a_{cd} = -\cfrac{c_{c,d}}{c_{c,c} - c_{c,b}\cfrac{c_{b,c}}{c_{b,b} - c_{b,a}\cfrac{c_{a,b}}{c_{a,a}}},}$$

welcher sich sowohl für die Abklingung der Knotendrehwinkel als auch der Knotenmomente verwenden läßt. Wir stellen fest, daß die Abklingungswerte a_{ki} bzw. a_{ik} identisch mit den Hilfswerten m_{ki} bzw. m_{ik} der Gaußschen Elimination sind.

Wir gehen zunächst von dem üblichen Gleichungssystem aus, in welchem die Beiwerte $c_{k,i} = c_{i,k}$ sind. Wird das Feld k—i belastet, so lauten die Gleichungen i) und k)

$$\text{i)} \quad X_h\, c_{i,h} + X_i\, c_{i,i} + X_k\, c_{i,k} = c_{i,0}.$$

Setzt man $X_h = X_i\, a_{hi} = - X_i\, \dfrac{c_{i,k} + a_{ik}\, c_{i,i}}{a_{ik}\, c_{i,h}}$ ein, so wird

$$\text{i)} \quad - X_i\, \frac{c_{i,k}}{a_{ik}} + X_k\, c_{i,k} = c_{i,0}.$$

Bei gleicher Umformung wird mit $X_m = X_k\, a_{mk}$

$$\text{k)} \quad + X_i\, c_{k,i} - X_k\, \frac{c_{k,i}}{a_{ik}} = c_{k,0}.$$

Man beachte, daß $c_{k,i} = c_{i,k}$, aber $a_{ki} \neq a_{ik}$ ist. Lösen wir die Gl. i) und k) nach den beiden Überzähligen auf, so folgt hieraus die grundlegende Gleichung [40], in welcher die Überzähligen als Funktion der Belastungsglieder und der Abklingungswerte angeschrieben werden.

$$X_k = \frac{c_{k,0} + c_{i,0}\, a_{ik}}{c_{k,i}}\, \frac{(-a_{ki})}{1 - a_{ki}\, a_{ik}} = K\frac{\alpha_{ki}}{c_{k,i}}, \qquad \alpha_{ki} = -\frac{a_{ki}}{1 - a_{ki}\, a_{ik}}. \qquad [40]$$

Für feldsymmetrische Belastung wird nach V.-R. I $c_{k,0} = + c_{i,0}$ und nach V.-R. II $c_{k,0} = - c_{i,0}$.

$$X_k = \frac{c_{k,0}}{c_{k,i}}\, \alpha_{ki}\, (1 \pm a_{ik}) = \frac{c_{k,0}}{c_{k,i}}\, \alpha'_{ki} \text{ für negatives } (\pm a_{ik})$$

$$= \frac{c_{k,0}}{c_{k,i}}\, \alpha''_{ki} \text{ für positives } (\pm a_{ik}) \qquad [41]$$

Es sei bereits an dieser Stelle erwähnt, daß die Ausdrücke α_{ki}, α'_{ki} und α''_{ki} den Zahlentafeln A 5 bis A 7 zu entnehmen sind. Infolge der gewählten engen Unterteilung dieser Zahlentafeln erübrigt sich auch jede Interpolation.

Ist $c_{k,i} \neq c_{i,k}$, so schreibt sich Gl. [40]

$$X_k = \alpha_{ki} \left(\frac{c_{k,0}}{c_{k,i}} + \frac{c_{i,0}}{c_{i,k}} a_{ik} \right).$$

Es ist im übrigen keineswegs neu, die Abklingungswerte als Hilfswerte zur Auflösung dreigliedriger Gleichungen zu verwenden. Im Stahlbaukalender hat U n o l d das Rechenschema angeschrieben, nur sind die Hilfswerte nicht als Abklingungswerte besonders gekennzeichnet. Hier sind auch die Substitutionskoeffizienten β ermittelt, mit deren Hilfe die Unbekannten als unmittelbare Funktion der Belastungsglieder gemäß Gl. [34] anzusetzen sind.

Die Substitutionskoeffizienten β_{ki} mit ungleichen Indizes ergeben sich aus der Erweiterung der β_{kk} mit den vorermittelten Abklingungswerten. Wir wollen der Vollständigkeit halber die Substitutionskoeffizienten β_{kk} mit gleichen Indizes kurz ableiten.

β_{aa} ergibt sich aus den Ausgangsgleichungen, wenn alle Belastungsglieder außer $c_{a,0}$ gleich Null gesetzt werden. Mit $X_b = X_a a_{ba}$ folgt aus Gl. a)

$$X_a = \frac{c_{a,0}}{c_{a,a} + c_{a,b}\, a_{ba}}, \qquad \beta_{aa} = \frac{1}{c_{a,a} + c_{a,b}\, a_{ba}}.$$

Beim Ansatz von β_{bb} werden alle Belastungsglieder mit Ausnahme von $c_{b,0}$ gleich Null gesetzt. Mit $X_a = X_b a_{ab}$ und $X_c = X_b a_{cb}$ folgt aus Gl. b)

$$X_b = \frac{c_{b,0}}{c_{b,a}\, a_{ab} + c_{b,b} + c_{b,c}\, a_{cb}}, \qquad \beta_{bb} = \frac{1}{c_{b,a}\, a_a + c_{b,b} + c_{b,c}\, a_{cb}}.$$

D er allgemeine Ansatz lautet somit

$$\beta_{kk} = \frac{1}{c_{k,i}\, a_{ik} + c_{k,k} + c_{k,m}\, a_{mk}}. \tag{42}$$

Da im allgemeinen $c_{k,i} = c_{i,k}$ ist, schreibt man die Ansätze zuweilen — so auch im Stahlbaukalender — ungenau mit vertauschten Indizes der Gleichungsbeiwerte. Ist aber $c_{k,i} \neq c_{i,k}$, so führt diese Vertauschung zu Irrtümern. Das Rechenschema der Abklingungsrechnung für fünf Unbekannte wollen wir aus dem Stahlbaukalender übernehmen, jedoch in der hier gewählten Schreibweise mit berichtigten Indizes.

A u s g a n g s g l e i c h u n g e n

Gl.-Nr.	X_a	X_b	X_c	X_d	X_e	
a)	$c_{a,a}$	$c_{a,b}$				$c_{a,0}$
b)	$c_{b,a}$	$c_{b,b}$	$c_{b,c}$			$c_{b,0}$
c)		$c_{c,b}$	$c_{c,c}$	$c_{c,d}$		$c_{c,0}$
d)			$c_{d,c}$	$c_{d,d}$	$c_{d,e}$	$c_{d,0}$
e)				$c_{e,d}$	$c_{e,e}$	$c_{e,0}$

Hilfswerte

$$a_{ab} = -\frac{c_{a,b}}{c_{a,a}} \qquad\qquad\qquad\qquad \beta_{aa} = \frac{1}{c_{a,a} + c_{a,b}\,a_{ba}}$$

$$a_{bc} = -\frac{c_{b,c}}{c_{b,b} + c_{b,a}\,a_{ab}} \qquad a_{ba} = -\frac{c_{b,a}}{c_{b,b} + c_{b,c}\,a_{cb}} \qquad \beta_{bb} = \frac{1}{c_{b,a}\,a_{ab} + c_{b,b} + c_{b,c}\,a_{cb}}$$

$$a_{cd} = -\frac{c_{c,d}}{c_{c,c} - c_{c,b}\,a_{bc}} \qquad a_{cb} = -\frac{c_{c,b}}{c_{c,c} + c_{c,d}\,a_{dc}} \qquad \beta_{cc} = \frac{1}{c_{c,b}\,a_{bc} + c_{c,c} + c_{c,d}\,a_{dc}}$$

$$a_{de} = -\frac{c_{d,e}}{c_{d,d} + c_{d,c}\,a_{cd}} \qquad a_{dc} = -\frac{c_{dc}}{c_{d,d} + c_{d,e}\,a_{ed}} \qquad \beta_{dd} = \frac{1}{c_{d,c}\,a_{cd} + c_{d,d} + c_{d,e}\,a_{ed}}$$

$$a_{ed} = -\frac{c_{ed}}{c_{e,e}} \qquad\qquad\qquad\qquad \beta_{ee} = \frac{1}{c_{e,d}\,a_{de} + c_{e,e}}$$

Zahlentafel 5 der Substitutionskoeffizienten $\dfrac{\beta_{ki}}{\beta_{kk}}$.

	$c_{a,0}\,\beta_{aa}$	$c_{b,0}\,\beta_{bb}$	$c_{c,0}\,\beta_{cc}$	$c_{d,0}\,\beta_{dd}$	$c_{e,0}\,\beta_{ee}$
$X_a =$	$+1$	$+\ a_{ab}$	$+\ a_{ab}\,a_{bc}$	$+\ a_{ab}\,a_{bc}\,a_{cd}$	$+\ a_{ab}\,a_{bc}\,a_{cd}\,a_{de}$
$X_b =$	a_{ba}	$+1$	$+\ a_{bc}$	$+\ a_{bc}\,a_{cd}$	$+\ a_{bc}\,a_{cd}\,a_{de}$
$X_c =$	$a_{cb}\,a_{ba}$	$+\ a_{cb}$	$+1$	$+\ a_{cd}$	$+\ a_{cd}\,a_{de}$
$X_d =$	$a_{dc}\,a_{cb}\,a_{ba}$	$+\ a_{dc}\,a_{cb}$	$+\ a_{dc}$	$+1$	$+\ a_{de}$
$X_e =$	$a_{ed}\,a_{dc}\,a_{cb}\,a_{ba}$	$+\ a_{ed}\,a_{dc}\,a_{cb}$	$+\ a_{ed}\,a_{dc}$	$+\ a_{ed}$	$+1$

Die Gl. [39] und [40] bilden die Grundlage für alle Abklingungsverfahren. Gl. [39] stellt nur einen Ausschnitt aus dem bekannten Kettenbruch (vgl. S. 68) dar. Gl. [40] ist in dieser allgemeinen Form neu entwickelt. Zur Abklingung von Drehwinkeln verwendet W i e d e m a n n den entsprechenden Ansatz, jedoch mit den negativen, reziproken Abklingungswerten. Für die Abklingung der Stabendmomente am Hauptsystem C — Methode der Festpunkte usw. — wird der gleiche Ansatz in anderer Form seit langem benutzt, nur wurden die Abklingungswerte durch die Festpunktabstände ersetzt. Letzteres dürfte aber wohl kaum zum Vorteil gereichen.

Wie wir später zeigen werden, lassen sich alle neueren Verfahren, welche die Abklingung — nicht den Ausgleich — behandeln, auf die obigen Gleichungen zurückführen und teilweise sogar wesentlich verbessern.

d) Fehlerempfindlichkeit der rechnerischen Auflösung.

Es soll an dieser Stelle nicht die Ursache untersucht werden, durch welche ein fehlerempfindliches Gleichungssystem entsteht, sondern es sollen die Kennzeichen der Empfindlichkeit und deren Folgen auf den Rechnungsgang dargelegt werden. Die Entstehungsursache muß bei der Beschreibung der einzelnen statischen Verfahren besprochen werden, deren Eignung unter anderm von der rechnerischen Brauchbarkeit der gewonnenen Ansätze abhängt.

Die Fehlerempfindlichkeit eines Gleichungssystems erkennt man an folgenden Anzeichen:

1. Voraussetzung für die Lösbarkeit ist die gegenseitige Unabhängigkeit der einzelnen Gleichungen voneinander. Die Vorzahlen einer Gleichung dürfen weder

nahezu das Gleiche noch ein Vielfaches von denjenigen einer anderen Gielchung betragen. Je ä h n l i c h e r einzelne Gleichungen einander werden, um so näher rückt der Grenzfall der Unlösbarkeit und um so empfindlicher ist das Gleichungssystem. Bei der Auflösung der Gleichungen bedient man sich der Differenzen zwischen einzelnen Gliedern zweier Gleichungen. Werden diese Differenzen zu klein, so erfordert die Rechnung eine zu große Stellenzahl.

2. Je vielfältiger die gegenseitige Abhängigkeit der Unbekannten ist, d. h. je mehr Beiwerte in der Matrix ungleich Null sind, um so mehr wächst die Gliederzahl der für die Auflösung benötigten Ansätze. Mit dem Umfang einer Rechnung nimmt meist auch ihre Empfindlichkeit zu. Maßgebend für die Beurteilung einer Matrix ist nicht allein die Zahl der Unbekannten, sondern mehr noch die Anzahl der in jeder einzelnen Gleichung vorkommenden Unbekannten, also die Zahl der Matrixbeiwerte $c_{k,i} \neq 0$.

3. Ferner kommt es sehr auf das Verhältnis von den Beiwerten $c_{k,k}$ der Hauptglieder einer Gleichung zu den übrigen Beiwerten $c_{k,i}$ an. Wählen wir die beim Iterationsverfahren verwandte Gleichungsform mit den Beiwerten $b_{ki} = -\dfrac{c_{k,i}}{c_{k,k}}$, so wächst die Empfindlichkeit, je mehr sich die Nebenbeiwerte b_{ki} dem Wert $1 = b_{kk}$ nähern. Kommen Beiwerte $b_{ki} > 1$ vor, so wirkt sich dieses meist recht ungünstig aus.

Das Iterationsverfahren zeigt nur dann eine schnelle Konvergenz, wenn alle b_{ki} wesentlich kleiner als eins sind. Damit ist die Eignung der Iteration zur Auflösung von Gleichungen begrenzt. Bei der Elimination hängt die zur gewünschten Genauigkeit benötigte Stellenzahl gleichfalls von dem Verhältnis der Beiwerte $c_{k,i} : c_{k,k}$ ab. Der Rechenaufwand infolge vermehrter Stellenzahl wächst aber nicht so stark wie bei der Iteration infolge vermehrter Rechnungsgänge oder „Stufen". Eignet sich ein Gleichungssystem zur Iterationsauflösung, so kann man aus dieser Tatsache allgemein auf eine geringe Fehlerempfindlichkeit der Gleichungen schließen.

Es ist nun wichtig, den Grad der Fehlerempfindlichkeit eines Gleichungssystems in Zahlen auszudrücken, um daraus Schlüsse auf die Brauchbarkeit des statischen Verfahrens ziehen zu können, welches zu diesen Gleichungen geführt hat. Ein Gleichungssystem, dessen rechnerische Auflösung im Verhältnis zur Einfachheit der Aufgabe zu viel Aufwand erfordert, beweist eindeutig die Mangelhaftigkeit des zugrun deliegenden Verfahrens. Als Kennzeichen für die Fehlerempfindlichkeit bildet man nach einer Anweisung von H e r t w i g die absolute Summe aller Produkte $\sum c_{k,i}\,\beta_{ki}$ eines Gleichungssystems.

Handelt es sich um ein System von n Unbekannten, so bildet man die Summe aller Werte $c_{k,i}\,\beta_{ki}$ ohne Berücksichtigung ihrer Vorzeichen und untersucht, um ein Wievielfaches diese Summe größer ist als n.

$$\sum c_{k,i}\,\beta_{ki} = n\,p \geqq n. \qquad [43]$$

In Gl. [43] drückt p den Fehler der Nennerdeterminante eines Gleichungssystems aus, wenn sämtliche $c_{k,i}$-Werte einen im gleichen Sinne wirkenden Fehler von $1\,{}^0/_0$ enthalten. Gl. [43] liefert also das gewünschte Kriterium, um die einzelnen Verfahren an ihren Ergebnissen vergleichen zu können. Je größer p wird, um so empfindlicher ist das System.

E. Umordnung.

a) Zweck und Anwendungsbereich der Umordnung.

Unter einer B e l a s t u n g s u m o r d n u n g versteht man im allgemeinen nur die Aufspaltung einer Belastung in ihre symmetrischen und antimetrischen Anteile. Dieses Hilfsmittel der Statik — von einem besonderen Verfahren kann man wohl kaum sprechen — dient dazu, die Lösung eines n-fach unbestimmten Systems in zwei voneinander unabhängige Teile zu zerlegen. Wenn auch die Gesamtzahl der Überzähligen hierdurch nicht verringert wird, so erfordert die Lösung z w e i e r Gleichungssysteme mit je $\frac{n}{2}$ oder mit $\frac{n+1}{2}$ und $\frac{n-1}{2}$ Überzähligen bedeutend weniger Rechenarbeit als die Lösung e i n e s Gleichungssystems mit n Überzähligen.

Führt die Belastungsumordnung im Falle e i n f a c h e r S y m m e t r i e , wobei sich der Begriff „einfach" auf die Zahl der vorhandenen Symmetrieachsen des Systems bezieht, zu einer Vereinfachung der Lösung, so darf man von einer weiteren Umformung im Falle mehrfacher Symmetrie gleichfalls Nutzen erwarten. Die mehrfache Symmetrie kann verschieden geartet sein. Besitzt ein System als Ganzes mehrere Symmetrieachsen, so nennen wir es z y k l i s c h s y m m e t r i s c h . Besteht ein System aus aneinandergereihten gleichen Abschnitten, so ist es einfachsymmetrisch und g l e i c h g l i e d r i g . Den Fall der Teilsymmetrie, bei welcher einzelne Teilabschnitte des Systems in sich symmetrisch ausgebildet sind, wollen wir hier nicht behandeln.

Ein Gleichgewichtszustand kann durch v i e r verschiedene Aussagen eindeutig beschrieben werden. Diese betreffen die äußeren bzw. inneren Kräfte oder Verrückungen.

Jeder Belastung entspricht eine Verformung, jeder Verformung aber auch eine Belastung, d. h. Ursache und Wirkung sind völlig gleichen Ranges und können beliebig vertauscht werden. Man kann jeden Gleichgewichtszustand je nach Art des Ansatzes als Belastungs- oder Verrückungszustand bzw. als Selbstspannungs- oder Selbstverformungszustand deuten, folglich können wir auch die gleichen Umformungen an allen vier Arten von Kräften und Verrückungen vornehmen.

Haben wir bisher die Überzähligen zu Selbstspannungs- oder Selbstverformungszuständen gegenseitiger Unabhängigkeit umgeformt, so können wir den Rechnungsgang mit der gleichen Berechtigung in die Umformung von Belastungs- oder inneren Verrückungszuständen verlegen, wir können auch beide Möglichkeiten miteinander verquicken. Ohne dieses Zusammenhanges immer bewußt zu sein, beschreiten wir diesen Weg bei der üblichen Belastungsumordnung sehr häufig, er muß aber für zyklischsymmetrische und gleichgliedrige Systeme entsprechend ausgebaut werden. Auf dieser Überlegung fußt z. B. der Rechnungsgang am achtstieligen zyklischsymmetrischen Durchlaufrahmen, den der Verfasser 1940 und 1942 im „Bauingenieur" beschrieben hat.

Diese Methode einer zweifachen Umordnung verspricht nur im Falle hochgradiger Unbestimmtheit einen Nutzen, und auch nur dann, wenn zwischen den Überzähligen viele Wechselbeziehungen bestehen, oder in mathematischer Ausdrucksweise, wenn ungewöhnlich viele Felder in der Gleichungsmatrix der Überzähligen besetzt sind. Dieses trifft im allgemeinen nicht auf das ebene, sondern auf das räumliche System zu. Da wir hier nur Systeme untersuchen wollen, welche in der Praxis häufig vorkommen, beschränken wir unsere Betrachtung auf den zyklischsymmetrischen, gleichfeldrigen eingeschossigen Rahmen und auf den Trägerrost mit regelmäßiger Teilung. Zur leichteren Einführung wollen wir aber zunächst den Gedanken der zweifachen Umordnung der Belastung u n d der Überzähligen am Beispiel eines gleichfeldrigen Balkens auf fünf Stützen erläutern, wenngleich daraus kein Nutzen für die Berechnung des n-Feld-Balkens zu erwarten ist. Der Durchlaufträger eignet sich aber am besten zur ersten Einführung, weil seine Berechnung jedem Statiker geläufig ist.

Wir bezeichnen die inneren Knoten über den inneren Stützen mit a, b, c und bilden zunächst drei S e l b s t s p a n n u n g s z u s t ä n d e gegenseitiger Unabhängigkeit am statisch bestimmten Hauptsystem mit Gelenken in a, b und c. Der Zusammensetzungsschlüssel für jeden der drei Zustände Y_I, Y_{II} und Y_{III} sei bekannt. Die Zustandseinheiten haben folgende Bedeutung:

$Y_I \ = -1$ bedeutet: Es wirkt in a $-y_{aI}$, in b $-y_{bI}$, in c $-y_{cI}$,

$Y_{II} = -1$,,   ,,   ,,   ,, $-y_{aII}$, ,, $-y_{bII}$, ,, $-y_{cII}$,

$Y_{III} = -1$,,   ,,   ,,   ,, $-y_{aIII}$, ,, $-y_{bIII}$, ,, $-y_{cIII}$.

Wir wählen für die Teilwerte y_{kJ} der Zustände $Y_J = -1$ bestimmte Größen, welche sich später aus allgemeineren Ansätzen ergeben. Hier genügt die Feststellung, daß die drei Zustände $Y_J = -1$ voneinander geometrisch unabhängig sind, wie nach Gl. [3], S. 35, nachgeprüft werden kann.

T e i l w e r t e y_{kJ}.

	Y_I	Y_{II}	Y_{III}	Rechte Seite
X_a	$+ \ 1$	$+\sqrt{2}$	$+ \ 1$	$\delta_{a,0}$.
X_b	$+\sqrt{2}$	0	$-\sqrt{2}$	$\delta_{b,0}$
X_c	$+ \ 1$	$-\sqrt{2}$	$+ \ 1$	$\delta_{c,0}$

Der Nennerausdruck $\delta_{J,J}$ gemäß Gl. [7], S. 37, errechnet sich zu

$$\delta_{I,I} = \frac{2}{3}\,s\,(4+\sqrt{2}), \qquad \delta_{II,II} = \frac{2}{3}\,s\,4, \qquad \delta_{III,III} = \frac{2}{3}\,s\,(4-\sqrt{2}).$$

Mit diesen Vorwerten können wir nach Gl. [7] jeden beliebigen Lastfall durchrechnen. Man bezeichnet eine solche Lösung als Gruppenlastenverfahren. Da ein durchgerechnetes Beispiel sehr zum Verständnis beiträgt, wollen wir gemäß Abb. 12 eine Einzellast $P = 1$ im Feld $a - b$ in 0, 25.1 Abstand von a ansetzen und hierfür die Stabendmomente in a, b und c ausrechnen.

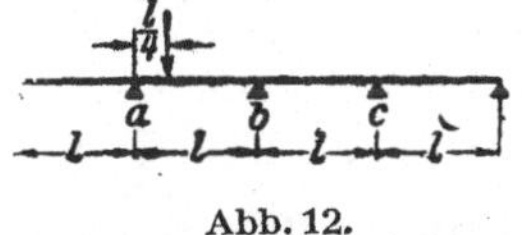

Abb. 12.

Die Zähler $\delta_{J,0}$ in Gl. [7[kann man durch Integration der M_0-Flächen mit den Zustandsflächen infolge $Y_I = -1$ usw. erhalten, oder einfacher, man bestimmt nach Zahlentafel A 1 die Belastungsglieder

$$\delta_{a,0} = -7\,\frac{l\,s}{128}, \qquad \delta_{b,0} = -5\,\frac{l\,s}{128}, \qquad \delta_{c,0} = 0$$

und überlagert mit Hilfe der Teilwerte y_{kJ}

$$\delta_{I,0} = y_{aI}\,\delta_{a,0} + y_{bI}\,\delta_{b,0} + y_{cI}\,\delta_{c,0}$$

ebenso $\delta_{II,0}$ und $\delta_{III,0}$. Damit ergibt sich

$$\delta_{I,0} \ = -\frac{l\,s}{128}\,(7 + 5\sqrt{2})$$

$$\delta_{II,0} = -\frac{l\,s}{128}\,7\sqrt{2}$$

$$\delta_{III,0} = -\frac{l\,s}{128}\,(7 - 5\sqrt{2})$$

und schließlich

$$Y_I = -\frac{3\,l}{256}\,\frac{5\sqrt{2}+7}{4+\sqrt{2}} = -\frac{3\,l}{256}\,2{,}5989$$

$$Y_{II} = -\frac{3\,l}{256}\,\frac{7\sqrt{2}}{4} = -\frac{3\,l}{256}\,2{,}4749$$

$$Y_{III} = -\frac{3}{256}\,\frac{5\sqrt{2}-7}{4-\sqrt{2}} = +\frac{3\,l}{256}\,0{,}0275\,.$$

Die Überlagerung der Y_J-fachen Zustandslinien für $Y_J = -1$ ergibt die Einzelmomente

$$X_a = -\frac{3\,l}{256}\,(2{,}5989 + 2{,}4749\,\sqrt{2} - 0{,}0275) \quad = -\,l\cdot 0{,}0712$$

$$X_b = -\frac{3\,l}{256}\,\sqrt{2}\,(2{,}5989 + 0{,}0275) \qquad\qquad = -\,l\cdot 0{,}0435$$

$$X_c = -\frac{3\,l}{256}\,(-2{,}5989 + 2{,}4749\,\sqrt{2} + 0{,}0275) = +\,l\cdot 0{,}0109\,.$$

Wir wollen nunmehr das gleiche Beispiel mit zweimaliger Umordnung, d. h. mit Umordnung der Überzähligen u n d der Belastungsglieder, durchrechnen. Während oben die Belastungsglieder durch Integration mit M_0' bzw. durch entsprechende Tabellenwerte erhalten wurden, bezweckt die Umordnung der Belastungsglieder, diese Berechnung zu umgehen. Man denkt sich die Belastungsglieder zusammengesetzt aus Teilwerten, die im selben Verhältnis stehen wie die Teilwerte y_{kJ} der Überzähligen. Wie die zugehörige Belastung und deren Momentenfläche dann aussieht, braucht nicht ermittelt zu werden, da es in den Bestimmungsgleichungen der Überzähligen nur auf die Größe der Belastungsglieder ankommt. Es sollen drei Gruppen - Belastungszustände B_I, B_{II}, B_{III} gebildet werden, welche die Form der Selbstspannungszustände Y_I, Y_{II}, Y_{III} haben und überlagert die wirkliche Belastung ergeben. Dann lauten die Gleichungen für die Umformung:

	B_I	B_{II}	B_{III}	$\ldots$	B_N	
a	y_{aI}	y_{aII}	y_{aIII}	$\ldots$	y_{aN}	$\delta_{a,0}$
b	y_{bI}	y_{bII}	y_{bIII}	$\ldots$	y_{bN}	$\delta_{b,0}$
c	y_{cI}	y_{cII}	y_{cIII}	$\ldots$	y_{cN}	$\delta_{c,0}$
$\cdot$	$\ldots$	$\ldots$	$\ldots$	$\ldots$	$\ldots$	$\ldots$
n	y_{nI}	y_{nII}	y_{nIII}	$\ldots$	y_{nN}	$\delta_{n,0}$

Durch Auflösung dieser Gleichungen ergeben sich die Gruppen-Belastungszustände B_J. In dem Beispiel des Vierfeldträgers lauten die Ansätze

a)	$B_I \quad + B_{II}\sqrt{2} + B_{III} \quad = \delta_{a,0} = -7\dfrac{l\,s}{128}$
b)	$B_I\sqrt{2} + \qquad\quad - B_{III}\sqrt{2} = \delta_{b,0} = -5\dfrac{l\,s}{128}$
c)	$B_I \quad - B_{II}\sqrt{2} + B_{III} \quad = 0$

$\dfrac{a) + c) + b)\,\sqrt{2}}{4}$	$B_I \;= -(5\sqrt{2}+7)\dfrac{l\,s}{512}\left(=\dfrac{1}{4}\,\delta_{I,0}\right)$
$\dfrac{a) + c) - b)\,\sqrt{2}}{4}$	$B_{III} = +(5\sqrt{2}-7)\dfrac{l\,s}{512}\left(=\dfrac{1}{4}\,\delta_{III,0}\right)$
$\dfrac{a) - c)}{2\,\sqrt{\;}}$	$B_{II} = -7\sqrt{2}\dfrac{l\,s}{512}\quad\left(=\dfrac{1}{4}\,\delta_{II,0}\right)$

Jeder Belastungszustand B_J erzeugt einen Selbstspannungszustand Y_J als Reaktion. An jedem Knoten k hat der Belastungszustand B_J das Belastungsglied $B_J\,y_{kJ}$. Folglich lautet der Zähler in Gl. [7]

$$\delta_{J,0} = B_J \sum_k y^2_{kJ}\,.$$

Im Rechnungsbeispiel beträgt $\sum_k y^2_{kJ} = 4$, damit erhält man in der Form

$$Y_J = \frac{4\,B_J}{\delta_{J,J}}$$

dieselben Werte wie früher.

Diese doppelte Umformung dürfte zunächst als völlig abwegig anmuten, zumal da das einfache Beispiel den Nutzen dieses Rechenaufwandes nicht erkennen läßt. Immerhin dürfte die Methode nach diesem Beispiel leicht zu überblicken sein, und wir wollen das Ergebnis wie folgt wiederholen.

„Nach Umformung der Belastung in Gruppenzustände B_J, in denen die Belastungsglieder zueinander verhältnisgleich den Teilwerten y_{kJ} des Selbstspannungszustandes Y_J sind, ist jede Gruppenüberzählige Y_J als Quotient von $B_J \sum_k y^2_{kJ}$ und $\delta_{J,J}$ anzusetzen."

$$Y_J = \frac{1}{\delta_{J,J}}\, B_J \sum_k y^2_{kJ}\,. \tag{44}$$

Wir wollen die gleiche Überlegung am geometrischen Hauptsystem anstellen. Um die gleiche Tafel für den Zusammensetzungsschlüssel der Teilwerte y_{kJ} verwenden zu können, wählen wir den in den Endlagern fest eingespannten, vierfeldrigen Träger, dessen innere Knoten mit $k = 1, 2, 3$ bezeichnet werden sollen. Die Zustände $Y_J = -1$ beziehen sich auf den Ansatz von Drehwinkeln.

Teilwerte y_{kJ}.

	Y_I	Y_{II}	Y_{III}	Rechte Seite
φ_1	$+\,1$	$+\sqrt{2}$	$+\,1$	$M_{1,0}$
φ_2	$+\sqrt{2}$	0	$-\sqrt{2}$	$M_{2,0}$
φ_3	$+\,1$	$-\sqrt{2}$	$+\,1$	$M_{3,0}$

Der Nenner in Gl. [12], S. 42, ergibt sich aus

$$M_{J,J} = \sum_k y_{kJ}\, M_{k,J}$$

$$M_{I,I} = \frac{8}{s}\,(4 + \sqrt{2}),\qquad M_{II,II} = \frac{8}{s}\,4,\qquad M_{III,III} = \frac{8}{s}\,(4 - \sqrt{2})\,.$$

Als Rechnungsbeispiel wählen wir wiederum den Lastfall einer Einzellast $P = 1$ im Feld 1—2 in $0,25\,l$ Abstand vom Knoten 1. Die Belastungsglieder lauten dann

$$M_{1,0} = +\frac{9}{64}\,l,\qquad M_{2,0} = -\frac{3}{64}\,l,\qquad M_{3,0} = 0\,.$$

Nach dem Ansatz von Gl. [12] erhalten wir

$$M_{I,0} = +\frac{3\,l}{64}\,(3 - \sqrt{2}),\qquad M_{II,0} = +\frac{3\,l}{64}\,3\sqrt{2},\qquad M_{III,0} = +\frac{3\,l}{64}\,(3 + \sqrt{2})\,.$$

Die Gruppenüberzähligen lauten:

$$Y_I = +\frac{3\,l\,s}{512}\,\frac{3 - \sqrt{2}}{4 + \sqrt{2}} = +\frac{l\,s}{4}\,0{,}00687 = +\frac{l\,s}{4\sqrt{2}}\,0{,}00971$$

$$Y_{II} = +\frac{3\,l\,s}{512}\,\frac{3\sqrt{2}}{4} = +\frac{l\,s}{4\sqrt{2}}\,0{,}03516$$

$$Y_{III} = +\frac{3\,l\,s}{512}\,\frac{3 + \sqrt{2}}{4 - \sqrt{2}} = +\frac{l\,s}{4}\,0{,}04001 = +\frac{l\,s}{4\sqrt{2}}\,0{,}05658\,.$$

Die Drehwinkel folgen aus der Überlagerung der Gruppenzustände.

$$\varphi_1 = +\frac{l\,s}{4}(0{,}00687 + 0{,}03516 + 0{,}04001) = +\frac{l\,s}{4}\,0{,}08204$$

$$\varphi_2 = +\frac{l\,s}{4}(0{,}00971 \qquad\quad - 0{,}05658) = -\frac{l\,s}{4}\,0{,}04687$$

$$\varphi_3 = +\frac{l\,s}{4}(0{,}00687 - 0{,}03516 + 0{,}04001) = +\frac{l\,s}{4}\,0{,}01172\,.$$

Die Stützenmomente ergeben sich nach Gl. [17b] zu

$$M_{10} = -l\cdot 0{,}08204\,, \qquad\qquad M_{34} = -l\cdot 0{,}01172$$

$$M_{23} = +l\,(0{,}04687 - 0{,}00586) \overset{!}{=} +l\cdot 0{,}04101\,.$$

Wir formen nunmehr die Belastungsglieder zu Gruppen B_J um, welche den Zuständen Y_J entsprechen. Nach dem gleichen Ansatz wie vorher wird

$$B_I \;\; = \frac{l}{4}(M_{1,0} + M_{2,0}\,\sqrt{2}) = +\frac{3\,l}{256}(3 - \sqrt{2}) \qquad\qquad \left(= \frac{1}{4}\,M_{I,10}\right)$$

$$B_{III} = \frac{l}{4}(M_{1,0} - M_{2,0}\,\sqrt{2}) = +\frac{3\,l}{256}(3 + \sqrt{2}) \qquad\qquad \left(= \frac{1}{4}\,M_{III,0}\right)$$

$$B_{II} \;\; = \frac{l}{4}\,M_{1,0}\,\sqrt{2} \qquad\quad = +\frac{3\,l}{256}\,3\,\sqrt{2} \qquad\qquad\quad \left(= \frac{1}{4}\,M_{II,0}\right).$$

Jeder dieser Gruppenbelastungszustände hat die Eigenschaft, daß er nur mit einem einzigen Selbstverformungszustand $Y_J = -1$ eine Arbeit leistet. Wie vorher beträgt die Gruppenüberzählige als Reaktion der mit gleichem Index ausgestatteten Gruppenbelastung

$$Y_J = \frac{1}{M_{J,J}}\,B_J \sum_k y_{kJ}^2\,. \qquad\qquad [45]$$

Die zusätzliche Umordnung der Belastung verursacht eine wesentliche Vereinfachung im Ansatz der Bestimmungsgleichungen der Gruppenüberzähligen.

Beziehen wir auch die äußere Belastung in die Betrachtung der Gleichgewichtszustände ein, so ist der Zweck jeder Umformung der gleiche: Es sollen Gleichgewichtszustände gegenseitiger Unabhängigkeit entwickelt werden, welche wir abgekürzt als „ausgezeichnete Zustände" bezeichnen wollen. Wir haben auf S. 25 und 28 die Tatsache verzeichnet, daß die ausgezeichneten Selbstspannungs- und Selbstverformungszustände zu den Bedingungsgleichungen der statischen bzw. geometrischen Überzähligen führen. Es läßt sich aber bereits vermuten, daß auch die ihnen entsprechenden Belastungsglieder eine wichtige Funktion bei der Lösung hochgradig unbestimmter, mehrfachsymmetrischer Systeme übernehmen werden. In der nachstehenden Untersuchung dieser Frage wollen wir induktiv vorgehen, indem wir zunächst einen allgemeinen Ansatz zur Bildung ausgezeichneter Zustände an zyklischsymmetrischen Systemen besprechen und dessen Verwendbarkeit anschließend prüfen.

b) Ansatz an zyklischsymmetrischen Systemen.

1. Teilwerte der ausgezeichneten Zustände als trigonometrische Funktionen.

Die Grundform des zyklischsymmetrischen Stabwerkes ist das regelmäßige n-Eck. Wir wollen die Kräfte und Verrückungen, welche in den Eckpunkten, d. h. Knoten k, sowohl in der Vieleckebene als auch senkrecht hierzu auftreten, untersuchen und Gleichgewichtszustände bilden, welche eine gleichzeitige Belastung und Verrückung aller Knoten k verursacht. Um Gruppenzustände gegenseitiger Unabhängigkeit Y_J zu erhalten, verwenden wir zum Ansatz ihrer Teilwerte y_{kJ} (in k, zur Überzähligeneinheit $Y_J = +1$ gehörig) die Kreisfunktionen des Zentriwinkels des gleichseitigen n-Eckes, welcher den Wert $z = \dfrac{2\pi}{n}$ hat, und folgen damit einem Ansatz von Reißner. Wir wählen zur Bezeichnung sowohl von k als auch von J ganze Zahlen von Null bis $n-1$, und zwar für k arabische Zahlen oder kleine Buchstaben 0, 1, 2 .... $n-1$, für J lateinische Ziffern oder große Buchstaben O, I, II, ... $N - I$. Der allgemeine Ansatz, dessen Eignung für die verschiedenen Arten von überzähligen Kräften und Verrückungen zu untersuchen ist, lautet

$$y_{kJ} = \sin kJz + \cos kJz. \tag{46}$$

Wir können uns auch auf die Sinusfunktionen beschränken und den gleichen Ansatz wie folgt anschreiben:

$$y_{kJ} = \sqrt{2}\,\sin\left(\frac{\pi}{4} + kJz\right). \tag{46'}$$

Wir wollen hier den Nachweis für die Gültigkeit des Reißnerschen Ansatzes, d. h. für die gegenseitige Unabhängigkeit der hieraus entwickelten Zustände, fortlassen. Eine Überprüfung der Richtigkeit gestaltet sich im Einzelfall für eine bestimmte Art von Zuständen einfacher als der allgemeine Nachweis.

Um mit den Gleichgewichtszuständen, welche sich aus den Gl. [46] und [46'] ergeben, praktisch rechnen zu können, benötigen wir einige trigonometrische Umformungen, die wir der nachfolgenden Zusammenstellung entnehmen können.

Beziehungen zwischen den Teilwerten y_{kJ} **nach Gleichung [46].**

$$n,\ k,\ J \text{ sind ganze Zahlen, } z = \frac{2\pi}{n}.$$

$$y_{kJ} = \cos kJz + \sin kJz \qquad\qquad y_{(n-k)J} = \cos kJz - \sin kJz$$

$$y_{(k+1)J} + y_{(k-1)J} = y_{kJ}\,2\cos Jz \qquad y_{(k+1)J} - y_{(k-1)J} = y_{(n-k)J}\,2\sin Jz$$

$$y_{(k+1)J} = y_{kJ}\cos Jz + y_{(n-k)J}\sin Jz \qquad y_{(k-1)J} = y_{kJ}\cos Jz - y_{(n-k)J}\sin Jz$$

$$y_{(n-k)J} + y_{(n-k-1)J} = -\operatorname{ctg}\frac{Jz}{2}\,(y_{kJ} - y_{(k+1)J})$$

$$y_{(n-k)J} + y_{(n-k+1)J} = +\operatorname{ctg}\frac{Jz}{2}\,(y_{kJ} - y_{(k-1)J}).$$

Summenformeln für $\displaystyle\sum_{k=0}^{k=n-1}$

$$\sum y_{kJ} = \begin{cases} n \text{ für } J = 0 \\ 0 \text{ für } J \neq 0 \end{cases}$$

$$\sum k \cos kJz = -\frac{n}{2}, \qquad \sum k \sin kJz = -\frac{n}{2}\operatorname{ctg}\frac{Jz}{2}, \qquad \sum k\,y_{kJ} = -\frac{n}{2}\left(1 + \operatorname{ctg}\frac{Jz}{2}\right).$$

$$\sum y_{kJ}^2 = \sum y_{(n-k)J}^2 = n, \qquad \sum y_{kJ}\,y_{(k+1)J} = n \cos Jz,$$

$$\sum\left(y_{kJ} - y_{(k+1)J}\right)^2 = 2n\,(1 - \cos Jz).$$

Wir wollen allgemeingültige Ansätze am n-Eck entwickeln, welche für jede beliebige, ganze Zahl n gültig sind, und legen deshalb in jeden Eck-Knoten k ein eigenes Koordinatensystem. Als Abszisse in der Polygonebene (X-Richtung) wählen wir die Richtung der Tangenten des durch die Ecken gezogenen Kreises, als Ordinate in der Polygonebene (Y-Richtung) die radial zum Kreismittelpunkt weisende Rich-

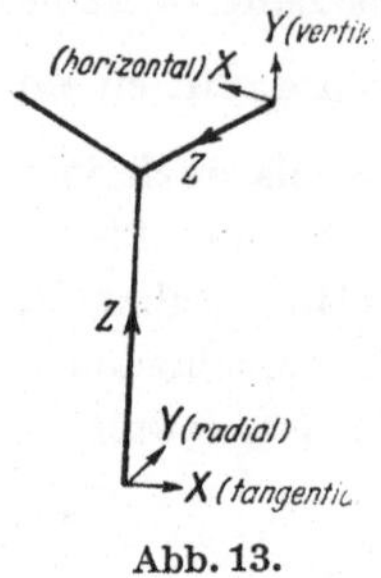

Abb. 13.

tung. Das Lot zur Polygonebene zeigt dann die Z-Richtung an. Die Verrückungen in den drei Richtungen oder Ebenen bezeichnen wir durch die Indizes (x), (y) uud (z), welche als „tangential", „radial" und „vertikal" zu deuten sind. Da wir das n-Eck als Bestandteil eines räumlichen Systems untersuchen, müssen wir beim Einzelstab drei Arten von Trägheitsmomenten und reduzierten Stablängen einführen. Wir wollen in diesem Abschnitt unter l nur die Stablänge des Vielecks verstehen. Die vertikal zur Vieleckebene anschließenden Stäbe sind meistens Pfosten, deren Länge wir mit h bezeichnen. Alle Momente und Verdrehungen am Riegel werden durch einen Kopfstrich, diejenigen am Stiel durch zwei Kopfstriche gekennzeichnet.

Für die **Stäbe des Vielecks** wählen wir folgende Bezeichnung (vgl. Abb. 13):

$M'(x)$ und $J'(x)$ sind die Momente bzw. Trägheitsmomente in der Vieleckebene

$$s'(x) = l\frac{J_c}{J'(x)}, \qquad S'(x) = \frac{4}{s'(x)}.$$

$M'(y)$ und $J'(y)$ beziehen sich auf die Ebene, welche der betreffende Riegel mit den anschließenden Pfosten bildet,

$$s'(y) = l\frac{J_c}{J'(y)}, \qquad S'(y) = \frac{4}{s'(y)}.$$

$M'(z)$ und $J'(z)$ beziehen sich auf die Verdrehung des betreffenden Querschnittes

$$s'(z) = l\frac{E J_c}{G J'(z)}, \qquad S'(z) = \frac{1}{s'(z)}.$$

Die Achse der Pfosten soll vertikal zur Vieleckebene angenommen werden und fällt dann mit der Z-Achse des Koordinatensystems zusammen. Für die **Pfosten** ergibt sich die Bezeichnung zwangsläufig aus der Wahl der Koordinatenbezeichnung, vgl. Abb. 13.

$M''(x)$ und $J''(x)$ sind Momente in der Tangentialebene.

$$s''(x) = h\frac{J_c}{J''(x)}, \qquad S''(x) = \begin{cases} \dfrac{4}{s''(x)} & \text{(Fußeinspannung)} \\[2mm] \dfrac{3}{s''(x)} & \text{(Fußgelenk)} \end{cases}$$

$M''(y)$ und $J''(y)$ gelten für die Radialebene.

$$s''(y) = h\frac{J_c}{J''(y)}, \qquad S''(y) = \begin{cases} \dfrac{4}{s''(y)} & \text{(Fußeinspannung)} \\[2mm] \dfrac{3}{s''(y)} & \text{(Fußgelenk)} \end{cases}$$

$M''(z)$ und $J''(z)$ sind Torsionsmomente.

$$s''(z) = h\frac{E J_c}{G J''(z)}, \qquad S''(z) = \frac{1}{s''(z)},$$

Man kann der Betrachtung ein beliebiges zyklischsymmetrisches System, welches ein oder mehrere gleichseitige Vielecke enthält, zugrunde legen. Da aber die hier gewählte Form des Vorgehens wenig gebräuchlich ist, ist es für das Verständnis wesentlich einfacher, wenn wir das einfachste und auch am meisten vorkommende System als Beispiel wählen und uns auf den **räumlichen, zyklischsymmetrischen Durchlaufrahmen** mit senkrechten Pfosten und beliebiger Fußausbildung beschränken.

Die Schwierigkeit, welche sich einer Berechnung dieses Systems entgegenstellt, liegt in der zweidimensionalen, elastischen Verschieblichkeit der Ecken. Es ist zwar nicht schwer, richtige Ansätze zur Lösung dieses Problems anzuschreiben, aber die praktische Auflösung der Ansätze bringt im allgemeinen diese Aufgabe zum Scheitern. Wir wollen versuchen, mit Hilfe der Umformung von Belastung und Überzähligen den Rechnungsgang in kleine Teilabschnitte zu zerlegen, welche einzeln zu übersehen und auch aufzulösen sind. Die folgenden Betrachtungen haben den Nachteil eines langen Anlaufes, welcher erst am Schluß zu erträglichen Ergebnissen führt. Die Kürze des Ergebnisses läßt die Vermutung zu, daß es möglich sein muß, auf viel einfacherem Wege zum Ziel zu gelangen.

2. Gleichgewichtszustände am Hauptsystem B.

Die räumliche Form des Hauptsystems B kann man sich in gleicher Weise wie die ebene Form vorstellen, indem man

a) jeden inneren Knoten durch drei Gelenkführungen gemäß Abb. 1 in den drei Ebenen des rechtwinkligen Koordinatensystems unverdrehbar macht,

b) die Unverschieblichkeit aller inneren Knoten durch $n-1$ Abstandshaltungen in radialer Richtung und eine Abstandshaltung in tangentialer Richtung erzwingt. Statt der Abstandshaltungen stellen wir uns ähnlich wie in Abb. 2 an $n-1$ Eck-Knoten je ein starres Hebelpaar mit feststellbarem Gelenk in den Radialebenen und an einem Eck-Knoten ein ebensolches Hebelpaar in der Tangentialebene vor.

Lassen wir die Festhaltung b) fort, so erhalten wir das Hauptsystem B^* mit unverdrehbaren, aber elastisch verschieblichen Knoten. Danach ist das System in der üblichen Bezeichnungsweise $4\,n$-fach geometrisch unbestimmt, es sind $3\,n$ Knotendrehwinkel und n Stabdrehwinkel zu ermitteln, von denen wir nur die ersteren als die eigentlichen Überzähligen der Formänderungsaufgabe betrachten (vgl. S. 28 bis 29). Wir wollen die Lösung im Sinne der Ausführungen von S. 27 und 39 durchführen und hierbei sowohl die Einzelunbekannten als auch die Einzelbelastungsglieder zu Gruppenzuständen umordnen. Zunächst müssen wir jedoch die Verträglichkeitsbedingungen dieses räumlichen Systems untersuchen, weil diese nicht wie bei den meisten ebenen Systemen leicht zu überblicken sind. Jede Verschiebung eines inneren Knotenpunktes ist durch die Abstandshaltung der Stäbe des n-Eckes an entsprechende Bewegungen der übrigen Knotenpunkte gebunden.

Wir gehen von der Voraussetzung aus, daß alle Knoten k eine nach außen positiv gezählte Verschiebung in der Radialebene von $\psi(y)_{kJ}$ im Betrage des Teilwertes y_{kJ} dem Ansatz [46] entsprechend erleiden. Es ist zu untersuchen, welche Tangentialverschiebungen hierdurch ausgelöst werden.

Die Abhängigkeit der Tangentialverschiebungen $\psi(x)_{kJ}$ von den Radialverschiebungen $\psi(y)_{kJ}$ drückt eine Differentialformel aus, welche wir der Hütte, 26. Aufl., Bd. I, S. 79 d) 6 entnehmen. Eine Radialverschiebung $\psi(y)_{kJ}$ verursacht eine Verringerung der an den Radius von k anschließenden Zentriwinkel um je

$$\triangle \psi(x)_{kJ} = -\,\psi(y)_{kJ}\; tg\, \frac{z}{2}\,.$$

Daraus ergeben sich zwar die $n-1$ Differenzen $\triangle \psi(x)_{kJ}$, es fehlt aber noch ein fester Ausgangswert $\psi(x)_{0J}$ für den Knoten 0, von dem aus wir alle weiteren $\psi(x)_{kJ}$-Werte aus den Differenzen ableiten können. Die fehlende n-te Bestimmungsgleichung gewinnen wir aus der Bedingung, daß auch die Tangentialverschiebungen allein einen Gleichgewichtszustand ausdrücken müssen. Setzen wir für $\psi(y)_{kJ}$ den Wert y_{kJ} aus Gleichung [46] ein, so lautet die Gleichgewichtsbedingung

$$\sum_{k=0}^{k=n-1} \psi(x)_{kJ} = 0 = n\,\psi(x)_{0J} - y_{0J}\,n\,\mathrm{tg}\,\frac{z}{2} + \mathrm{tg}\,\frac{z}{2} \cdot \sum_{k=0}^{k=n-1} y_{kJ}\,(2n-2k-1)$$

$$0 = n\,\psi(x)_{0J} - n\,\mathrm{tg}\,\frac{z}{2} + n\,\mathrm{tg}\,\frac{z}{2}\left(1 + \mathrm{ctg}\,\frac{Jz}{2}\right)$$

$$\psi(x)_{0J} = -\,\mathrm{tg}\,\frac{z}{2}\,\mathrm{ctg}\,\frac{Jz}{2}.$$

Hierin ist die Reihenfolge der Knoten in der Draufsicht entgegen dem Uhrzeigersinn gewählt. Die positive Tangentialverschiebung zeigt im Uhrzeigersinn. Bildet man für den Knoten k die Summe von $\psi(x)_{0J}$ und den zwischen 0 und k anfallenden Differenzwerten, so lautet die Tangentialverschiebung $\psi(x)_{kJ}$, welche sich aus einem Gruppenzustand von Radialverschiebungen gemäß Ansatz [46] ergibt,

$$\psi(x)_{kJ} = -\,y_{(n-k)J}\,\mathrm{tg}\,\frac{z}{2}\,\mathrm{ctg}\,\frac{Jz}{2}.$$

Der Parameter der Knotenverschiebung ist frei wählbar. $\psi(x)_{kJ}$ und $\psi(y)_{kJ}$ bezogen sich in dem obigen Ansatz auf den Vieleckradius „1“ und somit auf eine Riegellänge $l = 2\sin\frac{z}{2}$. Wir führen für das Verhältnis von Stiel- und Riegellänge die Konstante

$$\frac{\text{Pfostenlänge}}{\text{Riegellänge}} = \frac{h}{l} = c$$

ein und wählen als Parameter der Verschiebung das $c\sin z$-fache des Radius „1“. Betrachten wir ψ als Projektionen der Stabdrehwinkel des Stieles auf die Radial- und Tangentialebene, so lauten die Stabdrehwinkel der Stiele

$$\vartheta''(y)_{kJ} = +\,\psi(y)_{kJ}\,\frac{c\sin z}{h} = +\,y_{kJ}\,\frac{\sin z}{2\sin\frac{z}{2}} = +\,y_{kJ}\cos\frac{z}{2}$$

$$\vartheta''(x)_{kJ} = -\,y_{(n-k)J}\sin\frac{z}{2}\,\mathrm{ctg}\,\frac{Jz}{2}.$$

Hieraus erhält man die Stabdrehwinkel der Riegel $k-(k+1)$ und $(k-1)-k$

$$\vartheta'(x)_{k-(k+1)} = +\,c\,\frac{\cos z - \cos Jz}{1 - \cos Jz}\,(y_{kJ} - y_{(k+1)J})$$

$$\vartheta'(x)_{(k-1)-k} = -\,c\,\frac{\cos z - \cos Jz}{1 - \cos Jz}\,(y_{kJ} - y_{(k-1)J}).$$

Der relative Stabdrehwinkel zwischen den Knoten $(k-1)-k-(k+1)$ ist die Differenz dieser beiden Werte

$$\triangle\vartheta'(x)_{kJ} = +\,2\,c\,y_{kJ}\,(\cos z - \cos Jz),$$

Ferner benötigen wir die Summe der Stellungswinkel, welche die absolute Verdrehung der Winkelhalbierenden der Stabsehnen ausdrückt

$$\Sigma\vartheta'(x)_{kJ} = -\,2\,c\,y_{(n-k)J}\,(\cos z - \cos Jz)\,\mathrm{ctg}\,\frac{Jz}{2}.$$

Man beachte, daß der Drehsinn der Stabdrehwinkel das entgegengesetzte Vorzeichen vom Drehsinn der Knotendrehwinkel erhält. Die Verdrehung aus $+\vartheta$ hat die Richtung von $-\varphi$. Dadurch wird die Vorzeichenregelung beim Ansatz der Arbeit erschwert.

Die Ermittlung der Stabdrehwinkel beim räumlichen Verrückungszustand bildete die eigentliche Schwierigkeit der Lösung. Nachdem wir diese Aufgabe der geometrischen Differentialrechnung gelöst haben, können wir die Zustände gegenseitiger Unabhängigkeit mit Hilfe des Ansatzes [46] anschreiben. Wie bereits ausgeführt, sind außer der elastischen Verschiebung jedes Knotenpunktes noch die drei Verdrehungskomponenten als geometrische Unbekannte einzuführen. Wir setzen die Eignung des Reißnerschen Ansatzes für den Zusammensetzungsschlüssel der Gruppenteilwerte der n Zustände als gegeben voraus und bilden für jede der vier Arten von Unbekannten den virtuellen Verrückungszustand dadurch, daß jedem Knoten k eine Verrückung im Betrage y_{kJ} zuerteilt wird. Der Ansatz [46] verbindet alle Unbekannten der gleichen Art, die Knotendrehwinkel $\varphi(y)$, $\varphi(x)$, $\varphi(z)$ sowie die Knotenverschiebungen bzw. deren Stabdrehwinkel ϑ, zu Gruppenzuständen Y_{AJ}, Y_{BJ}, Y_{CJ} und Y_{DJ}. Dann sind zwar alle n Gruppenzustände mit gleichem ersten Index unabhängig voneinander, diese Unabhängigkeit muß aber auch zwischen sämtlichen Zuständen mit ungleichem zweiten Index J vorhanden sein, wenn wir die $4n$-fache Unbestimmtheit auf den n-ten Teil, d. h. auf eine vierfache Unbestimmtheit zurückführen wollen. Um die Unabhängigkeit sämtlicher Zustände mit ungleichem zweiten Index J zu erreichen, müssen wir die Teilwerte der Zustände Y_{BJ} und Y_{CJ} in umgekehrter Reihenfolge gegenüber den Zuständen Y_{AJ} und Y_{DJ} ansetzen. Der Teilwert der Zustände Y_{AJ} und Y_{DJ} in k lautet dann y_{kJ}, dagegen innerhalb der Zustände Y_{BJ} und Y_{CJ} lautet der Teilwert in k $y_{(n-k)J}$. Dieser Ausweg, welcher übrigens empirisch gefunden wurde, stellt den eigentlichen Schlüssel für die Anwendung des Gruppenlastenverfahrens auf dieses System dar. Den Nachweis der Richtigkeit führen wir fortlaufend mit der Entwicklung der einzelnen Zustände.

Wir können jetzt den Rechnungsgang entweder am Hauptsystem B oder B^* durchführen, d. h. die Stabdrehwinkel als Vor- oder Nachstufe der Knotendrehwinkel ermitteln. Zur Beurteilung der zweckmäßigen Reihenfolge wollen wir die vorkommenden Lastfälle betrachten, welche die Belastungsglieder liefern. Für die praktische Anwendung interessiert fast ausschließlich die Wirkung von Einzellasten in den Knotenpunkten. Wählen wir die Stabdrehwinkel als letzte, vierte Art von Unbekannten, so ergibt eine Knotenpunktsbelastung für die ersten drei Arten von Zuständen keinerlei Belastungsglieder, weil dann die Knotendrehwinkel sämtlich am unverschieblichen System angesetzt werden. Es beziehen sich dann alle Lastfälle nur auf die vierte Art von Gruppenzuständen, wir benötigen somit keine Überlagerungen, sondern können jeden beliebigen Lastfall, der nach dem Schlüssel [46] umgeordnet ist, mit einem einzigen Gleichungsansatz ausrechnen. Aus diesem Grunde ist das Verfahren am Hauptsystem B demjenigen am System B^* vorzuziehen.

Jeder Knoten besteht aus drei Stabenden. Zwischen den n Knoten gelte die Beziehung [46]. Um einen Zustand zu beschreiben, genügt es, die Kräfte und Wege, d. h. die in den drei Stabenden wirkenden Momente und Verdrehungen anzuschreiben. Da sich der Arbeitsvorgang an jeder Schnittstelle in drei Ebenen abwickelt, müssen wir für jeden Zustand je neun Kräfte und Wege am Knoten k ermitteln. Um später unmittelbar die Stabendmomente ablesen zu können, setzen wir zunächst alle vier

Arten von Zuständen am Hauptsystem B an und schreiben nur die Werte an, welche ungleich Null sind. Hierbei schreiben wir nicht jeden einzelnen Zustand für sich an, sondern ordnen die einzelnen Kräfte und Wege nach den Schnittebenen, in denen

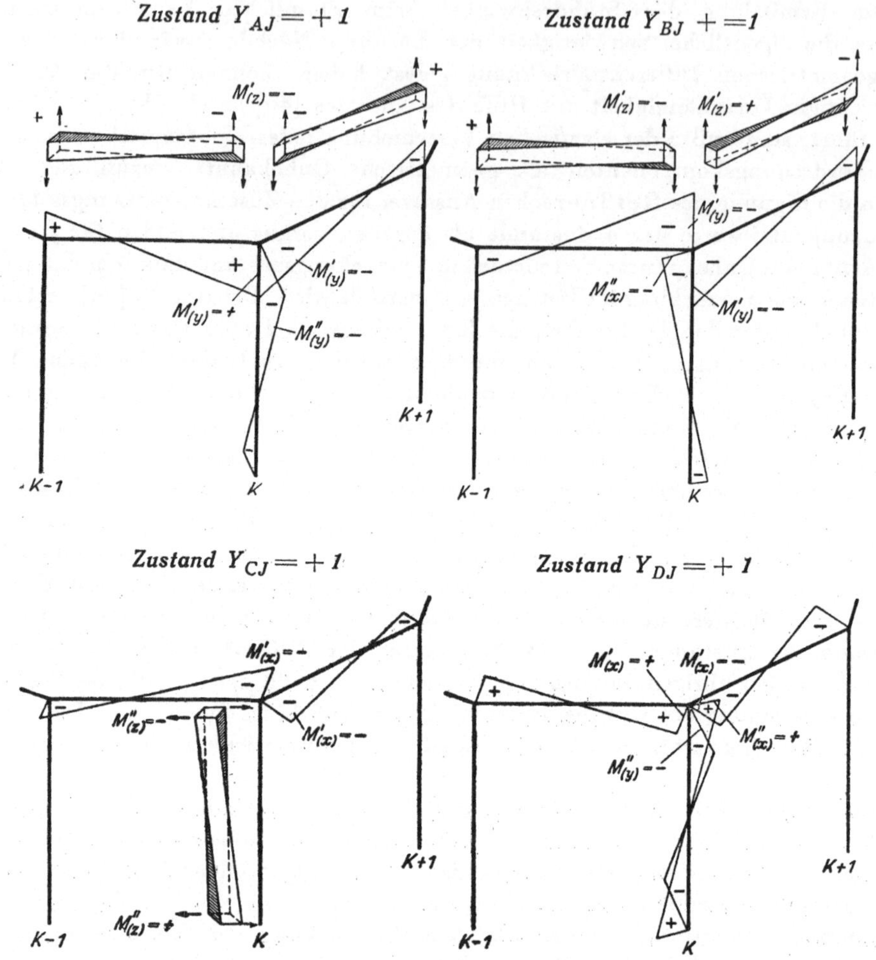

Abb. 14. Verrückungszustände am Hauptsystem B.

sie wirken. Dadurch können wir unmittelbar die gegenseitige Abhängigkeit der Zustände erkennen.

Die Vorzeichenfrage am räumlichen System beantworten wir am einfachsten dadurch, daß wir den gewählten Vorzeichensinn in den Skizzen der Abb. 14 eintragen.

Den ersten Verrückungszustand Y_{AJ}, oder abgekürzt Zustand A, bilden wir dadurch, daß wir jedem Knoten k in der Radialebene eine Verdrehung $\varphi(y)_{kJ} = + y_{kJ}$ erteilen. Hierdurch verdreht sich der Riegelquerschnitt in der Riegel-Vertikalebene um $y_{kJ} \sin \frac{z}{2}$, in der hierzu lotrechten Schnittebene, das ist die Ebene des Riegelquerschnittes selbst, um $y_{kJ} \cos \frac{z}{2}$. Die Riegelvertikalebene ist die Ebene des vertikalen Durchlaufrahmens.

Den zweiten Verrückungszustand Y_{BJ}, oder abgekürzt Zustand B, bilden wir dadurch, daß wir jedem Knoten k in der Tangentialebene eine Verdrehung $\varphi(x)_{kJ} = + y_{(n-k)J}$ erteilen. Die Verdrehung des Riegelendes in der Riegel-Vertikalebene beträgt dann $y_{(n-k)J} \cos \dfrac{z}{2}$, in der hierzu lotrechten Schnittebene $y_{(n-k)J} \sin \dfrac{z}{2}$.

Den dritten Verrückungszustand Y_{CJ}, oder abgekürzt Zustand C, bilden wir dadurch, daß wir jedem Knoten k in der Horizontalebene, d. h. in der Polygonebene, eine Verdrehung $\varphi(z)_{kJ} = + y_{(n-k)J}$ erteilen.

Den vierten Verrückungszustand Y_{DJ}, oder abgekürzt Zustand D, bilden wir dadurch, daß wir jedem Knoten k eine Radialverschiebung erteilen, derart, daß die radiale Komponente des Stabdrehwinkels des Stieles den Wert

$$\psi(y)_{kJ} = + y_{kJ} \cos \frac{z}{2} \quad \text{erhält.}$$

Wie auf S. 92 entwickelt wurde, ergeben sich daraus folgende Stabdrehwinkel

des Stieles
$$\vartheta''(y)_{kJ} = + y_{kJ} \cos \frac{z}{2}$$

$$\vartheta''(x)_{kJ} = - y_{(n-k)J} \sin \frac{z}{2} \operatorname{ctg} \frac{Jz}{2}$$

des Riegels
$$\vartheta'(x)_{k-(k+1)J} = + c \frac{\cos z - \cos Jz}{1 - \cos Jz} \left(y_{kJ} - y_{(k+1)J}\right)$$

$$\vartheta'(x)_{k-(k-1)J} = - c \frac{\cos z - \cos Jz}{1 - \cos Jz} \left(y_{kJ} - y_{(k-1)J}\right).$$

In der umstehenden Zusammenstellung wollen wir den zweiten Index J beim Teilwert y_{kJ} fortlassen, um das Schriftbild zu vereinfachen. Die Stabendmomente errechnen sich nach Gl. [17].

Der Beiwert in der Klammer ( ) ist im Falle fester Einspannung des Stielfußes zu berücksichtigen, im Falle gelenkiger Lagerung fortzulassen. Die Notwendigkeit dieser Unterscheidung ergibt sich aus dem Ansatz für $M_{k,k'}$ auf S. 54.

Bei den Gruppenzuständen Y_{DJ} ist zu beachten, daß sie nur für $n-1$ Werte $J = I$ bis $N - I$ gelten, nicht für $J = 0$. Wie früher erwähnt, gibt es nur $n - 1$ voneinander unabhängige Stabdrehwinkel in radialer Richtung, der n-te Stabdrehwinkel in radialer Richtung ist infolge der zyklischen Abstandshaltung abhängig von den übrigen $n - 1$ Werten. Nach Ermittlung der $n - 1$ Zustände Y_{DJ} fehlt also noch ein einziger Zustand, der aus der einen Festhaltung in tangentialer Richtung folgt. Dieser letzte Zustand entspricht einer Gesamtverdrehung des Systems und wird nur bei unsymmetrischer Horizontalbelastung ausgelöst, welche in der Praxis kaum vorkommt.

In den obigen Ansätzen hat J einen beliebigen Wert von 0 bis $N - I$. Es ist zu beweisen, daß alle $n - 1$ Zustände Y_{KJ} mit gleichem ersten Index K voneinander statisch unabhängig sind. Wir betrachten die Arbeitsvorgänge in den Riegeln und Stielen getrennt nach den Ebenen, in denen sie wirken. Bilden wir in jedem der elf angeschriebenen Arbeitsvorgänge das Produkt eines Weges des Zustandes Y_{KJ_1} und einer Kraft des Zustandes Y_{KJ_2}, so ergibt sich mit Hilfe der Umformungen S. 89 in jedem Fall ein Arbeitsanteil am Knoten k von

$$\varphi_{kJ_1} M_{kJ_2} = C\, y_{kJ_1} y_{kJ_2} \quad \text{bzw.} \quad C\, y_{(n-k)J_1} y_{(n-k)J_2}.$$

Schnittebene	Zustand	Schnittstelle	Σ oder $\triangle$	Weg	Kraft
Riegel (x)	C	$k(k+1)$		$+\,y_{n-k}$	$-\,S'(x)\left(y_{n-k}+\frac{1}{2}y_{n-k-1}\right)$
		$k(k-1)$		$+\,y_{n-k}$	$-\,S'(x)\left(y_{n-k}+\frac{1}{2}y_{n-k+1}\right)$
			$\triangle$		$+\,S'(x)\sin Jz\,y_k\,.$
	D	$k(k+1)$		$+\,\vartheta'(x)_{k-(k+1)}$	$-\,S'(x)\,\frac{3}{2}\,\vartheta'(x)_{k-(k+1)}$
		$k(k-1)$		$+\,\vartheta'(x)_{k-(k-1)}$	$-\,S'(x)\,\frac{3}{2}\,\vartheta'(x)_{k-(k-1)}$
			Σ		$+\,S'(x)\,3\,c\,(\cos z-\cos Jz)\cdot$ $\operatorname{ctg}\frac{Jz}{2}\,y_{n-k}$
Riegel (y)	A	$k(k+1)$		$+\,y_k\sin\frac{z}{2}$	$-\,S'(y)\sin\frac{z}{2}\left(y_k-\frac{1}{2}y_{k+1}\right)$
		$k(k-1)$		$-\,y_k\sin\frac{z}{2}$	$+\,S'(y)\sin\frac{z}{2}\left(y_k-\frac{1}{2}y_{k-1}\right)$
			Σ		$+\,S'(y)\sin\frac{z}{2}\sin Jz\,y_{n-k}$
	B	$k(k+1)$		$+\,y_{n-k}\cos\frac{z}{2}$	$-\,S'(y)\cos\frac{z}{2}\left(y_{n-k}+\frac{1}{2}y_{n-k-1}\right)$
		$k(k-1)$		$+\,y_{n-k}\cos\frac{z}{2}$	$-\,S'(y)\cos\frac{z}{2}\left(y_{n-k}+\frac{1}{2}y_{n-k+1}\right)$
			$\triangle$		$+\,S'(y)\cos\frac{z}{2}\sin Jz\,y_k$
Riegel (z)	A	$k(k+1)$		$+\,y_k\cos\frac{z}{2}$	$-\,S'(z)\cos\frac{z}{2}\,(y_k-y_{k+1})$
		$k(k-1)$		$+\,y_k\cos\frac{z}{2}$	$-\,S'(z)\cos\frac{z}{2}\,(y_k-y_{k-1})$
			$\triangle$		$\vdash\,S'(z)\cos\frac{z}{2}\sin Jz\,2\,y_{n-k}$
	B	$k(k+1)$		$-\,y_{n-k}\sin\frac{z}{2}$	$+\,S'(z)\sin\frac{z}{2}\,(y_{n-k}+y_{n-k-1})$
		$k(k-1)$		$+\,y_{n-k}\sin\frac{z}{2}$	$-\,S'(z)\sin\frac{z}{2}\,(y_{n-k}+y_{n-k+1})$
			Σ		$-\,S'(z)\sin\frac{z}{2}\sin Jz\,2\,y_k$
Stiel (x)	B	ku		$+\,y_{n-k}$	$-\,S''(x)\,y_{n-k}$
	D	ku		$-\,y_{n-k}\sin\frac{z}{2}\operatorname{ctg}\frac{Jz}{2}$	$+\,S''(x)\left(\frac{3}{2}\right)\sin\frac{z}{2}\operatorname{ctg}\frac{Jz}{2}\,y_{n-k}$
Stiel (y)	A	ku		$+\,y_k$	$-\,S''(y)\,y_k$
	D	ku		$+\,y_k\cos\frac{z}{2}$	$-\,S''(y)\left(\frac{3}{2}\right)\cos\frac{z}{2}\,y_k$
Stiel (z)	C	ku		$+\,y_{n-k}$	$-\,S''(z)\,y_{n-k}$

Die Summe der Arbeitsanteile an allen n Knoten hat somit stets die Form

$$C \sum_{k=0}^{k=n-1} y_{k\,J_1} y_{k\,J_2} \quad \text{bzw.} \quad C \sum_{k=0}^{k=n-1} y_{(n-k)\,J_1} y_{(n-k)\,J_2}.$$

Mit $J_1 \neq J_2$ wird diese Summe gleich Null, mit $J_1 = J_2 = J$ lautet die Summe

$$\Sigma\, y_{k\,J}^2 = \Sigma\, y_{(n-k)\,J}^2 = n.$$

Die Zusammenstellung der Kräfte und Wege jedes Zustandes ermöglicht uns gleichfalls den Nachweis, daß alle Zustände Y_{KJ} mit beliebigem ersten Index und ungleichen zweiten Index voneinander unabhängig sind. Der Arbeitsanteil in jeder Schnittebene, in welcher sich zwei Zustände gleichsam überschneiden, ergibt sich als Produkt einer Konstanten und des obigen Summenausdruckes, welcher für $J_1 \neq J_2$ zu Null wird. Damit ist der Nachweis erbracht, daß der Ansatz [46] eine Trennung der $4\,n$-fach unbestimmten Aufgabe in n voneinander unabhängige Aufgaben von je 4-facher Unbestimmtheit bewirkt. Wir können also für jedes J den gleichen Ansatz benutzen und müssen lediglich eine einzige Aufgabe lösen, welche vierfach unbestimmt ist. Das ist das Ergebnis der Umordnung der Überzähligen. Es ist unwesentlich, nach welchem Verfahren wir die Lösung einer 4-fach unbestimmten Aufgabe durchführen. In jedem Fall benötigen wir die Beiwerte $M_{K,J}$ und $M_{K,K}$ der Ausgangsgleichungen [24].

Beiwerte der Zustände Y_{AJ}, Y_{BJ}, Y_{CJ}, Y_{DJ}:

$$\frac{1}{n}\,M_{A,A} = + S'(y)\,\frac{1}{2}\,(1 - \cos z)\,(2 - \cos Jz) + S'(z)\,(1 + \cos z)\,(1 - \cos Jz) + S''(y)$$

$$\frac{1}{n}\,M_{A,B} = - \left[\frac{1}{2}\,S'(y) - S'(z)\right]\sin z \sin Jz$$

$$\frac{1}{n}\,M_{B,B} = + S'(y)\,\frac{1}{2}\,(1 + \cos z)\,(2 + \cos Jz) + S'(z)\,(1 - \cos z)\,(1 + \cos Jz) + S''(x)$$

$$M_{A,C} = M_{B,C} = 0$$

$$\frac{1}{n}\,M_{C,C} = + S'(x)\,(2 + \cos Jz) + S''(z)$$

$$\frac{1}{n}\,M_{A,D} = + S''(y)\left(\frac{3}{2}\right)\cos\frac{z}{2}$$

$$\frac{1}{n}\,M_{B,D} = - S''(x)\left(\frac{3}{2}\right)\sin\frac{z}{2}\,\operatorname{ctg}\frac{Jz}{2}$$

$$\frac{1}{n}\,M_{C,D} = - S'(x)\,3\,c\,(\cos z - \cos Jz)\,\operatorname{ctg}\frac{Jz}{2}$$

$$\frac{1}{n}\,M_{D,D} = + S'(x)\,6\,c^2\,\frac{(\cos z - \cos Jz)^2}{1 - \cos Jz} + S''(x)\,(3)\,\frac{(1 - \cos z)\,(1 + \cos Jz)}{2\,(1 - \cos Jz)}$$

$$+\, S''(y)\,(3)\,\frac{1 + \cos z}{2}.$$

Zur Auflösung des Gleichungssystems, dessen Beiwerte wir errechnet haben, können wir das Schema von Gauß benutzen. Wir wollen aber in diesem Abschnitt die Umordnung als Lösungsprinzip herausstellen und den von Y_{AJ}, $\overline{Y}_{BJ}$ und $\overline{Y}_{CJ}$ unabhängigen Zustand $\overline{Y}_{DJ}$ durch Umordnung gewinnen, d. h. wir wenden das Gruppenlastenverfahren in der später für unsymmetrische Systeme entwickelten Form an und bilden somit Gruppen von Gruppenlasten. Die Teilwerte dieser Gruppen höherer Ordnung wollen wir zur besseren Unterscheidung mit x bezeichnen, sie bedingen noch einen dritten Index, um die Zugehörigkeit zu dem jeweiligen J zu kennzeichnen. Wir lassen diesen Index aber fort, da sich alle weiteren Ansätze auf ein beliebiges J beziehen. x_{aB} ist demnach der Erweiterungsfaktor des Zustandes Y_{AJ} zur Bildung des ausgezeichneten Zustandes $\overline{Y}_{BJ}$ oder der Teilwert des Zustandes $\overline{Y}_{BJ}$ in a, wobei a aber kein einzelner Angriffsort ist, sondern den Wirkungsbereich eines ganzen Gruppenzustandes ausdrückt.

Um die gegenseitige Unabhängigkeit der Zustände $\overline{Y}_{DJ}$ von den Zuständen Y_{AJ}, $\overline{Y}_{BJ}$ und $\overline{Y}_{CJ}$ zu erreichen, können wir ein Rechenschema, welches später auf S. 129 abgeleitet wird, verwenden. Es ist dieses der übliche Rechnungsgang, um ein n-fach unbestimmtes System am $(n-1)$-fach unbestimmten Hauptsystem zu berechnen. Man faßt die n-te Unbekannte — im vorliegenden Fall den Gruppenzustand Y_{DJ} — als Belastung der bekannten, voneinander unabhängigen $n-1$ Zustände Y_{AJ}, $\overline{Y}_{BJ}$, $\overline{Y}_{CJ}$ auf. Die sich hieraus ergebenden Beträge sind die gesuchten Teilwerte x_{aD}, x_{bD}, x_{cD}, das sind die Erweiterungsfaktoren der ersten drei Zustände, welche die Unabhängigkeit des Zustandes $\overline{Y}_{DJ}$ bewirken. Der gesuchte Zustand $\overline{Y}_{DJ} = +1$ ist das Ergebnis der Überlagerung von $Y_{DJ} = +1$ (am Hauptsystem) und der Zustände $Y_{AJ} = x_{aD}$, $\overline{Y}_{BJ} = x_{bD}$ und $\overline{Y}_{CJ} = x_{cD}$.

Belasten wir den Zustand $Y_{AJ} = 1$ durch den Zustand $Y_{BJ} = 1$, so erhalten wir nach Gl. [12], S. 42

$$Y_{AJ} = x_{aB} = -\frac{M_{A,B}}{M_{A,A}}.$$

Der von Y_{AJ} unabhängige Zustand $\overline{Y}_{BJ}$ besteht aus der Überlagerung des Zustandes Y_{BJ} und des x_{aB}-fachen Zustandes Y_{AJ}. Es drückt $\overline{Y}_{BJ}$ die Verdrehung der Knotendrehwinkel $\varphi(x)_{kJ} = y_{(n-k)J}$ nach Lösung der Festhaltung der Knoten in radialer Richtung, d. h. bei elastischer, nachgiebiger Verdrehung $\varphi(y)_{kJ}$ aus.

Die Arbeit, welche der Zustand $\overline{Y}_{BJ}$ mit sich selbst leistet, d. h. die Arbeit aus Kräften und Wegen des gleichen Zustandes beträgt

$$\overline{M}_{B,B} = M_{B,B} + x_{aB} M_{A,B}.$$

Der dritte Zustand Y_{CJ} ist bereits unabhängig von Y_{AJ} und Y_{BJ}, da

$$M_{A,C} = M_{B,C} = 0$$

ist. Folglich ist

$$\overline{Y}_{CJ} = Y_{CJ}.$$

Die drei voneinander unabhängigen Verrückungszustände Y_{AJ}, $\overline{Y}_{BJ}$, $\overline{Y}_{CJ}$ ermöglichen die Berechnung jedes beliebigen Lastfalles am unverschieblichen System.

Betrachten wir den Zustand $Y_{DJ} = 1$ als Belastung am unverschieblichen System, so wird nach Gleichung [12]

$$\overline{Y}_{CJ} = x_{cD} = -\frac{M_{C,D}}{M_{C,C}}$$

$$\overline{Y}_{BJ} = x_{bD} = -\frac{\overline{M}_{B,D}}{\overline{M}_{B,B}} = -\frac{M_{B,D} + x_{aB} M_{A,D}}{M_{B,B} + x_{aB} M_{A,B}}$$

$$Y_{AJ} = x_{aD} = -\frac{M_{A,D}}{M_{A,A}} + x_{aB} x_{bD}.$$

Bilden wir $\overline{M}_{D,D}$ aus Kräften und Wegen des Zustandes $\overline{Y}_{DJ}$, so lautet

$$\overline{M}_{D,D} = M_{D,D} + M_{A,D} x_{aD} + M_{B,D} x_{bD} + M_{C,D} x_{cD}.$$

Somit ist der Zustand $\overline{Y}_{DJ}$ für $J \neq 0$ ermittelt. Bevor wir die Anwendung an einem praktischen Rechenbeispiel zeigen, wollen wir die Konstanten der Rechnung, das sind die Beiwerte $M_{K,J}$ der Ausgangsgleichungen, für die gebräuchlichen Vielecke mit $n = 3, 4, 6, 8, 12$ anschreiben.

Zahlentafel 6. Kreisfunktionen der Zentriwinkel $z = \dfrac{2\pi}{n}$.

n	z^0	$\sin z$	$\cos z$	$\cos z + \sin z$	$\cos z + \sin z$	$\dfrac{1+\cos z}{2}$	$\dfrac{1-\cos z}{2}$	$\operatorname{ctg} z$
4	90	$+1$	0	$+1$	-1	$+\dfrac{1}{2}$	$+\dfrac{1}{2}$	0
8	45	$+\dfrac{\sqrt{2}}{2}$	$+\dfrac{\sqrt{2}}{2}$	$+\sqrt{2}$	0	$+\dfrac{2+\sqrt{2}}{4}$	$+\dfrac{2-\sqrt{2}}{4}$	$+1$
16	$22\dfrac{1}{2}$	$+\dfrac{\sqrt{2-\sqrt{2}}}{2}$	$+\dfrac{\sqrt{2+\sqrt{2}}}{2}$					$+1+\sqrt{2}$
3	120	$+\dfrac{\sqrt{3}}{2}$	$-\dfrac{1}{2}$	$+\dfrac{\sqrt{3}-1}{2}$	$-\dfrac{\sqrt{3}+1}{2}$	$+\dfrac{1}{4}$	$+\dfrac{3}{4}$	$-\dfrac{\sqrt{3}}{3}$
6	60	$+\dfrac{\sqrt{3}}{2}$	$+\dfrac{1}{2}$	$+\dfrac{\sqrt{3}+1}{2}$	$-\dfrac{\sqrt{3}-1}{2}$	$+\dfrac{3}{4}$	$+\dfrac{1}{4}$	$+\dfrac{\sqrt{3}}{3}$
12	30	$+\dfrac{1}{2}$	$+\dfrac{\sqrt{3}}{2}$	$+\dfrac{\sqrt{3}+1}{2}$	$+\dfrac{\sqrt{3}-1}{2}$	$+\dfrac{2+\sqrt{3}}{4}$	$+\dfrac{2-\sqrt{3}}{4}$	$+\sqrt{3}$
24	15	$+\dfrac{\sqrt{2-\sqrt{3}}}{2}$	$+\dfrac{\sqrt{2+\sqrt{3}}}{2}$					$+2+\sqrt{3}$

Die Konstanten in den Gleichungsbeiwerten sind meist recht einfache Werte. Wir wollen diese Konstanten, soweit es sich nicht um einfache Funktionen von z handelt, abgekürzt mit k_x bezeichnen.

$$k_1 = \frac{1}{2}(1-\cos z)(2-\cos Jz) \qquad k_7 = \sin\frac{z}{2}\operatorname{ctg}\frac{Jz}{2}$$

$$k_2 = \frac{1}{2}(1+\cos z)(2+\cos Jz) \qquad k_8 = 3(\cos z - \cos Jz)\operatorname{ctg}\frac{Jz}{2}$$

$$k_3 = \quad (1+\cos z)(1-\cos Jz) \qquad k_9 = 6(\cos z - \cos Jz)^2\,\frac{1}{1-\cos Jz}$$

$$k_4 = \quad (1-\cos z)(1+\cos Jz) \qquad k_{10} = \frac{(1-\cos z)(1+\cos Jz)}{2(1-\cos Jz)}$$

$$k_5 = \sin z \sin Jz \qquad k_{11} = \frac{3}{2}\,\frac{\cos z - \cos Jz}{1-\cos Jz}.$$

$$k_6 = 2 + \cos Jz$$

Dann lauten die Beiwerte

$$\frac{1}{n}M_{A,A} = +S'(y)\,k_1 + S'(z)\,k_3 + S''(y)$$

$$\frac{1}{n}M_{A,B} = -\left[\frac{1}{2}S'(y) - S'(z)\right]k_5$$

$$\frac{1}{n}\, M_{B,B} = + S'(y)\, k_2 + S'(z)\, k_4 + S''(x)$$

$$\frac{1}{n}\, M_{C,C} = + S'(x)\, k_6 + S''(z) \qquad \frac{1}{n}\, M_{A,D} = + S''(y) \left(\frac{3}{2}\right) \cos \frac{z}{2}$$

$$\frac{1}{n}\, M_{B,D} = - S''(x) \left(\frac{3}{2}\right) k_7 \qquad \frac{1}{n}\, M_{C,D} = - S'(x)\, c\, k_8$$

$$\frac{1}{n}\, M_{D,D} = + S'(x)\, c^2\, k_9 + S''(x)\, (3)\, k_{10} + S''(y)\, (3)\, \frac{1+\cos z}{2}.$$

Zahlentafel 7. Teilwerte y_{kJ} und Zahlentafel 8. Konstanten k_x.

Bei der Verwendung der Zahlentafeln 8 ist zu beachten, daß die absoluten Werte k_x für J und $N - J$ in gleicher Weise gelten. Sofern die Vorzeichen verschieden sind, bezieht sich das obere Vorzeichen auf J und das untere Vorzeichen auf $N - J$.

Zahlentafel 7/3. $n = 3$.

Teilwerte y_{kJ}.

k	O	I	II	J
0	$+1$	$+1$	$+1$	
1	$+1$	$+\dfrac{\sqrt{3}-1}{2}$	$-\dfrac{\sqrt{3}+1}{2}$	
2	$+1$	$-\dfrac{\sqrt{3}+1}{2}$	$+\dfrac{\sqrt{3}-1}{2}$	

Zahlentafel 8/3. Konstanten k_x

$$\cos \frac{z}{2} = + \frac{1}{2}, \qquad \frac{1+\cos z}{2} = + \frac{1}{4}$$

k_x	I	k_x	I
k_1	$+\dfrac{15}{8}$	k_6	$+\dfrac{3}{2}$
k_2	$+\dfrac{3}{8}$	k_7	$\pm\dfrac{1}{2}$
k_3	$+\dfrac{3}{4}$	k_8	0
k_4	$+\dfrac{3}{4}$	k_9	0
k_5	$\pm\dfrac{3}{4}$	k_{10}	$+\dfrac{1}{4}$
		k_{11}	0

Zahlentafel 7/4. $n = 4$.

Teilwerte y_{kJ}.

k	O	I	II	III	J
0	$+1$	$+1$	$+1$	$+1$	
1	$+1$	$+1$	-1	-1	
2	$+1$	-1	$+1$	-1	
3	$+1$	-1	-1	$+1$	

Zahlentafel 8/4. Konstanten k_x

$$\cos \frac{z}{2} = + \frac{\sqrt{2}}{2}, \qquad \frac{1+\cos z}{2} = + \frac{1}{2}$$

k_x	I	II	k_x	I	II
k_1	$+1$	$+\dfrac{3}{2}$	k_6	$+2$	$+1$
k_2	$+1$	$+\dfrac{1}{2}$	k_7	$\pm\dfrac{\sqrt{2}}{2}$	0
k_3	$+1$	$+2$	k_8	0	0
k_4	$+1$	0	k_9	0	$+3$
k_5	±1	0	k_{10}	$+\dfrac{1}{2}$	0
			k_{11}	0	$+\dfrac{3}{4}$

Zahlentafel 7/6. $n = 6$.

Teilwerte y_{kJ}.

	O	I	II	III	IV	V	J
0	$+1$	$+1$	$+1$	$+1$	$+1$	$+1$	
1	$+1$	$+\dfrac{\sqrt{3}+1}{2}$	$+\dfrac{\sqrt{3}-1}{2}$	-1	$-\dfrac{\sqrt{3}+1}{2}$	$-\dfrac{\sqrt{3}-1}{2}$	
2	$+1$	$+\dfrac{\sqrt{3}-1}{2}$	$-\dfrac{\sqrt{3}+1}{2}$	$+1$	$+\dfrac{\sqrt{3}-1}{2}$	$-\dfrac{\sqrt{3}+1}{2}$	
3	$+1$	-1	$+1$	-1	$+1$	-1	
4	$+1$	$-\dfrac{\sqrt{3}+1}{2}$	$+\dfrac{\sqrt{3}-1}{2}$	$+1$	$-\dfrac{\sqrt{3}+1}{2}$	$+\dfrac{\sqrt{3}-1}{2}$	
5	$+1$	$-\dfrac{\sqrt{3}-1}{2}$	$-\dfrac{\sqrt{3}+1}{2}$	-1	$+\dfrac{\sqrt{3}-1}{2}$	$+\dfrac{\sqrt{3}+1}{2}$	
k							

Zahlentafel 8/6. Konstanten k_x

$$\cos\frac{z}{2} = +\frac{\sqrt{3}}{2}, \quad \frac{1+\cos z}{2} = +\frac{3}{4}$$

k_x	I	II	III
k_1	$+\dfrac{3}{8}$	$+\dfrac{5}{8}$	$+\dfrac{3}{4}$
k_2	$+\dfrac{15}{8}$	$+\dfrac{9}{8}$	$+\dfrac{3}{4}$
k_3	$+\dfrac{3}{4}$	$+\dfrac{9}{4}$	$+3$
k_4	$+\dfrac{3}{4}$	$+\dfrac{1}{4}$	0
k_5	$\pm\dfrac{3}{4}$	$\pm\dfrac{3}{4}$	0
k_6	$+\dfrac{5}{2}$	$+\dfrac{3}{2}$	$+1$
k_7	$\pm\dfrac{\sqrt{3}}{2}$	$\pm\dfrac{\sqrt{3}}{6}$	0
k_8	0	$\pm\sqrt{3}$	0
k_9	0	$+4$	$+\dfrac{27}{4}$
k_{10}	$+\dfrac{3}{4}$	$+\dfrac{1}{12}$	0
k_{11}	0	$+1$	$+\dfrac{9}{8}$

Zahlentafel 7/8, $n = 8$.

Teilwerte y_{kJ}.

	O	I	II	III	IV	V	VI	VII	J
0	$+1$	$+1$	$+1$	$+1$	$+1$	$+1$	$+1$	$+1$	
1	$+1$	$+\sqrt{2}$	$+1$	0	-1	$-\sqrt{2}$	-1	0	
2	$+1$	$+1$	-1	-1	$+1$	$+1$	-1	-1	
3	$+1$	0	-1	$+\sqrt{2}$	-1	0	$+1$	$-\sqrt{2}$	
4	$+1$	-1	$+1$	-1	$+1$	-1	$+1$	-1	
5	$+1$	$-\sqrt{2}$	$+1$	0	-1	$+\sqrt{2}$	-1	0	
6	$+1$	-1	-1	$+1$	$+1$	-1	-1	$+1$	
7	$+1$	0	-1	$-\sqrt{2}$	-1	0	$+1$	$+\sqrt{2}$	
k									

Zahlentafel 8/8, Konstanten k_x.

$$\cos\frac{z}{2} = +\frac{\sqrt{2+\sqrt{2}}}{2}, \qquad \frac{1+\cos z}{2} = +\frac{2+\sqrt{2}}{4}$$

k	I	II	III	IV
k_1	$+\dfrac{5-3\sqrt{2}}{4}$	$+\dfrac{2-\sqrt{2}}{2}$	$+\dfrac{3-\sqrt{2}}{4}$	$+\dfrac{6-3\sqrt{2}}{4}$
k_2	$+\dfrac{5+3\sqrt{2}}{4}$	$+\dfrac{2+\sqrt{2}}{2}$	$+\dfrac{3+\sqrt{2}}{4}$	$+\dfrac{2+\sqrt{2}}{4}$
k_3	$+\dfrac{1}{2}$	$+\dfrac{2+\sqrt{2}}{2}$	$+\dfrac{3+2\sqrt{2}}{2}$	$+2+\sqrt{2}$
k_4	$+\dfrac{1}{2}$	$+\dfrac{2-\sqrt{2}}{2}$	$+\dfrac{3-2\sqrt{2}}{2}$	0
k_5	$\pm\dfrac{1}{2}$	$\pm\dfrac{\sqrt{2}}{2}$	$\pm\dfrac{1}{2}$	0
k_6	$+\dfrac{4+\sqrt{2}}{2}$	$+2$	$+\dfrac{4-\sqrt{2}}{2}$	$+1$
k_7	$\pm\dfrac{\sqrt{2+\sqrt{2}}}{2}$	$\pm\dfrac{\sqrt{2-\sqrt{2}}}{2}$	$\pm\dfrac{\sqrt{10-7\sqrt{2}}}{2}$	0
k_8	0	$\pm\dfrac{3\sqrt{2}}{2}$	$\pm 3(2-\sqrt{2})$	0
k_9	0	$+3$	$+12(2-\sqrt{2})$	$+\dfrac{3(3+2\sqrt{2})}{2}$
k_{10}	$+\dfrac{2+\sqrt{2}}{4}$	$+\dfrac{2-\sqrt{2}}{4}$	$+\dfrac{10-7\sqrt{2}}{4}$	0
k_{11}	0	$+\dfrac{3\sqrt{2}}{4}$	$+3(\sqrt{2}-1)$	$+\dfrac{3(2+\sqrt{2})}{8}$

Zahlentafel 7/12, $n=12$

Teilwerte y_{kJ}

	O	I	II	III	IV	V	VI	VII	VIII	IX	X	XI	J
0	$+1$	$+1$	$+1$	$+1$	$+1$	$+1$	$+1$	$+1$	$+1$	$+1$	$+1$	$+1$	
1	$+1$	$+\dfrac{\sqrt{3}+1}{2}$	$+\dfrac{\sqrt{3}+1}{2}$	$+1$	$+\dfrac{\sqrt{3}-1}{2}$	$-\dfrac{\sqrt{3}-1}{2}$	-1	$-\dfrac{\sqrt{3}+1}{2}$	$-\dfrac{\sqrt{3}+1}{2}$	-1	$-\dfrac{\sqrt{3}-1}{2}$	$+\dfrac{\sqrt{3}-1}{2}$	
2	$+1$	$+\dfrac{\sqrt{3}+1}{2}$	$+\dfrac{\sqrt{3}-1}{2}$	-1	$-\dfrac{\sqrt{3}+1}{2}$	$-\dfrac{\sqrt{3}-1}{2}$	$+1$	$+\dfrac{\sqrt{3}+1}{2}$	$+\dfrac{\sqrt{3}-1}{2}$	-1	$-\dfrac{\sqrt{3}+1}{2}$	$-\dfrac{\sqrt{3}-1}{2}$	
3	$+1$	$+1$	-1	-1	$+1$	$+1$	-1	-1	$+1$	$+1$	-1	-1	
4	$+1$	$+\dfrac{\sqrt{3}-1}{2}$	$-\dfrac{\sqrt{3}+1}{2}$	$+1$	$+\dfrac{\sqrt{3}-1}{2}$	$-\dfrac{\sqrt{3}+1}{2}$	$+1$	$+\dfrac{\sqrt{3}-1}{2}$	$-\dfrac{\sqrt{3}+1}{2}$	$+1$	$+\dfrac{\sqrt{3}-1}{2}$	$-\dfrac{\sqrt{3}+1}{2}$	
5	$+1$	$-\dfrac{\sqrt{3}-1}{2}$	$-\dfrac{\sqrt{3}-1}{2}$	$+1$	$-\dfrac{\sqrt{3}+1}{2}$	$+\dfrac{\sqrt{3}+1}{2}$	-1	$+\dfrac{\sqrt{3}-1}{2}$	$+\dfrac{\sqrt{3}-1}{2}$	-1	$+\dfrac{\sqrt{3}+1}{2}$	$-\dfrac{\sqrt{3}+1}{2}$	
6	$+1$	-1	$+1$	-1	$+1$	-1	$+1$	-1	$+1$	-1	$+1$	-1	
7	$+1$	$-\dfrac{\sqrt{3}+1}{2}$	$+\dfrac{\sqrt{3}+1}{2}$	-1	$+\dfrac{\sqrt{3}-1}{2}$	$+\dfrac{\sqrt{3}-1}{2}$	-1	$+\dfrac{\sqrt{3}+1}{2}$	$-\dfrac{\sqrt{3}+1}{2}$	$+1$	$-\dfrac{\sqrt{3}-1}{2}$	$-\dfrac{\sqrt{3}-1}{2}$	

Teilwerte y_{kJ}

Zahlentafel 7/12, $n = 12$ (Fortsetzung).

k	O	I	II	III	IV	V	VI	VII	VIII	IX	X	XI	J
8	$+1$	$-\dfrac{\sqrt{3}+1}{2}$	$+\dfrac{\sqrt{3}-1}{2}$	$+1$	$-\dfrac{\sqrt{3}+1}{2}$	$+\dfrac{\sqrt{3}-1}{2}$	$+1$	$-\dfrac{\sqrt{3}+1}{2}$	$+\dfrac{\sqrt{3}-1}{2}$	$+1$	$-\dfrac{\sqrt{3}+1}{2}$	$+\dfrac{\sqrt{3}-i}{2}$	
9	$+1$	-1	-1	$+1$	$+1$	-1	-1	$+1$	$+1$	-1	-1	$+1$	
10	$+1$	$-\dfrac{\sqrt{3}-1}{2}$	$-\dfrac{\sqrt{3}+1}{2}$	-1	$+\dfrac{\sqrt{3}-1}{2}$	$+\dfrac{\sqrt{3}+1}{2}$	$+1$	$-\dfrac{\sqrt{3}-1}{2}$	$-\dfrac{\sqrt{3}+1}{2}$	$+1$	$+\dfrac{\sqrt{3}-1}{2}$	$+\dfrac{\sqrt{3}+1}{2}$	
11	$+1$	$+\dfrac{\sqrt{3}-1}{2}$	$-\dfrac{\sqrt{3}-1}{2}$	-1	$-\dfrac{\sqrt{3}+1}{2}$	$-\dfrac{\sqrt{3}+1}{2}$	-1	$-\dfrac{\sqrt{3}-1}{2}$	$+\dfrac{\sqrt{3}-1}{2}$	$+1$	$+\dfrac{\sqrt{3}+1}{2}$	$+\dfrac{\sqrt{3}+1}{2}$	

Zahlentafel 8/12, Konstanten k_x

$$\cos\frac{z}{2} = +\frac{\sqrt{2+\sqrt{3}}}{2}, \qquad \frac{1+\cos z}{2} = +\frac{2+\sqrt{3}}{4}$$

	I	II	III	IV	V	VI
k_1	$+\dfrac{11-6\sqrt{3}}{8}$	$+\dfrac{3(2-\sqrt{3})}{8}$	$+\dfrac{2-\sqrt{3}}{2}$	$+\dfrac{5(2-\sqrt{3})}{8}$	$+\dfrac{5-2\sqrt{3}}{8}$	$+\dfrac{3(2-\sqrt{3})}{4}$
k_2	$+\dfrac{11+6\sqrt{3}}{8}$	$+\dfrac{5(2+\sqrt{3})}{8}$	$+\dfrac{2+\sqrt{3}}{2}$	$+\dfrac{3(2+\sqrt{3})}{8}$	$+\dfrac{5+2\sqrt{3}}{8}$	$+\dfrac{2+\sqrt{3}}{4}$
k_3	$+\dfrac{1}{4}$	$+\dfrac{2+\sqrt{3}}{4}$	$+\dfrac{2+\sqrt{3}}{2}$	$+\dfrac{3(2+\sqrt{3})}{4}$	$+\dfrac{7+4\sqrt{3}}{4}$	$+2+\sqrt{3}$
k_4	$+\dfrac{1}{4}$	$+\dfrac{3(2-\sqrt{3})}{4}$	$+\dfrac{2-\sqrt{3}}{2}$	$+\dfrac{2-\sqrt{3}}{4}$	$+\dfrac{7-4\sqrt{3}}{4}$	0
k_5	$\pm\dfrac{1}{4}$	$\pm\dfrac{\sqrt{3}}{4}$	$\pm\dfrac{1}{2}$	$\pm\dfrac{\sqrt{3}}{4}$	$\pm\dfrac{1}{4}$	0
k_6	$+\dfrac{4+\sqrt{3}}{2}$	$+\dfrac{5}{2}$	$+2$	$+\dfrac{3}{2}$	$+\dfrac{4-\sqrt{3}}{2}$	$+1$
k_7	$\pm\dfrac{\sqrt{2+\sqrt{3}}}{2}$	$\pm\dfrac{\sqrt{3(2-\sqrt{3})}}{2}$	$\pm\dfrac{\sqrt{2-\sqrt{3}}}{2}$	$\pm\dfrac{\sqrt{3(2-\sqrt{3})}}{6}$	$\pm\dfrac{\sqrt{26-15\sqrt{3}}}{2}$	0
k_8	0	$\pm\dfrac{3(3-\sqrt{3})}{2}$	$\pm\dfrac{3\sqrt{3}}{2}$	$\pm\dfrac{3+\sqrt{3}}{2}$	$\pm 6\sqrt{3}-9$	0
k_9	0	$+6(2-\sqrt{3})$	$+\dfrac{9}{2}$	$+2(2+\sqrt{3})$	$+36(2-\sqrt{3})$	$+\dfrac{3(7+4\sqrt{3})}{4}$
k_{10}	$+\dfrac{2+\sqrt{3}}{4}$	$+\dfrac{3(2-\sqrt{3})}{4}$	$+\dfrac{2-\sqrt{3}}{4}$	$+\dfrac{2-\sqrt{3}}{12}$	$+\dfrac{26-15\sqrt{3}}{4}$	0
k_{11}	0	$+\dfrac{3(\sqrt{3}-1)}{2}$	$+\dfrac{3\sqrt{3}}{4}$	$+\dfrac{\sqrt{3}+1}{2}$	$+6\sqrt{3}-9$	$+\dfrac{3(2+\sqrt{3})}{8}$

Zur Vervollständigung des Rechnungsganges wollen wir den fehlenden Zustand $\overline{Y}_{DO}$ anschreiben, der aus der Freigabe der tangentialen Festhaltung folgt und die Tangentialverdrehung des Gesamtsystems berücksichtigt. Der Zustand $\overline{Y}_{DO} = +1$ ist zyklisch antimetrisch, da jeder Knoten die gleiche Verrückung erfährt. Wir bilden zunächst den Zustand Y_{DO} am Hauptsystem, indem wir jeden Stiel um den Stabdrehwinkel

$$\vartheta''(x)_k = y_{kJ} = +1$$

verrücken. Dann lautet das Einspannmoment

$$M''(x)_k = -\frac{3}{2}\,S''(x) \qquad \text{im Lagerungsfall b}$$

$$= -\,S''(x) \qquad \text{im Lagerungsfall a.}$$

Der Zustand Y_{DO} ist unabhängig von den Zuständen Y_{AO} und Y_{CO}, jedoch abhängig von $\overline{Y}_{BO}$. Der von den übrigen Zuständen unabhängige Zustand $\overline{Y}_{DO}$ entsteht also aus der Überlagerung des Zustandes Y_{DO} und des x_{bDO}-fachen Zustandes $\overline{Y}_{BO}$. Aus $J = 0$ folgt $x_{aBO} = 0$, folglich ist $\overline{Y}_{BO} = Y_{BO}$. Es wird

$$\frac{1}{n}\,M_{BO,DO} = +\left(\frac{3}{2}\right)S''(x)$$

$$x_{bDO} = -\frac{M_{BO,DO}}{M_{BO,BO}} = -\left(\frac{3}{2}\right)\frac{1}{\dfrac{3\,S'(y)}{2\,S''(x)}(1+\cos z) + \dfrac{2\,S'(z)}{S''(x)}(1-\cos z) + 1}$$

Die Momentenfläche des Zustandes Y_{DO} zeigt folgende Beträge

am Stielkopf . . . . $\displaystyle M''(x) = -S''(x)\left[1\left(\frac{3}{2}\right) + x_{bDO}\right]$

am Stielfuß bei fester Einspannung $\displaystyle M''(x) = -S''(x)\,\frac{1}{2}\,(3 + x_{bDO})$

am Riegelende . . . . $\displaystyle M'(y) = -S'(y)\,\frac{3}{2}\,\cos\frac{z}{2}\,x_{bDO}$

$$M'(z) = \pm\,S'(z)\,2\sin\frac{z}{2}\,x_{bDO}$$

$$\frac{1}{n}\,\overline{M}_{DO,DO} = +\,3\,S''(x)\left(1 + \frac{1}{2}\,x_{bDO}\right) \quad \text{im Lagerungsfall b}$$

$$= +\;\;S''(x)\,(1 + x_{bDO}) \qquad \text{im Lagerungsfall a.}$$

Die Umordnung der geometrischen Unbekannten liefert uns somit n voneinander unabhängige Verrückungszustände $\overline{Y}_{DJ}$, mit deren Hilfe alle Lastfälle berechnet werden können, in denen die Knoten durch angreifende Lasten eine Verschiebung erfahren. Durch einen beliebigen Lastfall erhalten wir im allgemeinen eine Reaktion mehrerer Zustände. Es ist von Vorteil, wenn durch einen Lastfall nur ein einziger Verrückungszustand von den vorhandenen n Zuständen $\overline{Y}_{DJ}$ ausgelöst wird. Zu diesem Zweck ist die Belastung so umzuordnen, daß die Lasten an jedem Knoten verhältnisgleich den Verrückungen eines Zustandes $\overline{Y}_{DJ}$ sind.

Es mag zunächst nicht einleuchten, daß die zusätzliche Umordnung der Belastung eine Verkürzung des Rechnungsganges bewirken muß. Bei einem beliebigen Belastungszustand heben sich aber einzelne Anteile verschiedener Belastungsglieder in ihrer Wirkung auf. Innerhalb einer verwickelten Berechnung kommt es außerdem beträchtlich darauf an, daß jede Rechenoperation für sich allein übersichtlich bleibt. Formt man bereits die Belastung um, so läßt sich diese Umordnung leicht prüfen, wir entlasten damit den Hauptrechnungsgang und erzielen zusätzlich eine Verkürzung des Gesamtumfanges.

Zur Einführung in den Rechnungsgang der Belastungsumordnung haben wir auf S. 85 ff. das Beispiel eines 4-Feldbalkens eingefügt. Die gleiche Umformung ist am zyklisch symmetrischen Durchlaufrahmen am leichtesten durch ein konkretes Beispiel zu erklären. Wir wollen daher die Windbelastung eines achtstieligen Rahmens umordnen. Die Windlasten werden meist in Form der Achsialkräfte P_a, P_b, P_c gemäß Abb. 15a angegeben. Da die virtuellen Verrückungszustände $\overline{Y}_{DJ}$ von der Radialverschiebung der Knoten ausgehen, wollen wir zunächst die Achsialkräfte in Radialkräfte umwandeln. Radialkräfte und -Verschiebungen müssen verhältnisgleich sein, folglich sind die Radialkräfte so umzuordnen, daß sie den Teilwerten der Verrückungszustände (vgl. Zahlentafeln 7) verhältnisgleich werden.

Die Umordnung kann bei einiger Übung auch ohne Rechnung erfolgen. Zum Beispiel läßt sich der Lastfall der Abb. 15a in zwei Lastfälle gemäß Abb. 15b aufspalten, deren erster zur Achse X antimetrisch und deren zweiter symmetrisch ist. Der symmetrische Lastfall entspricht bereits dem Verrückungszustand $\overline{Y}_{D\,VI}$, der antimetrische Lastfall muß aber weiter aufgespalten werden. Der Belastungszustand, welcher dem Verrückungszustand Y_J entspricht, soll mit R_J bezeichnet werden. Mit den Abkürzungengemäß Abb. 15b lauten die Bestimmungsgleichungen für R_J gemäß Zahlentafel 7/8 wie folgt.

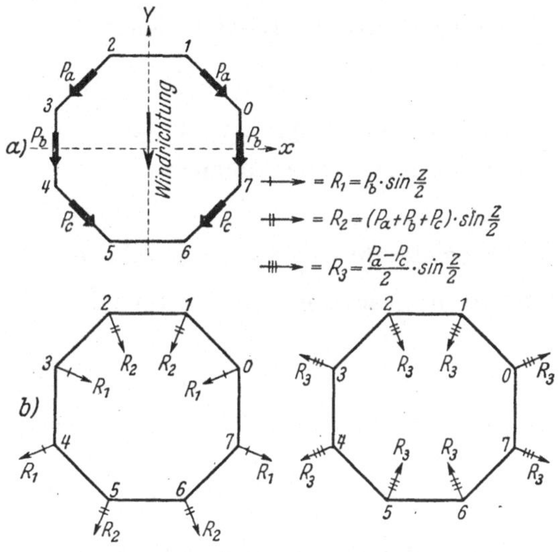

Abb. 15. Belastungsumordnung.

Gl.-Nr.	R_O	R_I	R_{II}	R_{III}	R_{IV}	R_V	R_{VI}	R_{VII}	Rechte Seite
0	$+1$	$+1$	$+1$	$+1$	$+1$	$+1$	$+1$	$+1$	$-R_1$
1	$+1$	$+\sqrt{2}$	$+1$	0	-1	$-\sqrt{2}$	-1	0	$-R_2$
2	$+1$	$+1$	-1	-1	$+1$	$+1$	-1	-1	$-R_2$
3	$+1$	0	-1	$+\sqrt{2}$	-1	0	$+1$	$-\sqrt{2}$	$-R_1$
4	$+1$	-1	$+1$	-1	$+1$	-1	$+1$	-1	$+R_1$
5	$+1$	$-\sqrt{2}$	$+1$	0	-1	$+\sqrt{2}$	-1	0	$+R_2$
6	$+1$	-1	-1	$+1$	$+1$	-1	-1	$+1$	$+R_2$
7	$+1$	0	-1	$-\sqrt{2}$	-1	0	$+1$	$+\sqrt{2}$	$+R_1$

Durch Addition bzw. Subtraktion der Gleichungen erhält man

$$R_O = R_{II} = R_{IV} = R_{VI} = 0$$

$$R_I = -\frac{\sqrt{2}+1}{4}\sin\frac{z}{2}(P_a + P_b\sqrt{2} + P_c)$$

$$R_{VII} = +\frac{1}{4}\sin\frac{z}{2}(P_a + P_b\sqrt{2} + P_c)$$

$$R_{III} = + \;\frac{1}{4}\cdot\; \sin\frac{z}{2}\left(P_a - P_b\sqrt{2} + P_c\right)$$

$$R_V = + \frac{\sqrt{2}-1}{4}\sin\frac{z}{2}\left(P_a - P_b\sqrt{2} + P_c\right).$$

Der symmetrische Lastfall lieferte

$$R_{VI} = + \frac{1}{2}\sin\frac{z}{2}\left(P_a - P_c\right).$$

Jeder Lastfall R_J erzeugt im Festhaltegelenk k' für die Radialverschiebung von k ein angreifendes Moment

$$M_{k',0} = R_J\,y_{kJ}\,h.$$

Als Parameter für den Stabdrehwinkel $\vartheta''(y)_k = \vartheta_{k'}$ hatten wir nicht den Wert Eins, sondern $\cos\frac{z}{2}$ gewählt. Der Zustand $\overline{Y}_{DJ} = +1$ hat also in k' den Stabdrehwinkel

$$\vartheta_{k'} = + y_{kJ}\cos\frac{z}{2}.$$

Die Arbeit, welche der Lastfall R_J an allen Knoten verrichtet, beträgt

$$+ R_J\,\mathrm{h}\cos\frac{z}{2}\sum_k y_{kJ}^2 = + R_J\,h\cos\frac{z}{2}\,n.$$

Folglich lautet der Erweiterungsfaktor des Zustandes $\overline{Y}_{DJ} = +1$

$$\overline{Y}_{DJ} = + R_J\,h\cos\frac{z}{2}\;\frac{n}{\overline{M}_{DJ,DJ}}. \tag{47}$$

Der mit $\overline{Y}_{DJ}$ erweiterte Formänderungszustand $\overline{Y}_{DJ} = +1$ ist der gesuchte Zustand infolge der Belastung R_J.

Die endgültigen **Stabendmomente** können nach den Ansätzen auf Seite 96 angeschrieben werden. Als Vorwerte benötigen wir für den Lastfall R_J die Teilwerte x_{aDJ}, x_{bDJ}, x_{cDJ} und den Nennerausdruck $\overline{M}_{DJ,DJ}$. Diese Vorwerte sind für J und $N-J$ die gleichen.

Stabendmomente des Zustandes $\overline{Y}_{DJ} = +1$.

Riegel, Schnittstelle k $(k+1)$

$$M'(x) = - S'(x)\left[(y_{kJ} - y_{(k+1)J})\,c\,k_{11} \quad\quad + \left(y_{(n-k)J} + \frac{1}{2}y_{(n-k-1)J}\right)x_{cD}\right]$$

$$M'(y) = - S'(y)\left[\left(y_{kJ} - \frac{1}{2}y_{(k+1)J}\right)\sin\frac{z}{2}\,x_{aD} + \left(y_{(n-k)J} + \frac{1}{2}y_{(n-k-1)J}\right)\cos\frac{z}{2}\,x_{bD}\right]$$

$$M'(z) = - S'(z)\,(y_{kJ} - y_{(k+1)J})\left(\cos\frac{z}{2}\,x_{aD} + k_7\,x_{bD}\right)$$

Schnittstelle k $(k-1)$

$$M'(x) = + S'(x)\left[(y_{kJ} - y_{(k-1)J})\,c\,k_{11} \quad\quad - \left(y_{(n-k)J} + \frac{1}{2}y_{(n-k+1)J}\right)x_{cD}\right]$$

$$M'(y) = + S'(y)\left[\left(y_{kJ} - \frac{1}{2}y_{(k-1)J}\right)\sin\frac{z}{2}\,x_{aD} - \left(y_{(n-k)J} + \frac{1}{2}y_{(n-k+1)J}\right)\cos\frac{z}{2}\,x_{bD}\right]$$

$$M'(z) = - S'(z)\,(y_{kJ} - y_{(k-1)J})\left(\cos\frac{z}{2}\,x_{aD} + k_7\,x_{bD}\right)$$

Stiel, Schnittstelle ku

$$M''(x) = + S''(x)\, y_{(n-k)J}\left(\left(\tfrac{3}{2}\right) k_7 - x_{bD}\right)$$

$$M''(y) = - S''(y)\, y_{kJ}\left(\left(\tfrac{3}{2}\right)\cos\tfrac{z}{2} + x_{aD}\right)$$

$$M''(z) = - S''(z)\, y_{(n-k)J}\, x_{cD})$$

Schnittstelle uk bei fester Einspannung des Stielfußes

$$M''(x) = + S''(x)\, y_{(n-k)J}\,\tfrac{1}{2}\,(3\,k_7 - x_{bD})$$

$$M''(y) = - S''(y)\, y_{kJ}\,\tfrac{1}{2}\left(3\cos\tfrac{z}{2} + x_{aD}\right)$$

$$M''(z) = + S''(z)\, y_{(n-k)J}\, x_{cD}\,.$$

Radial- und Tangentialkräfte des Zustandes $\overline{Y}_{DJ} = +1$. Aus den vorstehenden Momenten ergeben sich folgende Kräfte als reactio der Verschiebung, d. h. als actio der Momente.

Radialkraft R_k, nach außen gerichtet als positiv.

$$R_k = - y_{kJ}\left\{\frac{S''(y)}{h}\left((3)\cos\tfrac{z}{2} + \left(\tfrac{3}{2}\right)x_{aD}\right) + \frac{S'(x)}{l}\cos\tfrac{z}{2}\left[6c(\cos z - \cos Jz) - 3 x_{cD}\sin Jz\right]\right\}$$

Tangentialkraft T_k, in der Draufsicht im Uhrzeigersinn als positiv.

$$T_k = + y_{(n-k)J}\left\{\frac{S''(x)}{h}\left((3)k_7 - \left(\tfrac{3}{2}\right)x_{bD}\right) - \frac{S'(x)}{l}\sin\tfrac{z}{2}\left[2\,c\,k_8 - 3 x_{cD}(1+\cos Jz)\right]\right\}$$

Durch entsprechende Zerlegung dieser Kräfte ergeben sich die Normalkräfte in den Riegeln.

Normalkräfte im Riegel infolge des Zustandes $\overline{Y}_{DJ} = +1$. Bei der Ermittlung der Normalkräfte im Riegel sind die äußeren Kräfte zu berücksichtigen, welche den Verrückungszustand $\overline{Y}_{DJ} = +1$ erzeugen. Es greife in jedem Knoten die Radialkraft $R_{k,0} = X y_{kJ}$ an. Die radiale Verschiebung jedes Knotens beträgt $\psi(y)_k = y_{kJ}\cos\tfrac{z}{2}\,h$. Daraus folgt als Arbeit an den Angriffsorten der Kräfte der Ausdruck

$$X\cos\tfrac{z}{2}\,h\sum_k y_{kJ}^2 = X\cos\tfrac{z}{2}\,h\,\mathrm{n}\,.$$

Die Arbeit aus der Verformung der Stäbe lautete $\overline{M}_{DJ,DJ}$. Aus der Gleichgewichtsbedingung ergibt sich

$$X = \frac{\overline{M}_{DJ,DJ}}{n}\,\frac{1}{\cos\dfrac{z}{2}\,h}\,.$$

Die gesamte Radialkraft, welche sich aus der äußeren Belastung und den Momentenreaktionen zusammensetzt, beträgt dann

$$R_k = + \frac{1}{h}\,y_{kJ}\left\{\frac{\overline{M}_{DJ,DJ}}{n}\,\frac{1}{\cos\dfrac{z}{2}} - S''(y)\left(\cos\tfrac{z}{2}\,(3) + \left(\tfrac{3}{2}\right)x_{aD}\right)\right.$$

$$\left. - S'(x)\cos\tfrac{z}{2}\left[6\,c^2(\cos z - \cos Jz) - 3 x_{cD}\,c\sin Jz\right]\right\}$$

Die Normalkräfte in den Riegeln setzen sich aus den Komponenten von R_k und T_k zusammen und lauten

$$N_{k\,k-1} = -\frac{T_k}{2\cos\frac{z}{2}} + \frac{R_k}{2\sin\frac{z}{2}}$$

$$N_{k\,k+1} = +\frac{T_k}{2\cos\frac{z}{2}} + \frac{R_k}{2\sin\frac{z}{2}}$$

hierin ist die Zugkraft positiv eingeführt.

$$\frac{T_k}{2\cos\frac{z}{2}} = + y_{(n-k)J}\,\frac{1}{h}\left\{\frac{1}{2}\,S''(x)\left(\mathrm{tg}\,\frac{z}{2}\,\mathrm{ctg}\,\frac{Jz}{2}\,(3) - \frac{1}{\cos\frac{z}{2}}\left(\frac{3}{2}\right)x_{bD}\right)\right.$$
$$\left. - S'(x)\,\mathrm{tg}\,\frac{z}{2}\left[c^2\,k_8 - \frac{3}{2}\,c\,x_{cD}\,(1+\cos Jz)\right]\right\}$$

$$\frac{R_k}{2\sin\frac{z}{2}} = + y_{kJ}\,\frac{1}{h}\left\{\frac{\overline{M}_{DJ,DJ}}{n}\,\frac{1}{\sin z} - \frac{1}{2}\,S''(y)\left(\mathrm{ctg}\,\frac{z}{2}\,(3) + \frac{1}{\sin\frac{z}{2}}\left(\frac{3}{2}\right)x_{aD}\right)\right.$$
$$\left. - S'(x)\,\mathrm{ctg}\,\frac{z}{2}\left[3\,c^2\,(\cos z - \cos Jz) - \frac{3}{2}\,c\,x_{cD}\,\sin Jz\right]\right\}$$

Wenn wir das Beispiel der Windbelastung am achtstieligen Rahmen durchrechnen wollen, führen wir folgende Konstanten ein:

für $J = I$ und VII:
$$K_1 = \frac{\sqrt{2}}{16}\,h\,(P_a + P_b\sqrt{2} + P_c)\,\frac{n}{\overline{M}_{D\,I,\,D\,I}}$$

für $J = III$ und V:
$$K_2 = \frac{\sqrt{2}}{16}\,h\,(P_a - P_b\sqrt{2} + P_c)\,\frac{n}{\overline{M}_{D\,III,\,D\,III}}$$

für $J = VI$:
$$K_3 = \frac{\sqrt{2}}{8}\,h\,(P_a - P_c)\,\frac{n}{\overline{M}_{D\,II,\,D\,II}}\,.$$

Dann lautet

$$\overline{Y}_{D\,I} = -K_1\,(\sqrt{2}+1),\quad \overline{Y}_{D\,VII} = +K_1,$$
$$\overline{Y}_{D\,III} = +K_2,\quad \overline{Y}_{D\,V} = +K_2\,(\sqrt{2}-1),\quad \overline{Y}_{D\,VI} = +K_3.$$

Wir fassen das Ergebnis zusammen. Die Stabendmomente M_{ki} am Knoten k infolge $\overline{Y}_{DJ} = +1$ folgen für jede beliebige Zahl n aus den gleichen Ansätzen. Der Zustand $\overline{Y}_{DJ} = +1$ ist der gesuchte Formänderungszustand für eine Belastung aus einem Gruppenzustand R_J von Radiallasten R_k. Die gegebene Belastung ist also vorher in Gruppenzustände R_J aufzuspalten, deren Teilwerte in k den Radialverschiebungen $\psi(y)_{kJ}$ des Zustandes $\overline{Y}_{DJ} = +1$ verhältnisgleich sind. Dann ergibt sich aus Gleichung [47] für jeden umgeordneten Lastfall der Erweiterungsfaktor $\overline{Y}_{DJ}$, mit dem die Einheit des Zustandes $\overline{Y}_{DJ}$ und dessen Momente zu erweitern sind.

3. Gleichgewichtszustände an den Hauptsystemen A und C.

Soll die doppelte Umordnung von Lasten und Unbekannten zum Erfolg führen, so ist zunächst die Voraussetzung zu erfüllen, daß das zugrundeliegende Hauptsystem zyklisch symmetrisch ist. Bei beliebiger Lagerungsart der Stielfüße läßt sich aber ein allgemeingültiges Hauptsystem A, d. h. ein solches ohne zusätzliche Festhaltung der Knoten nicht mühelos bilden. Für den Fall fester Fußeinspannung kann man jeden Riegel in Feldmitte durchschneiden und erhält dann n einzelne, voneinander getrennte Systeme. Der Lösungsgang soll hier nicht wiederholt werden, da er einerseits bereits als Dissertation des Verfassers 1927 veröffentlicht wurde und andererseits nicht die zusätzliche Umordnung der Belastung enthält. Die Ergebnisse wurden für bestimmte Querschnittsverhältnisse von Stiel und Riegel im „Bauingenieur" 1940 und 1942 angeschrieben.

Die Lösung am Hauptsystem C würde nur eine geringe Änderung gegenüber der vorangegangenen Ableitung bedingen. Wie im Kapitel I B ausgeführt wurde, steht es uns frei, ob wir die Arbeit der inneren Kräfte durch Summierung an den Stabenden oder durch Integration an den Stäben bilden. Die mehrfach erörterte Frage über die bessere Eignung des statischen oder geometrischen Hauptsystems, deren Beantwortung häufig nur den Verfasser selbst befriedigt, ist im vorliegenden Fall gegenstandslos, da wir Kräfte und Verrückungen in dualistischer Darstellung während der gesamten Ableitung nebeneinander angeschrieben und verwandt haben.

c) Ansatz an gleichfeldrigen Systemen.

Die Anwendung des Umordnungsprinzips gewährt uns nur dann eine Vereinfachung und Verkürzung des Rechnungsganges, wenn es sich um die Lösung von sehr hochgradig unbestimmten Aufgaben an Systemen mit mehrfacher Symmetrie handelt. Für die üblichen Rahmenformen des ebenen Stabwerkes trifft diese Voraussetzung in keinem Fall zu. Infolgedessen fällt eine Anwendungsmöglichkeit im Bereich des gewählten Themas aus. Da sich aber die Überlegungen, welche zur Lösung des räumlichen Durchlaufrahmens benötigt wurden, auch zur Untersuchung einiger anderer Aufgaben, z. B. der elastisch gestützten Tragwerke, der Trägerroste usw. verwenden lassen, sollen die Möglichkeiten der Umordnung von Überzähligen und Belastungsgliedern für gleichfeldrige Systeme, wenn auch nur in grundsätzlicher Form, kurz erörtert werden. Und zwar wollen wir lediglich für den gleichfeldrigen Träger von $n + 1$ Feldern als Bestandteil eines Trägerrostes die ausgezeichneten Zustände bilden. Hierbei ist es ohne Belang, ob man Kräfte oder Verrückungen in den Stütz- bzw. Knotenpunkten als Überzählige ansetzen will. Es kommt in jedem Fall darauf an, die gegenseitige Abhängigkeit der Überzähligen und damit den Umfang der Gleichungsmatrix soweit als möglich zu beschränken. Da es sich um eine Abschweifung vom Rahmenthema handelt, begnügen wir uns hier mit dem Hinweis auf den Ansatz der Teilwerte y_{kJ}, welche zusammenwirkend den Zustand Y_J ergeben. Es sei nur auf den Nutzen der zweifachen Umordnung von Überzähligen und Belastungsgliedern auch zur Berechnung der Balkenroste verwiesen.

Nachdem von R e i ß n e r als Teilwerte der voneinander unabhängigen Zustände die Kreisfunktionen des Vieleck-Zentriwinkels gemäß Gleichung [46] bzw. [46'] eingeführt worden sind, liegt es nahe, auch einen ähnlichen Ansatz für den gleichfeldrigen, geradlinig verlaufenden Stabzug zu versuchen. Denken wir uns ein gleichseitiges Vieleck von $2\,n$ Seiten, so beträgt der Zentriwinkel

$$z = \frac{\pi}{n}\,.$$

Der gleichfeldrige n-Feld-Träger besitzt $n-1$ Mittelstützen k. Wir benötigen $n-1$ Teilwerte y_{kJ} des ausgezeichneten Zustandes Y_J. Für diese wählen wir (vgl. auch Thoms, Stahlbau 1937, Heft 25)

$$y_{kJ} = \sin k\,J\,z\,. \tag{48}$$

Hierin sind k und J ganze Zahlen von 1 bis $n-1$, die Schreibweise übernehmen wir aus dem vorangegangenen Abschnitt. Wir wollen die Eignung dieses Ansatzes für verschiedene Arten von Selbstspannungs- und Selbstverformungs-Zuständen untersuchen.

1. Wir legen zunächst das bekannte **statische Hauptsystem** zugrunde, welches durch Einfügen von Gelenken über den Mittelstützen k gebildet wird. Als statische **Überzählige** wählen wir die Stützenmomente in k. Nach dem Ansatz [48] entstehen $n-1$ Selbstspannungszustände Y_J mit $J=I$ bis $N-I$, deren Teilwerte y_{KJ} in k somit festgelegt sind. Um die gegenseitige Abhängigkeit zweier Selbstspannungszustände mit verschiedenen J, also z. B. für Y_{J_1} und Y_{J_2} zu untersuchen, bilden wir nach Gleichung [3], S. 35, das Integral über die Produkte der Momente in jedem Querschnitt. Zweckmäßig trägt man sich im Bedarfsfalle die Momentenflächen der Anschaulichkeit wegen auf. Ist J eine gerade Zahl, so wird die Momentenfläche antimetrisch, d. h.

$$y_{kJ} = - y_{(n-k)J}\,.$$

Ist J eine ungerade Zahl, so wird die Momentenfläche symmetrisch, d. h.

$$y_{kJ} = + y_{(n-k)J}\,.$$

Das Integral aus den Momenten des Zustandes Y_{J_1} und Y_{J_2} lautet allgemein

$$\int = \sum_{k=0}^{k=n} \frac{l}{6}\left[4\,y_{kJ_1}\,y_{kJ_2} + y_{kJ_1}\left(y_{(k+1)J_2} + y_{(k-1)J_2}\right)\right] = \frac{l}{3}\left(2 + \cos J_2 z\right)\sum_k y_{kJ_1}\,y_{kJ_2}\,.$$

Mit $J_1 \neq J_2$ wird der Summenausdruck gleich Null, die Zustände Y_J nach Ansatz [48] sind also gegenseitig unabhängig.

Mit $J_1 = J_2 = J$ erhalten wir die Formänderungsarbeit aus Kräften und Wegen des gleichen Zustandes, welche man als Nennerausdruck gebraucht,

$$\delta_{J,J} = \frac{n\,l}{6}\left(2 + \cos J z\right)\,.$$

2. Man kann im vorliegenden Fall auch den in seinen Endlagern frei drehbar gelagerten Einfeld-Träger von der Länge $n\,l$ als **statisches Hauptsystem** wählen, dann sind die Stützkräfte der Mittelstützen als statische Überzählige einzuführen. Wir wollen wiederum den Ansatz [48] verwenden und die Momentenflächen der Zustände Y_J bilden, um an diesen die gegenseitige Abhängigkeit der Zustände zu untersuchen.

Wird der Träger in jedem Punkt k durch die Kraft y_{kJ} belastet, so lautet der Auflagerdruck

$$A_J = + \frac{1}{n}\sum_{k=0}^{k=n} y_{kJ}\,(n-k) = \frac{1}{2}\,\mathrm{ctg}\,\frac{Jz}{2}\,.$$

Nach entsprechender Umformung lauten die Momente in k für den Zustand Y_J

$$M_{kJ} = y_{kJ}\,\frac{l}{2\,(1 - \cos Jz)}\,.$$

Die Momente sind demnach proportional der Belastung, wir erhalten die gleichen Momentenflächen wie unter 1., lediglich erweitert um den Faktor $\dfrac{l}{2\,(1-\cos Jz)}$. Die Integration zweier Momentenflächen der Zustände Y_{J1} und Y_{J2} ergibt für $J_1 \neq J_2$ den Wert Null, die Zustände sind unabhängig voneinander. Der Nennerausdruck lautet dann

$$\delta_{J,J} = \frac{n\,l^3}{24}\,\frac{2+\cos Jz}{(1-\cos Jz)^2}\,.$$

3. Zur Berechnung von Tragwerken mit elastisch nachgiebiger Stützung wählt man meist geometrische Überzählige, weil diese den kürzesten Ansatz liefern. Wir wollen daher Selbstverformungszustände der Art bilden, daß die Senkung jedes inneren Stützpunktes k gemäß Gleichung [48] den Wert $\zeta_k = y_{kJ}$ erhält. Wollen wir die Momentenfläche dieses Zustandes ermitteln, so betrachten wir den Senkungszustand als äußere Belastung am Hauptsystem mit frei drehbaren Gelenken über den Stützen. Dann erhalten wir die Belastungsglieder für jedes Gelenk k

$$\delta_{k,0} = \frac{1}{l}\,[2\,y_{kJ} - y_{(k+1)J} - y_{(k-1)J}]$$

$$= \frac{2}{l}\,y_{kJ}\,(1-\cos Jz)\,.$$

In Gleichung [44], S. 87, ist also

$$B_J = \frac{2}{l}\,(1-\cos Jz)\,.$$

Da $\sum y_{kJ}^2 = \dfrac{n}{2}$ ist, beträgt der Erweiterungsfaktor der Zustandslinien unter 1. gemäß Gleichung [44]

$$Y_J = \frac{6}{l^2}\,\frac{1-\cos Jz}{2+\cos Jz}\,.$$

Die Zustandslinien für eine Stützensenkung, bei der jede Stütze k um y_{kJ} gesenkt wird, hat somit die Ordinate in k

$$M_{kJ} = y_{kJ}\,\frac{6}{l^2}\,\frac{1-\cos Jz}{2+\cos Jz}\,.$$

Der Nennerausdruck errechnet sich nach den Ansätzen unter 1. zu

$$\delta_{J,J} = \frac{36}{l^4}\,\frac{(1-\cos Jz)^2}{(2+\cos Jz)^2}\,\frac{n\,l}{6}\,(2+\cos Jz) = \frac{6\,n}{l^3}\,\frac{(1-\cos Jz)^2}{2+\cos Jz}\,.$$

Vergleichen wir den Selbstverformungszustand Y_J infolge Stützensenkung mit dem Belastungszustand 2., in welchem jeder Knoten k mit einer Einzellast y_{kJ} belastet wird, so ergibt sich der Erweiterungsfaktor des Belastungszustandes Y_J aus der Verhältnisgleichheit der Momente

$$M_{kJ} = y_{kJ}\,\frac{6}{l^2}\,\frac{1-\cos Jz}{2+\cos Jz} = Y_J\,y_{kJ}\,\frac{1}{2\,(1-\cos Jz)}$$

$$Y_J = \frac{12}{l^3}\,\frac{(1-\cos Jz)^2}{2+\cos Jz}\,.$$

Der Belastungszustand, welcher in k die Durchbiegung des freiaufliegenden Trägers $\zeta_k = y_{kJ}$ hervorruft, hat demnach in k die Last $P_{kJ} = Y_J\,y_{kJ}$. Hieraus ergibt sich unmittelbar der gleiche Nennerausdruck wie vor, wenn wir $\sum\limits_{k} \zeta_{kJ} P_{ki}$ bilden.

$$\delta_{J,J} = \sum_{k} y_{kJ}^2\,Y_J = \frac{n}{2}\,Y_J\,.$$

Bevor wir analog zur Umordnung am Hauptsystem A den Ansatz [48] auch am Hauptsystem B erproben, wollen wir das bisherige Ergebnis wiederholen.

Bilden wir das statisch bestimmte Hauptsystem durch Einfügung von Gelenken in den Stützpunkten k und führen eine Stützensenkung $\zeta_k = y_{kJ}$ gemäß Ansatz [48] ein, so sind die Momente verhältnisgleich den Senkungen.

Legen wir den Einfeldträger von der Länge $n\,l$ als statisch bestimmtes Hauptsystem zugrunde und belasten den Träger in den Punkten k durch die Lasten $P_k = y_{kJ}$, so erhalten wir die Senkungen ζ_k und die Momente M_k verhältnisgleich den Lasten P_k.

Die vorgenannten Zustände beziehen sich auf den Ansatz mit einem beliebigen Wert $J = I$ bis $N - I$. Ist $J_1 \neq J_2$, so sind die Zustände Y_{J_1} unabhängig von denjenigen Y_{J_2}. Infolgedessen verhält sich ein Gruppenlastenzustand im Rechnungsgang wie eine Einzelüberzählige in einem einfach unbestimmten System.

Die Eigenart der Zustände nach Ansatz gemäß Gl. [48], daß Kräfte und Wege des gleichen Zustandes verhältnisgleich werden, haben wir bisher nur für Stützensenkungen bzw. Durchbiegungen ζ_k nachgewiesen. Es läßt sich aber leicht nachweisen, daß diese Aussage auch ihre Gültigkeit behält, wenn wir Knotenverdrehungen φ_k als Belastung bzw. als Überzählige einführen. Das ist wichtig für die Übertragung von Torsionskräften rechtwinklig anschließender Träger. Es ist beachtlich, daß eine Gruppe von Überzähligen der einen Art nur mit einer einzigen Gruppe von Überzähligen einer anderen Art durch eine Gleichung verknüpft ist, so daß nur Gruppenüberzählige mit gleichem zweiten Index J voneinander abhängig sind. Den Nutzen haben wir vorher am räumlichen, zyklisch symmetrischen System gezeigt.

Wir legen das Hauptsystem B mit unverdrehbaren End- und Mittelknoten zugrunde. Jeder Knoten k erfahre die Verdrehung

$$\varphi_k = y_{kJ}\,.$$

Gesucht wird das am Knoten k angreifende Moment, welches diese Verdrehung bewirkt, d. h. das Knotenmoment, welches der Gleichgewichtsbedingung $\sum M_{ki} = 0$ entspricht. Nach Gleichung [15] wird (mit $EJ = 1$)

$$l\,M_{k(k+1)} = -4\,\varphi_k - 2\,\varphi_{k+1} = -4\,y_{kJ} - 2\,y_{(k+1)J}$$

$$l\,M_{k(k-1)} = -4\,\varphi_k - 2\,\varphi_{k-1} = -4\,y_{kJ} = 2\,y_{(k-1)J}$$

$$\frac{l}{2}\,M_k = \frac{1}{2}\sum \qquad = -4\,y_{kJ} - y_{(k+1)J} - y_{(k-1)J}$$

$$\frac{l}{2}\,M_k = -4\,y_{kJ} - 2\,y_{kJ}\cos Jz$$

$$M_k = -\frac{4}{l}\,y_{kJ}\,(2 + \cos Jz)\,.$$

Folglich sind die Verdrehungen φ_k den angreifenden Knotenmomenten M_k verhältnisgleich, sofern diese Knotenmomente gleichzeitig als Gruppenbelastung entsprechend dem Ansatz [48] angesetzt werden. Damit ist auch die Verhältnisgleichheit von Senkungen und Drehwinkeln erreicht. Abhängig voneinander sind somit nur die Selbstverformungs- oder Selbstspannungszustände mit gleichem Index J. Damit soll die Darstellung des Prinzips der zweifachen Umordnung abgebrochen werden. Die Anwendung auf die Berechnung elastisch nachgiebiger Tragwerke mit mehrfacher Symmetrie soll an anderer Stelle gezeigt werden.

II. Beschreibung der statischen Verfahren.

A. Daten des Systems der Vergleichsrechnung.

a) Wahl des Systems.

Alle Verfahren der Rahmenstatik wirken in ihrer allgemeinen Darstellung zunächst undurchsichtig oder verwickelt, nach kurzer Eingewöhnung jedoch so einfach, daß man sich vergeblich nach dem Grund für die anfänglichen Schwierigkeiten fragt. Wenn aber die Einarbeitung in ein neues Verfahren trotz des einfachen gedanklichen Kerns Mühe macht, so kann es nur an der Übertragung der Gedanken, also an der Sprache liegen. Die einfachste Verständigung schafft das praktische Beispiel mit durchgeführter Zahlenrechnung. Wir wollen daher den Versuch machen, alle hier aufgeführten Verfahren am gleichen System mit gleichen Lastfällen anzusetzen. Ein Einheitssystem, welches sich zur Darlegung der spezifischen Eigenschaften jedes einzelnen Verfahrens in gleicher Weise eignet, dürfte es kaum geben. Sehr hochgradig unbestimmt darf das System nicht sein, es ist unzweckmäßig, den Text durch Rechenbeispiele von zu großer Länge zu unterbrechen. Die Darstellung muß kurz sein, um nicht das Ziel einer klaren Übersicht zu verfehlen.

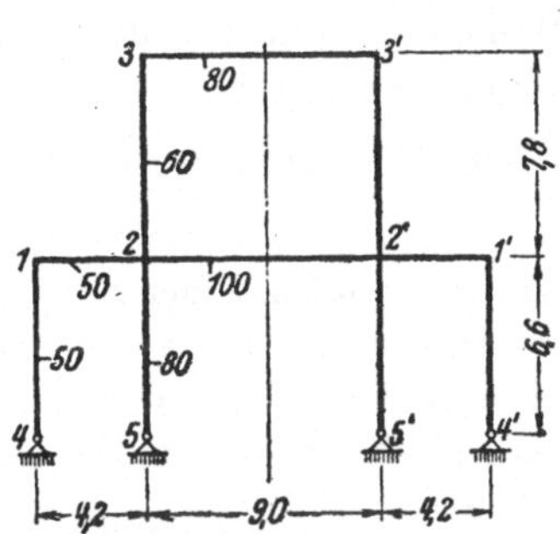

Abb. 16. System der Vergleichsberechnung.

Wir wollen ein System wählen, welches die Grundformen der meist gebrauchten Systeme in sich vereinigt. Hierzu dürften die Durchlaufträger, die durchlaufenden, eingeschossigen Rahmen und die zweistieligen Stockwerkrahmen zählen. Die Auflagerung der Stützenfüße ist gelenkig gewählt, weil eine starre Einspannung nur selten zurecht angesetzt werden kann. Es werden meist im Flachland diluviale Bodenschichten angetroffen. Diese sind in wechselndem Maße nachgiebig.

Das gewählte System zeigt Abb. 16. Die angenommenen Abmessungen entsprechen einer Ausführung in Stahlbeton. Die Querschnittshöhen der Stäbe, deren Breite konstant zu 30 cm angenommen ist, sind in der Abbildung angegeben.

Der Rahmen ist $z_e + z_c + z_s - 2z_k = 10 + 8 + 10 - 2 \cdot 10 = 8$-fach statisch unbestimmt. Geometrisch sind sechs Knotendrehwinkel der inneren Knoten und zwei Stabdrehwinkel zu bestimmen, das System ist also auch 8-fach geometrisch unbestimmt.

Um die Eignung eines Verfahrens zur Berechnung unverschieblicher bzw. verschieblicher Systeme zu unterscheiden und gleichzeitig den Vorzug der Belastungsumordnung zu zeigen, zerlegen wir das System gemäß Abb. 17 in das 5-fach statisch 3-fach geometrisch unbestimmte System I und das 3-fach statisch 5-fach geometrisch unbestimmte System II. Am ersteren setzen wir nach erfolgter Belastungsumordnung alle symmetrisch angreifenden Lasten, am zweiten alle antimetrisch angreifenden Lasten an.

An diesem der Vergleichsrechnung zugrunde gelegten System rechnen wir folgende Lastfälle durch:

Vertikallasten: Im Riegel 1—2, nur auf der linken Seite wirkend $p = 4$ t/m
Im Riegel 2—2′, in 1/3 l angreifend . . . . $P = 20$ t

Horizontallasten: Im linken Stiel 2—3, in halber Höhe angreifend $H = 8$ t
In Höhe des unteren Riegels 1—2—2′—1′ . . . . $H = 6$ t

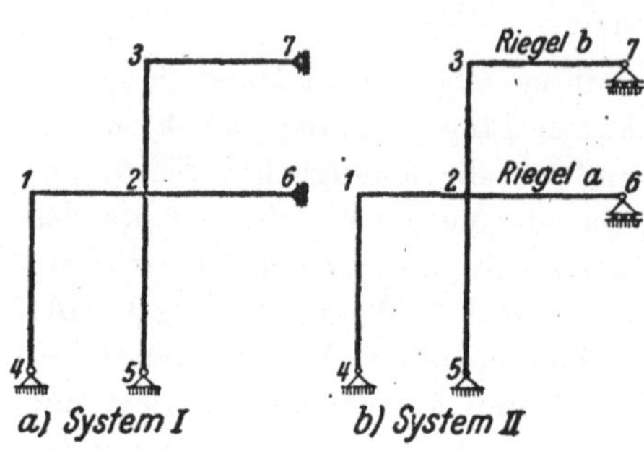

Abb. 17, Zerlegung des Systems.

Auflagerverschiebung: Vertikal, durch Krümmung des ursprünglichen Planums (infolge Bergbau) im Betrage von $R = 2000$ m, Senkungsdifferenz von Auflager 4 gegenüber 5

$$\zeta = \frac{17{,}4^2 - 9{,}0^2}{8\,R} = 0{,}01386$$

Horizontal, Abstandsänderung der Fußpunkte 4 und 5 um $1/2\,^0/_0$, von der Systemmitte aus gerechnet

$$\psi_4 = \frac{8{,}7}{200} = 0{,}0435 \text{ m} \qquad \psi_5 = \frac{4{,}5}{200} = 0{,}0225 \text{ m}.$$

Temperaturänderung $\pm 20\,°$. Dieser Lastfall erzeugt der Form nach die gleiche Momentenfläche wie der vorangegangene Lastfall. Die Änderung der Riegellängen kommt einer Abstandsänderung der Auflagerpunkte von umgekehrtem Vorzeichen gleich. Die Größe der relativen Abstandsänderung beträgt hier $\frac{20}{100\,000} = \frac{1}{5000}$ der Riegellängen. Die Momente werden also 25 mal so klein, als im vorangegangenen Lastfall. Wir wollen daher den Fall der Temperaturänderung hier nicht weiter verfolgen.

Aus diesen sechs Lastfällen entstehen durch die Belastungsumordnung neun neue Lastfälle, von denen fünf auf das unverschiebliche System I — Lastfall I a bis I e — und vier auf das verschiebliche System II — Lastfall II a bis II d — entfallen.

b) Festwerte und Belastungsglieder am Hauptsystem A.

Das Hauptsystem A stellt die Wahl der Gelenkeinfügungen frei, die Beiwerte in den Arbeitsgleichungen ergeben sich erst nach erfolgter Systemwahl. Die in den Ausdrücken für die Beiwerte enthaltenen reduzierten Stablängen liegen aber bereits durch die Festlegung der Abmessungen fest. Gleichfalls können wir die Beiwerte B_{ki} der Belastungsglieder ohne Festlegung des Hauptsystems bilden, da wir diese an jedem beliebigen Hauptsystem ansetzen können, wie dieses im jeweiligen Lastfall günstig erscheint.

Belastungsglieder; In den Arbeitsgleichungen am

Reduzierte Stablängen:

Stab $k—i$	l_{ki}	$\dfrac{J_c}{J_{ki}}$	s_{ki}	
1—4	6,60	8,000	52,80	
1—2	4,20	8,000	33,60	
2—5	6,60	1,953	12,90	
2—6	4,50	1,0	4,50	
2—2′	9,00	1,0	9,00	(nur am System I)
2—3	7,80	4,63	36,12	
3—7	4,50	1,953	8,79	
3—3′	9,00	1,953	17,58	(nur am System I)

Hauptsystem A enthält der Nenner jedes Gliedes auf der linken Seite den Faktor EJ_c. Dieses trifft auch auf das Belastungsglied zu, sofern die Belastung durch Kräfte oder Momente dargestellt wird — z. B. Lastfall I a, I b, I c, II a bis II d. Dann lassen sich die Gleichungen durch EJ_c kürzen. Besteht die Belastung aus einer Verrückung — Auflagerver-
schiebung, Temperatur-
gefälle, Schwinden usw.
—, so müssen wir das
Belastungsglied mit EJ_c
erweitern, wenn wir EJ_c
im Nenner der linken
Gleichungsseite gekürzt
haben. Dieses trifft für
die Lastfälle I d und
I e zu.

Zur Bildung des Be-
lastungsgliedes wählen
wir beim unverschieb-
lichen System stets den
frei drehbar gelagerten

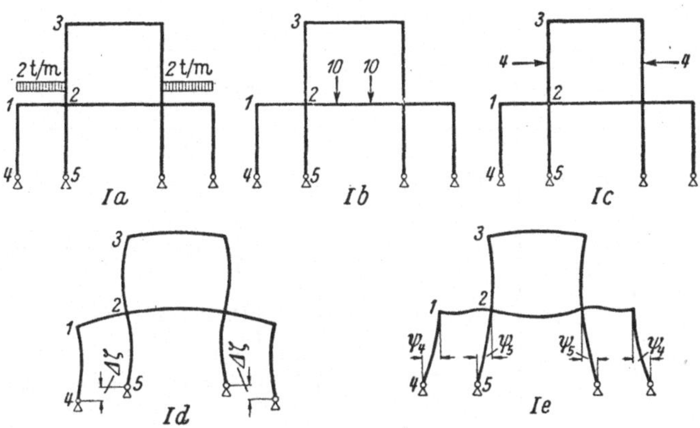

Abb. 18. Symmetrische Lastfälle I a bis I e

Balken auf zwei Stützen als Hauptsystem. Da wir später den Ausdruck $B_{ki}\dfrac{s_{ki}}{6}$ als Belastungsglied selbst oder als Teil eines Belastungs-gliedes bilden müssen, schreiben wir ihn hier bereits an.

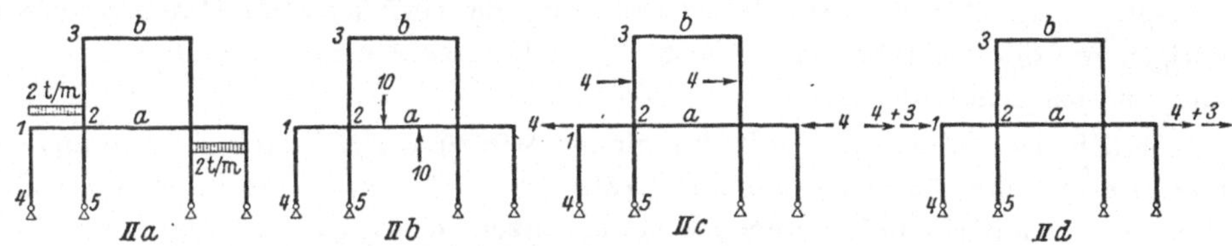

Abb. 19. Antimetrische Lastfälle II a bis II d.

Die Belastungsumordnung zeigen Abb. 18 und 19. Danach ergeben sich fol-gende Lastfälle:

Lastfall		
I a,	II a	Riegel 1—2 mit $p = 2$ t/m belastet
I b,	II b	Riegel 2—6 mit $P = 10$ t in 3,0 m Abstand von Knoten 2 belastet
I c		Stiel 2—3 mit $H = 4$ t in Feldmitte belastet
	II c	Stiel 2—3 mit $H = 4$ t in Feldmitte belastet, Riegel a mit $H = 4$ t entlastet
	II d	Riegel a mit $H = 7$ t belastet
I d		Vertikale Auflagerverschiebung, $\triangle \zeta = \zeta_4 - \zeta_5 = 0{,}01386$ m
I e		Horizontale Auflagerverschiebung, $\psi_4 = 0{,}0435$ m, $\psi_5 = 0{,}0225$ m

Die Hilfswerte B_{ki} bilden wir nach der im Anhang befindlichen Zahlentafel A 1. Die eingeklammerten Zahlen beziehen sich auf die Ansätze der Zahlentafel A 1. Was die Vorzeichen anbelangt, so verwendet man am Hauptsystem A ausschließlich die

Vorzeichenregel I. Wie auf S. 51 beschrieben, setzen wir in Gl. [23] die Überzähligen in ihrer Einheit negativ an — sonst wäre die rechte Seite der Gleichung negativ —, die Belastungsglieder $\delta_{g,0}$ werden daher durch Integration der M_0-Fläche mit der negativen M_g-Fläche gebildet, sie drücken negative gegenseitige Stabendverdrehungen aus.

	Lastfall	B_{ki}	$\dfrac{s_{ki}}{6} B_{ki}$
(1)	$Ia,\ IIa$	$B_{12} = B_{21} = -\dfrac{1}{4} \, 2{,}0 \cdot 4{,}2^2 \qquad = -\ 8{,}82$	$-5{,}6 \cdot 8{,}82 \quad = -49{,}392$
(14)	Ib	$B_{26} = \dfrac{1}{2} B'_{22'} = -\dfrac{1}{2}\dfrac{4}{3}\, 10{,}0 \cdot 9{,}0 = -60{,}0$	$-1{,}5 \cdot 60{,}0 \quad = -90{,}000$
(10)	IIb	$B_{26} = -\left[\dfrac{1}{3} - \left(\dfrac{1}{3}\right)^3\right] 10{,}0 \cdot 4{,}5 \quad = -13{,}333$	$-0{,}75 \cdot 13{,}33 = -10{,}000$
(13)		$B''_{22'}\dfrac{1}{2} = -\dfrac{1}{2}\, 2\,\dfrac{1}{3}\dfrac{2}{3}\dfrac{1}{3}\, 10{,}0 \cdot 9{,}0 = -\ 6{,}667$	$-1{,}5 \cdot 6{,}667 \quad = -10{,}000$
(11)	$Ic,\ IIc$	$B_{23} = B_{32} = -\dfrac{3}{8}\, 4{,}0 \cdot 7{,}8 \qquad = -11{,}7$	$-6{,}02 \cdot 11{,}7 \quad = -70{,}434$

c) Festwerte und Belastungsglieder am Hauptsystem B.

Das Hauptsystem B ist nach der erfolgten Festlegung über das Hilfsstabwerk (vgl. Abb. 2) unveränderlich. Folglich sind damit auch bereits alle Beiwerte der Arbeitsgleichung [24] eindeutig festgelegt. Für alle Verfahren am Hauptsystem B benötigen wir die Steifigkeiten sowie die Verteilungszahlen über die Momentenverteilung in den Knotenpunkten.

Bezüglich des Faktors EJ_c gilt das gleiche wie zuvor, EJ_c steht hier immer im Zähler. Besteht die Belastung nur aus Kräften oder Momenten, so können wir EJ_c fortlassen oder mit einem beliebigen Wert einsetzen. Um für die Steifigkeiten übersichtlichere Zahlenwerte zu erhalten, wählen wir

$$EJ_c = 24.$$

Besteht die Belastung aus irgendeiner Art von äußerer oder innerer Verrückung, so müssen wir das Belastungsglied mit $\dfrac{24}{EJ_c}$ erweitern, um den gekürzten Ansatz der Steifigkeiten auf der linken Gleichungsseite auszugleichen.

Die Systeme I und II unserer Vergleichsrechnung unterscheiden sich durch die veränderten Lagerungsbedingungen, Festwerte und Belastungsglieder müssen daher für jedes System gesondert angeschrieben werden. Die gewählte Stellenzahl entspricht nebenbei nicht dem tatsächlichen Erfordernis der praktischen Rechnung, sondern wurde aus Gründen der Einheitlichkeit gewählt.

Die nachstehenden Ansätze für die Stabsteifigkeit sind den Gl. [16a bis c], für die Knotensteifigkeit der Gl. [18], für die Verteilungszahl der Gl. [19] und für die Stockwerksteifigkeit der Gl. [20] entnommen, vgl. S. 46 — 47.

Das System II der Vergleichsrechnung ist verschieblich, folglich können wir der Lösung auch das Hauptsystem B^* zugrunde legen. Die Stabsteifigkeit S^*_{ki} und die Knotensteifigkeit S^*_{k} schreiben wir nach Gl. [21] und [22] an, vgl. S. 48.

Steifigkeiten und Verteilungszahlen.

System I.

Stab $k-i$	Knoten k	Länge s_{ki}	Stabsteifigkeit S_{ki}	Knoten-steifigkeit $\Sigma S_{ki} = S_k$	Vertlgs.-Zahl $b_{ki} = \dfrac{S_{ki}}{S_k}$
1—4		52,80	$S_{14} = \dfrac{3 \cdot 24}{52,80} = 1,3636$		0,3231
1—2		33,60	$S_{12} = \dfrac{4 \cdot 24}{33,60} = 2,8571$		0,6769
	1			4,2207	
2—1		33,60	$S_{21} \qquad = 2,8571$		0,1739
2—5		12,90	$S_{25} = \dfrac{3 \cdot 24}{12,90} = 5,5814$		0,3397
2—6		4,50	$S_{26} = \dfrac{1 \cdot 24}{4,50} = 5,3333$		0,3246
2—3		36,12	$S_{23} = \dfrac{4 \cdot 24}{36,12} = 2,6578$		0,1618
	2			16,4296	
3—2		36,12	$S_{32} \qquad = 2,6578$		0,4933
3—7		8,79	$S_{37} = \dfrac{1 \cdot 24}{8,79} = 2,7304$		0,5067
	3			5,3882	

System II, Ansatz am Hauptsystem B.

$k-i$	k	s_{ki}	S_{ki}	S_k	b_{ki}
1—4			1,3636		0,3231
1—2			2,8571		0,6769
	1			4,2207	
2—1			2,8571		0,1054
2—5			5,5814		0,2060
2—6		4,50	$S_{26} = \dfrac{3 \cdot 24}{4,50} = 16,0000$		0,5905
2—3			2,6578		0,0981
	2			27,0963	
3—2			2,6578		0,2450
3—7		8,79	$S_{37} = \dfrac{3 \cdot 24}{8,79} = 8,1911$		0,7550
	3			10,8489	

Stockwerk k'	Stockwerksteifigkeit $S_{k'}$
a	$S_a = 1,3636 + 5,5814 = 6,9450$
b	$S_b = \quad 3 \cdot 2,6578 \qquad = 7,9734$

Die Verteilungszahlen an den Knoten k' des Hilfsstabwerkes lauten gemäß Gleichung [19'a] bzw. [19'b]

$$b_{(a)1} = \frac{1,3636}{6,9450} = 0,1963 , \qquad b_{(a)2} = \frac{5,5814}{6,9450} = 0,8037$$

$$b_{(b)2} = 0,5 , \qquad\qquad b_{(b)3} = 0,5 .$$

System II, Ansatz am Hauptsystem B*.

Stab $k-i$	Knoten k	Stabsteifigkeit S^*_{ki}	Knotensteifigkeit $\Sigma S^*_{ki} = S^*_k$	Vertlgs.-Zahl b^*_{ki}
1 — 4		$1,3636\,(1-0,1963) = 1,0959$		0,2772
1 — 2		2,8571		0,7228
	1		3,9530	
2 — 1		2,8571		0,1386
2 — 5		$5,5814\,(1-0,8037) = 1,0959$		0,0531
2 — 6		16,0000		0,7760
2 — 3		$2,6578\,\dfrac{1}{4} = 0,6645$		0,0322
	2		20,6175	
3 — 2		0,6645		0,0750
3 — 7		8,1911		0,9250
	3		8,8556	

Der Berechnung der Belastungsglieder legen wir die Vorzeichenregel II zugrunde, welche sich für alle Rechnungen am Hauptsystem B am besten eignet. Die Belastungsglieder sind die Einspannmomente aus äußerer Last im Hauptsystem, $M_{k,0}$ sind Einspannmomente im eigentlichen System und $M_{k',0}$ sind diejenigen im Hilfsstabwerk. Die Werte $M_{k,0}$ können der Zahlentafel A 2 entnommen werden, auf welche sich auch die eingeklammerten Zahlen beziehen.

	Lastfall	$M_{k,0}$ bzw. $M_{k',0}$	
(1)	Ia, IIa	$M_{12,0} = -M_{21,0} = +\dfrac{2,0 \cdot 4,2^2}{12}$	$= +\ 2,9400$ tm
(14)	Ib	$M_{22',0} = \qquad +\dfrac{2}{9}\,10,0 \cdot 9,0$	$= +20,0000$,,
(10)	IIb	$M_{22',0} = +\left[\dfrac{1}{3}-\left(\dfrac{1}{3}\right)^3\right]\dfrac{1}{2}\,10,0 \cdot 4,5$	$= +\ 6,6667$,,
(11)	Ic, IIc	$M_{23,0} = -M_{32,0} = +\dfrac{1}{8}\,4,0 \cdot 7,8$	$= +\ 3,9000$,,
	IIc	$M_{b',0} = -4,0\,\dfrac{7,8}{2}$	$= -15,6000$,,
	IId	$M_{a',0} = -7,0 \cdot 6,6$	$= -46,2000$,,

Lastfall	$M_{k,0}$ bzw. $M_{k',0}$
I d	Auflagerverschiebungen erzeugen Verdrehungen der durch sie betroffenen Stabsehnen, d. h. „Stabdrehwinkel". Die hierdurch verursachten Einspannmomente im Hauptsystem B sind die gesuchten Belastungsglieder, vergl. S. 55. Lastfall I d erzeugt einen Stabdrehwinkel im Stabe 1—2, der beiderseits unverdrehbar eingespannt gedacht wird. $$\vartheta_{12} = + \frac{0,01386}{4,2} = + 0,0033$$ $$M_{12,0} = + M_{21,0} = - \frac{6 \cdot 2\,100\,000 \cdot 0,3 \cdot 0,5^3}{4,2 \cdot 12}\,0,0033 = -30,937 \text{ tm}$$
I e	Die horizontale Abstandsänderung der Stielfüße erzeugt Stabdrehwinkel in den Stielen 1—4 und 2—5. Wegen einseitig frei drehbarer Lagerung errechnet sich das Einspannmoment nach dem Ansatz von S. 55, sonst wie vor. $$\vartheta_{14} = - \frac{0,0435}{6,6} = - 0,00659$$ $$M_{14,0} = + \frac{3 \cdot 2\,100\,000 \cdot 0,3 \cdot 0,5^3}{6,6 \cdot 12}\,0,00659 \cdot = + 19,659 \text{ tm}$$ $$\vartheta_{25} = - \frac{0,0225}{6,6} = - 0,003407$$ $$M_{25,0} = + \frac{3 \cdot 2\,100\,000 \cdot 0,3 \cdot 0,8^3}{6,6 \cdot 12}\,0,003407 = + 41,623 \text{ tm}$$

Legen wir der Lösung das Hauptsystem B^* zugrunde, so müssen wir als Belastungsglieder die Einspannmomente am Hauptsystem mit verschieblichen, aber unverdrehbaren Knoten nach Gleichung [27], S. 57 bilden.

Lastfall	$M^*_{k,0}$		
II a	$M^*_{12,0} = - M^*_{21,0}$	$= +$	$2,9400$ tm
II b	$M^*_{22',0}$	$= +$	$6,6667$,,
II c	$M^*_{23,0} = + 3,9 + 15,6 \cdot 0,5$	$= +$	$11,7000$,,
	$M^*_{32,0} = - 3,9 + 15,6 \cdot 0,5$	$= +$	$3,9000$,,
II d	$M^*_{14,0} = + 46,2 \cdot 0,1963$	$= +$	$9,0691$,,
	$M^*_{25,0} = + 46,2 \cdot 0,8037$	$= +$	$37,1309$,,

Die Belastungsglieder für den Lastfall II c können wir auch unmittelbar nach Zahlentafel A 2 ansetzen.

d) Festwerte und Belastungsglieder am Hauptsystem C.

Das Hauptsystem C wurde für zwei Arten von Gelenkanordnungen gemäß Abb. 3 bezüglich der Art und Bezeichnungsfolge der Überzähligen und ihrer Angriffsorte festgelegt.

Für den Faktor EJ_c treffen wir die gleiche Regelung wie beim Hauptsystem A. Wir kürzen EJ_c im Nenner jedes Gleichungsgliedes, d. h. wir erweitern jedes Glied um diesen Betrag. Die tatsächliche Größe von EJ_c erscheint also nur in denjenigen Belastungsgliedern, in deren Nenner der Ausdruck EJ_c fehlt.

In den Bestimmungsgleichungen für die Überzähligen verwenden wir statt der reduzierten Stablängen die reziproken Steifigkeiten ϱ_{ki} gemäß den Gleichungen [16a, b, c], welche bei den Systemen I und II der Vergleichsrechnung in zwei Stäben voneinander abweichen.

| | System I nach Gleichung | | System II nach Gleichg. |
	[16a]	[16c]	[16a]
ϱ_{14}	17,60		17,60
$\varrho_{12} = \varrho_{21}$	11,20		11,20
ϱ_{25}	4,30		4,30
ϱ_{26}		4,50	1,50
$\varrho_{23} = \varrho_{32}$	12,04		12,04
ϱ_{37}		8,79	2,93

Die Belastungsglieder für das Hauptsystem C sind die gleichen wie für das Hauptsystem A.

B. Verfahren am Hauptsystem A.

a) Allgemeines Kraftgrößenverfahren.

Bezeichnen wir das „δ_{ik}-Verfahren" in seiner althergebrachten Fassung als „Allgemeines Kraftgrößenverfahren", so ist das zwar hier nicht ganz zutreffend, weil wir erstens nur Momente als Überzählige einführen und zweitens später noch andere „Kraftgrößenverfahren" besprechen, diese Bezeichnung hat sich aber im Fachschrifttum so eingebürgert.

Der Gang der Lösung durch Ansatz der Elastizitätsgleichungen wurde im Abschnitt I, C, a, S. 50 ff. dargelegt. Daß wir uns bei der Bildung des Hauptsystems hier auf Gelenkeinfügungen beschränken, bedeutet nur eine Vereinfachung und ändert nichts an der Allgemeingültigkeit der Ansätze. Wählt man Längs- oder Querkräfte als Überzählige, so enthält der Momentenansatz zusätzlich Längen als Hebelarme, der Rechnungsumfang nimmt damit zu. Gibt es nur eine Art von Überzähligen, so erhält man Beiwerte von einheitlicher Dimension und von ähnlicher Größenordnung. Außerdem werden durch die Beschränkung auf Gelenkeinfügungen manche besonders ungeeignete Arten von Hauptsystemen selbsttätig ausgeschieden.

Über die Eignung eines Hauptsystems entscheidet die Brauchbarkeit der Gleichungsmatrix, welche meist leicht zu übersehen ist und im Zweifelsfall nach dem Ansatz von Hertwig [43] nachgeprüft werden kann. Um die Folgen aus der Wahl eines ungeeigneten Hauptsystems zu zeigen, verfolgen wir den Rechnungsgang eines Durchlaufträgers, an welchem die Stützkräfte der inneren Stützen als Überzählige gewählt sind. Das Hauptsystem ist dann ein Balken auf zwei Stützen. Zeichnet man die Momentenflächen aus $M_x = -1$ für jede Überzählige X, so erstrecken sich diese sämtlich über das gesamte System, folglich werden auch sämtliche Beiwerte $c_{k,i}$ der Gleichungsmatrix ungleich Null. Außerdem wird der Größenunterschied zwischen $c_{k,k}$ und $c_{k,i}$ sehr klein. Jede Arbeitsgleichung enthält nicht nur das Maximum an Gliederzahl, sondern erfordert zur Auflösung auch eine große Rechengenauigkeit, d. h. eine vermehrte Stellenzahl jedes einzelnen Beiwertes.

Die Frage nach der zweckmäßigen Lage der eingefügten Gelenke ist schwer für den Allgemeinfall zu beantworten. Das Hauptaugenmerk richtet sich darauf, daß die Gleichungsmatrix der Arbeitsgleichungen möglichst gering besetzt ist — vgl. I, C, a, S. 50 ff. Es sollen möglichst viele Beiwerte $\delta_{k,i}$ gleich Null sein. Es ist daher bei diesem Verfahren unerläßlich, sich die Momentenflächen zu vergegenwärtigen, die durch die Belastung des Hauptsystems mit je einer Überzähligen entstehen. Über je weniger Stäbe sich diese Momentenflächen erstrecken, um so mehr Beiwerte $\delta_{k,i}$ werden zu Null.

Man kann dieses Ziel auch auf anderem Wege erreichen, indem man in einer Vorberechnung die günstige Lage der Gelenke ermittelt. Dazu bildet man mit variabler Lage des Gelenkes den Ausdruck $\delta_{k,i} = 0$. Auf diese Weise kommt man zum Festpunkt-, zum Abklingungsverfahren bzw. zur Methode der elastischen Pole. Diese Verfahren werden später gesondert behandelt.

Lediglich im Falle fester Einspannung eines Stabes in ein unverschiebliches äußeres Lager verlegt man das Gelenk k, welches die Einspannung dieses Stabes aufhebt, in den Drittelpunkt des Stabes vom Auflager fort. Die aus dem anschließenden Knotenpunkt abklingenden Momente bilden dann in diesem Stabe ein verschränktes Trapez mit dem Seitenverhältnis $1 : \left(-\dfrac{1}{2}\right)$, dadurch werden manche Beiwerte $\delta_{k,i}$ gleich Null.

Ferner ist man bestrebt, nur dreigliedrige Gleichungen zu erhalten, in deren Matrix nur die dem Hauptglied benachbarten Felder besetzt sind. Die Auflösung solcher Gleichungen ist wesentlich einfacher als bei ungleichmäßigem Aufbau der Matrix. Sollen an einem aus vier Stäben gebildeten Knotenpunkt k drei Gelenke eingefügt werden, so gibt es die auf S. 11 in Abb. 3a und 3b gezeichneten Möglichkeiten der Gelenkanordnung. Im Falle der Anordnung a) erstrecken sich alle drei Momentenflächen auf den einen Vertikalstab $k—u$, es werden $\delta_{ku,ki}$, $\delta_{ku,kj}$ und $\delta_{ki,kj}$ ungleich Null. In den auf die Gelenke ki und kj bezogenen Gleichungen werden also auf der einen Seite des Hauptgliedes stets zwei Felder der Matrix besetzt. Dieses wird durch die Anordnung b) vermieden. Bei Anordnung a) erhält man M_{ku} als Summe von drei Gliedern und M_{kj} als Einzelwert, infolge Anordnung b) erhält man M_{ku} und M_{kj} je als Summe von zwei Gliedern. Bei der Zusammenstellung der Ergebnisse entsteht also in beiden Fällen der gleiche Rechenumfang.

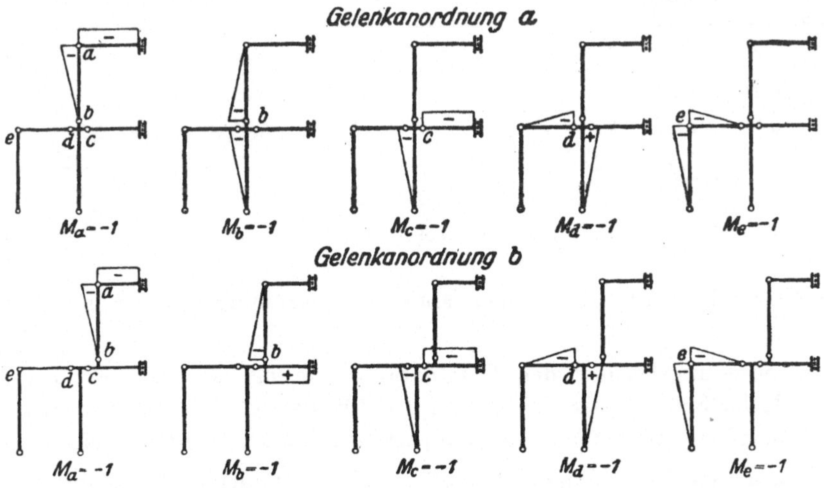

Abb. 20. Momente $X_\delta = -1$ am System I.

Die Gelenkanordnung b) erscheint zunächst gekünstelt. Betrachtet man aber jedes eingefügte Gelenk als Lösung einer steifen Ecke, dann erkennt man, daß im Gegenteil bei der Gelenkanordnung b) jedes Gelenk einer steifen Ecke entspricht, welche zwei unmittelbar aufeinander folgende Stabenden bilden, während im Falle der Gelenkanordnung a) ein Gelenk eine steife „Ecke" zwischen einem und dem übernächsten Stabende löst, vgl. Gelenk b in Abb. 20. Daraus erklärt sich, daß das Gleichungssystem infolge einer Gelenkanordnung b) regelmäßiger als bei Anordnung a) werden muß.

Um ein anschauliches Bild zu gewinnen, führen wir die Überlegung am Knoten 2 des Vergleichssystems durch. Abb. 20 zeigt die Momentenflächen am System I.

Ausrechnung der Beiwerte nach der Trapezregel.

	a)	b)		a)	b)
$\delta_{a,a} = +\,8{,}79 + \dfrac{36{,}12}{3}$	$= +\,20{,}83$	$= +\,20{,}83$	$\delta_{c,c} = +\,4{,}5 + \dfrac{12{,}9}{3}$	$= +\,8{,}8$	$= +\,8{,}8$
$\delta_{a,b} = +\,\dfrac{36{,}12}{6}$	$= +\,6{,}02$	$= +\,6{,}02$	$\delta_{c,d} = -\,\dfrac{12{,}9}{3}$	$= -\,4{,}3$	$= -\,4{,}3$
$\delta_{b,b} = \dfrac{+\,12{,}9 + 36{,}12}{3}$	$= +\,16{,}34$		$\delta_{d,d} = \dfrac{+\,33{,}6 + 12{,}9}{3}$	$= +\,15{,}5$	$= +\,15{,}5$
$\quad = +\,4{,}5 + \dfrac{36{,}12}{3}$		$= +\,16{,}54$	$\delta_{d,e} = +\,\dfrac{33{,}6}{6}$	$= +\,5{,}6$	$= +\,5{,}6$
$\delta_{b,c} = +\,\dfrac{12{,}9}{3}$	$= +\,4{,}3$		$\delta_{e,e} = \dfrac{+\,33{,}6 + 52{,}8}{3}$	$= +\,28{,}8$	$= +\,28{,}8$
$\quad = -\,4{,}5$		$= -\,4{,}5$			
$\delta_{b,d} = -\,\dfrac{12{,}9}{3}$	$= \boxed{-\,4{,}3}$				

Gleichungsmatrizes.

Matrix a)

	X_a	X_b	X_c	X_d	X_e
a)	$+\,20{,}83$	$+\,6{,}02$			
b)	$+\,6{,}02$	$+\,16{,}34$	$+\,4{,}3$	$\boxed{-\,4{,}3}$	
c)		$+\,4{,}3$	$+\,8{,}8$	$-\,4{,}3$	
d)		$\boxed{-\,4{,}3}$	$-\,4{,}3$	$+\,15{,}5$	$+\,5{,}6$
e)				$+\,5{,}6$	$+\,28{,}8$

Matrix b)

	X_a	X_b	X_c	X_d	X_e
a)	$+\,20{,}83$	$+\,6{,}02$			
b)	$+\,6{,}02$	$+\,16{,}54$	$-\,4{,}5$		
c)		$-\,4{,}5$	$+\,8{,}8$	$-\,4{,}3$	
d)			$-\,4{,}3$	$+\,15{,}5$	$+\,5{,}6$
e)				$+\,5{,}6$	$+\,28{,}8$

Der Unterschied mag gering sein, aber bei Anordnung a) stört das umrandete Glied.

Als Anwendungsbeispiel der Eliminationsrechnung schreiben wir für Fall a) das Gaußsche Schema der Zahlentafel 1a, für Fall b) den Kettenbruch an, um dann anschließend die β-Werte der konjugierten Matrix zu entwickeln.

Die gesuchten Überzähligen werden entweder unmittelbar aus den Gl. $\bar{\text{e}}$), $\bar{\text{d}}$), $\bar{\text{c}}$), $\bar{\text{b}}$), a) oder nach Ausrechnung der β-Werte (nach Zahlentafel 2a) aus der Gl. [34] gewonnen.

Obgleich die Gelenkanordnung a) nach dem Kriterium [43] um einen geringen Prozentsatz günstiger hinsichtlich der Fehlerempfindlichkeit ist als die Anordnung b), dürfte der Vorteil des gleichmäßigen dreigliedrigen Gleichungsaufbaues doch den Ausschlag zugunsten der Gelenkanordnung b) geben. Wir wollen daher die Lastfälle nur für dieses Hauptsystem ausrechnen.

Elimination nach Matrix a).

Hilfswerte m	Glg.-Nr.	X_a	X_b	X_c	X_d	X_e	Σ-Probe
$_a=+1:\ 20{,}83 = +0{,}04801$	a)	$+20{,}83$	$+6{,}02$				$+26{,}85$
	b)	$(+\ 6{,}02)$	$+16{,}3400$	$+4{,}3$	$-4{,}3$		$+22{,}3600$
$_b=-6{,}02\cdot0{,}04801 = -0{,}2890$	a) m_{ab}		$-1{,}7398$				$-7{,}7598$
$_b=+1:\ 14{,}6002 = +0{,}06849$	$\bar b$)		$+14{,}6002$	$+4{,}3$	$-4{,}3$		$+14{,}6002$
	c)		$(+4{,}3)$	$+8{,}8000$	$-4{,}3000$		$+8{,}8$
$_c=-4{,}30\cdot0{,}06849 = -0{,}2945$	$\bar b$) m_{bc}			$-1{,}2664$	$+1{,}2664$		$-4{,}3$
$_c=+1:\ 7{,}5336 = +0{,}13274$	$\bar c$)			$+7{,}5336$	$-3{,}0336$		$-4{,}5$
	d)		$(-4{,}3)$	$(-4{,}3)$	$+15{,}5000$	$+5{,}6$	$+12{,}500$
$_d=+4{,}30\cdot0{,}06849 = +0{,}2945$	$\bar b$) m_{bd}				$-1{,}2664$		$+4{,}300$
$_d=+3{,}0336\cdot0{,}13274 = +0{,}4027$	$\bar c$) m_{cd}				$-1{,}2216$		$+1{,}812$
$_d=+1:\ 13{,}0120 = +0{,}07685$	$\bar d$)				$+13{,}0120$	$+5{,}6$	$+18{,}612$
	e)				$(+5{,}6)$	$+28{,}8000$	$+34{,}4000$
$_e=-5{,}60\cdot0{,}07685 = -0{,}4304$	$\bar d$) m_{de}					$-2{,}4101$	$-8{,}0101$
$_e=+1;\ 26{,}3899 = +0{,}03789$	$\bar e$)					$+26{,}3899$	$+26{,}3899$

Zur Auflösung der Gleichungsmatrix b) führen wir die Elimination mit Hilfe des Kettenbruches durch. Die im Kettenbruch anfallenden Hilfswerte m schreiben wir jeweils am Anfang der Ausdrücke an, die sämtlich bis zum Ende des Bruches reichen.

$$m_{ee} = \cfrac{1}{-28{,}8 - 5{,}6 \cdot \cfrac{5{,}6}{-15{,}5 + 4{,}3 \cdot \cfrac{(-4{,}3)\cdot}{-8{,}8 + 4{,}5 \cdot \cfrac{(-4{,}5)}{16{,}54 - 6{,}02 \cdot \cfrac{6{,}02}{20{,}83}}}}}$$

$$m_{de} = -0{,}4304 \qquad m_{cd} = +0{,}5786 \qquad m_{bc} = +0{,}3040 \qquad m_{ab} = -0{,}2890$$

$$\frac{1}{m_{ee}} = 26{,}39 \qquad \frac{1}{m_{dd}} = 13{,}012 \qquad \frac{1}{m_{cc}} = 7{,}432 \qquad \frac{1}{m_{bb}} = 14{,}80$$

Mit diesen Hilfswerten können wir die β-Werte der konjugierten Matrix nach Zahlentafel 2 a ausrechnen (vgl. S. 67).

$$\beta_{ee} = \frac{1}{26{,}39} = +0{,}03789, \qquad \beta_{de} = -0{,}03789 \cdot 0{,}4304 = -0{,}01631 \text{ usw.}$$

Diese β-Werte tragen wir zur Auswertung der Lastfälle unten in der konjugierten Matrix ein. Die **Belastungsglieder** $\delta_{k,0}$, deren Größe wir z. T. bereits auf S. 116 ermittelt haben, ergeben sich hinsichtlich ihres Vorzeichens und ihrer Bezeichnung aus der Wahl des Hauptsystems, vgl. Abb. 17, S. 114.

Zu den Lastfällen I d und I e ist zu bemerken, daß bei einer Auflagerverschiebung die Stabenden an den Gelenken die gleiche Verdrehung wie die Stäbe selbst erleiden. Die von den Auflagerverschiebungen am Hauptsystem erzeugten Stabdrehwinkel errechnen sich zu

$$\delta_{k,0} = \frac{\xi_i}{l_{ki}}.$$

Wie auf S. 115 begründet, müssen diese Belastungsglieder mit

$$EJ_c = 2\,100\,000\,\frac{0{,}3 \cdot 1{,}0^3}{12} = 52\,500 \text{ erweitert werden.}$$

$$\text{Lastfall Ia:} \quad \delta_{d,0} = +\,\delta_{e,0} = -\,49{,}392$$
$$\text{Ib:} \quad \delta_{b,0} = -\,\delta_{c,0} = +\,90{,}0$$
$$\text{Ic:} \quad \delta_{a,0} = +\,\delta_{b,0} = -\,70{,}434$$
$$\text{Id:} \quad \delta_{d,0} = -\,\delta_{e,0} = -\,\frac{0{,}01386}{4{,}2}\,52\,500 = -\,173{,}25$$
$$\text{Ie:} \quad \delta_{c,0} = -\,\delta_{d,0} = +\,\frac{0{,}0225}{6{,}6}\,52\,500 = \text{rd. } 179{,}0$$
$$\delta_{e,0} = \qquad\quad +\,\frac{0{,}0435}{6{,}6}\,52\,500 = \text{rd. } 346{,}0\,.$$

Das Ergebnis der Rechnung schreiben wir nach Gl. [34] in Form einer Zahlentafel an.

	$\delta_{a,0}$	$\delta_{b,0}$	$\delta_{c,0}$	$\delta_{d,0}$	$\delta_{e,0}$	Lastfälle				
			$+179$	-179	$+346$					Ie
				$-173{,}25$	$+173{,}25$				Id	
	$-70{,}434$	$-70{,}434$						Ic		
		$+90{,}0$	$-90{,}0$				Ib			
				$-49{,}392$	$-49{,}392$	Ia				
X_a	$+0{,}05491$	$-0{,}02387$	$-0{,}01429$	$-0{,}00426$	$+0{,}00083$	$+0{,}170$	$-\,0{,}862$	$-2{,}186$	$+\,0{,}882$	$-$
X_b	$-0{,}02387$	$+0{,}08250$	$+0{,}04945$	$+0{,}01475$	$-0{,}00287$	$-0{,}587$	$+\,2{,}984$	$-4{,}137$	$-\,3{,}053$	$+$
X_c	$-0{,}01429$	$+0{,}04945$	$+0{,}16263$	$+0{,}04853$	$-0{,}00944$	$-1{,}931$	$-10{,}187$	$-2{,}476$	$-10{,}042$	$+1$
X_d	$-0{,}00426$	$+0{,}01475$	$+0{,}04853$	$+0{,}08387$	$-0{,}01631$	$-3{,}337$	$-\,3{,}040$	$-0{,}739$	$-17{,}356$	-1
X_e	$+0{,}00083$	$-0{,}00287$	$-0{,}00944$	$-0{,}01631$	$+0{,}03789$	$-1{,}066$	$+\,0{,}591$	$+0{,}144$	$+\,9{,}390$	$+1$
$X_{26} = X_c - X_b =$						$-1{,}344$	$-13{,}171$	$+1{,}661$	$-\,6{,}989$	$+1$

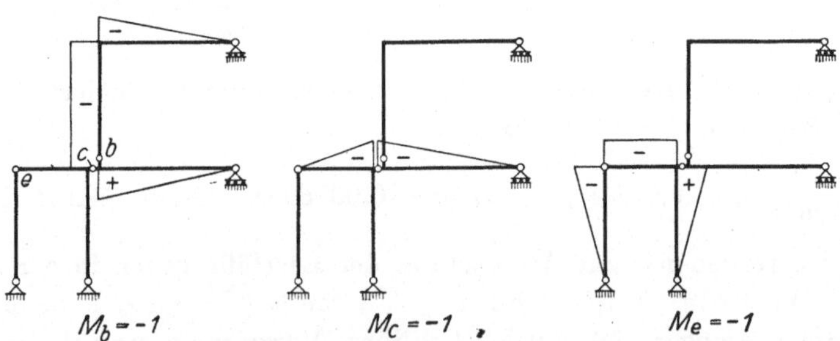

Abb. 21. Momente aus $X_g = -1$ am System II.

Abschließend bilden wir den Ausdruck [43] und erhalten für die Fehlerempfindlichkeit

$$p = rd\ 1{,}4.$$

Die Berechnung eines **verschieblichen Systems** unterscheidet sich gar nicht von der eines unverschieblichen Systems. Darin liegt der große Vorzug dieses altbewährten Verfahrens. Wir können also das Zahlenbeispiel am System II ohne Erläuterung anschreiben. Wir wählen wiederum ein Hauptsystem, dessen Gelenkanordnung zu gleichmäßigen dreigliedrigen Gleichungen [23] führt. Die Vorermittlung der Gleichungsbeiwerte $\delta_{k,k}$ und $\delta_{k,i}$ an dem gewählten Hauptsystem folgt aus Abb. 21.

Vorwerte

$$\delta_{b,b} = 36{,}12 + \frac{4{,}5 + 8{,}79}{3} = +40{,}55 \qquad \delta_{c,e} = +\frac{33{,}6}{2} = +16{,}8$$

$$\delta_{b,c} = -\frac{4{,}5}{3} = -1{,}5 \qquad \delta_{e,e} = 33{,}6 + \frac{52{,}8 + 12{,}9}{3} = +55{,}5$$

$$\delta_{c,c} = \frac{33{,}6 + 4{,}5}{3} = +12{,}7$$

Matrix

Gleichg.	X_b	X_c	X_e
b)	$+40{,}55$	$-1{,}5$	
c)	$-1{,}5$	$+12{,}7$	$+16{,}8$
e)		$+16{,}8$	$+55{,}5$

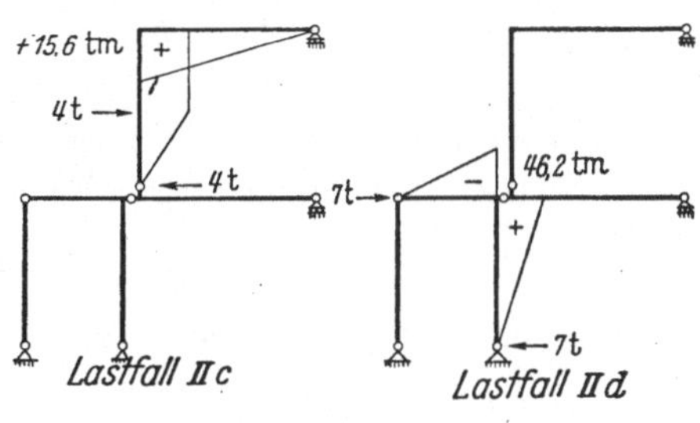

Abb. 22. M_0-Flächen am System II.

Die **Belastungsglieder** lauten unter Verwendung der Vorwerte von S. 116 für

$$\text{Lastfall IIa:} \quad \delta_{c,0} = -49{,}392, \quad \delta_{e,0} = -2 \cdot 49{,}392 = -98{,}784$$

$$\text{IIb:} \quad \delta_{b,0} = -\delta_{c,0} = +\frac{2}{9}\,10{,}0 \cdot 4{,}5 = +10{,}0\,.$$

Um die Belastungsglieder für Lastfall IIc und IId zu bilden, zeichnen wir in Abb. 22 die M_0-Flächen.

$$\text{Lastfall IIc:} \quad \delta_{b,0} = -15{,}6\left(36{,}12\,\frac{3}{4} + \frac{8{,}79}{3}\right) = -468{,}312$$

$$\text{IId:} \quad \delta_{c,0} = +46{,}2\,\frac{33{,}6}{3} = +517{,}44$$

$$\delta_{e,0} = +46{,}2\left(\frac{33{,}6}{2} + \frac{12{,}9}{3}\right) = +974{,}82\,.$$

Die Gleichungsauflösung erfolgt durch einen Kettenbruch, die β-Werte werden nach Zahlentafel 2a ausgerechnet (vergl. S. 67) und in die Zahlentafel für Gl. [34] eingetragen.

$$m_{ee} = \cfrac{1}{-55{,}5 - 16{,}8 \cdot \cfrac{16{,}8}{12{,}7 + 1{,}5 \cdot \cfrac{(-1{,}5)}{40{,}55}}} \qquad \begin{array}{l} m_{ce} = -1{,}3286 \\ m_{bc} = +0{,}03699 \end{array}$$

$$\frac{1}{m_{ee}} = 33{,}18 \qquad \frac{1}{m_{cc}} = 12{,}645$$

	$\delta_{b,0}$	$\delta_{c,0}$	$\delta_{e,0}$	Lastfälle			
		$+517,44$	$+974,82$				IId
	$-468,312$					IIc	
	$+10,0$	$-10,0$			IIb		
		$-49,392$	$-98,784$	IIa			
X_b	$+0,02484$	$+0,00489$	$-0,00148$	$-0,095$	$+0,200$	$-11,634$	$+1,088$
X_c	$+0,00489$	$+0,13229$	$-0,04005$	$-2,578$	$-1,274$	$-2,292$	$+29,416$
X_e	$-0,00148$	$-0,04005$	$+0,03014$	$-0,999$	$+0,386$	$+0,694$	$+8,660$
$M_{26} = X_c - X_b$				$-2,483$	$-1,474$	$+9,342$	$+28,328$
$M_{21} = M_0 + X_c + X_e$				$-3,578$	$-0,888$	$-1,598$	$-8,124$

Die Lösung der Aufgabe ist für ein verschiebliches System zwar bemerkenswert kurz, die Gleichungsmatrix zeigt aber eine beachtliche Fehlerempfindlichkeit, die nach Gl. [43]

$$p = 1,68$$

ergibt. Da $\delta_{c,e} > \delta_{e,e}$ ist, kommt eine Auflösung durch Iteration weniger in Frage.

b) Einführung elastischer Pole.

Bei fast allen Verfahren kehrt das Bestreben wieder, zu Elastizitätsgleichungen mit nur einer Unbekannten zu gelangen. Es liegt daher nahe, zu versuchen, dieses Ziel bereits durch eine entsprechende Umformung des Hauptsystems zu erreichen. Dieses gelingt durch die Einführung elastischer Pole an mehreren einfachen Systemen vollständig, an hochgradig unbestimmten Systemen teilweise. Bilden wir abweichend von den früheren Überlegungen des Vorabschnittes das statisch bestimmte Hauptsystem durch totale Schnitte, in denen drei Schnittkräfte frei werden, so denke man sich die durchschnittenen Stabenden durch völlig starre Zusatzstäbe bis zu einem außerhalb des Stabwerkes liegenden Punkt verlängert, dem „elastischen Pol". Damit wird der Angriffspunkt der Überzähligen an einen beliebig wählbaren Ort verlagert, ohne am elastischen Verhalten des Systems etwas zu ändern, da ja Stäbe mit unendlich großem Trägheitsmoment keinen Beitrag zu der Arbeit der inneren Kräfte leisten. Die Lage des elastischen Poles ergibt sich aus der Bedingung, daß die hier angreifenden Kräfte unabhängig voneinander sein sollen, d. h. aus der Bedingung $\delta_{k,i} = 0$. Wir müssen also die aus dem Einheitsansatz der Überzähligen erzeugten Momentenflächen betrachten. Aus $M = 1$ verläuft die Momentenfläche in den durch den Schnitt entstandenen freien Auskragungen konstant. Die Momentenflächen aus der Längskraft $N = 1$ und der Querkraft $Q = 1$ wechseln in den Achsen des elastischen Poles ihre Vorzeichen.

Man würde demnach das gleiche erreichen, wenn man statt der Einführung eines elastischen Poles in den Schnittstellen der Polachsen mit den Stäben Gelenke einfügen würde. In einem hochgradig unbestimmten Stabwerk bedeutet dieses Verfahren eine Voruntersuchung über die günstige Lage einzelner Gelenke. Diese Methode kann auch als Teil des Abklingungsverfahrens betrachtet werden, da letzteres ebenso wie das Festpunktverfahren den gleichen Weg verfolgt, wenn auch der Ausgangspunkt ein anderer ist.

In dem Beispiel der Vergleichsrechnung käme für die Einführung eines elastischen Poles nur der Stabzug 2—3—3′—2′ und somit eine Verlagerung der Gelenke b und $b′$ in Frage. Das Verfahren wird meist an geschlossenen Stabzügen sowie an Rahmen mit starren Auflagereinspannungen angewandt.

c) Gruppenlastenverfahren.

Der mathematische Kern jedes Verfahrens ist die Bildung von Gleichungen gegenseitiger Unabhängigkeit zur Bestimmung der Überzähligen. Wie früher ausgeführt wurde, läßt uns die Forderung der gegenseitigen Unabhängigkeit große Freiheit im Ansatz dieser Gleichungen. Jeder Bestimmungsgleichung der statischen Überzähligen liegt ein Selbstspannungszustand zugrunde. Die gebräuchlichste Form von Selbstspannungszuständen gegenseitiger Unabhängigkeit entsteht dadurch, daß in jeder der n-Gleichungen eine der n Überzähligen die Selbstspannung eins, alle übrigen $n - 1$ Überzähligen die Selbstspannung Null erfahren. Daraus entstehen die Gleichungen des allgemeinen Kraftgrößenverfahrens, in welchen gleichzeitig mehrere Überzählige auftreten. Das Bestreben, die Auflösung eines derartigen Gleichungssystems zu umgehen und Gleichungen mit nur einer Unbekannten zu erhalten, zwingt zur Einführung einer verwickelteren Überzähligeneinheit, welche in ihrer statischen Deutung zum Begriff der „Gruppenüberzähligen" führt. Eine Gruppenbelastung drückt den gleichzeitigen Ansatz aller oder mehrerer Überzähliger in einem bestimmten Größenverhältnis der Einzelwerte zueinander aus. Die Überzähligen der Gleichgewichtsaufgabe sind Schnittkräfte, wir müßten also folgerichtig nach der gewählten Bezeichnungsweise von Gruppenschnittkräften sprechen, wollen aber den gebräuchlichen Ausdruck „Gruppenlasten" beibehalten. Die Einführung einer Gruppenbelastung als Überzähligeneinheit bedeutet eine Umordnung der inneren Kräfte, d. h. der überzähligen Schnittkräfte, welche wir im Abschnitt I, E bereits ausführlich behandelt haben. Auch wurden die Grundlagen des Gruppenlastenverfahrens im Abschnitt I, B angeschnitten. Wir wollen aber im folgenden die Ableitung dieses Verfahrens unabhängig von den vorangegangenen allgemeinen Grundlagen durchführen.

Es mag vorausgeschickt werden, daß die Anwendung der nachfolgenden Methode auf jedes beliebige System vom praktischen Gesichtspunkt aus gesehen nicht die Mühe der Einarbeitung lohnt. Für Systeme von mehrfacher Symmetrie ist es jedoch von großem Nutzen. Das Gruppenlastenverfahren wird häufig mit dem Vermerk abgetan, daß es nur eine andere Form der Gaußschen Elimination von Gleichungen darstellt. Das trifft nur zu, wenn man die Umordnung einer schematischen Regel unterwirft, welche ebenso wie die Gaußsche Elimination mit jeder Rechnungsstufe eine Überzählige beseitigt. Das Wesen eines Umordnungsverfahrens liegt aber in der Freizügigkeit und Anpassung an das jeweilige System.

Die völlig unsymmetrischen Systeme I und II unseres Beispieles bieten keine sinnvollen Anwendungsmöglichkeiten zur Variation der Umformung, wir können aber an ihnen den der Gaußschen Elimination entsprechenden stufenförmigen Aufbau bei schematischer Umformung zeigen und bis zur Entwicklung der β-Werte für die konjugierte Matrix an einen bekannten Rechnungsgang anschließen.

Zunächst wollen wir den Begriff der „Gruppenunbekannten" erläutern, welche zum Unterschied von Einzelunbekannten mit Y bezeichnet werden sollen. Der einfacheren Darstellung wegen beschränken wir uns auf das konkrete Beispiel mit $n = 5$ Überzähligen.

Stellen wir uns vor, daß in jedem Gelenk g gleichzeitig ein bestimmtes Moment angreift, und zwar im Gelenk a das Moment y_{aI}, im Gelenk b das Moment y_{bI} usw., so entsteht ein Selbstspannungszustand aus einer ganzen Gruppe von Lasten — d. h. richtiger von inneren Schnittkräften —, die als „Gruppenlast" bezeichnet wird. Diesen Selbstspannungszustand kennzeichnen wir durch die kurze Formulierung

$$Y_I = -1$$

An den zu einer Gruppenlast Y_N gehörigen Einzelkräften y_{gN} bezeichnet der erste Index den Ort des Kraftangriffs (das Gelenk g), der zweite die Zugehörigkeit zur betreffenden Gruppenlast Y_N.

Im n-fach statisch unbestimmten System führen wir auch n Gruppenlasten als Überzählige ein, hier also Y_I, Y_{II}, ... Y_V. Lassen wir alle $n = 5$ Gruppenlasten gleichzeitig wirken, so setzt sich eine frühere Einzelüberzählige X_g aus n Teilwerten zusammen.

$$X_g = Y_I\, y_{gI} + Y_{II}\, y_{gII} + \cdots \quad \cdots Y_N\, y_{gN}. \tag{49}$$

Die am statisch bestimmten System wirkende Belastung $Y_I = -1$ erzeugt in den Gelenken a bis e die gegenseitigen Stabendverdrehungen $\delta_{a,I}$ bis $\delta_{e,I}$. Bezeichnen wir die am statisch bestimmten System durch $Y_I = -1$ erzeugten Momente mit M_I, entsprechend die Momente aus $Y_{II} = -1$ mit M_{II} usw., so bedeutet

$$1\,\delta_{I,II} = \frac{1}{E J_c} \int M_I M_{II}\, ds$$

die Arbeit der Gesamtverformung im Sinne von Y_I, welche durch den Zustand $Y_{II} = -1$ verursacht ist. $\delta_{I,II}$ ist also eine Verkettung von Einzelverformungen, deren Zusammenhang durch das Momentenbild von Y_I gegeben ist. In Erweiterung der Gl. [23] bilden wir die Bedingungsgleichung, daß die auf einen Gruppenzustand bezogene Arbeit der äußeren und inneren Kräfte gleich groß sein muß. Es ist dieses insofern eine ungewohnte Überlegung, als man sonst die Bedingungsgleichung auf einen einzelnen ausgezeichneten Punkt, z. B. auf das Gelenk g zu beziehen pflegt. Dadurch, daß wir an einem Punkt die Arbeit aus der virtuellen Last 1 und der wirklichen Verrückung dieses Punktes bildeten, konnten die Ansätze als Verrückungen eines Punktes angeschrieben werden. Nunmehr müssen wir die Arbeit als Produkt tatsächlich einsetzen. Der Lastanteil der Arbeit ist nicht in allen an der Arbeit beteiligten Punkten gleich 1, sondern gleich dem zur Gruppenlast $Y = -1$ zugeordneten Einzelwert. Es ist zweckmäßig, sich dieses eingehend vorzustellen, denn hierin liegt die Schwierigkeit des Gruppenlastenverfahrens, und es ist ratsam, sich nicht nur mit der abstrakten mathematischen Ableitung zu befassen, sondern sich ein ebenso anschauliches Bild vom Gruppenlastenverfahren zu machen, wie man es beim einfachen $\delta_{i,k}$-Verfahren gewohnt ist. Die wenigen zum Gruppenlastenverfahren führenden Gedankengänge sind auch sehr nützlich zum Verständnis anderer neuer Verfahren.

Die der Gl. [23] entsprechende Ausgangsgleichung, bezogen auf die Arbeit der Gruppenlast Y_J als Kraft bzw. als Weg, lautet

$$Y_I\, \delta_{J,I} + Y_{II}\, \delta_{J,II} + \cdots + Y_J\, \delta_{J,J} + \cdots + Y_N\, \delta_{J,N} = \delta_{J,0}.$$

Über die zu jeder Gruppenlast Y gehörigen Einzellasten y ist bisher nichts festgelegt. Wir gingen aber von dem Ziel aus, Gleichungen mit nur einer Unbekannten zu entwickeln. Die Einführung von Gruppenunbekannten bekommt erst ihren Sinn, wenn in obiger Ausgangsgleichung alle Glieder $\delta_{J,K}$ mit ungleichen Indizes auf der linken Gleichungsseite gleich Null werden. Dann wird

$$Y_J = \frac{\delta_{J,0}}{\delta_{J,J}}. \qquad [50]$$

In den Gleichungen [49] kommen n^2-Werte y_{gJ} vor. Da nach dem Satz von Maxwell $\delta_{J,K} = \delta_{K,J}$ ist, so stehen nur $\frac{n(n-1)}{2}$ Bedingungsgleichungen $\delta_{J,K} = 0$ zur Verfügung, also können $\frac{n(n+1)}{2}$ Werte y_{gJ} beliebig gewählt werden. Darin liegt der eigentliche Kern des Gruppenlastenverfahrens. Man kann durch geeignete Wahl der $\frac{n(n+1)}{2}$ Werte y_{gJ} einen Vorteil aus jeder irgendwie gearteten — auch teilweisen — Symmetrie des Systems ziehen.

Die überzähligen $\frac{n(n-1)}{2}$ Werte y_{gJ} ergeben sich aus zwei Bedingungen. Als Voraussetzung für Gl. [50] gilt

$$\delta_{J,K} = 0 = y_{aJ}\,\delta_{a,K} + y_{bJ}\,\delta_{b,K} + \ldots + y_{nJ}\,\delta_{n,K}. \qquad [51]$$

Nach dem Maxwellschen Satz folgt aus $\delta_{g,J} = \delta_{J,g}$ für die Einzelarbeit am Gelenk g infolge $Y_J = -1$

$$\delta_{g,J} = y_{aJ}\,\delta_{a,g} + y_{bJ}\,\delta_{b,g} + \ldots + y_{nJ}\,\delta_{n,g}. \qquad [52]$$

Hierin beziehen sich die kleinen Buchstaben a, b, g, n im Index auf die Gelenke d. h. auf die Angriffstellen der Einzelkräfte y, die großen Buchstaben J, K, N im Index ersetzen römische Zahlen und beziehen sich auf die Gruppenkräfte Y.

Mit diesen vier Gl. [49] bis [52] reicht man beim Gruppenlastenverfahren aus. Eine zweckentsprechende Anwendung des Verfahrens zeigten wir im Abschnitt I E, unser Zahlenbeispiel führen wir aber an dem System unserer Vergleichsrechnung durch, welches nach erfolgter Aufspaltung unsymmetrisch ist und keinen Anreiz für dieses Verfahren bietet. Zur Einführung und zur Klarlegung der Beziehung zur mathematischen Elimination der Überzähligen nach der Methode von Gauß ist auch dieser Fall des unsymmetrischen Stabwerkes von Nutzen.

Rechnungsgang mit fünf Gruppenlasten am unsymmetrischen System.

Man wählt bei fehlender Symmetrie alle Werte in der Diagonalen der für Gl. [49] aufgestellten Gleichungstafel gleich $+1$ und alle unterhalb der Diagonalen befindlichen Werte gleich Null. Dann stellt jeder Gruppenzustand $Y_J = -1$ die Abklingung eines Momentes $X_g = -1$ am $(g-1)$-fach statisch unbestimmten System dar. Der Anschaulichkeit halber schreiben wir Gleichung [49] nochmal in Form einer Zahlentafel an:

	Y_I	Y_{II}	Y_{III}	Y_{IV}	Y_V
X_a	$+1$	y_{aII}	y_{aIII}	y_{aIV}	y_{aV}
X_b	0	$+1$	y_{bIII}	y_{bIV}	y_{bV}
X_c	0	0	$+1$	y_{cIV}	y_{cV}
X_d	0	0	0	$+1$	y_{dV}
X_e	0	0	0	0	$+1$

Der Zustand $Y_I = -1$ ist bekannt, vgl. die M_a-Fläche der Abb. 20, S. 121.

Vom Zustand $Y_{II} = -1$ suchen wir den Teilwert y_{aII}. Wir bilden $\delta_{I,II} = 0$ und $\delta_{II,I} = 0$

$$\delta_{I,II} = 0 = +1\,\delta_{a,II}, \qquad\qquad \text{hieraus } \delta_{a,II} = 0 \qquad [51]$$

130 Beschreibung der statischen Verfahren.

$$\delta_{II,I} = 0 = + y_{a\,II}\,\delta_{a,I} + 1\,\delta_{b,I}\,, \qquad \text{hieraus } y_{a\,II} = -\frac{\delta_{b,I}}{\delta_{a,I}} \qquad [51]$$

$$\delta_{a,I} = 1\,\delta_{a,a}\,, \quad \text{ferner } \delta_{b,I} = 1\,\delta_{a,b}\,. \qquad\qquad\qquad\qquad [52]$$

Führen wir die gleichen Hilfswerte m wie in Zahlentafel 1a ein, so wird

$$y_{a\,II} = m_{ab}\,.$$

Die M_{II}-Fläche aus $Y_{II} = -1$ zeigt Abb. 23, S. 132.

Vom Zustand $Y_{III} = -1$ suchen wir die fehlenden Teilwerte $y_{a\,III}$ und $y_{b\,III}$.

Wir bilden $\delta_{I,III} = 0$, $\delta_{II,III} = 0$, dann $\delta_{III,II} = 0$ und $\delta_{III,I} = 0$

$$\delta_{I,III} = 0 = + 1\,\delta_{a,III}\,, \qquad\qquad \text{hieraus } \delta_{a,III} = 0 \qquad [51]$$

$$\delta_{II,III} = 0 = + y_{a\,II}\,\delta_{a,III} + 1\,\delta_{b,III}\,, \qquad \text{hieraus } \delta_{b,III} = 0 \qquad [51]$$

$$\delta_{III,II} = 0 = + y_{a\,III}\,0 + y_{b\,III}\,\delta_{b,II} + 1\,\delta_{c,II} \qquad\qquad [51]$$

$$\delta_{b,II} = y_{a\,II}\,\delta_{a,b} + 1\,\delta_{b,b} = m_{ab}\,\delta_{a,b} + \delta_{b,b} \qquad [52]$$

$$\delta_{c,II} = y_{a\,II}\,\delta_{a,c} + 1\,\delta_{b,c} = m_{ab}\,\delta_{a,c} + \delta_{b,c}\,. \qquad [52]$$

Mit $+ m_{bc} = -\dfrac{\delta_{II,c}}{\delta_{II,b}}$ (wie in Tafel 1a) erhalten wir

$$y_{b\,III} = + m_{bc}$$

$$\delta_{III,I} = 0 = + y_{a,III}\,\delta_{a,I} + y_{b,III}\,\delta_{b,I} + 1\cdot\delta_{c,I}\,. \qquad [51]$$

Bezeichnen wir wie in Tafel 1a $\dfrac{\delta_{b,I}}{\delta_{a,I}} = - m_{ab}$ und $\dfrac{\delta_{c,I}}{\delta_{a,I}} = - m_{ac}$, so wird

$$y_{a\,III} = + y_{b\,III}\,m_{ab} + m_{ac}\,.$$

Beim Gruppenlastenverfahren schreiben wir die gegenseitigen Stabendverdrehungen am $(n-1)$-fach statisch unbestimmten System anders als früher bei der mathematischen Elimination. Es sind folgende Zeichen als Indizes identisch

$$a = I, \quad \bar{b} = II, \quad \bar{c} = III, \quad \bar{d} = IV, \quad e = V.$$

Schreiben wir hier z. B. $\delta_{III,d}$, so lautete der gleiche Ausdruck früher $\delta_{\bar{c},d}$.

Der Zustand $Y_{IV} = -1$ wird in gleicher Weise berechnet, man bildet

$$\delta_{I,IV} = 0, \quad \delta_{II,IV} = 0, \quad \delta_{III,IV} = 0, \quad \text{dann } \delta_{IV,III} = 0, \quad \delta_{IV,II} = 0, \quad \delta_{IV,I} = 0\,.$$

In diesen Gleichungen kommen die gleichen Stabendverdrehungen $\delta_{\bar{i},k}$ und $\delta_{\bar{i},i}$, nur mit veränderter Schreibweise, wie beim Eliminationsverfahren in Zahlentafel 1a vor. Wir schreiben die Teilwerte der Gruppenlasten nochmal in Zahlentafel 9 geschlossen an.

Wir wollen auch die Beiwerte der konjugierten Matrix auf dem Wege des Gruppenlastenverfahrens entwickeln. Wählen wir für beliebige Gelenke die Bezeichnung $g, h, \ldots n$, für beliebige

Zahlentafel 9.

$y_{a\,II}$	$=$	m_{ab}			
$y_{b\,III}$	$=$		m_{bc}		
$y_{a\,III}$	$= y_{b\,III}\,m_{ab}$	$+\ m_{ac}$			
$y_{c\,IV}$	$=$			m_{cd}	
$y_{b\,IV}$	$=$		$y_{c\,IV}\,m_{bc}$	$+\ m_{bd}$	
$y_{a\,IV}$	$= y_{b\,IV}\,m_{ab}$	$+ y_{c\,IV}\,m_{ac}$	$+\ m_{ad}$		
$y_{d\,V}$	$=$				m_{de}
$y_{c\,V}$	$=$			$y_{d\,V}\,m_{cd}$	$+\ m_{ce}$
$y_{b\,V}$	$=$		$y_{c\,V}\,m_{bc}$	$+ y_{d\,V}\,m_{bd}$	$+\ m_{be}$
$y_{a\,V}$	$= y_{b\,V}\,m_{ab}$	$+ y_{c\,V}\,m_{ac}$	$+ y_{d\,V}\,m_{ad}$	$+\ m_{ae}$	

Gruppenlasten die großen Buchstaben $J, K, \ldots\ldots N$, so formen wir zunächst Gl. [50] um. Den Zähler spalten wir in seine Bestandteile auf und bilden die Arbeit an jeder Gelenkstelle

$$\delta_{J,0} = y_{gJ}\,\delta_{g,0} + y_{hJ}\,\delta_{h,0} + \ldots\ldots + y_{nJ}\,\delta_{n,0}\,.$$

Für den Nenner wählen wir die Bezeichnungsweise der Zahlentafel 1a.

$$\frac{1}{\delta_{J,J}} = m_{gg}$$

(g und J mögen bei der Numerierung von Gelenken und Gruppenlasten an gleicher Stelle stehen).

Nach dieser Umformung setzen wir diese Ausdrücke für Y_J in Gleichung [49] ein.

$$\begin{aligned}
X_g =\ & m_{aa}\,y_{gI}\,(y_{aI}\,\delta_{a.0} + y_{bI}\,\delta_{b,0} + \ldots\ldots + y_{hI}\,\delta_{h,0} + y_{nI}\,\delta_{n,0}) \\
&+ m_{bb}\,y_{gII}\,(y_{aII}\,\delta_{a,0} + y_{bII}\,\delta_{b,0} + \ldots\ldots + y_{hII}\,\delta_{h,0} + y_{nII}\,\delta_{n,0}) \\
&+ \ldots\ldots\ldots\ldots\ldots\ldots\ldots\ldots\ldots\ldots\ldots\ldots\ldots\ldots\ldots \\
&+ m_{nn}\,y_{gN}\,(y_{aN}\,\delta_{a,0} + y_{bN}\,\delta_{b,0} + \ldots\ldots + y_{hN}\,\delta_{h,0} + y_{nN}\,\delta_{n,0})\,.
\end{aligned}$$

Bringen wir X_g in die Form der Gleichung [34], so ist β_{gh} die Summe aller Faktoren von $\delta_{h,0}$ in obiger Gleichung.

$$\beta_{gh} = m_{aa}\,y_{gI}\,y_{hI} + m_{bb}\,y_{gII}\,y_{hII} + \ldots\ldots + m_{nn}\,y_{gN}\,y_{hN}\,.$$

Setzen wir die $\dfrac{n\,(n+1)}{2}$ bekannten Werte von y_{gJ} zu 1 bzw. zu 0 ein und benutzen Zahlentafel 9 zur Umformung, dann erhalten wir nachstehende Ausdrücke

Zahlentafel 10.

$$\beta_{ee} = m_{ee}$$
$$\beta_{de} = m_{ee}\,y_{dV}$$
$$\beta_{ce} = m_{ee}\,y_{cV}$$
$$\beta_{le} = m_{ee}\,y_{bV}$$
$$\beta_{ae} = m_{ee}\,y_{aV}$$

$$\beta_{dd} = m_{dd} \qquad\qquad + m_{de}\,\beta_{de}$$
$$\beta_{cd} = m_{dd}\,y_{cIV} \qquad + m_{de}\,\beta_{ce}$$
$$\beta_{bd} = m_{dd}\,y_{bIV} \qquad + m_{de}\,\beta_{be}$$
$$\beta_{ad} = m_{dd}\,y_{aIV} \qquad + m_{de}\,\beta_{ae}$$

$$\beta_{cc} = m_{cc} \qquad\qquad + m_{cd}\,\beta_{cd} \qquad + m_{ce}\,\beta_{ce}$$
$$\beta_{bc} = m_{cc}\,y_{bIII} \qquad + m_{cd}\,\beta_{bd} \qquad + m_{ce}\,\beta_{be}$$
$$\beta_{ac} = m_{cc}\,y_{aIII} \qquad + m_{cd}\,\beta_{ad} \qquad + m_{ce}\,\beta_{ae}$$

$$\beta_{bb} = m_{bb} \qquad\qquad + m_{bc}\,\beta_{bc} \qquad + m_{bd}\,\beta_{bd} \qquad + m_{be}\,\beta_{be}$$
$$\beta_{ab} = m_{bb}\,y_{aII} \qquad + m_{bc}\,\beta_{ac} \qquad + m_{bd}\,\beta_{ad} \qquad + m_{be}\,\beta_{ae}$$

$$\beta_{aa} = m_{aa} \qquad\qquad + m_{ab}\,\beta_{ab} \qquad + m_{ac}\,\beta_{ac} \qquad + m_{ad}\,\beta_{ad} \qquad + m_{ae}\,\beta_{ae}$$

Die Zahlentafeln 9 und 10 zusammen ersetzen Zahlentafel 2a. In der Entwicklung der konjugierten Matrix stellen die Teilwerte y_{gJ} eine Zwischenstufe dar. Das Ergebnis der Zahlenrechnung am System I und II ist folgendes:

System I

	Y_I	Y_{II}	Y_{III}	Y_{IV}	Y_V
X_a	$+1$	$-0{,}2890$	$-0{,}0879$	$-0{,}0508$	$+0{,}0219$
X_b	0	$+1$	$+0{,}3041$	$+0{,}1759$	$-0{,}0757$
X_c	0	0	$+1$	$+0{,}5786$	$-0{,}2490$
X_d	0	0	0	$+1$	$-0{,}4304$
X_e	0	0	0	0	$+1$

System II

	Y_{II}	Y_{III}	Y_V
X_b	$+1$	$+0{,}0370$	$-0{,}0492$
X_c	0	$+1$	$-1{,}3286$
X_e	0	0	$+1$

Die Ausrechnung der β-Werte nach Zahlentafel 10 ergibt die gleichen Werte wie früher. Ein nochmaliges Anschreiben der Ausrechnung für alle Lastfälle erübrigt sich.

Praktische Anwendung des Gruppenlastenverfahrens.

Unabhängig von der jeweils zu treffenden Auswahl der $\dfrac{n\,(n+1)}{2}$ Einzelwerte y_{gJ} erfolgt die Ausrechnung der endgültigen Momente in folgender Weise:

Es wäre verfehlt, die Einzelunbekannten X_g nach Gleichung [49] zu ermitteln, man rechnet statt dessen nur die Gruppenunbekannten Y_J nach Gleichung [50] aus, indem man die M_0-Fläche mit der Y_J-Fläche integriert und das Ergebnis mit m_{gg} erweitert. Dazu benötigt man jeweils eine Skizze der Y_J-Flächen, wie sie in Abb. 23 für das vorliegende Beispiel dargestellt sind.

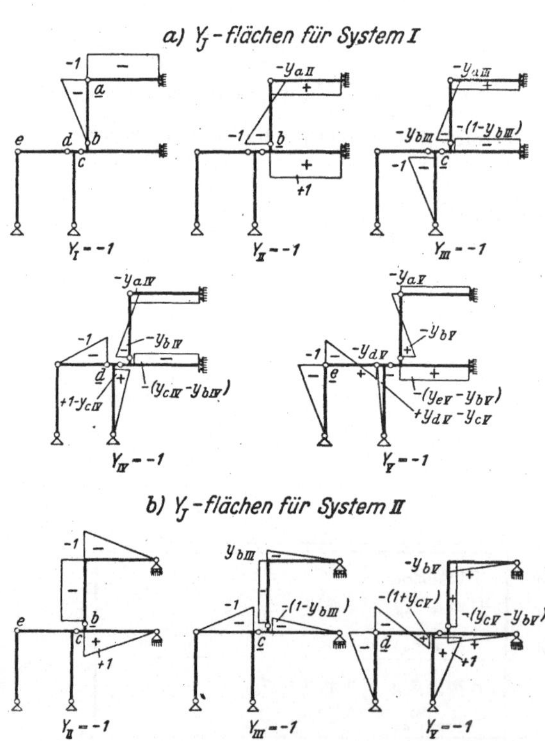

Abb. 23. Momente infolge $Y_J = -1$.

d) Momentenabklingungsverfahren.

Bei der Diskussion der Bestimmungsgleichungen für die statischen Überzähligen ergab sich als einzige Voraussetzung für die Anwendung eines Abklingungsverfahrens die Forderung, daß in der Gleichungsmatrix außer den Feldern der Hauptdiagonalen nur die unmittelbar benachbarten Felder besetzt sein dürfen. Dann können die Selbstspannungszustände der Überzähligeneinheiten aus Gleichungen mit nur einer Unbekannten entwickelt werden. In diesen Gleichungen wird das Verhältnis zweier im System benachbarter Überzähliger ausgerechnet, welches wir als Abklingungswert bezeichnen. Aus dem Selbstspannungszustand für $X_g = -1$ gewinnen wir auch den Wert β_{gg}, so daß wir aus

$$X_g = \delta_{g,0}\,\beta_{gg} \quad \text{mit} \quad \beta_{gg} = \frac{1}{\delta'_{g,g}}$$

den Ausgangswert der Abklingungsrechnung, d. h. die primäre Größe X_g erhalten. Zur Berechnung der Abklingungswerte schreiben wir nach Gleichung [39], S. 80, für eine Gelenkfolge $f - g - h$ am Hauptsystem A

$$a_{gh} = - \frac{\delta_{g,h}}{\delta_{g,g} + a_{fg}\,\delta_{g,f}} \cdot \qquad [52]$$

Man fügt die Gelenke zur Bildung des statisch bestimmten Hauptsystems meist in den Stabenden ein. Sind alle inneren Knoten des Systems unverschieblich, so hat das statisch bestimmte Hauptsystem die Form der festgehaltenen kinematischen Kette, es entsteht das Hauptsystem C. Dann lassen sich die Beiwerte der Ausgangsgleichungen in allgemeiner Form anschreiben. Das Gelenk g möge die steife Ecke zwischen den Stäben $k - i$ und $k - m$ unterbrechen. Folglich ist

$$\delta_{g,g} = \varrho_{ki} + \varrho_{km} \cdot \qquad [53]$$

$\varrho_{ki} = \tau_{ki,ki}$ ist der Stabendwinkel in ki aus $M_{ki} = + 1$ und somit die reziproke Stabsteifigkeit am Hauptsystem A. Das Nachbargelenk von g im Sinne der Knotenfolge $f - g - h$, welche zu dem vorausgesetzten dreigliedrigen Gleichungssystem führt, liegt entweder am gleichen Knoten k wie das Gelenk g, dann beträgt

$$\delta_{g,h} = \pm\,\varrho_{ki} \qquad [54]$$

oder es befindet sich am entgegengesetzten Stabende eines der beiden Stäbe, welche die steife Ecke am Ort g bilden, dann lautet

$$\delta_{g,h} = \pm\,\frac{1}{2}\,\varrho_{ki} \cdot \qquad [55]$$

Der Stab $k - i$ ist also derjenige, über den sich die Momentenflächen sowohl des Zustandes $M_g = - 1$ als auch des Zustandes $M_h = - 1$ am Hauptsystem erstrecken, $k - i$ ist gleichsam der Ort der Überschneidung der beiden Zustände. Das Vorzeichen ist positiv, wenn beide Momentenflächen im Bereich des Stabes $k - i$ das gleiche Vorzeichen haben.

Die letzten drei Gleichungen gelten aber nur unter der Voraussetzung, daß das Hauptsystem die Form des Hauptsystems C hat.

$\delta'_{g,g}$ ist die gegenseitige Stabendverdrehung aus $M_g = 1$ am $n - 1$-fach statisch unbestimmten System, in dem alle Gelenkeinfügungen mit Ausnahme von g beseitigt sind. Der reziproke Wert von $\delta'_{g,g}$ ist nach Gl. [40], S. 80

$$\frac{1}{\delta'_{g,g}} = \beta_{gg} = \frac{\alpha_{gh}}{\delta_{g,h}} \cdot \qquad [56]$$

Wir wollen die Belastung jedes Stabes als einzelnen Lastfall betrachten und die Stabendmomente des belasteten Stabes als Ausgangswerte der Abklingung berechnen.

Durch die Belastung eines Stabes können nicht mehr als zwei Belastungsglieder, z. B. $\delta_{g,0}$ und $\delta_{h,0}$, entstehen, welche zwei im Sinne der Gelenkfolge benachbarte Gelenke betreffen, weil anderenfalls die Voraussetzung der dreigliedrigen Gleichungen nicht erfüllt würde. Für den Knoten g und die Abklingungen mit fallenden Indizes müssen wir zur Berechnung des Ausgangswertes X_g die Wirkung von X_h berücksichtigen und

$$G = \delta_{g,0} + \delta_{h,0}\, a_{hg}$$

bilden. Nach dem Satz von Maxwell ist

$$\frac{a_{gh}}{\delta'_{h,h}} = \frac{a_{hg}}{\delta'_{g,g}},$$

folglich lautet allgemein

$$X_g = \frac{\delta_{g,0}}{\delta'_{g,g}} + \frac{\delta_{h,0}}{\delta'_{h,h}}\, a_{gh} = \frac{G}{\delta'_{g,g}} = \frac{G\, \alpha_{gh}}{\delta_{g,h}}. \tag{57}$$

Hat das Hauptsystem die Form von Hauptsystem C, so können wir diesen Ausdruck noch vereinfachen, indem wir die verschiedenen Lagen des belasteten Stabes $k\!-\!i$ zu den Gelenken g und h im Ansatz berücksichtigen. Alle drei Werte $\delta_{g,0}$, $\delta_{h,0}$ und $\delta_{g,h}$ müssen den Beiwert ϱ_{ki} enthalten, der sich im obigen Ansatz kürzen läßt.

1. Die Gelenke g und h liegen an zwei verschiedenen Knoten, g befindet sich in einem Stabende des Knotens k, und h in einem Stabende des Knotens i. Dann beträgt

$$\delta_{g,0} = \frac{s_{ki}}{6}\, B_{ki}, \qquad \delta_{h,0} = \frac{s_{ki}}{6}\, B_{ik},$$

$$\delta_{g,h} = \pm \frac{1}{2}\, \varrho_{ki} = \pm \frac{s_{ki}}{6}.$$

Dann wird

$$X_g = \pm (B_{ki} + B_{ik}\, a_{hg})\, \alpha_{gh} \tag{58}$$

und im Falle feldsymmetrischer Belastung

$$X_g = \pm B_{ki}\, \alpha'_{gh}. \tag{59}$$

2. Die Gelenke g und h liegen in zwei Stabenden des gleichen Knotens k, dann ist i ein Auflagerknoten a und $\delta_{g,0}$ ist gleich $\pm\, \delta_{h,0}$. Es beträgt je nach der Lagerung des Stabendes ak

im L.-F.   a) $\qquad \delta_{g,0} = \pm\, \delta_{h,0} = \pm \frac{s_{ka}}{6}\, B_{ka}$

$$\delta_{g,h} = \pm\, \varrho_{ka} = \pm \frac{s_{ka}}{3}$$

im L.-F.   c) $\qquad \delta_{g,0} = \pm\, \delta_{h,0} = \pm \frac{s_{kk'}}{12}\, B_{kk'} = \pm \frac{s_{ka}}{3}\, B_{kk'},$

hierin bezieht sich $B_{kk'}$ auf die doppelte Stablänge $s_{kk'} = 2\, s_{ka}$ und auf eine Belastung, die spiegelbildlich in $a\!-\!k'$ wie in $a\!-\!k$ anzusetzen ist, vgl. Abb. 9, S. 44.

$$\delta_{g,h} = \pm\, \varrho_{ka} = \pm\, s_{ka},$$

dann lautet

$$X_g = \pm \frac{1}{2}\, B_{ka}\, \alpha_{gh} (1 \pm a_{hg}) \quad \text{(Gelenk in } ak\text{)} \tag{60a}$$

$$= \pm \frac{1}{2}\, B_{ka}\, \alpha'_{gh}$$

$$X_g = \pm \frac{1}{3}\, B_{kk'}\, \alpha_{gh} (1 \pm a_{hg}) \quad \text{(querverschiebliche Einspannung in } ak\text{)} \tag{60c}$$

$$= \pm \frac{1}{3}\, B_{kk'}\, \alpha'_{gh}.$$

Setzt man für a_{hg} den absoluten Wert ein, so ist das Vorzeichen in der Klammer stets negativ.

3. Das Stabende k des belasteten Stabes $k - a$ ist nur mit einem Gelenk g angeschlossen, dann ergibt sich aus den beiden letzten Ansätzen [60a] und [60c]

$$X_g = \pm\, B_{ka}\, a_{ga} \quad \text{(Gelenk in } ak) \tag{61a}$$

$$X_g = \pm\, \frac{1}{3}\, B_{kk'} \quad \text{(querverschiebliche Einspannung in } ak). \tag{61c}$$

Die Abklingungsrechnung ergibt sich aus der Zahlentafel 5 auf S. 82.

Sind zur Bildung des statisch bestimmten Hauptsystems Gelenke a in den unverschieblichen, festen Einspannungen der Auflagerknoten eingefügt, so kann man die ihnen entsprechenden Überzähligen X_a als Funktionen der benachbarten Gelenke g aussondern und dadurch die Zahl der Überzähligen verringern, vgl. Gl. [28], S. 58.

Unabhängig von der Form des Hauptsystems, also auch von der Verschieblichkeit der inneren Knoten sind die allgemeinen Ansätze [52], [56] und [57]. Verwendet man diese Gleichungen, so ist der Lösungsgang völlig gleichlautend mit der algebraischen Gleichungsauflösung gemäß S. 76 ff., das Abklingungsverfahren ist also eine statische Auslegung einer bestimmten Art der Gleichungsauflösung.

Für unser Vergleichsbeispiel müssen wir die Gelenkanordnung b) wählen, um die vorausgesetzte Form der Gleichungsmatrix zu erhalten. Die Abklingungswerte sind dann identisch mit den Beiwerten m_{ki} der Zahlentafel 1 a für die Gaußsche Elimination. Wir schreiben daher statt der Ansätze [52] den Kettenbruch an.

Abklingungswerte am System I (vgl. Abb. 20b, S. 121).

Dem Kettenbruch auf S. 123 entnehmen wir

$$a_{ab} = -\,0{,}2890, \quad a_{bc} = +\,0{,}3040, \quad a_{cd} = +\,0{,}5786, \quad a_{de} = -\,0{,}4304 .$$

Die Abklingung vom Auflager 4 nach e beträgt

$$a_{ea} = a_{e4} = -\,\frac{\dfrac{s_{14}}{6}}{26{,}39} = -\,\frac{8{,}8}{26{,}39} = -\,0{,}3335 .$$

Die Rekursion liefert

$$a_{ba} = -\ \underset{\dfrac{6{,}02}{16{,}54 + 4{,}5\,\cdot}}{\overset{a_{ba}\,=\,-\,0{,}4348}{\Big[}}\ \underset{\dfrac{(-\,4{,}5)}{8{,}80 + 4{,}3\,\cdot}}{\overset{a_{cb}\,=\,+\,0{,}5986}{\Big[}}\ \underset{\dfrac{(-\,4{,}3)}{15{,}50 - 5{,}6\,\cdot}}{\overset{a_{dc}\,=\,+\,0{,}2984}{\Big[}}\ \underset{\dfrac{5{,}6}{28{,}80}}{\overset{a_{ed}\,=\,-\,0{,}1944}{\Big[}}$$

Die α-, α'- und α''-Werte können wir, sofern a_{ki} und a_{ik} kleiner als 0,5 sind, aus den Zahlentafeln A 5 bis A 7 ablesen, die genaueren Werte sollen zum Vergleich in Klammern hinzugefügt werden.

$$\alpha'_{ab} = +\,0{,}186\ (0{,}1868), \quad \alpha'_{ba} = +\,0{,}352\ (0{,}3536)$$
$$\alpha'_{bc} = \qquad (-\,0{,}1492), \quad \alpha'_{cb} = \qquad (-\,0{,}5093)$$
$$\alpha'_{cd} = \qquad (-\,0{,}4906), \quad \alpha'_{dc} = \qquad (-\,0{,}1520)$$
$$\alpha'_{de} = +\,0{,}376\ (0{,}3784), \quad \alpha'_{ed} = +\,0{,}116\ (0{,}1208)$$
$$\alpha''_{de} = +\,0{,}564\ (0{,}5610), \quad \alpha''_{ed} = +\,0{,}307\ (0{,}3034)$$

Lastfall Ia, vgl. S. 116, $\quad B_{12} = \delta_{e,0} \dfrac{6}{s_{12}} = B_{21} = \delta_{d,0} \dfrac{6}{s_{12}} = -8,82$

$$X_e = M_{12} = -8,82 \quad \alpha'_{ed} = -1,023 \ (1,066)$$
$$X_d = M_{21} = -8,82 \quad \alpha'_{de} = -3,316 \ (3,337)$$
$$X_c = \qquad -3,316 \ a_{cd} = -1,919 \ (1,931)$$
$$X_b = M_{23} = -1,919 \ a_{bc} = -0,583 \ (0,587)$$
$$X_a = M_{32} = -0,583 \ a_{ab} = +0,168 \ (0,170)$$

Lastfall Ib, vgl. S. 116, $\quad B_{26} = \delta_{c,0} \dfrac{3}{s_{26}} = -\delta_{b,0} \dfrac{3}{s_{26}} = -60,0$

$$X_b = M_{23} = -\frac{1}{3} 60,0 \quad \alpha'_{bc} = (+\ 2,984)$$
$$X_a = M_{32} = +\qquad 2,984 \ a_{ab} = (-\ 0,862)$$
$$X_c = \qquad +\frac{1}{3} 60,0 \quad \alpha'_{cb} = (-10,186)$$
$$X_d = M_{21} = -\qquad 10,186 \ a_{dc} = (-\ 3,040)$$
$$X_e = M_{12} = -\qquad 3,040 \ a_{ed} = (+\ 0,591)$$

Lastfall Ic, vgl. S. 116, $\quad B_{23} = \delta_{b,0} \dfrac{6}{s_{23}} = B_{32} = \delta_{a,0} \dfrac{6}{s_{23}} = -11,7$

$$X_a = M_{32} = -11,7 \quad \alpha'_{ab} = -2,176 \ (2,186)$$
$$X_b = M_{23} = -11,7 \quad \alpha'_{ba} = -4,118 \ (4,137)$$
$$X_c = \qquad -4,118 \ a_{cb} = -2,465 \ (2,476)$$
$$X_d = M_{21} = -\ 2,465 \ a_{dc} = -0,736 \ (0,739)$$
$$X_e = M_{12} = -\ 0,736 \ a_{ed} = +0,143 \ (0,144)$$

Lastfall Id, vgl. S. 124, $\quad B_{12} = \delta_{e,0} \dfrac{6}{s_{12}} = -B_{21} = -\delta_{d,0} \dfrac{6}{s_{12}} = +\dfrac{173,25}{5,6} = +30,937$

$$X_e = M_{12} = +30,937 \ \alpha''_{ed} = +\ 9,498 \ (\ 9,386)$$
$$X_d = M_{21} = -30,937 \ \alpha''_{de} = -17,448 \ (17,356)$$
$$X_c = \qquad -17,448 \ a_{cd} = -10,095 \ (10,042)$$
$$X_b = M_{23} = -10,095 \ a_{bc} = -\ 3,069 \ (\ 3,053)$$
$$X_a = M_{32} = -\ 3,069 \ a_{ab} = +\ 0,887 \ (\ 0,882)$$

Lastfall Ie, vgl. S. 124.

Die Auflagerverschiebungen von 4 und 5 sind im Sinne der Abklingungsberechnung zwei Lastfälle, die wir hier aber zusammenfassen wollen.

1. $\quad B_{14} = \delta_{e,0} \dfrac{6}{s_{14}} = +\dfrac{346,0}{8,8} = +39,318$

$$X_e = M_{12} = +39,318 \ a_{e\,4} = +13,113$$
$$X_d = M_{21} = +13,113 \ a_{de} = -\ 5,644$$
$$X_c = \qquad -\ 5,644 \ a_{cd} = -\ 3,266$$

2. $B_{25} = \delta_{e,0}\dfrac{6}{s_{25}} = -\,\delta_{d,0} = +\dfrac{179,0}{2,15} = +\,83{,}256$

$$X_d = M_{21} = -\frac{1}{2}\,83{,}256\ \alpha'_{dc} = -\ 6{,}327 \quad (\ 6{,}327)$$

$$\text{dazu von 1.} \qquad\qquad -\ 5{,}644$$

$$M_{21} = -\,11{,}971$$

$$X_e = M_{12} = -\ 6{,}327\ a_{ed} = +\ 1{,}230$$

$$\text{dazu von 1.} \qquad\qquad +\,13{,}113$$

$$M_{12} = +\,14{,}343$$

$$X_c = \qquad +\frac{1}{2}\,83{,}256\ \alpha'_{cd} = +\,20{,}439 \quad (20{,}423)$$

$$\text{dazu von 1.} \qquad\qquad -\ 3{,}266$$

$$+\,17{,}173 \quad (17{,}157)$$

$$X_b = M_{23} = +\ 17{,}173\ a_{bc} = +\ 5{,}232$$

$$X_a = M_{32} = +\ 5{,}232\ a_{ab} = -\ 1{,}512$$

Das System II zeigt den Rechnungsgang in der allgemeineren Form für ein verschiebliches System. Wir müssen zunächst die Gleichungsbeiwerte $\delta_{g,h}$ und $\delta_{g,g}$ ermitteln und zu diesem Zweck die M_0-Flächen der Überzähligen aufzeichnen. Da die gleichen Beiwerte bereits auf S. 125 errechnet wurden, wollen wir die Ergebnisse hier übernehmen.

Die Abklingungswerte lassen sich am kürzesten aus dem Kettenbruch entwickeln. In einer Abklingungsrichtung erhielten wir bereits auf S. 125

$$a_{bc} = +\,0{,}0370, \quad a_{ce} = -\,1{,}3286.$$

Die Rekursion des Kettenbruches ergibt

$$a_{cb} = +\ \cfrac{a_{cb} = +\,0{,}1970}{\cfrac{1,5}{12{,}7 - 16{,}8 \cdot \cfrac{a_{ec} = -\,0{,}3027}{\cfrac{16,8}{55,5}}}}$$

$$\alpha_{bc} = -\,0{,}0373, \quad \alpha_{cb} = -\,0{,}1984$$
$$\alpha'_{bc} = -\,0{,}0300, \quad \alpha'_{cb} = -\,0{,}1911$$
$$\alpha_{ce} = +\,2{,}2224, \quad \alpha_{ec} = +\,0{,}5063$$

Die Vorwerte $\delta_{c,e} = +\,16{,}8$ und $\delta_{b,c} = -\,1{,}5$ übernehmen wir gleichfalls von S. 125.

Lastfall IIa $\qquad\qquad \delta_{c,0} = -\,49{,}392, \ \delta_{e,0} = +\,2\,\delta_{c,0}$

$$X_e = M_{12} = -\,49{,}392\,(2 + 1\,a_{ce})\,\frac{\alpha_{ec}}{\delta_{e,c}} = -\,0{,}999$$

$$X_c = -\,49{,}392\,(1 + 2\,a_{ec})\,\frac{\alpha_{ce}}{\delta_{c,e}} = -\,2{,}578$$

$$X_b = M_{23} = -\ 2{,}578\ a_{bc} = -\,0{,}095$$

$$\text{Lastfall IIb} \qquad \delta_{b,0} = -\delta_{c,0} = +10,0$$

$$X_b = M_{23} = +10,0 \qquad \frac{\alpha'_{bc}}{\delta_{b,c}} = +0,200$$

$$X_c \qquad = -10,0 \qquad \frac{\alpha'_{cb}}{\delta_{b,c}} = -1,274$$

$$X_e = M_{12} = -1,274 \; a_{ec} = +0,386$$

$$\text{Lastfall IIc} \qquad \delta_{b,0} = -468,312$$

$$X_b = M_{23} = -468,312 \; \frac{\alpha_{bc}}{\delta_{b,c}} = -11,645$$

$$X_c \qquad = -11,645 \; a_{cb} = -2,294$$

$$X_e = M_{12} = -2,294 \; a_{ec} = +0,694$$

$$\text{Lastfall IId} \qquad \delta_{c,0} = +517,44, \quad \delta_{e,0} = +974,82$$

$$X_e = M_{12} = +(974,82 + 517,44 \; a_{ce}) \frac{\alpha_{ec}}{\delta_{e,c}} = +8,660$$

$$X_c = \qquad +(517,44 + 974,82 \; a_{ec}) \frac{\alpha_{ce}}{\delta_{c,e}} = +29,415$$

$$X_b = M_{23} = +29,415 \; a_{bc} \qquad = +1,088$$

C. Verfahren am Hauptsystem B.

a) Drehwinkelverfahren.

Die Ausgangsform der Lösung am Hauptsystem B wird meist als „Drehwinkelverfahren" bezeichnet, da alle Überzähligen als Drehwinkel gewählt werden können. Werden statt der Drehwinkel oder mit ihnen zusammen Knotenpunktsverschiebungen als Überzählige angesetzt, so bedeutet das in fast allen Fällen eine Verschlechterung der Lösung. Der Grund ist der gleiche, weshalb auch am Hauptsystem A nur Momente als statische Unbekannte gewählt wurden.

Der allgemeine Gang der Lösung durch Aufstellung der Elastizitätsgleichungen wurde im Abschnitt I, C, a S. 50 ff. behandelt. Man erhält hierdurch zunächst die geometrischen Unbekannten. Da die Aufgabestellung im allgemeinen nur die statischen Unbekannten umfaßt, zerfällt damit die Lösung in zwei Teile. Nachdem im ersten Teil die Gleichungen zur Ermittlung der Drehwinkel aufgestellt und aufgelöst worden sind, ermittelt man im zweiten Teil die gesuchten Stabendmomente nach Gl. [17a bis c].

Wird nur nach den Stabendmomenten, nicht nach geometrischen Größen — Durchbiegungen, Verdrehungen, Abstandsänderungen usw. — gefragt, so stellt das Verfahren grundsätzlich einen Umweg dar, dessen Abkürzung oder Vermeidung das Ziel der neueren Verfahren bildet. Dagegen sind zwei Vorzüge des Drehwinkelverfahrens oder — richtig gesagt — zwei Vorzüge der Zugrundelegung des Hauptsystems B gegenüber der Verwendung des Hauptsystems A festzustellen. Erstens enthalten manche Systeme, besonders solche mit festen Einspannungen in den äußeren Lagern weniger geometrische als statische Überzählige, so daß die Gleichungsauflösung kürzer wird. Zweitens klingen die Drehwinkel schneller ab, da eine Knotendrehung durch jeden anschließenden Stab aufgespalten und gleichsam aufgezehrt wird. Dadurch sinkt die Fehlerempfindlichkeit und mit der dadurch bedingten Verringerung der erforderlichen Stellenzahl verringert sich nochmal der Rechnungsaufwand für die Auflösung der Gleichungen. Es ist damit die Vorbedingung für die Anwendung von Iterationen mathematischer oder statischer Art gegeben, so daß man mit dem Drehwinkelverfahren auch diejenigen hochgradig unbestimmten Systeme lösen kann, für welche eine Elimination schon aus rechentechnischen Gründen ausscheidet.

Da die Form des Hauptsystems festliegt, ist der Beschreibung von der Gleichungsaufstellung S. 50 ff. wenig zuzufügen. Im unverschieblichen System scheiden Stabdrehwinkel aus, bei nur rechtwinkligen Stabanschlüssen entstehen 2- bis 5-gliedrige regelmäßige Elastizitätsgleichungen. Im verschieblichen System kommen je Gleichung noch ein bis zwei Glieder hinzu, welche den Stabdrehwinkel enthalten. Dadurch werden alle Gleichungen unregelmäßig, das ist ein schwerwiegender Nachteil dieses Verfahrens.

Mit dieser Frage haben wir uns bereits eingangs ausführlich beschäftigt. Das Ergebnis dieser Betrachtung bildete der Vorschlag, das Hauptsystem *B* durch ein geometrisch unbestimmtes System mit freier Verschieblichkeit der inneren Knoten zu ersetzen, welches wir mit Hauptsystem B^* bezeichnen. In Zusammenhang hiermit steht die Frage der Gleichungsreihenfolge am Hauptsystem *B*.

Durch die Einführung zweier verschiedener Arten von Überzähligen und deren Ansatz einerseits am eigentlichen System und andererseits am Hilfsstabwerk wird der Rechnungsgang in zwei Stufen unterteilt. Es ist üblich, mit den Gleichungen zu beginnen, welche sich auf das Gleichgewicht in den inneren Knoten des ursprünglichen Systems beziehen, und somit Gleichungen für die Knotendrehwinkel am unverschieblichen System anzusetzen. In der zweiten Stufe werden mit Hilfe der Gleichgewichtsbedingungen an den Knoten des Hilfsstabwerkes die sogenannten Stockwerksgleichungen zur Berücksichtigung der Verschieblichkeit angeschrieben. Wir wollen hier die umgekehrte Reihenfolge wählen. Ob durch diese Maßnahme eine Verbesserung oder Verschlechterung in der Gleichungsauflösung nach dem Schema von Gauß eintritt, ist nicht untersucht. Vermutlich ist es günstiger, zuerst die Stabdrehwinkel zu eliminieren, weil die gegenseitige Einwirkung der Knotendrehwinkel, d. h. die relative Größe der Beiwerte $M_{k,i}$ zum Hauptbeiwert $M_{k,k}$ geringer ist als die Einwirkung der Stabdrehwinkel, d. h. das Verhältnis $M_{k',k}$ zu $M_{k,k}$. Auch bei anderen Verfahren ist es vorteilhaft, mit denjenigen Ansätzen zu beginnen, welche sich am stärksten auswirken. Es hat hier noch einen weiteren Vorteil, wenn wir diese Gleichungsreihenfolge wählen, wir leiten damit gleichzeitig zum Hauptsystem B^* über. Wir wollen die Vergleichsrechnung zunächst am Hauptsystem *B* und anschließend am Hauptsystem B^* durchführen.

Den Unterschied in der Eignung für unverschiebliche und verschiebliche Systeme zeigt unser Vergleichsbeispiel besonders eindringlich. Mit der Ausrechnung der Steifigkeiten (vgl. S. 117) und der Belastungsglieder (vgl. S. 118) ist bereits ein wesentlicher Teil der Lösung vorweggenommen.

1. Unverschiebliches System I.

Beiwerte nach [17 a bis c] und [20], S. 54, Steifigkeiten siehe S. 117.

$$M_{1,1} = +\ 4,2207, \quad M_{1,2} = +\ \frac{2,8571}{2} = +\ 1,4286$$

$$M_{2,2} = +\ 16,4296, \quad M_{2,3} = +\ \frac{2,6578}{2} = +\ 1,3289$$

$$M_{3,3} = +\ 5,3882.$$

140 Beschreibung der statischen Verfahren.

Mit den auf S. 118 ausgerechneten Belastungsgliedern lautet die Gleichungsmatrix

Gl.	φ_1	φ_2	φ_3	
1)	$+ 4{,}2207$	$+ 1{,}4286$		$+ M_{1,0}$
2)	$+ 1{,}4286$	$+ 16{,}4296$	$+ 1{,}3289$	$+ M_{2,0}$
3)		$+ 1{,}3289$	$+ 5{,}3882$	$+ M_{3,0}$

Die Matrix eignet sich gut zur Iteration, wir wollen daher unmittelbar die β-Werte der konjugierten Matrix nach Zahlentafel 4 a anschreiben. Die Kürzung der Gleichungen ergibt

$$b_{12} = - 0{,}33847, \quad b_{21} = - 0{,}08695, \quad b_{23} = - 0{,}08088, \quad b_{32} = - 0{,}24663$$

Stufe:	1	2	3	Ergebnis
$\beta_{11} =$	$+ 0{,}23693$	$+ 0{,}00697$	$+ 0{,}00035$	$= + 0{,}24425$
$\beta_{12} =$	$- 0{,}02060$	$- 0{,}00102$	$- 0{,}00005$	$= - 0{,}02167$
$\beta_{13} =$	$+ 0{,}00508$	$+ 0{,}00025$	$+ 0{,}00001$	$= + 0{,}00534$
$\beta_{22} =$	$+ 0{,}06266$	$+ 0{,}00134$	$+ 0{,}00003$	$= + 0{,}06403$
$\beta_{23} =$	$- 0{,}01545$	$- 0{,}00033$	$- 0{,}00001$	$= - 0{,}01579$
$\beta_{33} =$	$+ 0{,}18940$	$+ 0{,}00008$	$+ 0$	$= + 0{,}18948$

Wie man sieht, genügten bereits zwei Stufen für eine Fehlergrenze von weniger als $1^0/_0$. Die überzähligen Drehwinkel errechnen sich nach Gl. [34].

	$M_{1,0}$	$M_{2,0}$	$M_{3,0}$	Ia	Ib	Ic	Id	Ie
	$+ 19{,}659$	$+ 41{,}628$						Ie
	$- 30{,}937$	$- 30{,}937$					Id	
		$+ 3{,}9$	$- 3{,}9$			Ic		
		$+ 20{,}0$			Ib			
	$+ 2{,}94$	$- 2{,}94$		Ia				
φ_1	$+ 0{,}24425$	$- 0{,}02167$	$+ 0{,}00534$	$+ 0{,}7818$	$- 0{,}4334$	$- 0{,}1054$	$- 6{,}8863$	$+ 3{,}8898$
φ_2	$- 0{,}02167$	$+ 0{,}06403$	$- 0{,}01579$	$- 0{,}2520$	$+ 1{,}2805$	$+ 0{,}3113$	$- 1{,}3105$	$+ 2{,}2394$
φ_3	$+ 0{,}00534$	$- 0{,}01579$	$+ 0{,}18948$	$+ 0{,}0621$	$- 0{,}3158$	$- 0{,}8006$	$+ 0{,}3233$	$- 0{,}5523$

Die gesuchten Einspannmomente errechnen sich aus Gl. [17 a bis c], die Ergebnisse wurden bereits auf S. 124, wenn auch mit veränderten Vorzeichen vermerkt. Die Berechnung am Hauptsystem B erfolgt stets nach Vorzeichenregel II.

Stabendmomente nach Gl. [17 a bis c].

Lastfall I a

$$M_{14} = - 1{,}3636 \cdot 0{,}7818 = - 1{,}0661$$
$$M_{21} = - 2{,}94 - 2{,}8571 \; (- 0{,}2520 + 0{,}3909) = - 3{,}3368$$
$$M_{25} = + 5{,}5814 \cdot 0{,}2520 = + 1{,}4065$$
$$M_{26} = + 5{,}3333 \cdot 0{,}2520 = + 1{,}3440$$
$$M_{23} = - 2{,}6578 \; (- 0{,}2520 + 0{,}0310) = + 0{,}5874$$
$$M_{37} = - 2{,}7304 \cdot 0{,}0621 = - 0{,}1696$$

Lastfall I b

$$M_{14} = + 1{,}3636 \cdot 0{,}4334 = + 0{,}5910$$
$$M_{21} = - 2{,}8571 \; (1{,}2805 - 0{,}2167) = - 3{,}0394$$
$$M_{25} = - 5{,}5814 \cdot 1{,}2805 = - 7{,}1470$$
$$M_{26} = + 20{,}0 - 5{,}3333 \cdot 1{,}2805 = + 13{,}1707$$
$$M_{23} = - 2{,}6578 \; (1{,}2805 - 0{,}1579) = - 2{,}9836$$
$$M_{37} = + 2{,}7304 \cdot 0{,}3138 = + 0{,}8623$$

Lastfall I*c*

$M_{14} = + 1,3636 \cdot 0,1054 \qquad = + 0,1437$

$M_{21} = - 2,8571$
$\qquad\qquad (0,3113 - 0,0527) \qquad = - 0,7388$

$M_{25} = - 5,5814 \cdot 0,3113 \qquad = - 1,7375$

$M_{26} = - 5,3333 \cdot 0,3113 \qquad = - 1,6603$

$M_{23} = + 3,9 - 2,6578$
$\qquad\qquad (0,3113 - 0,4003) \qquad = + 4,1365$

$M_{37} = + 2,7304 \cdot 0,8006 \qquad = + 2,1860$

Lastfall I*d*

$M_{14} = + 1,3636 \cdot 6,8863 \qquad = + 9,3902$

$M_{21} = - 30,937 - 2,8571$
$\qquad\qquad (- 1,3105 - 3,4431) \qquad = - 17,3555$

$M_{25} = + 5,5814 \cdot 1,3105 \qquad = + 7,3144$

$M_{26} = + 5,3333 \cdot 1,3105 \qquad = + 6,9893$

$M_{23} = - 2,6578$
$\qquad\qquad (- 1,3105 + 0,1616) \qquad = + 3,0535$

$M_{37} = - 2,7304 \cdot 0,3233 \qquad = - 0,8827$

Lastfall I*e*

$M_{14} = + 19,659$
$\qquad\qquad - 1,3636 \cdot 3,8998 \qquad = + 14,3412$

$M_{21} = - 2,8571$
$\qquad\qquad (2,2394 + 1,9499) \qquad = + 11,9692$

$M_{25} = + 41,628$
$\qquad\qquad - 5,5814 \cdot 2,2394 \qquad = + 29,1290$

$M_{26} = - 5,3333 \cdot 2,2394 \qquad = - 11,9434$

$M_{23} = - 2,6578$
$\qquad\qquad (2,2394 - 0,2761) \qquad = - 5,2181$

$M_{37} = + 2,7304 \cdot 0,5523 \qquad = + 1,5080$

2. Verschiebliches System II, Ansatz am Hauptsystem *B*.

Da wir zwei Arten von Überzähligen eingeführt haben, Knotendrehwinkel und Stabdrehwinkel, erhalten wir einerseits Knoten-, andererseits Stockwerksgleichungen. Es ist aber nicht gleichgültig, in welcher Reihenfolge wir die Gleichungen anschreiben. Es ist üblich, mit den Knotengleichungen zu beginnen, d. h. die Horizontalverschiebungen am System mit freigemachten, verdrehbaren Knoten anzusetzen. Dieses ist nach Auffassung des Verfassers unzweckmäßig. Bei umgekehrter Reihenfolge nutzt man den Vorteil aus, daß zwischen den Stabdrehwinkeln bei Unverdrehbarkeit der Knoten keine Wechselwirkungen bestehen, $M_{k',u'} = 0$ und $M_{k',0'} = 0$, während in den Nachbarknoten k und i $M_{i,k} \neq 0$ ist. Wie ungünstig es ist, womöglich die Stockwerksgleichungen in gesondertem Rechengang am System mit freigemachtem Knoten anzusetzen, wird später an einem Beispiel gezeigt werden. Dagegen ist es bedeutend einfacher, Knotengleichungen am System mit freigemachten horizontalen Stützungen anzusetzen. Dieses wird sich später bei der Behandlung der Abklingungsverfahren deutlich zeigen.

Die Beiwerte der Ausgangsgleichungen für das System II unserer Vergleichsrechnung errechnen sich aus den Ansätzen der S. 54 mit den auf S. 117 ermittelten Steifigkeiten. Die Gleichungsmatrix lautet sodann

Gl.	ϑ_a	ϑ_b	φ_1	φ_2	φ_3
a)	+ 6,9450		+ 1,3636	+ 5,5814	
b)		+ 7,9734		+ 3,9867	+ 3,9867
1)	+ 1,3636		+ 4,2207	+ 1,4286	
2)	+ 5,5814	+ 3,9867	+ 1,4286	+ 27,0963	+ 1,3289
3)		+ 3,9867		+ 1,3289	+ 10,8489

Eliminationsrechnung nach Zahlentafel 1 a:

Hilfswerte m	Gl.	ϑ_a	ϑ_b	φ_1	φ_2	φ_3	Summe
$m_{aa} = 0{,}14399$	a)	$+6{,}9450$		$+1{,}3636$	$+5{,}5814$		$+13{,}8900$
$m_{bb} = 0{,}12542$	b)		$+7{,}9734$		$+3{,}9867$	$+3{,}9867$	$+15{,}9468$
	1)			$+4{,}2207$	$+1{,}4286$		$+7{,}0129$
$m_{a1} = -0{,}14399 \cdot 1{,}3636$	a)$\cdot m_{a1}$						
$\quad = -0{,}19634$				$-0{,}2677$	$-1{,}0959$		$-2{,}7272$
$m_{11} = 0{,}25297$	$\bar{1}$)			$+3{,}9530$	$+0{,}3327$		$+4{,}2857$
	2)				$+27{,}0963$	$+1{,}3289$	$+39{,}4219$
$m_{a2} = -0{,}14399 \cdot 5{,}5814$							
$\quad = -0{,}80366$	a)$\cdot m_{a2}$				$-4{,}4855$		$-11{,}1628$
$m_{b2} = -0{,}12542 \cdot 3{,}9867$	b)$\cdot(-0{,}5)$				$-1{,}9933$	$-1{,}9934$	$-7{,}9734$
$\quad = -\dfrac{1}{2}$							
$m_{12} = -0{,}25297 \cdot 0{,}3327$	$\bar{1}$)$\cdot m_{12}$				$-0{,}0280$		$-0{,}3607$
$\quad = -0{,}08416$							
$m_{22} = 0{,}04857$	$\bar{2}$)				$+20{,}5895$	$-0{,}6645$	$+19{,}9250$
	3)					$+10{,}8489$	$+16{,}1645$
$m_{b3} = -0{,}5$	b)$\cdot(-0{,}5)$					$-1{,}9934$	$-7{,}9734$
$m_{23} = +0{,}04857 \cdot 0{,}6645$							
$\quad = +0{,}03227$	$\bar{2}$)$\cdot m_{23}$					$-0{,}0214$	$+0{,}6430$
$m_{33} = 0{,}11320$	$\bar{3}$)					$+8{,}8341$	$+8{,}8341$

Die Beiwerte der konjugierten Matrix errechnen sich nach Zahlentafel 2a wie folgt:

$$\beta_{33} = \qquad m_{33} = +0{,}11320$$
$$\beta_{23} = \beta_{33}\, m_{23} = +0{,}00365$$
$$\beta_{13} = \beta_{23}\, m_{12} = -0{,}00031$$
$$\beta_{b3} = \beta_{33}\, m_{b3} + \beta_{23}\, m_{b2} = -0{,}05842$$
$$\beta_{a3} = \beta_{23}\, m_{a2} + \beta_{13}\, m_{a1} = -0{,}00287$$
$$\beta_{22} = \beta_{23}\, m_{23} + \qquad m_{22} = +0{,}04869$$
$$\beta_{12} = \beta_{22}\, m_{12} \qquad = -0{,}00410$$
$$\beta_{b2} = \beta_{23}\, m_{b3} + \beta_{22}\, m_{b2} = -0{,}02617$$
$$\beta_{a2} = \beta_{22}\, m_{a2} + \beta_{12}\, m_{a1} = -0{,}03833$$
$$\beta_{11} = \beta_{12}\, m_{12} + \qquad m_{11} = +0{,}25332$$
$$\beta_{b1} = \beta_{13}\, m_{b3} + \beta_{12}\, m_{b2} = +0{,}00221$$
$$\beta_{a1} = \beta_{12}\, m_{a2} + \beta_{11}\, m_{a1} = -0{,}04644$$
$$\beta_{bb} = \beta_{b3}\, m_{b3} + \beta_{b2}\, m_{b2} + m_{bb} = +0{,}16771$$
$$\beta_{ab} = \beta_{b2}\, m_{a2} + \beta_{b1}\, m_{a1} \qquad = +0{,}02060$$
$$\beta_{aa} = \beta_{a2}\, m_{a2} + \beta_{a1}\, m_{a1} + m_{aa} = +0{,}18391$$

Die Überzähligen errechnen wir mit den Belastungsgliedern von S. 118 in nachstehender Zusammenfassung:

	$M_{a,0}$	$M_{b,0}$	$M_{1,0}$	$M_{2,0}$	$M_{3,0}$	Lastfälle			
	$-46,2$								IId
		$-15,6$		$+3,9$	$-3,9$			IIc	
			$+6,667$				IIb		
			$+2,94$	$-2,94$		IIa			
ϑ_a	$+0,18391$	$+0,02060$	$-0,04644$	$-0,03833$	$-0,00287$	$-0,0239$	$-0,2555$	$-0,4597$	$-8,4966$
ϑ_b	$+0,02060$	$+0,16771$	$+0,00221$	$-0,02617$	$-0,05842$	$+0,0834$	$-0,1745$	$-2,4905$	$-0,9517$
φ_1	$-0,04644$	$+0,00221$	$+0,25332$	$-0,00410$	$-0,00031$	$+0,7568$	$-0,0273$	$-0,0492$	$+2,1457$
φ_2	$-0,03833$	$-0,02617$	$-0,00410$	$+0,04869$	$+0,00365$	$-0,1552$	$+0,3246$	$+0,5839$	$+1,7705$
φ_3	$-0,00287$	$-0,05842$	$-0,00031$	$+0,00365$	$+0,11320$	$-0,0116$	$+0,0244$	$+0,4841$	$+0,1328$

Wenn man die Lösung am geometrisch unbestimmten Hauptsystem ohne horizontale Festhaltung durchführen würde, so ergibt sich aus der obigen Eliminationsrechnung nebenstehende Gleichungsmatrix:

Gl.	φ_1	φ_2	φ_3
1')	$+3,9530$	$+0,3327$	
2')	$+0,3327$	$+20,6175$	$-0,6645$
3')		$-0,6645$	$+8,8555$

Wir werden diesen Werten später wieder begegnen.

Stabendmomente   nach Gleichung [17a bis c].

Lastfall IIa

$$M_{12} = M_{25} = +2,94 - 2,8571$$
$$(0,7568 - 0,0776) = +0,9995$$
$$M_{21} = -2,94 - 2,8571$$
$$(-0,1552 + 0,3784) = -3,5777$$
$$M_{26} = +16,0000 \cdot 0,1552 = +2,4832$$
$$M_{23} = M_{37} = +8,1911 \cdot 0,0116 = +0,0950$$

Lastfall IIc

$$M_{12} = M_{25} = -2,8571$$
$$(-0,0492 + 0,2919) = -0,6934$$
$$M_{21} = -2,8571$$
$$(0,5839 - 0,0246) = -1,5980$$
$$M_{26} = -16,0000 \cdot 0,5839 = -9,3424$$
$$M_{23} = +3,9 - 2,6578$$
$$(0,5839 + 0,2420 - 3,7357) = +11,6337$$
$$M_{37} = -8,1911 \cdot 0,4841 = -3,9653$$

Lastfall IIb

$$M_{12} = M_{25} = -2,8571$$
$$(-0,0273 + 0,1623) = -0,3857$$
$$M_{21} = -2,8571$$
$$(0,3246 - 0,0136) = -0,8886$$
$$M_{26} = +6,667$$
$$-16,0000 \cdot 0,3246 = +1,4734$$
$$M_{23} = M_{37} = -8,1911 \cdot 0,0244 = -0,1999$$

Lastfall IId

$$M_{12} = -2,8571$$
$$(2,1457 + 0,8852) = -8,6596$$
$$M_{21} = -2,8571$$
$$(1,7705 + 1,0728) = -8,1236$$
$$M_{25} = 46,2 - M_{14} = +37,5404$$
$$M_{26} = -16,0000 \cdot 1,7705 = -28,3280$$
$$M_{23} = M_{37} = -8,1911 \cdot 0,1328 = -1,0878$$

3. Verschiebliches System II, Ansatz am Hauptsystem *B**.

Die Beiwerte der Ausgangsgleichungen schreiben wir nach den Ansätzen [25]ff., S. 56 an.

Beiwerte $M_{k,i}^{*}$

$$M_{1,1}^{*} = S_1^{*} = 4,2207 - 0,1963 \cdot 1,3636 = +3,9530$$

$$M_{1,2}^{*} = \frac{1}{2}\,2,8571 - 0,8037 \cdot 1,3636 = +0,3327$$

$$M_{2,2}^{*} = S_2^{*} = 27,0963 - 0,8037 \cdot 5,5814 - \frac{3}{2} \cdot \frac{1}{2} \cdot 2,6578 = +20,6172$$

$$M_{2,3}^* = \frac{1}{2} \cdot 2,6578 \cdot \left(1 - 3 \cdot \frac{1}{2}\right) = -0,6645$$

$$M_{3,3}^* = S_3^* = 10,8489 - \frac{3}{2} \cdot \frac{1}{2} \cdot 2,6578 = +8,8556$$

Die Gleichungsmatrix lautet somit

Gl.	φ_1	φ_2	φ_3
1)	+ 3,9530	+ 0,3327	
2)	+ 0,3327	+ 20,6172	— 0,6645
3)		— 0,6645	+ 8,8556

Die Nebenglieder sind sehr klein im Vergleich zum Hauptglied in der Diagonalen, die Gleichungen eignen sich daher vorzüglich zur Auflösung durch Iteration. Nach Kürzung durch das Hauptglied erhalten wir folgende Matrix:

Gl.	$\dfrac{1}{c_{k,k}}$	φ_1	φ_2	φ_3
1)	0,25297	+ 1	+ 0,08416	
2)	0,04850	+ 0,01614	+ 1	— 0,03223
3)	0,11292		— 0,07504	+ 1

Wir wollen unmittelbar die Beiwerte der konjugierten Matrix nach Zahlentafel 4b anschreiben.

Stufe	1	2	Ergebnis
$\beta_{11} =$	+ 0,25297	+ 0,00034	= + 0,25331
$\beta_{12} =$	— 0,00407	— 0,00002	= — 0,00409
$\beta_{13} =$	— 0,00031		= — 0,00031
$\beta_{22} =$	+ 0,04857	+ 0,00012	= + 0,04869
$\beta_{23} =$	+ 0,00364	+ 0,00001	= + 0,00365
$\beta_{33} =$	+ 0,11319		= + 0,11319

Die Iteration liefert bereits in der ersten Stufe ein Ergebnis von genügender Genauigkeit, man vergleiche hierzu die Betrachtungen auf S. 28 ff. Gegenüber dem Rechnungsgang am Hauptsystem B zeigt sich eine erhebliche Verbesserung in der Gleichungsauflösung. Mit den Belastungsgliedern $M_{k,0}^*$ erhalten wir die Knotendrehwinkel

	$M_{1,0}^*$	$M_{2,0}^*$	$M_{3,0}^*$	Lastfälle			
	+ 9,0691	+ 37,1309					IId
		+ 11,70	+ 3,90			IIc	
		+ 6,6667			IIb		
	+ 2,94	— 2,94		IIa			
φ_1	+ 0,2533	— 0,0041	— 0,0003	+ 0,757	— 0,027	— 0,049	+ 2,145
φ_2	— 0,0041	+ 0,0487	+ 0,0036	— 0,155	+ 0,325	+ 0,584	+ 1,771
φ_3	— 0,0003	+ 0,0036	+ 0,1132	— 0,012	+ 0,024	+ 0,484	+ 0,131

Die Stabendmomente errechnen sich für alle Stäbe mit unverdrehbarer Stabsehne, d. h. für alle Riegel nach den gleichen Ansätzen wie beim Verfahren am Hauptsystem B. Für alle Stäbe, welche eine Verdrehung ihrer Sehne erfahren, müssen wir den Ansatz [26] verwenden. Beim vorliegenden Rechenbeispiel benötigen wir nur die Riegelendmomente, da alle Stielendmomente aus den Gleichgewichtsbedingungen folgen.

$$M_{25} = + M_{12}$$
$$M_{23} = - (M_{21} + M_{25} + M_{26}).$$

Das obige Rechenbeispiel soll zeigen, daß die Zugrundelegung des Hauptsystems B^* zu einem einfacheren und weniger fehlerempfindlichen Rechnungsgang führt, als die des Hauptsystems B.

b) Momentenausgleichverfahren (Cross).

Das Momentenausgleichverfahren verfolgt die Abklingung der Momente von Knoten zu Knoten am Hauptsystem B. Der Amerikaner Cross, welcher dieses Verfahren entwickelt hat, beschränkt sich auf unverschiebliche Systeme und stellt folgende Überlegung an:

Bildet man die Summe der Einspannmomente aus äußerer Last am Hauptsystem B $\Sigma M_{ki,0} = M_{k,0}$, so stellt dieser Lastangriff ein freies, d. h. ein unausgeglichenes Moment am Knoten k dar. Die Gleichgewichtsbedingung $M_k = 0$ verlangt, daß ein Moment von gleicher Größe, aber von umgekehrtem Vorzeichen in k angebracht wird. Dieses sogenannte Ausgleichsmoment wird dadurch ausgelöst, daß man den Knoten k freigibt und sich einspielen läßt. Das Ausgleichsmoment verteilt sich auf die einzelnen Stabenden ki im Verhältnis der Stabsteifigkeiten. Infolge der Festhaltung aller übrigen elastisch verdrehbaren Knoten beziehen sich die Stabsteifigkeiten wie auch ihr Verteilungsschlüssel am Knoten k auf das Hauptsystem B, die fraglichen Werte sind durch das System gegeben. Die Ausgleichsmomente klingen in den unverdrehbar festgehaltenen benachbarten Knotenpunkten i bei voraussetzungsgemäß konstantem Trägheitsmoment der Stäbe $k—i$ mit dem Übertragungsbeiwert $a = +\dfrac{1}{2}$ ab und werden dort wieder als angreifende Momente angesetzt. Dann wiederholt sich das gleiche am Knoten i und so fort. Cross schreibt alle Momente unmittelbar in einer Systemskizze an, so daß alle Werte an einem Stabende als Summanden untereinander stehen.

Das Verfahren stellt eine unmittelbare Iteration der gesuchten statischen Unbekannten nach dem Drehwinkelverfahren dar und zeichnet sich durch eine bestechende Einfachheit und Kürze aus. Die Weiterentwicklung auf verschiebliche Systeme, soweit sie dem Verfasser bekannt ist, d. h. vom Vorkriegszustand aus gesehen, befriedigt weniger.

Wir wollen das Momentenausgleichverfahren aus den im Abschnitt I enthaltenen Grundgleichungen entwickeln. Abgesehen von der beabsichtigten Herausschälung der Vergleichsgrundlage können wir auf diesem Wege auch die selbstverständliche Fortsetzung des Verfahrens für verschiebliche Systeme anschreiben.

Vernachlässigt man die gegenseitige Abhängigkeit aller Drehwinkel und setzt in Gl. [24]

$$M_{k,i} = 0 \ (k \neq i), \quad M_{k,k'} = 0, \quad M_{k,o'} = 0$$

so wird

$$\varphi_k = \frac{M_{k,0}}{M_{k,k}} = \frac{M_{k,0}}{S_k}, \quad \vartheta_{k'} = \frac{M_{k',0}}{M_{k',k'}} = \frac{M_{k',0}}{S_{k'}}, \quad \vartheta_{o'} = \frac{M_{o',0}}{M_{o',o'}} = \frac{M_{o',0}}{S_{o'}}.$$

Das Einspannmoment am Stabende ki in erster Annäherung mit $\varphi_i = 0$ lautet nach Gl. [17a bis c]

$$M_{ki} = + M_{ki,0} - S_{ki}\, \varphi_k - S_{ki}\, \vartheta_{ki}\, C.$$

Hierin ist C je nach Lagerung des Stabendes ik im Hauptsystem

im Lag.-Fall a) $C = 1$,   im Lag.-Fall b) $C = \dfrac{3}{2}$,   im Lag.-Fall c) $C = 0$.

Beschränken wir uns in der Darstellung auf Systeme mit vertikal unverschieblichen Knoten, so ist ϑ_{ki} in allen Horizontalstäben gleich Null, im aufgehenden Vertikalstab ist $\vartheta_{ki} = \vartheta_{o'}$, im heruntergehenden Vertikalstab ist $\vartheta_{ki} = \vartheta_{k'}$. Sind die Knoten in beiden Richtungen unverschieblich, so wird der dritte Summand stets Null.

Setzen wir die obigen Werte für φ_k und ϑ_{ki} ein, so erhalten wir die Stabendmomente als Funktionen der Belastungsglieder

$$M_{ki} = + M_{ki,\,0} - M_{k,\,0}\,\frac{S_{ki}}{S_k}$$

$$M_{ku} = + M_{ku,\,0} - M_{k,\,0}\,\frac{S_{ku}}{S_k} - M_{k',\,0}\,\frac{S_{ku}\,C}{S_{k'}}$$

$$M_{ko} = + M_{ko,\,0} - M_{k,\,0}\,\frac{S_{ko}}{S_k} - M_{o';\,0}\,\frac{S_{ko}\,C}{S_{o'}}\,.$$

Der Beiwert jedes Belastungsgliedes ist die Verteilungszahl der Knoten k, k' bzw. o' am Hauptsystem B, das ist der auf das Stabende ki entfallende Anteil des Gesamtknotenmomentes $M_k = 1$, den wir mit $b_{(k)\,i}$ bezeichnen.*) Wir schreiben daher die Ansätze

$$M_{ki} = + M_{ki,\,0} - M_{k,\,0}\,b_{(k)\,i}$$
$$M_{ku} = + M_{ku,\,0} - M_{k,\,0}\,b_{(k)\,u} - M_{k',\,0}\,b_{(k')\,k} \qquad [62]$$
$$M_{ko} = + M_{k\,o,\,0} - M_{k,\,0}\,b_{(k)\,o} - M_{o',\,0}\,b_{(o')\,k}.$$

Wir können den ersten Summanden als Lastangriff „a" (actio), den zweiten als Reaktion der sich einspielenden Verdrehung des Knotens k oder kurz als Reaktion „k" und den dritten Summanden als Reaktion der Gelenklösung im Hilfssystem „r" nennen, wenn wir die Summanden getrennt anschreiben.

Wie sich aus Gl. [14] durch Nullsetzung der Drehwinkel ergibt, klingt ein Moment im Hauptsystem B zwischen zwei fest eingespannten Stabenden zur Hälfte ab. Nach Vorzeichenregel II erzeugt $M_{ki} = + 1$ am anderen Stabende das Moment $M_{ik} = + \frac{1}{2}$, oder nach früherer Ausdrucksweise wird der Abklingungswert

$$a_{ik} = + \frac{1}{2}\,. \qquad [63]$$

Der vorerrechnete Ausgleichswert „k" der Knotendrehung am Stabende ki, das ist der zweite Summand in Gl. [62], erzeugt also im Nachbarknoten i am Stabende ik einen neuen Lastangriff „a" in halber Größe und von gleichem Vorzeichen.

Der Gang der Iteration folgt aus Gl. [62]. Gegenstand der Untersuchung sind alle Stabendmomente an den inneren Knotenpunkten des Systems. Statt eines Rechnungsganges, in welchem die gegenseitige Abhängigkeit der Knotendrehwinkel durch deren gleichzeitigen Ansatz berücksichtigt wird, erfolgt die Lösung in einzelnen Stufen, d. h. auf dem Wege der Approximation. Man untersucht jeden Knoten gesondert unter der Annahme, daß alle Nachbarknoten unverdrehbar sind, und setzt die Stabendmomente nach Gl. [62] in Form von drei Summanden an, die sich auf zwei ermäßigen, wenn der betreffende Stab keine Verdrehung seiner Sehne erleidet. Wie noch näher erläutert werden muß, schreibt man in der ersten Zeile den Lastangriff, in der zweiten Zeile den Momentenausgleich nach erfolgter Stabdrehung und in der dritten Zeile den Momentenausgleich nach erfolgter Knotendrehung an. Den aus der Vernachlässigung der Verdrehung aller Nachbarknoten folgenden Fehler gleicht man dadurch aus, daß man die aus der ersten Knotendrehung φ_k im Nachbar-

---

*) **Anmerkung:** Der Buchstabe b als Indexträger kommt zweimal vor. Bei der algebraischen Iteration war $b_{ki} = - \dfrac{c_{k,\,i}}{c_{k,\,k}}$ ein Beiwert in der durch $c_{k,\,k}$ gekürzten Elastizitätsgleichung, der beim Ansatz am Hauptsystem B zum Ausdruck $- \dfrac{S_{ki}}{2\,S_k}$ führte und somit sehr eng mit der Verteilungszahl $b_{(k)\,i}$ zusammenhängt.

knoten i ausklingenden Momente dort als neuen Lastangriff $M_{i,0} = +\frac{1}{2}\,M_{ki}$ ansetzt und nunmehr den Momentenausgleich an diesem Nachbarknoten unter gleichen Voraussetzungen durchführt. Zwischen zwei Stufen erfolgt also immer der Abklingungsvorgang. Den Momentenausgleich kann man sich so vorstellen, daß man nacheinander zuerst die Festhaltungen im Hilfsstabwerk und dann die Festhaltung des betreffenden Knotens freigibt und das System sich einspielen läßt.

Während sich am unverschieblichen System actio und reactio in unmittelbarer Folge ablösen, erhalten wir am verschieblichen System einen dreizeiligen Rhythmus.

In der ersten Zeile „a" steht der Lastangriff in den Stabenden an den inneren Knoten, in erster Stufe aus äußerer Last und in den weiteren Stufen aus der Abklingung der Verdrehung des Nachbarknotens.

In der zweiten Zeile „r" schreiben wir an den Gelenken des Hilfssystems den Lastangriff an. In der ersten Stufe sind dieses unmittelbar die Belastungsglieder $M_{k',0}$ bzw. $M_{o',0}$, in den weiteren Stufen müssen wir die Summe aller zu einem Geschoß gehörigen Vertikalstabendmomente aus den beiden Vorzeilen bilden. Lassen wir jetzt die Gelenke im Hilfsstabwerk frei, so erhalten wir in der gleichen Zeile an den Vertikalstabenden eines ganzen Geschosses die reactio aus der Freigabe der zugehörigen Gelenke k' und o'. Diese reactio erfolgt nach dem Verteilungsschlüssel $b_{(k')\,k}$ des Knotens k' und $b_{(o')\,k}$ des Knotens o'. Wir lassen in dieser Zeile die Vertikalstabendmomente einmal zu den Gelenken k' und o' wandern, hier bilden sie in ihrer Summe den Lastangriff in den Gelenken des Hilfsstabwerkes, und dann lassen wir infolge der Freimachung dieser Gelenke die Momente wieder zurückwandern und als neue actio an den Knoten wieder angreifen. Die Zeile „r" muß im unverschieblichen System naturgemäß fehlen.

In der dritten Zeile „k" erfolgt dann der Momentenausgleich aus beiden vorangegangenen Zeilen „a" und „r" in den Knoten des eigentlichen Stabwerkes. Hierbei summiert man die Stabendmomente M_{ki} zum Knotenmoment M_k und verteilt dieses wieder nach dem Verteilungsschlüssel auf die einzelnen Stabenden.

Wie bei jeder Iterationsrechnung wiederholt man den Vorgang bis zur Erreichung des gewünschten Genauigkeitsgrades.

Bei dem geschilderten Vorgang handelt es sich um eine Iteration der Differenzen. Die reactio muß immer die noch unausgeglichenen Momente erfassen. Beim Ausgleich im Knoten des Stabwerkes — Zeile „k" — sind sowohl die aus der letzten Abklingung der Nachbarknoten als auch die aus der letzten Stabdrehung anfallenden Momente zu berücksichtigen. Die Freigabe der Gelenke im Hilfsstabwerk bewirkt, daß sich die Riegel in ihrer horizontalen Lage neu einspielen und eine Änderung des Stabdrehwinkels stattfindet. Hierbei sind die Momentenveränderungen in den Vertikalstäben jedes Geschosses auszugleichen, welche der Abklingungsvorgang zusammen mit der letzten Veränderung der Stabdrehwinkel erzeugte. Der Vorgang läßt sich am durchgerechneten Beispiel recht einfach verfolgen.

Im Schrifttum findet sich meist eine Warnung vor übertriebener Genauigkeit bei der Anwendung des Crossschen Verfahrens. Es ist richtig, daß der einfache Aufbau dieser statischen Iteration zu einer erstaunlich geringen Fehlerempfindlichkeit führt. Insbesondere gilt dieses für unverschiebliche Systeme. Aber die Erkenntnis vom Unwert übertriebener Rechengenauigkeit angesichts der den Berechnungsgrundlagen und den Lastannahmen anhaftenden Ungenauigkeit ist auf jedes Verfahren anzuwenden. Es soll daher betont werden, daß die Rechenergebnisse sich in ihrer Genauigkeit nicht von den übrigen Verfahren unterscheiden.

Der Nachteil des Momentenausgleichverfahrens besteht darin, daß man meist für jeden Lastfall erneut die vollständige Iteration durchführt. Das ist umständlich, wenn die Aufgabestellung viele Kombinationen von Einzellastfällen vorsieht. Rechnet man die Werte $M_{hi,k}$, das sind die Stabendmomente M_{hi} infolge $M_{k,0} = +1$, für sämtliche Knoten k aus, stellt man also gleichsam eine konjugierte Matrix auf, so ist eine n-malige Durchführung der Iteration notwendig. Dieses Verfahren ist nur dann noch als wirtschaftlich zu betrachten, wenn die Zahl der Knoten im Vergleich zur Anzahl der Stäbe gering ist, d. h. wenn das System zur Hauptsache mehrstäbige Knoten besitzt.

Zur praktischen Anwendung ist noch zu bemerken, daß die Reihenfolge, in welcher man die Knoten ausgleicht, zwar freigestellt ist. Zur Verkürzung der Rechnung gleicht man aber zuerst immer die größten unausgeglichenen Momente aus.

Wie eingangs erwähnt, schreibt Cross die Rechnung unmittelbar an der Systemskizze an. Für den Aufsteller mag dieses von Nutzen sein, für die Prüfung ist es mehr als lästig. Der Vollständigkeit wegen zeigen wir das Crosssche Schema am ersten Beispiel.

Die Durchrechnung der Lastfälle unserer Vergleichsrechnung wollen wir abkürzen, indem wir am System I die Lastfälle I a, I b, I c und am System II die Lastfälle II a, II b sowie II c, II d zusammenziehen (vgl. S. 115).

System I.

Die Ausrechnung des Verteilungsschlüssels und der M_0-Momente erfolgte auf S. 117 und 118. Die Zwischenrechnungen, welche man in dem üblichen Rechenschema fortzulassen pflegt, sollen für den ersten Lastfall zur Erleichterung der Einführung angeschrieben werden.

Knoten		1		2				3	
Schnittstelle		14	12	21	25	26	23	32	37
Vertlgs.-zahl		0,3231	0,6769	0,1739	0,3397	0,3246	0,1618	0,4933	0,5067
Lastfall	Glg.-Nr.								
I a	a		+ 2,94	− 2,94		+ 20,0	+ 3,9	− 3,9	
	k	− 0,950	− 1,990	− 3,645	− 7,120	− 6,804	− 3,391	+ 1,924	+ 1,976
+	a		− 1,822	− 0,995			+ 0,962	− 1,695	
	k	+ 0,589	+ 1,233	+ 0,006	+ 0,011	+ 0,011	+ 0,005	+ 0,836	+ 0,859
I b	a		+ 0,003	+ 0,616			+ 0,418	+ 0,002	
	k	− 0,001	− 0,002	− 0,180	− 0,351	− 0,336	− 0,167	− 0,001	− 0,001
+	a		− 0,090					− 0,083	
I c	k	+ 0,029	+ 0,061					+ 0,041	+ 0,042
	a			+ 0,030			+ 0,020		
	k			− 0,009	− 0,017	− 0,016	− 0,008		
		− 0,333	+ 0,333	− 7,117	− 7,477	+ 12,855	+ 1,739	− 2,876	+ 2,876
	a		− 30,937	− 30,937					
	k	+ 9,996	+ 20,941	+ 5,380	+ 10,509	+ 10,042	+ 5,006		
	a		+ 2,690	+ 10,470				+ 2,503	
	k	− 0,869	− 1,821	− 1,821	− 3,557	− 3,398	− 1,694	− 1,235	− 1,268
I d	a		− 0,910	− 0,910			− 0,617	− 0,847	
	k	+ 0,294	+ 0,616	+ 0,265	+ 0,519	+ 0,496	+ 0,247	+ 0,418	+ 0,429
	a		+ 0,133	+ 0,308			+ 0,209	+ 0,123	
	k	− 0,043	− 0,090	− 0,090	− 0,176	− 0,168	− 0,083	− 0,061	− 0,062
	a		− 0,045	− 0,045			− 0,030	− 0,041	
	k	+ 0,015	+ 0,030	+ 0,013	+ 0,026	+ 0,024	+ 0,012	+ 0,020	+ 0,021
		+ 9,393	− 9,393	− 17,367	+ 7,321	+ 6,996	+ 3,050	+ 0,880	− 0,880

Knoten		1		2				3	
Schnitt-stelle		14	12	21	25	26	23	32	37
Vertlgs.-zahl		0,4231	0,6769	0,1739	0,3397	0,3246	0,1618	0,4933	0,5067
Last-fall	Glg-Nr.								
Ie	a	+ 19,659			+ 41,628				
	k	— 6,352	— 13,307	— 7,239	— 14,141	— 13,513	— 6,735		
	a		— 3,619	— 6,653				— 3,367	
	k	+ 1,169	+ 2,450	+ 1,157	+ 2,260	+ 2,160	+ 1,076	+ 1,661	+ 1,706
	a		+ 0,578	+ 1,225			+ 0,830	+ 0,538	
	k	+ 0,187	— 0,391	— 0,357	— 0,698	— 0,667	— 0,333	— 0,265	— 0,273
	a		— 0,178	— 0,195			— 0,133	— 0,166	
	k	+ 0,058	+ 0,120	+ 0,057	+ 0,111	+ 0,107	+ 0,053	+ 0,082	+ 0,084
	a		+ 0,028	+ 0,060			+ 0,041	+ 0,026	
	k	— 0,009	— 0,018	— 0,018	— 0,034	— 0,033	— 0,016	— 0,013	— 0,013
		+ 14,338	— 14,338	— 11,963	+ 29,126	— 11,946	— 5,217	— 1,504	+ 1,504

Zwischenrechnung zwischen Zeile 1 und 2:

$2{,}94 \cdot 0{,}3231 = 0{,}950$, $\quad -2{,}94 + 20{,}0 + 3{,}9 = +20{,}96$, $\quad 3{,}9 \cdot 0{,}4933 = 1{,}924$

$2{,}94 \cdot 0{,}6769 = 1{,}990$, $\quad 20{,}96 \cdot 0{,}1739 = 3{,}645$, $\quad 3{,}9 \cdot 0{,}5067 = 1{,}976$

$\qquad\qquad\qquad\quad 20{,}96 \cdot 0{,}3397 = 7{,}120$

$\qquad\qquad\qquad\quad 20{,}96 \cdot 0{,}3246 = 6{,}804$

$\qquad\qquad\qquad\quad 20{,}96 \cdot 0{,}1618 = 3{,}391$

Zwischen Zeile 2 und 3, oder allgemein zwischen k und a:

Halbierung der am gleichen Stab angreifenden Momente M_{12}, M_{21} und M_{23}, M_{32}

Lastfall Ia, b, c, in der Schreibweise von Cross:

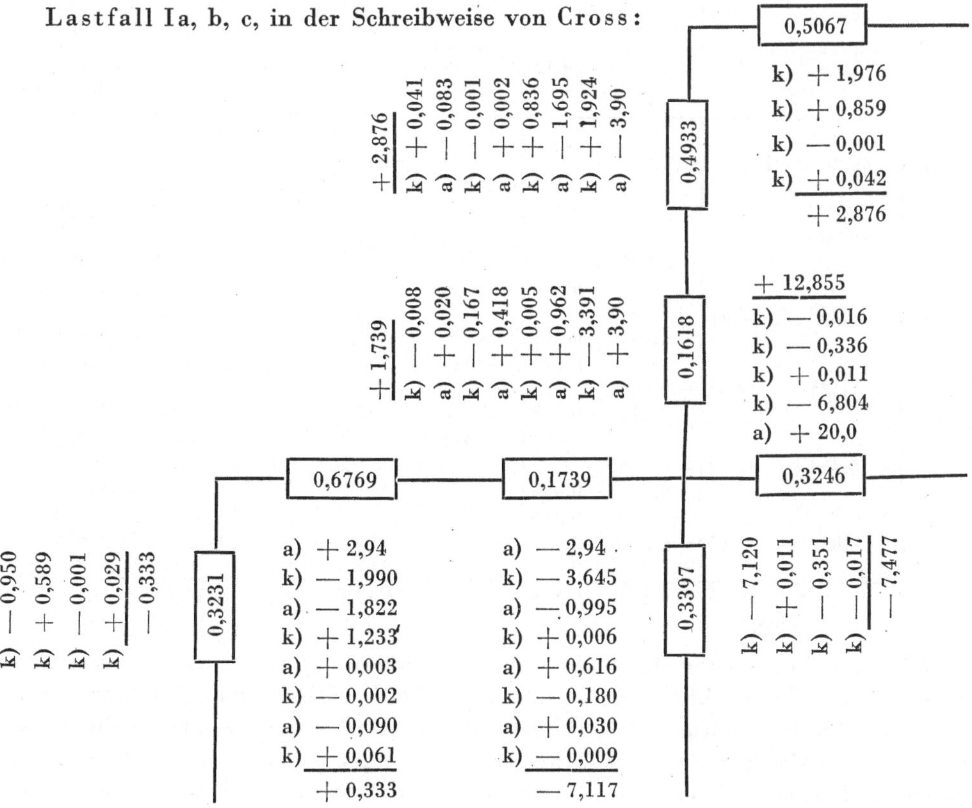

System II.

Die Ausrechnung der Verteilungsschlüssel und Belastungsglieder entnehmen wir S. 117 und 118. Wie die nachfolgende Durchrechnung zeigt, konvergiert das vom Verfasser vorgeschlagene Iterationsverfahren auch beim verschieblichen System wegen oder trotz des gekoppelten Momentenausgleiches noch befriedigend. Es ist nur größere Obacht beim Ansatz der Vorzeichen geboten, als dieses beim unverschieblichen System notwendig war. Die Rechenkontrolle, daß die Summe aller Momente am Knoten gleich Null sein muß, erfaßt nur die Richtigkeit des jeweiligen Momentenausgleiches in der Zeile „k".

Knoten			1		2				3	
Schnittstelle / Glg.-Nr.	a	b	14	12	21	25	26	23	32	37
Verteilgs.-zahlen			0,3231 0,1963	0,6769	0,1054	0,2060 0,8037	0,5905	0,0981 0,5	0,2450 0,5	0,7550
II a + II b a				+2,94	−2,94		+6,667			
k			−0,950	−1,990	−0,393	−0,768	−2,201	−0,365		
a				−0,196	−0,995				−0,183	
r	−1,718	−0,548	+0,337			+1,381		+0,274	+0,274	
k			−0,046	−0,095	−0,070	−0,136	−0,389	−0,065	−0,022	−0,069
a				−0,035	−0,048			−0,011	−0,032	
r	−0,181	−0,130	+0,035			+0,146		+0,065	+0,065	
k			+0,000	+0,000	−0,016	−0,031	−0,090	−0,015	−0,008	−0,025
a				−0,008				−0,004	−0,007	
r	−0,032	−0,034	+0,006			+0,026		+0,017	−0,017	
k			+0,001	+0,001	−0,004	−0,008	−0,023	−0,004	−0,002	−0,008
Nach 4 Stufen:			−0,617	+0,617	−4,466	+0,610	+3,964	−0,108	+0,102	−0,102
genauer:			−0,613		4,466	0,613	3,956		−0,104	
II c + II d a								+3,9	+3,9	
r	−46,2	−15,6	+9,069			+37,131		+7,8	+7,8	
k			−2,930	−6,139	−5,147	−10,059	−28,835	−4,790	−0,956	−2,944
a				−2,573	−3,069			−0,478	−2,395	
r	−12,989	−8,619	+2,550			+10,439		+4,309	+4,309	
k			+0,008	+0,015	−1,181	−2,307	−6,614	−1,099	−0,469	−1,445
a				−0,590	+0,008			−0,234	−0,549	
r	−2,299	−2,351	+0,451			+1,848		+1,176	+1,176	
k			+0,045	+0,094	−0,295	−0,576	−1,652	−0,275	−0,154	−0,473
a				−0,147	+0,047			−0,077	−0,137	
r	−0,531	−0,643	+0,104			+0,427		+0,321	+0,321	
k			+0,014	+0,029	−0,076	−0,148	−0,424	−0,070	−0,045	−0,139
a				−0,038	+0,015			−0,023	−0,035	
r	−0,134	−0,172	+0,026			+0,108		+0,086	+0,086	
k			+0,004	+0,008	−0,020	−0,038	−0,110	−0,018	−0,012	−0,039
a				−0,010	+0,004			−0,006	−0,009	
r	−0,034	−0,045	+0,007			+0,027		+0,023	+0,023	
k			+0,001	+0,002	−0,005	−0,010	−0,028	−0,005	−0,003	−0,011
Nach 6 Stufen:			+9,349	−9,349	−9,719	+36,842	−37,663	+10,540	+5,051	−5,051
genauer:			−9,354		9,722	36,846	37,670	10,546	−5,054	

Über die Ausweitung des Cross'schen Verfahrens in bezug auf verschiebliche Systeme ist in der Fachliteratur — soweit sie dem Verfasser zugänglich war — sehr wenig geschrieben worden. Dernedde berichtet über ein Zusatzverfahren von Pilkey, welches aber nur eine Anwendung des allgemeinen Drehwinkelverfahrens darstellt. Hierbei wird das unverschiebliche System, welches sich für das ursprüngliche Cross-Verfahren eignet, als geometrisch unbestimmtes Hauptsystem verwandt. Betrachten wir die Aufgabe lediglich von der mathematischen Seite als Auflösung der Elastizitätsgleichungen, so werden hier die Gleichungen, welche sich auf das Gleichgewicht in den Knoten beziehen, vorläufig unabhängig von den Stabdrehwinkeln durch Iteration nach der Methode von Cross gelöst. Will man nun die weiteren Gleichungen, welche das Gleichgewicht in den Festhaltegelenken des Hilfsstabwerkes ausdrücken, durch Elimination auflösen, so fehlt in dem Gauß'schen Rechenschema die Umwandlung der ausgelassenen Glieder mit den Beiwerten $M_{\bar{k},\,k'}$, welche die Abhängigkeit der Knotendrehwinkel von den Stabdrehwinkeln am $(k-1)$-fach geometrisch unbestimmten System ausdrücken. Die nachträgliche Ausrechnung dieser Glieder ist recht mühsam. Wählt man ein statisch oder geometrisch unbestimmtes Hauptsystem, so beginnt man zwar die Rechnung von einer erhöhten Entwicklungsstufe aus, ohne aber die benötigten Hilfsmittel auf die gleiche Stufe mitgeführt zu haben. Dadurch ist man gezwungen, den Weg zur Ausgangsstufe in jedem Einzelfall zu wiederholen.

Diese Überlegung ist von allgemeiner Bedeutung. Eine größere Anzahl von Verfahren arbeitet mit unbestimmten Hauptsystemen, meist wird dann das unverschieblich gedachte System als Hauptsystem verwandt. Manchmal wird hierdurch zwar der Gedankengang der Lösung erleichtert, der Rechnungsaufwand aber fast immer vergrößert. Lediglich die Verwendung des Hauptsystems B^* macht eine Ausnahme von dieser Regel, weil die Berechnung von Beiwerten und Belastungsgliedern einfach ist. Im allgemeinen ist die Zugrundelegung unbestimmter Hauptsysteme nicht günstig.

Dieses gilt auch für das Zusatzverfahren von Pilkey. Wir wollen in den nachstehenden Ansätzen die Festhaltekräfte bzw. Horizontalverschiebungen in Riegelhöhe durch Festhaltemomente (im Hilfssystem) bzw. Stabdrehwinkel ersetzen, weil das wohl unbestritten immer vorteilhaft ist. Mit drei Geschossen lauten die Gleichgewichtsbedingungen für die Festhaltegelenke u', k' und o'

$$u')\ \ \vartheta_{u'}\,M_{u',\,u'} + \vartheta_{k'}\,M_{u',\,k'} + \vartheta_{o'}\,M_{u',\,o'} = M_{u',\,0}$$
$$k')\ \ \vartheta_{u'}\,M_{k',\,u'} + \vartheta_{k'}\,M_{k',\,k'} + \vartheta_{o'}\,M_{k',\,o'} = M_{k',\,0}$$
$$o')\ \ \vartheta_{u'}\,M_{o',\,u'} + \vartheta_{k'}\,M_{o',\,k'} + \vartheta_{o'}\,M_{o',\,o'} = M_{o',\,0}.$$

Jeder Beiwert und jedes Belastungsglied ist gesondert als Aufgabe am unverschieblichen System zu lösen. Der zweite Index hinter dem Komma bedeutet hier die Ursache am geometrisch unbestimmten Hauptsystem.

Wir führen die Rechnung am System II unseres Vergleichsbeispieles durch, obgleich sich das gewählte Beispiel schlecht für diesen Rechnungsgang eignet. Um so deutlicher erkennt man daran aber den grundsätzlichen Nachteil der Verwendung eines unbestimmten Hauptsystems. Zur Errechnung der Vorwerte und Belastungsglieder der obigen Gleichungen müssen wir die Cross'sche Iteration viermal durchführen.

1.) Aus $\vartheta_a = -1$ errechnen sich die Belastungsglieder am Hauptsystem nach S. 47
$$M_{14} = M_{1,\,0} = +\,S_{14},\ \ M_{25} = M_{2,\,0} = +\,S_{25}$$

2.) Aus $\vartheta_b = -1$: $\quad M_{23} = M_{32} = M_{2,\,0} = M_{3,\,0} = +\,\dfrac{3}{2}\,S_{23} = +\,3{,}9867\ \text{tm}$

3.) Lastfall II a, b: $\quad M_{12} = M_{1,\,0} = +\,2{,}94\ \text{tm},\ \ M_{21} = -\,2{,}94\ \text{tm}$

$$M_{26} = +\,6{,}667\ \text{tm}$$
$$\overline{M_{2,\,0} = +\,3{,}727\ \text{tm}}$$

4.) Lastfall IIc, d: $M_{23} = - M_{32} = M_{2,0} = - M_{3,0} = + 3,9\ \text{tm}$

Der Momentenausgleich für 1.) bis 4.) bildet den ersten Abschnitt der Berechnung.

Knoten		1		2				3	
Schnittstelle		14	12	21	25	26	23	32	37
Verteilungswert		0,3231	0,6769	0,1054	0,2060	0,5905	0,0981	0,2450	0,7550
Lastfall	Glg.-Nr.								
1.)	a	+ 1,3636			+ 5,5814				
	k	— 0,4406	— 0,9230	— 0,5883	— 1,1498	— 3,2958	— 0,5475		
	a		— 0,2941	— 0,4615				— 0,2737	
	k	+ 0,0950	+ 0,1991	+ 0,0486	+ 0,0951	+ 0,2725	+ 0,0453	+ 0,0671	+ 0,2066
	a		+ 0,0243	+ 0,0995			+ 0,0335	+ 0,0226	
	k	— 0,0079	— 0,0164	— 0,0140	— 0,0274	— 0,0785	— 0,0131	— 0,0055	— 0,0171
	a		— 0,0070	— 0,0082			— 0,0027	— 0,0065	
	k	+ 0,0023	+ 0,0047	+ 0,0012	+ 0,0022	+ 0,0064	+ 0,0011	+ 0,0016	+ 0,0049
	a		+ 0,0006	+ 0,0023			+ 0,0008	+ 0,0005	
	k	— 0,0002	— 0,0004	— 0,0003	— 0,0007	— 0,0018	— 0,0003	— 0,0001	— 0,0004
		+ 1,0122	— 1,0122	— 0,9207	+ 4,5008	— 3,0972	— 0,4829	— 0,1940	+ 0,1940
2.)	a						+ 3,9867	+ 3,9867	
	k			— 0,4202	— 0,8213	— 2,3541	— 0,3911	— 0,9767	— 3,0100
	a		— 0,2101				— 0,4883	— 0,1955	
	k	+ 0,0679	+ 0,1422	+ 0,0515	+ 0,1006	+ 0,2883	+ 0,0479	+ 0,0479	+ 0,1476
	a		+ 0,0257	+ 0,0711			+ 0,0239	+ 0,0239	
	k	— 0,0083	— 0,0174	— 0,0100	— 0,0196	— 0,0561	— 0,0093	— 0,0059	— 0,0180
	a		— 0,0050	— 0,0087			— 0,0029	— 0,0046	
	k	+ 0,0016	+ 0,0034	+ 0,0012	+ 0,0024	+ 0,0069	+ 0,0011	+ 0,0011	+ 0,0035
	a		+ 0,0006	+ 0,0017			+ 0,0005	+ 0,0005	
	k	— 0,0002	— 0,0004	— 0,0002	— 0,0005	— 0,0013	— 0,0002	— 0,0001	— 0,0004
		+ 0,0610	— 0,0610	— 0,3136	— 0,7384	— 2,1163	+ 3,1683	+ 2,8773	— 2,8773
3.)	a		+ 2,9400	— 2,9400		+ 6,6667			
	k	— 0,9499	— 1,9901	— 0,3928	— 0,7677	— 2,2006	— 0,3656		
	a		— 0,1964	— 0,9950				— 0,1828	
	k	+ 0,0635	+ 0,1329	+ 0,1049	+ 0,2050	+ 0,5875	+ 0,0976	+ 0,0448	+ 0,1380
	a		+ 0,0524	+ 0,0664			+ 0,0224	+ 0,0488	
	k	— 0,0169	— 0,0355	— 0,0094	— 0,0183	— 0,0524	— 0,0087	— 0,0120	— 0,0368
	a		— 0,0047	— 0,0177			— 0,0060	— 0,0043	
	k	+ 0,0015	+ 0,0032	+ 0,0025	+ 0,0049	+ 0,0140	+ 0,0023	+ 0,0011	+ 0,0032
	a		+ 0,0012	+ 0,0016			+ 0,0005	+ 0,0011	
	k	— 0,0004	— 0,0008	— 0,0002	— 0,0004	— 0,0013	— 0,0002	— 0,0003	— 0,0008
		— 0,9022	+ 0,9022	— 4,1797	— 0,5765	+ 5,0139	— 0,2577	— 0,1036	+ 0,1036
4.)	a						+ 3,9000	— 3,9000	
	k			— 0,4111	— 0,8034	— 2,3029	— 0,3826	+ 0,9555	+ 2,9445
	a		— 0,2055				+ 0,4777	— 0,1913	
	k	+ 0,0664	+ 0,1391	— 0,0503	— 0,0984	— 0,2821	— 0,0469	+ 0,0469	+ 0,1444
	a		— 0,0251	+ 0,0695			+ 0,0234	— 0,0234	
	k	+ 0,0081	+ 0,0170	— 0,0098	— 0,0191	— 0,0549	— 0,0091	+ 0,0057	+ 0,0177
	a		— 0,0049	+ 0,0085			+ 0,0028	— 0,0045	
	k	+ 0,0016	+ 0,0033	— 0,0012	— 0,0023	— 0,0067	— 0,0011	+ 0,0011	+ 0,0034
	a		— 0,0006	+ 0,0016			+ 0,0005	— 0,0005	
	k	+ 0,0002	+ 0,0004	— 0,0002	— 0,0004	— 0,0013	— 0,0002	+ 0,0001	+ 0,0004
		+ 0,0763	— 0,0763	— 0,3930	— 0,9236	— 2,6479	+ 3,9645	— 3,1104	+ 3,1104

Der zweite Berechnungsabschnitt erfolgt nun auf der Grundlage des geometrisch unbestimmten Hauptsystems, in welchem zwar alle Knoten frei drehbar, aber in ihrer horizontalen Lage unverschieblich festgehalten sind. Die vorangegangene Momentenermittlung diente nur zur Bestimmung der Beiwerte und Belastungsglieder in dem neuen Gleichungssystem, das am neuen, unbestimmten Hauptsystem aufgestellt wird.

Nach der auf S. 47 bei der Aufstellung der Gl. [20] angestellten Überlegung ergibt sich das Festhaltemoment im Gelenk k' des Hilfssystems aus der Summe der Einspannmomente aller Vertikalstäbe des durch k' ausgesteiften Geschosses.

Folglich gewinnen wir aus der Vorermittlung 1.), d.h. aus dem Ansatz $\vartheta_a = -1$

$$M_{a,a} = M_{14} + M_{25} = +1{,}0122 + 4{,}5008 = +5{,}5130$$
$$M_{b,a} = M_{23} + M_{32} = -0{,}4829 - 0{,}1940 = -0{,}6769$$

und ebenso aus der Vorermittlung 2.), d. h. dem Ansatz $\vartheta_b = -1$

$$M_{b,b} = M_{23} + M_{32} = +3{,}1683 + 2{,}8773 = +6{,}0456$$
$$M_{a,b} = M_{14} + M_{25} = +0{,}0610 - 0{,}7384 = -0{,}6774.$$

Nach dem Satz von Maxwell ist $M_{a,b} = M_{b,a}$ und wird bei genauerer Rechnung gleich $-0{,}6772$.

Die gleichen Ansätze gelten auch für die Belastungsglieder, das sind die Einspannmomente in k' aus äußerer Last. Während im Lastfall IIa, b nur Festhaltemomente mittelbar durch die Stabendmomente der Stiele erzeugt werden, kommt beim Lastfall IIc, d noch das unmittelbare Festhaltegelenk aus den angreifenden H-Kräften hinzu.

Aus der Vorermittlung 3.) wird für den Lastfall IIa, b

$$M_{a,0} = M_{14} + M_{25} = -0{,}9022 - 0{,}5765 = -1{,}4787$$
$$M_{b,0} = M_{23} + M_{32} = -0{,}2577 - 0{,}1036 = -0{,}3613$$

und ebenso aus der Vorermittlung 4.) für den Lastfall IIc, d

$$M_{a,0} = M_{14} + M_{25} + H_a\,l_{14} = +0{,}0763 - 0{,}9236 - 7{,}0.6{,}6 = -47{,}0473$$
$$M_{b,0} = M_{23} + M_{32} + H_b\,l_{23} = +3{,}9645 - 3{,}1104 - 2{,}0.7{,}8 = -14{,}7459.$$

Die beiden Stockwerksgleichungen lauten mit diesen Vorwerten

ϑ_a	ϑ_b	Lastfall:	
		IIa, b	IIc, d
$+5{,}5130$	$-0{,}6772$	$-1{,}4787$	$-47{,}0473$
$-0{,}6772$	$+6{,}0456$	$-0{,}3613$	$-14{,}7459$

Eliminieren wir die Überzähligen aus diesen Gleichungen, so erhalten wir die gleichen Beiwerte in der konjugierten Matrix, wie früher auf S. 142.

	$M_{a,0}$	$M_{b,0}$	Lastfälle	
	$-47{,}0473$	$-14{,}7459$		IIc, d
	$-1{,}4787$	$-0{,}3613$	IIa, b	
ϑ_a	$+0{,}18391$	$+0{,}02060$	$-0{,}2794$	$-8{,}9560$
ϑ_b	$+0{,}02060$	$+0{,}16772$	$-0{,}0911$	$-3{,}4423$

Zum Abschluß dieser Berechnung überlagern wir das M_0-Moment am unbestimmten Hauptsystem, d.h. das Ergebnis der Vorermittlung 3.) bzw. 4.) und das mit ϑ_a

bzw. ϑ_b erweiterte Moment aus $\vartheta_a = -1$ und $\vartheta_b = -1$, das wir in 1.) und 2.) berechnet hatten.

Lastfall II a, b	Schnittstelle				
	21	25	26	23	32
$3) = M_0$	$+ 0,\ ?$	$+ 4,180$	$- 0,577$	$+ 5,014$	$- 0,258$	$- 0,104$
$- 1) \cdot \vartheta_a$	$- 0,2$	$+ 0,257$	$+ 1,258$	$- 0,865$	$- 0,135$	$- 0,054$
$- 2) \cdot \vartheta_b$	$- 0,00\iota$	$- 0,029$	$- 0,067$	$- 0,193$	$- 0,289$	$+ 0,262$
	$+ 0,613$	$- 4,466$	$+ 0,614$	$+ 3,956$	$- 0,104$	$+ 0,104$
II c, d					
$4) = M_0$	$- 0,076$	$- 0,393$	$- 0,924$	$- 2,648$	$+ 3,965$	$- 3,110$
$- 1) \cdot \vartheta_a$	$- 9,065$	$- 8,246$	$+ 40,309$	$- 27,739$	$- 4,325$	$- 1,738$
$- 2) \cdot \vartheta_b$	$- 0,210$	$- 1,080$	$- 2,542$	$- 7,285$	$+ 10,906$	$+ 9,904$
	$- 9,351$	$- 9,719$	$+ 36,843$	$- 37,672$	$+ 10,546$	$+ 5,056$

Das Beispiel dürfte wohl gezeigt haben, daß die Rechenoperationen am unbestimmten Hauptsystem sehr umständlich sein können. Die Durchführung in einem geschlossenen Rechnungsgang — sei es mit Hilfe der Elimination oder der Iteration — ist bedeutend zweckmäßiger.

Unsere bisherigen Betrachtungen bezogen sich ausschließlich auf den Ansatz am unverschieblichen Hauptsystem. Es ist noch die Frage zu prüfen, ob die Einführung des verschieblichen Hauptsystems B^* eine Verbesserung des Lösungsganges für verschiebliche Systeme bewirkt. Das einfache, ursprüngliche Verfahren von Cross verwendet in jeder Iterationsstufe zwei Vorgänge, erstens die Abklingung am Hauptsystem, welche durch die Momentenabklingungswerte $a_{ki} = + \dfrac{1}{2}$ ausgedrückt wird, und zweitens den Ausgleich bei Lösung der Knotenfesthaltung, für welchen wir die Verteilungszahlen b_{ki} benötigen.

Am Hauptsystem B^* klingen die Momente nicht nur über die von der Knotenverdrehung unmittelbar betroffenen Stäbe ab, sondern die Abklingung verläuft teilweise in einer verwickelteren Form, welche ein bequemes, fast mechanisches Anschreiben des Abklingungsvorganges nicht mehr zuläßt. Der zweite Vorgang des Ausgleichs läßt sich auch am Hauptsystem B^* in der Zeile „k" wie zuvor anschreiben.

$$M_{ki} = - M_{k,0}^* \, b_{ki}^*, \qquad [64]$$

hierin ist $b_{ki}^* = \dfrac{S_{ki}^*}{S_k^*}$ einzusetzen.

Erfährt ein Knoten k durch die Lösung seiner Festhaltung eine Verdrehung

$$\varphi_k = \frac{M_{k,0}^*}{S_k^*},$$

so klingen die Stabendmomente in den Stäben, deren Sehne durch die Knotendrehung φ_k nicht verdreht wird, wie es meist für die Riegel zutrifft, wie zuvor mit $a_{ik}^* = + \dfrac{1}{2}$ ab, so daß $M_{ik} = + \dfrac{1}{2} M_{ki}$ in der Zeile „a" der betreffenden Iterationsstufe angeschrieben werden kann.

Sind $k—u$ und $k—o$ Stäbe mit verdrehbarer Stabsehne, so erstreckt sich der Abklingungsvorgang eines Stabendmomentes M_{ku} bzw. M_{ko} nicht nur auf die Stäbe $k—u$ bzw. $k—o$, sondern auch auf alle übrigen Stäbe, deren Sehnen vom gleichen

Stabdrehwinkel verdreht werden. Die Abklingung des Stabendmomentes M_{ku} nach M_{uk}, d. h. am Stabe k—u selbst, errechnet sich aus Gl. [21], S. 48 und Gl. [25], S. 56 zu

$$a_{uk}^* = \frac{1 - 3\,b_{(k')\,k}}{2 - 3\,b_{(k')\,k}} = 1 - \frac{1}{2 - 3\,b_{(k')\,k}} \qquad [65]$$

und ebenso

$$a_{o\,k}^* = \frac{1 - 3\,b_{(o')\,k}}{2 - 3\,b_{(o')\,k}} = 1 - \frac{1}{2 - 3\,b_{(o')\,k}}$$

Im Sonderfall mit $b_{(k')\,k} = b_{(k')\,u} = \dfrac{1}{2}$, bzw. $b_{(o')\,o} = b_{(o')\,k} = \dfrac{1}{2}$ lautet

$$a_{u\,k.}^* = -\,1 \quad \text{bzw.} \quad a_{o\,k}^* = -\,1.$$

Durch die Ansätze [63] und [65] sind alle Lastangriffe bekannt, welche der Ausgleichsvorgang, d. h. die Freigabe des Knotens k in den unmittelbar benachbarten Knoten i erzeugt.

$$M_{i\,k} = +\, M_{k\,i}\, a_{i\,k}^*.$$

Man darf aber bei einer statischen Iteration keine Bestandteile eines Vorganges außer Acht lassen, sondern muß jeden Vorgang folgerichtig zu Ende führen. Die Lösung der Festhaltung eines Knotens k erzeugt einen Lastangriff in allen Stäben, welche durch einen gemeinsamen Stabdrehwinkel mit der Verformung der Stäbe k—u und k—o verknüpft sind. Die mit k—u verknüpften Stäbe wollen wir mit i—v bezeichnen. Wir wollen die Stabendmomente $M_{i\,v}$ und $M_{v\,i}$ berechnen, welche eine Knotenverdrehung φ_k im Hauptsystem B^* erzeugt. Befindet sich in einem der Stabenden ein Gelenk, so ist das betreffende Einspannmoment gleich Null zu setzen. Bei biegungssteifem Anschluß beider Stabenden ist $M_{i\,v} = M_{v\,i}$. Nach Gl. [25″] und [21] lautet

$$M_{i\,v} = -\, M_{i,\,k}^*\, \varphi_k = -\, S_{k\,u}\left(\tfrac{3}{2}\right) b_{(k')\,i}\, \frac{M_{k\,u}}{S_{k\,u}^*} = -\, M_{k\,u}\, \frac{\left(\tfrac{3}{2}\right) b_{(k')\,i}}{1 - \left(\tfrac{3}{2}\right) b_{(k')\,k}}$$

Der Faktor $\left(\dfrac{3}{2}\right)$ gilt für den Fall, daß der Stab u—k in uk eingespannt ist. Befindet sich in uk ein Gelenk, so ist der Faktor $\left(\dfrac{3}{2}\right)$ durch den Wert 1 zu ersetzen.

Wir wollen für die mittelbare Abklingungswirkung, welche aus der Abhängigkeit des Stabdrehwinkels zweier Stäbe von der Freigabe des gleichen Festhaltegelenks im Hilfsstabwerk folgt und sich meist auf die Stiele des gleichen Stockwerkes bezieht, den Übertragungskoeffizient $c_{k\,i}^*$ einführen. Dann ist in der Zeile „a“ der Lastangriff am Stabende iv

$$M_{i\,v} = +\, M_{k\,u}\, c_{i\,k}^* \qquad [66]$$

$$c_{i\,k}^* = -\, \frac{\left(\tfrac{3}{2}\right) b_{(k')\,i}}{1 - \left(\tfrac{3}{2}\right) b_{(k')\,k}}$$

Im Sonderfall gelenkiger Stabanschlüsse in uk und vi, bei dem ferner

$$b_{(k')\,i} = 1 - b_{(k')\,k}$$

ist, lautet

$$c_{i\,k}^* = -\,1.$$

Der Vorgang der statischen Iteration ist im übrigen der gleiche, wie beim unverschieblichen System. In der Zeile „a“ wird der Lastangriff an allen Stabenden angeschrieben, das ist in der ersten Iterationsstufe das Belastungsglied $M_{k\,i,\,0}^*$ und in den weiteren Stufen das Stabendmoment infolge des vorangegangenen Ausgleichs.

Zwischen der Zeile „a" und „k" wird das unausgeglichene Knotenmoment am unverdrehbaren Knoten als Summe der betreffenden Stabendmomente der Zeile „a" in einer Nebenrechnung ermittelt. In der Zeile „k" erfolgt die Lösung der Knotenfesthaltung und damit der Momentenausgleich.

Das Verfahren ist an keine Voraussetzungen bezüglich der Systemart gebunden und stellt somit die allgemeine Form des Momentenausgleichverfahrens dar. Am unverschieblichen System ergibt sich daraus das ursprüngliche Verfahren von Cross als Sonderfall.

Zur Berechnung des Systems II unseres Vergleichsbeispieles können wir die Verteilungszahlen b_{ki}^{*} von S. 118 übernehmen.

Nach Gl. [65] wird $a_{23}^{*} = a_{32}^{*} = -1$. Nach Gl. [66] wird $c_{12}^{*} = c_{21}^{*} = -1$.

a_{23}^{*} verbindet die Momente M_{23} und M_{32}, c_{12}^{*} die Momente M_{14} und M_{25} miteinander.

Momentenausgleich für System II am Hauptsystem B^{*}.

Knoten		1		2				3	
Schnittstelle		14	12	21	25	26	23	32	37
Verteilgs.-zahl		0,2772	0,7228	0,1386	0,0531	0,7760	0,0322	0,0750	0,9250
Lastfall	Glg.-Nr.								
IIa	a		+ 2,9400	− 2,9400					
	k	− 0,8150	− 2,1250	+ 0,4075	+ 0,1561	+ 2,2814	+ 0,0947		
	a	− 0,1561	+ 0,2037	− 1,0625	+ 0,8150			− 0,0947	
	k	− 0,0132	− 0,0344	+ 0,0343	+ 0,0131	+ 0,1921	+ 0,0080	+ 0,0071	+ 0,0876
	a	− 0,0131	+ 0,0172	− 0,0172	+ 0,0132		− 0,0071	− 0,0080	
	k	− 0,0011	− 0,0030	+ 0,0015	+ 0,0006	+ 0,0086	+ 0,0004	+ 0,0006	+ 0,0074
		− 0,9985	+ 0,9985	− 3,5764	+ 0,9980	+ 2,4821	+ 0,0960	− 0,0950	+ 0,0950
IIb	a					+ 6,6667			
	k			− 0,9240	− 0,3540	− 5,1734	− 0,2147		
	a	+ 0,3540	− 0,4620					+ 0,2147	
	k	+ 0,0299	+ 0,0781					− 0,0161	− 0,1986
	a			+ 0,0390	− 0,0299		+ 0,0161		
	k			− 0,0035	− 0,0013	− 0,0196	− 0,0008		
	a	+ 0,0013	− 0,0017					+ 0,0008	
	k	+ 0,0001	+ 0,0003					− 0,0001	− 0,0007
		+ 0,3853	− 0,3853	− 0,8885	− 0,3852	+ 1,4737	− 0,1994	+ 0,1993	− 0,1993
IIc	a						+ 11,7000	+ 3,9000	
	k			− 1,6216	− 0,6213	− 9,0792	− 0,3767	− 0,2925	− 3,6075
	a	+ 0,6213	− 0,8108				+ 0,2925	+ 0,3767	
	k	+ 0,0525	+ 0,1370	− 0,0405	− 0,0155	− 0,2270	− 0,0094	− 0,0282	− 0,3484
	a	+ 0,0155	− 0,0202	+ 0,0685	− 0,0525		+ 0,0282	+ 0,0094	
	k	+ 0,0013	+ 0,0034	− 0,0061	− 0,0023	− 0,0343	− 0,0014	− 0,0007	− 0,0087
		+ 0,6906	− 0,6906	− 1,5997	− 0,6916	− 9,3405	+ 11,6332	+ 3,9647	− 3,9646
IId	a	+ 9,0691			+ 37,1309				
	k	− 2,5139	− 6,5551	− 5,1463	− 1,9716	− 28,8136	− 1,1956		
	a	+ 1,9716	− 2,5731	− 3,2775	+ 2,5139			+ 1,1956	
	k	+ 0,1667	+ 0,4348	+ 0,1058	+ 0,0405	+ 0,5925	+ 0,0246	− 0,0897	− 1,1059
	a	− 0,0405	− 0,0529	+ 0,2174	− 0,1667		+ 0,0897	− 0,0246	
	k	− 0,0034	− 0,0090	− 0,0194	− 0,0075	− 0,1089	− 0,0045	+ 0,0018	+ 0,0228
	a	+ 0,0075	− 0,0097	− 0,0045	+ 0,0034		− 0,0018	+ 0,0045	
	k	+ 0,0006	+ 0,0016	+ 0,0004	+ 0,0001	+ 0,0022	+ 0,0001	− 0,0003	− 0,0042
		+ 8,6577	− 8,6576	− 8,1241	+ 37,5430	− 28,3278	− 1,0875	+ 1,0873	− 1,0873

c) Drehwinkel-Ausgleichverfahren.

Das schnelle Abklingen der Knotendrehwinkel, welches im übrigen wohl allein den Umweg über die geometrischen Überzähligen zu den statischen Unbekannten ausgleicht, führt zwangsläufig zur Anwendung von Iterationsverfahren. Nachdem Cross die ungewöhnlich einfache statische Differenzeniteration des Momentenausgleichs entwickelt hat, fragt man sich, weshalb man den gleichen Weg nicht auch unmittelbar auf die Knotendrehwinkel überträgt. Wie Dernedde berichtet, liegen entsprechende Ansätze von Grinter bereits aus dem Jahre 1936 vor. Grinter legt hierbei aber das Hauptsystem *C* zugrunde, obgleich das Hauptsystem *B* sich gerade besonders für unverschiebliche Systeme eignet. Da wir hier bemüht sind, systematisch alle bestehenden Möglichkeiten der Rahmenberechnung zu erfassen, müssen wir auch das Cross'sche Verfahren auf die Berechnung der Drehwinkel übertragen und wollen diese Methode analog zum Momentenausgleich das „Drehwinkel-Ausgleichsverfahren" nennen.

Den Gedankengang von Cross wollen wir nicht nochmal wiederholen. Wir gehen von den Einspannmomenten aus äußerer Last am unverdrehbaren Knoten k aus. Lösen wir nur die Festhaltung des Knotens k, während alle übrigen Knoten unverdrehbar festgehalten werden, so spielt sich Knoten k aus äußerer Last ein und erfährt die Verdrehung

$$\varphi_{k,0} = \frac{M_{ki,0}}{S_k} = \frac{M_{k,0}}{S_k}. \tag{67}$$

Halten wir den Knoten k in seiner neuen Lage fest und lösen ausschließlich die Festhaltung im Nachbarknoten i, so spielt sich Knoten i elastisch ein. Die Knotenverdrehung in i beträgt dann gemäß Gl. [14] aus $M_i = 0$

$$\varphi_i = - \varphi_k \frac{S_{ik}}{2\,S_i} = - \varphi_k b'_{ik}. \tag{68}$$

Der Rechenvorgang ist somit noch einfacher als beim Momentenausgleich, für jeden Drehwinkelausgleich, d. h. für jede Verdrehungsdifferenz benötigen wir nur eine Zeile. Auch ist der Weg weniger umständlich als der von Grinter entwickelte Ansatz.

Zur Verkürzung des Zahlenbeispieles ziehen wir die Lastfälle Ia, Ib und Ic zu einem Lastfall zusammen. Die halbierten Verteilungszahlen, sowie die Knotensteifigkeiten übernehmen wir von S. 117. Die Ausgangswerte lauten somit

Lastfall Ia, b, c

$$\varphi_{1,0} = + \frac{2,94}{4,2207} = + 0,696, \quad \varphi_{2,0} = + \frac{20,96}{16,4296} = + 1,276, \quad \varphi_{3,0} = - \frac{3,9}{5,3882} = - 0,724,$$

Lastfall Id

$$\varphi_{1,0} = - \frac{30,937}{4,2207} = - 7,3298, \quad \varphi_{2,0} = - \frac{30,937}{16,4296} = - 1,8830,$$

Lastfall Ie

$$\varphi_{1,0} = + \frac{19,659}{4,2207} = + 4,6577, \quad \varphi_{2,0} = + \frac{41,628}{16,4296} = + 2,5337,$$

Die Abklingungszahlen $a_{ik} = b'_{ik}$ schreiben wir am Knoten der Herkunft k an. Hier beziehen sich die Abklingungszahlen nicht auf die Abklingung am wirklichen System, sondern auf diejenige am Hauptsystem *B*.

Drehwinkel-Ausgleich

Knoten k	1	2	3
$a_{(k-1)k}$. $a_{(k+1)k}$	0,0869	0,3385 0,2466	0,0809
Lastfall Ia, b, c	**+ 0,696**	**+ 1,276**	**— 0,724**
	— 0,432	— 0,060 } + 0,059 }	— 0,315
		+ 0,038 } + 0,026 }	
	— 0,021		— 0,016
		+ 0,002 } + 0,001 }	
	— 0,001		— 0,001
	+ 0,242	+ 1,341	— 1,056
Lastfall Id	**— 7,3298**	**— 1,8830** } + 0,6370 }	
	+ 0,4218		+ 0,3073
		— 0,0366 } — 0,0249 }	
	+ 0,0208		+ 0,0152
		— 0,0018 } — 0,0012 }	
	+ 0,0010		+ 0,0007
		— 0,0001 — 0,0001	
	— 6,8862	— 1,3107	+ 0,3232
Lastfall Ie	**+ 4,6577**	**+ 2,5337** } — 0,4047 }	
	— 0,7207		— 0,5250
		+ 0,0626 } + 0,0425 }	
	— 0,0356		— 0,0259
		+ 0,0031 } + 0,0021 }	
	— 0,0018		— 0,0013
		+ 0,0002 + 0,0001	
	+ 3,8995	+ 2,2396	— 0,5523

Der dritte Ausgleich erfolgte nur, um das Ergebnis mit der Berechnung auf S. 140 vergleichen zu können, notwendig war nur ein zweimaliger Ausgleich. Die Ermittlung der Knotendrehwinkel am unverschieblichen System läßt wohl an Kürze nichts zu wünschen übrig, von einem bestimmten Grad der Unbestimmtheit an dürfte sich damit auch der Umweg über die geometrischen Überzähligen bezahlt machen. Bei einer geringen Anzahl von Überzähligen hebt aber die nachträgliche Berechnung der Momente (nach Gl. [17a bis c]) den Vorzug der kürzeren Iteration auf.

Auch ein verschiebliches System läßt sich mit Hilfe des Drehwinkelausgleiches recht einfach berechnen. Da wir die Überlegenheit des Hauptsystems B^* bereits an beiden vorangegangenen Verfahren gezeigt haben, wollen wir zur Vermeidung der Weitschweifigkeit die Ansätze am Hauptsystem B fortlassen und das Verfahren nur am verschieblichen Hauptsystem durchführen.

Aus der Freigabe des Knotens k folgt in erster Annäherung

$$\varphi_{k,0} = \frac{M^*_{k,0}}{S^*_k}.$$

[69]

Wir halten wiederum k in seiner neuen Lage fest und lösen die Festhaltung des Knotens i, wobei i jeder beliebige Knoten sein kann, welcher durch den gleichen Stabdrehwinkel mit k verknüpft ist oder welcher k unmittelbar benachbart ist.

$$\varphi_i = -\,\varphi_k\,\frac{M^*_{i,\,k}}{S^*_i} = +\,\varphi_k\,a^*_{ik} \qquad [70]$$

$$a^*_{ik} = -\,\frac{M^*_{i,\,k}}{S^*_i}.$$

Es ist nur zu beachten, daß man bei der Freigabe des Knotens k jeden Knoten i mit einem Abklingungsanteil $\varphi_k\,a_{ik}$ belasten muß, der mit dem Knoten k durch die Bedingung $M^*_{k,\,i} \neq 0$ gleichsam verkoppelt ist. Im übrigen genügen wiederum ein bis zwei Stufen der statischen Iteration, wie die nachfolgende Durchrechnung des Zahlenbeispieles am System II zeigen wird. Hierin liegt der Vorteil, den die Einführung des Hauptsystems B^* erwirkt.

Die Beiwerte der Ausgangsgleichungen $M^*_{k,\,i}$ müssen in einer Vorberechnung ermittelt und durch das Hauptglied in der Diagonalen der Gleichungsmatrix gekürzt werden. Wir können hier die Werte a^*_{ki} unmittelbar von S. 144 übernehmen.

$$a^*_{12} = -\,0{,}08416, \quad a^*_{21} = -\,0{,}01614, \quad a^*_{23} = +\,0{,}03223, \quad a^*_{32} = +\,0{,}07504.$$

Die Ausgangswerte der Ausgleichsberechnung lauten nach Gl. [69]

Lastfall	$\dfrac{1}{S^*_1} = 0{,}25297$	$\dfrac{1}{S^*_2} = 0{,}04850$	$\dfrac{1}{S^*_3} = 0{,}11292$	$\varphi_{1,\,0}$	$\varphi_{2,\,0}$	$\varphi_{3,\,0}$
II a	+ 2,94	— 2,94		+ 0,7437	— 0,1426	
II b		+ 6,6667			+ 0,3233	
II c		+ 11,7	+ 3,9		+ 0,5675	+ 0,4404
II d	+ 9,0691	+ 37,1309		+ 2,2942	+ 1,8010	

Drehwinkel-Ausgleich

Knoten k	1	2	3
$a^*_{(k-l)\,k}$ $a^*_{(k+l)\,k}$	— 0,0161	— 0,0842 + 0,0750	+ 0,0322
Lastfall II a	**+ 0,7437** + 0,0130	**— 0,1426** ⎫ — 0,0120 ⎭ — 0,0002 — 0,0004	— 0,0116
	— 0,7567	— 0,1552	— 0,0116
Lastfall II b	— 0,0272	**+ 0,3233** + 0,0004 + 0,0008	+ 0,0242
	— 0,0272	+ 0,3245	+ 0,0242
Lastfall II c	— 0,0490 — 0,0002	**+ 0,5675** ⎫ + 0,0142 ⎭ + 0,0008 ⎫ + 0,0014 ⎭	**+ 0,4404** + 0,0436 + 0,0002
	— 0,0492	+ 0,5839	+ 0,4842

Drehwinkel-Ausgleich (Fortsetzung)

Knoten k	1	2	3
$a^*_{(k-1)\,k}$ $\qquad$ $a^*_{(k+1)\,k}$	$-\,0{,}0161$	$-\,0{,}0842$ $\quad$ $+\,0{,}0750$	$+\,0{,}0322$
Lastfall IId	$+\,\mathbf{2{,}2942}$ $-\,0{,}1485$ $-\,0{,}0006$	$+\,\mathbf{1{,}8010}\,\big\}$ $-\,0{,}0369$ $+\,0{,}0024\,\big\}$ $+\,0{,}0043$	$+\,0{,}1323$ $+\,0{,}0005$
	$+\,2{,}1451$	$+\,1{,}7708$	$+\,0{,}1328$

Abschließend ist zu diesem Verfahren zu bemerken, daß es nur eine statische Auslegung der Differenzeniteration von den Ausgangsgleichungen am Hauptsystem B^* darstellt. Eine solche Überleitung von einer abstrakten, algebraischen Gleichungsauflösung zum sinnfälligen Vorgang eines Ausgleichs am statischen System hat seine Berechtigung und auch seinen Wert, da die bessere Verständlichkeit die Gefahr von Fehlern herabsetzt.

d) Drehwinkel-Abklingungsverfahren.

Wahrscheinlich hat Cross durch sein einfaches und anschauliches Momentenausgleichverfahren den Anstoß zur Entwicklung von Abklingungsverfahren gegeben, welche sich auf die Arbeitsgleichungen am Hauptsystem B zurückführen lassen. An neueren Arbeiten auf diesem Gebiet sei auf Bäumelt, Kloucek, Wiedemann verwiesen. Aus den Literaturhinweisen ist ferner zu schließen, daß noch eine Reihe von tschechischen Fachkollegen Cizek, Hruban, Novak u. a. auf diesem Arbeitsgebiet tätig waren, deren Veröffentlichungen dem Verfasser aber weder zugänglich noch sprachlich verständlich sind. Alle vorgenannten Arbeiten beziehen sich ausschließlich auf das unverschiebliche System. Die an Suter erinnernde, ausführliche Ableitung von Kloucek übernehmen wir nicht, sondern gehen von den Ansätzen der allgemeinen Gleichungsauflösung aus.

1. Unverschiebliche Systeme mit einfacher Knotenfolge.

Wir wollen zunächst die Grundgleichung [39] für die Abklingungsberechnung der Knotendrehwinkel anschreiben.

Die Beiwerte der Elastizitätsgleichungen lauten (vgl. S. 54)

$$c_{k,\,i} = M_{k,\,i} = \frac{1}{2}\,S_{ki}, \qquad c_{k,\,k} = M_{k,\,k} = S_k$$

$$c_{k,\,0} = M_{k,\,0} = M_{ki,\,0}, \qquad c_{i,\,0} = M_{i,\,0} = M_{ik,\,0}.$$

Damit ergeben sich die Abklingungswerte der Drehwinkelabklingung zu

$$a_{ki} = -\,\frac{S_{ki}}{2\,S_k + a_{mk}\,S_{mk}} \tag{71}$$

Kloucek verwendet statt dessen den Kettenbruch, in welchem die halbierten Verteilungszahlen $\dfrac{S_{ki}}{2\,S_k} = b'_{ki}\left(=\dfrac{1}{2}\,b_{ki}\right)$ und deren Produkte $b'_{ki}\,b'_{ik} = b''_{ki}$ vorkommen. Dann schreibt sich der Ansatz für die Abklingungswerte der Knotendrehwinkel bei der angenommenen Knotenfolge $i - k - m - n$

$$a_{ki} = -\frac{b'_{ki}}{1 + a_{mk}\, b'_{km}} = -\cfrac{b'_{ki}}{1 - \cfrac{b''_{km}}{1 - \cfrac{b''_{mn}}{1 - b''_{n}.}}} \qquad [72]$$

Zu dem gleichen Ergebnis gelangen wir auf statischem Wege, wenn wir die Verdrehung des Knotens k aus $\varphi_i = +1$ als Quotient von Kraftangriff $M_{k,0}$ und Knotensteifigkeit am zweifach geometrisch unbestimmten System anschreiben, in welchem nur die beiden Knoten k und i festgehalten werden, deren Abklingung untersucht wird.

Wir wollen hier für die dem Knoten k benachbarten Knoten eine Unterscheidung in der Bezeichnung einführen. Es seien

innere benachbarte Knoten: allgemein i

     ein bestimmter, innerer Knoten y

     sämtliche inneren Knoten außer y x

äußere benachbarte Knoten: allgemein a.

Es soll der Abklingungswert a_{ky}. d. i. die Verdrehung φ_k aus $\varphi_y = +1$, ermittelt werden. Am Hauptsystem, dessen Knoten k und y festgehalten sind, lautet die Knotensteifigkeit bei frei drehbaren Knoten x

$$S_{ky} + \Sigma\, W_{kx} = S_{ky} + W_k - W_{ky}.$$

Das M_0-Moment in k aus $\varphi_y = +1$ beträgt $M_{k,0} = -\frac{1}{2} S_{ky}$, folglich ist

$$\varphi_k = a_{ky} = -\frac{1}{2}\frac{S_{ky}}{W_k - W_{ky} + S_{ky}}.$$

Wir wollen die wirklichen Steifigkeiten W_k und W_{ki} als Funktionen der Abklingungswerte anschreiben und bilden hierzu den Selbstverformungszustand $\varphi_k = +1$. Dann sind $\varphi_i = a_{ik}$ und $M_{ki} = W_{ki}$. Nach Gl. [15] lauten die

Stabsteifigkeiten

$$W_{ki} = S_{ki} + \frac{1}{2} S_{ki}\, a_{ik} = S_k\, b'_{ki}\, (2 + a_{ik}) \qquad [73]$$
$$W_{ka} = S_{ka}.$$

Knotensteifigkeit

$$W_k = \sum_i W_{ki} + \sum_a W_{ka}$$
$$W_k = S_k\, (1 + \sum_i b'_{ki}\, a_{ik}) = \sim S_k\, (1 - \sum_i b''_{ki}). \qquad [74]$$

Mit diesen Ansätzen wird

$$W_k - W_{ky} + S_{ky} = S_k\, (1 + \sum_x b'_{kx}\, a_{xk})$$
$$a_{ky} = -\frac{b'_{ky}}{1 + \sum_x b'_{kx}\, a_{xk}} = \sim -\frac{b'_{ky}}{1 - \sum_x b''_{kx}}. \qquad [75]$$

Wiederholen wir für a_{xk} den gesamten Ansatz, so entsteht ein Kettenbruch. Die auf x folgenden Knoten sollen mit z bezeichnet werden

$$\sum_x b'_{kx}\, a_{xk} = -\cfrac{\sum_x b''_{kx}}{1 - \cfrac{\sum_z b''_{xz}}{1 - \sum_z b''_{z}..}} = \sim -\sum_x b''_{kx} \qquad [76]$$

Die Ansätze [74], [75] und [76] setzen nur die Unverschieblichkeit des Systems, nicht die einfache Knotenfolge voraus. Bei einfacher Knotenfolge geht Gl. [75] auf die Form [72] zurück, die Gl. [74] lautet dann

$$W_k = S_k\,(1 + b'_{ki}\,a_{ik} + b'_{km}\,a_{mk})$$
$$= S_k\,\Big(1 - \cfrac{b''_{ki}}{1 - \cfrac{b''_{ih}}{1 - b''_h \cdots}} - \cfrac{b''_{km}}{1 - \cfrac{b''_{mn}}{1 - b''_n \cdots}}\Big)$$

Für W_k können wir aber auch den allgemeinen Ansatz [40] verwenden.

$$W_k = \frac{1}{\beta_{kk}} = \frac{S_{ki}}{2\,\alpha_{ki}} \tag{77}$$

α_{ki} kann in Zahlentafel A 5 abgelesen werden.

Später benötigen wir auch den Wert a_{ka} für die Abklingung von äußeren zum inneren Knoten. Wir können a_{ka} wie Gl. [75] ableiten, müssen aber den Kraftangriff in k aus $\varphi_{ak} = +1$ der jeweiligen Stabsteifigkeit entsprechend der Lagerung des Stabendes ak anpassen. Dann lautet

$$a_{ka} = -\,\frac{b'_{ka}}{1 + \sum\limits_i b'_{ki}\,a_{ik}}\,C. \tag{78}$$

Hierin beträgt im L.-F. a: $C = \dfrac{4}{3}$, im L.-F. b: $C = 1$, im L.-F. c: $C = -2$.

b''_{ki} wird zu Null, wenn S_k oder S_i unendlich groß ist, d. h. wenn Knoten k oder i unverdrehbar ist oder angenommen wird. Man ist daher in der Lage, den Genauigkeitsgrad nach Belieben zu wählen und den Kettenbruch dort aufhören zu lassen, wo eine gedachte Unverdrehbarkeit ohne Einfluß auf das Ergebnis ist.

Die Konvergenz des Kettenbruches der Drehwinkelabklingung ist ungewöhnlich gut. Denken wir uns ein System aus Stäben gleicher Steifigkeit, so wird $b''_{ki} = \dfrac{1}{16}$ bzw. $\dfrac{1}{36}$ bzw. $\dfrac{1}{64}$, je nachdem ob in allen Knoten 2, 3 oder 4 Stabenden einmünden. Wie Kloucek nachweist, genügt es im allgemeinen, wenn man außer der Verdrehung des unmittelbar an den belasteten Stab anschließenden Knotens diejenige des nächstfolgenden Knotens berücksichtigt. Dann nehmen Gl. [72] und [74] die einfache Form an

$$a_{ki} \cong -\,\frac{b'_{ki}}{1 - b''_{km}}, \qquad W_k \cong S_k\,(1 - b''_{ki} - b''_{km}).$$

Infolge der Belastung eines Stabes $k\!-\!i$ erhalten wir zwei primäre Knotendrehwinkel φ_k und φ_i, deren Abklingung wir weiter verfolgen müssen. Für den k-seitigen Teil des Stabzuges, welcher die Knotenfolge der inneren, elastisch verdrehbaren Knoten bildet, zieht man die Abklingung beider primären Drehwinkel zusammen und schreibt für $M_{k,0}$ die kürzere Bezeichnung K

$$K = \dot M_{ki,0} + M_{ik,0}\,a_{ik}. \tag{79}$$

Für den primären Knotenwinkel verwenden wir den allgemeinen Ausdruck der Gl. [40], S. 80

$$+\,\varphi_k = \frac{K}{W_k} = K\,\frac{2\,\alpha_{ki}}{S_{ki}}. \tag{80}$$

Für den Fall der feldsymmetrischen Belastung wird mit $M_{ki,0} = -\,M_{ik,0}$

$$\varphi_k = M_{ki,0}\,\frac{1 - a_{ik}}{W_k} = M_{ki,0}\,\frac{2\,\alpha'_{ki}}{S_{ki}}. \tag{81}$$

Die Belastungsglieder $M_{ki,0}$ sind der Zahlentafel A 2, die Werte α_{ki} und α''_{ki} den Zahlentafeln A 5 und A 7 zu entnehmen. Besonders einfach schreibt sich der Ansatz für den Lastfall der äußeren Stützenverschiebung. Entsteht infolge einer Stützenverschiebung im Stab k—i eine gegebene Stabverdrehung ϑ_{ki}, so wird

$$M_{ki,0} = + M_{ik,0} = - \frac{3}{2} S_{ki} \vartheta_{ki}.$$

Folglich lautet der Knotendrehwinkel nach Gl. [40]

$$\varphi_k = - 3 \vartheta_{ki} \alpha_{ki} (1 + a_{ik}). \quad \text{(vgl. Zahlentafel A 6)} \qquad [82\,\text{b}]$$

Hierbei ist aber auf den richtigen Ansatz von $E\,J_c$ zu achten. Befindet sich in $a\,k$ ein Gelenk, so wird

$$M_{ka,0} = - S_{ka} \vartheta_{ka}, \quad W_k = - \frac{2}{3} \frac{S_{ka}}{a_{ka}} \qquad [82\,\text{a}]$$

$$\varphi_k = + \frac{3}{2} \vartheta_{ka} a_{ka}.$$

Der Ansatz [72] in Verbindung mit Gl. [74] hat gegenüber Gl. [71] den Vorzug, daß er in erweiterter Form auch für eine Näherungsberechnung am unverschieblichen System ohne einfache Knotenfolge verwendet werden kann. In der Klammer stehen so viele Summanden, wie Stäbe mit geometrisch unbestimmter Endlagerung am Knoten k biegungssteif angeschlossen sind. Bei einfacher Knotenfolge ziehen wir den Ansatz [71] vor.

Anwendung auf das System I der Vergleichsrechnung. Wir wollen der Vollständigkeit halber die Drehwinkel auf dem von Kloucek vorgeschlagenen Weg berechnen. Die zusätzliche Ausrechnung der Momente ist die gleiche wie beim allgemeinen Drehwinkelverfahren und wird daher nicht wiederholt. Das vorliegende Vergleichsbeispiel mit nur drei Überzähligen ist für das Verfahren ungeeignet, da dessen Vorzüge erst bei der Bewältigung vieler Überzähliger hervortreten. Immerhin läßt auch das System I erkennen, daß schon die übernächste Knotenverdrehung praktisch ohne Einfluß ist. Enthielte also das Stabwerk noch weitere Knoten, so würden diese an der ihnen entgegengesetzten Seite des Stabwerkes keine Erweiterung des Rechenumfanges verursachen.

Wir übernehmen von S. 117 die halbierten Verteilungszahlen zum Ansatz [72] und die Knotensteifigkeiten zum Ansatz [74]

Verteilungszahlen:

$$b'_{12} = 0,3385 \qquad b'_{21} = 0,0869 \qquad b''_{12} = 0,02943 \qquad 1 - b''_{12} = 0,97057$$

$$b'_{23} = 0,0809 \qquad b'_{32} = 0,2466 \qquad b''_{23} = 0,01995 \qquad 1 - b''_{23} = 0,98005$$

Abklingungswerte:

$$a_{12} = - 0,3385 \qquad\qquad a_{32} = - 0,2466$$

$$a_{23} = - \frac{0,0809}{0,97057} = - 0,0834 \qquad a_{21} = - \frac{0,0869}{0,98005} = - 0,0887$$

Wirkliche Knotensteifigkeiten:

$$W_1 = 4,2207 \left(1 - \frac{0,02943}{0,98005}\right) = 4,0939.$$

Ohne Berücksichtigung der Knotenverdrehung φ_3, d. h. mit $b_{23}'' = 0$ würde

$$W_1 = 4{,}0965 \quad \text{einen Fehler von nur } 0{,}06\,\%\ \text{enthalten}$$
$$W_2 = 16{,}4296 \ (1 - 0{,}02943 - 0{,}01995) = 15{,}6183$$
$$W_3 = 5{,}3882 \quad \left(1 - \frac{0{,}01995}{0{,}97057}\right) = 5{,}2775.$$

Mit $b_{12}'' = 0$ würde wiederum ein Fehler von $0{,}06\,\%$ verursacht werden.

Angreifende Knotenmomente K nach Gl. [79]. Die Knotenmomente in den Knoten 1, 2 und 3 lauten I, II und III.

Lastfall Ia: $\quad$ I $\ = M_{1,0}\,(1 - a_{21}) = +\,2{,}94 \cdot 1{,}0887 = +\,3{,}2008$
$\qquad\qquad\quad$ II $\ = M_{2,0}\,(1 - a_{12}) = -\,2{,}94 \cdot 1{,}3385 = -\,3{,}9352.$

Lastfall Ib: $\quad$ II $\ = M_{2,0} \qquad\qquad\qquad\qquad\qquad = +\,20{,}0.$

Lastfall Ic: $\quad$ II $\ = M_{2,0}\,(1 - a_{32}) = +\,3{,}90 \cdot 1{,}2466 = +\,4{,}8617$
$\qquad\qquad\quad$ III $\ = M_{3,0}\,(1 - a_{23}) = -\,3{,}90 \cdot 1{,}0834 = -\,4{,}2253.$

Lastfall Id: $\quad$ I $\ = M_{1,0}\,(1 + a_{21}) = -\,30{,}937 \cdot 0{,}9113 = -\,28{,}1929$
$\qquad\qquad\quad$ II $\ = M_{2,0}\,(1 + a_{12}) = -\,30{,}937 \cdot 0{,}6615 = -\,20{,}4648.$

Lastfall Ie: $\quad$ I $\ = M_{1,0} + M_{2,0}\,a_{21} = +\,19{,}659 - 41{,}628 \cdot 0{,}0887 = +\,15{,}9666$
$\qquad\qquad\quad$ II $\ = M_{2,0} + M_{1,0}\,a_{12} = +\,41{,}628 - 19{,}659 \cdot 0{,}3385 = +\,34{,}9734$

Wir kennzeichnen zur besseren Unterscheidung die Primärverdrehung am Abklingungsherd $\varphi_k = \dfrac{K}{W_k}$ in der ersten Zeile durch stärkeren Druck und schreiben die Abklingungen in der nachfolgenden Zeile an.

Knotendrehwinkel $\qquad$ nach Gleichung [80]

Knoten k	1	2		3
$a_{(k-1)\,k} \qquad a_{(k+1)\,k}$	$-\,0{,}0887$	$-\,0{,}3385$	$-\,0{,}2466$	$-\,0{,}0834$
W_k	4,0939	15,6183		5,2775
Lastfall Ia I $= +\,3{,}2008$ II $= -\,3{,}9352$	$+\,\mathbf{0{,}7818}$	$-\,\mathbf{0{,}2520}$		$+\,0{,}0621$
Lastfall Ib II $= +\,20{,}0$	$-\,0{,}4335$	$+\,\mathbf{1{,}2806}$		$-\,0{,}3158$
Lastfall Ic II $= +\,4{,}8617$ III $= -\,4{,}2253$	$-\,0{,}1054$	$+\,\mathbf{0{,}3113}$		$-\,\mathbf{0{,}8006}$
Lastfall Id I $= -\,28{,}1929$ II $= -\,20{,}4648$	$-\,\mathbf{6{,}8866}$	$-\,\mathbf{1{,}3103}$		$+\,0{,}3231$
Lastfall Ie I $= +\,15{,}9666$ II $= +\,34{,}9734$	$+\,\mathbf{3{,}9001}$	$+\,\mathbf{2{,}2393}$		$-\,0{,}5522$

Für den Lastfall I d können wir nach Gl. [82 b] unmittelbar die Drehwinkel ansetzen

$$\varphi_1 = -\,3\,\frac{0{,}01386}{4{,}2}\,\alpha_{12}\,(1 + a_{21})\,\frac{2\,100\,000}{24}\,\frac{0{,}3 \cdot 1{,}0^3}{12} = -\,6{,}887$$

$$\varphi_2 = -\,3\,\frac{0{,}01386}{4{,}2}\,\alpha_{21}\,(1 + a_{12})\,\frac{E J_c}{24} \qquad\qquad = -\,1{,}3\,10.$$

Ebenso errechnet sich mit $a_{14} = 0{,}2220$ und $a_{25} = 0{,}2382$ im Lastfall I e nach Gl. [82 a]

$$\varphi_1 = \frac{3}{2}\,\frac{0{,}0435}{6{,}6}\,a_{14}\,\frac{E J_c}{24} = +\,4{,}795$$

$$\varphi_2 = \frac{3}{2}\,\frac{0{,}0225}{6{,}6}\,a_{25}\,\frac{E J_c}{24} = +\,2{,}664$$

und durch Abklingung

$$\varphi_1 = +\,4{,}795 - 2{,}664 \cdot 0{,}3385 = +\,3{,}900$$

$$\varphi_2 = +\,2{,}664 - 4{,}795 \cdot 0{,}0887 = +\,2{,}239.$$

2. Beliebige unverschiebliche Systeme.

Trifft die Voraussetzung des offenen Stabzuges mit einfacher Knotenfolge nicht zu, so entfällt die Möglichkeit einer exakten Eliminationslösung durch Gleichungen für die Abklingungswerte mit nur je einer Unbekannten. Gl. [72] wie auch [74] in vollständiger Fassung versagen. Trotzdem bietet das Drehwinkelabklingungsverfahren wie kaum ein anderes die Möglichkeit, ein unverschiebliches System beliebiger Unbestimmtheit mit einer für die Praxis ausreichenden Näherung zu berechnen. Die Annäherung besteht darin, daß die elastische Verdrehbarkeit jedes übernächsten Knotens vernachlässigt und durch starre Festhaltung ersetzt wird. Die Größe des hierdurch entstehenden Fehlers hängt von dem Grad der Abklingung ab, welche die Verformung in den berücksichtigten nächsten Knoten erfährt. Das Näherungsverfahren liefert daher nur unter der Bedingung, daß das betreffende System Knotenverbindungen von mehr als zwei Stäben besitzt, Ergebnisse von ausreichender Genauigkeit, es gilt nicht uneingeschränkt für jeden einfachen Stabzug, Durchlaufträger usw. Dagegen erweitert sich das Anwendungsgebiet auf hochgradig unbestimmte Rahmen, deren Gleichungen sich nur mühevoll oder gar nicht auf dem Eliminationswege lösen lassen.

Alle Abklingungswerte und Knotensteifigkeiten werden nach der Näherungsfassung von Gl. [75] und [74] berechnet

$$a_{k\,i} = -\,\frac{b'_{k\,i}}{1 - \underset{x}{\sum} b''_{k\,x}} \qquad\qquad [83]$$

Hierin sind x nur die Nachbarknoten von k, welche geometrisch unbestimmt gelagert und somit Angriffsort einer geometrischen Unbekannten φ_x sind, mit Ausnahme des Knotens i, von welchem die Abklingung ausgeht

$$W_k = S_k\,(1 - \underset{i}{\sum} b''_{k\,i}). \qquad\qquad [84]$$

Wir bilden wie vorher $\varphi_k = \dfrac{K}{W_k}$, die weitere Abklingung erfolgt wie bei Cross auf der Iterationsgrundlage, nur mit dem Unterschied, daß eine mehrmalige Wiederholung des Rechnungsganges wegen der schnellen Abklingung der Drehwinkel nicht erforderlich ist. Eine Ausnahme bilden höchstens einfache, geschlossene Stabzüge, für welche man dieses Verfahren wohl auch kaum wählen wird.

e) Unmittelbarer Momentenansatz aus der Drehwinkelabklingung.

Cross hat bewiesen, daß der unmittelbare Übergang von den angreifenden Momenten auf die gesuchten Stabendmomente am Hauptsystem B ein kurzes Verfahren von geringer Fehlerempfindlichkeit liefert. Der Fortfall des zweimaligen Wechsels von statischen und geometrischen Maßeinheiten ist zweifellos sehr vorteilhaft. Das gleiche, was für den Ausgleich, d. h. den stufenweisen Ansatz der Abklingung gilt, muß sich auch auf den einmaligen Rechnungsgang der Abklingung übertragen lassen. Wie im vorherigen Abschnitt gezeigt wurde, erlaubt die schnelle Abklingung der Knotendrehwinkel unter bestimmtem Vorbehalt eine Abweichung von der grundsätzlichen Voraussetzung jedes Abklingungsverfahrens, der einfachen Knotenfolge, und damit eine Anwendung des Drehwinkel-Abklingungsverfahrens auf beliebige unverschiebliche Systeme. Wir wollen das Verfahren auch für einige häufig vorkommende, verschiebliche Systeme weiterentwickeln.

1. Unverschiebliche Systeme mit einfacher Knotenfolge.

Gehen wir von der Analogie mit dem Verfahren von Cross aus, so unterscheidet sich die Abklingung vom Ausgleich durch den Ansatz der Momentenverteilung in den Knotenpunkten am geometrischen Hauptsystem bzw. am wirklichen System. Die einfachen Abklingungswerte am Hauptsystem B müssen wir durch die Werte am wirklichen System ersetzen. Hierfür gelten unverändert die Ansätze des letzten Abschnittes d. Die Verteilungszahlen $w_{ki} = \dfrac{W_{ki}}{W_k}$ können unmittelbar aus den Gl. [73] und [77] angeschrieben werden.

$$w_{ki} = \alpha_{ki} \, (2 + a_{ik}). \qquad [85]$$

w_{ki} und w_{ik} sind als Funktionen von a_{ki} und a_{ik} in Zahlentafel A 8 ausgewertet, welche eine Ablesung ohne Interpolation gestattet.

Für den Stabanschluß ka an einen in a geometrisch bestimmt gelagerten Stab k—a schreiben wir allgemein nach Gl. [72] und [77] oder [74]

$$w_{ka} = 2 \, \alpha_{ki} \, \frac{S_{ka}}{S_{ki}} = \frac{b_{ka}}{1 + \sum\limits_i b'_{ki} a_{ik}} = \sim \frac{b_{ka}}{1 - \sum\limits_i b''_{ki}} \qquad [86]$$

Daraus folgt für den Stabzug mit der Folge i—k—m der inneren Knoten die Verhältnisgleichheit

$$\frac{\alpha_{ki}}{\alpha_{km}} = \frac{S_{ki}}{S_{km}}.$$

Der Ansatz [86] für w_{ka} erübrigt sich im allgemeinen. Am dreistäbigen Knoten ist

$$w_{ka} = 1 - w_{ki} - w_{km}.$$

Am vierstäbigen Knoten errechnen sich die Verteilungszahlen der in a und b geometrisch bestimmt gelagerten Stäbe k—a und k—b aus ihrem Steifigkeitsverhältnis.

$$w_{ka} = (1 - w_{ki} - w_{km}) \frac{S_{ka}}{S_{ka} + S_{kb}}. \qquad [87]$$

Somit erfordert die Ermittlung der Vorwerte

1. Die Berechnung der Abklingungswerte nach [71], [72] bzw. [75],
2. das Ablesen der Verteilungszahlen aus Zahlentafel A 8. Die noch fehlenden Werte ergeben sich an dreistäbigen Knoten als Differenzen, an vierstäbigen Knoten nach Gl. [87].

Wir verfolgen nunmehr den Momentenverlauf bei Belastung des Stabes i—k und bilden alle Stabendmomente in der Knotenfolge $k-m-n-z$. Mit „x" werden alle Nachbarknoten des jeweils betrachteten Knotens benannt, nach denen eine Abklingung stattfindet. Ausgeschlossen von „x" ist stets der eine Nachbarknoten, von dem aus die durch die Belastung erzeugte Verformung angreift, bzw. welcher das andere Ende des belasteten Stabes bildet.

In k greift nach Gl. [79] das Moment K an, folglich ist im unbelasteten Stab k—x

$$M_{kx} = -\varphi_k\, W_{kx} = -K\,\frac{W_{kx}}{W_k} = -K\,w_{kx}.$$

$$M_{km} = -K\,w_{km}.$$

Aus der Gleichgewichtsbedingung folgt mit $\Sigma\, w_{kx} = 1 - w_{ki}$ das primäre Einspannmoment des belasteten Stabes k—i

$$M_{ki} = +K\,(1 - w_{ki}).$$

Beim Übergang auf den nächsten Knoten m ist der Satz von Maxwell anzuwenden, daß die Verdrehung von k aus $M_i = +1$ gleich der Verdrehung von i aus $M_k = +1$ ist

$$\frac{a_{ki}}{W_i} = \frac{a_{ik}}{W_k}$$

$$\varphi_m = +\varphi_k\, a_{mk} = +\frac{K}{W_k}\, a_{mk} = +\frac{K}{W_m}\, a_{km}$$

$$M_{mx} = -\varphi_m\, W_{mx} = -K\, a_{km}\, w_{mx}.$$

Bezeichnen wir mit a_{kn} auch die mittelbare Abklingung, also z. B. $a_{kz} = a_{km}\, a_{mn}\, a_{nz}$, so lautet der allgemeine Ansatz für das primäre Moment

$$M_{nm} = +K\, a_{kn}\,(1 - w_{nm}) \qquad\qquad\qquad [88]$$

und für das sekundäre Moment

$$M_{nx} = -K\, a_{kn}\, w_{nx}. \qquad\qquad\qquad\qquad [89]$$

Für feldsymmetrische Belastung des Stabes k—i lautet

$$M_{ki} = +M_{ki,0}\, w'_{ki},$$

$w'_{ki} = (1 - w_{ki})\,(1 - a_{ik})$ ist in Zahlentafel A 9 ausgewertet.

Der Ausdruck [88] wird nebenbei unter der Voraussetzung allseitiger fester Einspannung aller anschließenden Stabenden in x als Näherungsformel für die Einspannung von Riegeln in die Randstiele häufig in der Praxis verwendet und ist in der Form

$$M_{ki} = M_{ki,0}\, \frac{c_0 + c_u}{1 + c_0 + c_u}$$

in den Deutschen Stahlbetonbestimmungen enthalten.

Wir wollen den Rechnungsgang am Vergleichssystem vollständig durchführen, um damit seine Kürze zu zeigen.

Gegeben: S_{ki}, S_k, b_{ki} nach S. 117

$$b''_{12} = 0{,}02943,\quad 1 - b''_{12} = 0{,}97057,\quad b''_{23} = 0{,}01995,\quad 1 - b''_{23} = 0{,}98005.$$

Abklingungswerte:

$$a_{12} = -\,0{,}3385 \qquad\qquad a_{21} = -\,\frac{0{,}0869}{0{,}98005} = -\,0{,}0887$$

$$a_{23} = -\,\frac{0{,}0809}{0{,}97057} = -\,0{,}0834 \qquad a_{32} = -\,0{,}2466$$

Verteilungszahlen: w_{ki} sind nach Gl. [85] aus Zahlentafel A 8 abzulesen genauere Werte in Klammern), w_{ka} setzen wir nach Gl. [87] an.

$$w_{12} = 0{,}671 \ (0{,}6670), \quad w_{21} = 0{,}154 \ (0{,}1519) \qquad\qquad [85]$$

$$w_{23} = 0{,}153 \ (0{,}1494), \quad w_{32} = 0{,}480 \ (0{,}4826) \qquad\qquad [85]$$

$$w_{26} = [1 - 0{,}154 - 0{,}153]\,\frac{5{,}3334}{10{,}9147} = 0{,}339 \ (0{,}3414). \qquad [87]$$

Belastungsglieder sollen von S. 118 übernommen werden.

Stabendmomente nach Gl. [88] und [89].

Lastfall Ia:
$$
\begin{aligned}
M_{12} &= +\,3{,}2008 \cdot [1 - 0{,}671] & &= +\,1{,}053 \ (1{,}066)\\
M_{21} &= -\,3{,}9352 \cdot [1 - 0{,}154] & &= -\,3{,}329 \ (3{,}337)\\
M_{23} &= +\,3{,}9352 \cdot 0{,}153 & &= +\,0{,}602 \ (0{,}587)\\
M_{26} &= +\,3{,}9352 \cdot 0{,}339 & &= +\,1{,}334 \ (1{,}344)\\
M_{32} &= +\,3{,}9352 \cdot 0{,}0834 \cdot [1 - 0{,}480] & &= +\,0{,}171 \ (0{,}170)
\end{aligned}
$$

Lastfall Ib:
$$
\begin{aligned}
M_{26} &= +\,20{,}0 \cdot [1 - 0{,}339] & &= +\,13{,}220 \ (13{,}171)\\
M_{21} &= -\,20{,}0 \cdot 0{,}154 & &= -\,3{,}08 \ (3{,}040)\\
M_{23} &= -\,20{,}0 \cdot 0{,}153 & &= -\,3{,}06 \ (2{,}984)\\
M_{12} &= -\,20{,}0 \cdot 0{,}0887 \cdot [1 - 0{,}671] & &= -\,0{,}584 \ (0{,}591)\\
M_{32} &= -\,20{,}0 \cdot 0{,}0834 \cdot [1 - 0{,}480] & &= -\,0{,}867 \ (0{,}862)
\end{aligned}
$$

Lastfall Ic:
$$
\begin{aligned}
M_{23} &= +\,4{,}8617 \cdot [1 - 0{,}153] & &= +\,4{,}118 \ (4{,}137)\\
M_{32} &= -\,4{,}2253 \cdot [1 - 0{,}480] & &= -\,2{,}197 \ (2{,}186)\\
M_{21} &= -\,4{,}8617 \cdot 0{,}154 & &= -\,0{,}749 \ (0{,}739)\\
M_{26} &= -\,4{,}8617 \cdot 0{,}339 & &= -\,1{,}648 \ (1{,}661)\\
M_{12} &= +\,4{,}8617 \cdot 0{,}0887 \cdot [1 - 0{,}671] & &= +\,0{,}142 \ (0{,}144)
\end{aligned}
$$

Lastfall Id:
$$
\begin{aligned}
M_{12} &= -\,28{,}1929 \cdot [1 - 0{,}671] & &= -\,9{,}275 \ (9{,}390)\\
M_{21} &= -\,20{,}4648 \cdot [1 - 0{,}154] & &= -\,17{,}313 \ (17{,}356)\\
M_{26} &= +\,20{,}4648 \cdot 0{,}339 & &= +\,6{,}938 \ (6{,}989)\\
M_{23} &= +\,20{,}4648 \cdot 0{,}153 & &= +\,3{,}131 \ (3{,}053)\\
M_{32} &= -\,20{,}4648 \cdot 0{,}0834 \cdot [1 - 0{,}480] & &= -\,0{,}887 \ (0{,}882)
\end{aligned}
$$

Lastfall Ie: $\mathrm{I} = M_{14,0} = +\,19{,}659, \ \mathrm{II} = M_{25,0} = +\,41{,}628,$
$$\mathrm{II} + \mathrm{I}\,a_{12} = +\,34{,}9734$$

$$
\begin{aligned}
M_{12} &= -\,19{,}659 \cdot 0{,}671\\
&\quad -\,41{,}628 \cdot 0{,}0887 \cdot [1 - 0{,}671] & &= -\,14{,}406 \ (14{,}341)\\
M_{21} &= -\,41{,}628 \cdot 0{,}154\\
&\quad -\,19{,}659 \cdot 0{,}3385 \cdot [1 - 0{,}154] & &= -\,12{,}040 \ (11{,}969)\\
M_{23} &= -\,34{,}9734 \cdot 0{,}153 & &= -\,5{,}351 \ (5{,}218)\\
M_{26} &= -\,34{,}9734 \cdot 0{,}339 & &= -\,11{,}856 \ (11{,}943)\\
M_{32} &= -\,34{,}9734 \cdot 0{,}0834 \cdot [1 - 0{,}480] & &= -\,1{,}517 \ (1{,}508)
\end{aligned}
$$

Wie das Zahlenbeispiel zeigen dürfte, wird die Berechnung durch die Verwendung der Verteilungszahlen, welche noch dazu als einfache Funktionen der Abklingungswerte aus der Zahlentafel A 8 abzulesen sind, sehr abgekürzt.

2. Beliebige, unverschiebliche Systeme.

Erfüllt ein System die Voraussetzung der einfachen Knotenfolge nicht, so stellt das Abklingungsverfahren eine Näherungslösung dar, deren Genauigkeitsgrad jedoch im allgemeinen den praktischen Anforderungen genügt. Für den Anwendungsbereich gilt hier das gleiche, welches wir im Vorabschnitt d, 2. ausgeführt haben.

Die Berechnung der Abklingungswerte ist aus dem Vorabschnitt d, 1. zu entnehmen. Die Stabendmomente werden wie beim System mit einfacher Knotenfolge nach [88] und [89] angesetzt.

3. Verschiebliche Systeme mit einfacher Knotenfolge.

Es ist auffällig, daß die Anwendung sämtlicher Abklingungsverfahren auf verschiebliche Systeme im Fachschrifttum fast völlig fehlt. Die Gründe haben wir bereits einleitend erwähnt. Der Bedarf liegt aber bei allen hohen Konstruktionen von geringer Breite zweifellos vor, z.B. bei allen zwei- und dreistieligen Stockwerkrahmen. Bei vier und mehr durchgehenden Stielen mag eine Näherungsberechnung berechtigt sein, aber meistens ist der Kräftefluß am unverschieblichen System viel genauer zu übersehen als am verschieblichen System, so daß der Zwang zu einer größeren Genauigkeit eher beim verschieblichen als beim unverschieblichen System vorliegt.

Das Drehwinkel-Abklingungsverfahren wird hier als eine Übertragung des Gauß-schen Algorithmus in statische Begriffe dargestellt. Um allgemeine Ansätze auch für verschiebliche Systeme abzuleiten, wollen wir zur Einführung den Eliminationsvorgang am praktischen Beispiel des Vergleichssystems II, S.141 verfolgen. Der Stabdrehwinkel erzeugt in allen Vertikalstäben eines Stockwerkes gleichzeitig Momente, sofern wir vom Hauptsystem *B* ausgehen. Folglich können wir den Stabdrehwinkel für die Abklingung von Knoten zu Knoten schlecht gebrauchen. Wir müssen alle Stabdrehwinkel vor der Abklingung eliminieren, d. h. ein anderes geometrisch unbestimmtes Hauptsystem einführen, welches von der horizontalen Unverschiebbarkeit freigemacht ist, das ist das Hauptsystemg *B**.

Man lehnt im allgemeinen mit Recht ein unbestimmtes Hauptsystem als Berechnungsgrundlage ab, weil der Ansatz der noch fehlenden Überzähligen und auch der Belastungsglieder sehr umständlich zu sein pflegt, vgl. S. 150 bis 154. Für das Hauptsystem *B** gilt dieses nur bedingt. Die Stabdrehwinkel besitzen die Eigenschaft, bei ihrem Ansatz am Hauptsystem *B* voneinander unabhängig zu sein. Genau so leicht, wie wir am beiderseits fest eingespannten Stab zu operieren gewohnt sind, kann man auch die Ansätze am horizontal verschieblichen System mit unverdrehbaren Knoten bilden.

Die Ansätze für die Steifigkeiten S_{ki}^{*} und S_k^{*} sowie für die Verteilungszahlen b_{ki}^{*} sind in Abschnitt I, B, g, S. 48 angeschrieben.

Ein beliebiges System läßt sich auch nach Einführung des Hauptsystems *B** nicht nach dem Verfahren der Drehwinkelabklingung berechnen. Wie sich aus der Betrachtung der algebraischen Gleichungsauflösung ergab, dürfen in der Matrix der Drehwinkel-Bestimmungsgleichungen nur die Felder unmittelbar neben der Hauptdiagonalen besetzt sein, damit die Verhältniswerte oder Abklingungszahlen aus

Gleichungen mit nur einer Unbekannten gewonnen werden können. Pflanzt sich die Wirkung einer Knotenverdrehung am Hauptsystem B^* auf dem Wege der Verschiebung weiter über den Nachbarknoten hinaus fort, so kann es keine Gleichungen mit nur einer Unbekannten geben, welche die Abklingung von Knoten zu Knoten ausdrücken. $M_{k,m}^*$ wird für sämtliche Knoten m ungleich Null, die durch einen oder beide Stabdrehwinkel der angrenzenden Geschosse mit k zusammenhängen. Es bleibt dann nur die Möglichkeit eines Iterationsverfahrens, das wir analog zur Methode von Cross ein Drehwinkel-Ausgleichverfahren nennen.

Es gibt aber Systeme, für welche die obige Voraussetzung zutrifft, das sind Systeme mit einfacher Knotenfolge, in denen ein Stabdrehwinkel auf nur zwei unmittelbar benachbarte Knoten einwirkt. Ein häufig vorkommendes Anwendungsbeispiel ist der zweistielige, symmetrische Stockwerkrahmen, welcher in zwei offene Stabzüge für symmetrische und antimetrische Belastung aufzuspalten ist. Der zweistielige Stockwerkrahmen darf auch im untersten Geschoß um zwei symmetrische Felder erweitert werden, wie es zufällig das System unserer Vergleichsrechnung zeigt.

Die Abklingungswerte können nach dem Ansatz [39], vgl. S. 80, angeschrieben werden, wir müssen zu diesem Zweck die Beiwerte der Bestimmungsgleichungen für die Drehwinkel am Hauptsystem B^* von S. 56 übernehmen. Die Beiwerte $M_{k,i}^*$ sind verschieden für Stäbe k—i mit elastischer Verdrehbarkeit der Stabsehne ($i = o$ bzw. u) und für Stäbe k—i mit unverdrehbarer Stabsehne ($i = i$ bzw. j). Ist das betrachtete System gemäß Abb. 2 horizontal verschieblich, so folgt aus der Voraussetzung für die Anwendbarkeit des Verfahrens, wonach sich die Wirkung eines Stabdrehwinkels im Hauptsystem B auf den Momentenangriff zweier benachbarter Knoten beschränken muß, daß die Verteilungszahlen des Stabdrehwinkels in einem Vertikalstab zwischen den inneren Knoten k und u bzw. o den Wert $\frac{1}{2}$ haben. Nach Gl. [26], S. 57 wird

$$M_{k,u}^* = -S_{ku}^* = -\frac{1}{4}S_{ku} = -\frac{1}{s_{ku}}$$

$$M_{k,o}^* = -S_{ko}^* = -\frac{1}{4}S_{ko} = -\frac{1}{s_{ko}}.$$

Die Knoten k und i des Horizontalstabes k—i mögen durch die Vertikalstäbe k—u und i—v der Einwirkung des Stabdrehwinkels $\vartheta_{k'}$ unterworfen sein. $M_{k,i}^*$ errechnet sich allgemein nach Gl. [25], S. 56. Im allgemeinen haben die Stäbe k—u und i—v die gleiche Länge. Ist auch die Lagerung der Stielfüße uk und vi die gleiche, so lautet

$$M_{k,i}^* = +\frac{2}{s_{ki}} - \frac{3\,(2)}{s_{ku} + s_{iv}}.$$

Der Beiwert in der Klammer　) ist im Falle fester Einspannung der Stielfüße zu berücksichtigen, im Falle gelenkiger Lagerung durch 1 zu ersetzen.

Ist in u eine feste Einspannung, in v ein Gelenk vorhanden, so wird

$$M_{k,i}^* = +\frac{2}{s_{ki}} - \frac{6}{s_{ku} + 4\,s_{iv}}$$

Die Knotenfolge der elastisch verdrehbaren, inneren Knoten sei wie früher $h - i - k - m - n$, dann muß sich nach Gl. [39] für die Abklingungswerte allgemein der Ausdruck ergeben

$$a_{km}^* = -\frac{M_{k,m}^*}{S_k^* + a_{ik}^* M_{i,k}^*}. \tag{90}$$

Die wirklichen Steifigkeiten erhalten wir aus Gl. [15]. Wir setzen

$$\varphi_k = +1, \quad \varphi_i = +a_{ik}^*, \quad \vartheta_{ki} = 0.$$

Für den Horizontalstab $k—i$ erhalten wir $W_{ki}^* = —M_{ki}$

$$W_{ki}^* = \frac{2}{s_{ki}}\,(2 + a_{ik}^*).\tag{91}$$

Ist an k ein **horizontaler** Stab $k—a$ mit geometrisch bestimmter Lagerung in a angeschlossen, so ist $\vartheta_{ka} = 0$ und folglich

$$W_{ka}^* = S_{ka}.$$

Für einen **vertikalen** Stab $k—a$ dagegen folgt aus $\varphi_k = +1$ gemäß S. 55

$$\vartheta_{k'} = \vartheta_{ka} = —\varphi_k\,b_{(k')k} — \varphi_i\,b_{(k')i} = —(b_{(k')k} + a_{ik}^*\,b_{(k')i}).$$

Voraussetzungsgemäß werden durch den Stabdrehwinkel $\vartheta_{k'}$ im Verlauf der einfachen Knotenfolge nur die Knoten k und i betroffen. Dadurch ist das Verhältnis von $b_{(k')k}$ zu $b_{(k')i}$ festgelegt.

Lagerung der Stabenden		$b_{(k')k} =$
ak	ai	
Gelenk	Gelenk	$1 — b_{(k')i}$
Einspannung	Einspannung	$\dfrac{1}{2} — b_{(k')i}$
Gelenk	Einspannung	$1 — 2\,b_{(k')i}$
Einspannung	Gelenk	$\dfrac{1}{2}\cdot(1 — b_{(k')i})$

Bei frei drehbarer Lagerung in ak wird nach Gl. [17a]

$$\begin{aligned}
W_{ka}^* &= S_{ka}^*\,(1 — a_{ik}^*), &&\text{wenn } ai \text{ gelenkig gelagert ist,}\\
W_{ka}^* &= S_{ka}^*\left(1 — \tfrac{1}{2}\,a_{ik}^*\right), &&\text{wenn } ai \text{ fest eingespannt ist.}
\end{aligned}\tag{92}$$

Bei fester Einspannung in ak wird nach Gl. [17b]

$$W_{ka}^* = S_{ka}\left[1 — \frac{3}{2}\,(b_{(k')k} + a_{ik}^*\,b_{(k')i})\right].$$

Für den **Vertikalstab** $k—u$, d. h. zwischen den geometrisch unbestimmten Knoten k und u erhalten wir aus $\varphi_k = +1$, $\varphi_u = +a_{uk}^*$

$$\vartheta_{ku} = —\frac{1}{2}\,(1 + a_{uk}^*),$$

da $b_{(k')k} = b_{(k')u} = +\dfrac{1}{2}$ sein muß. Folglich wird

$$W_{ku}^* = \frac{1}{s_{ku}}\,(1 — a_{uk}^*) = S_{ku}^*\,(1 — a_{uk}^*)\tag{93}$$

$$W_{ko}^* = \frac{1}{s_{ko}}\,(1 — a_{ok}^*) = S_{ko}^*\,(1 — a_{ok}^*)$$

Damit sind alle Steifigkeiten W_{ki}^* bekannt, wir können für jeden Knoten k

$$\Sigma W_{ki}^* = W_k^* \quad \text{und} \quad w_{ki}^* = \frac{W_{ki}^*}{W_k^*}$$

bilden. Die Belastungsglieder $M_{k,0}^{*}$ sind am Hauptsystem B^{*} nach Gl. [27], S. 57 anzusetzen.

Die Abklingung aus der Belastung eines Stabes ist jedoch anders geartet als beim unverschieblichen System. Die Übertragung einer Knotenverdrehung auf den benachbarten Knoten erfolgt nicht mehr ausschließlich durch den Stab, welcher die Knoten verbindet, sondern auch teilweise durch die anschließenden Stiele.

Für den Stab k—a zwischen einem inneren Knoten k und einem Auflagerknoten a können wir wie früher

$$K = M_{ka,0}^{*}$$

bilden. Infolge der Belastung eines Horizontalstabes k—i zwischen zwei inneren Knoten k und i entsteht sowohl in k als auch in i ein Primärmoment

$$K = M_{ki,0}^{*} \quad \text{und} \quad J = M_{ik,0}^{*}.$$

Beide Momente müssen als gesonderter Lastfall angesetzt werden. Für die Stabendmomente gelten dann unverändert die Gl. [88] und [89].

In einem Vertikalstab k—u erfolgt die Abklingung ausschließlich auf dem Wege dieses Stabes, es gilt daher auch Gl. [79]

$$K = M_{ku,0}^{*} + M_{uk,0}^{*}\, a_{uk}$$
$$U = M_{uk,0}^{*} + M_{ku,0}^{*}\, a_{ku}.$$

Wir können daher die Wirkung beider Knotenverdrehungen wie beim unverschieblichen System zusammenziehen und die Stabendmomente nach Gl. [88] und [89] ausrechnen.

Wir wollen das System II unserer Vergleichsrechnung untersuchen. Die Gleichungsbeiwerte übernehmen wir von S. 143. Dann lauten die

Abklingungswerte

$$a_{12}^{*} = -\frac{0{,}3327}{3{,}9530} = -0{,}0842$$

$$a_{23}^{*} = +\frac{0{,}6645}{20{,}6172 - 0{,}0842 \cdot 0{,}3327} = +0{,}0323$$

$$a_{32}^{*} = -\frac{0{,}6645}{8{,}8556} = +0{,}0750$$

$$a_{21}^{*} = +\frac{0{,}3327}{20{,}6172 - 0{,}0750 \cdot 0{,}6645} = -0{,}0162$$

Steifigkeiten und Verteilungszahlen

$$W_{14}^{*} = 1{,}0959 \cdot (1 + 0{,}0162) = 1{,}1136, \qquad w_{14}^{*} = 0{,}2821$$

$$W_{12}^{*} = \frac{2{,}8571}{2} \cdot (2 - 0{,}0162) = 2{,}8340, \qquad w_{12}^{*} = 0{,}7179$$

$$W_{1}^{*} = \overline{3{,}9476}$$

$$W_{21}^{*} = \frac{2{,}8571}{2} \cdot (2 - 0{,}0842) = 2{,}7369, \qquad w_{21}^{*} = 0{,}1333$$

$$W_{25}^{*} = 1{,}0959 \cdot (1 + 0{,}0842) = 1{,}1882, \qquad w_{25}^{*} = 0{,}0578$$

$$W_{26}^{*} = S_{26} = 16{,}0000, \qquad w_{26}^{*} = 0{,}7790$$

$$W_{23}^{*} = 0{,}6645 \cdot (1 - 0{,}0750) = \overline{0{,}6147}, \qquad w_{23}^{*} = 0{,}0299$$

$$W_{2}^{*} = \overline{20{,}5398}$$

$$W_{32}^* = 0{,}6645 \cdot (1 - 0{,}0323) = 0{,}6430, \qquad w_{32}^* = 0{,}0729$$
$$W_{37}^* = S_{37} \qquad\qquad\quad = 8{,}1911, \qquad w_{37}^* = 0{,}9271$$
$$W_3^* = \overline{8{,}8341}$$

Angreifende Momente

Lastfall IIa $\quad II = -\ 2{,}94 \cdot (1 + 0{,}0842) = -3{,}1875, \quad M_{1,0}^* = -M_{2,0}^* = +2{,}94$

Lastfall IIb $\quad II = +\ 6{,}6667$

Lastfall IIc $\quad II = +11{,}70 + \ 3{,}90 \cdot 0{,}0750 \qquad = +11{,}9925$
$\qquad\qquad\quad III = +\ 3{,}90 + 11{,}70 \cdot 0{,}0323 \qquad = +\ 4{,}2779$

Lastfall IId $\quad II = +37{,}1309 - 9{,}0691 \cdot 0{,}0842 = +36{,}3673$
$\qquad\qquad M_{1,0}^* = +9{,}0691, \qquad M_{2,0}^* = +37{,}1309.$

Stabendmomente

Lastfall IIa $\quad M_{14} = -M_{25} = -2{,}94 \cdot (0{,}2821 + 0{,}0578) \qquad = -\ 0{,}999 \text{ tm}$
$\qquad\qquad M_{26} = +3{,}1875 \cdot 0{,}7790 \qquad\qquad\qquad = +\ 2{,}483 \text{ tm}$
$\qquad\qquad M_{23} = -M_{32} = +3{,}1875 \cdot 0{,}0299 \qquad = +\ 0{,}095 \text{ tm}$

Lastfall IIb $\quad M_{26} = +6{,}6667 \cdot (1 - 0{,}7790) \qquad\qquad = +\ 1{,}473 \text{ tm}$
$\qquad\qquad M_{25} = -M_{14} = -6{,}6667 \cdot 0{,}0578 \qquad = -\ 0{,}385 \text{ tm}$
$\qquad\qquad M_{23} = -M_{32} = -6{,}6667 \cdot 0{,}0299 \qquad = -\ 0{,}199 \text{ tm}$

Lastfall IIc $\quad M_{32} = +\ 4{,}2779 \cdot (1 - 0{,}0728) \qquad\qquad = +\ 3{,}967 \text{ tm}$
$\qquad\qquad M_{23} = +11{,}9925 \cdot (1 - 0{,}0299) \qquad\qquad = +11{,}634 \text{ tm}$
$\qquad\qquad M_{25} = -M_{14} = -11{,}9925 \cdot 0{,}0578 \qquad = -\ 0{,}693 \text{ tm}$
$\qquad\qquad M_{26} = -11{,}9925 \cdot 0{,}7790 \qquad\qquad\quad = -\ 9{,}342 \text{ tm}$

Lastfall IId $\quad M_{14} = +9{,}0691 \cdot (1 - 0{,}2821) + 37{,}1309 \cdot 0{,}0578 = +\ 8{,}657 \text{ tm}$
$\qquad\qquad M_{25} = +37{,}1309 \cdot (1 - 0{,}0578) + 9{,}0691 \cdot 0{,}2821 = +37{,}543 \text{ tm}$
$\qquad\qquad M_{26} = -36{,}3673 \cdot 0{,}7790 \qquad\qquad\qquad = -28{,}330 \text{ tm}$
$\qquad\qquad M_{23} = -M_{32} = -36{,}3673 \cdot 0{,}0299 \qquad = -\ 1{,}087 \text{ tm}$

Dieses Verfahren eignet sich besonders zur Berechnung des zweistieligen, symmetrischen Stockwerkrahmens. Wir wollen uns hier darauf beschränken, die Formeln für die antimetrischen Lastfälle dieses Rahmensystems anzuschreiben. Statt des geschlossenen Systems verwenden wir den offenen Stabzug gemäß Abb. 31, System II, S. 224. Der Stabzug, welcher die einfache Knotenfolge bildet, besteht nur aus Vertikalstäben, folglich lautet

$$S_k = S_{ko}^* + S_{ku}^* + S_{km}^* \tag{94}$$
$$= \frac{1}{s_{ko}} + \frac{1}{s_{ku}} + \frac{3}{s_{km}}$$

Die Abklingungswerte werden

$$a_{ko}^* = +\frac{S_{ko}^*}{S_k^* - a_{uk}^* S_{uk}^*} = +\frac{l_{ko}^*}{1 - a_{uk}^* b_{ku}^*} = \sim +\frac{l_{ko}^*}{1 - b_{ku}^* b_{uk}^*} \tag{95}$$
$$a_{ku}^* = +\frac{S_{ku}^*}{S_k^* - a_{ok}^* S_{ok}^*} = +\frac{b_{ku}^*}{1 - a_{ok}^* b_{ko}^*} = \sim +\frac{l_{ku}^*}{1 - b_{ko}^* b_{ok}^*}.$$

Die Verteilungszahlen ergeben sich aus Gl. [92] und [93] zu

$$w_{ko}^* = -\alpha_{ko}^* (1 - a_{ok}^*) \tag{96}$$
$$w_{ku}^* = -\alpha_{ku}^* (1 - a_{uk}^*).$$

Der Ausdruck für w_{ki}^* ist wie immer positiv, das negative Vorzeichen erklärt sich aus der früheren Festlegung für α, welche sich aus den negativen Abklingungswerten am unverschieblichen System ergab.

Die Verteilungszahlen w_{ku}^* und w_{ko}^* sind aus Zahlentafel A 6 abzulesen, w_{km}^* können wir als Differenz bilden.

$$w_{km}^* = 1 - w_{ku}^* - w_{ko}^*.$$

Die gesuchten Stabendmomente berechnet man wie früher nach den allgemeinen Ansätzen [88] und [89]. Es müssen aber die Belastungsglieder $M_{ki,0}^*$ am verschieblichen Hauptsystem B^* angesetzt werden.

Für die Belastung eines Riegels $k-m$ lautet

$$K = M_{km,0}^* = - \frac{1}{2} B_{km} = M_{km}' \text{ in Zahlentafel A 2.}$$

Bei Belastung eines Stieles $k-u$ durch Horizontalkräfte oder Momente führt man zweckmäßig eine Belastungsumordnung ein. Wir setzen in ku und in uk Hilfslasten in der Größe der aus der Stabbelastung anfallenden Querkräfte an, so daß die anschließenden Stiele $k-o$ und $u-v$ keine Querkräfte und somit konstante Momente erhalten. Dadurch werden die Ansätze wesentlich einfacher, als wenn man wie üblich k und u durch Festhaltestäbe unverschieblich macht und erst hinterher den Stabdrehwinkel ermittelt. Die eingeführten Hilfslasten werden als gesonderter Lastfall behandelt. Dieser bedingt im allgemeinen nicht einmal eine Vergrößerung des Rechnungsumfanges, da die Hilfslasten zu den horizontalen Knotenpunktslasten hinzu zu zählen sind, welche fast in allen Fällen zur Aufgabestellung gehören. Nach Einführung der Hilfslasten wird $M_{ku} = - M_{uk}$. Wie sich leicht nachweisen läßt, lauten die Belastungsglieder am Hauptsystem B^*

$$M_{ku,0}^* = - M_{uk,0}^* = \pm \frac{1}{6} B_{ku}'.$$

Das Vorzeichen ergibt sich zwangsläufig aus der jeweiligen Belastungsrichtung. Dann lauten die Ausgangswerte der Abklingungsberechnung nach Gl. [79]

$$K = M_{ku,0}^* (1 - a_{uk}^*) = \pm \frac{1}{6} B_{ku}' (1 - a_{uk}^*) \tag{97}$$

$$U = \qquad\qquad \pm \frac{1}{6} B_{ku}' (1 - a_{ku}^*).$$

Die Belastung der Knotenpunkte durch Horizontalkräfte einschließlich der vorerwähnten Hilfskräfte erzeugt in allen Geschossen unterhalb der obersten Knotenlast M_0^*-Momente. Wie aus dem Wesen der Abklingungsrechnung folgt, müssen wir die Belastung jedes Geschosses als einzelnen Lastfall auffassen und später die Ergebnisse aller Lastfälle überlagern. Wir untersuchen einen solchen Lastfall für das Geschoß $k-u$, dessen Knoten k und u mit den gleichen, einander entgegengesetzt gerichteten Lasten $H_k = - H_u$ belastet sind.

Infolge der freien Horizontalverschieblichkeit des Hauptsystems B^* befinden sich oberhalb k und unterhalb u keine Querkräfte in den Vertikalstäben.

Die Belastungsglieder errechnen sich zu

$$M_{ku,0}^* = + M_{uk,0}^* = \pm \frac{1}{2} H_k \cdot l_{ku}.$$

Damit lauten die Ausgangswerte nach Gl. [79]

$$K = M^*_{ku,0} (1 + a^*_{uk}) = \pm \frac{1}{2} H_k (1 + a^*_{uk}) l_{ku} \qquad [98]$$

$$U = M^*_{uk,0} (1 + a^*_{ku}) = \pm \frac{1}{2} H_k (1 + a^*_{ku}) l_{ku}.$$

Die Berechnung der Stabendmomente nach den Gl. [88] und [89] bleibt in allen Fällen die gleiche.

f) Gruppendrehwinkelverfahren.

Zur Zeit, als das Gruppenlastenverfahren entwickelt wurde, ging man in der praktischen Statik des rahmenförmigen Stabwerkes fast ausschließlich vom statisch bestimmten Hauptsystem aus. Die Umordnung von Einzelüberzähligen zu Gruppenzuständen wurde daher auch hauptsächlich zur Ermittlung statischer Unbekannter verwendet. Die Übertragung dieses Verfahrens auf die Lösung der Formänderungsaufgabe, d. h. auf die Ermittlung geometrischer Unbekannter bietet uns gedanklich nichts Neues. Das Gruppendrehwinkelverfahren ist weniger bekannt, es verdient aber Beachtung, wenn das zu lösende System symmetrisch ist. Wie auf S. 84 ff. entwickelt wurde, gibt es sowohl die Möglichkeit, die überzähligen Größen als auch die Belastung umzuordnen.

Die Grundlagen des Gruppenlasten- und Gruppendrehwinkelverfahrens sind im Abschnitt I B, c bis e erörtert. Da der Dualismus leicht zu erkennen ist, genügt es hier, wenn wir die Gleichungen von Abschnitt II, B, c, S. 127 ff. auf geometrische Unbekannte übertragen. Zur Bezeichnung der Gruppenunbekannten und deren Einzelwerte verwenden wir wie früher die Buchstaben Y_J und y_{kJ}. Entsprechend der Gl. [49], S. 128, schreibt sich der Ansatz für die Einzelunbekannte

$$\xi_k = Y_I y_{kI} + Y_{II} y_{kII} \cdots + Y_N y_{kN}. \qquad [99]$$

Der Gruppenzustand $Y_J = -1$ kann in 1 bis n inneren Knotenpunkten k Teilwerte y_{kJ} enthalten. Alle Ansätze erfolgen am Hauptsystem B oder B^*. Ist ein Gruppenzustand Y_J mit allen Teilwerten y_{kJ} gegeben, so bedeutet $M_{k,J}$ das unausgeglichene Knotenmoment in k, dessen Teilbeträge $M_{ki,J}$ aus Gl. [15] folgen. Die Gruppenzustände Y_J sind Selbstverformungszustände, deren gegenseitige, statische Unabhängigkeit durch Erfüllung der Gl. [10], S. 41 erreicht wird. Diese Gleichung lautet in der hier gewählten Schreibweise für die Gruppenzustände Y_J und Y_K

$$M_{J,K} = \sum_k y_{kJ} M_{k,K} = 0. \qquad [100]$$

Hierin sind k alle Ansatzorte der geometrischen Unbekannten, d. h. alle Knoten, in denen unbekannte Drehwinkel wirksam sind.

Für die in Gl. [100] vorkommenden Werte $M_{k,J}$ können wir analog zum Ansatz [52], S. 129, folgenden Ausdruck anschreiben

$$M_{k,J} = M_{J,k} = y_{1J} M_{1,k} + y_{2J} M_{2,k} + \cdots + y_{nJ} M_{n,k}. \qquad [101]$$

Wie auf S. 129 erörtert wurde, sind $\dfrac{n(n+1)}{2}$ Werte y_{kJ} frei wählbar, die restlichen $\dfrac{n(n-1)}{2}$ Werte y_{kJ} ergeben sich aus den Gl. [100] und [101].

Durch die Schaffung von n Selbstverformungszuständen $Y_J = -1$, welche untereinander statisch unabhängig sind, übt ein solcher Zustand die Funktion einer Einzelüberzähligen an einem einfach unbestimmten Hauptsystem aus. Bezeichnen wir mit

$$M_{J,0} = \sum_k y_{kJ}\, M_{k,0} \quad \text{bzw.} \quad \sum_k y_{kJ}\, M_{k,0}^{*}$$

$$M_{J,J} = \sum_k y_{kJ}\, M_{k,J} \quad \text{bzw.} \quad \sum_k y_{kJ}\, M_{k,J}^{*},$$

worin $M_{k,0}$ und $M_{k,J}$ bzw. $M_{k,0}^{*}$ und $M_{k,J}^{*}$ am geometrischen Hauptsystem B bzw. B^{*} anzusetzen sind, so erzeugt eine gegebene Belastung die Selbstverformung Y_J, d. h. den Y_J-fachen Betrag der Einheit $Y_J = -1$.

$$Y_J = \frac{M_{J,0}}{M_{J,J}} \quad \text{bzw.} \quad \frac{M_{J,0}^{*}}{M_{J,J}^{*}} \qquad\qquad [102]$$

Wie hier mehrfach betont wurde, eignet sich die Zusammenfassung von Einzelüberzähligen zu überzähligen Gruppenzuständen weniger für Systeme mit einfacher Symmetrie oder für unsymmetrische Systeme. Der Rechnungsgang am unsymmetrischen System zur Ermittlung geometrischer Unbekannter unterscheidet sich nicht im geringsten von dem auf S. 129 ff. beschriebenen Weg zur Ermittlung statischer Unbekannter. Anstatt der Beiwerte $\delta_{k,i}$ lauten diese hier $M_{k,i}$ (vgl. [23] und [24], S. 52). Die Zahlentafeln 9 und 10 gelten unverändert.

Die Gl. [99] erhält somit folgende Form, wenn 1, 2, 3 .. die Knoten k sind.

	Y_I	Y_{II}	Y_{III}	Y_{IV}	Y_V
ξ_1	$+1$	$y_{1\,II}$	$y_{1\,III}$	$y_{1\,IV}$	$y_{1\,V}$
ξ_2	0	$+1$	$y_{2\,III}$	$y_{2\,IV}$	$y_{2\,V}$
ξ_3	0	0	$+1$	$y_{3\,IV}$	$y_{3\,V}$
ξ_4	0	0	0	$+1$	$y_{4\,V}$
ξ_5	0	0	0	0	$+1$

ξ bedeutet fallweise einen Stab- oder Knotendrehwinkel. Wir wollen die Gruppenunbekannten am System I ermitteln. Die Beiwerte der Ausgangsgleichungen übernehmen wir von S. 139, die Stabsteifigkeiten von S. 117.

Die Hilfswerte $m_{k\,i}$ liefert bei einfacher Knotenfolge der Kettenbruch

$$m_{33} = \cfrac{1}{5{,}3882 - 1{,}3289 \cdot \cfrac{1{,}3289}{16{,}4296 - 1{,}4286 \cdot \cfrac{1{,}4286}{4{,}2207}}}$$

$$\rightarrow -\,m_{23} = 0{,}08334 \qquad \rightarrow -\,m_{12} = 0{,}3385$$

$$\rightarrow \frac{1}{m_{33}} = 5{,}2775 \qquad \rightarrow \frac{1}{m_{22}} = 15{,}9461$$

Nach Zahlentafel 9, S. 130 errechnen sich die Teilwerte der Gruppenlasten

$$y_{1\,II} = -\,0{,}3385$$
$$y_{2\,III} = -\,0{,}08334$$
$$y_{1\,III} = +\,0{,}3385 \cdot 0{,}08334 = +\,0{,}02821.$$

Wir wollen die Momentenflächen für die drei Gruppenlastenzustände auftragen und rechnen die Stabendmomente für die Zustandseinheiten aus.

Zustand $Y_1 = -1$

$\varphi_1 = -1; \quad \varphi_2 = \varphi_3 = 0.$

$$\left.\begin{array}{lll} M_{14} = + & S_{14} = +1{,}3636 \\ M_{12} = + & S_{12} = +2{,}8571 \end{array}\right\} \; \Sigma = M_{I,\,I}$$

$$M_{21} = + \frac{1}{2}\cdot S_{21} = +1{,}4286.$$

Zustand $Y_{II} = -1$

$\varphi_1 = -y_{1\,II}; \quad \varphi_2 = -1; \quad \varphi_3 = 0.$

$$\left.\begin{array}{lll} M_{14} = + S_{14}\cdot y_{1\,II} & = -0{,}4616 \\ M_{12} = + S_{12}\cdot\left(\dfrac{1}{2}+y_{1\,II}\right) & = +0{,}4614 \end{array}\right\} \; \Sigma = M_{I,\,II} = 0$$

$$\left.\begin{array}{lll} M_{21} = + S_{21}\cdot\left(1+\dfrac{1}{2}\,y_{1\,II}\right) & = +2{,}3737 \\ M_{25} = + S_{25} & = +5{,}5814 \\ M_{26} = + S_{26} & = +5{,}3333 \\ M_{23} = + \dfrac{1}{2}\,S_{23} & = +2{,}6578 \end{array}\right\} \; \Sigma = M_{II,\,II}$$

$$M_{32} = + \frac{1}{2}\cdot S_{32} \qquad = +1{,}3289$$

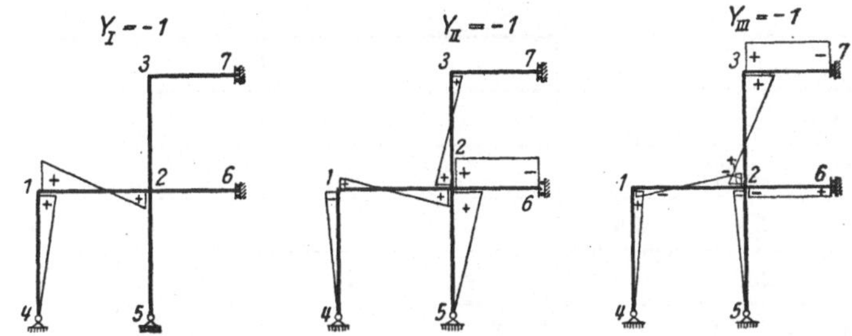

Abb. 24. Momentenflächen der Zustände $Y_J = -1$.

Zustand $Y_{III} = -1$

$\varphi_1 = -y_{1\,III}; \quad \varphi_2 = -y_{2\,III}; \quad \varphi_3 = -1.$

$$\left.\begin{array}{lll} M_{14} = + S_{14}\cdot y_{1\,III} & = +0{,}0385 \\ M_{12} = + S_{12}\cdot\left(\dfrac{1}{2}\cdot y_{2\,III}+y_{1\,III}\right) & = -0{,}0385 \end{array}\right\} \; \Sigma = M_{I,\,III} = 0$$

$$\left.\begin{array}{lll} M_{21} = + S_{21}\cdot\left(y_{2\,III}+\dfrac{1}{2}\cdot y_{1\,III}\right) & = -0{,}1978 \\ M_{25} = + S_{25}\cdot y_{2\,III} & = -0{,}4652 \\ M_{26} = + S_{26}\cdot y_{2\,III} & = -0{,}4444 \\ M_{23} = + S_{23}\cdot\left(y_{2\,III}+\dfrac{1}{2}\right) & = +1{,}1074 \end{array}\right\} \; \Sigma = M_{II,\,III} = 0$$

$$\left.\begin{array}{lll} M_{32} = + S_{32}\cdot\left(1+\dfrac{1}{2}\,y_{2\,III}\right) & = +2{,}5470 \\ M_{37} = + S_{37} & = +2{,}7304 \end{array}\right\} \; \Sigma = M_{III,\,III}$$

Bilden wir zur Probe $M_{I,III} = M_{III,I} = 0$, so wird

$$M_{I,III} = y_{1\,I}\,M_{1,III} + y_{2\,I}\,M_{2,III} + y_{3\,I}\,M_{3,III}$$
$$= -1 \cdot 0 \quad + \quad 0 \cdot 0 \quad + \quad 0 \cdot M_{3,III} = 0$$

$$M_{III,I} = y_{1\,III}\,M_{1,I} + y_{2\,III}\,M_{2,I} + y_{3\,III}\,M_{3,I}$$
$$= y_{1\,III}\,S_1 \quad + y_{2\,III}\,\frac{1}{2}\,S_{12} - 1 \cdot 0$$
$$= + 0,02821 \cdot 4,2207 - 0,08334 \cdot 1,4286 = 0.$$

Wir können auch zur Probe die betreffenden Momentenflächen integrieren, vgl. S. 40.

$$\int = + \frac{1}{3}\,s_{14}\,S_{14}\,0,0385 - \frac{1}{6}\,s_{12}\,\frac{3}{2}\,S_{12}\,0,0385$$
$$= + \quad 1 \cdot 0,0385 - \quad 1 \cdot 0,0385 = 0.$$

Die Gruppenunbekannten Y_J errechnen sich nach Gl. [102]. Am System mit einfacher Knotenfolge ist

$$\frac{1}{M_{J,J}} = m_{ii}$$

unmittelbar dem Kettenbruch zu entnehmen.

$$m_{11} = \frac{1}{4,2207} = 0,2369, \quad m_{22} = \frac{1}{15,9461} = 0,0627, \quad m_{33} = \frac{1}{5,2775} = 0,1895.$$

Zur Au srechnung von Y_J benötigen wir ferner (vgl. Ansatz von $M_{J,0}$ für Gl. [102])

$$y_{1\,II}\,m_{22} = - 0,0212, \quad y_{2\,III}\,m_{33} = - 0,0158, \quad y_{1\,III}\,m_{33} = + 0,00535.$$

	$M_{1,0}$	$M_{2,0}$	$M_{3,0}$			Lastfälle		
	$+19,659$	$+41,628$						$I\,e$
	$-30,937$	$-30,937$					$I\,d$	
		$+3,9$	$-3,9$			$I\,c$		
		$+20,0$			$I\,b$			
	$+2,94$	$-2,94$		$I\,a$				
Y_I	$+0,2369$	0	0	$+0,6965$	0	0	$-7,3290$	$+4,6572$
Y_{II}	$-0,0212$	$+0,0627$	0	$-0,2466$	$+1,2540$	$+0,2445$	$-1,2839$	$+2,1933$
Y_{III}	$+0,0053$	$-0,0158$	$+0,1895$	$+0,0620$	$-0,3160$	$-0,8006$	$+0,3248$	$-0,5535$

Es wäre verfehlt, nach Gl. [99] die geometrischen Einzelunbekannten zu errechnen. Um die gesuchten Stabendmomente zu erhalten, überlagern wir unmittelbar die M_0-Momente und die Stabendmomente der erweiterten Zustandsflächen (s. o. S. 179).

Handelt es sich um ein verschiebliches System, z. B. das System II unserer Vergleichsrechnung, so steht es uns frei, die Ansätze am Hauptsystem B oder B^* zu bilden. Obgleich man das Gruppen-Drehwinkel-Verfahren nur an mehrfach symmetrischen Systemen anwendet, wie z. B. am zyklisch symmetrischen, räumlichen Rahmen — vgl. S. 88ff. —, soll hier die Rechnung am Vergleichssystem als Einführung in den allgemeinen Rechnungsgang angeschrieben werden. Eine praktische Bedeutung für unsymmetrische oder einfach symmetrische Systeme hat dieses Verfahren nicht.

	M_0	Y_I	Y_{II}	Y_{III}	Ia	Ib	Ic	Id	Ie
		$+4{,}6572$	$+2{,}1933$	$-0{,}5535$					Ie
		$-7{,}3290$	$-1{,}2839$	$+0{,}3248$				Id	
		0	$+0{,}2445$	$-0{,}8006$			Ic		
		0	$+1{,}2540$	$-0{,}3160$		Ib			
		$+0{,}6965$	$-0{,}2466$	$+0{,}0620$	Ia				
M_{14}		$-1{,}3636$	$+0{,}4616$	$-0{,}0385$	$-1{,}066$	$+0{,}591$	$+0{,}144$	$+9{,}389$	
M_{12}		$-2{,}8571$	$-0{,}4616$	$+0{,}0385$					$+14{,}340$
M_{21}	$-2{,}94$	$-1{,}4286$	$-2{,}3737$	$+0{,}1978$	$-3{,}337$				
		$-1{,}4286$	$-2{,}3737$	$+0{,}1978$		$-0{,}3039$	$-0{,}739$		$-11{,}969$
	$-30{,}937$	$-1{,}4286$	$-2{,}3737$	$+0{,}1978$				$-17{,}355$	
M_{26}			$-5{,}3333$	$+0{,}4444$	$+1{,}343$		$-1{,}660$	$+6{,}992$	$-11{,}944$
	$+20{,}0$		$-5{,}3333$	$+0{,}4444$		$+13{,}172$			
M_{23}			$-2{,}6578$	$-1{,}1074$	$+0{,}587$	$-2{,}983$		$+3{,}053$	$-5{,}216$
	$+3{,}9$		$-2{,}6578$	$-1{,}1074$			$+4{,}137$		
M_{37}				$-2{,}7304$	$-0{,}169$	$+0{,}863$	$+2{,}186$	$-0{,}887$	$+1{,}511$

Unter Zugrundelegung des Hauptsystems B lautet die Zahlentafel der Beiwerte y_{kJ}

	Y_A	Y_B	Y_I	Y_{II}	Y_{III}
ϑ_a	$+1$	y_{aB}	y_{aI}	y_{aII}	y_{aIII}
ϑ_b	0	$+1$	y_{bI}	y_{bII}	y_{bIII}
φ_1	0	0	$+1$	y_{1II}	y_{1III}
φ_2	0	0	0	$+1$	y_{2III}
φ_3	0	0	0	0	$+1$

Nach Zahlentafel 9, S. 130, errechnen sich die Teilwerte aus den Hilfswerten m_{ki} der Gaußschen Elimination, welche wir der S. 142 entnehmen.

$$y_{aB} = 0$$
$$y_{bI} = 0, \qquad\qquad y_{aI} = -0{,}1963$$
$$y_{1II} = -0{,}0842, \qquad\qquad y_{bII} = -0{,}5$$
$$y_{aII} = +0{,}0842 \cdot 0{,}1963 - 0{,}8037 = -0{,}7872$$
$$y_{2III} = +0{,}0323, \qquad\qquad y_{1III} = -0{,}0323 \cdot 0{,}0842$$
$$y_{bIII} = -0{,}0323 \cdot 0{,}5 - 0{,}5 = -0{,}5161 \qquad\qquad = -0{,}0027$$
$$y_{aIII} = +0{,}0027 \cdot 0{,}1963 - 0{,}0323 \cdot 0{,}8037 = -0{,}0255.$$

Zur Beschreibung der durch ihre gegenseitige Unabhängigkeit ausgezeichneten Zustände Y_J schreiben wir deren Stabendmomente an.

Zustand $Y_A = -1$

$$\vartheta_a = -1; \quad \vartheta_b = \varphi_1 = \varphi_2 = \varphi_3 = 0$$

$$\left.\begin{array}{l} M_{14} = -1{,}3636 \cdot (-1) = +1{,}3636 \\ M_{25} = -5{,}5814 \cdot (-1) = +5{,}5814 \end{array}\right\} \Sigma = M_{A,A} = 6{,}9450$$

Zustand $Y_B = -1$

$$\vartheta_a = -y_{aB} = 0; \quad \vartheta_b = -1; \quad \varphi_1 = \varphi_2 = \varphi_3 = 0$$

$$\left.\begin{aligned} M_{23} &= -2{,}6578 \cdot \left(-\frac{3}{2}\right) = +3{,}9867 \\ M_{32} &= -2{,}6578 \cdot \left(-\frac{3}{2}\right) = +3{,}9867 \end{aligned}\right\} \quad \Sigma = M_{B,B} = 7{,}9734$$

Zustand $Y_I = -1$

$$\vartheta_a = -y_{aI} = +0{,}1963; \quad \vartheta_b = -y_{bI} = 0; \quad \varphi_1 = -1; \quad \varphi_2 = \varphi_3 = 0$$

$$\left.\begin{aligned} M_{14} &= -1{,}3636 \cdot (-1 + 0{,}1963) = +1{,}0959 \\ M_{12} &= -2{,}8571 \cdot (-1) \qquad\qquad = +2{,}8571 \end{aligned}\right\} \quad \Sigma = M_{I,I} = 3{,}9530$$

$$\begin{aligned} M_{21} &= -2{,}8571 \cdot (-0{,}5) \qquad\quad = +1{,}4285 \\ M_{25} &= -5{,}5814 \cdot 0{,}1963 \qquad\quad = -1{,}0959 \end{aligned}$$

Zustand $Y_{II} = -1$

$$\vartheta_a = -y_{aII} = +0{,}7872; \quad \vartheta_b = -y_{bII} = +0{,}5$$
$$\varphi_1 = -y_{1II} = +0{,}0842; \quad \varphi_2 = -1; \quad \varphi_3 = 0$$

$$\left.\begin{aligned} M_{14} &= -1{,}3636 \cdot (0{,}0842 + 0{,}7872) &= +\,1{,}1882 \\ M_{12} &= -2{,}8571 \cdot (0{,}0842 - 0{,}5) &= +\,1{,}1880 \end{aligned}\right\} \quad \Sigma = M_{I,II} = 0$$

$$\left.\begin{aligned} M_{21} &= -2{,}8571 \cdot (-1 + 0{,}0842 \cdot 0{,}5) &= +\,2{,}7368 \\ M_{25} &= -5{,}5814 \cdot (-1 + 0{,}7872) &= +\,1{,}1877 \\ M_{26} &= -16{,}0 \cdot (-1) &= +\,16{,}0000 \\ M_{23} &= -2{,}6578 \cdot \left(-1 + \frac{3}{2} \cdot 0{,}5\right) &= +\,0{,}6644 \end{aligned}\right\} \quad \Sigma = M_{II,II} = 20{,}5889$$

$$M_{32} = -2{,}6578 \cdot \left(-0{,}5 + \frac{3}{2} \cdot 0{,}5\right) \qquad = -\,0{,}6644$$

Zustand $Y_{III} = -1$

$$\vartheta_a = -y_{aIII} = +0{,}0255; \quad \vartheta_b = -y_{bIII} = +0{,}5161$$
$$\varphi_1 = -y_{1III} = +0{,}0027; \quad \varphi_2 = -y_{2III} = -0{,}0323; \quad \varphi_3 = -1$$

$$\left.\begin{aligned} M_{14} &= -1{,}3636 \cdot (0{,}0027 + 0{,}0255) &= -0{,}0384 \\ M_{12} &= -2{,}8571 \cdot (0{,}0027 - 0{,}0323 \cdot 0{,}5) &= +0{,}0384 \end{aligned}\right\} \quad \Sigma = M_{I,III} = 0$$

$$\left.\begin{aligned} M_{21} &= -2{,}8571 \cdot (-0{,}0323 + 0{,}0027 \cdot 0{,}5) &= +0{,}0884 \\ M_{25} &= -5{,}5814 \cdot (-0{,}0323 + 0{,}0255) &= +0{,}0380 \\ M_{26} &= -16{,}0 \cdot (-0{,}0323) &= +0{,}5163 \\ M_{23} &= -2{,}6578 \cdot \left(-0{,}0323 - 1{,}05 + \frac{3}{2} \cdot 0{,}5161\right) &= -0{,}6430 \end{aligned}\right\} \quad \Sigma = M_{II,III} = 0$$

$$\left.\begin{aligned} M_{32} &= -2{,}6578 \cdot \left(-1 - 0{,}0323 \cdot 0{,}5 + \frac{3}{2} \cdot 0{,}5161\right) = +0{,}6430 \\ M_{37} &= -8{,}1911 \cdot (-1) \qquad\qquad\qquad\qquad\qquad\;\; = +8{,}1911 \end{aligned}\right\} \quad \begin{aligned} \Sigma &= M_{III,III} \\ &= 8{,}8341 \end{aligned}$$

Um die Gruppenunbekannten in Form einer Zahlentafel anschreiben zu können, verwenden wir den Nenner von Gl. [102] in reziproker Form als Zählerbeiwert.

$$m_{aa} = \frac{1}{6{,}9450} = +0{,}1440, \qquad m_{bb} = \frac{1}{7{,}9734} = +0{,}1254$$

$$m_{11} = \frac{1}{3,9530} = +0,2530, \qquad m_{22} = \frac{1}{20,5889} = +0,0486$$

$$m_{33} = \frac{1}{8,8341} = +0,1132$$

$y_{a\,I}\; m_{11} = -0,0497$

$y_{a\,II}\; m_{22} = -0,0383, \qquad y_{b\,II}\; m_{22} = -0,0243, \qquad y_{1\,II}\; m_{22} = -0,0041$

$y_{a\,III}\; m_{33} = -0,0029, \qquad y_{b\,III}\; m_{33} = -0,0584, \qquad y_{1\,III}\; m_{33} = -0,0003$

$y_{2\,III}\; m_{33} = +0,0037$

Mit diesen Beiwerten erhalten wir die Unbekannten Y.

	$M_{a,0}$	$M_{b,0}$	$M_{1,0}$	$M_{2,0}$	$M_{3,0}$	IIa	IIb	IIc	IId
	$-46,2$								IId
		$-15,6$		$+3,9$	$-3,9$			IIc	
				$+6,6667$			IIb		
			$+2,94$	$-2,94$		IIa			
Y_A	$+0,1440$	0	0	0	0	0	0	0	$-6,6528$
Y_B	0	$+0,1254$	0	0	0	0	0	$-1,9562$	0
Y_I	$-0,0497$	0	$+0,2530$	0	0	$+0,7438$	0	0	$+2,2961$
Y_{II}	$-0,0383$	$-0,0243$	$-0,0041$	$+0,0486$	0	$-0,1549$	$+0,3240$	$+0,5686$	$+1,7695$
Y_{III}	$-0,0029$	$-0,0584$	$-0,0003$	$+0,0037$	$+0,1132$	$-0,0118$	$+0,0247$	$+0,4839$	$+0,1340$

Die gesuchten Stabendmomente ermitteln wir in gleicher Weise wie vorher.

	M_0	Y_A	Y_B	Y_I	Y_{II}	Y_{III}	IIa	IIb	IIc	IId
		$-6,6528$	0	$+2,2961$	$+1,7695$	$+0,1340$				IId
		0	$-1,9562$	0	$+0,5686$	$+0,4839$			IIc	
		0	0	0	$+0,3240$	$+0,0247$		IIb		
		0	0	$+0,7438$	$-0,1549$	$-0,0118$	IIa			
M_{12}		0	0	$-2,8571$	$-1,1880$	$-0,0384$		$-0,386$	$-0,694$	$-8,667$
	$+2,94$	0	0	$-2,8571$	$-1,1880$	$-0,0384$	$+0,999$			
M_{21}	$-2,94$	0	0	$-1,4285$	$-2,7368$	$-0,0884$	$-3,578$			
		0	0	$-1,4285$	$-2,7368$	$-0,0884$		$-0,889$	$-1,599$	$-8,135$
M_{26}		0	0	0	$-16,0000$	$-0,5163$	$+2,484$		$-9,348$	$-28,371$
	$+6,6667$	0	0	0	$-16,0000$	$-0,5163$		$+1,470$		
M_{37}		0	0	0	0	$-8,1911$	$+0,096$	$-0,202$	$-3,964$	$-1,098$

Wir wollen den Rechnungsgang am Hauptsystem B^* abkürzen, indem wir die Beiwerte $M_{k,i}^*$ der Gleichungsmatrix von S. 143 übernehmen. Danach schreibt sich die Gleichungsmatrix

Gl.	φ_1	φ_2	φ_3
1.)	$+3,9530$	$+0,3327$	
2.)	$+0,3327$	$+20,6172$	$-0,6645$
3.)		$-0,6645$	$+8,8556$

Da es sich um gleichmäßige, dreigliedrige Gleichungen handelt, können wir die Teilwerte y_{kJ} unmittelbar als Hilfswerte m_{kJ} der Gaußschen Elimination aus dem Kettenbruch ablesen.

$$m_{33} = \frac{1}{M_{III,III}} = \frac{1}{+8,8556 - 0,6645 \cdot \dfrac{(-0,6645)}{+20,6172 - 0,3327 \cdot \dfrac{0,3327}{+3,9530}}}$$

$$-y_{2\,III} = -0,0323$$
$$-y_{1\,II} = +0,0842$$
$$M_{III,III} = +8,8341$$
$$M_{II,II} = +20,5892$$
$$M_{I,I} = +3,9530$$

$$y_{1\,III} = -0,0323 \cdot 0,0842 = -0,0027 \quad \text{(vgl. Zahlentafel 9, S. 130).}$$

Die Stabendmomente der Gruppenzustände am Hauptsystem B^* sind nach Ansatz [26], S. 57, anzuschreiben. Die Steifigkeiten S_{ki}^* sind auf S. 118 ausgerechnet.

Zustand $Y_I = -1$.

$\varphi_1 = -1; \quad \varphi_2 = \varphi_3 = 0$

$$\left.\begin{array}{l} M_{14} = +S_{14}^* \qquad\qquad = +1,0959 \\ M_{12} = +S_{12}^* \qquad\qquad = +2,8571 \end{array}\right\} \Sigma = M_{I,I} = 3,9530$$

$$M_{21} = +2,8571 \cdot \frac{1}{2} = +1,4285$$

$$M_{25} = +S_{25}^* \qquad\quad = +1,0959$$

Zustand $Y_{II} = -1$.

$\varphi_1 = -y_{1\,II} = +0,0842; \quad \varphi_2 = -1; \quad \varphi_3 = 0$

$$\left.\begin{array}{l} M_{14} = -1,3636 \cdot 0,8037 \cdot (0,0842 + 1) \quad = -1,1882 \\ M_{12} = -2,8571 \cdot \left(0,0842 - \frac{1}{2}\right) \qquad\quad = +1,1880 \end{array}\right\} \Sigma = M_{I,II} = 0$$

$$\left.\begin{array}{l} M_{21} = -2,8571 \cdot \left(-1 + 0,0842 \cdot \frac{1}{2}\right) \quad = +2,7368 \\ M_{25} = -5,5814 \cdot 0,1963 \cdot (-1 - 0,0842) = +1,1879 \\ M_{26} = \qquad\qquad\qquad\qquad\qquad\qquad\quad +16,0000 \\ M_{23} = +2,6578 \cdot \left(1 - \frac{3}{2} \cdot \frac{1}{2}\right) \qquad\quad = +0,6644 \end{array}\right\} \Sigma = M_{II,II} = 20,5891$$

$$M_{32} = -2,6578 \cdot \left(\frac{1}{2} - \frac{3}{2} \cdot \frac{1}{2}\right) \qquad\quad = +0,6644$$

Zustand $Y_{III} = -1$.

$\varphi_1 = -y_{1\,III} = +0,0027; \quad \varphi_2 = -y_{2\,III} = -0,0323; \quad \varphi_3 = -1$

$$\left.\begin{array}{l} M_{14} = -1,3636 \cdot 0,8037 \cdot (0,0027 + 0,0323) \quad = -0,0383 \\ M_{12} = -2,8571 \cdot \left(0,0027 - 0,0323 \cdot \frac{1}{2}\right) \qquad = +0,0383 \end{array}\right\} \Sigma = M_{I,III} = 0$$

$$\left.\begin{array}{l} M_{21} = -2,8571 \cdot \left(-0,0323 + 0,0027 \cdot \frac{1}{2}\right) \quad = +0,0884 \\ M_{25} = -5,5814 \cdot 0,1963 \cdot (-0,0323 - 0,0027) = +0,0383 \\ M_{26} = +16,0 \cdot 0,0323 \qquad\qquad\qquad\qquad = +0,5163 \\ M_{23} = -2,6578 \cdot \frac{1}{4} \cdot (-0,0323 + 1) \qquad\quad = -0,6430 \end{array}\right\} \Sigma = M_{II,III} = 0$$

$$M_{32} = -\ 2{,}6578 \cdot \frac{1}{4} \cdot (-\ 1 + 0{,}0323) \qquad = +\ 0{,}6430 \ \Big\} \ \Sigma = M_{III,\,III}$$
$$M_{37} = \qquad\qquad\qquad\qquad\qquad\qquad +\ 8{,}1911 \ \Big\} \ = 8{,}8341$$

Zur Berechnung der Gruppendrehwinkel benötigen wir die nachfolgenden Beiwerte der Belastungsglieder

$$m_{11} = \frac{1}{3{,}9530} = +\ 0{,}2530, \quad m_{22} = \frac{1}{20{,}5891} = +\ 0{,}0486, \quad m_{33} = \frac{1}{8{,}8341} = +\ 0{,}1132$$

$$y_{1\,II}\, m_{22} = -\ 0{,}0041, \quad y_{2\,III}\, m_{33} = +\ 0{,}0037, \quad y_{1\,III}\, m_{33} = -\ 0{,}0003.$$

Die Ausrechnung von Y_I, Y_{II}, Y_{III} ist dann die gleiche wie am Hauptsystem B, vgl. S. 181, es fallen nur die beiden Zeilen für Y_A und Y_B weg. Die Ansätze für die Stabendmomente sind die gleichen wie vor.

g) Knotenmomentengleichungen.

Wie auf S. 63 näher ausgeführt ist, stellen die Bestimmungsgleichungen [35] für die Knotenmomente eine Umwandlung der allgemeinen Ausgangsgleichungen [24] dar. Die Erweiterung der ursprünglichen geometrischen Unbekannten ξ_k um den Faktor $M_{k,\,k}$ ergibt die neue statische Unbekannte M_k. Statisch bedeutet diese Umwandlung, daß die Unbekannten nicht die tatsächlichen Wirkungen der Belastung am wirklichen System, sondern Werte gleicher Größe am gedachten Hauptsystem ausdrücken. Man könnte also die gleiche Operation auch am Hauptsystem A durchführen, indem man $X_g\,\delta_{g,\,g} = \delta_g$ als neue Unbekannte einführt. Nur hätte dieser Übergang auf geometrische Größen bei der üblichen Aufgabestellung keinen Zweck.

Da es sich hier um eine vom bisherigen tatsächlich abweichende Methode handelt, müssen wir im Sinne der angestrebten Rationalisierung der statischen Verfahren zunächst auf die Frage der Vor- und Nachteile eingehen. Der einzige, wenn auch nicht zu unterschätzende Vorteil ist darin zu erblicken, daß wir uns während der gesamten Rechnung der gleichen Maßeinheit bedienen. Die Umwandlung von Verdrehungen in Momente fällt fort. Dieser Vorteil wird etwa dadurch ausgeglichen, daß sich die Zahl der Gleichungswerte infolge der Ungleichheit $m_{k,\,i} \neq m_{i,\,k}$ entsprechend vergrößert.

Der Nachteil des Verfahrens ist die Erschwernis in der Auflösung der Bestimmungsgleichungen und in der Ausrechnung der β-Werte. Hierbei macht es einen wesentlichen Unterschied, ob wir uns der Elimination oder der Iteration bedienen. Wie wohl bereits aus den Rechenbeispielen der früheren Kapitel hervorgehen dürfte, eignet sich die Iteration in der Hauptsache zur Auflösung von Gleichungssystemen am unverschieblichen System. Verschiebliche Systeme ergeben beim Ansatz am Hauptsystem B Gleichungen, welche nicht oder nur sehr umständlich zu iterieren sind. Wie wir wiederum zeigen werden, beseitigt die Einführung des Hauptsystems B^* diesen Mangel. Wenn sich die Gl. [35] durch Iteration auflösen lassen, so bewirkt die Unsymmetrie der Gleichungsmatrix nur eine geringe Vermehrung des Rechnungsumfanges.

Die Ausgangsgleichung [35] für das unverschiebliche System

$$\text{k)} \quad M_k + \sum_i M_i\, b'_{i\,k} = M_{k,\,0}$$

stimmt fast mit dem allgemeinen Ansatz der Gleichungsauflösung durch Iteration

S. 69 bis 74 überein. Statt des Beiwertes b_{ki} ist der Ausdruck $- b'_{ik}$ einzusetzen. Die Zahlentafeln 3 und 4 setzen eine symmetrische Gleichungsmatrix voraus und können daher hier nicht verwandt werden.

Wollen wir die Gleichungen durch Elimination lösen, so müssen wir an Stelle der Zahlentafeln 1a und 2a das allgemeinere Auflösungsschema von Gauß, d. h. die Zahlentafeln 1b und 2b verwenden. Die ungewohnte Unsymmetrie der Gleichungsmatrix führt leicht zu Fehlern, man muß daher bei der Anwendung der geläufigen Formeln Vorsicht walten lassen.

Der Ansatz der Stabendmomente am Hauptsystem B erfolgt in der üblichen Form der Überlagerung.

Die Momente

$$M_{ki,\,i} = m_{k,\,i} = b'_{ik}, \quad M_{ku,\,k'} = m_{k,\,k'} = b_{(k')\,k}, \quad M_{ko,\,o'} = m_{k,\,o'} = b_{(o')\,k}$$

sind auf S. 64 bei der Ermittlung der Vorwerte angeschrieben. $M_{ki,\,k}$ ist gleich b_{ki}. Folglich wird

$$M_{ki} = M_{ki,\,0} - M_k\, b_{ki} - M_i\, b'_{ik}$$

$$M_{ku} = M_{ku,\,0} - M_k\, b_{ku} - M_u\, b'_{uk} - M_{k'}\, b_{(k')\,k} \qquad [103]$$

$$M_{ko} = M_{ko,\,0} - M_k\, b_{ko} - M_o\, b'_{ok} - M_{o'}\, b_{(o')\,k}.$$

Die Stabendmomente am Hauptsystem B^* errechnen sich aus den Ansätzen der S. 57. Die durch einen Riegel mit k verbundenen Nachbarknoten sollen wie früher die Bezeichnung i führen. Alle Knoten einschließlich i, jedoch ausschließlich k, o und u werden mit y bezeichnet.

$$M_{ki} = M^*_{ki,\,0} - M_k\, b^*_{ki} - M_i\, \frac{1}{2}\, b^*_{ik}$$

$$M_{ku} = M^*_{ku,\,0} - M_k\, b^*_{ku} - M_u\, \frac{1}{2}\, b^*_{uk} + \frac{3}{2}\, S_{ku} \left[M_u\, \frac{b_{(k')\,u}}{2\,S^*_u} + \sum_y M_y\, \frac{b_{(k')\,y}}{S^*_y} \right] \qquad [104]$$

$$M_{ko} = M^*_{ko,\,0} - M_k\, b^*_{ko} - M_o\, \frac{1}{2}\, b^*_{ok} + \frac{3}{2}\, S_{ko} \left[M_o\, \frac{b_{(o')\,o}}{2\,S^*_o} + \sum_y M_y\, \frac{b_{(o')\,y}}{S^*_y} \right]$$

Bei der Durchführung der Vergleichsberechnung können wir die Gleichungen am System I durch Iteration auflösen. Den Gleichungen für das System II sollen nacheinander beide Arten von Hauptsystemen unterlegt werden. Die Auflösung der Gleichungen am Hauptsystem B erfolgt durch Elimination, derjenigen am Hauptsystem B^* durch Iteration. Die Gleichungsbeiwerte für das System I entnehmen wir S. 117. Die Gleichungsmatrix lautet somit

Gl.-Nr.	M_1	M_2	M_3	Rechte Seite
1.)	$+1$	$+0,0869$		$+ M_{1,\,0}$
2.)	$+0,3385$	$+1$	$+0,2466$	$+ M_{2,\,0}$
3.)		$+0,0809$	$+1$	$+ M_{3,\,0}$

Die Ermittlung der β_{ki}-Werte erfolgt nach dem allgemeinen Schema auf S. 62.

Stufe	1	2	3
$\beta_{11} =$	$+1$	$+1,0294$	$+1,0309$
$\beta_{21} =$	$-0,3385$	$-0,3552$	$-0,3561$
$\beta_{31} =$	$+0,0274$	$+0,0287$	$+0,0288$
$\beta_{12} =$	$-0,0869$	$-0,0894$	$-0,0913$
$\beta_{22} =$	$+1,0294$	$+1,0508$	$+1,0519$
$\beta_{32} =$	$-0,0833$	$-0,0850$	$-0,0851$
$\beta_{13} =$	0	$+0,0214$	$+0,0225$
$\beta_{23} =$	$-0,2466$	$-0,2587$	$-0,2593$
$\beta_{33} =$	$+1,0199$	$+1,0209$	$+1,0210$

Berechnung der Knotenmomente.

	$M_{1,0}$	$M_{2,0}$	$M_{3,0}$	Lastfälle				
	$+\ 19{,}659$	$+\ 41{,}628$						Ie
	$-\ 30{,}937$	$-\ 30{,}937$					Id	
		$+\ 3{,}9$	$-\ 3{,}9$			Ic		
		$+\ 20{,}0$			Ib			
	$+\ 2{,}94$	$-\ 2{,}94$		Ia				
M_1	$+\ 1{,}0309$	$-\ 0{,}0913$	$+\ 0{,}0225$	$+\ 3{,}2992$	$-\ 1{,}8260$	$-\ 0{,}4438$	$-\ 29{,}0684$	$+\ 16{,}4659$
M_2	$-\ 0{,}3561$	$+\ 1{,}0519$	$-\ 0{,}2593$	$-\ 4{,}1395$	$+\ 21{,}0380$	$+\ 5{,}1137$	$-\ 21{,}5259$	$+\ 36{,}7879$
M_3	$+\ 0{,}0288$	$-\ 0{,}0851$	$+\ 1{,}0210$	$+\ 0{,}3349$	$-\ 1{,}7020$	$-\ 4{,}3138$	$+\ 1{,}7417$	$-\ 2{,}9763$

Stabendmomente nach Gl. [103], b_{ki}-Werte vgl. S. 117.

Lastfall Ia

$$M_{14} = -\ 3{,}2992 \cdot 0{,}3231 \qquad\qquad = -\ 1{,}0660$$
$$M_{21} = -\ 2{,}94 + 4{,}1395 \cdot 0{,}1739 - 3{,}2992 \cdot 0{,}3385 \qquad = -\ 3{,}3365$$
$$M_{25} = +\ 4{,}1395 \cdot 0{,}3397 \qquad\qquad = +\ 1{,}4062$$
$$M_{26} = +\ 4{,}1395 \cdot 0{,}3246 \qquad\qquad = +\ 1{,}3437$$
$$M_{23} = +\ 4{,}1395 \cdot 0{,}1618 - 0{,}3349 \cdot 0{,}2466 \qquad = +\ 0{,}5872$$
$$M_{37} = -\ 0{,}3349 \cdot 0{,}5067 \qquad\qquad = -\ 0{,}1697$$

Lastfall Ib

$$M_{14} = +\ 1{,}8260 \cdot 0{,}3231 \qquad\qquad = +\ 0{,}5900$$
$$M_{21} = -\ 21{,}0380 \cdot 0{,}1739 + 1{,}8260 \cdot 0{,}3385 \qquad = -\ 3{,}0406$$
$$M_{25} = -\ 21{,}0380 \cdot 0{,}3397 \qquad\qquad = -\ 7{,}1466$$
$$M_{26} = +\ 20{,}0 - 21{,}0380 \cdot 0{,}3246 \qquad\qquad = +\ 13{,}1711$$
$$M_{23} = -\ 21{,}0380 \cdot 0{,}1618 + 1{,}7020 \cdot 0{,}2466 \qquad = -\ 2{,}9842$$
$$M_{37} = +\ 1{,}7020 \cdot 0{,}5067 \qquad\qquad = +\ 0{,}8624$$

Lastfall Ic

$$M_{14} = +\ 0{,}4438 \cdot 0{,}3231 \qquad\qquad = +\ 0{,}1434$$
$$M_{21} = -\ 5{,}1137 \cdot 0{,}1739 + 0{,}4438 \cdot 0{,}3385 \qquad = -\ 0{,}7391$$
$$M_{25} = -\ 5{,}1137 \cdot 0{,}3397 \qquad\qquad = -\ 1{,}7371$$
$$M_{26} = -\ 5{,}1137 \cdot 0{,}3246 \qquad\qquad = -\ 1{,}6599$$
$$M_{23} = +\ 3{,}9 - 5{,}1137 \cdot 0{,}1618 + 4{,}3138 \cdot 0{,}2466 \qquad = +\ 4{,}1364$$
$$M_{37} = +\ 4{,}3138 \cdot 0{,}5067 \qquad\qquad = +\ 2{,}1858$$

Lastfall Id

$$M_{14} = +\ 29{,}0684 \cdot 0{,}3231 \qquad\qquad = +\ 9{,}3920$$
$$M_{21} = -\ 30{,}937 + 21{,}5259 \cdot 0{,}1739 + 29{,}0684 \cdot 0{,}3385 = -\ 17{,}3570$$
$$M_{25} = +\ 21{,}5259 \cdot 0{,}3397 \qquad\qquad = +\ 7{,}3123$$
$$M_{26} = +\ 21{,}5259 \cdot 0{,}3246 \qquad\qquad = +\ 6{,}9873$$
$$M_{23} = +\ 21{,}5259 \cdot 0{,}1618 - 1{,}7417 \cdot 0{,}2466 \qquad = +\ 3{,}0534$$
$$M_{37} = -\ 1{,}7417 \cdot 0{,}5067 \qquad\qquad = -\ 0{,}8825$$

Lastfall Ie

$$M_{14} = +\ 19{,}659 - 16{,}4659 \cdot 0{,}3231 \qquad\qquad = +\ 14{,}3389$$
$$M_{21} = -\ 36{,}7879 \cdot 0{,}1739 - 16{,}4659 \cdot 0{,}3385 \qquad = -\ 11{,}9695$$
$$M_{25} = +\ 41{,}628 - 36{,}7879 \cdot 0{,}3397 \qquad\qquad = +\ 29{,}1312$$
$$M_{26} = -\ 36{,}7879 \cdot 0{,}3246 \qquad\qquad = -\ 11{,}9413$$
$$M_{23} = -\ 36{,}7879 \cdot 0{,}1618 + 2{,}9763 \cdot 0{,}2466 \qquad = -\ 5{,}2183$$
$$M_{37} = +\ 2{,}9763 \cdot 0{,}5067 \qquad\qquad = +\ 1{,}5081$$

Für das System II entnehmen wir die Verteilungszahlen S. 117. Die Berechnung der Gleichungsbeiwerte erfolgt nach den Ansätzen auf S. 64.

$$m_{1,2} = b'_{21} = 0,0527, \qquad m_{2,1} = b'_{12} = 0,3384,$$
$$m_{1,a'} = b_{(a)1} = 0,1963, \qquad m_{2,a'} = b_{(a)2} = 0,8037,$$
$$m_{a',1} = b_{14} = 0,3231, \qquad m_{a',2} = b_{25} = 0,2060,$$

$$m_{2,3} = b'_{32} = 0,1225, \qquad m_{3,2} = b'_{23} = 0,0490,$$
$$m_{2,b'} = b_{(b)2} = 0,5, \qquad m_{3,b'} = b_{(b)3} = 0,5,$$
$$m_{b',2} = \frac{3}{2}\,b_{23} = 0,1471, \qquad m_{b',3} = \frac{3}{2}\,b_{32} = 0,3675.$$

Gleichungsmatrix.

Gl.-Nr.	$M_{a'}$	$M_{b'}$	M_1	M_2	M_3	
a')	$+1$		$+0,3231$	$+0,2060$		$M_{a',0}$
b')		$+1$		$+0,1471$	$+0,3675$	$M_{b',0}$
1)	$+0,1963$		$+1$	$+0,0527$		$M_{1,0}$
2)	$+0,8037$	$+0,5$	$+0,3384$	$+1$	$+0,1225$	$M_{2,0}$
3)		$+0,5$		$+0,0490$	$+1$	$M_{3,0}$

Zahlentafel von Seite 187

$$\beta_{3a'} = -\,0,0253 \cdot 1,2280 \qquad\qquad\qquad = -\,0,0312$$
$$\beta_{2a'} = (-\,0,7872 - 0,0612 \cdot 0,0312)\,1,3160 \qquad = -\,1,0384$$
$$\beta_{1a'} = (-\,0,1963 + 0,0123 \cdot 1,0384)\,1,0677 \qquad = -\,0,1959$$
$$\beta_{b'a'} = +\,0,3675 \cdot 0,0312 + 0,1471 \cdot 1,0384 \qquad = +\,0,1642$$
$$\beta_{a'a'} = +\,1 + 0,2060 \cdot 1,0384 + 0,3231 \cdot 0,1959 \quad = +\,1,2772$$

$$\beta_{3b'} = -\,0,5161 \cdot 1,2280 \qquad\qquad\qquad = -\,0,6338$$
$$\beta_{2b'} = (-\,0,5 - 0,0612 \cdot 0,6338)\,1,3160 \qquad = -\,0,7090$$
$$\beta_{1b'} = +\,0,0123 \cdot 0,7090 \cdot 1,0677 \qquad\qquad = +\,0,0093$$
$$\beta_{b'b'} = +\,1 + 0,3675 \cdot 0,6338 + 0,1471 \cdot 0,7090 \qquad = +\,1,3372$$
$$\beta_{a'b'} = +\,0,2060 \cdot 0,07090 - 0,3231 \cdot 0,0093 \qquad = +\,0,1430$$

$$\beta_{31} = -\,0,0027 \cdot 1,2280 \qquad\qquad\qquad = -\,0,0033$$
$$\beta_{21} = (-\,0,0840 - 0,0612 \cdot 0,0033)\,1,3160 \qquad = -\,0,1108$$
$$\beta_{11} = (+\,1 + 0,0123 \cdot 0,1108)\,1,0677 \qquad = +\,1,0692$$
$$\beta_{b'1} = +\,0,3675 \cdot 0,0033 + 0,1471 \cdot 0,1108 \qquad = +\,0,0175$$
$$\beta_{a'1} = +\,0,2060 \cdot 0,1108 - 0,3231 \cdot 1,0692 \qquad = -\,0,3227$$

$$\beta_{32} = +\,0,0322 \cdot 1,2280 \qquad\qquad\qquad = +\,0,0395$$
$$\beta_{22} = (+\,1 + 0,0612 \cdot 0,0395)\,1,3160 \qquad = +\,1,3191$$
$$\beta_{12} = -\,0,0123 \cdot 1,3191 \cdot 1,0677 \qquad\qquad = -\,0,0173$$
$$\beta_{b'2} = -\,0,3675 \cdot 0,0395 - 0,1471 \cdot 1,3191 \qquad = -\,0,2085$$
$$\beta_{a'2} = -\,0,2060 \cdot 1,3191 + 0,3231 \cdot 0,0173 \qquad = -\,0,2661$$

$$\beta_{33} = +\,1,2280 \qquad\qquad\qquad = +\,1,2280$$
$$\beta_{23} = +\,0,0612 \cdot 1,2280 \cdot 1,3160 \qquad\qquad = +\,0,0989$$
$$\beta_{13} = -\,0,0123 \cdot 0,0989 \cdot 1,0677 \qquad\qquad = -\,0,0014$$
$$\beta_{b'3} = -\,0,3675 \cdot 1,2280 - 0,1471 \cdot 0,0989 \qquad = -\,0,4658$$
$$\beta_{a'3} = -\,0,2060 \cdot 0,0989 + 0,3231 \cdot 0,0014 \qquad = -\,0,0200$$

Ermittlung der β_{ki}-Werte.

| Hilfswerte m | Gl.-Nr. | Linke Seite | | | | | Summen-probe | Rechte Seite | | | | |
		M_a	M_b	M_1	M_2	M_3						
$m_{aa} = +1$	a)	$+1$		$+0,3231$	$+0,2060$		$+1,5291$	$+1$				
$m_{bb} = +1$	b)		$+1$		$+0,1471$	$+0,3675$	$+1,5146$		$+1$			
	1)	$(+0,1963)$		$+1$	$+0,0527$		$+1,2490$			$+1$		
$m_{1a} = -0,1963$	a) · (— 0,1963)			$-0,0634$	$-0,0404$		$-0,3002$	$-0,1963$				
$m_{11} = +1,0677$	$\bar{1}$)			$+0,9366$	$+0,0123$		$+0,9489$	$-0,1963$		$+1$		
	2)	$(+0,8037)$	$(+0,5)$	$(+0,3384)$	$+1$	$+0,1225$	$+2,7646$					$+1$
$m_{2a} = -0,8037$	a) · (— 0,8037)			$(-0,2097)$	$-0,1656$		$-1,2289$	$-0,8037$				
$m_{2b} = -0,5$	b) · (— 0,5)		$[+0,5]$		$-0,0735$	$-0,1837$	$-0,7573$		$-0,5$			
$m_{21} = -0,0840$	$\bar{1}$) · (— 0,0840)			$[+0,0787]$	$-0,0010$		$-0,0797$	$+0,0165$		$-0,0840$		
$m_{22} = +1,3160$	$\bar{2}$)				$+0,7599$	$-0,0612$	$+0,6987$	$-0,7872$	$-0,5$	$-0,0840$	$+1$	
	3)		$(+0,5)$		$(+0,0490)$	$+1$	$+1,5490$					$+1$
$m_{3b} = -0,5$	b) · (— 0,5)		$[+0,5]$		$(-0,0735)$	$-0,1837$	$-0,7573$		$-0,5$			
$m_{31} = +0,0322$	$\bar{2}$) · (— 0,0322)				$[-0,0245]$	$-0,0020$	$+0,0225$	$-0,0253$	$-0,0161$	$-0,0027$	$+0,0322$	
$m_{33} = +1,2280$	$\bar{3}$)					$+0,8143$	$+0,8143$	$-0,0253$	$-0,5161$	$-0,0027$	$+0,0322$	$+1$

Berechnung der Knotenmomente.

	$M_{a',0}$	$M_{b',0}$	$M_{1,0}$	$M_{2,0}$	$M_{3,0}$	Lastfälle			
	$\pm 46{,}2$								IId
		$-15{,}6$		$+3{,}9$	$-3{,}9$			IIc	
				$+6{,}667$			IIb		
			$+2{,}94$	$-2{,}94$		IIa			
a'	$+1{,}2772$	$+0{,}1430$	$-0{,}3227$	$-0{,}2661$	$-0{,}0200$	$-0{,}1663$	$-1{,}7741$	$-\;3{,}1906$	$-59{,}0066$
b'	$+0{,}1642$	$+1{,}3372$	$+0{,}0175$	$-0{,}2085$	$-0{,}4658$	$+0{,}6644$	$-1{,}3901$	$-19{,}8568$	$-\;7{,}5860$
1	$-0{,}1959$	$+0{,}0093$	$+1{,}0692$	$-0{,}0173$	$-0{,}0014$	$+3{,}1943$	$-0{,}1153$	$-\;0{,}2071$	$+\;9{,}0506$
2	$-1{,}0384$	$-0{,}7090$	$-0{,}1108$	$+1{,}3191$	$+0{,}0989$	$-4{,}2038$	$+8{,}7944$	$+15{,}8192$	$+47{,}9741$
3	$-0{,}0312$	$-0{,}6338$	$-0{,}0033$	$+0{,}0395$	$+1{,}2280$	$-0{,}1258$	$+0{,}2633$	$+\;5{,}2521$	$+\;1{,}4414$

Stabendmomente nach Gl. [103].

Lastfall IIa
$$M_{12} = M_{25} = +2{,}94 - 3{,}1943 \cdot 0{,}6769 + 4{,}2038 \cdot 0{,}0527 = +\;0{,}9993$$
$$M_{21} = -2{,}94 + 4{,}2038 \cdot 0{,}1054 - 3{,}1943 \cdot 0{,}3384 = -\;3{,}5778$$
$$M_{26} = +4{,}2038 \cdot 0{,}5905 = +\;2{,}4823$$
$$M_{23} = M_{37} = +0{,}1258 \cdot 0{,}7550 = +\;0{,}0950$$

Lastfall IIb
$$M_{12} = M_{25} = +0{,}1153 \cdot 0{,}6769 - 8{,}7944 \cdot 0{,}0527 = -\;0{,}3855$$
$$M_{21} = -8{,}7944 \cdot 0{,}1054 + 0{,}1153 \cdot 0{,}3384 = -\;0{,}8879$$
$$M_{26} = +6{,}667 - 8{,}7944 \cdot 0{,}5905 = +\;1{,}4736$$
$$M_{23} = M_{37} = -0{,}2633 \cdot 0{,}7550 = -\;0{,}1988$$

Lastfall IIc
$$M_{12} = M_{25} = +0{,}2071 \cdot 0{,}6769 - 15{,}8192 \cdot 0{,}0527 = -\;0{,}6935$$
$$M_{21} = -15{,}8192 \cdot 0{,}1054 + 0{,}2071 \cdot 0{,}3384 = -\;1{,}5972$$
$$M_{26} = -15{,}8192 \cdot 0{,}5905 = -\;9{,}3412$$
$$M_{23} = +3{,}9 - 15{,}8192 \cdot 0{,}0981 - 5{,}2521 \cdot 0{,}1225 + 19{,}8568 \cdot 0{,}5 = +11{,}6331$$
$$M_{37} = -5{,}2521 \cdot 0{,}7550 = -\;3{,}9653$$

Lastfall IIe
$$M_{12} = -9{,}0506 \cdot 0{,}6769 - 47{,}9741 \cdot 0{,}0527 = -\;8{,}6545$$
$$M_{21} = -47{,}9741 \cdot 0{,}1054 - 9{,}0506 \cdot 0{,}3384 = -\;8{,}1192$$
$$M_{25} = +46{,}2 + M_{12} = +37{,}5455$$
$$M_{26} = -47{,}9741 \cdot 0{,}5905 = -28{,}3287$$
$$M_{23} = M_{37} = -1{,}4414 \cdot 0{,}7550 = -\;1{,}0883$$

Die ausführliche Durchrechnung des Zahlenbeispieles zeigt wohl klar, daß das Verfahren der Knotenmomentengleichungen am Hauptsystem B eine umfangreiche Rechenarbeit erfordert, d. h. nicht wirtschaftlich ist. Wir wollen nunmehr die gleiche Berechnung am Hauptsystem B^* durchführen. Die Gleichungsbeiwerte lauten

$$m_{k,i}^* = \frac{M_{k,i}^*}{S_i^*}.$$

Die Momente $M_{k,i}^*$ übernehmen wir von der S. 143.

$$m_{1,2}^* = +\frac{0{,}3327}{20{,}6172} = +0{,}01614$$

$$m_{2,1}^* = +\frac{0{,}3327}{3{,}9530} = +0{,}08416, \qquad m_{2,3}^* = -\frac{0{,}6645}{8{,}8556} = -0{,}07504$$

$$m_{3,2}^* = -\frac{0{,}6645}{20{,}6172} = -0{,}03223.$$

Die Gleichungsmatrix lautet

Gl.-Nr.	M_1^*	M_2^*	M_3^*	Rechte Seite
1.	$+1$	$+0,01614$		$M_{1,0}^*$
2.	$+0,08416$	$+1$	$-0,07504$	$M_{2,0}^*$
3.		$-0,03223$	$+1$	$M_{3,0}^*$

Stufe	1	2
β_{11}	$+1$	$+1,00136$
β_{21}	$-0,08416$	$-0,08448$
β_{31}	$-0,00271$	$-0,00272$
β_{12}	$-0,01614$	$-0,01620$
β_{22}	$+1$	$+1,00379$
β_{32}	$+0,3223$	$+0,03235$
β_{13}	$-0,00121$	$-0,00122$
β_{23}	$+0,07504$	$+0,07532$
β_{33}	$+1$	$+1,00243$

Zur Auflösung müssen wir das allgemeine Iterationsschema von S. 62 verwenden.

Es ist bemerkenswert, daß man praktisch die Nebenglieder der Gleichungen vernachlässigen kann, wenn man sich mit einer Rechenschiebergenauigkeit begnügt. Während die Gleichungsauflösung am Hauptsystem B recht umständlich war, bewirkt die Einführung des Hauptsystems B^*, daß man hierauf völlig verzichten kann.

Die überzähligen Knotenmomente erfordern ebenfalls nur einen geringen Rechenaufwand.

	$M_{1,0}^*$	$M_{2,0}^*$	$M_{3,0}^*$	Lastfälle			
	$+9,0691$	$+37,1309$					IId
		$+11,7$	$+3,9$			IIc	
		$+6,6667$			IIb		
	$+2,94$	$-2,94$		IIa			
M_1^*	$+1,00136$	$-0,01620$	$-0,00122$	$+2,9916$	$-0,1080$	$-0,1943$	$+8,4799$
M_2^*	$-0,08448$	$+1,00379$	$+0,07532$	$-3,1995$	$+6,6919$	$+12,0381$	$+36,5055$
M_3^*	$-0,00272$	$+0,03235$	$+1,00243$	$-0,1031$	$+0,2157$	$+4,2880$	$+1,1765$

Der Ansatz der Stabendmomente nach Gl. [104] ist in den Riegeln wesentlich einfacher als in den Stielen. Im vorliegenden Fall benötigen wir nur Riegelendmomente, die übrigen Momente ergeben sich aus der Gleichgewichtsbedingung $\Sigma M_{ki} = 0$. Die Verteilungszahlen b_{ki}^* übernehmen wir von S. 118.

	M_0^*	M_1^*	M_2^*	M_3^*	Lastfälle			
		$+8,4799$	$+36,5055$	$+1,1765$				IId
		$-0,1943$	$+12,0381$	$+4,2880$			IIc	
		$-0,1080$	$+6,6919$	$+0,2157$		IIb		
		$+2,9916$	$-3,1995$	$-0,1031$	IIa			
M_{12}		$-0,7228$	$-0,0693$			$-0,386$	$-0,694$	$-8,659$
	$+2,94$	$-0,7228$	$-0,0693$		$+0,999$			
M_{21}		$-0,3614$	$-0,1386$			$-0,888$	$-1,598$	$-8,124$
	$-2,94$	$-0,3614$	$-0,1386$		$-3,578$			
M_{26}			$-0,7760$		$+2,483$		$-9,342$	$-28,328$
	$+6,6667$		$-0,7760$			$+1,474$		
M_{37}				$-0,9250$	$+0,095$	$-0,200$	$-3,966$	$-1,088$

h) Knotenmoment-Abklingungsverfahren.

Alle Abklingungsverfahren am Hauptsystem B sollen hier auf die gemeinsame Grundlage der algebraischen Auflösung dreigliedriger Gleichungen zurückgeführt werden (vgl. S. 79 ff.). Wir wollen zunächst die Abklingung am **unverschieb-lichen** System mit einfacher Knotenfolge untersuchen. Eine Ausweitung des Verfahrens auf verschiebliche Systeme verspricht nur dann einen praktischen Nutzen, wenn wir das Hauptsystem B^* zugrundelegen.

Zur Ermittlung der Abklingungswerte verwenden wir den allgemeinen Ansatz [39]. Dieser lautet mit $c_{k,i} = m_{k,i} = \frac{1}{2} b_{ik}$ und $c_{k,k} = m_{k,k} = 1$ für die Knotenfolge $h - i - k - m - z$

$$a_{ki} = -\frac{b_{ik}}{2 + a_{mk}\, b_{mk}}, \qquad a_{ik} = -\frac{b_{ki}}{2 + a_{hi}\, b_{hi}}. \qquad [105]$$

Die primären Momente infolge Belastung des Stabes k—i lassen sich aus der Gl. [40] in ihrer für $c_{k,i} \neq c_{i,k}$ erweiterten Form anschreiben.

$$M_k = 2\, \alpha_{ki} \left(\frac{M_{k,0}}{b_{ik}} + \frac{M_{i,0}}{b_{ki}}\, a_{ik} \right) = M_{k,0}\, \beta_{kk} + M_{i,0}\, \beta_{ki} \qquad [106]$$

$$\beta_{kk} = \frac{2\, \alpha_{ki}}{b_{ik}}, \qquad \beta_{ki} = \frac{2\, \alpha_{ki}\, a_{ik}}{b_{ki}}.$$

Da $\alpha_{ki}\, a_{ik} = \alpha_{ik}\, a_{ki}$ ist, lautet β_{ik} als dritter Vorwert bei Belastung eines Stabes k—i

$$\beta_{ik} = \beta_{ki} \cdot \frac{b_{ki}}{b_{ik}} = \beta_{ki}\, \frac{S_i}{S_k}.$$

Entsprechend der auf S. 63 ff. gegebenen Definition des Knotenmomentes lautet der Ansatz des Stabendmomentes M_{ki} für das unverschiebliche System

$$M_{ki} = M_{ki,0} + M_k\, b_{ki} + M_i\, \frac{1}{2}\, b_{ik}. \qquad [107]$$

Infolge der Notwendigkeit eines zweiten Rechnungsganges zur Ermittlung des gesuchten Stabendmomentes verliert das Verfahren an Wert.

Da im übrigen für die Abklingung der Knotenmomente das gleiche wie für die Drehwinkel selbst gilt, sind wir praktisch nicht an die Voraussetzung der einfachen Knotenfolge gebunden. Für das **beliebige, unverschiebliche** System lauten die **Näherungsformeln** wie folgt.

Es wird wie früher die Verdrehbarkeit des jeweils übernächsten Knotens gleich Null gesetzt. Sind „x" alle Nachbarknoten von k mit Ausnahme des Knotens „i", so werden die an „x" anschließenden Knoten unverdrehbar angenommen. Der hierdurch verursachte Fehler beträgt wohl fast immer weniger als 2%, meist weniger als 1%.

Dann gilt Gl. [84], S. 165

$$W_k = \frac{S_k}{\beta_{kk}} = S_k \left(1 - \sum_i b''_{ki} \right)$$

$$\beta_{kk} = \frac{1}{1 - \sum\limits_i b''_{ki}}. \qquad [108]$$

Entsprechend der Ableitung des Ansatzes [75], S. 161, lautet der Näherungswert für die Abklingung der Knotenmomente von y nach k mit den Knotenbezeichnungen der S. 161

$$a_{ky} = -\frac{b'_{yk}}{1 - \sum_x b''_{kx}} \qquad [109]$$

$$\beta_{ky} = \beta_{yy}\, a_{ky}.$$

Mit diesen Werten für a_{ki}, β_{kk} und β_{ki} lassen sich die Knotenmomente nach den Gleichungen

$$M_k = M_{k,0}\, \beta_{kk} + M_{i,0}\, \beta_{ki}$$

$$M_m = M_k\, a_{mk}$$

anschreiben, vgl. das Rechenschema S. 82. Die Stabendmomente errechnen sich wie oben nach Gl. [107].

Um die Brauchbarkeit der Näherungslösung zeigen zu können, müßten wir ein System mit mehr als drei Knoten durchrechnen. Die Berechnung am Vergleichssystem I gestaltet sich wie folgt

Verteilungszahlen, wie S. 163

$$b'_{12} = 0{,}3385 \quad b'_{21} = 0{,}0869 \quad b''_{12} = 0{,}02943 \quad 1 - b''_{12} \quad = 0{,}97057$$

$$b'_{23} = 0{,}0809 \quad b'_{32} = 0{,}2466 \quad b''_{23} = 0{,}01995 \quad 1 - b''_{23} \quad = 0{,}98005$$

$$1 - b''_{21} - b''_{23} = 0{,}95062$$

Abklingungswerte, nach Gl. [105] bzw. [109]

$$a_{12} = -0{,}0869 \qquad\qquad a_{32} = -0{,}0809$$

$$a_{23} = -\frac{0{,}2466}{0{,}97057} = -0{,}2541 \qquad a_{21} = -\frac{0{,}3385}{0{,}98005} = -0{,}3454$$

Beiwerte β_{kk} und β_{ki} vgl. Gl. [108]

$$\beta_{11} = \frac{1}{0{,}97057} = 1{,}0303, \quad \beta_{22} = \frac{1}{0{,}95062} = 1{,}0519, \quad \beta_{33} = \frac{1}{0{,}98005} = 1{,}0204$$

$$\beta_{12} = -1{,}0519 \cdot 0{,}0869 = -0{,}0914; \quad \beta_{23} = -1{,}0204 \cdot 0{,}2541 = -0{,}2593$$

$$\beta_{21} = -1{,}0303 \cdot 0{,}3454 = -0{,}3559; \quad \beta_{32} = -1{,}0519 \cdot 0{,}0809 = -0{,}0851.$$

Die Knotenmomente des belasteten Stabes errechnen sich danach wie in der Rechnungstafel S. 185, die Fortpflanzung erfolgt mit Hilfe der Abklingungswerte. Wir wollen hier zur Abkürzung des Rechnungsbeispieles

$$\beta_{13} = \beta_{23}\, a_{12} = 0{,}2593 \cdot 0{,}0869 = +0{,}0225$$

$$\beta_{31} = \beta_{21}\, a_{32} = 0{,}3559 \cdot 0{,}0809 = +0{,}0288$$

bilden, dann erübrigt sich der Rest der Berechnung, weil er von S. 185 übernommen werden kann.

Schreiben wir die Bestimmungsgleichungen für die Knotenmomente eines verschieblichen Systems an, so müssen wir feststellen, daß das übliche Hauptsystem B nicht zu der gewünschten, gleichmäßigen, dreigliedrigen Form von Gleichungen führt. Es stören immer die Glieder, welche sich auf den Stabdrehwinkel beziehen. Durch die Einführung des Hauptsystems B^* erhalten wir für unverschiebliche und verschiebliche Systeme den gleichen Gleichungsaufbau. Beim verschieblichen System nehmen aber die Beiwerte in der Matrix nicht immer mit ihrem Abstand vom Hauptglied weiter ab, so daß die Möglichkeit einer Näherungslösung von Fall zu Fall geprüft werden muß. Man kann aber leicht übersehen, ob die Vernachlässigung der übernächsten Glieder — vom Hauptglied aus gerechnet — einen nennenswerten Fehler erzeugt.

Die Ansätze am Hauptsystem B^* lassen sich wegen der Veränderlichkeit der $m^*_{k,i}$-Werte nur in der unentwickelten Form der Gl. [39] anschreiben.

$$a_{ki} = -\frac{m^*_{k,i}}{1 + a_{mk}\, m^*_{k,m}}, \qquad a_{ik} = -\frac{m^*_{i,k}}{1 + a_{hi}\, m^*_{i,h}} \qquad [110]$$

$$\beta_{kk} = \frac{\alpha_{ki}}{m^*_{k,i}}, \qquad \beta_{ki} = \frac{\alpha_{ki}\, a_{ik}}{m^*_{i,k}}. \qquad [111[$$

Die Stabendmomente errechnen sich aus den Knotenmomenten nach den Ansätzen [104], S. 184.

Die Gleichungsmatrix für unser Vergleichssystem II ist dreigliedrig, so daß wir hier die Abklingung zeigen können. Wir übernehmen die Matrix von S. 189, dann lauten die Abklingungswerte

$$a_{12} = -\,0,01614, \qquad\qquad\qquad a_{21} = -\frac{0,08416}{1 - 0,03223 \cdot 0,07504} = -\,0,08436$$

$$a_{23} = +\frac{0,07504}{1 - 0,01614 \cdot 0,08416} = +\,0,07514, \qquad a_{32} = +\,0,03223$$

$$\alpha_{12} = +\,0,01616, \quad \alpha_{21} = +\,0,08448, \quad \alpha_{23} = -\,0,07532, \quad \alpha_{32} = -\,0,03231$$

$$\beta_{11} = \frac{0,01616}{0,01614} = 1,00136, \qquad \beta_{21} = a_{21}\,\beta_{11} = -\,0,08447, \qquad \beta_{31} = a_{32}\,\beta_{21} = +\,0,00272$$

$$\beta_{22} = \frac{0,07532}{0,07504} = 1,00373, \qquad \beta_{12} = a_{12}\,\beta_{22} = -\,0,01618, \qquad \beta_{32} = a_{32}\,\beta_{22} = -\,0,03231$$

$$\beta_{33} = \frac{0,03231}{0,03223} = 1,00248, \qquad \beta_{23} = a_{23}\,\beta_{33} = +\,0,07533, \qquad \beta_{13} = a_{12}\,\beta_{23} = -\,0,00122$$

Der weitere Rechnungsgang ist der gleiche wie auf S. 189. Ein Vergleich mit der vorangegangenen Methode, bei der die Gleichungen durch Iteration aufgelöst wurden, zeigt den Vorteil der Iteration für den Fall, daß die Nebenglieder der Gleichungsmatrix sehr klein sind. In unserer Vergleichsberechnung könnte man im übrigen hier auch das Abklingungsverfahren in eine Näherungslösung umwandeln, indem man

$$\beta_{kk} = 1, \qquad a_{ki} = -\,m^*_{k,i}$$

setzt. Ob man eine solche Vereinfachung verallgemeinern darf, soll hier nicht untersucht werden, immerhin besteht eine solche Möglichkeit.

D. Verfahren am Hauptsystem C.

a) Allgemeines.

Beim Hauptsystem C ist die Wahl der Überzähligen völlig offen. Da es sowohl statisch als auch geometrisch bestimmt ist, können wir

1. von der geometrischen Bedingung, daß sich die Stabenden an den eingefügten Gelenken um den gleichen Winkel verdrehen müssen,

2. von der statischen Gleichgewichtsbedingung ausgehen, daß die Summe der Momente in jedem Knotenpunkt gleich Null sein muß.

Da im allgemeinen hauptsächlich nach den statischen Unbekannten gefragt wird, ist es üblich, in beiden Fällen die Anschlußmomente an den Knotenpunkten als Überzählige zu wählen. Dann müssen zwangsläufig beide Ansätze zu den gleichen Bestimmungsgleichungen führen.

Betrachten wir das Hauptsystem C als ein statisch bestimmtes System, so hat jeder aus n biegungssteif angeschlossenen Stäben gebildete Knoten $n - 1$ steife

Ecken, für welche die gegenseitige Stabendverdrehung $\delta_g = 0$ sein muß. Verbindet das Gelenk (g) die Stäbe k—i und k—u, so lautet der Ansatz [29], vgl. S. 59,

$$\delta_g = \varphi_{ki} - \varphi_{ku} = 0. \tag{29}$$

φ_{ki} und φ_{ku} sind nach Gl. [14], vgl. S. 45, Funktionen der überzähligen Stabendmomente und des fraglichen Stabdrehwinkels. Am unverschieblichen System erhält man die gleichen Ansätze, wie beim allgemeinen Kraftgrößenverfahren am Hauptsystem A (vgl. II B a), jedoch sind die Beiwerte der Gleichungen durch die Festlegung der Gelenkanordnung einheitlich geregelt. Je nach Art der Lagerung des Stabendes ik können wir die Gl. [30 n, a, b, c] gebrauchen. Grundsätzlich besteht kein Unterschied vom allgemeinen Kraftgrößenverfahren, wenngleich man häufig dem Verfahren am Hauptsystem C einen anderen Namen beilegt und von „Momentengleichungen" spricht.

Bezüglich der Gelenkanordnung bestehen gemäß Abb. 25 zwei Möglichkeiten. Üblich ist die Anordnung a). Für unverschiebliche Systeme mit einfacher Knotenfolge liefert aber Anordnung b) dreigliedrige Gleichungen, deren Auflösung einfach ist. Um den Unterschied an einem einfachen Beispiel zu zeigen, bilden wir die Momentengleichungen [29] bzw. [23] am Vergleichssystem I für beide Gelenkanordnungen.

Zwecks Betonung der Willkürlichkeit bei der Festlegung des Hauptsystems A hatten wir im Abschnitt II B a, S. 120 ff., die Reihenfolge der Gelenkbezeichnungen umgekehrt zu der starren Festlegung des Hauptsystems C gewählt. Wir können daher die Berechnung von S. 122 ff. auch als Rückwärtselimination der nachfolgenden Ausrechnung betrachten.

Wir schreiben die Elastizitätsgleichungen für den unbelasteten Zustand in der Form der Gl. [29] an, wählen jedoch abweichend vom Verfahren am Hauptsystem A die Vorzeichenregel II.

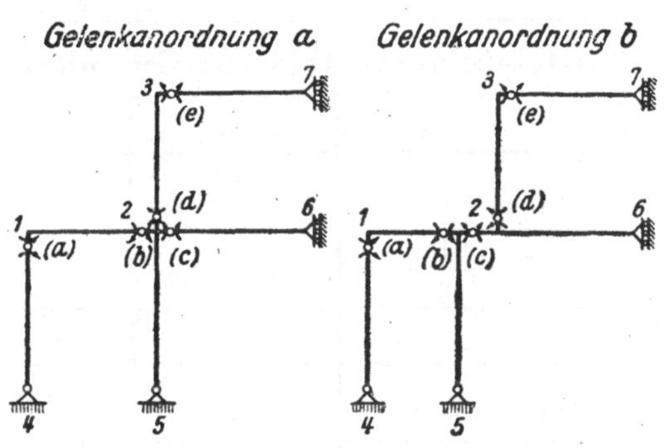

Abb. 25. Hauptsystem C.

Gelenkanordnung a).

Da in 14 ein Gelenk ist, wird $M_{14} = + X_a$

$$\varphi_{14} = - M_{14}\, \varrho_{14}$$
$$= - X_a\, \varrho_{14}. \tag{30a}$$

Da in 12 kein Gelenk ist, wird $M_{12} = - \Sigma X_{1y} = - X_a$

$$\varphi_{12} = - M_{12}\, \varrho_{12} + X_b\, \frac{1}{2}\, \varrho_{12} \tag{30n}$$

$$= + X_a\, \varrho_{12} + X_b\, \frac{1}{2}\, \varrho_{12}.$$

$$\delta_a = 0 = + \varrho_{12} - \varphi_{14} = + X_a\, \varrho_{14} + X_a\, \varrho_{12} + X_b\, \frac{1}{2}\, \varrho_{12} \tag{29}$$

$$\varphi_{21} = - X_b\, \varrho_{12} + M_{12}\, \frac{1}{2}\, \varrho_{12} \tag{30n}$$

$$= - X_b\, \varrho_{12} - X_a\, \frac{1}{2}\, \varrho_{12}.$$

Da in 25 kein Gelenk ist, wird $M_{25} = - \Sigma X_{2y} = - X_b - X_c - X_d$

$$\varphi_{25} = - M_{25}\, \varrho_{25} \qquad\qquad\qquad\qquad\qquad\qquad\qquad\qquad [30\,a]$$
$$= + X_b\, \varrho_{25} + X_c\, \varrho_{25} + X_d\, \varrho_{25}$$
$$\delta_b = 0 = + \varphi_{25} - \varphi_{21} = + X_a\, \frac{1}{2}\, \varrho_{12} + X_b\, \varrho_{12} + X_b\, \varrho_{25} + X_c\, \varrho_{25} + X_d\, \varrho_{25} \quad [29]$$

$$\varphi_{26} = - X_c\, \varrho_{26} \qquad\qquad\qquad\qquad\qquad\qquad\qquad\qquad\qquad [30\,c]$$
$$\delta_c = 0 = + \varphi_{25} - \varphi_{26} = + X_b\, \varrho_{25} + X_c\, \varrho_{25} + X_c\, \varrho_{26} + X_d\, \varrho_{25}. \qquad [29]$$

Zum Ansatz von φ_{23} ist die zweite Zeile der Gl. [30 n] zu verwenden.

Da in 32 kein Gelenk ist, wird mit $k = 3$, $i = 2$

$$\varphi_{32} = \varphi_{ik}, \; M_{32} = - \Sigma X_{3y} = - X_e.$$

$$\varphi_{23} = - X_d\, \varrho_{23} + M_{32}\, \frac{1}{2}\, \varrho_{23} \qquad\qquad\qquad\qquad\qquad\qquad [30\,n]$$

$$= - X_d\, \varrho_{25} - X_e\, \frac{1}{2}\, \varrho_{23}$$

$$\delta_d = 0 = + \varphi_{25} - \varphi_{23} = + X_b\, \varrho_{25} + X_c\, \varrho_{25} + X_d\, \varrho_{25} + X_d\, \varrho_{23} + X_e\, \frac{1}{2}\, \varrho_{23} \quad [29]$$

$$\varphi_{37} = - X_e\, \varrho_{37} \qquad\qquad\qquad\qquad\qquad\qquad\qquad\qquad\qquad [30\,c]$$

$$\varphi_{32} = - M_{32}\, \varrho_{23} + X_d\, \frac{1}{2}\, \varrho_{23} = + X_e\, \varrho_{23} + X_d\, \frac{1}{2}\, \varrho_{23} \qquad\qquad [30\,n]$$

$$\delta_e = + \varphi_{32} - \varphi_{37} = 0 = + X_d\, \frac{1}{2}\, \varrho_{23} + X_e\, \varrho_{23} + X_e\, \varrho_{37} \qquad\qquad [29]$$

Gleichungsmatrix für Gelenkanordnung a)

	X_a	X_b	X_c	X_d	X_e
a)	$+\,\varrho_{14} + \varrho_{12}$	$+\,\dfrac{1}{2}\,\varrho_{12}$			
b)	$+\,\dfrac{1}{2}\,\varrho_{12}$	$+\,\varrho_{12} + \varrho_{25}$	$+\,\varrho_{25}$	$+\,\varrho_{25}$	
c)		$+\,\varrho_{25}$	$+\,\varrho_{25} + \varrho_{26}$	$+\,\varrho_{25}$	
d)		$+\,\varrho_{25}$	$+\,\varrho_{25}$	$+\,\varrho_{25} + \varrho_{23}$	$+\,\dfrac{1}{2}\,\varrho_{23}$
e)				$+\,\dfrac{1}{2}\,\varrho_{23}$	$+\,\varrho_{23} + \varrho_{37}$

Man erkennt wohl bereits, daß die Frage durchaus strittig ist, ob diese auf ausschließlich rechnerischer Grundlage nach den Ansätzen [29] entwickelten Gleichungen leichter anzuschreiben und weniger gefährdet gegen Fehler sind, als die unmittelbaren statischen Ansätze nach dem allgemeinen Kraftgrößenverfahren.

Gelenkanordnung b).

Die Gleichungen a) und e) bleiben unverändert. Beim Ansatz von X_c ist die Vorzeichenfrage zu beachten. X_c liegt an zwei Knoten und kann somit nur für einen Knoten das der Vorzeichenregel II entsprechende Vorzeichen haben. Daraus folgt das negative Vorzeichen in Gleichung c) und d).

$$\varphi_{25} = - M_{25}\, \varrho_{25} = + X_b\, \varrho_{25} + X_c\, \varrho_{25} \qquad\qquad\qquad\qquad [30\,a]$$

$$\delta_b = 0 = + \varphi_{25} - \varphi_{21} = - X_a\, \frac{1}{2}\, \varrho_{12} + X_b\, \varrho_{12} + X_b\, \varrho_{25} + X_c\, \varrho_{25} \qquad [29]$$

$$\varphi_{26} = - M_{26}\,\varrho_{26} = - X_c\,\varrho_{26} + X_d\,\varrho_{26} \qquad [30\,\mathrm{c}]$$

$$\delta_c = 0 = + \varphi_{25} - \varphi_{26} = + X_b\,\varrho_{25} + X_c\,\varrho_{25} + X_c\,\varrho_{26} - X_d\,\varrho_{26} \qquad [29]$$

$$\varphi_{23} = - X_d\,\varrho_{23} - X_e\,\tfrac{1}{2}\,\varrho_{23} \qquad [30\,\mathrm{n}]$$

$$\delta_d = 0 = + \varphi_{26} - \varphi_{23} = - X_c\,\varrho_{26} + X_d\,\varrho_{26} + X_d\,\varrho_{23} + X_e\,\tfrac{1}{2}\,\varrho_{23} \qquad [29]$$

Gleichungsmatrix für Gelenkanordnung b)

	X_a	X_b	X_c	X_d	X_e
a)	$+\varrho_{14}+\varrho_{12}$	$+\tfrac{1}{2}\varrho_{12}$			
b)	$+\tfrac{1}{2}\varrho_{12}$	$+\varrho_{12}+\varrho_{25}$	$+\varrho_{25}$		
c)		$+\varrho_{25}$	$+\varrho_{25}+\varrho_{26}$	$-\varrho_{26}$	
d)			$-\varrho_{26}$	$+\varrho_{26}+\varrho_{23}$	$+\tfrac{1}{2}\varrho_{23}$
e)				$+\tfrac{1}{2}\varrho_{23}$	$+\varrho_{23}+\varrho_{37}$

Wie das Beispiel zeigt, ist ein völlig schematischer Ansatz der Stabendverdrehungen bei Gelenkanordnung b) trotz Einführung der Vorzeichenregel II nicht möglich, da ein unmittelbar zwischen zwei Knotenpunkten gelegenes Gelenk — hier Gelenk (c) — inbezug auf einen der Knotenpunkte ein regelwidriges Vorzeichen für die hier angreifende Überzählige aufweisen muß. Im übrigen lassen sich die Arbeitsgleichungen wohl müheloser mit Hilfe des Ansatzes [23] anschreiben. Die Beiwerte errechnen sich nach den Ansätzen auf S. 60. Bezüglich der Vorzeichen der Beiwerte $\delta_{i,k}$ empfiehlt es sich, jeweils von der Momentenskizze abzulesen, ob die Momentenflächen aus $X_k = - 1$ und aus $X_i = - 1$ in demjenigen Stabe, in dem sie sich überdecken, das gleiche Vorzeichen haben und somit eine positive Arbeit leisten oder entgegengesetzt wirken.

Gelenkanordnung:	System I a)	System I b)	System II a)	System II b)
$\delta_{a,a} = +\varrho_{14}+\varrho_{12}$	$+28{,}80$		$+28{,}80$	
$\delta_{a,b} = +\tfrac{1}{2}\varrho_{12}$	$+5{,}60$		$+5{,}60$	
$\delta_{b,b} = +\varrho_{21}+\varrho_{25}$	$+15{,}50$		$+15{,}50$	
$\delta_{b,c} = +\varrho_{25}$	$+4{,}30$		$+4{,}30$	
$\delta_{b,d} = +\varrho_{25}$	$+4{,}30$	0	$+4{,}30$	0
$\delta_{c,c} = +\varrho_{25}+\varrho_{26}$	$+8{,}80$		$+5{,}80$	
$\delta_{c,d} = +\varrho_{25}$	$+4{,}30$		$+4{,}30$	
$\quad = -\varrho_{26}$		$-4{,}50$		$-1{,}50$
$\delta_{d,d} = +\varrho_{25}+\varrho_{23}$	$+16{,}34$		$+16{,}34$	
$\quad = +\varrho_{26}+\varrho_{23}$		$+16{,}54$		$+13{,}54$
$\delta_{d,e} = +\tfrac{1}{2}\varrho_{23}$	$+6{,}02$		$+6{,}02$	
$\delta_{e,e} = +\varrho_{32}+\varrho_{37}$	$+20{,}83$		$+14{,}97$	

Wir wollen die Vergleichsrechnung auf Grund der Gl. [23] durchführen. Die Beiwerte der Arbeitsgleichungen können wir gleichzeitig für beide Systeme I und II sowie für beide Gelenkanordnungen anschreiben, siehe S. 195..

Gelenkanordnung a) hat den Vorzug des automatischen Vorzeichensatzes, ergibt aber drei- und viergliedrige Gleichungen, welche mit Hilfe des Gaußschen Algorithmus aufgelöst werden müssen. Im Falle der Gelenkanordnung b) können wir die Gleichungen als Kettenbruch lösen. Wir wollen beide Auflösungen anschreiben.

System I. Gelenkanordnung a)

m	Glg.-Nr.	X_a	X_b	X_c	X_d	X_e	Summen-probe
$m_{aa} = + 0,03472$	a)	$+ 28,80$	$+ 5,60$				$+ 34,40$
	b)	$(+ 5,60)$	$+ 15,5000$	$+ 4,30$	$+ 4,30$		$+ 29,7000$
$m_{ab} = - 0,1944$	a) m_{ab}		$- 1,0889$				$- 6,6889$
$m_{bb} = + 0,06939$	$\bar{b}$)		$+ 14,4111$	$+ 4,30$	$+ 4,30$		$+ 23,0111$
	c)		$(+ 4,30)$	$+ 8,8000$	$+ 4,3000$		$+ 17,4000$
$m_{bc} = - 0,2984$	$\bar{b}$) m_{bc}			$- 1,2830$	$- 1,2830$		$- 6,8660$
$m_{cc} = + 0,13303$	$\bar{c}$)			$+ 7,5170$	$+ 3,0170$		$+ 10,5340$
	d)		$(+ 4,30)$	$(+ 4,30)$	$+ 16,3400$	$+ 6,02$	$+ 30,9600$
$m_{bd} = - 0,2984$	$\bar{b}$) m_{bd}				$- 1,2830$		$- 6,8660$
$m_{cd} = - 0,4014$	$\bar{c}$) m_{cd}				$- 1,2109$		$- 4,2279$
$m_{dd} = + 0,07222$	$\bar{d}$)				$+ 13,8461$	$+ 6,02$	$+ 19,8661$
	e)				$(+ 6,02)$	$+ 20,8300$	$+ 26,8500$
$m_{de} = - 0,4348$	$\bar{d}$) m_{de}					$- 2,6174$	$- 8,6374$
$m_{ee} = + 0,05491$	$\bar{e}$)					$+ 18,2126$	$+ 18,2126$

System I. Gelenkanordnung b)

$$m_{ee} = \cfrac{1}{-20,83 - 6,02 \cdot \cfrac{6,02}{-16,54 + 4,50 \cdot \cfrac{(-4,50)}{-8,80 - 4,30 \cdot \cfrac{4,30}{-15,50 - 5,60 \cdot \cfrac{5,60}{28,80}}}}}$$

$$m_{de} = - 0,4348 \qquad m_{cd} = + 0,5986 \qquad m_{bc} = - 0,2984 \qquad m_{ab} = - 0,$$

$$\frac{1}{m_{ee}} = + 18,2126 \qquad \frac{1}{m_{dd}} = + 13,8461 \qquad \frac{1}{m_{cc}} = + 7,5170 \qquad \frac{1}{m_{bb}} = + 14,4111$$

Die Beiwerte der konjugierten Matrix errechnen sich nach Zahlentafel 2a, S. 67, sie lauten genau wie auf S. 123. Um die Belastungsglieder $\delta_{ki,0}$ zu bilden, können wir die Ansätze [30n, a, b, c], S. 59 verwenden und von den Einspannmomenten $M_{ki,0}$, $M'_{ki,0}$, $M''_{ki,0}$ ausgehen.

Lastfall Ia (vgl. S. 116)

$$M'_{12,0} = - M'_{21,0} = + \frac{1}{8} 2,0 \cdot 4,2^2 = + 4,41 \text{ tm}$$
$$- \delta_{a,0} = - \delta_{b,0} = + 4,41 \, \varrho_{12} = + 4,41 \cdot 11,20 = + 49,392$$

Lastfall Ib (vgl. S. 116)

$$M''_{26,0} = + \frac{1}{9}\, 10,0 \cdot 4,5 = + 20,0 \text{ tm}$$

$$+ \delta_{c,0} = - \delta_{d,0} = + 20,0 \cdot 4,50 = + 90,0$$

Lastfall Ic (vgl. S. 116)

$$M'_{23,0} = - M'_{32,0} = + \frac{3}{16}\, 4,0 \cdot 7,8 = + 5,85 \text{ tm}$$

$$- \delta_{d,0} = - \delta_{e,0} = + 5,85 \cdot 12,04 = + 70,434.$$

Die Lastfälle I d und I e bleiben im Ansatz unverändert (vgl. S. 124), lediglich ist das Vorzeichen entsprechend der Vorzeichenregel II zu berichtigen.

Der Unterschied zwischen den obigen Ansätzen und denjenigen, welche wir beim allgemeinen Kraftgrößenverfahren anwandten, sind verhältnismäßig gering. Am unverschieblichen System ist der Arbeitsaufwand in beiden Fällen der gleiche. Die Eliminierung der Einspannmomente in den äußeren Auflagern, welche wir erst bei den „Momentengleichungen" einführten, ist durchaus vorteilhaft, weil damit die Zahl der Überzähligen verringert wird.

Am verschieblichen System erfährt der Aufbau des Gleichungssystems infolge der Einführung der Festhaltungen eine starke Änderung gegenüber dem allgemeinen Kraftgrößenverfahren am Hauptsystem *A*. Den Unterschied zeigt die Vergleichsrechnung am System II besonders einprägsam. Zunächst ist festzustellen, daß sich die Zahl der Überzähligen beim Ansatz am Hauptsystem *C* mehr als verdoppelt, das Stabwerk ist ursprünglich nur 3-fach statisch unbestimmt und erhält zwei zusätzliche Festhaltungen und dementsprechend auch zwei weitere Gelenke, wodurch der Grad der Unbestimmtheit auf sieben anwächst. Diese Vermehrung der Unbekanntenzahl ist zwar gewiß kein Vorzug der Momentengleichungen, viel bedeutsamer aber ist die Tatsache, daß die Glieder, welche sich auf die Festhaltung beziehen, den regelmäßigen Aufbau der Gleichungsmatrix unterbrechen. Daraus folgt eine Vergrößerung der Fehlerempfindlichkeit, welche eine Vermehrung in der Stellenzahl bei der Ausrechnung erforderlich macht. Diese Verschlechterung der algebraischen Gleichungsauflösung erklärt sich aus der Art des Ansatzes. Wir untersuchen zunächst die gegenseitige Wirkung der überzähligen Stabendmomente an einem System, welches völlig anderen Bedingungen unterworfen ist als das wirkliche Stabwerk. Zum Schluß berichtigen wir wieder den Fehler, den wir durch die Annahme starrer Festhaltung vorher gemacht haben.

Die Berichtigung kann einen größeren Betrag ausmachen, als das ursprüngliche Ergebnis. Das endgültige Stabendmoment wird also als Differenz zweier Werte von ähnlicher Größe gewonnen, wodurch sich die Fehlerempfindlichkeit des Ansatzes einfach erklärt. Statt einer ausführlichen Diskussion dieser Frage wollen wir das Beispiel unserer Vergleichsrechnung am System II sprechen lassen. Die Gleichungsmatrix lautet wie folgt: (Seite 198)

Die Gleichungen, welche sich auf die Festhaltung beziehen, enthalten im Feld der Hauptdiagonalen den Beiwert Null. Lediglich im Falle von Auflagereinspannungen ergibt sich hierfür ein Wert ungleich Null, der aber nur aus der Elimination der Einspannmomente in den Auflagereinpannungen folgt. Geht man von der stabilisierten kinematischen Knotenpunktsfigur aus, so ist der Beiwert stets gleich Null. Wenn wir die Auflösung nach dem Schema von Gauß durchführen wollen, so können wir nicht wie früher die Gleichungsfolge ändern und mit den Gleichungen beginnen, welche die Berichtigung durch die Festhaltung ausdrücken.

Glg.-Nr.	X_a	X_b	X_c	X_d	X_e	ϑ_1	ϑ_2	Rechte Seite
a)	$+28,8$	$+5,6$				$+1$		$\delta_{a,0}$
b)	$+5,6$	$+15,5$	$+4,3$			-1		$\delta_{b,0}$
c)		$+4,3$	$+5,8$	$-1,5$		-1		$\delta_{c,0}$
d)			$-1,5$	$+13,54$	$+6,02$		$+1$	$\delta_{d,0}$
e)				$+6,02$	$+14,97$		-1	$\delta_{e,0}$
1)	$+1$	-1	-1			0		$M_{1,0}$
2)				$+1$	-1		0	$M_{2,0}$

Bei der Betrachtung der Gleichungsmatrix erkennt man sogleich, daß eine unnötige Vermehrung der Unbekanntenzahl, d. h. eine künstliche Ausweitung des Gleichungssystems vorliegt. Wir wollen zunächst die schematische Auflösung nach Zahlentafel I a anschreiben, damit man den Rechnungsumfang übersieht. Die Ausrechnung der konjugierten Matrix soll aber fortgelassen werden, da sie für sieben Unbekannte zu viel Raum beansprucht.

Elimination nach Zahlentafel I a.

Hilfswerte m	Gl.-Nr.	M_a	M_b	M_c	M_d	M_e	ϑ_1	ϑ_2	$\sum$-Probe
$m_{aa}=+0,0347$	a)	$+28,8$	$+5,60$				$+1$		$+35,40$
	b)	$(+5,6)$	$+15,50$	$+4,30$			-1		$+24,40$
$m_{ab}=-0,1943$	a) $\dot{m}_{ab}$		$-1,0881$				$-0,1943$		$-6,8782$
$m_{bb}=+0,0694$	$\bar{b}$)		$+14,4119$	$+4,30$			$-1,1943$		$+17,5218$
	c)		$(+4,30)$	$+5,80$	$-1,50$		-1		$+7,60$
$m_{bc}=-0,2984$	$\bar{b}$) m_{bc}			$-1,2831$			$+0,3564$		$-5,2285$
$m_{cc}=+0,2214$	$\bar{c}$)			$+4,5169$	$-1,50$		$-0,6236$		$+2,3715$
	d)			$(-1,50)$	$+13,54$	$+6,02$		$+1$	$+19,06$
$m_{cd}=+0,3321$	$\bar{c}$) m_{cd}				$-0,4981$		$-0,2137$		$+0,7876$
$m_{dd}=+0,0767$	$\bar{d}$)				$+13,0419$	$+6,02$	$-0,2137$	$+1$	$+19,8476$
	e)				$(+6,02)$	$+14,97$		-1	$+19,99$
$m_{de}=-0,4617$	$\bar{d}$) m_{de}					$-2,7794$	$+0,0987$	$-0,4617$	$-9,1636$
$m_{ee}=+0,0820$	$\bar{e}$)					$+12,1906$	$+0,0987$	$-1,4617$	$+10,8264$
	1)	$(+1)$	(-1)	(-1)					-1
$m_{a1}=-0,0347$	a) m_{a1}						$-0,0347$		$-1,2244$
$m_{b1}=+0,0829$	$\bar{b}$) m_{b1}						$-0,0990$		$+1,4526$
$m_{c1}=+0,1425$	$\bar{c}$) m_{c1}						$-0,0917$		$+0,3379$
$m_{d1}=+0,0164$	$\bar{d}$) m_{d1}						$-0,0035$	$+0,0164$	$+0,3255$
$m_{e1}=-0,0081$	$\bar{e}$) m_{e1}						$-0,0008$	$+0,0118$	$-0,0877$
$m_{11}=-4,3535$	$\bar{1}$)						$-0,2297$	$+0,0282$	$-0,1961$
	2)				$(+1)$	(-1)			0
$m_{d2}=-0,0767$	$\bar{d}$) m_{d2}							$-0,0767$	$-1,5223$
$m_{e2}=+0,1199$	$\bar{e}$) m_{e2}							$-0,1753$	$+1,2981$
$m_{12}=+0,1228$	$\bar{1}$) m_{12}							$+0,0035$	$-0,0241$
$m_{22}=-4,0241$	$\bar{2}$)							$-0,2485$	$-0,2483$

Es sei an dieser Stelle eine Warnung vor der schematischen Anwendung der Analysis wiederholt. Pasternak zitiert in diesem Zusammenhang einen Ausspruch von Jacob Steiner: „Die Analysis zieht einem die Schlafkappe über den Kopf“. Wenn man tatsächlich die reichlich umständlichen Ansätze der Momentengleichungen am verschieblichen System verwenden will, so empfiehlt es sich, diese nachträglich zu vereinfachen und damit wieder zur Grundlage des einfach stabilen Hauptsystems zurückzukehren. Dieses erreichen wir dadurch, daß wir die Stabdrehwinkel durch Addition der entsprechenden Gleichungen eliminieren. In unserem Rechnungsbeispiel bilden wir zunächst

Gleichungs-Umformung	X_a	X_b	X_c	X_d	X_e	Rechte Seite
$a) + b)$	$+ 34,4$	$+ 21,1$	$+ 4,3$			$\delta_{a,0} + \delta_{b,0}$
$- b) + c)$	$- 5,6$	$- 11,2$	$+ 1,5$	$- 1,5$		$- \delta_{b,0} + \delta_{c,0}$
$d) + e)$			$- 1,5$	$+ 19,56$	$+ 20,99$	$\delta_{d,0} + \delta_{e,0}$
$1)$	$+ 1$	$- 1$	$- 1$			$M_{1,0}$
$2)$				$+ 1$	$- 1$	$M_{2,0}$

Um weitere zwei Unbekannte, z. B. X_b und X_e zu eliminieren, erweitern wir jede der Stabwerksgleichungen um den betreffenden Beiwert und erhalten:

Gleichungs-Umformung	X_a	X_c	X_d	Rechte Seite
$a) + b) + 21,1 \cdot 1)$	$+ 55,5$	$- 16,8$		$+ \delta_{a,0} + \delta_{b,0} + 21,1\ M_{1,0}$
$- b) + c) - 11,2 \cdot 1)$	$- 16,8$	$+ 12,7$	$- 1,5$	$- \delta_{b,0} + \delta_{c,0} - 11,2\ M_{1,0}$
$d) + e) + 20,99 \cdot 2)$		$- 1,5$	$+ 40,55$	$+ \delta_{d,0} + \delta_{e,0} + 20,99\ M_{2,0}$

Auf diesem umständlichen Wege haben wir die Momentengleichungen in die Form der Ausgangsgleichungen am einfach stabilen Hauptsystem zurückgeführt. Wir erhielten die gleichen Werte, wenn auch mit anderen Vorzeichen gemäß dem Wechsel der Vorzeichenregelung, auf S. 125. Aus der Wahl der Unbekannten, welche wir mit Hilfe der Gl. 1) und 2) eliminieren, ergibt sich das einfach stabile Hauptsystem, welches zu dem unmittelbaren Ansatz der notwendigen Bestimmungsgleichungen führt. Am Rechnungsbeispiel erkennt man diesen Zusammenhang wesentlich einfacher, als wenn man ihn in allgemeiner Form entwickelt.

Der Ansatz von Momentengleichungen am verschieblichen System stellt also gleichsam eine analytische Methode dar, um ein einfach stabiles Hauptsystem zu ermitteln. Einen sonstigen praktischen Wert können wir diesem Verfahren nicht zuerkennen. Die mechanische Auflösung der Momentengleichungen ist als unrationell abzulehnen.

b) Abklingungsverfahren.

Das Vorliegen eines dreigliedrigen, gleichmäßigen Gleichungssystems bildet die Voraussetzung jeder exakten Abklingungsberechnung. Ist das zu untersuchende System unverschieblich, so trifft diese Voraussetzung für eine Reihe von gebräuchlichen Systemen zu. Dann erhalten wir genau die gleichen Ansätze, welche wir am Hauptsystem A im Abschnitt II B, d bildeten. Eine Ausweitung des Verfahrens als Näherungslösung beliebiger, unverschieblicher Systeme verspricht nur in Ausnahmefällen einen Erfolg. Die mit einer Abklingung verbundene Verringerung der Werte in den Nachbarüberzähligen ist im allgemeinen nicht so stark, daß man die Einwirkung der übernächsten Überzähligen generell vernachlässigen darf.

Setzt man Momentengleichungen unter Zugrundelegung des Hauptsystems C an einem verschieblichen System an, so entsteht stets ein Gleichungssystem, welches nicht die Vorbedingung der Abklingungsberechnung erfüllt. Diese Tatsache unterstützt gleichfalls die frühere Feststellung, daß der Ansatz an einem Ersatzsystem mit gedachter Festhaltung einen unnötigen Umweg beschreibt, auf dem die Abklingungsberechnung nicht folgen kann. Darin liegt im übrigen der Vorzug jedes Abklingungsverfahrens, daß man den unmittelbaren Kräfteverlauf auf dem kürzesten Weg verfolgt. Ein besonderes Abklingungsverfahren am Hauptsystem C, welches von demjenigen am Hauptsystem A abweicht, ist nicht möglich.

c) Festpunktverfahren.

Das Festpunktverfahren ist das älteste Abklingungsverfahren. Wie schon der Name besagt, macht dieses Verfahren die Abstände der Momenten-Nullpunkte im unbelasteten Stabe, der sogenannten „Festpunkte", zur Grundlage der Berechnung. Die Kenntnis der geometrischen Abstände dieser Festpunkte ermöglicht die zeichnerische Auftragung der abklingenden Momente und vermittelt ein anschauliches Bild von dem Momentenverlauf. Wohl aus diesem Grunde findet sich in vielen Lehrbüchern der Hinweis, daß die Kenntnis dieser Methode zum Fundus der Rahmenstatik gehört. Beschränkt man sich aber auf die rechnerischen Verfahren, so bedeutet die Ermittlung der Festpunktabstände gegenüber dem unmittelbaren Ansatz der Abklingungswerte einen Umweg.

Die Festpunkte zeigen die Abklingung der Momente an, die Abklingung der Knotendrehungen ist daraus nicht abzulesen. Folglich verbindet sich mit dem Festpunktverfahren der Nachteil, daß die Ansätze am Knoten mit mehr als zwei Stabanschlüssen umständlicher werden, als bei den neueren Methoden, welche vom geometrisch bestimmten Hauptsystem ausgehen. Wir wollen uns hier auf eine Wiedergabe der wichtigsten Ansätze des Festpunktverfahrens beschränken und schreiben diese auch nur der Vollständigkeit, nicht ihres praktischen Nutzens wegen an. Auch können wir die dem Festpunktverfahren eigene Bezeichnungsweise in ihrer großen Ausdehnung hier nicht übernehmen. Da wir bereits auf S. 80ff. die allgemeine Ableitung der Ansätze jedes Abklingungsverfahrens durchgeführt haben, wollen wir auf die spezielle Ableitung des Festpunktverfahrens verzichten und verweisen auf die entsprechenden Ausführungen von Straßner, welcher bereits die weitschweifigen Darlegungen von Suter gekürzt und zusammengefaßt hat. Zur Vereinfachung der Berechnung schreiben wir die Ausdrücke, welche die Festpunktabstände enthalten, gleichzeitig als Funktionen der Momenten-Abklingungszahlen an.

Da wir hier lediglich den algebraischen Zusammenhang des Festpunktverfahrens behandeln, führen wir den Festpunktabstand nicht wie üblich als geometrischen Absolutwert, sondern als Verhältniswert der Stablänge ein. Bezüglich der Vorzeichenfrage belassen wir es bei der dem statisch bestimmten Hauptsystem zugeordneten Vorzeichenregel I und erhalten dadurch entsprechende Abweichungen von den früheren Ansätzen für die Momentenabklingung.

Klingt ein Moment in einem unverschieblichen System im Stabe $k{-}i$ von Knoten i nach Knoten k ab, so liegt der Momentennullpunkt in dem k benachbarten Drittel des Stabes $k{-}i$. Der Abstand dieses „Festpunktes" von k soll mit

$$i_{ki} \cdot l_{ki}$$

bezeichnet werden. Bei voller Einspannung in k wird bekanntlich $i_{ki} = \dfrac{1}{3}$, bei freidrehbarer Lagerung in k wird $i_{ki} = 0$.

Setzen wir i_{ki} in Beziehung zum Momenten-Abklingungswert a_{ki}, so lautet

$$i_{ki} = -\frac{a_{ki}}{1 - a_{ki}}, \quad a_{ki} = -\frac{i_{ki}}{1 - i_{ki}} \qquad [112]$$

Da das Verfahren vom statisch bestimmten Hauptsystem ausgeht — in der durch Hauptsystem *C* festgelegten Form —, so kommen in allen Gleichungen die reziproken Steifigkeiten, d. h. Winkel vor. Um die Ansätze in der gewohnten Form anschreiben zu können, müssen wir für die reziproken Steifigkeiten am wirklichen System $\frac{1}{W_{ki}}$ und $\frac{1}{W_k}$ neue Bezeichnungen einführen, welche aber sonst in dieser Arbeit nicht verwandt werden, sondern nur zur Einführung in das Festpunktverfahren dienen.

$$\varepsilon_{ki} = \frac{1}{\Sigma W_{kx}} = \frac{1}{W_k - W_{ki}}$$

$$\gamma_{ki} = \frac{1}{W_{ki}}.$$

Bei den Stäben mit geometrisch bestimmter Lagerung in i wird $W_{ki} = S_{ki}$ und somit $\gamma_{ki} = \varrho_{ki}$. Mit diesen neuen Bezeichnungen wird dann

$$W_k = \frac{1}{\gamma_{ki}} + \frac{1}{\varepsilon_{ki}} = \frac{\gamma_{ki} + \varepsilon_{ki}}{\gamma_{ki} \cdot \varepsilon_{ki}}.$$

Während wir bisher die Stabendmomente an einem Knoten durch den Ansatz am geometrisch bestimmten Hauptsystem zusammengefaßt haben und die Knotendrehung auf alle Stabenden mit den Verteilungszahlen $w_{ki} = \frac{W_{ki}}{W_k}$ umlegten, müssen wir hier ein angreifendes Stabendmoment auf die übrigen $n - 1$-Stabenden verteilen und benötigen für den Übergang der Momente die „Übergangszahlen". Wie bei allen Abklingungsverfahren müssen wir ein System mit **einfacher Knotenfolge** voraussetzen. An einem Knoten k können also nur zwei Stäbe anschließen, deren Endlagerungen in i geometrisch unbestimmt sind. Alle übrigen in k einmündenden Stäbe müssen eine geometrisch bestimmte Endlagerung besitzen. Bei der Ausrechnung der Festpunkte passieren wir jeden Knoten zweimal. Dadurch erhalten wir zwei verschiedene Gruppen von Übergangszahlen. Um die Ansätze in allgemeiner Form anschreiben zu können, müssen die Übergangszahlen mit zwei Doppelindizes versehen werden. An einen Knoten k mögen die Stäbe $k{-}i, k{-}1, k{-}2, k{-}3$ anschließen. Eine in ki angreifende Momenteneinheit erzeugt im Stabende $k2$ folgendes Moment als „Übergangszahl"

$$a_{k2,ki} = \frac{W_{k2}}{W_{k1} + W_{k2} + W_{k3}} = \frac{\varepsilon_{ki}}{\gamma_{k2}} \qquad [113]$$

Wird der Knoten aus nur drei Stäben gebildet — der Stab $k{-}3$ fällt also fort —, so lautet

$$a_{k2,ki} = \frac{W_{k2}}{W_{k1} + W_{k2}} = \frac{\gamma_{k1}}{\gamma_{k1} + \gamma_{k2}}$$

Den Rechnungsgang wollen wir nur kurz streifen, da sich die neueren Abklingungsverfahren wesentlich besser — zum mindesten für die rechnerische Lösung — eignen. Die Berechnung der Vorwerte umfaßt erstens die Festpunktabstände in jedem Stabe, zweitens die Übergangszahlen an jedem inneren Knoten.

Man beginnt die Ausrechnung am ersten, inneren Knoten 1 des Stabzuges. Von den n anschließenden Stäben sind $n-1$ in einem äußeren Auflager a geometrisch bestimmt gelagert. Man kennt also ihre Steifigkeit $W_{1a} = S_{1a}$ und damit auch $\gamma_{1a} = \dfrac{1}{S_{1a}}$. Die Gesamtsteifigkeit dieser $n-1$ Stäbe — ausgeschlossen ist nur der Stab 1 — 2, welcher im Knoten 2 elastisch eingespannt ist — beträgt

$$\sum_a W_{1a} = \sum_a \frac{1}{\gamma_{1a}} = \frac{1}{\varepsilon_{12}}.$$

Für ein vom Knoten n zum Knoten 1 abklingendes Moment, welches den Knoten 1 am Stabende 12 angreift, kennen wir die Übergangszahlen

$$a_{1a,12} = \frac{\varepsilon_{12}}{\gamma_{1a}}.$$

Sodann rechnen wir den relativen Festpunktabstand i_{12} aus. Der allgemeine Ansatz hierfür lautet

$$i_{ki} = \frac{1}{3 + \varepsilon_{ki}\dfrac{6\,E\,J_c}{s_{ki}}}.$$

Wählen wir $E = \dfrac{1}{J_c}$, d. h. $EJ_c = 1$, so wird

$$i_{ki} = \frac{1}{3 + \varepsilon_{ki}\dfrac{6}{s_{ki}}}. \tag{114}$$

Führen wir statt des relativen Festpunktabstandes den Momenten-Abklingungs-wert a_{ki} nach [112] ein, so lautet der entsprechende Ansatz, wenn x alle Nachbarknoten von k mit Ausnahme von i bezeichnet

$$a_{ki} = -\frac{1}{2 + \dfrac{6}{\sum\limits_x W_{kx}\,s_{ki}}}$$

oder für einen Stab $k-i$ zwischen zwei inneren Knoten k und i mit der Stabsteifigkeit (am Hauptsystem C) $S_{ki} = \dfrac{3}{s_{ki}}$

$$a_{ki} = -\frac{1}{2\left(1 + \dfrac{S_{ki}}{\sum\limits_x W_{kx}}\right)} \tag{115}$$

Nachdem wir i_{12} mit Hilfe der Gl. [114] errechnet haben, gehen wir zum Knoten 2 über und rechnen zunächst die reziproke Stabsteifigkeit des Stabendes 21 aus. Der Ansatz hierfür lautet allgemein

$$\gamma_{ki} = \frac{s_{ki}}{6\,EJ_c}\left(2 - \frac{i_{ik}}{1 - i_{ik}}\right) = \frac{s_{ki}}{6}\left(2 - \frac{i_{ik}}{1 - i_{ik}}\right) \tag{116}$$

$$W_{ki} = \frac{1}{\gamma_{ki}} = \frac{2\,S_{ki}}{2 + a_{ik}}. \tag{117}$$

Am Knoten 2 kennen wir jetzt von n Stabanschlüssen wiederum $n-1$ Stabsteifigkeiten bzw. deren reziproke Werte und können die Übergangszahlen eines am Stabende 23 angreifenden Momentes nach Gl. [113] bilden. Dann wiederholt sich der Vorgang für den nächstanschließenden Stab 2 — 3, den Knoten 3 und so fort.

Kennen wir alle Vorwerte für die Abklingung in einer Richtung, so müssen wir den gleichen Rechnungsgang rekursierend vom Knoten n bis zum Knoten 1 durchführen.

Um das Festpunktverfahren anwenden zu können, fehlen uns noch die Ansätze für die Einspannmomente M_{ki} des belasteten Stabes k—i aus äußerer Last. Den entsprechenden allgemeinen Ansatz lieferte uns früher Gl. [40], wenn wir von der durch die gegensätzliche Vorzeichenregelung bedingten Abweichung absehen. Beim Festpunktverfahren errechnet man — dem zeichnerischen Charakter des Verfahrens entsprechend — die sogenannten „Kreuzlinienabschnitte", das sind die Abstände der zwischen M_{ki} und M_{ik} gezogenen Verbindungsgeraden von den Festpunkten. Um den algebraischen Rechnungsgang zu Ende zu führen, schreiben wir den allgemeinen Ansatz der Einspannmomente ohne die Zwischenrechnung der Kreuzlinienabschnitte an. Eine ausführliche Beschreibung lese man in den Werken von Straßner und Suter nach.

$$M_{ki} = [B_{ki} - i_{ik}(B_{ki} + B_{ik})]\, \frac{i_{ki}}{1 - i_{ki} - i_{ik}} . \qquad [118]$$

Für einen Stab mit beiderseitig gleicher Einspannung wird $i_{ki} = i_{ik}$, bei feldsymmetrischer Belastung folgt aus $B_{ki} = B_{ik}$

$$M_{ki} = B_{ki}\, i_{ki}. \qquad [119]$$

Ersetzen wir nach [112] i_{ki} durch a_{ki}, so lautet die Gl. [118]

$$M_{ki} = - (B_{ki} + B_{ik}\, a_{ik})\, \frac{a_{ki}}{1 - a_{ki}\, a_{ik}}$$

und entspricht dem Ansatz [40].

Den Zusammenhang zwischen dem Festpunktverfahren bzw. zwischen jedem Abklingungsverfahren und den allgemeinen Arbeitsgleichungen haben wir früher bereits beschrieben (vgl. S. 79 ff.). Für ein System mit einfacher Knotenfolge ergaben sich bei Gelenkanordnung b) dreigliedrige Gleichungen. Die bei der Eliminationsauflösung (Zahlentafel 1a, S. 66) benötigten Hilfswerte m_{ki} sind gleichzeitig die Abklingungswerte. Am statisch bestimmten Hauptsystem sind die Beiwerte c der Arbeitsgleichungen die gegenseitigen Stabendverdrehungen $\delta_{(g),(h)}$, und die Abklingungswerte beziehen sich auf die Abklingung der Momente und lauten a_{ki}. Also ist

$$a_{ki} = m_{ki} = - \frac{\delta_{\bar{k},i}}{\delta_{\bar{k},k}} .$$

Dann ergibt sich aus Gl. [112] der bekannte Ansatz für die Festpunktabstände

$$i_{ki} = \frac{\delta_{\bar{k},i}}{\delta_{\bar{k},k} + \delta_{\bar{k},i}} . \qquad [120]$$

Für verschiebliche Systeme eignet sich das Festpunktverfahren nicht. Es besteht zwar die Möglichkeit, die Stabdrehwinkel am unverschieblichen, statisch unbestimmten Hauptsystem wie äußere Lasten anzusetzen. Dann erfolgt die Berechnung in zwei Stufen und enthält die bei der Crossschen Abklingungsmethode dargelegten Mängel. Die Festpunktabstände am System I des Rechnungsbeispieles errechnen sich wie folgt.

Beim Ansatz [114] wird vorausgesetzt, daß $EJ_c = 1$ ist, folglich müssen wir die auf S. 117 eingeführten reduzierten Stablängen, welche für $EJ_c = 24$ aufgestellt wurden, durch 24 kürzen.

$$s_{14} = 2,20 \qquad , \quad s_{25} = 0,5375, \quad s_{23} = 1,5050 = s_{32}$$
$$s_{12} = 1,40 = s_{21}, \quad s_{26} = 0,1875, \qquad 0,3662 = s_{37}.$$

Abklingung von 7 nach 4

$$\Sigma W_{1x} = S_{14} = \frac{1}{\varepsilon_{12}} = 1{,}3636$$

$$i_{12} = \frac{1}{3 + \dfrac{6}{1{,}3636\ 1{,}40}} = 0{,}1628$$

$$\gamma_{21} = \frac{1{,}40}{6}\left(2 - \frac{0{,}1628}{0{,}8372}\right) = 0{,}4213 = \frac{1}{2{,}3736} = \frac{1}{W_{21}}$$

$$\frac{1}{\varepsilon_{23}} = 2{,}3736 + 5{,}5814 + 5{,}3333 = 13{,}2883$$

$$i_{23} = \frac{1}{3 + \dfrac{6}{13{,}2883\ 1{,}5050}} = 0{,}3030$$

$$\gamma_{32} = \frac{1{,}5050}{6}\left(2 - \frac{0{,}3030}{0{,}6970}\right) = 0{,}3926 = \frac{1}{2{,}5471} = \frac{1}{W_{32}} = \varepsilon_{37}.$$

Eine Abklingung von 7 nach 3 findet nicht statt, man darf nicht i_{37} nach Gl. [114] bilden, weil die Voraussetzung der Unverschieblichkeit für Knoten 7 nicht zutrifft.

Abklingung von 4 nach 7

$$\Sigma W_{3x} = S_{37} = \frac{1}{\varepsilon_{32}} = 2{,}7304$$

$$i_{32} = \frac{1}{3 + \dfrac{6}{2{,}7304\ 1{,}5050}} = 0{,}2242$$

$$\gamma_{23} = \frac{1{,}5050}{6}\left(2 - \frac{0{,}2242}{0{,}7758}\right) = 0{,}4292 = \frac{1}{2{,}3299} = \frac{1}{W_{23}}$$

$$\frac{1}{\varepsilon_{21}} = 2{,}3299 + 5{,}5814 + 5{,}3333 = 13{,}2443$$

$$i_{21} = \frac{1}{3 + \dfrac{6}{13{,}2443\ 1{,}4000}} = 0{,}3009$$

$$\gamma_{12} = \frac{1{,}40}{6}\left(2 - \frac{0{,}3009}{0{,}6991}\right) = 0{,}3662 = \frac{1}{2{,}7305} = \frac{1}{W_{12}} = \varepsilon_{14}$$

$$i_{14} = \frac{1}{3 + \dfrac{6}{2{,}7305\ 2{,}20}} = 0{,}2501$$

Abklingung von 5 und 6 nach 2

$$\frac{1}{\varepsilon_{25}} = 2{,}3736 + 2{,}3299 + 5{,}3333 = 10{,}0368$$

$$i_{25} = \frac{1}{3 + \dfrac{6}{10{,}0368\ 0{,}5375}} = 0{,}2432$$

$$\frac{1}{\varepsilon_{26}} = 2{,}3736 + 2{,}3299 + 5{,}5814 = 10{,}2849$$

$$i_{26} = 2 \cdot i_{22'}, \quad s_{22'} = 2 \cdot 0{,}1875 = 0{,}375$$

$$i_{22'} = \frac{1}{3 + \dfrac{6}{10{,}2849\ 0{,}375}} = 0{,}2195$$

Übergangszahlen am Knoten 2 nach Gl. [113].

$2x$	W_{2x}	$a_{2x,21} = \dfrac{W_{2x}}{13{,}2443}$	$a_{2x,23} = \dfrac{W_{2x}}{13{,}2883}$	$a_{2x,25} = \dfrac{W_{2x}}{10{,}0368}$	$a_{2x,26} = \dfrac{W_{2x}}{10{,}2849}$
21	2,3736		0,1786	0,2365	0,2308
23	2,3299	0,1759		0,2321	0,2265
25	5,5814	0,4214	0,4200		0,5427
26	5,3333	0,4027	0,4014	0,5314	

Lastfall Ia

$$M_{12,0} = -\ 8{,}82 \ \cdot (1 - 2 \cdot 0{,}3009) \cdot \frac{0{,}1628}{0{,}5363} = -\ 1{,}0662$$

$$M_{21,0} = -\ 8{,}82 \ \cdot (1 - 2 \cdot 0{,}1628) \cdot \frac{0{,}3009}{0{,}5363} = -\ 3{,}3373$$

$$M_{23} = -\ 3{,}3373 \cdot 0{,}1759 = -\ 0{,}5870, \quad M_{32} = +\ 0{,}5870 \cdot \frac{0{,}2242}{0{,}7758} = +\ 0{,}1696$$

$$M_{25} = -\ 3{,}3373 \cdot 0{,}4214 = -\ 1{,}4063$$

$$M_{26} = -\ 3{,}3373 \cdot 0{,}4027 = -\ 1{,}3439$$

Lastfall Ib

$$M_{26,0} = -\ 60{,}00 \ \cdot 0{,}2195 = -\ 13{,}1700$$

$$M_{21} = -\ 13{,}1700 \cdot 0{,}2308 = -\ 3{,}0396, \quad M_{12} = +\ 3{,}0396 \cdot \frac{0{,}1628}{0{,}8372} = +\ 0{,}5911$$

$$M_{23} = +\ 13{,}1700 \cdot 0{,}2265 = +\ 2{,}9830, \quad M_{32} = -\ 2{,}9830 \cdot \frac{0{,}2242}{0{,}7758} = -\ 0{,}8621$$

$$M_{25} = -\ 13{,}1700 \cdot 0{,}5427 = -\ 7{,}1474$$

Lastfall Ic

$$M_{23,0} = -\ 11{,}70 \cdot (1 - 2 \cdot 0{,}2242) \cdot \frac{0{,}3030}{0{,}4728} = -\ 4{,}1359$$

$$M_{32,0} = -\ 11{,}70 \cdot (1 - 2 \cdot 0{,}3030) \cdot \frac{0{,}2242}{0{,}4728} = -\ 2{,}1859$$

$$M_{21} = -\ 4{,}1359 \cdot 0{,}1786 = -\ 0{,}7387, \quad M_{12} = +\ 0{,}7387 \cdot \frac{0{,}1628}{0{,}8372} = +\ 0{,}1436$$

$$M_{25} = -\ 4{,}1359 \cdot 0{,}4200 = -\ 1{,}7371$$

$$M_{26} = -\ 4{,}1359 \cdot 0{,}4014 = -\ 1{,}6601$$

Lastfall Id

$$M_{12,0} = +\ 30{,}9375 \cdot \frac{0{,}1628}{0{,}5363} = +\ 9{,}3914$$

$$M_{21,0} = -\ 30{,}9375 \cdot \frac{0{,}3009}{0{,}5363} = -\ 17{,}3580$$

$$M_{23} = -\ 17{,}3580 \cdot 0{,}1759 = -\ 3{,}0533, \quad M_{32} = +\ 3{,}0533 \cdot \frac{0{,}2242}{0{,}7758} = +\ 0{,}8824$$

$$M_{25} = -\ 17{,}3580 \cdot 0{,}4214 = -\ 7{,}3147$$

Lastfall Ie

Gegeben sind gemäß S. 124 die Stabendwinkel $\delta_{ki,0}$, dann ist $B_{ki} = \delta_{ki,0} \cdot \dfrac{6}{s_{ki}}$

$$B_{14} = +346,0 \cdot \frac{6}{52,80} = +39,3182$$

$$B_{25} = +179,0 \cdot \frac{6}{12,90} = +83,2558$$

$$M_{14,0} = +39,3182 \cdot \frac{0,2501}{0,7499} = +13,1130$$

$$M_{25,0} = +83,2558 \cdot \frac{0,2432}{0,7568} = +26,7545$$

$$M_{21} = -13,1130 \cdot \frac{0,3009}{0,6991} = -5,6440$$

$$-26,7545 \cdot 0,2365 = -6,3274$$

$$M_{21} = -11,9714$$

$$M_{25} = +5,6440 \cdot 0,4214 = +2,3784$$

$$+26,7545$$

$$M_{25} = +29,1329$$

$$M_{21} + M_{25} = +17,1615$$

$$M_{26} = +17,1615 \cdot \frac{5,3333}{5,3333 + 2,3299} = +11,9438$$

$$M_{23} = +17,1615 \cdot \frac{2,3299}{5,3333 + 2,3299} = +5,2177$$

$$M_{32} = -5,2177 \cdot \frac{0,2242}{0,7758} = -1,5079$$

Wie auch die Durchrechnung des Zahlenbeispieles zeigt, eignen sich die Hilfswerte i_{ki} besser zur zeichnerischen Lösung. Die Wahl der rechnerischen Lösung führt zwangsläufig zur Verwendung der Abklingungswerte a_{ki}. Da hier nur die rechnerischen Verfahren untersucht werden sollen, begnügen wir uns mit den obigen Ansätzen, welche nur den Zusammenhang mit anderen Verfahren zeigen sollen. Das Festpunktverfahren ist im übrigen bekanntlich noch wesentlich vervollkommnet worden.

III. Eignung der Verfahren.

A. Betrachtung der Grundlagen.

Die übliche Unterteilung aller Verfahren in Kraftgrößen- und Formänderungsgrößenverfahren ist unzweckmäßig, weil nicht das Endergebnis, sondern die Ausgangsbasis das Wesen der Lösung bestimmt. Wir sind daher bei der Einteilung des Stoffes von der Unterscheidung der Hauptsysteme ausgegangen, welche den einzelnen Verfahren zugrundeliegen. Wollen wir nunmehr die Eignung der einzelnen Verfahren untersuchen, so müssen wir zuerst einen Rückschluß aus dem Aufbau der Hauptsysteme ziehen. Danach können wir feststellen, welches Hauptsystem sich am besten als Grundlage im Einzelfall eignet. Anschließend müssen wir eine Auswahl zwischen den Verfahren treffen, welche vom gleichen Hauptsystem ausgehen.

a) Hauptsysteme.

In der vorangegangenen Ausarbeitung haben wir uns auf vier Arten von Hauptsystemen beschränkt. Diese sollen noch einmal kurz beschrieben werden.

Das Hauptsystem A ist das statisch bestimmte Hauptsystem, welches durch eine Änderung der geometrischen Vorbedingungen, bei den üblichen Rahmenformen vornehmlich durch Einfügung von Gelenken gebildet wird. Hierbei ist die Lage der Gelenke oder Schnitte nicht festgelegt. Im allgemeinen pflegt man zur Bildung eines statisch bestimmten Hauptsystems Gelenke in den Stabenden an den inneren Knoten anzuordnen. Fügt man in $n - 1$ Stabenden eines von n-Stäben gebildeten Knotens je ein Gelenk ein, so entsteht eine Figur etwa nach Art einer kinematischen Kette. Zur Erreichung der Stabilität müssen ebensoviele Festhaltungen hinzugefügt werden, wie diese Figur Freiheitsgrade besitzt. Es entsteht das Hauptsystem C, welches statisch und geometrisch bestimmt ist. Man verwendet dieses Ssytem in der Hauptsache zur Berechnung der statischen Unbekannten, d. h. der Stabendmomente. Wir wollen daher das Hauptsystem C zu den statischen Hauptsystemen zählen, von denen wir somit zwei Arten in die Untersuchung einbezogen haben.

Zur Ermittlung geometrischer Unbekannter haben wir ebenfalls zwei verschiedene Hauptsysteme verwandt. Das Hauptsystem B ist das üblicherweise als „geometrisch bestimmt" bezeichnete System mit unverdrehbaren und unverschieblichen inneren Knoten. Das gleiche System, jedoch mit verschieblichen Knoten wurde hier neu eingeführt und als Hauptsystem B^* bezeichnet. Ihrem Aufbau nach entsprechen dem Hauptsystem A das Hauptsystem B^* und dem Hauptsystem C das Hauptsystem B.

Demnach haben wir zwei Fragen zu beantworten, die einerseits die Zweckmäßigkeit eines statischen oder eines geometrischen Hauptsystems, andererseits in beiden Fällen die Auswirkung der Festhaltung des Systems gegen eine Verschiebung der Knoten betrifft. Während die Eignung eines statischen oder geometrischen Hauptsystems fallweise davon abhängt, welche Form das zu untersuchende Stabwerk besitzt, läßt sich die Frage nach dem Nutzen einer gedachten Festhaltung allgemein beantworten. Wir wollen daher zuerst auf diese zweite Frage eingehen.

Wir betrachten zunächst die Veränderung am statisch bestimmten Hauptsystem, welche dadurch eintritt, daß wir mehr Gelenke einfügen, als es die Bedingung der Stabilität zuläßt. Die Zahl der zusätzlichen Gelenke ist gleich dem Freiheitsgrad der durch die Gelenkeinfügungen erzeugten kinematischen Kette und somit gleich der Zahl der notwendigen Festhaltungen. Es entstehen also je Festhaltung zwei zusätzliche Unbekannte. Diese Vermehrung der statischen Unbekannten als solche ist aber weniger wichtig als die grundsätzliche Veränderung in dem Aufbau der einzelnen Gleichungen. Äußerlich ist die Veränderung daran zu erkennen, daß der Gleichungsbeiwert, welcher sich auf die Festhaltung bezieht, im Verhältnis zum Glied in der Hauptdiagonalen sehr groß werden kann. Dieses Merkmal zeigt die vermehrte Fehlerempfindlichkeit des Gleichungssystems an. Dieser algebraischen Tatsache entspricht aber auch eine Veränderung in dem statischen Vorgang, welchen die Gleichung ausdrückt. Alle Beiwerte, welche sich auf die eingefügten Gelenke beziehen, drücken die Wechselwirkungen der Überzähligen an einem Ersatzsystem aus, welches sich infolge starrer Festhaltung der Knotenpunkte ganz anders verhält, als das wirkliche System. Ohne die Festhaltung ist der Ansatz an einem beliebig gewählten statisch bestimmten Hauptsystem immerhin als grobe Annäherung des gesuchten wirklichen Zustandes zu betrachten. Die Überzähligen in den eingefügten Gelenken stellen nur eine Berichtigung dar. Infolgedessen zeigt die Iterationslösung solcher Gleichung am Hauptsystem A eine schnellere Konvergenz, als diejenige der Gleichungen am Hauptsystem C mit gedachter Festhaltung.

Das gleiche läßt sich auch gegen die Zugrundelegung des Hauptsystems B zur Berechnung eines verschieblichen Systems einwenden. Setzt man die äußere Belastung an einem Hauptsystem mit unverschieblich (nicht unverdrehbar) festgehaltenen inneren Knoten an, so erhalten wir einen Formänderungszustand, der sich von dem tatsächlichen recht erheblich unterscheidet. Besitzt das System nur eine geringe Verschieblichkeit, so macht sich dieser Umstand weniger bemerkbar. Bei größerer Verschieblichkeit können aber die Ansätze am unverschieblich gedachten Hauptsystem Werte liefern, welche nicht einmal als grobe Annäherung zu gebrauchen sind. Sogar das Vorzeichen kann sich beim Ausgleich durch die Aufhebung der Festhaltung ändern.

Die vorläufige Annahme der Festhaltung bedeutet für den Lösungsgang fast immer einen Umweg. Diese Auffassung wird von vielen Autoren nicht geteilt, man begegnet dieser Art von Lösungen bei den meisten neueren Verfahren. Es ist bezeichnend für die geringe Bedeutung, welche dieser Frage im allgemeinen beigemessen wird, daß eben diese neuen Verfahren sich fast ausschließlich mit unverschieblichen Systemen beschäftigen. Die Überleitung auf ein verschiebliches System scheitert zumeist an den Schwierigkeiten, welche durch die Zugrundelegung des unverschieblichen Hauptsystems B entstehen. Es sei an dieser Stelle auf die Ausführungen S. 28 bis 29 verwiesen, in denen die Analogie des Hauptsystems B^* und des einfach stabilen Hauptsystems A dargelegt wurde.

Um den Beweis für die Richtigkeit dieser Auffassung recht augenfällig zu gestalten, haben wir bei einer Reihe von Verfahren die gleiche Rechnung am Hauptsystem B und B^* vollständig angeschrieben. Hierbei ergab sich die Tatsache, daß sich die Gleichungen am Hauptsystem B^* meist durch Iteration in nur zwei Iterationsstufen, d. h. mit schneller Konvergenz lösen ließen, während der Rechnungsgang am Hauptsystem B eine umständliche Elimination erforderte. Die Rechnung am festgehaltenen Hauptsystem verfolgt einen Weg, den wir bei Aufhebung der

Festhaltung wieder teilweise oder ganz zurückgehen müssen. In algebraischer Ausdrucksweise erhält man die Unbekannten in der Form einer Differenz zweier Größen, welche von gleicher Größenordnung sein können. Zu der damit verknüpften Vermehrung der Fehlerempfindlichkeit kommt als weiterer Nachteil hinzu, daß die Rechnung am festgehaltenen Hauptsystem sich schlecht übersehen läßt, es kann leichter ein Rechenfehler unterlaufen als beim Hauptsystem A oder B^*. Für einen sicheren Rechner mag dieser Einwand gegenstandslos sein, immerhin ist grundsätzlich diejenige Rechnungsgrundlage vorzuziehen, welche die geringeren Fehlermöglichkeiten enthält und außerdem den kleineren Rechnungsumfang erfordert.

Es ist zuzugeben, daß die obige Überlegung nicht in jedem Fall unbedingt zutreffen muß, z. B. wurde die Lösung des räumlichen Vieleckrahmens auf der Grundlage des Hauptsystems B entwickelt. Für den Allgemeinfall können wir aber die Einführung von Festhaltungen bei der Wahl des Hauptsystems als ungünstig bezeichnen. Im übrigen hat die Untersuchung in den früheren Kapiteln ergeben, daß man die Güte der statischen Ansätze daran erkennen kann, ob sich die anfallenden Gleichungen mühelos iterieren lassen. Iterationen mit schneller Konvergenz zeigen an, daß der zugrundeliegende Ansatz keinen Umweg beschreibt.

Nachdem wir von den fraglichen vier Hauptsystemen zwei als weniger geeignet ausgeschieden haben, wollen wir die erste Frage nach der Eignung der restlichen Hauptsysteme A und B^* untersuchen.

Es ist wohl zu erwarten, daß jeweils dasjenige Hauptsystem den Vorzug verdient, welches der Wirklichkeit am nächsten kommt bzw. welches sich der Eigenart des zu berechnenden Systems am besten anpaßt. Das Hauptsystem B^* hat den Vorteil der Verringerung der Überzähligenanzahl, es faßt alle durch die Gleichgewichtsbedingung $\Sigma M_{ki} = 0$ miteinander gekoppelten, am Knoten k einmündenden Stabendmomente in einer einzigen Überzähligen zusammen. Andererseits bedeutet die Verringerung der Überzähligenanzahl nur dann einen Gewinn, wenn die zusätzliche Umrechnung der geometrischen in statische Unbekannte nicht den gewonnenen Vorsprung aufhebt. Daraus folgt, daß das Hauptsystem B^* nur für solche Rahmen in Frage kommt, deren Knoten mehr als eine steife Ecke enthalten, d. h. deren Knoten aus mehr als zwei Stäben gebildet wird. Bei einfachen Stabzügen tritt keine Verringerung der Überzähligenanzahl ein, es verbleibt nur der Nachteil der zusätzlichen Umrechnung von Drehwinkeln in Momente.

Bezieht sich unsere Stellungnahme einseitig auf die Kürze des Umfanges der aufzustellenden statischen Berechnung, so entscheidet ausschließlich die Zahl der statischen oder geometrischen Überzähligen über die zu treffende Wahl. Ist die Zahl der statischen Überzähligen am Hauptsystem A nur um ein Geringes größer als die Anzahl der geometrischen Unbekannten, so ist die Entscheidung zweifelhaft, da man den Rechnungsumfang für die Umwandlung von Drehwinkeln in Momente nicht genau bewerten kann.

Wir wollen aber auch den oben vertretenen Standpunkt berücksichtigen, nach dem es anzustreben ist, daß die Ansätze am Hauptsystem eine möglichst weitgehende Annäherung an den endgültigen Zustand darstellen sollen. Das statisch bestimmte Hauptsystem verleiht dem Stabwerk durch Auflockerung des Gefüges eine größere Nachgiebigkeit, es ist also seiner Eigenart nach besonders für solche Systeme geeignet, welche auch im wirklichen Zustand verhältnismäßig elastisch nachgiebig sind. Als allgemeines Kennzeichen ist hierfür das Verhältnis von Stab- und Knotenzahl zu betrachten. Bestehen zwischen den Knoten viele Stabverbindungen, so ist das vorliegende System wenig nachgiebig. In diesem Fall nähert sich die Annahme unverdrehbarer Knoten, wie sie das Hauptsystem B^* trifft, besser den gegebenen Verhältnissen.

Handelt es sich um ein System von hochgradiger Unbestimmtheit, so ist grundsätzlich das geometrische Hauptsystem vorzuziehen, weil es von einer größeren Überzähligeneinheit ausgeht. Infolge der Zusammenfassung aller Stabenden an einem Knoten zu einer Überzähligeneinheit wird die Berechnung übersichtlicher und meist auch kürzer. Ferner ist die gegenseitige Beeinflussung der Überzähligen kleiner, es findet eine schnellere Abklingung statt, folglich läßt sich auch einfacher eine ausreichende Näherungslösung entwickeln. Daraus erklärt es sich, daß die besten Näherungslösungen in den vorangegangenen Kapiteln ausschließlich auf der Grundlage des geometrischen Hauptsystems B^* entwickelt wurden.

b) Einzel- und Gruppenunbekannte.

Die zweite Unterscheidung, die wir zu treffen haben, betrifft das Vorhandensein und den vorliegenden Grad der Symmetrie, welche das fragliche Stabwerk aufweist. Ist ein System nur bezüglich einer Achse symmetrisch oder kurz einfach symmetrisch, so pflegt man mit Recht die einfache Belastungsumordnung in den symmetrischen und antimetrischen Belastungsanteil vorzunehmen. Unter einer mehrfachen Symmetrie verstehen wir erstens den Fall der zyklischen Symmetrie, welche aber bei ebenen Systemen nur in der einfachsten Form des zyklisch-symmetrischen Stabzuges und sonst nur bei räumlichen Systemen vorkommt. Zweitens zählen wir hierzu den Fall, daß das System viele gleiche Abschnitte besitzt, die sich in regelmäßiger Folge wiederholen.

Die meisten Verfahren zur Berechnung ebener Stabwerke verwenden Einzelwerte als Überzählige. Die Zusammenfassung von Einzelwerten zu Gruppen kann zwar auch an unsymmetrischen Systemen durchgeführt werden, um auf statischem Wege Bestimmungsgleichungen mit nur einer Unbekannten zu erhalten, sie dient aber hauptsächlich zur Ausnutzung jeder irgendwie gearteten Symmetrie.

Ist ein System einfach symmetrisch, so ist es üblich, durch Einführung einer Belastungsumordnung die Berechnung auf die Überzähligen einer Systemhälfte zu beschränken. Streng genommen, bedient man sich hierbei bereits des Gruppenlastenverfahrens. Der Vorgang ist aber so einfach, daß es keiner grundlegend neuen Überlegung bedarf, um aus einer Gruppe von nur zwei Werten gleicher Größe den Einzelwert abzulesen. Wir wollen daher auch die Anwendung der Belastungsumordnung am einfach symmetrischen System nicht als Gruppenlastenansatz werten. Wir haben zwar in dem durchgerechneten Beispiel am Vergleichssystem auch das Gruppenlastenverfahren in den Vergleich einbezogen, aber man kann wohl ganz allgemein sagen, daß man zur Berechnung von Systemen mit einfacher Symmetrie ausschließlich Einzelwerte als Überzählige einführen soll.

Die Gruppenlastenverfahren werden dagegen mit großem Vorteil an allen mehrfach symmetrischen Systemen angesetzt, sie eignen sich besonders zur Lösung hochgradig unbestimmter, räumlicher, gleichfeldriger Systeme. Es ist zuzugeben, daß derartige Systeme nicht sehr häufig sind, aber die Probleme der Trägerroste, der räumlichen Vieleckrahmen und anderer räumlicher Tragwerke nehmen immerhin einen recht erheblichen Raum im heutigen Fachschrifttum ein. Zur Lösung dieser Fragen ist es durchaus nützlich, den gleichzeitigen Ansatz mehrerer Unbekannter in Form von Gruppenlasten oder Gruppendrehwinkeln in Erwägung zu ziehen. Aus diesem Grunde ist auch in dieser Arbeit dem allgemeinen Ansatz von Bestimmungsgleichungen und den sich hieraus ergebenden Gruppenverfahren Raum gegeben worden. Das eigentliche Gruppenlastenverfahren, welches sich aus einer Arbeit von Siegmund Müller entwickelt hat, ist mehr oder weniger in Vergessenheit geraten. Es zeigt aber einen Weg, um der schwierigen mathematischen Lösung umfangreicher Gleichungssysteme mit statisch auszulegenden Hilfsmitteln ohne verwickelte algebraische Ansätze Herr zu werden. Die Betrachtungsweise der Gruppenverfahren weicht in so hohem Maße von den üblichen Lösungen ab, daß sie durch eine abstrakte mathematische Ableitung allein nicht ausreichend erklärt wird, um das Verfahren in schwierigen Fällen anwenden zu können.

c) Elimination, Abklingung und Ausgleich.

Unabhängig von der Wahl eines statischen oder geometrischen Hauptsystems und auch von der Festlegung der Überzähligeneinheit können wir alle Verfahren danach unterscheiden, ob die Bestimmungsgleichungen der Überzähligen durch Elimination aufgelöst werden oder ob der Verlauf der Verformung von einer Überzähligen zur benachbarten Überzähligen einzeln verfolgt wird. Der Begriff „benachbart" kann sich hierbei sowohl auf die geometrische Lage der Ansatzorte der Überzähligen als auch auf die Reihenfolge innerhalb des algebraischen Gleichungsansatzes beziehen. Die Fortpflanzung der Wirkung einer Überzähligen auf die benachbarten bezeichnen wir als Abklingung, wenn das Ergebnis in einem einzigen Rechnungsgang gewonnen wird, und als Ausgleich, wenn es sich um eine Approximationslösung, d. h. eine mehrstufige Verbesserung von Näherungswerten handelt. Ob wir die Fortpflanzung abstrakt als algebraisches Hilfsmittel oder als einen statischen bzw. geometrischen Vorgang betrachten, ist für den Rechenaufwand ohne Bedeutung.

Wir wollen zunächst die Frage untersuchen, welche Umstände für ein Verfahren, welches sich der Gleichungsauflösung durch Elimination bedient, und welche für ein Verfahren sprechen, welches von der Fortpflanzung der Unbekannteneinheiten ausgeht. Argumente gibt es für beide Methoden. Die Gleichungsauflösung ist ein verhältnismäßig abstrakter Vorgang, der das Kräftespiel nur demjenigen offenbart, welcher auch der Algebra ein lebendiges Interesse abzugewinnen versteht. Verbindet man die Gleichungsauflösung mit irgendwelchen statischen Gedankengängen, so kommt man der Materie zweifellos etwas näher. Daher ist die Vorliebe mancher Statiker für die den Fortpflanzungsverfahren unterlegten Deutungen durchaus verständlich. Vom Festpunktverfahren angefangen über Cross bis zur Methode der „Abklingenden Verformung" verbindet man mit jedem Rechenvorgang die Vorstellung eines einfachen statischen Vorganges. Demgegenüber bietet die Ausrechnung der konjugierten Matrix ein gleichfalls ideales Gesamtbild des inneren Kräftespieles. Beide Methoden sind mit ihren Vorzügen an bestimmte Voraussetzungen gebunden.

Die Gleichungsauflösung ist technisch nur bis zu einer bestimmten Anzahl von Unbekannten möglich. Die Grenze hängt von der Stellenzahl der verfügbaren Rechenmaschine ab. Eine allgemeingültige Angabe ist unmöglich, da die Genauigkeit der Rechnung nicht nur von der Zahl der Unbekannten, sondern auch von dem Verhältnis der Beiwerte in den Nebengliedern zum Hauptglied einer Gleichung abhängt. Soll ein Gleichungssystem von acht bis zwölf Unbekannten aufgelöst werden, so ist damit im allgemeinen schon die Grenze erreicht, welche der erforderliche Zeitaufwand oder die Größe der Rechenmaschine setzt. Aber auch eine geringere Anzahl von Unbekannten berechtigt zu der Überlegung, ob ein anderes Verfahren vorzuziehen ist, welches ohne eine Gleichungsauflösung auskommt. Häufig entscheidet in solchem Falle nur die Übung des Aufstellers für oder gegen ein Verfahren.

In manchen Fällen erfährt der Lösungsgang eine wesentliche Verbesserung durch die zusätzliche Ausrechnung der konjugierten Matrix. Diese ermöglicht eine schnelle Kombination verschiedener Lastfälle. Die Gleichungsauflösung in Verbindung mit der konjugierten Matrix ist daher besonders dann geeignet, wenn viele Wechsellasten miteinander kombiniert werden müssen, oder wenn an sich die Zahl der Lastfälle groß ist.

Bei der Beschreibung der einzelnen Verfahren im vorangegangenen Abschnitt dieser Arbeit haben wir uns bemüht, möglichst unvoreingenommen die Vorzüge und Entwicklungsmöglichkeiten jeder Methode herauszustellen, es möge daher auch der Auffassung des Verfassers an dieser Stelle Raum gegeben werden. Betrachtet man den großen Spielraum, den die Ungenauigkeit der Belastungsannahmen und der Materialeigenschaften sowie die Vernachlässigung der konstruktiven Einzelheiten und der Mitwirkung von Mauerwerk usw. läßt, so kann man sich bei der praktischen Berufsausübung nicht der Einsicht verschließen, daß der Aufwand zur Berechnung der üblichen Hochbauten unrationell ist. Im Brückenbau fallen viele Ungenauigkeiten weg, sowohl die Annahme der Belastung als auch des konstruktiven Zussammenhanges der tragenden Bauwerksglieder sind wesentlich zutreffender als im Hochbau. Während daher im Brückenbau eine genauere Ermittlung der Überzähligen durchaus sinnvoll erscheint, ist im Hochbau eine Abkürzung der Verfahren auch dann noch zu vertreten, wenn hierdurch Ungenauigkeiten bis zu 10 v. H. entstehen. In den hier besprochenen Näherungslösungen beträgt aber die Ungenauigkeitsdifferenz gegenüber der „exakten" Gleichungsauflösung meist nur etwa 2 v. H. Insbesondere erscheint es dem Verfasser widersinnig, daß man im allgemeinen die Berechnung am unverschieblichen System mit verhältnismäßig großer Genauigkeit durchführt, obgleich gerade die Unverschieblichkeit eine leichte und sichere Näherungsberechnung zuläßt. Das verschiebliche System hingegen bereitet rechnerisch wesentlich größere Schwierigkeiten und wird deshalb häufig mit ganz rohen Annäherungsverfahren untersucht. Bei vorliegender Verschieblichkeit ist die Gefahr eines Fehlers von mehr als 10 v. H. gegeben, wenn man den Momentennullpunkt ohne jede Prüfung in halber Höhe der Stiele annimmt, wie es in der Praxis üblich ist. Die Aufstellung eines vielgliedrigen Gleichungssystems sollte daher in den üblichen Rahmen des Hochbaues im Falle der Unverschieblichkeit unterbleiben und durch eine brauchbare Näherungslösung ersetzt werden. Ist ein Rahmen dagegen verschieblich, so wäre es zweckmäßig, nach dem Grad der Verschieblichkeit zwischen „erheblich verschieblich" und „unerheblich verschieblich" zu unterscheiden, wobei Systeme mit bis zu vier Stielen je Geschoß als „erheblich verschieblich" zählen könnten. Je nach dem Grad der Verschieblichkeit sind die Anforderungen an das betreffende Näherungsverfahren zu stellen. Zur Frage der Eignung der Gleichungsauflösungsverfahren bzw. der Fortpflanzungsverfahren ergibt sich aus dieser Betrachtung folgender Schluß für Rahmen im Hochbau:

„Ist die Zahl der Unbekannten $n = 2$ bis 6, so ist die „exakte" Gleichungsauflösung in Verbindung mit der konjugierten Matrix rationell, sofern es sich um mehrere Lastfälle handelt. Die Abklingungsrechnung gestattet auch die Berechnung von Teilabschnitten eines hochgradig unbestimmten Systems und liefert für den einzelnen

Lastfall meist eine kurze Lösung. Wollte man aber erst die konjugierte Matrix mit Hilfe der Abklingungsrechnung ermitteln, so wäre der Arbeitsaufwand zu groß. Erstreckt sich die Berechnung auf wenige Lastfälle, so ist unabhängig von n im allgemeinen ein Fortpflanzungsverfahren vorzuziehen. Für hochgradig unbestimmte Systeme ist von den Gleichungsauflösungsverfahren abzuraten. Falls ein Näherungsverfahren gewählt wird, ist bei unverschieblichen und unerheblich verschieblichen Systemen ein geringerer Genauigkeitsgrad zu fordern als an erheblich verschieblichen Systemen mit weniger als fünf Stielen je Geschoß."

Unter den Begriff „Fortpflanzung" fällt sowohl die „Abklingung" als auch der „Ausgleich". Die unterschiedliche Eignung der recht ähnlichen Abklingungs- und Ausgleichverfahren ergibt sich zwangsläufig aus ihrem Aufbau. Ein Abklingungsverfahren kann algebraisch als eine besondere Form der Auflösung dreigliedriger Gleichungen betrachtet werden. Dadurch, daß man statt der Unbekannten deren Verhältniswerte ausrechnet, verringert man den Grad der Unbestimmtheit. Man kann diese algebraische Reduktion der Unbekanntenzahl auch fortsetzen und wiederum Verhältnisse der Verhältniswerte ausrechnen. Man muß den algebraischen Kern der Abklingungsverfahren beachten, um die Grenzen ihrer Anwendbarkeit zu übersehen. Besitzt ein Rahmen überwiegend Knoten mit mehr als zwei biegungssteifen Stabanschlüssen, so legt man der Berechnung zweckmäßig das geometrische Hauptsystem B bzw. B^* zugrunde und ermittelt die Abklingung der Drehwinkel, welche in diesem Fall sehr schnell erfolgt. Daraus folgt, daß man das „Verfahren der abklingenden Verformung" auch an unverschieblichen Systemen als Näherungslösung anwenden kann, welche die Vorbedingung der dreigliedrigen Gleichungen nicht erfüllen. Für verschiebliche Systeme gilt dieses nicht in jedem Fall. Das Verfahren teilte ursprünglich den Nachteil mit allen Ansätzen am geometrischen Hauptsystem, daß man zunächst Drehwinkel statt der Momente ermittelte. In dieser Hinsicht war die Ausgleichmethode von Cross zweifellos überlegen. Nachdem wir jedoch die Ansätze zur unmittelbaren Berechnung der Stabendmomente entwickelt haben, dürfte der Vorteil des einmaligen Rechnungsganges gegenüber der mehrstufigen Iteration bei vielen, häufig vorkommenden Systemen den Ausschlag geben.

Das Ausgleichverfahren von Cross bezieht sich ursprünglich nur auf unverschiebliche Systeme und hat einen großen Vorzug. Die Berechnung ist fast mechanisch ohne jede Vorkenntnisse anzuschreiben. Sowohl beim Abklingungsverfahren, wie auch bei der Anwendung des Ausgleichs auf verschiebliche Systeme, welche wir unter Verwendung des Hauptsystems B^* entwickelten, sind immerhin statische Überlegungen notwendig, insbesondere ist jeweils der Wirkungsbereich eines Stabdrehwinkels zu überlegen.

Eine scharfe Trennung zwischen der Eignung von Abklingung und Ausgleich als Berechnungsgrundlage ist schwer zu ziehen. Setzt man die gleiche Übung in beiden Verfahren voraus, so könnte man das Prinzip der Abklingung voranstellen und das des Ausgleiches auf solche Fälle beschränken, die infolge ungewohnter Systemform oder sonstiger Erschwernisse wegen für die Abklingungsberechnung ungeeignet sind. Schaltet man die Näherungsform des Abklingungsverfahrens als nicht ausreichend genau aus, so ergibt sich die Unterscheidung aus der Feststellung, daß wir eine Abklingung „exakt" nur an Systemen mit dreigliedrigem Gleichungsaufbau anschreiben können. Dieses bedeutet beim unverschieblichen System die Vorbedingung der einfachen Knotenfolge, im Falle der Verschieblichkeit darf sich die unmittelbare Wir-

kung jedes Stabdrehwinkels nur auf zwei in der Knotenfolge benachbarte Knoten
erstrecken. Ein Ausgleichverfahren ist im allgemeinen nur dann als rationell anzusprechen, wenn die erforderliche Genauigkeit mit wenigen Iterationsstufen erreicht
wird.

B. Schlußfolgerung auf die Berechnung der einzelnen Arten von Systemen.

a) Der durchlaufende Träger.

Der einfache Stabzug mit unverschieblichen Knoten kann zwar als Sonderfall
eines Rahmens aufgefaßt werden, die in der vorliegenden Synthese zusammengefaßten
Verfahren der Rahmenberechnung beziehen sich aber zur Hauptsache auf statische
Systeme, welche Knoten mit mehr als zwei Stabanschlüssen enthalten. Immerhin
lassen sich einzelne Verfahren auch zur Berechnung des Durchlaufträgers anwenden.
Da sich insbesondere einige Tafeln des Anhanges auch in diesem Zusammenhang
günstig verwerten lassen, wollen wir den einfachen Stabzug in unsere Betrachtung
über die Eignung und rechnungstechnische Wirtschaftlichkeit der Verfahren ein-
beziehen. Es ist kaum zu bestreiten, daß unsere gesamten Rechnungsverfahren gerade
in bezug auf die immer wiederkehrenden Trägerberechnungen im Hochbau reichlich
umständlich sind. Man kann sogar die Frage stellen, ob nicht die vor zwanzig Jahren
üblichen Näherungsberechnungen, in denen dem Endfeld $\frac{8}{11} M_0$, dem Mittelfeld
$\frac{8}{15} M_0$, dem Stützenmoment zwischen den Feldern 1 und 2 $\frac{4}{9}(M_{1,0} + M_{2,0})$ und
den übrigen Stützenmomenten zwischen den Feldern 2 und 3 usw. $\frac{2}{5}(M_{2,0} + M_{3,0})$
zugewiesen wurde, den notwendigen Ansprüchen der Genauigkeit genügen. In allen
Fällen, bei denen entweder die Belastung der einzelnen Felder oder die Spannweiten
sehr große Unterschiede aufweisen, ist aber eine genauere Lösung erforderlich.

1. Der gleichfeldrige unverschiebliche Stabzug.

Bei feldsymmetrischer Belastung verwendet man die bekannten Winklerschen
Zahlenwerte, welche in vielen Taschenbüchern enthalten sind. Ebenfalls sind die
Maximalmomente für zwei in konstantem Abstand wandernde Einzellasten — hauptsächlich zur Berechnung durchlaufender Kranträger — fertigen Tafeln (z. B. von
Bleich) zu entnehmen. Bei feldunsymmetrischer Belastung geht man von den Belastungsgliedern $\delta_{g,0}$ bzw. B_{ki} des belasteten Feldes $k—i$ aus, vgl. Zahlentafel A 1,
und ermittelt dann primäre Einspannmomente. Da alle Vorwerte für eine Abklingungsberechnung bekannt sind, liefert diese den kürzesten Rechnungsgang. Wir

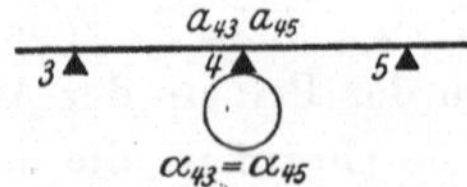

Abb. 26. Eintragung der Abklingungsbeiwerte.

wollen die Abklingungswerte am Ort der Wirkung, also z. B. a_{45} — das ist die Abklingung von M_5 nach M_4 — gemäß Abb. 26 eintragen. Die Werte α sollen als echte
Brüche unterhalb der Knoten angeschrieben werden. Alle a-Werte sind negativ,
alle α-Werte positiv.

Dann lauten die Vorwerte a und α wie folgt:

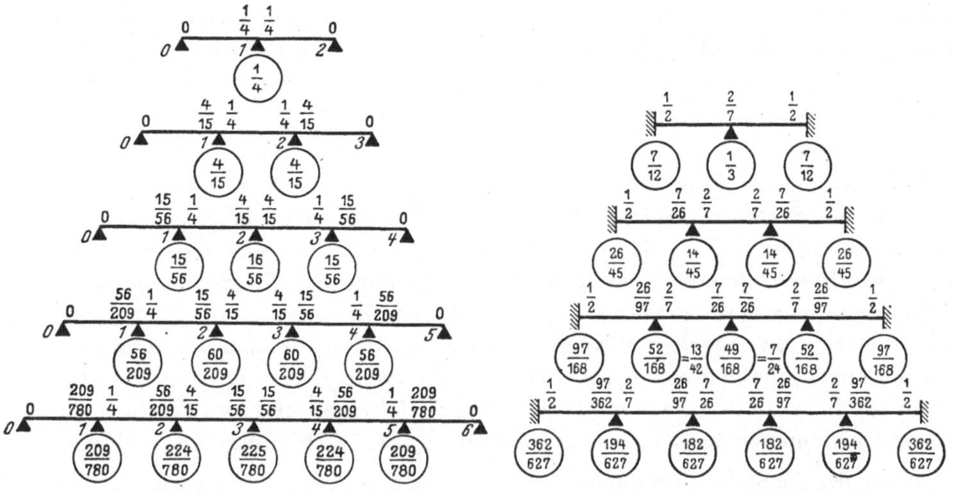

Frei drehbare Endlagerung.   Beiderseitige Einspannung.

Dadurch, daß wir die Abklingungswerte als echte Brüche angeschrieben haben, können wir auch die entfernteren Abklingungen unmittelbar anschreiben, z. B. beträgt beim 6-Feldbalken

$$a_{51} = \frac{1}{4} \cdot \frac{4}{15} \cdot \frac{15}{56} \cdot \frac{56}{209} = + \frac{1}{209}$$

$$a_{36} = - \frac{209}{780} \cdot \frac{56}{209} \cdot \frac{15}{56} = - \frac{15}{780} = - \frac{1}{52} \, .$$

Ist ein Balkenfeld um mehr als drei Felder vom Endauflager entfernt, so beträgt die Abklingung wie für $n = \infty$

$$a_n = - 2 + \sqrt{3} = - 0{,}268$$

$$\alpha_n = + \frac{\sqrt{3}}{6} \qquad = + 0{,}289$$

$$\alpha_n' = + \frac{1}{2} - \frac{\sqrt{3}}{6} = + 0{,}211 \, .$$

Die primären Einspannmomente des belasteten Feldes k—i lauten nach Gl. [57] bzw. [58]

$$X_k = (B_{ki} + B_{ik} \, a_{ik}) \, \alpha_{ki} \qquad\qquad [121]$$

und bei feldsymmetrischer Belastung mit $\alpha_{ki}' = \alpha_{ki} (1 + a_{ik})$

$$X_k = B_{ki} \, \alpha_{ki}' .$$

Die sekundären Stützenmomente zwischen unbelasteten Feldern errechnen sich mit Hilfe der Abklingungszahlen zu

$$X_n = X_k \, a_{nk} . \qquad\qquad [122]$$

Der Lastfall der ungleichmäßigen Stützensenkung soll später in allgemeiner Form für ungleiche Feldweiten bzw. ungleiche Trägheitsmomente untersucht werden. Das Ergebnis wird anschließend für den Sonderfall gleicher Feldweiten angeschrieben.

Der Durchlaufträger mit gleichen Feldweiten kommt besonders häufig in den statischen Berechnungen der Stahlbetonbauten vor. Wir wollen daher der Frage der Rationalisierung dieser immer wiederkehrenden Berechnungsabschnitte besondere Aufmerksamkeit widmen. Selbst eine geringe Vereinfachung ist in diesem Fall von erheblichem Nutzen. Wir folgen daher einer Anregung von Lührs, welche darauf abzielt, alle Felder des gleichfeldrigen Durchlaufträgers einheitlich wie ein Mittelfeld des Trägers auf unendlich vielen Stützen zu berechnen. Zu diesem Zweck müssen wir kurz auf die Voraussetzungen der Berechnung von Stahlbetonkonstruktionen eingehen.

Beim Ansatz der Elastizitätsgleichungen setzen wir die Kenntnis der Trägheitsmomente der Stabquerschnitte voraus. Dieses bedingt eine vorherige Abschätzung der Abmessungen, welche dem erfahrenen Ingenieur meist nur geringe Schwierigkeiten bereitet. Damit ist aber noch nicht die Größe des Trägheitsmoments eines Verbundquerschnittes eindeutig gegeben. Da wir hier nicht auf die theoretische Seite dieser Frage eingehen können, so muß die durch die Deutschen Stahlbetonbestimmungen geschaffene Regelung den Ausgangspunkt unserer Betrachtung bilden. Es handelt sich im wesentlichen um zwei Fragen und zwar erstens um den Ansatz des Betonquerschnittes und zweitens um die Berücksichtigung der Stahleinlagen.

a) Ist der fragliche Stabquerschnitt rechteckig, so ist das Trägheitsmoment bei Vernachlässigung der Stahleinlagen unabhängig vom Drehsinn des Momentes. Die meisten Träger bzw. Rahmenriegel haben aber im Stahlbetonbau T-förmigen Querschnitt. Infolge des einseitigen Anschlusses einer Platte unterscheiden sich die Trägheitsmomente im Bereich der positiven Feldmomente wesentlich von denjenigen im Bereich der negativen Stützenmomente. Somit wechseln die Voraussetzungen des Systems je nach der Belastung. Wenn es notwendig wäre, dieser Tatsache Rechnung zu tragen, so wäre jede statische Berechnung im Stahlbetonbau sehr mühselig. Infolgedessen enthalten auch die Deutschen Bestimmungen hierüber keine genauen Vorschriften, man darf den Balken- oder den Plattenbalkenquerschnitt in Rechnung stellen. Die hierin liegende Ungenauigkeit erfordert eine entsprechende Sicherheitsreserve im Ansatz der Belastung oder der zugelassenen Beanspruchung. Uns interessiert diese Frage hier nur, um ein Urteil über den notwendigen oder noch sinnvollen Genauigkeitsgrad des anzuwendenden Berechnungsverfahrens fällen zu können. Nur aus diesem Grunde soll darauf hingewiesen werden, daß die in den Vorschriften zugelassene Freiheit in der Praxis häufig zu einer sich noch in gleicher Richtung überlagernden Ungenauigkeit ausgenutzt wird. Jeder Statiker versucht seine Aufgabe, einem Bauwerk die wirtschaftlichste Form zu geben, mit einem Minimum an Arbeitsaufwand zu erfüllen.

Da sich die Feldmomente meist auf einen größeren Bereich eines Stabes erstrecken als die Stützenmomente, ist man vielfach bestrebt, das Trägheitsmoment im Felde möglichst klein zu wählen, um hierdurch die Momente etwas in den negativen Bereich zu verlagern. Da es außerdem am einfachsten ist, errechnet man in den meisten Fällen das Trägheitsmoment aus dem unbewehrten Rechteckquerschnitt. Die gleiche Verlagerung der Momentenfläche erreicht man auch durch die Anordnung von Eckschrägen. Es dürfte nun die Frage berechtigt sein, ob es sinnvoll ist, den Zuwachs des Trägheitsmomentes im Bereich der Schrägen durch genaue Integration zu berücksichtigen, gleichzeitig aber das Trägheitsmoment in den Feldquerschnitten durch Vernachlässigung der mittragenden Plattenstreifen weitgehend zu verringern, d. h. sehr ungenau einzusetzen. Es wird die genauere Rechnung nur dann bevorzugt, wenn ihr Ergebnis die gewünschte Tendenz hat.

b) Nach den Bestimmungen darf man das Trägheitsmoment mit oder ohne Einschluß des zehnfachen Stahlquerschnittes ermitteln. Setzt man voraus, daß die End- und Mittelfelder eine Belastung von gleicher Größenordnung erfahren, wie dieses z. B. für Deckenträger im Hochbau häufig zutrifft, so bewirkt die unterschiedliche Bewehrung einen angenäherten Ausgleich der Trägheitsmomente und somit auch der Stabsteifigkeiten an den Mittelstützen. Es ist sogar unbestreitbar, daß bei gleichen Spannweiten und gleicher Belastung der Fehler aus der Nichtberücksichtigung der Stahleinlagen beim Ansatz der Trägheitsmomente meist größer ist, als derjenige, welcher aus der Annahme gleicher Stabsteifigkeiten entsteht. Die Bemessung führt in vielen Fällen dazu, daß die vereinfachende Annahme gleicher Stabsteifigkeiten tatsächlich nahezu erreicht wird.

Nach dieser Betrachtung der gegebenen Voraussetzungen wollen wir das Mittelfeld k—i des Durchlaufträgers mit $n = \infty$ vielen gleichen Feldern untersuchen. Hierbei können wir von den Gl. [71 ff.] ausgehen, müssen dann aber die abweichende Vorzeichenregelung in den Ergebnissen berücksichtigen. Bei einer Knotenfolge $i - k - m$ soll voraussetzungsgemäß die Stabendsteifigkeit $S_{ki} = S_{km} = \frac{1}{2} S_k$ und der Drehwinkelabklingungswert $a_{ki} = a_{mk} = a$ sein. Dann beträgt nach Vorzeichenregel II gemäß Gl. [71] und [73]

$$a = -\frac{1}{4+a} \; ; \; a = -2 + \sqrt{3} = -0{,}268$$

$$W_{ki} = S_{ki}\left(1 + \frac{1}{2}\,a\right) = S_{ki}\frac{\sqrt{3}}{2} = \frac{2\sqrt{3}}{s_{ki}}.$$

Da die Verteilungszahl der Knotensteifigkeit an jedem Knoten $w_{ki} = \frac{1}{2}$ sein muß, können wir das Einspannmoment des belasteten Feldes k—i nach Gl. [88] anschreiben

$$X_{ki} = X_k = (M_{ki,0} + M_{ik,0} \cdot a)\,\frac{1}{2}$$

$$X_k = +\frac{1}{2} M_{ki,0} - \frac{2-\sqrt{3}}{2} M_{ik,0} = 0{,}5\,M_{ki,0} - 0{,}134\,M_{ik,0} \qquad [123]$$

und bei feldsymmetrischer Belastung

$$X_k = +\frac{3-\sqrt{3}}{2} M_{ki,0} = +0{,}634\,M_{ki,0}$$

Das ergibt für Gleichlast in einem Mittelfeld den Betrag

$$X_k = \frac{3-\sqrt{3}}{24}\,p\,l^2 = 0{,}0528\,p\,l^2.$$

Die Belastungsglieder $M_{ki,0}$ sind der Zahlentafel A 2 zu entnehmen, und zwar für alle Mittelfelder unter der Annahme beiderseitiger Einspannung, für das Endfeld mit freidrehbarem Endlager unter der Annahme einseitiger Einspannung.

Die Abklingung der Momente von Knoten zu Knoten erfolgt durch Erweiterung des Ausgangswertes um den Wert $a = -0{,}268$. Lührs schreibt die Gl. [123] in der Form von Gl. [121] unter Zugrundelegung der Vorzeichenregel I

$$X_k = -0{,}2887\,B_k + 0{,}0774\,B_{ik}. \qquad [123']$$

Das Endfeld k—e mit frei drehbarer Lagerung in e besitzt eine Steifigkeit

$$W_{ke} = \frac{3}{s_{ke}}.$$

Soll nach der getroffenen Voraussetzung W_{ke} gleich der Steifigkeit W_{ki} des Mittelfeldes sein, so folgt aus

$$\frac{2\sqrt{3}}{s_{ki}} = \frac{3}{s_{ke}}$$

das Verhältnis der Trägheitsmomente von Mittel- und Endfeld zu

$$\frac{J_e}{J_m} = \frac{s_{ki}}{s_{ke}} = \frac{2}{\sqrt{3}} = 1{,}155.$$

Prüfen wir kurz an einem praktischen Beispiel, wie groß etwa der Zuwachs des Trägheitsmomentes im Endfeld bei Berücksichtigung der Bewehrung wird, so können wir von dem Erfahrungswert ausgehen, daß die Bewehrung im Endfeld etwa $\frac{15}{11}$ derjenigen eines Mittelfeldes beträgt. Bilden wir das Trägheitsmoment eines Rechteckquerschnittes von $b \cdot d = 25 \cdot 60$, $h = 56$ cm mit $fe = 11$ cm² bzw. 15 cm², so wird mit $n = 10$

im Mittelfeld: $x = 18{,}23$ cm, $z = 49{,}92$ cm, $J_m = 20\,7400$ cm⁴

im Endfeld: $x = 20{,}61$ cm, $z = 49{,}13$ cm, $J_e = 26\,0800$ cm⁴

Das Verhältnis der Trägheitsmomente errechnet sich in diesem Beispiel zu

$$v = \frac{26\,0800}{20\,7400} = 1{,}258.$$

Nach den Stahlbetonbestimmungen ist es zulässig, sowohl

$$v = 1,$$

d. h. ohne Berücksichtigung der Stahleinlagen als auch

$$v = 1{,}258$$

einzusetzen. Der nach der Voraussetzung von Lührs anzusetzende Wert von $v = 1{,}155$ liegt zwischen zwei zulässigen Werten und kommt der Wirklichkeit zweifellos näher als der Wert $v = 1$. Folglich dürfte vom baupolizeilichen Standpunkt aus gesehen kein Bedenken gegen eine sinnvolle Anwendung dieses Verfahrens bestehen. Es ist sogar zu wünschen, daß sich dieser Standpunkt weiter durchsetzen wird.

Bilden wir $M_{ke,0}$ für den einseitig eingespannten Stab, so wird das Einspannmoment nach Gl. [88] mit $w_{ke} = w_{ki} = \frac{1}{2}$ und nach Gl. [31]

$$M_{ke} = \frac{1}{2} M_{ke,0} = -\frac{1}{4} \cdot B_{ke}. \tag{124}$$

Der Vorteil der von Lührs vorgeschlagenen Vereinfachung ist sehr bedeutend. Die sich aus der getroffenen Voraussetzung ergebenden abgeänderten Winklerschen Zahlen sind auszugsweise übernommen worden und lauten wie folgt.

Zahlentafel 11.

Winklersche Zahlen bei konstanter Stabsteifigkeit. $M = c\,p\,l^2.$

Belastungsskizzen	Felderzahl	Stützenmomente			
		M_1	M_2	M_3	M_4
	2	— 0,125			
		— 0,063			

Belastungsskizzen	Felder-zahl	Stützenmomente			
		M_1	M_2	M_3	M_4
	3	— 0,099	— 0,099		
		— 0,046	— 0,046		
		— 0,053	— 0,053		
		— 0,115	— 0,036		
	4	— 0,106	— 0,072	— 0,106	
		— 0,048	— 0,036	— 0,057	
		— 0,120	— 0,019	— 0,053	
		— 0,039	— 0,106	— 0,039	
	5	— 0,104	— 0,079	— 0,079	— 0,104
		— 0,047	— 0,041	— 0,041	— 0,047
		— 0,057	— 0,039	— 0,039	— 0,057
		— 0,119	— 0,023	— 0,043	— 0,055
		— 0,038	— 0,110	— 0,023	— 0,052

Der Grundgedanke der vorstehenden Betrachtung, daß sich geringe Abweichungen, welche sich auf die Stabsteifigkeit oder auf die Stablänge einzelner Felder
beziehen, im Stahlbetonbau selbsttätig durch die Bewehrung aufheben oder zum
mindesten teilweise ausgleichen, verdient durchaus Beachtung.

Ist die Nutzlast eine Wechsellast von gleicher Größe, bezogen auf den laufenden
Meter des Trägers, so sind auch Abweichungen bis zu 10—15 % in der Stablänge der
Mittelfelder ohne erheblichen Einfluß auf die Größe der reduzierten Stablängen.
Es ließe sich also bei genauer Festlegung der notwendigen Voraussetzungen für die
üblichen Berechnungen von Stahlbetonträgern eine erhebliche Vereinfachung erzielen, wenn man jedes Feld als Mittelfeld eines Trägers auf unendlich vielen Stützen
betrachten dürfte. Der Rechnungsgang erfolgt dann nach Gl. [123]. Man bildet zunächst als Belastungsglieder die Einspannmomente des fest eingespannten Einfeld-
balkens, schreibt diese mit ihrem halben Wert an und führt anschließend die Abklingung in jeder Richtung mit $a = - 0,268$ durch. Als Voraussetzung sei wiederholt, daß

1. der Betonquerschnitt in allen Feldern unverändert ist,

2. die Spannweiten der einzelnen Felder nicht mehr als 12,5 % von der durchschnitt-
lichen Spannweite abweichen,

3. die Belastung in allen Feldern angenähert gleich groß ist.

Obgleich dieses einfache Berechnungsverfahren, welches keinerlei Tafeln nach der Art der Winklerschen Zahlen benötigt, sinngemäß den derzeitigen Vorschriften entspricht, liegt eine formale Zulassung nicht vor, sie bleibt dem Ermessen der prüfenden Stelle überlassen.

2. Der unverschiebliche Stabzug mit ungleichen Feldern.

Zur Berechnung des unregelmäßigen n-Feldträgers bedient man sich seit vielen Jahrzehnten stets der allgemeinen Elastizitätsgleichungen in der nach Clapeyron benannten Form. Lediglich in ihrer Auflösung sind Unterschiede festzustellen. Abgesehen von der üblichen Elimination, welche für wechselnde Belastungsglieder eine Wiederholung der Auflösung mit sich bringt, kann man entweder die konjugierte Matrix aufstellen oder den Abklingungsweg verfolgen. Die Abklingungswerte a_{ki} der Momentenabklingung vom Knoten i zum Knoten k sind gleichzeitig die Hilfswerte m_{ki} der Gaußschen Elimination.

Die Ausgangsgleichung [23], vgl. S. 52, welche sich auf das Gelenk im Knoten über der gleichnamigen Stütze bezieht, lautet

$$\text{k)} \quad X_i s_{ki} + 2 X_k (s_{ki} + s_{km}) + X_m s_{km} = 6 \, \delta_{k,0} = B_{ki} s_{ki} + B_{km} s_{km}.$$

Es ist also
$$6 \, \delta_{k,i} = s_{ki}, \qquad 6 \, \delta_{k,k} = 2 \, (s_{ki} + s_{km}).$$

Tragen wir die Gl. k) für alle Überzähligen X_k in einer Matrix auf, so sind nur die Felder in der Hauptdiagonalen und die beiden unmittelbar benachbarten Felder ungleich Null. Die kürzeste Auflösung erfolgt zweifellos durch Bildung des Kettenbruches, vgl. S. 68. Der Kettenbruch liefert uns die Hilfswerte m_{kk} und m_{ki}, die wir zur Aufstellung der konjugierten Matrix, vgl. Zahlentafel 2 a, S. 67, verwenden können. Da aber die Hilfswerte m_{ki} gleichlautend mit den Abklingungszahlen a_{ki} sind, steht es uns nach Auflösung des Kettenbruches noch frei, ob wir die β-Werte der konjugierten Matrix nach Zahlentafel 2 a ausrechnen und die Überzähligen nach Gl. [34] ermitteln oder ob wir die Abklingung berechnen wollen.

Im ersteren Falle schreiben wir

$$X_k = 6 \sum_x \delta_{x,0} \, \beta_{kx}, \qquad x = a, b \ldots k \ldots n. \tag{125}$$

Man bevorzugt diese allgemeine Form der Gleichungsauflösung, wenn viele Lastkombinationen durchzurechnen sind. Das Rechnungsschema ist sehr übersichtlich. Hat man einmal die β-Werte ausgerechnet, so erfordert der einzelne Lastfall nur noch einen minimalen Zeitaufwand.

Liegen nur wenige Lastfälle vor, so ist es im allgemeinen vorteilhaft, das Momenten-Abklingungsverfahren anzuwenden. Für die Ermittlung der Abklingungswerte ist der Rechnungsgang des Kettenbruches durchaus günstig. Man schreibt aber meist die Gl. k) nicht vorher an, sondern errechnet die Abklingungswerte von Feld zu Feld fortschreitend in unmittelbarem Ansatz. Wir legen die Vorzeichenregel I zugrunde und ermitteln die Abklingungswerte für eine Knoten- bzw. Stützenfolge $h - i - k - m$ aus Gl. [52], S. 133

$$a_{ki} = - \cfrac{1}{2 + \dfrac{s_{km}}{s_{ki}} \cdot (2 + a_{mk})}$$

$$a_{ik} = - \cfrac{1}{2 + \dfrac{s_{ih}}{s_{ik}} \cdot (2 + a_{hi})}. \tag{126}$$

Bei fester Einspannung des Stabendes in k beträgt

$$a_{ki} = -\frac{1}{2}.$$

Die Momentenabklingungszahlen a sind stets negativ, die Zustandslinie wechselt über jeder Stütze ihr Vorzeichen. Die Größe von a ist eine Funktion des Verhältnisses der reduzierten Stablängen‾

$$k_{mi} = \frac{s_{km}}{s_{ki}}, \qquad k_{hk} = \frac{s_{ih}}{s_{ki}}.$$

Werden die Verhältniszahlen k vorher ausgerechnet, so kann man die Abklingungswerte unmittelbar aus der Zahlentafel A 4 ablesen. Die zusätzliche Einführung des Hilfswertes k ist aber nur dann von Nutzen, wenn man häufig derartige Abklingungs-Berechnungen durchzuführen hat. Zur schematischen Anwendung wollen wir den Ansatz der Abklingungswerte für den 2- bis 6-Feldträger mit frei drehbarer Endlagerung in Form einer Zahlentafel anschreiben.

Bei jeder Abklingungsberechnung geht man von der Belastung eines einzelnen Feldes $k-i$ aus. Die Stützenmomente X_k und X_i sind die primären Werte, aus denen die sekundären Abklingungsmomente in den anschließenden Knoten folgen

$$X_m = X_k\, a_{mk}, \quad X_n = X_m\, a_{nm} \quad \text{usf.}$$

Zur Berechnung der Stützmomente des belasteten Feldes $k-i$ benötigt man die Hilfswerte

$$\alpha_{ki} = -\frac{a_{ki}}{1-a_{ki}\,a_{ik}},$$

$$\alpha'_{ki} = +\,\alpha_{ki}(1+a_{ik})$$

welche stets positiv sind. Diese entnehme man den Zahlentafeln A 5 und A 6.

Zahlentafel 12. Momenten-Abklingungswerte des 2- bis 6-Feldträgers.

<table>
<tr><td></td><td></td><td>2 Felder</td><td>3 Felder</td><td>4 Felder</td><td>5 Felder</td><td>6 Felder</td></tr>
<tr><td>$a_{12}=0$</td><td>$a_{21}=$</td><td>$-\dfrac{1}{2(1+k_{31})}$</td><td colspan="4">$-\dfrac{1}{2+k_{31}(2+a_{32})}$</td></tr>
<tr><td>$a_{23}=-\dfrac{1}{2(1+k_{13})}$</td><td>$a_{32}=$</td><td>$0$</td><td>$-\dfrac{1}{2(1+k_{42})}$</td><td colspan="3">$-\dfrac{1}{2+k_{42}(2+a_{43})}$</td></tr>
<tr><td>$a_{34}=-\dfrac{1}{2+k_{24}(2+a_{23})}$</td><td>$a_{43}=$</td><td></td><td>$0$</td><td>$-\dfrac{1}{2(1+k_{53})}$</td><td colspan="2">$-\dfrac{1}{2+k_{53}(2+a_{54})}$</td></tr>
<tr><td>$a_{45}=-\dfrac{1}{2+k_{35}(2+a_{34})}$</td><td>$a_{54}=$</td><td></td><td></td><td>0</td><td>$-\dfrac{1}{2(1+k_{64})}$</td><td>$-\dfrac{1}{2+k_{64}(2+a_{65})}$</td></tr>
<tr><td>$a_{56}=-\dfrac{1}{2+k_{46}(2+a_{45})}$</td><td>$a_{65}=$</td><td></td><td></td><td></td><td>0</td><td>$-\dfrac{1}{2(1+k_{75})}$</td></tr>
<tr><td>$a_{67}=-\dfrac{1}{2+k_{57}(2+a_{56})}$</td><td>$a_{76}=$</td><td></td><td></td><td></td><td></td><td>0</td></tr>
</table>

Nach Gl. [58] beträgt $\qquad X_k = (B_{ki} + B_{ik}\,a_{ik})\,\alpha_{ki}$ $\qquad\qquad$ [127]

und bei feldsymmetrischer Belastung

$$X_k = B_{ki}\,\alpha'_{ki}.$$

Zwischen den Hilfswerten α bestehen noch folgende Beziehungen, welche man zu ihrer Ausrechnung verwenden kann

$$\alpha_{ik} = \alpha_{ih}\,k_{kh}$$

$$\alpha_{ki} = \alpha_{ik}\,\frac{a_{ki}}{a_{ik}}.$$

Die Ablesung aus Zahlentafel A 5 liefert aber Werte von ausreichender Genauigkeit. Die Belastungsglieder B_{ki} sind für die üblichen Lastfälle in Zahlentafel A 1 zusammengestellt. Findet eine **Stützensenkung** von gegebener Größe statt, so ist zu beachten, daß wir im Nenner der obigen Gleichungen den Faktor $E J_c$ fortgelassen haben. Soll z. B. die Senkung einer einzelnen Stütze 4 um ζ_4 gemäß Abb. 27 untersucht werden, so lauten die Ausgangsgleichungen k) für $k = 3$, 4 und 5

$$3)\ \ X_2\,s_{23} + X_3\,2\,(s_{23} + s_{34}) + X_4\,s_{34} = -\,6\,E J_c\,\zeta_4\,\frac{1}{l_{34}}$$

$$4)\ \ X_3\,s_{34} + X_4\,2\,(s_{34} + s_{45}) + X_5\,s_{45} = +\,6\,E J_c\,\zeta_4\left(\frac{1}{l_{34}} + \frac{1}{l_{45}}\right)$$

$$5)\ \ X_4\,s_{45} + X_5\,2\,(s_{45} + s_{56}) + X_6\,s_{56} = -\,6\,E J_c\,\zeta_4\,\frac{1}{l_{45}}.$$

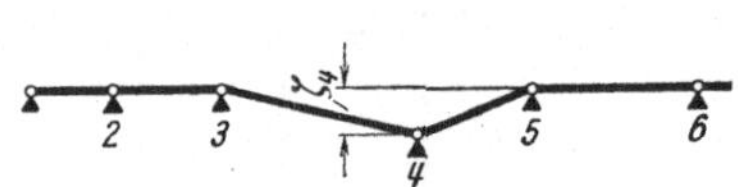

Abb. 27. Stützensenkung.

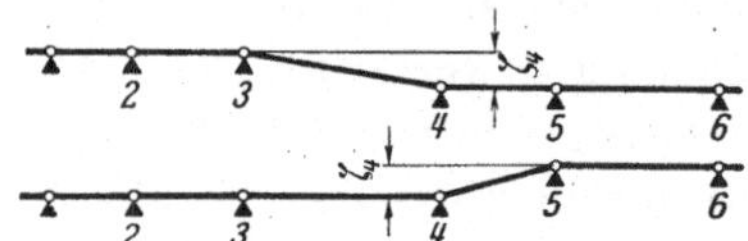

Abb. 28. Zerlegung in zwei Lastfälle.

Verwenden wir die Beiwerte der konjugierten Matrix, so lautet der Ansatz für ein beliebiges Stützenmoment X_k

$$X_k = -\,6\,E J_c\,\zeta_4\left[\beta_{k3}\,\frac{1}{l_{34}} - \beta_{k4}\left(\frac{1}{l_{34}} + \frac{1}{l_{45}}\right) + \beta_{k5}\,\frac{1}{l_{45}}\right]. \qquad [128]$$

Wählen wir die Form der Abklingungsberechnung, so müssen wir die Stabverdrehung in beiden Feldern gemäß Abb. 28 getrennt ansetzen.

Aus der Stabverdrehung des Feldes 3—4 erhält man nach Gl. [57]

$$X_3 = -\,\frac{6\,E J_c\,\zeta_4}{l_{34}\,s_{34}}\,(1 - a_{43})\,\alpha_{34}$$

$$X_4 = +\,\frac{6\,E J_c\,\zeta_4}{l_{34}\,s_{34}}\,(1 - a_{34})\,\alpha_{43}$$

und aus der Stabverdrehung des Feldes 4—5 ebenso

$$X_4 = +\,\frac{6\,E J_c\,\zeta_4}{l_{45}\,s_{45}}\,(1 - a_{54})\,\alpha_{45}$$

$$X_5 = -\,\frac{6\,E J\,\zeta_4}{l_{45}\,s_{45}}\,(1 - a_{45})\,\alpha_{54}.$$

Bezeichnen wir $\alpha_{ki} \cdot (1 - a_{ik}) = \alpha''_{ki}$, so ergibt die Überlagerung beider Lastfälle

$$X_3 = -6\,E\,J_c\,\zeta_4 \left[\frac{\alpha''_{34}}{l_{34}\,s_{34}} - \frac{\alpha''_{45}\,a_{34}}{l_{45}\,s_{45}} \right]$$

$$X_4 = +6\,E\,J_c\,\zeta_4 \left[\frac{\alpha''_{43}}{l_{34}\,s_{34}} + \frac{\alpha''_{45}}{l_{45}\,s_{45}} \right] \qquad [129]$$

$$X_5 = -6\,E\,J_c\,\zeta_4 \left[\frac{\alpha''_{54}}{l_{45}\,s_{45}} - \frac{\alpha''_{43}\,a_{54}}{l_{34}\,s_{34}} \right].$$

Die weitere Abklingung in den unbelasteten Feldern erfolgt mit Hilfe der Abklingungszahlen wie üblich.

In Industriegebieten mit untertägigem Abbau kommt der weitere Lastfall vor, daß alle Stützpunkte sich nach einer stetigen flachen Kurve senken. Im Bereich eines Bauwerkes wird die Senkungskurve als Teil eines Kreisbogens, d. h. mit konstantem Krümmungsradius R betrachtet, wobei die Krümmung in beiden Richtungen in Frage kommt.

Bei **feldweise wechselndem** Trägheitsmoment muß man wie zuvor zur Berechnung einzelner Stützensenkungen die gegenseitige Stabendverdrehung in den eingefügten Gelenken über jeder Stütze als Belastungsglied einsetzen, vgl. Abb. 29.

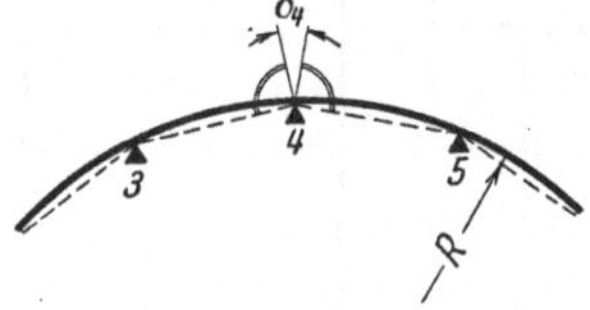

Abb. 29. Stützensenkung nach einer stetigen Kurve.

Bei **gleichbleibendem** Trägheitsmoment geht man zweckmäßig von dem unendlich langen oder dem in seinen Endauflagern tangential zur Krümmung eingespannten Stab aus. Letzterer erhält unabhängig von Zahl und Lage der Mittelstützen ein gleichbleibendes Moment

$$M = \pm \frac{E\,J}{R}. \qquad [130]$$

Eine freie Endauflagerung berücksichtigt man dadurch, daß man dort zum Ausgleich den gleichen Wert als äußeres Moment mit umgekehrtem Vorzeichen anbringt. Bei der Überlagerung ist auf das Vorzeichen der aus dem Randmoment abklingenden Momentenflächen zu achten. Beim beiderseitig frei aufgelagerten n-Feldbalken ergibt die Überlagerung der freien Stabendverdrehung in den Endauflagern 0 und n für das Stützenmoment über die Stütze k

$$X_k = \pm \frac{E\,J}{R}\,(1 - a_{k0} - a_{kn}). \qquad [131]$$

Felderzahl	X_1	X_2	X_3	X_4	X_5
2	$\dfrac{3}{2}$				
3	$\dfrac{6}{5}$	$\dfrac{6}{5}$			
4	$\dfrac{9}{7}$	$\dfrac{6}{7}$	$\dfrac{9}{7}$		
5	$\dfrac{24}{19}$	$\dfrac{18}{19}$	$\dfrac{18}{19}$	$\dfrac{24}{19}$	
6	$\dfrac{33}{26}$	$\dfrac{24}{26}$	$\dfrac{27}{26}$	$\dfrac{24}{26}$	$\dfrac{33}{26}$

Für Näherungsberechnungen von Trägern mit mehr als drei Stützen genügt es im allgemeinen über der ersten und letzten Mittelstütze

$$X_1 = X_{n-1} = \sim \pm 1{,}25\,\frac{E\,J}{R}$$

über den sonstigen Mittelstützen

$$X_k = \sim \pm 1{,}1\,\frac{E\,J}{R} \text{ anzusetzen.}$$

Die Gl. [131] führt bei gleichfeldrigen Trägern zu folgenden Beiwerten, mit denen das ursprüngliche Moment $M = \dfrac{EJ}{R}$ zu erweitern ist.

b) Der zweistielige, symmetrische Rahmen.

Die Verbindung von zwei geraden, parallelen Stabzügen durch rechtwinklig angeschlossene Riegel mit biegungssteifer Eckausbildung ergibt einige der gebräuchlichsten Rahmenformen. Es entsteht hierdurch erstens der zweistielige Stockwerkrahmen mit frei drehbarer oder fest eingespannter Lagerung der Stielfüße (vgl. Abb. 30a und b), zweitens der Querschnitt durch einen einreihigen Zellensilo (vgl. Abb. 30c) und drittens der Vierendeelträger (vgl. Abb. 30d).

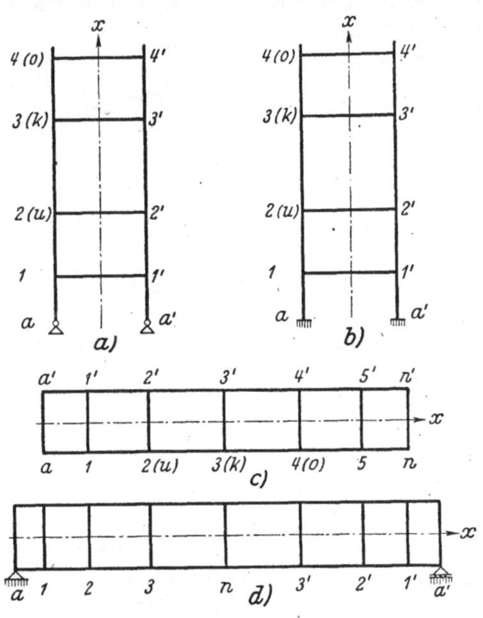

Abb. 30. Zweistielige Rahmen.

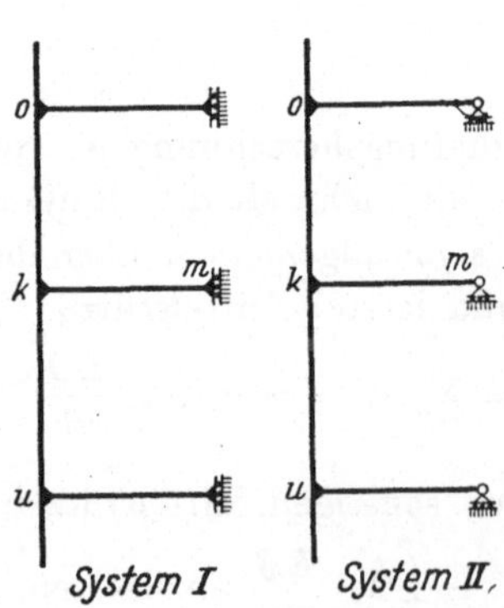

Abb. 31.
Umwandlung in offene Systeme.

Außer der Vorbedingung stabweise konstanten Trägheitsmomentes soll die Voraussetzung einfacher Symmetrie bezüglich der gestrichelten X-Achse getroffen werden. Der Vierendeelträger und häufig auch der Zellensilo weisen zumeist eine zusätzliche Symmetrie in Bezug auf die Y-Achse auf. Die Symmetrie bezüglich der X-Achse verschafft uns den Vorteil, daß wir nach erfolgter Belastungsumordnung sowohl für die symmetrischen als auch für die antimetrischen Lastfälle je ein offenes System mit einfacher Knotenfolge erhalten, wenn wir den Rahmen in der X-Achse durchschneiden und dort den durchschnittenen Riegeln die in Abb. 31 eingezeichnete Lagerung geben. Ist die Belastung zur X-Achse symmetrisch, so muß die Stabtangente der Riegel im Schnittpunkt gleich Null sein, wir bezeichneten früher diesen Fall als Lag.-Fall c. Ist die Belastung antimetrisch, so muß in der X-Achse ein Vorzeichenwechsel der Riegelmomente eintreten. Ferner erleidet der Schnittpunkt keine Verschiebung in der X-Richtung, das abgeschnittene Riegelende ist also gemäß Lag.-Fall a frei drehbar und in der X-Richtung unverschieblich gelagert. Die Durchrechnung der symmetrischen und antimetrischen Lastfälle erfolgt somit in völlig getrenntem Rechnungsgang am System I bzw. II.

Die Wahl des Verfahrens dürfte im vorliegenden Fall leicht sein. Da alle inneren Knoten von drei Stabenden gebildet werden, scheiden die Verfahren an den Hauptsystemen A und C aus. Wie früher ausführlich nachgewiesen wurde, ist das Hauptsystem B^* dem geometrisch bestimmten Hauptsystem B in mehrfacher Hinsicht überlegen, folglich bleibt uns nur die Auswahl zwischen den wenigen Verfahren am Hauptsystem B^*, d. h. zwischen dem allgemeinen Gleichungsansatz, der Drehwinkelabklingung und dem Momenten- bzw. Drehwinkelausgleich.

Infolge der Verwendung von Stabsteifigkeiten anstatt fester Stabwerte ist die Berechnung der Rahmenformen gemäß Abb. 30a bis c am Hauptsystem B bzw. B^* die gleiche. Im Falle des allseitig geschlossenen Rahmens kann man die Stiele des ersten Geschosses als schlaff mit $J = 0$ bzw. $s = \infty$ betrachten. Ist das zu untersuchende Tragwerk zweifach symmetrisch, so tritt eine Halbierung der Ausrechnung für alle Bei- und Vorwerte ein, man führt die Untersuchung an einem Viertel des Systems durch. Im Sonderfall, daß alle Vertikalstäbe von gleicher Länge und gleichem Querschnitt sind und ebenfalls alle Horizontalstäbe einander gleich sind, geht man bei vielgeschossigen Rahmen zweckmäßig vom System mit unendlich vielen Geschossen aus und gleicht dann die Wirkung der ausfallenden Endabschnitte gleichsam als R andstörung aus, wie man es beim Balken auf elastischer Bettung gewohnt ist.

I. Der zweistielige Rahmen gemäß Abb. 30a, b, c.

α) Bezeichnungen und Vorwerte. Unabhängig von der Wahl eines der fraglichen Verfahren verwenden wir ausschließlich die Vorzeichenregel II und führen in jedem Fall die Belastungsumordnung durch. Wie früher bezeichnen wir das Hauptsystem zur Durchrechnung der symmetrischen Lastfälle mit System I, dasjenige zur Untersuchung der antimetrischen Lastfälle mit System II. Die Lagerung der in Feldmitte durchschnittenen Riegel zeigt Abb. 31. Die Knoten bezeichnen wir gemäß Abb. 32 mit $a - 1 - 2 - 3 - \ldots . n$, bzw. in den allgemeinen Ansätzen mit $a - k - o$, $u - k - o$ und $u - k - n$. Wir berechnen stets nur die Stielmomente, das Riegelendmoment M_{km} ist als Differenz zu bilden

$$M_{km} = - (M_{ko} + M_{ku}).$$

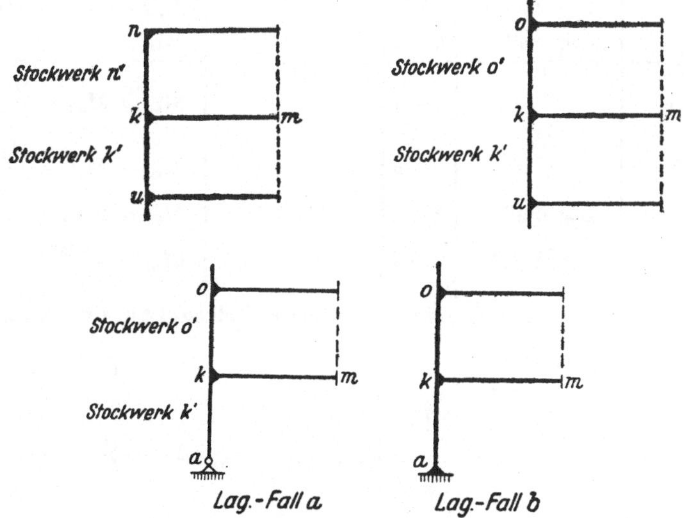

Abb. 32. Bezeichnung der Knoten.

Steifigkeiten.

Im Zähler wird der Beiwert EJ_c gleich Eins gesetzt und nicht angeschrieben.

	System I	System II
Stabsteifigkeit	$S_{ku} = \dfrac{4}{s_{ku}}$	$S_{ku}^* = \dfrac{1}{s_{ku}}$
	$S_{ko} = \dfrac{4}{s_{ko}}$	$S_{ko}^* = \dfrac{1}{s_{ko}}$
	$S_{km} = \dfrac{1}{s_{km}}$	$S_{km}^* = \dfrac{3}{s_{km}}$
Lag.-Fall a	$S_{ka} = \dfrac{3}{s_{ka}}$	$S_{ka}^* = 0$
Lag.-Fall b	$S_{ka} = \dfrac{4}{s_{ka}}$	$S_{ka}^* = \dfrac{1}{s_{ka}}$
Knotensteifigkeit	$S_k = \Sigma\, S_{ki}$	$S_k^* = \Sigma\, S_{k\,i}^*$
Verteilungszahl	$b_{ki} = \dfrac{S_{ki}}{S_k}$	$b_{ki}^* = \dfrac{S_{k\,i}^*}{S_k^*}$

Belastungsglieder nach Zahlentafel A 2.

Lastfall	Bemerkungen	Stab	System I	System II
I a		$k - m$	$M_{km,\,0}''$	
II a		$k - m$		$M_{km,\,0}'$
I b		$k - u$	$M_{ku,\,0}\,,\,M_{uk,\,0}$	
		$k - o$	$M_{ko,\,0}\,,\,M_{ok,\,0}$	
	Lag.-Fall a	$k - a$	$M_{ka,\,0}'$	
	Lag.-Fall b	$k - a$	$M_{ka,\,0}$	
II b		$k - u$		$M_{ku,\,0}''\,,\,M_{uk,\,0}''$
		$k - o$		$M_{ko,\,0}''\,,\,M_{ok,\,0}''$
	Lag.-Fall a	$k - a$		M_{ka} (siehe * unten)
	Lag.-Fall b	$k - a$		$M_{ka,\,0}''$
II c		$k - u$		$M_{ku} = M_{uk} = \dfrac{H_k\, l_{ku}}{2}$
		$k - o$		$M_{ko} = M_{ok} = \dfrac{H_o\, l_{ko}}{2}$
	Lag.-Fall a	$k - a$		$M_{ka} = H_k\, l_{ka}$
	Lag.-Fall b	$k - a$		$M_{ka} = \dfrac{H_k\, l_{ka}}{2}$

* Das Einspannmoment des statisch bestimmt gelagerten Balkens ist in Tafel A 2 nicht enthalten.

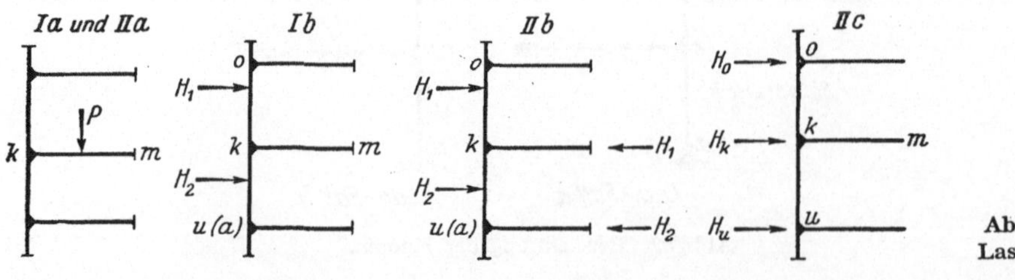

Abb. 33.
Lastfälle.

β) **Drehwinkelverfahren.** Die Beiwerte der Ausgangsgleichungen lauten

am System I: $M_{k,u} = \dfrac{1}{2} S_{ku}$, $M_{k,o} = \dfrac{1}{2} S_{ko}$, $M_{k,k} = S_k$

am System II: $M_{k,u}^* = -S_{ku}^*$, $M_{k,o}^* = -S_{ko}^*$, $M_{k,k}^* = S_k^*$

Infolge der vorliegenden einfachen Knotenfolge erhalten die Gleichungen die gleichmäßige, dreigliedrige Form

$$\text{k)} \qquad \varphi_u \frac{1}{2} S_{ku} + \varphi_k S_k + \varphi_o \frac{1}{2} S_{ko} = M_{k,o}$$

$$\text{bzw.} \qquad \text{k*)} \qquad -\varphi_u S_{ku}^* + \varphi_k S_k^* - \varphi_o S_{ko}^* = M_{k,o}^*.$$

Wir können diese Gleichungen mit Hilfe der Gaußschen Elimination lösen. Die Hilfswerte m_{ki} liefert der Kettenbruch S. 68, die Beiwerte der konjugierten Matrix folgen aus der Zahlentafel 2a, so daß wir die Ergebnisse in der Gleichungsform [34], S. 62, erhalten.

Die Gleichungen eignen sich aber besonders gut zur Iteration, wie das nachfolgende Beispiel zeigen wird. Es empfiehlt sich daher, die konjugierte Matrix nach der Zahlentafel 4a oder 4b auszurechnen. Zu diesem Zweck kürzen wir jede Gleichung k) durch den Beiwert von φ_k.

Es bezeichnen

$$b_{ki}' = \frac{1}{2} b_{ki} = \frac{S_{ki}}{2 S_k}, \qquad b_{ki}'' = b_{ki}' \, b_{ik}'$$

$$b_{ki}^* = \frac{S_{ki}^*}{S_k^*}, \qquad b_{ki}^{*\bullet} = b_{ki}^* \, b_{ik}^*.$$

Dann lautet die linke Gleichungsseite

$$\begin{aligned}
\text{k)} \qquad & \varphi_u \, b_{ku}' + \varphi_k \, 1 + \varphi_o \, b_{ko}' \\
\text{k*)} \qquad & -\varphi_u \, b_{ku}^* + \varphi_k \, 1 - \varphi_o \, b_{ko}^*.
\end{aligned} \qquad [132]$$

Als einzige Vorwerte benötigen wir die Verteilungszahlen b_{ki}' und b_{ki}^*. Nach Ausrechnung der β-Werte erhalten wir die Drehwinkel

$$\varphi_k = \sum_y M_{y,0} \, \beta_{ky}, \qquad y = a, b \dots n.$$

Die Stabendmomente errechnen sich aus Gl. [15] bzw. Gl. [26]

$$\text{am System I:} \quad M_{ki} = + M_{ki,0} - S_{ki}\left(\varphi_k + \frac{1}{2}\varphi_i\right), \quad i = u, o \qquad [133]$$

$$\text{am System II:} \quad M_{ki} = + M_{ki,0}^* - S_{ki}^*\,(\varphi_k - \varphi_i), \qquad i = u, o.$$

Man erkennt, daß die Berechnung am verschieblichen System II infolge der Einführung des Hauptsystems B^* sehr einfach und kurz ist.

γ) **Drehwinkel-Ausgleichverfahren.** Die Ausgangsgleichungen k) und k*) lassen sich sehr kurz durch Iteration lösen, folglich eignet sich das vorliegende System auch zur Anwendung des Ausgleichverfahrens. Dieses verdient dann den Vorzug, wenn nur wenige Lastfälle vorliegen.

Als Vorwerte benötigen wir die Knotensteifigkeiten und die Verteilungszahlen, welche wir bereits unter α) angeschrieben haben. Nach den Ansätzen [67] bis [70], S. 157 bis 159, vgl. auch S. 170, lauten

		System I	System II
die Ausgangswerte	$\varphi_{k,0} =$	$+\dfrac{M_{k,0}}{S_k}$	$+\dfrac{M_{k,0}^*}{S_k^*}$
die Abklingungswerte	$a_{ik} =$	$-b_{ik}'$	$+b_{ik}^*$

Das Rechnungsschema zur Ermittlung der Knotendrehwinkel auf S. 167 und 168 ist so einfach, daß wir uns eine Wiederholung ersparen wollen. Die Stabendmomente errechnen sich wie vor.

δ) **Drehwinkel-Abklingungsverfahren.** Der Vorteil einer Abklingungsberechnung gemäß S. 166ff. besteht darin, daß wir unmittelbar die Stabendmomente errechnen. Die **Abklingungswerte** sind identisch mit den Hilfswerten der **Gauß**schen Elimination, die kürzeste Schreibweise stellt daher der Kettenbruch dar. Für einen 4-Stockwerkrahmen lautet der Kettenbruch bei einer Knotenfolge $a-1-2-3-4$ nach Gl. [72] für

System I	System II

$$a_{34} = -\frac{b'_{34}}{1-b'_{32}}\left[\begin{array}{l} -a_{23} \\[4pt] -b'_{23}\dfrac{}{1-b'_{21}}\left[\begin{array}{l} -a_{12} \\[4pt] b'_{12}\end{array}\right.\end{array}\right.$$

$$a^{*}_{34} = +\frac{b^{*}_{34}}{1+b^{*}_{32}}\left[\begin{array}{l} +a^{*}_{23} \\[4pt] -b^{*}_{23}\dfrac{}{1+b^{*}_{21}}\left[\begin{array}{l} +a^{*}_{12} \\[4pt] b^{*}_{12}\end{array}\right.\end{array}\right.$$

$$a_{21} = -\frac{b'_{21}}{1-b'_{23}}\left[\begin{array}{l} -a_{32} \\[4pt] -b'_{32}\dfrac{}{1-b'_{34}}\left[\begin{array}{l} -a_{43} \\[4pt] b'_{43}\end{array}\right.\end{array}\right.$$

$$a^{*}_{21} = +\frac{b^{*}_{21}}{1+b^{*}_{23}}\left[\begin{array}{l} +a^{*}_{32} \\[4pt] -b^{*}_{32}\dfrac{}{1+b^{*}_{34}}\left[\begin{array}{l} +a^{*}_{43} \\[4pt] b^{*}_{43}\end{array}\right.\end{array}\right.$$

In Anbetracht der schnellen Abklingung genügen auch die nachfolgenden Näherungsformeln.

$$a_{ko} = -\frac{b'_{ko}}{1-b''_{ku}}, \qquad a^{*}_{ko} = +\frac{b^{*}_{ko}}{1+b^{\bullet}_{ku}} = \infty\, b^{*}_{ko}$$

$$a_{ku} = -\frac{b'_{ku}}{1-b''_{ko}}, \qquad a^{*}_{ku} = +\frac{b^{*}_{ku}}{1+b^{\bullet}_{ko}} = \infty\, b^{*}_{ku}.$$

Die genauere Rechnung nach dem Kettenbruch verursacht aber keinen zusätzlichen Arbeitsaufwand und ist daher vorzuziehen.

Zum unmittelbaren Ansatz der Stabendmomente fehlen uns noch die **Verteilungszahlen** w_{ki} und w^{*}_{ki}, welche aus den Zahlentafeln A 8 und A 6 abzulesen sind. Man beachte aber, daß w_{ki} am System I aus negativen Abklingungswerten, d. h. gemäß Zahlentafel A 8 und w^{*}_{ki} am System II aus positiven Abklingungswerten, d. h. gemäß Zahlentafel A 6 folgt. Die Abklingung bezieht sich auf die Drehwinkel, nicht auf die Momente. Befindet sich in a ein Gelenk, so ist am System II

$$w^{*}_{ka} = 0.$$

Die auf das Stabende des Riegels entfallende Verteilungszahl beträgt

$$w_{km} = 1 - w_{ku} - w_{ko} \quad \text{bzw.} \quad w^{*}_{km} = 1 - w^{*}_{ku} - w^{*}_{ko}.$$

Die Eigenart der Abklingungsberechnung verlangt, daß man jeweils nur einen Stab belastet und die Abklingung der an den belasteten Stab angrenzenden Knoten weiter verfolgt. Hierdurch vergrößert sich die Anzahl der Lastfälle sowie der erforderlichen Überlagerungen für das Endergebnis.

Die Belastung eines Riegels ergibt jeweils nur die Primärwirkung der Verdrehung eines Knotens. Die angreifenden Momente eines belasteten Feldes wurden früher als primäre Momente mit großem Buchstaben bezeichnet. Aus der Belastung des Riegels $k-m$ ergibt sich gemäß S. 226

$$\text{am System I:} \quad K = M''_{km,0}$$

$$\text{am System II:} \quad K = M'_{km,0}.$$

Die Belastung eines Stieles $k-i$ erzeugt gemäß der Zusammenstellung auf S. 226 Einspannmomente $M^{\times}_{ki,0}$ und $M^{\times}_{ik}$, hierin richten sich die durch das Zeichen $\times$ gekennzeichneten Belastungsglieder nach der Lage von $i = o$, u, a und sind für System I und II verschieden. Die primären Momente lauten dann

$$K = M^{\times}_{ki,0} + M^{\times}_{ik,0}\, a_{ik} \text{ bzw. } M^{\times}_{ki,0} + M^{\times}_{ik,0}\, a^{*}_{ik}$$
$$J = M^{\times}_{ik,0} + M^{\times}_{ki,0}\, a_{ki} \text{ bzw. } M^{\times}_{ik,0} + M^{\times}_{ki,0}\, a^{*}_{ki}.$$

Wir gehen zunächst von der Voraussetzung aus, daß ein Lastfall nur in den Stabenden eines einzigen Stabes Einspannmomente im Hauptsystem erzeugt. Das bedingt bei den antimetrischen Lastfällen II b und II c die Einführung von Hilfslasten gemäß Abb. 33. Die Hilfslasten müssen dann wieder als neuer Lastfall behandelt werden. Unter dieser Voraussetzung beträgt das primäre Stabendmoment, das ist dasjenige des belasteten Feldes $k-i$

$$M_{ki} = + K\,(1 - w_{ki})$$
$$M_{ik} = + J\,(1 - w_{ik}).$$

Die sekundären Stabendmomente am Knoten k sind

$$M_{kx} = - K\,w_{kx}, \quad x \neq i.$$

Man erkennt die weitere Abklingung am leichtesten, wenn wir für die Knotenfolge Ziffern wählen. Belastet sei der Stab 4—5, dann lauten die primären Momente

$$M_{45} = (M_{45,0} + M_{54,0}\, a_{54})\,(1 - w_{45}) = \text{IV}\,(1 - w_{45})$$
$$M_{54} = (M_{54,0} + M_{45,0}\, a_{45})\,(1 - w_{54}) = \text{V}\,(1 - w_{54}),$$

die sekundären Momente

$$M_{43} = - \text{IV}\,w_{43}, \qquad M_{34} = + \text{IV}\,a_{43}\,(1 - w_{34})$$
$$M_{32} = - \text{IV}\,a_{43}\,w_{32}, \qquad M_{23} = + \text{IV}\,a_{43}\,a_{32}\,(1 - w_{23})$$
$$M_{21} = - \text{IV}\,a_{43}\,a_{32}\,w_{21}, \qquad M_{12} = + \text{IV}\,a_{43}\,a_{32}\,a_{21}\,(1 - w_{12}) \text{ usw.}$$
$$M_{56} = - \text{V}\,w_{56}, \qquad M_{65} = + \text{V}\,a_{56}\,(1 - w_{65})$$
$$M_{67} = - \text{V}\,a_{56}\,w_{67}, \qquad M_{76} = + \text{V}\,a_{56}\,a_{67}\,(1 - w_{76}) \text{ usw.}$$

Am System II erhalten alle Werte das Zeichen *, im übrigen sind die Ansätze die gleichen.

Ist der unterste Stiel $a-1$ in a fest eingespannt, so ist die Knotensteifigkeit $S_a = S^{*}_a = \infty$, folglich ist $w_{a1} = w^{*}_{a1} = 0$. Die angreifenden Momente aus der Belastung des Stieles $a-1$ lauten

$$A = M_{a1,0} + M_{1a,0}\, a_{1a} \text{ bzw. } = M''_{a1,0} + M''_{1a,0}\, a^{*}_{1a}$$
$$I = M_{1a,0} \qquad\qquad \text{bzw. } = M''_{1a,0},$$

dann werden die primären Momente

$$M_{a1} = + A$$
$$M_{1a} = + I\,(1 - w_{1a}) \text{ bzw. } = + I\,(1 - w^{*}_{1a}).$$

Ist der Stiel $a-1$ unbelastet, so lautet

$$M_{a1} = + \tfrac{1}{2}\,M_{1a} \text{ (am System I), bzw. } = - M_{1a} \text{ (am System II).}$$

Besteht die Belastung des Stieles $k—i$ aus senkrecht zur Stabachse gerichteten Kräften, d. h. Horizontalkräften, so erhält das System II in allen unteren Geschossen Belastungsglieder, welche bei unverdrehbaren Kopf- und Fußknoten die Form

$$M_{ku,0} = M_{uk,0} = H_k \frac{l_{ku}}{2}$$

bei frei drehbarem Fußgelenk die Form

$$M_{ka,0} = H_k l_{ka}$$

haben. Die ursprüngliche Voraussetzung für die Abklingungsberechnung verlangt, daß wir jeweils nur die Abklingung der Primärmomente aus den Belastungsgliedern eines einzigen Stabes weiter verfolgen. Das bedingt die Einführung einer Hilfslast in Höhe des Fußriegels vom belasteten Geschoß, vgl. Abb. 33, Lastfall II b. Die Berechnung eines vielgeschossigen Rahmens würde sehr viele Überlagerungen erfordern, wenn wir in gesondertem Rechnungsgang jeweils nur die Belastungsglieder eines Stielfeldes erfassen würden. Um die Berechnung abzukürzen, sollen alle Hilfslasten und sonstigen unmittelbar in Richtung eines Riegels angreifenden Horizontalkräfte gleichzeitig angesetzt werden.

Es bezeichne H_k die Summe aller in k und oberhalb k angreifenden Lasten am System II, die Berechnung bezieht sich somit ausschließlich auf die antimetrischen Lastfälle. Das in k angreifende Knotenmoment, d. h. das zusammengefaßte Belastungsglied $M_{k,0}$ beträgt

$$M_{k,0} = H_o \frac{l_{ko}}{2} + H_k \frac{l_{ku}}{2}.$$

Ist k der unterste Knoten, so lautet

im Lag.-Fall a) $M_{k,0} = H_o \dfrac{l_{ko}}{2} + H_k l_{ka}$

im Lag.-Fall b) $M_{k,0} = H_o \dfrac{l_{ko}}{2} + H_k \dfrac{l_{ka}}{2}.$

Alle Knoten einschließlich des betrachteten Knotens k mögen mit x bezeichnet werden. Dann beträgt das Knotenmoment, welches die Verdrehung φ_k hervorruft

$$K = \sum_x M_{x,0}\, a^*_{xk}. \qquad [134]$$

Die gesuchten Stabendmomente des Lastfalles II c errechnen sich zu

$$M_{ko} = H_o \frac{l_{ko}}{2} - K w^*_{ko} + O w^*_{ok}$$

$$M_{ku} = H_k \frac{l_{ku}}{2} - K w^*_{ku} + U w^*_{uk} \qquad [135]$$

$$M_{ka} = H_k \frac{l_{ka}}{(2)} - K w^*_{ka}.$$

(2) ist im Lag.-Fall a durch 1 zu ersetzen. Zur praktischen Durchführung der Berechnung empfiehlt es sich, die Abklingungswerte in einer Tafel anzuschreiben, wie es das spätere Rechnungsbeispiel zeigt.

Infolge der Einführung des Hauptsystems B^* lassen sich im übrigen sämtliche antimetrischen Lastfälle angenähert sehr kurz berechnen. Setzen wir für die Abklingungszahlen a^*_{ki} den Näherungswert

$$a^*_{ki} \cong b^*_{ki},$$

so lassen sich die Verteilungszahlen w^*_{ki} unmittelbar aus Zahlentafel A 8 ablesen. Die weitere Abklingungsdurchrechnung ist genau so einfach wie beim Momentenausgleichverfahren. Zusätzlich ist nur die Ablesung der w_{ki}^*-Werte, dafür erhält man die Ergebnisse in einmaligem Rechnungsgang und nicht als Ergebnis mehrerer Iterationsstufen.

ε) **Momentenausgleichverfahren.** Am System I darf das Verfahren von Cross als bekannt vorausgesetzt werden, vgl. S. 145 ff. Man rechnet in einer Vorberechnung die Verteilungszahlen

$$b_{ki} = \frac{S_{ki}}{S_k}$$

aus. Dadurch erhält man den Verteilungsschlüssel für den Ausgleich an jedem Knoten. Der Übertragungskoeffizient, d. h. der Abklingungswert am Hauptsystem ist

$$a_{ki} = + \frac{1}{2}.$$

Am System II ist der Rechnungsgang genau der gleiche wie zuvor. Die Einspannmomente müssen jedoch am verschieblichen Hauptsystem B^* angesetzt werden. Die Verteilungszahlen lauten dementsprechend

$$b_{ki}^* = \frac{S_{ki}^*}{S_k^*}.$$

Der Übertragungskoeffizient ist sogar noch einfacher als beim System I und lautet

$$a_{ki}^* = - 1.$$

ζ) **Zusammenfassung.** Innerhalb der vier Berechnungsarten, die wir im einzelnen hier beschrieben haben, sind keine großen Unterschiede hinsichtlich des erforderlichen Zeitaufwandes festzustellen. Die allgemeinen Gesichtspunkte wurden bereits unter III, A, c, S. 211 ff. erörtert. Der Vorteil des unmittelbaren Momentenansatzes in den beiden zuletzt aufgeführten Verfahren dürfte den Ausschlag zu deren Gunsten geben.

ϑ) **Anwendungsbeispiel.** Es soll ein viergeschossiger Rahmen gemäß Abb. 34 untersucht werden. Alle Stäbe mögen die gleiche Breite b und die eingetragene Höhe haben. Wir führen

$$E = \frac{b}{12\,000}$$

ein. Setzen wir dann die Querschnittshöhe h in dcm ein, so wird $J = h^3$. Wenn irgendwelche geometrischen Verrückungen, Knotenpunktverschiebungen oder Stablängenänderungen, als Belastung zu berücksichtigen sind, so müssen solche Belastungsglieder entsprechend erweitert werden.

Belastung. Die angenommene Belastung zeigt Abb. 35. Die eingetragenen Werte enthalten bereits die Belastungsumordnung, d. h. die gegebenen Lasten sind doppelt so groß wie die eingetragenen. Da hauptsächlich der Fall unsymmetrischer Belastung interessiert, sind alle Lasten einseitig angesetzt, damit ist die Belastungsskizze für System I und II gleich. L (siehe unten).

Die Lastfälle mögen folgende Bezeichnung haben

System I und II Lastfall Ia, IIa $P_1 = 5{,}0$ t   im Riegel $1 - m$
                 Lastfall Ib, IIb $p = 1{,}5$ t/m im Riegel $3 - m$
                 Lastfall Ic, IIc $M = 4{,}0$ t/m im Stiel $a - 1$
                 Lastfall Id, IId $P_2 = 1{,}0$ t im Stiel $a - 1$
System II   Lastfall   IIe $W_1 = 1{,}80$ t, $W_2 = 1{,}65$ t, $W_3 = 1{,}275$ t,
                             $W_4 = 0{,}60$ t.

L Die fehlende rechte Hälfte der Belastungsskizze erfährt die gleiche Belastung, die in den Lastfällen I [am System I symmetrisch und in den Lastfällen II am System II antimetrisch angeordnet ist.

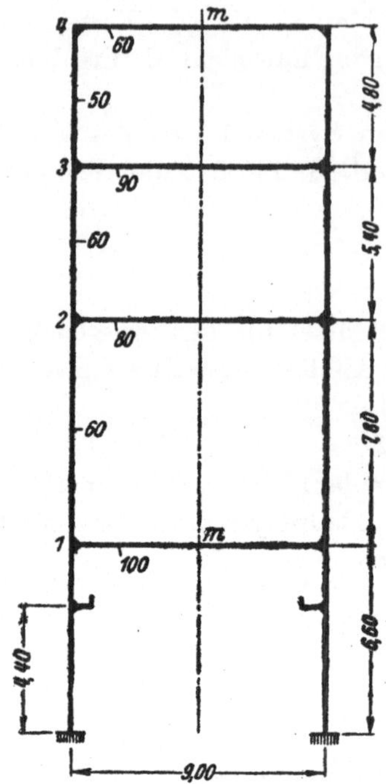

Abb. 34. Statisches System.

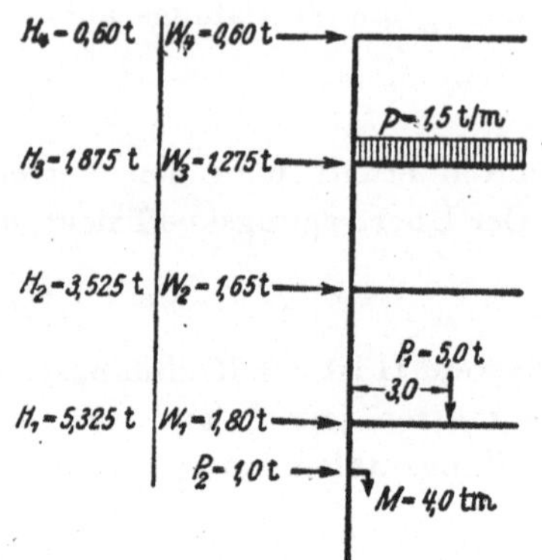

Abb. 35. Belastung der linken Systemhälfte
an den Systemen I und II.

Steifigkeiten und Verteilungszahlen.

Stab $k - i$	Knoten k		S_{ki}	S_k	b_{ki}		S_{ki}^*	S_k^*	b_{ki}^*
1 — a		$\dfrac{4.8^3}{6,6} =$	310,0		0,482	$\dfrac{1.8^3}{6,6} =$	77,6		0,100
1 — m		$\dfrac{1.10^3}{4,5} =$	222,2		0,346	$\dfrac{3.10^3}{4,5} =$	666,6		0,864
1 — 2		$\dfrac{4.6^3}{7,8} =$	110,5		0,172	$\dfrac{1.6^3}{7,8} =$	27,7		0,036
	1			642,7				771,9	
2 — 1			110,5		0,288		27,7		0,069
2 — m		$\dfrac{1.8^3}{4,5} =$	113,7		0,296	$\dfrac{3.8^3}{4,5} =$	341,0		0,833
2 — 3		$\dfrac{4.6^3}{5,4} =$	160,0		0,416	$\dfrac{1.6^3}{5,4} =$	40,0		0,098
	2			384,2				408,7	
3 — 2			160,0		0,376		40,0		0,072
3 — m		$\dfrac{1.9^3}{4,5} =$	162,0		0,380	$\dfrac{3.9^3}{4,5} =$	486,0		0,881
3 — 4		$\dfrac{4.5^3}{4,8} =$	104,0		0,244	$\dfrac{1.5^3}{4,8} =$	26,0		0,047
	3			426,0				552,0	
4 — 3			104,0		0,684		26,0		0,153
4 — m		$\dfrac{1.6^3}{4,5} =$	48,0		0,316	$\dfrac{3.6^3}{4,5} =$	144,0		0,847
	4			152,0				170,0	

Belastungsglieder.

Am System I, Lastfall Ia $M''_{1m,0} = + \dfrac{4}{9} \cdot 5{,}0 \cdot 4{,}5$ $\qquad = + 10{,}0 \quad$ tm

$\qquad$ Lastfall Ib $M''_{3m,0} = + \dfrac{1}{3} \cdot 1{,}5 \cdot 4{,}5^2$ $\qquad = + 10{,}125$ tm

$\qquad$ Lastfall Ic $M_{1a,0} = - \left(\dfrac{4}{3} - \dfrac{4}{3} \right) \cdot 4{,}0$ $\qquad = \qquad 0$

$\qquad\qquad M_{a1,0} = - \left(\dfrac{2}{3} - \dfrac{3}{9} \right) \cdot 4{,}0$ $\qquad = - \quad 1{,}33 \quad$ tm

$\qquad$ Lastfall Id $M_{1a,0} = - \dfrac{4}{3} \dfrac{1}{3} \cdot 1{,}0 \cdot 6{,}6$ $\qquad = - \quad 0{,}98 \quad$ tm

$\qquad\qquad M_{a1,0} = + \dfrac{2}{3} \dfrac{1}{9} \cdot 1{,}0 \cdot 6{,}6$ $\qquad = + \quad 0{,}49 \quad$ tm

Am System II, Lastfall IIa $M'_{1m,0} = + \dfrac{1}{2} \cdot \left(\dfrac{1}{3} - \dfrac{1}{3^3} \right) \cdot 5{,}0 \cdot 4{,}5$ $\quad = + \quad 3{,}33 \quad$ tm

$\qquad$ Lastfall IIb $M'_{3m,0} = + \dfrac{1}{8} \cdot 1{,}5 \cdot 4{,}5^2$ $\qquad = + \quad 3{,}80 \;$ tm

$\qquad$ Lastfall IIc $M''_{1a,0} = + \dfrac{2}{3} \cdot 4{,}0$ $\qquad = + \quad 2{,}67 \quad$ tm

$\qquad\qquad M''_{a1,0} = + \dfrac{1}{3} \cdot 4{,}0$ $\qquad = + \quad 1{,}33 \quad$ tm

$\qquad$ Lastfall IId $M''_{1a,0} = + \dfrac{2}{9} \cdot 1{,}0 \cdot 6{,}6$ $\qquad = + \quad 1{,}47 \quad$ tm

$\qquad\qquad M''_{a1,0} = + \dfrac{4}{9} \cdot 1{,}0 \cdot 6{,}6$ $\qquad = + \quad 2{,}94 \quad$ tm

$\qquad$ Lastfall IIe $M''_{43,0} = M''_{34,0} = + 0{,}6 \cdot \dfrac{4{,}8}{2}$ $\qquad = + \quad 1{,}44 \quad$ tm

$\qquad\qquad M''_{32,0} = M''_{23,0} = + 1{,}875 \cdot \dfrac{5{,}4}{2}$ $\qquad = + \quad 5{,}06 \quad$ tm

$\qquad\qquad M''_{21,0} = M''_{12,0} = + 3{,}525 \cdot \dfrac{7{,}8}{2}$ $\qquad = + 13{,}75 \quad$ tm

$\qquad\qquad M''_{1a,0} = M''_{a1,0} = + 5{,}325 \cdot \dfrac{6{,}6}{2}$ $\qquad = + 17{,}60 \quad$ tm

Um die Abklingungsberechnung mit unmittelbarem Momentenansatz dem Momentenausgleich gegenüberzustellen, wollen wir die Ausrechnung für diese beiden Verfahren anschreiben.

Abklingungsberechnung am System I.

Vorwerte $b'_{1a} = 0{,}241$

$\qquad b'_{21} = 0{,}144, \quad b'_{12} = 0{,}086, \quad b''_{12} = 0{,}0124$

$\qquad b'_{32} = 0{,}188, \quad b'_{23} = 0{,}208, \quad b''_{23} = 0{,}0391$

$\qquad b'_{43} = 0{,}342, \quad b'_{34} = 0{,}122, \quad b''_{34} = 0{,}0407$

Abklingungswerte.

$$a_{43} = - 0{,}342 \qquad a_{a1} = 0$$

$$a_{32} = - \frac{0{,}188}{1 - 0{,}0407} = - 0{,}196 \qquad a_{12} = - 0{,}086$$

$$a_{21} = - \frac{0{,}144}{1 - 0{,}0391} = - 0{,}150 \qquad a_{23} = - \frac{0{,}208}{1 - 0{,}0124} = - 0{,}211$$

$$a_{1a} = - \frac{0{,}241}{1 - 0{,}0124} = - 0{,}244 \qquad a_{34} = - \frac{0{,}122}{1 - 0{,}0391} = - 0{,}127$$

Verteilungszahlen (aus Zahlentafel A 8).

$$w_{1a} = 0{,}490, \qquad w_{12} = 0{,}160, \qquad w_{1m} = 0{,}350$$
$$w_{21} = 0{,}291, \qquad w_{23} = 0{,}395, \qquad w_{2m} = 0{,}314$$
$$w_{32} = 0{,}363, \qquad w_{34} = 0{,}217, \qquad w_{3m} = 0{,}420$$
$$w_{43} = 0{,}666, \qquad\qquad\qquad\quad w_{4m} = 0{,}334$$

Knotenmomente.

Lastfall Ia: $I = + 10{,}0$ tm

Lastfall Ib: $III = + 10{,}125$ tm

Lastfall Ic: $I = 0$, $A = - 1{,}33$ tm

Lastfall Id: $I = - 0{,}98$ tm, $A = + 0{,}49 + 0{,}98 \cdot 0{,}244 = + 0{,}73$ tm

Stabendmomente.

Lastfall Ia $M_{1a} = - 10{,}0 \cdot 0{,}490$ $= - 4{,}90$ tm

             $M_{12} = - 10{,}0 \cdot 0{,}160$ $= - 1{,}60$ tm

             $M_{21} = - 10{,}0 \cdot 0{,}086 \cdot (1 - 0{,}291)$ $= - 0{,}61$ tm

             $M_{23} = + 10{,}0 \cdot 0{,}086 \cdot 0{,}395$ $= + 0{,}34$ tm

             $M_{32} = + 10{,}0 \cdot 0{,}086 \cdot 0{,}211 \cdot (1 - 0{,}363)$ $= + 0{,}116$ tm

             $M_{34} = - 10{,}0 \cdot 0{,}01815 \cdot 0{,}217$ $= - 0{,}040$ tm

             $M_{43} = - 10{,}0 \cdot 0{,}01815 \cdot 0{,}127 \cdot (1 - 0{,}666)$ $= - 0{,}008$ tm

Lastfall Ib $M_{34} = - 10{,}125 \cdot 0{,}217$ $= - 2{,}20$ tm

             $M_{32} = - 10{,}125 \cdot 0{,}363$ $= - 3{,}68$ tm

             $M_{43} = - 10{,}125 \cdot 0{,}127 \cdot (1 - 0{,}666)$ $= - 0{,}43$ tm

             $M_{23} = - 10{,}125 \cdot 0{,}196 \cdot (1 - 0{,}395)$ $= - 1{,}20$ tm

             $M_{21} = + 10{,}125 \cdot 0{,}196 \cdot 0{,}291$ $= + 0{,}58$ tm

             $M_{12} = - 10{,}125 \cdot 0{,}196 \cdot 0{,}150 \cdot (1 - 0{,}160)$ $= - 0{,}25$ tm

             $M_{1a} = + 10{,}125 \cdot 0{,}0294 \cdot 0{,}490$ $= + 0{,}15$ tm

Lastfall Ic $M_{1a} = 0$, alle Stäbe außer $a - 1$ sind momentenfrei

Lastfall Id $M_{1a} = - 0{,}98 \cdot (1 - 0{,}490)$ $= - 0{,}50$ tm

             $M_{12} = + 0{,}98 \cdot 0{,}160$ $= + 0{,}16$ tm

             $M_{21} = + 0{,}98 \cdot 0{,}086 \cdot (1 - 0{,}291)$ $= + 0{,}066$ tm

                    weiter wie Lastfall Ia.

Zur Einführung in das Verfahren haben wir die vollständigen Ansätze angeschrieben. Zweckmäßiger ist es, die mittelbaren Abklingungswerte, z. B. $a_{13} = a_{12} \cdot a_{23}$ vorher auszurechnen und in einer Tafel anzuschreiben, wie es nachstehend am System II gezeigt wird.

Abklingungsberechnung am System II. Wir prüfen zunächst den Genauigkeitsgrad, wenn wir näherungsweise $a_{ki}^* = b_{ki}^*$ einführen. Mit $b_{ki}^{\bullet} = b_{ki}^* \cdot b_{ik}^*$ wird

$$1 + b_{12}^{\bullet} = 1 + 0{,}036 \cdot 0{,}069 = 1{,}0025, \text{ also der Fehler beträgt } 0{,}25\ \%$$
$$1 + b_{23}^{\bullet} = 1 + 0{,}098 \cdot 0{,}072 = 1{,}0071, \text{ also der Fehler beträgt } 0{,}71\ \%$$
$$1 + b_{34}^{\bullet} = 1 + 0{,}047 \cdot 0{,}153 = 1{,}0072, \text{ also der Fehler beträgt } 0{,}72\ \%.$$

Da der Fehler weniger als 1 v. H. beträgt, wollen wir die Verteilungszahlen als Abklingungswerte verwenden und diese zusammen mit den mittelbaren Abklingungswerten in Form einer Tafel anschreiben.

	1	2	3	4	= erster Index
1	$+1$	$+0,069$	$+0,0050$	$+0,0001$	
2	$+0,036$	$+1$	$+0,072$	$+0,0110$	
3	$+0,0035$	$+0,098$	$+1$	$+0,153$	
4	0	$+0,0046$	$+0,047$	$+1$	
$=$ zweiter Index					

Man erkennt wohl bereits, daß selbst die unmittelbaren Abklingungswerte, d. h. die Felder neben der Hauptdiagonalen kaum noch praktische Bedeutung haben. Die mittelbare Abklingung ist völlig unbedeutend. Die Verteilungszahlen w_{ki}^{*} sind aus Zahlentafel A 6 abzulesen.

$$w_{1a}^{*} = 0,100, \qquad w_{12}^{*} = 0,033, \qquad w_{1m}^{*} = 0,867$$
$$w_{21}^{*} = 0,067, \qquad w_{23}^{*} = 0,093, \qquad w_{2m}^{*} = 0,840$$
$$w_{32}^{*} = 0,063, \qquad w_{34}^{*} = 0,038, \qquad w_{3m}^{*} = 0,899$$
$$w_{43}^{*} = 0,150, \qquad\qquad\qquad\quad w_{4m}^{*} = 0,850$$

Knotenmomente.

Lastfall IIa: $I = +3,33 \text{ tm}$

Lastfall IIb: $III = +3,80 \text{ tm}$

Lastfall IIc: $I = +2,67 \text{ tm}$

Lastfall IId: $I = +1,47 \text{ tm}$

Lastfall IIe: $I = +(17,60+13,75)\cdot 1+(13,75+5,06)\cdot 0,069$
$$+ (5,06 + 1,44) \cdot 0,0050 + 1,44 \cdot 0,0001$$
$$= + 31,35 \cdot 1 + 18,81 \cdot 0,069 + 6,50 \cdot 0,0050 + 1,44 \cdot 0,0001$$
$$= + 32,68 \text{ tm}$$
$$II = + 31,35 \cdot 0,036 + 18,81 \cdot 1 + 6,50 \cdot 0,072 + 1,44 \cdot 0,0110$$
$$= + 20,42 \text{ tm}$$
$$III = + 31,35 \cdot 0,0035 + 18,81 \cdot 0,098 + 6,50 \cdot 1 + 1,44 \cdot 0,153$$
$$= + 8,67 \text{ tm}$$
$$IV = + 31,35 \cdot 0 + 18,81 \cdot 0,0046 + 6,50 \cdot 0,047 + 1,44 \cdot 1$$
$$= + 1,83 \text{ tm}$$

Stabendmomente

Lastfall IIa M_{1a} $\qquad\qquad = -3,33 \cdot 0,100 \qquad\qquad = -0,333 \text{ tm}$

$M_{12} = -M_{21} = -3,33 \cdot 0,033 \qquad\qquad = -0,111 \text{ tm}$

$M_{23} = -M_{32} = -3,33 \cdot 0,036 \cdot 0,093 \qquad = -0,011 \text{ tm}$

$M_{34} = -M_{43} = -3,33 \cdot 0,0035 \cdot 0,038 \qquad = \quad 0$

Lastfall IIb $M_{34} = -M_{43} = -3,80 \cdot 0,038 \qquad\qquad = -0,144 \text{ tm}$

$M_{32} = -M_{23} = -3,80 \cdot 0,063 \qquad\qquad = -0,240 \text{ tm}$

$M_{21} = -M_{12} = -3,80 \cdot 0,072 \cdot 0,067 \qquad = -0,018 \text{ tm}$

$M_{1a} \qquad\qquad = -3,80 \cdot 0,0050 \cdot 0,100 \qquad = -0,002 \text{ tm}$

Lastfall IIc M_{1a} $\qquad\qquad = +2,67 \cdot (1-0,100) \qquad = +2,40 \text{ tm}$

$M_{12} = -M_{21} = -2,67 \cdot 0,033 \qquad\qquad = -0,088 \text{ tm}$

$M_{23} = -M_{32} = -2,67 \cdot 0,036 \cdot 0,093 \qquad = -0,009 \text{ tm}$

$M_{34} = -M_{43} = -2,67 \cdot 0,0035 \cdot 0,038 \qquad = \quad 0$

Lastfall IId M_{1a} $= + 1{,}47 \cdot (1 - 0{,}100)$ $= + 1{,}32$ tm

$M_{12} = - M_{21} = - 1{,}47 \cdot 0{,}033$ $= - 0{,}049$ tm

$M_{23} = - M_{32} = - 1{,}47 \cdot 0{,}036 \cdot 0{,}093$ $= - 0{,}005$ tm

$M_{34} = - M_{43} = - 1{,}47 \cdot 0{,}0035 \cdot 0{,}038$ $= \quad 0$

Lastfall IIe $M_{1a} = + 17{,}60 - 32{,}68 \cdot 0{,}100$ $= + 14{,}33$ tm

$M_{12} = + 13{,}75 - 32{,}68 \cdot 0{,}033 + 20{,}42 \cdot 0{,}067$ $= + 14{,}04$ tm

$M_{21} = + 2 \cdot 13{,}75 - 14{,}04$ $= + 13{,}46$ tm

$M_{23} = + 5{,}06 - 20{,}42 \cdot 0{,}093 + 8{,}67 \cdot 0{,}063$ $= + 3{,}71$ tm

$M_{32} = + 2 . 5{,}06 - 3{,}71$ $= + 6{,}41$ tm

$M_{34} = + 1{,}44 - 8{,}67 \cdot 0{,}38 + 1{,}83 \cdot 0{,}150$ $= + 1{,}39$ tm

$M_{43} = + 2 \cdot 1{,}44 - 1{,}39$ $= + 1{,}49$ tm

Berechnung des Momentenausgleichs. Der Rechnungsgang am unverschieblichen System I nach Cross bietet nichts Neues und soll daher fortgelassen werden. Dagegen wollen wir die Ausrechnung am System II für die Lastfälle IIa, IIb, IIc, IIe anschreiben, siehe S. 237.

2. Der Vierendeelträger gemäß Abb. 30 d.

Die vorstehenden Ansätze für den symmetrischen zweistieligen Stockwerkrahmen gelten auch für den Vierendeelträger mit parallelen Gurten, wenn stabweise konstantes Trägheitsmoment und Übereinstimmung zwischen den einander gegenüberliegenden Ober- und Untergurtstäben vorausgesetzt wird. Im allgemeinen handelt es sich nur um zwei Lastfälle.

a) **Belastung eines Ober- oder Untergurtes.** Die Belastungsumordnung zeigt Abb. 36. Der symmetrische Lastfall Ia am unverschieblichen System erfordert den gleichen Rechnungsgang wie am Stockwerkrahmen. Der antimetrische Lastfall IIa wird durch Einführung der Hilfslasten Q_i und Q_k, welche die Auflager- bzw. Querkräfte des frei aufliegenden Trägers ausdrücken, vereinfacht. Diese Hilfslasten werden später mit den Knotenpunktlasten zusammengefaßt. Infolge der Hilfslasten erhalten nur der belastete Gurtstab und die Stiele Querkräfte, in allen übrigen Gurtstäben ist das Moment stabweise konstant. Der Rechnungsgang für den Lastfall IIa ist im übrigen genau der gleiche wie derjenige für die oben durchgerechneten Lastfälle IIc und IId, vgl. S. 234 bis 236.

Es mag nützlich sein, das Hauptsystem B^* zur Berechnung der antimetrischen Lastfälle sich nochmal kurz zu vergegenwärtigen. Abb. 37 zeigt den offenen Stabzug, dessen Gurtknoten unverdrehbar festgehalten, aber infolge des Rollenlagers in m senkrecht zum Gurt frei verschieblich ist.

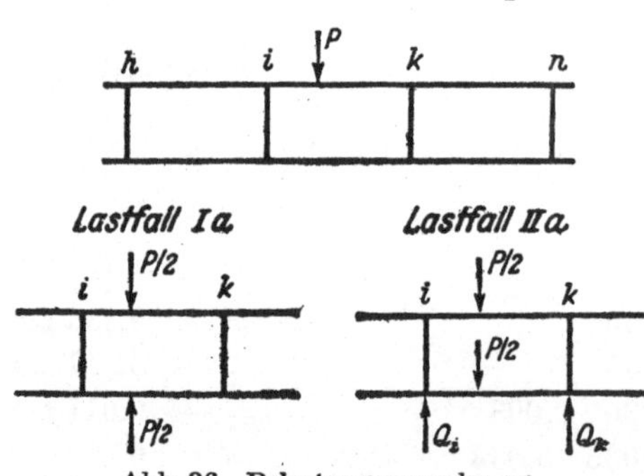

Abb. 36. Belastungsumordnung.

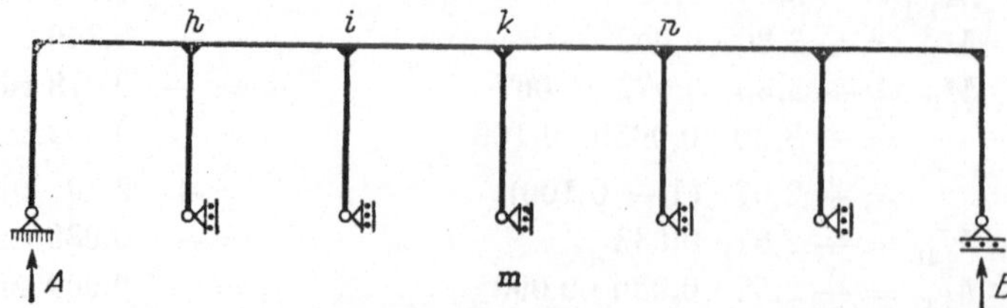

Abb. 37. Hauptsystem für antimetrische Lastfälle.

Last-fall	Knoten	1			2			3			4	
	k_i / b^*_{ki}	1a 0,100	1m 0,864	12 0,036	21 0,069	2m 0,833	23 0,098	32 0,072	3m 0,881	34 0,047	43 0,153	4m 0,847
IIa	a	— 0,333	+ 3,333	— 0,123								
	k		— 2,880									
	a				+ 0,123	— 0,103	— 0,012					
	k				— 0,008							
	a			— 0,008				+ 0,012				
	k	— 0,001	— 0,007	— 0,000				— 0,001	— 0,011	— 0,000		
		— 0,334	— 0,446	— 0,115	+ 0,115	— 0,103	— 0,012	+ 0,011	— 0,011	— 0,000		
IIb	a							— 0,274	+ 3,800	— 0,178		
	k								— 3,350			
	a				— 0,019	— 0,228	+ 0,274				+ 0,178	— 0,151
	k						— 0,027				— 0,027	
	a			+ 0,019				+ 0,027		+ 0,027		
	k	— 0,002	— 0,016	— 0,001				— 0,004	— 0,048	— 0,003		
		— 0,002	— 0,016	+ 0,018	— 0,019	— 0,228	+ 0,247	— 0,241	+ 0,402	— 0,154	+ 0,151	— 0,151
IIc	a	+ 2,670										
	k	— 0,267	— 2,305	— 0,096								
	a				+ 0,096							
	k				— 0,007	— 0,080	— 0,009					
	a			+ 0,007				+ 0,009				
	k	— 0,001	— 0,006	— 0,000				— 0,001	— 0,008	— 0,000		
		— 2,402	— 2,311	— 0,089	+ 0,089	— 0,080	— 0,009	+ 0,008	— 0,008	0	0	0
IIe	a	+ 17,60		+ 13,75	+ 13,75		+ 5,06	+ 5,06		+ 1,44	+ 1,44	
	k	— 3,14	— 27,07	— 1,13	— 1,30	— 15,70	— 1,84	— 0,47	— 5,73	— 0,31	— 0,22	— 1,22
	a			+ 1,30	+ 1,13		+ 0,47	+ 1,84		+ 0,22	+ 0,31	
	k	— 0,13	— 1,12	— 0,05	— 0,11	— 1,33	— 0,16	— 0,15	— 1,81	— 0,10	— 0,05	— 0,26
	a			+ 0,11	+ 0,05		+ 0,15	+ 0,16		+ 0,05	+ 0,10	
	k	— 0,01	— 0,10	— 0,00	— 0,01	— 0,16	— 0,02	— 0,02	— 0,18	— 0,01	— 0,02	— 0,08
	a			+ 0,01	+ 0,00		+ 0,02	+ 0,02		+ 0,02	+ 0,01	
	k	— 0,00	— 0,01	— 0,00	— 0,00	— 0,02	— 0,00	— 0,00	— 0,03	— 0,00	— 0,00	— 0,01
		+ 14,32	— 28,30	+ 13,99	+ 13,51	— 17,21	+ 3,68	+ 6,44	— 7,75	+ 1,31	+ 1,57	— 1,57

β) **Belastung der Knotenpunkte.** Jeder Knotenpunkt k erfahre eine Last P_k, bzw. ursprünglich vor der Belastungsumordnung $2\,P_k$. Der Rechnungsgang verläuft wie vorher beim Lastfall II e. Um die Belastungsglieder zu erhalten, bilden wir die Querkraft in dem betrachteten Stabende. Dann lautet das Knotenmoment im Knoten k

$$M_{k,\,0} = Q_{ki}\frac{l_{ki}}{2} + Q_{kn}\frac{l_{kn}}{2}.$$

Hierbei ist auf den Vorzeichensinn der Querkräfte zu achten. Die Momente an dem in A und B aufgelagerten Balken sind an jedem Knoten gemäß Vorzeichenregel II einzuführen. Wir schreiben gemäß Gl. [34]

$$K = \sum_x M_{x,\,0}\, a_{xk}^*.$$

Dann lautet das Stabendmoment

$$M_{ki} = Q_{ki}\frac{l_{ki}}{2} - K\,w_{ki}^* + J\,w_{ik}^*.$$

Die Momente in den Stabenden km ergeben sich aus der Gleichgewichtsbedingung

$$M_{km} = -\,(M_{ki} + M_{kn}).$$

Damit sind die Grundlagen der Abklingungsberechnung gegeben. Wollen wir statt dessen das Ausgleichsverfahren wählen, so unterscheidet sich die Berechnung von derjenigen am Stockwerkrahmen lediglich durch den veränderten Ansatz der Belastungsglieder $M_{k,\,0}$. Die Durchrechnung eines Zahlenbeispieles erübrigt sich somit.

c) Der eingeschossige durchlaufende Rahmen.

Die äußere Form dieses Rahmensystems hat eine große Ähnlichkeit mit dem offenen Rahmen, welchen wir zur vorangegangenen Berechnung des zweistieligen Systems als Hauptsystem verwandten. Handelt es sich um einen Durchlaufrahmen mit mehr als drei Feldern, so besteht die Mehrzahl der inneren Knoten aus drei Stabanschlüssen. Daraus folgt, daß nur die Verfahren auf der Grundlage des Hauptsystems B bzw. B^* in Frage kommen. Um die Entscheidung im einzelnen für oder gegen eine der fraglichen Methoden zu treffen, empfiehlt sich zunächst die Aufstellung und Betrachtung der Ausgangsgleichungen. Die Knotenfolge laute $h - i - k - m - n$, die zugehörigen Auflagerknoten können gleichlautend mit a bezeichnet werden.

Setzen wir die **Unverschieblichkeit** voraus, so erhalten wir die einfache Knotenfolge, d. h. dreigliedrige Gleichungen, und damit die Möglichkeit einer einfachen Abklingungsberechnung. Die Ausgangsgleichungen haben die gleiche Form wie diejenigen für das System I auf S. 227

$$\text{k)} \qquad \varphi_i\frac{1}{2}S_{ki} + \varphi_k S_k + \varphi_m\frac{1}{2}S_{km} = M_{k,\,0}.$$

Die Hilfswerte m_{ki} der Gaußschen Elimination und die Abklingungswerte a_{ki}, welche bekanntlich identisch sind, werden am einfachsten durch den Kettenbruch gewonnen, den wir auf S. 228 für das System I anschreiben. Sehen wir davon ab, daß hier die Stabsteifigkeit S_{ka} den Wert $\dfrac{3\,EJ_{ka}}{l_{ka}}$ (Lag.-Fall a) bzw. den Wert $\dfrac{4\,EJ_{ka}}{l_{ka}}$ (Lag.-Fall b) hat, während der entsprechende Wert S_{km} gleich $\dfrac{1\,EJ_{km}}{l_{km}}$ war, so gelten die Betrachtungen am System I im vorangegangenen Kapitel unverändert auch für den Durchlaufrahmen.

Ist das System **verschieblich**, so sind die Ausgangsgleichungen wesentlich ungünstiger. Wir müssen uns daher mit der Frage befassen, wie groß der Einfluß der Knotenverschiebung ist, um die Ungenauigkeit bei deren Vernachlässigung abschätzen zu können. Wir bilden zunächst die Summe der Stabsteifigkeiten am Kopf

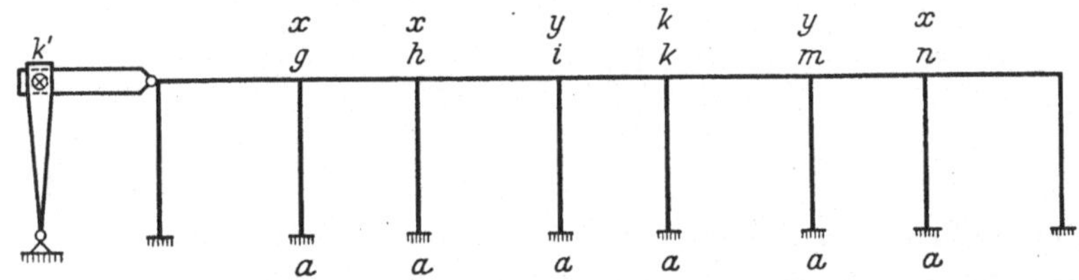

Abb. 38. Hauptsystem B.

und Fuß aller Stiele, soweit diese hier biegungssteif angeschlossen sind. Bei allen Stielen, welche beiderseits biegungssteif angeschlossen sind, sind die Summanden mit $\frac{3}{2}$ zu erweitern. Diesen Erweiterungsfaktor setzen wir in die Klammer ( ), um einheitliche Ausdrücke anzuschreiben. Ist ein Stiel auf einer Seite — d. h. meist am Fuß — gelenkig gelagert, so ist dieser Klammerausdruck durch 1 zu ersetzen. Die Summe der Stabsteifigkeiten bezeichnen wir als Steifigkeit des Knotens k' im gedachten Hilfsstabwerk gemäß Abb. 2

$$S_{k'} = \sum_a S_{ka} + 3 \sum_b S_{ka} = \sum_k (3)\, S_{ka}\,.$$

$\sum_a$ bezieht sich auf alle Stiele $k—a$ mit einseitigem Gelenkanschluß, $\sum_b$ auf alle Stiele $k—a$ mit beiderseitiger Einspannung. Pendelstützen fallen bei dieser Betrachtung weg. Die Knotensteifigkeit $S_{k'}$ verteilen wir auf alle biegungssteifen Stielanschlüsse, dann lautet die Verteilungszahl für den Anschluß ka bzw. ak

$$b_{(k')k} \text{ bzw. } b_{(k')a} = \frac{\left(\frac{3}{2}\right) S_{ka}}{S_{k'}}\,.$$

Wir wollen die Ausgangsgleichung am Hauptsystem B^* anschreiben. Die beiden inneren Nachbarknoten von k sollen die gemeinschaftliche Bezeichnung y erhalten, $y = i, m$, alle Knoten außer k und y sollen mit x bezeichnet werden, $x \neq k, i, m$.

$$\text{k*)} \quad \varphi_k M^*_{k,k} + \sum_y \varphi_y M^*_{k,y} + \sum_x \varphi_x M^*_{k,x} = M^*_{k,0}\,.$$

Nach Gl. [25], vgl. S. 56, lauten die Beiwerte

$$M^*_{k,y} = +\frac{1}{2} S_{ky} - \left(\frac{3}{2}\right) b_{(k')y}\, S_{ka}$$

$$M^*_{k,x} = - \left(\frac{3}{2}\right) b_{(k')x}\, S_{ka}$$

$$M^*_{k,k} = S^*_k = + S_k - \left(\frac{3}{2}\right) b_{(k')k}\, S_{ka}\,.$$

Um einen rohen Anhalt über die Größenordnung der Fehler zu erhalten, welche aus der Vernachlässigung der Verschieblichkeit bei ausschließlich vertikaler Belastung des Systems entstehen, setzen wir sämtliche Stabsteifigkeiten gleich Eins. Das System möge c Stiele mit fester Einspannung ihrer Füße enthalten. Dann ist

$$b_{(k')k} = \frac{1}{2c}\,.$$

Am unverschieblichen System beträgt

$$S_k = +3, \quad M_{k,y} = +\frac{1}{2}, \quad \frac{M_{k,y}}{S_k} = +\frac{1}{6}, \quad M_{k,x} = 0$$

am verschieblichen System dagegen

$$S_k^* = +\frac{12\,c-3}{4\,c}, \quad M_{k,y}^* = +\frac{2\,c-3}{4\,c}, \quad \frac{M_{k,y}^*}{S_k^*} = +\frac{2\,c-3}{12\cdot c-3}$$

$$M_{k,x}^* = -\frac{3}{4c}, \quad \frac{M_{k,x}^*}{S_k^*} = -\frac{1}{4\,c-1}.$$

Besteht die Belastung nur aus vertikalen Lasten im Riegel, so sind die Belastungsglieder die gleichen. Vergleichen wir die Beiwerte der Überzähligen für $c = 3$, 5 und 8, so ergibt sich der Fehler im Beiwert des Hauptgliedes, welches den Hauptbeitrag zur Berechnung der Drehwinkel liefert, zu 9%, 5% und 3%. Von gleicher Größenordnung sind die Abweichungen in den Bewerten des Nebengliedes im Verhältnis zum Hauptglied. Für $c \geqq 5$ wählten wir früher die Bezeichnung der „unerheblichen" Verschieblichkeit.

1. Drehwinkelverfahren.

Da wir das unverschiebliche System bereits im vorangegangenen Kapitel unter ähnlichen Verhältnissen ausführlich besprochen haben, können wir uns jetzt auf die Untersuchung des verschieblichen Systems beschränken. In den früheren Überlegungen hat sich die Zugrundelegung des Hauptsystems B^* und die Wahl der Vorzeichenregel II als zweckmäßig erwiesen. Die Ausgangsgleichungen k*) wurden oben angeschrieben. Die Zahl der Stiele ist selten größer als 8. Meistens ist der Durchlaufrahmen einfach symmetrisch, so daß für die Ermittlung der Vorwerte nur höchstens viergliedrige Gleichungen aufzulösen sind. Die Gleichungsmatrix ist zwar in allen Feldern besetzt, jedoch dürfte die Gleichungsauflösung nach dem Rechenschema von Gauß (Zahlentafel 1 a) nur wenig Mühe bereiten. Sind mehrere Lastfälle zu untersuchen, so führt die Aufstellung der konjugierten Matrix nach Zahlentafel 2 a, S. 67, zu einer schnellen Lösung. Man beachte, daß die Belastungsglieder im Falle angreifender Horizontalkräfte am System B^* anzusetzen sind.

2. Abklingungsverfahren.

Das unverschiebliche System eignet sich besonders gut für eine Berechnung der Drehwinkelabklingung. Sollen nur wenige Lastfälle untersucht werden, so zeigt das Abklingungsverfahren mit unmittelbarem Ansatz der Stabendmomente gemäß S. 166 ff. einen Rechnungsgang, der einfach und übersichtlich ist. Das verschiebliche System mit drei und mehr Stielen läßt sich auf diesem Wege nicht berechnen.

3. Ausgleichverfahren.

Es stehen uns die beiden Möglichkeiten des Momenten- und Drehwinkelausgleichs offen. Am unverschieblichen System ist der Momentenausgleich nach dem Verfahren von Cross durchaus als zweckmäßig anzusprechen. Es gilt nur die gleiche Einschränkung wie für die Abklingungsberechnung, daß die Zahl der Lastfälle nicht zu groß sein darf. Das System ist auch so einfach, daß man den Drehwinkelausgleich trotz besserer Konvergenz wegen des zur Momentenermittlung erforderlichen zweiten Rechnungsganges als Umweg empfindet.

Der Momentenausgleich am verschieblichen, vielstieligen Durchlaufrahmen ist verhältnismäßig verwickelt, gleichgültig ob wir die Berechnungsart am Hauptsystem B oder B^* wählen. Dagegen ist der Drehwinkelausgleich wesentlich leichter zu übersehen, so daß man in diesem Fall wohl der letzteren Methode den Vorzug geben möchte.

4. Zusammenfassung.

Das unverschiebliche System ist je nach der Anzahl der Lastfälle entweder durch Gleichungsauflösung nebst Ausrechnung der konjugierten Matrix oder durch eine Abklingungsberechnung gemäß Kap. II, C, e bzw. durch das Momentenausgleichverfahren zu berechnen. Für das verschiebliche System dürfte sich das Drehwinkelverfahren unter Zugrundelegung des Hauptsystems B^* am besten eignen.

d) Das beliebige, hochgradig unbestimmte Rahmensystem.

Unsymmetrische, hochgradig unbestimmte Systeme trifft man in der Praxis nur selten an. Infolgedessen ist eine ausführliche Bearbeitung derartiger Rahmenformen ohne großen praktischen Wert. Die Notwendigkeit der Fugenanordnung verhindert im allgemeinen die Zusammenfassung größerer Bauwerksabschnitte zu einem zusammenhängenden Rahmengebilde. Enthält ein Rahmen mehr als etwa zwölf Knoten, so ist er zumeist nur in geringem Maße verschieblich. Häufig kann man die Verschieblichkeit durch eine Näherungsberechnung berücksichtigen, da die Momente infolge der fraglichen Verschiebung im Vergleich zu den sonstigen Momenten unbedeutend sind. Liegt dagegen der seltene Fall eines hochgradig unbestimmten, erheblich verschieblichen Systems vor, so mag der Hinweis genügen, daß man dann zweckmäßig die Untersuchung am Hauptsystem B^* durchführt.

Eine hochgradige Unbestimmtheit schließt die Möglichkeit der Auflösung von Elastizitätsgleichungen aus. Die Wahl des Verfahrens beschränkt sich somit auf die verschiedenen Abklingungs- oder Ausgleichsmethoden. Beide Arten von Verfahren sind unter der Voraussetzung der Unverschieblichkeit an keine Grenzen im Grade der Unbestimmtheit gebunden.

Üblich ist in solchen Fällen die Anwendung des Momentenausgleichverfahrens. Der Grund dürfte darin zu suchen sein, daß man bisher den unmittelbaren Momentenansatz beim Drehwinkelabklingungsverfahren nicht kannte. Das Momentenabklingungsverfahren einschließlich der Festpunktmethode ist noch weniger geeignet, wenn die inneren Knoten mehr als zwei Stabenden miteinander verbinden. Zusammen mit dem Momentenausgleichverfahren kommen nach den hier angestellten Betrachtungen nur noch das Drehwinkel-Abklingungs- und Drehwinkel-Ausgleichsverfahren in Frage.

1. Das Drehwinkelabklingungsverfahren.

Die Abklingungswerte am unverschieblichen System lauten nach Gl. [83]

$$a_{ki} = -\frac{b'_{ki}}{1 - \sum\limits_{x} b''_{kx}}.$$

$x \neq i$ sind die geometrisch unbestimmten Nachbarknoten von k. Die Verteilungszahlen w_{ki} können aus Zahlentafel A 9 abgelesen werden. Die Stabendmomente folgen dann aus den Ansätzen [88] und [89], deren Anwendung wir bereits auf S. 229 wiederholt haben.

2. Das Drehwinkelausgleichsverfahren.

Bei hochgradiger Unbestimmtheit der Aufgabe ist diese Methode sehr zweckmäßig. Die Konvergenz ist so gut, daß im allgemeinen zwei Iterationsstufen bereits zum Ziel führen. Das Rechnungsschema auf S. 157 bedarf keiner nochmaligen Erläuterung. Der einzige Nachteil des Verfahrens ist die Notwendigkeit eines zweiten Rechnungsganges, in dem die Stabendmomente auszurechnen sind. Diese lauten gemäß Gl. [17]

$$M_{ki} = + M_{ki,0} - S_{ki}\left(\varphi_k + \frac{1}{2}\varphi_i\right).$$

Von den drei zuletzt aufgezählten Methoden dürfte sich das Drehwinkelausgleichverfahren am besten eignen, um unsymmetrische Rahmen von hochgradiger Unbestimmtheit einfach und sicher zu berechnen.

IV. Literaturverzeichnis.

Aus dem Bestreben einer übersichtlichen Gegenüberstellung der Berechnungsverfahren ergab sich für die vorstehende Darstellung der Zwang zur Kürze. Es mußten manche Einzelheiten unerwähnt bleiben, welche zur vollständigen Beherrschung der einzelnen Verfahren notwendig sind. Ferner ist das Aufgabengebiet zu umfangreich, als dass es in allen Einzelheiten durch diese Bearbeitung erschöpfend behandelt werden könnte. Infolge der Zeitverhältnisse steht dem Verfasser keine große Fachbibliothek zur Verfügung und es konnte auch nur eine beschränkte Anzahl von Veröffentlichungen durchgearbeitet werden. Daraus folgen für die vorliegende Darstellung mancherlei Möglichkeiten von Lücken und auch Fehlschlüssen. Um so notwendiger ist daher für den Leser eine umfangreiche Zusammenstellung von Schriften, welche sich auf dieses Fachgebiet beziehen. Die ausländische Fachliteratur der letzten Jahre ist dem Verfasser nicht zugänglich, folglich kann das nachstehende Literaturverzeichnis keinen Anspruch auf Vollständigkeit erheben. Während es in normalen Zeiten üblich ist, nur solche Veröffentlichungen anzugeben, welche jeweils in der vorstehenden Arbeit Berücksichtigung finden, dürften es die derzeitigen Verhältnisse rechtfertigen; wenn hier alle dem Verfasser bekannten Quellen aufgezählt werden, deren Überschrift einen Beitrag zu dem vorliegenden Thema vermuten läßt. Diese Zusammenstellung dürfte dem Wunsch mancher Leser gerecht werden.

Abdank, R., Bemerkungen zum Festpunktverfahren. Beton und Eisen 1931, H. 9, S. 173. — Angenäherte Berechnung komplizierter Stockwerkrahmen auf Winddruck. Beton und Eisen 1931, H. 24, S. 428. — Einfache, geschlossene Formeln für die Berechnung achteckiger Kühlturmuntergerüste auf Winddruck. Beton und Eisen 1932, H. 20, S. 316.

Abeles, P., Die Berechnung symmetrischer Stabwerke mit Hilfe des V. M. S. Beton und Eisen 1924, H. 9, S. 110 und H. 10, S. 114.

Akira-Miura, Einführung der Festhaltemomente in die Rahmentheorie. Bericht vom Int. Ing.-Kongreß in Tokio 1929.

Amstutz, E., Vereinfachte Berechnung elastisch gestützter Tragwerke. Schweiz. Bauztg. 1937, Bd. 110, H. 25, S. 306.

Arnold, G., Beziehung zwischen dem Kraftverfahren und dem Formänderungsverfahren bei Berechnung statisch unbestimmter Tragwerke. Stahlbau 1938, H. 20, S. 155.

Baumann, M., Praktische Anwendungen einer allgemeinen Integrationsmethode zur Bestimmung von Momenten. Stahlbau 1937, H. 3, S. 22. — Über eine einfache Methode zur Bestimmung von Momenten. Schweiz. Bauztg. 1938, Bd. III, H. 10, S. 113.

Baeumelt, F., Tafel zur Bestimmung der Rahmenkonstanten bei der Festpunktmethode. Bauingenieur 1940, H. 39/40, S. 309. — Die Methode der Festpunkte und Methoden, die aus dieser folgen. Technische Umschau, Prag 1940. — Das Formänderungsverfahren ohne Formänderungen. Beton und Eisen 1941, H. 19, S. 260; dazu von Haage, W. u. Baeumelt, F., Beton und Eisen 1942, H. 5/6, S. 58. — Verallgemeinerte fortgeleitete Verformung. Bautechnik 1942, H. 48/49, S. 428; dazu von Blazek u. Baeumelt, F., Bautechnik 1943, H. 29/33, S. 217.

Becker, G., Vereinfachung Moersch'scher Formeln zur Berechnung von Stockwerkrahmen. Beton u. Eisen 1940, H. 20, S. 282.

Beyer, K., Die Statik im Eisenbetonbau. Springer, Berlin, 1933, Bd. I, 1934, Bd. II. — Baustatik. Taschenbuch für Bauingenieure, Springer, Berlin 1943, S. 215.

Blazek, J., Einflußlinien nach dem Grundsatz der fortgeleiteten Verformung. Beton und Eisen 1942, H. 7/8, S. 71.

Bleich, F., Die Berechnung statisch unbestimmter Tragwerke nach der Methode des Viermomentensatzes. Springer, Berlin 1925, 2. Aufl.

Cross, H., Dependability of the theory of concrete arches. Engineering Experiment Station, Urbana 1930. — Analysis of Continous Frames by Distributing Fixed-End Moments. Trans. Amer. Soc. civ. Engrs, 1932., Vol. 96.

Dasek, V., Das abgekürzte und verallgemeinerte Momentenverteilungsverfahren. Beton und Eisen 1940, H. 20, S. 286. — Das allgemeine Kräfte- und Momentenverteilungsverfahren. Beton und Eisen 1941, H. 15, S. 202.

Dernedde, W., Lösung linearer Gleichungen durch Iteration. Bauingenieur 1928, H. 1/2, S. 5. — Näherungsweise Berechnung von durchlaufenden Trägern und Rahmen. Bauingenieur 1938, H. 3/4, S. 45.

Dischinger, F., Der durchlaufende Träger und Rahmen auf elastisch senkbaren Stützen. Bauingenieur 1942, H. 3/4, S. 15, H. 9/10, S. 74. — Massivbau. Taschenbuch für Bauingenieure. Springer, Berlin 1943, S. 1320.

Domke, O., Zum Gauss'schen Auflösungsverfahren. Stahlbau 1929, H. 19, S. 227.

Efsen, A., Die Methode der primären Momente zur Berechnung ebener, statisch unbestimmter Systeme. Eine analytische Festpunktmethode. G. E. C. Gad, Kopenhagen 1931 und J. Jorgensen u. Co., Ivar Jautzen, Kobenhavn 1931. — Beitrag zur Lösung linearer Gleichungen. Abh. d. JVBH. 3, 1935, S 56.

Engesser, F., Die Berechnung der Stockwerkrahmen. Eisenbau 1920, S. 81.

Flak-Toennesen, R., Vereinfachte Berechnung von Stockwerkrahmen mit verschieblichen Knotenpunkten. Tekn. Ukebl. 1932, H. 29, 30.

Fliegel, E., Beitrag zur Berechnung hochgradig statisch unbestimmter Tragwerke in Verbindung mit den Verfahren von Cross und Kloucek. Beton und Eisen 1941, H. 21, S.285.

Floris, A., Verallgemeinertes Momentenausgleichverfahren. Beton und Eisen 1939, H. 10, S. 172.

Fornerod, M., Berechnung mehrstöckiger Rahmen durch die Methode der algebraischen Momentenverteilung. Schweiz. Bauztg. 1933, H. 18, S. 223.

Gehler, W., Rahmenberechnung mittels Drehwinkel. Festschrift „Otto Mohr zum 80. Geburtstag", Wilhelm Ernst, Berlin 1916. — Der Rahmen. Wilhelm Ernst u. Sohn, 1925, 3. Aufl.

Geisslreiter, A., Einspanngrade und Drehwiderstände. Beton u. Eisen 1939, H. 9, S. 154. — Drei Summensätze über Einspanngrade. Beton und Eisen 1940, H. 17, S. 245.

Goettlicher, H., Die Anwendung des Näherungsverfahrens nach Cross-Takabaya bei Berechnung hochgradig statisch unbestimmter Stockwerkrahmen. Bauingenieur 1941, H. 13/16, S. 130.

Grau, A., Kritische Betrachtung über verschiedene Verfahren zur Berechnung von Stockwerkrahmen bzw. Tragwerken aus biegesteifen Stäben. Beton und Eisen 1942, H. 17/18, S. 164, dazu von Loeser, H. 23/24, S. 222.

Grinter, L., Analysis of Continuous Frames by Balancing Angle Changes. Proc. Amer. Soc. civ. Engrs. 62, 1936, S. 995-1011.

Gruening, M., Elastizitätsgleichungen gegenseitiger Unabhängigkeit. Eisenbau 1921, Nr. 12, S. 305. — Die Statik des ebenen Tragwerkes. Springer, Berlin 1923 und 1925.

Guldan, R., Rahmentragwerke und Durchlaufträger. Springer, Wien 1940.

Habel, A., Gebrauchsfertige Formeln für die Festpunktabstände und Uebergangszahlen symmetrischer mehrstieliger Rahmen. Bauingenieur 1932, H. 1/2, S. 22. — Gebrauchsfertige Festpunktformeln zur Näherungsberechnung lotrecht belasteter symmetrischer Stockwerkrahmen. Bauingenieur 1932, H. 17/18, S. 237; dazu von O. Gottschalk, in H. 51/52, S. 620.

Hahn, A., Beitrag zur Praxis des Festpunktverfahrens insbesondere zur Berechnung von Stockwerkrahmen. Beton und Eisen 1940, H. 18, S. 254.

Halasz, R., Anschauliches Iterationsverfahren zur Auflösung von Elastizitätsgleichungen. Bautechnik 1940, H. 20, S. 233 und 1941, H. 24, S. 264.

v. Haller u. Kranl, Vereinfachte Berechnung der Rahmenstütze. Bauingenieur 1942, H. 9/10, S. 65.

Hertwig, A., Einige besondere Klassen linearer Gleichungen und ihre Auflösung in der Statik der durchlaufenden Träger und der Rahmengebilde. Eisenbau 1917, H. 4, S. 69. — Die Fehlerwirkungen beim Auflösen linearer Gleichungen und die Berechnung statisch unbestimmter Systeme. Eisenbau 1917, S. 110. — Die Berechnung der Rahmengebilde. Eisenbau 1921, S. 122. — Zur Berechnung symmetrischer statisch unbestimmter Gebilde. Bauingenieur 1928, H. 10, S. 161, H. 11, S. 186. — Das Kraftgrößenverfahren und das Formänderungsgrößenverfahren für die Berechnung statisch unbestimmter Gebilde. Stahlbau 1933, H. 19, S. 145, H. 26, S. 208.

Ihlenburg, W., Die Berechnung des Vierendeelträgers nach der Deformationsmethode. Bauingenieur 1933, H. 29/30, S. 385, H. 31/32, S. 410.

Jacobsen, A., Zur Berechnung durchlaufender Träger und Rahmen mit Schrägen, Beton und Eisen 1936, H. 16, S. 263, H. 17, S. 289.

Kammueller, K., Das Prinzip der virtuellen Verschiebungen. Eine grundsätzliche Betrachtung. Beton und Eisen 1937, H. 22, S. 363. — Die Berechnung des Stockwerkrahmens nach der Festpunktmethode. Bauingenieur 1938. H. 3/4, S. 42. — Statik der Rahmentragwerke. Wilhelm Ernst u. Sohn, Berlin 1939.

Kiesewetter, E., Rahmenberechnung nach Fukuhei Takabaya, erweitert für die Berücksichtigung des Einflusses von Pilzköpfen. Bauingenieur 1938, H. 27/28. S. 407.

Kirchhoff, G., Die Statik der Bauwerke. Wilhelm Ernst u. Sohn, Berlin 1938.

Kleinlogel, A., Mehrstielige Rahmen. Wilhelm Ernst u. Sohn, Berlin 1927, 2. Aufl. Bd. I und II. — Rahmenformeln. Wilhelm Ernst u. Sohn, Berlin 1929, 6. Aufl.

Kloucek, Verkürzte Lösung der Deformationsgleichungen. F. Rionac, Prag 1939. — Das Prinzip der fortgeleiteten Verformung als Weg zur Ausschaltung der Unbekannten aus dem Formänderungsverfahren. Wilhelm Ernst u. Sohn, Berlin 1941 und Beton und Eisen 1939, H. 24, S. 359. — Fortpflanzung der Deformation als Grundlage der neuen Rechnungsmethode. Wilhelm Ernst u. Sohn, Berlin 1941 und F. Rionac, Prag 1940.

Kohl, E., Rechenkontrollen für statisch unbestimmte Systeme. Bauingenieur 1933, H. 39/40, S. 502. Die Bedeutung der Orthogonalität für die Berechnung hochgradig statisch unbestimmter Systeme. Stahlbau 1934, H. 1, S. 1.

Kruck, G., Die Methode der Grundkoordinaten. Gebr. Leemann, Zürich 1937, Schweiz. Bauztg. 1935, Bd. 105, H. 7, S. 71 u. H. 8, S. 90.

Kruys, F., Ein amerikanisches Verfahren zur Berechnung vielfach statisch unbestimmter Systeme. Der Ingenieur 1934, Nr. 2, S. B 4.

Kuehl, E., Ueber die Anwendung des Superpositionsgesetzes in der Statik. Bauingenieur 1938, H. 23/24, S. 356.

Kusevic, R., Das Nüllfeldverfahren zur allgemeinen Ermittlung der Einflußlinien von Balken und Rahmentragwerken. Stahlbau 1939, H. 16, S. 121 u. H. 17, S. 134.

Lamberg, R., Ansatzkontrollen von Elastizitätsgleichungen. Bauingenieur 1942, H. 31/32, S. 233.

Landes, P., Zur Berechnung von Stockwerkrahmen und durchlaufenden Trägern. Beton und Eisen 1939, H. 9, S. 152, H. 21, S. 331. — Berechnung der elastischen Einpannung von Stützengrundkörpern nach dem Verfahren von Cross. Bautechnik 1941, H. 24, S. 261.

Lewe, V., Die schematisch-rechnerische Auflösung der allgemeinen sowie der drei- und fünfgliedrigen Elastizitätsgleichungen. Eisenbau 1916, S. 175, Handb. f. Eisenbetonbau, 2. Aufl.. Bd. X, „Hochbau", II. Teil, S. 49, Wilhelm Ernst u. Sohn, Berlin 1920.

Liévin, A., Mèthodes de Calculs des Constructions complexes. Thèorie et Applications, (Statische Berechnung von Rahmen allgemeiner Form, mit geraden, gebrochenen oder gekrümmten Einzelstäben). Paris 1933.

Loeser, B., Stockwerkrahmen für senkrechte Lasten. Bauingenieur 1940, H. 33/34, S. 267.

Luehrs, J., Die Einspannung der durchlaufenden Träger durch Randsäulen. Bauingenieur 1939, H. 41/42, S. 528. — Praktische Berechnung durchlaufender Träger. R. Oldenburg, Berlin, 2. Aufl. 1943.

Luetkens, O., Die Berechnung eines räumlichen Stabwerkes von zyklischer Symmetrie. Diss. T. H., Hannover 1926. — Die Berechnung des achtstieligen Kaminkühlerunterbaues als räumliches Stabwerk. Bauingenieur 1940, H. 33/34, S. 259 und 1942, H. 43/44, S. 317.

Manger, A., Der durchlaufende Balken auf elastisch drehbaren und elastisch senkbaren Stützen einschließlich des Balkens auf stetiger elastischer Unterlage. Gebr. Leemann u. Co. Zürich 1939. Mitt. a. d. Inst. f. Baustatik Nr. 10.

Mann, L., Theorie der Rahmenwerke auf neuer Grundlage. Springer, Berlin 1927. — Grundlagen zu einer Theorie räumlicher Rahmentragwerke. Stahlbau 1939, H. 19/20, S. 145, H. 21/22, S. 153.

Martens, K., Vereinfachtes Festpunktverfahren. Beton und Eisen 1938, H. 21, S. 347. — Verfahren zur Berechnung durchlaufender Träger und Stockwerkrahmen. Beton und Eisen 1940, H. 15, S. 207, 1941, H. 12, S. 162 u. H. 13, S. 178; dazu von Leonhardt, K. in Beton und Eisen 1942, H. 11/12, S. 119.

Mayer, M,, Zur Berechnung von Stockwerkrahmen. Beton und Eisen 1930, H. 12, S. 218. — „Widerstandsrechnung" mit „Belastungsgliedern". Beton und Eisen 1938, H. 18, S. 300. — Neue Statik der Tragwerke aus biegungssteifen Stäben. Bauwelt-Verlag, Berlin.

Mehmke, R., Ueber die zweckmäßigste Art, lineare Gleichungen durch Elimination aufzulösen. Z. angew. Math. Mech. 1930, S. 508.

Melan, E., Theorie statisch unbestimmter Systeme. JVBH., 2. Kongr., Berlin 1936, Vorber. S. 45.

Meles, A., Die Berechnung des einfachen Stockwerkrahmens nach dem Doppelstab-Verfahren. Beton und Eisen 1940, H. 19, S. 272, H. 20, S. 283. — Die Berechnung des Pfostenträgers mit gleichen Gurten nach dem Doppelstab-Verfahren. Beton und Eisen 1941, H. 19, S. 254, H. 20, S. 273.

Millies, A., Räumliche Vieleckrahmen mit eingespannten Füßen unter Berücksichtigung der Windbelastung. Springer, Berlin 1927. — Zylindrische Stockwerkrahmen. Bauingenieur 1932, H. 11/12, S. 162.

Moersch, E., Der durchlaufende Träger. Konrad Wittwer, Stuttgart 1938.

Mueller-Breslau, H., Die graphische Statik der Baukonstruktionen. Alfred Kröner, Leipzig, 1905. — Die neuen Methoden der Festigkeitslehre und der Statik der Baukonstruktionen. Alfred Kröner, Leipzig, 1913, 4. Aufl. — Zur Auflösung mehrgliedriger Elastizitätsgleichungen. Eisenbau 1916, S. 111 und 299. — Zur Auflösung der mehrgliedrigen Elastizitätsgleichungen, Anwendung auf mehrfach gestützte Rahmen. Eisenbau 1917, S. 193.

Mueller, S., Zur Berechnung mehrfach statisch unbestimmter Tragwerke. Zbl. Bauverw. 1907, H. 23, S. 255.

Novak, O., Bedeutung der Steifigkeit und des Einspanngrades in Rahmenkonstruktionen Techn. Bl., Prag 1939 (tscheschisch). — Verkürzte Lösung eines waagerecht belasteten Stockwerkrahmens und fortgeleitete Verformung bei der Verschiebung der Knotenpunkte. Techn. Bl., Prag 1941 (tscheschisch).

Palotas, L., Durchlaufträger auf elastischen Stützen. Beton und Eisen 1942, H. 5/6, S. 52.

Pasternak, P., Beitrag zur Berechnung statisch unbestimmter Systeme, Eisenbau 1922, Nr. 3, S. 61. Dazu von Ratzersdorfer u. Pasternak in Nr. 8. — Beiträge zur Berechnung vielfach statisch unbestimmter Stabsysteme. Eisenbau 1922, Nr. 11, S. 239. — Der abgekürzte Gauß'sche Algorithmus. Diss. T. H., Zürich 1926. — Die graphische Berechnung des kontinuierlichen Trägers auf elastisch drehbaren Stützen nach dem räumlichen Massenschwerpunkt-Verfahren. Bauingenieur 1927, H. 47, S. 869. — Berechnung vielfach statisch unbestimmter biegefester Stab- und Flächentragwerke. Dreigliedrige Systeme. Gebr. Leemann u. Co., Zürich 1927. — Die graphische Berechnung der kontinuierlichen Träger mit frei und elastisch drehbarer Stützung nach dem ebenen Massenschwerpunkt und Seilpolygon-Verfahren. Schweiz. Bauztg, 1928, H. 24, S. 291.

Pillat, E., Zur Berechnung von Rahmen. Beton und Eisen 1940, H. 15, S. 212, dazu von Guldan in H. 22, S. 327.

Pirlet, J., Kompendium der Statik der Baukonstruktionen. Springer, Berlin 1921. — Berechnung von Stockwerkrahmen. Bauingenieur 1922, H. 1, S. 18. — Die Berechnung durchlaufender Träger und verwandter Systeme mit dreigliedrigen Elastizitätsgleichungen. Bauingenieur 1939, H. 33/34, S. 461. — Vereinfachtes Verfahren zur Berechnung des Rahmenträgers (Vierendeel-Trägers). Bauingenieur 1940, H. 9/10, S. 72.

Pohl,. Zur Berechnung mehrstieliger Stockwerkrahmen auf Winddruck. Bauingenieur 1942' H. 17/18, S. 119. Berichtigung in H. 27/28, S. 210.

Popp. Zur Berechnung hochgradig statisch unbestimmter Rahmentragwerke aus geraden Stäben. Z. d. VD I., 1944, Bd. 88, H. 49/50.

Reisinger, E., Beitrag zur Berechnung räumlicher Rahmenwerke. Diss,, Dresden 1922. — Zur Berechnung räumlicher Rahmenwerke. Bauingenieur 1924, H. 1, S. 5, H. 2, S. 28, H. 3, S. 57. — Berechnung eines Kühlturmunterbaues als räumliches Stabwerk. Bauingenieur 1926, H. 28, S. 550.

Rieger, J., Berechnung statisch unbestimmter Systeme, I. Teil: „Der einfache Rahmenträger". Deuticke, 1930. — Calcul des Constructions Hyperstatiques Cadres et Portiques étagés multiples. (Berechnung statisch unbestimmter Systeme — Mehrstockrahmen.) Dunod, Paris 1936, III. Teil.

Robert, G., Die Theorie der Einspannungsgrade in der Berechnung statisch unbestimmter Systeme. Ann. Law. publ. 1937, H. 6, S. 487.

Rudakow, A., Berechnung der räumlichen symmetrischen Vieleckrahmen für beliebige Belastungen. Ing. Arch. II, 1931, S. 528. — Berechnung räumlicher Rahmen nach der Deformationsmethode. Stahlbau 1934, H. 4, S. 25.

Saliger, R., Praktische Statik. Franz Deuticke, Wien, 4. Aufl. 1944.

Schleusner, A., Zum Prinzip der virtuellen Verschiebungen. Beton und Eisen 1938, H. 15, S. 252. — Das Prinzip der virtuellen Verrückungen und der Variationsprinzipien der Elastizitätstheorie. Stahlbau 1938, H. 24, S. 185.

Schneider, K., Vereinfachte Methoden zur Bestimmung der Festpunkte. Schweiz. Bauztg. 1938, Bd. III, H. 12, S. 137.

Staack, J., Rahmen und Balken, Springer, Berlin 1931.

Strassner, A., Berechnung statisch unbestimmter Systeme. Wilhelm Ernst u. Sohn, Berlin 1929. — Neuere Methoden zur Statik der Rahmentragwerke. Wilhelm Ernst u. Sohn, Berlin 1937, 4. Aufl.

Suess, G., Vereinfachtes Verfahren zur Bestimmung von Festpunktabständen und Uebergangszahlen. Bauingenieur 1931, H. 38, S. 666; dazu von Beljakow, Th., Bauingenieur H. 51, S. 903.

Suter, E., Die Methode der Festpunkte. Springer, Berlin 1932.

Takabeya, F., Rahmentafeln. Springer, Berlin 1930. — A new Method of Wind Stress Calculation in High Building Frames. Abh. d. Hokkaido Imperial Universität Sapporo, Japan, 1932. — Das Verhalten der Gleichungsstabulierung zur Berechnung des durchlaufenden Rahmens mit verschieden hohen senkrechten Stielen. Bauingenieur 1933, H. 7/8, S. 92 u. H. 9/10, S. 126.

Tester, K., Einige besondere Rahmenformen in der Praxis der Drehwinkelverfahren. Beton und Eisen 1941, H. 11, S. 156.

Thoms, A., Die Berechnung harmonischer Stockwerkrahmen und Vierendeelträger mit Hilfe von Kreisfunktionen. Stahlbau 1937, H. 25, S. 195 u. 1938, H. 2, S. 12. — Der n-stielige Stockwerkrahmen ist n-fach unbestimmt. Forscherarb. Stahlbau, Springer, Berlin 1941, H. 4.

Unold, G., Die praktische Berechnung der Stahlskelettrahmen. Wilhelm Ernst u. Sohn, Berlin 1933. — Beziehung zwischen dem Kraftverfahren und dem Formänderungsverfahren bei Berechnung statisch unbestimmter Tragwerke. Stahlbau 1938, H. 20, S. 155.

Vogt, H., Abgekürzte Berechnung von Festpunktabständen und Uebergangszahlen an Rahmentragwerken. Schweiz. Bauztg. 1939, Bd. 114, H. 14, S. 161.

Wachendorf, F., Beitrag zur Anwendung der Festpunktmethode. Beton und Eisen 1940, H. 16, S. 232. — Zur Berechnung geschlossener Symmetrierahmen nach dem Festpunktverfahren. Beton und Eisen 1941, H. 7, S. 104.

Wiedemann, E., Ein neues Verfahren praktischer Rahmenberechnung. Stahlbau 1939, H. 16, S. 125.

Wilke, J., Einfaches und übersichtliches Verfahren zur Berechnung für den durchlaufenden Träger. Bauingenieur 1940, H. 37/38, S. 296. — Die Lösung eines homogenen Systems als Grundlage der praktischen Rahmenberechnung. Bauingenieur 1942, H. 49/50, S. 357. — Der Durchlaufträger auf federnden Stützen. Stahlbau 1942, H. 25/26, S. 89.

Wittmeyer, H., Ueber die Lösung von linearen Gleichungssystemen durch Iteration. Z. angew. Math, Mech. 1936, S. 301.

Wix, H. u. Dornau, H., Beitrag zum Momentenausgleichverfahren. Bauingenieur 1942, H. 35/36, S. 267.

Worch, G., Ueber die zweckmäßigste Art, lineare Gleichungen aufzulösen. Z. angew. Math. Mech. 1932, S. 175.

ANHANG.
Zahlentafeln A 1 bis A 9.

(Ergänzung zur Zahlentafel A 1.)

Umrechnungsfaktoren
der Belastungsglieder für feldsymmetrische Belastung.

Unter Zugrundelegung der gleichen Gesamt-
last Q lauten die Umrechnungsfaktoren U:

Nr.	Lastfälle	U
1		1
2		$3x - 2x^2$
3		$\dfrac{5}{4}$
4		$1 + x - x^2$
5		$6\,x \cdot x_1$
6		$\dfrac{n+1}{n}$
7		$\dfrac{2n^2 + 1}{2n^2}$

Zahlentafel A 1 $B_{ki} = \dfrac{6}{s_{ki}} \cdot \int M_o \cdot M \cdot dx$ nach Vorzeichenregel I

Nr.	Belastung für M_o (Stab ki)	$\dfrac{B_{ik}}{C}$	$\dfrac{B_{ki}}{C}$	$\dfrac{B'_{ki}}{C}$
1	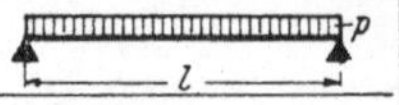 gleichmäßige Last p über l	$-\dfrac{1}{4}$	$-\dfrac{1}{4}$	$-\dfrac{1}{2}$
2	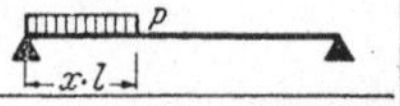 Last p, $x \cdot l$	$-\dfrac{1}{4}(2x^2 - x^4)$	$-\dfrac{1}{4}x^2(2-x)^2$	$-\dfrac{1}{2}(3x^2 - 2x^3)$
3	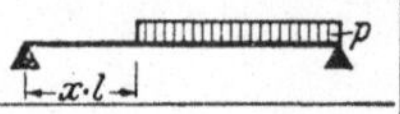 Last p, $x \cdot l$	$-\dfrac{1}{4}x_1^2(2-x_1)^2$	$-\dfrac{1}{4}(2x_1^2 - x_1^4)$	$-\dfrac{1}{2}(3x_1^2 - 2x_1^3)$
4	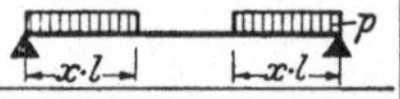 Last p, $x \cdot l$	$-\dfrac{1}{2}(3x^2 - 2x^3)$	$-\dfrac{1}{2}(3x^2 - 2x^3)$	$-(3x^2 - 2x^3)$
5	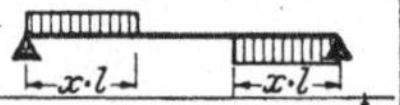 Last p, $x \cdot l$	$+\dfrac{1}{2}x^2 \cdot x_1^2$	$-\dfrac{1}{2}x^2 \cdot x_1^2$	0
6	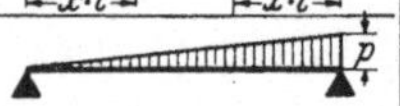 Dreieckslast p	$-\dfrac{8}{60}$	$-\dfrac{7}{60}$	$-\dfrac{1}{4}$
7	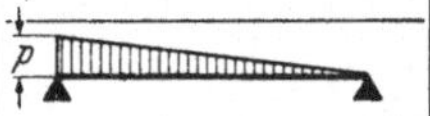 Dreieckslast p	$-\dfrac{7}{60}$	$-\dfrac{8}{60}$	$-\dfrac{1}{4}$
8	 Dreieckslast p	$-\dfrac{5}{32}$	$-\dfrac{5}{32}$	$-\dfrac{5}{16}$
9	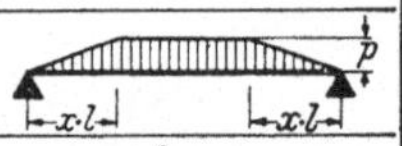 Last p, $x \cdot l$	$-\dfrac{1}{4}(1 - 2x^2 + x^3)$	$-\dfrac{1}{4}(1 - 2x^2 + x^3)$	$-\dfrac{1}{2}(1 - 2x^2 + x^3)$
10	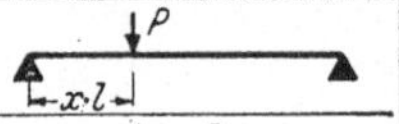 Einzellast P, $x \cdot l$	$-(x - x^3)$	$-(x_1 - x_1^3)$	$-3x \cdot x_1$
11	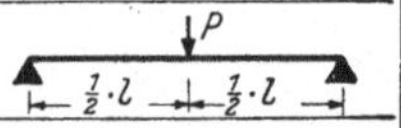 Einzellast P, $\tfrac{1}{2}l$, $\tfrac{1}{2}l$	$-\dfrac{3}{8}$	$-\dfrac{3}{8}$	$-\dfrac{3}{4}$
12	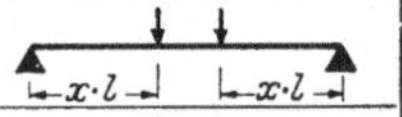 $x \cdot l$, $x \cdot l$	$-3x \cdot x_1$	$-3x \cdot x_1$	$-6x \cdot x_1$
13	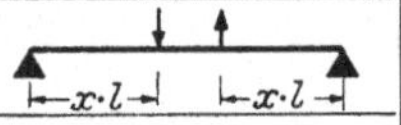 $x \cdot l$, $x \cdot l$	$+x \cdot x_1 \cdot x_2$	$-x \cdot x_1 \cdot x_2$	0
14	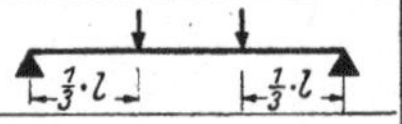 $\tfrac{1}{3}l$, $\tfrac{1}{3}l$	$-\dfrac{2}{3}$	$-\dfrac{2}{3}$	$-\dfrac{4}{3}$
15	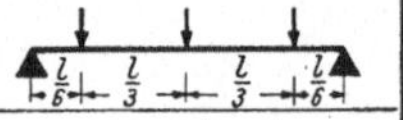 $\tfrac{l}{6}$, $\tfrac{l}{3}$, $\tfrac{l}{3}$, $\tfrac{l}{6}$	$-\dfrac{19}{24}$	$-\dfrac{19}{24}$	$-\dfrac{19}{12}$
16	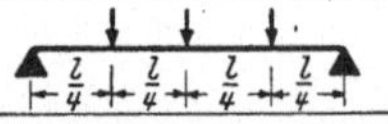 $\tfrac{l}{4}$, $\tfrac{l}{4}$, $\tfrac{l}{4}$, $\tfrac{l}{4}$	$-\dfrac{15}{16}$	$-\dfrac{15}{16}$	$-\dfrac{15}{8}$
17	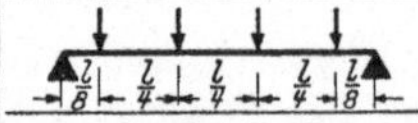 $\tfrac{l}{8}$, $\tfrac{l}{4}$, $\tfrac{l}{4}$, $\tfrac{l}{4}$, $\tfrac{l}{8}$	$-\dfrac{33}{32}$	$-\dfrac{33}{32}$	$-\dfrac{33}{16}$
18	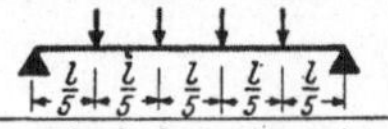 $\tfrac{l}{5}$, $\tfrac{l}{5}$, $\tfrac{l}{5}$, $\tfrac{l}{5}$, $\tfrac{l}{5}$	$-\dfrac{6}{5}$	$-\dfrac{6}{5}$	$-\dfrac{12}{5}$
19	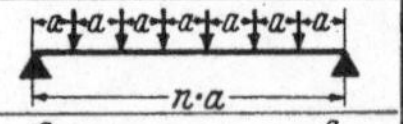 a, a, … , $n \cdot a$	$-\dfrac{n^2 - 1}{4n}$	$-\dfrac{n^2 - 1}{4n}$	$-\dfrac{n^2 - 1}{2n}$
20	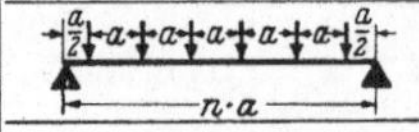 $\tfrac{a}{2}$, a, … , $\tfrac{a}{2}$, $n \cdot a$	$-\dfrac{2n^2 + 1}{8n}$	$-\dfrac{2n^2 + 1}{8n}$	$-\dfrac{2n^2 + 1}{4n}$
21	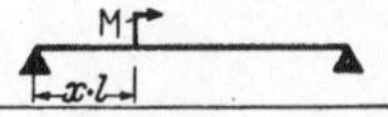 Moment M, $x \cdot l$	$-(1 - 3x^2)$	$+(1 - 3x_1^2)$	$-3x_2$
22	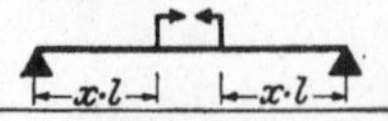 Moment M, $x \cdot l$, $x \cdot l$	$-3x_2$	$-3x_2$	$-6x_2$
23	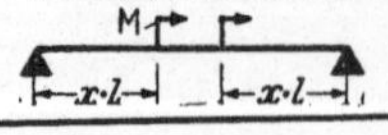 Moment M, $x \cdot l$, $x \cdot l$	$-(1 - 6x \cdot x_1)$	$-(1 - 6x \cdot x_1)$	0

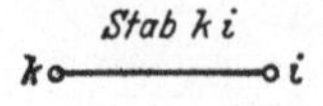

$$x_1 = 1 - x; \quad x_2 = 1 - 2x$$

$\dfrac{B''_{ki}}{C}$	$\dfrac{B^*_{ik}}{C}$	$\dfrac{B^*_{ki}}{C}$	C
0	$-\dfrac{1}{8}$	$-\dfrac{1}{8}$	$p \cdot l^2$
$+\dfrac{1}{2}x^2\cdot x_1^2$	$-\dfrac{x^3}{8}(4-3x)$	$-\dfrac{x^2}{8}(1+2x_1+3x_1^2)$	„
$-\dfrac{1}{2}x^2\cdot x_1^2$	$-\dfrac{x_1^2}{8}(1+2x+3x^2)$	$-\dfrac{x_1^3}{8}(4-3x_1)$	„
0	$-\dfrac{1}{4}(3x^2-2x^3)$	$-\dfrac{1}{4}(3x^2-2x^3)$	„
$+x^2\cdot x_1^2$	$+\dfrac{3}{4}x^2\cdot x_1^2$	$-\dfrac{3}{4}x^2\cdot x_1^2$	„
$-\dfrac{1}{60}$	$-\dfrac{3}{40}$	$-\dfrac{1}{20}$	„
$+\dfrac{1}{60}$	$-\dfrac{1}{20}$	$-\dfrac{3}{40}$	„
0	$-\dfrac{5}{64}$	$-\dfrac{1}{64}$	„
0	$-\dfrac{1}{8}(1-2x^2+x^3)$	$-\dfrac{1}{8}(1-2x^2+x^3)$	„
$+x\cdot x_1\cdot x_2$	$-\dfrac{3}{2}x^2\cdot x_1$	$-\dfrac{3}{2}x\cdot x_1^2$	$P\cdot l$
0	$-\dfrac{3}{16}$	$-\dfrac{3}{16}$	„
0	$-\dfrac{3}{2}x\cdot x_1$	$-\dfrac{3}{2}x\cdot x_1$	„
$+2x\cdot x_1\cdot x_2$	$+\dfrac{3}{2}x\cdot x_1\cdot x_2$	$+\dfrac{3}{2}x\cdot x_1\cdot x_2$	„
0	$-\dfrac{1}{3}$	$-\dfrac{1}{3}$	„
0	$-\dfrac{19}{48}$	$-\dfrac{19}{48}$	„
0	$-\dfrac{15}{32}$	$-\dfrac{15}{32}$	„
0	$-\dfrac{33}{64}$	$-\dfrac{33}{64}$	„
0	$-\dfrac{3}{5}$	$-\dfrac{3}{5}$	„
0	$-\dfrac{n^2-1}{8n}$	$-\dfrac{n^2-1}{8n}$	„
0	$-\dfrac{2n^2+1}{16n}$	$-\dfrac{2n^2+1}{16n}$	„
$+(1-6x\cdot x_1)$	$-\dfrac{3}{2}(2x-3x^2)$	$+\dfrac{3}{2}(2x_1-3x_1^2)$	M
0	$-\dfrac{3}{2}x_2$	$-\dfrac{3}{2}x_2$	„
$+2(1-6x\cdot x_1)$	$+\dfrac{3}{2}(1-6x\cdot x_1)$	$-\dfrac{3}{2}(1-6x\cdot x_1)$	„

Ergänzung zu Zahlentafel A 1 siehe Seite 249.

Zahlentafel A 2

Nr.	Belastung für M_0	$\dfrac{M_{ki,0}}{C}$	$\dfrac{M_{ik,0}}{C}$
1		$+\dfrac{1}{12}$	$-\dfrac{1}{12}$
2		$+\dfrac{x^2}{12}\,(1+2\,x_1+3\,x_1^2)$	$-\dfrac{x^3}{12}\,(4-3\,x)$
3		$+\dfrac{x_1^3}{12}\,(4-3\,x_1)$	$-\dfrac{x_1^2}{12}\,(1+2\,x+3\,x^2)$
4		$+\dfrac{1}{6}\,(3\,x^2-2\,x^3)$	$-\dfrac{1}{6}\,(3\,x^2-2\,x^3)$
5		$+\dfrac{1}{2}\,x^2\cdot x_1^2$	$+\dfrac{1}{2}\,x^2\cdot x_1^2$
6		$+\dfrac{1}{30}$	$-\dfrac{1}{20}$
7		$+\dfrac{1}{20}$	$-\dfrac{1}{30}$
8		$+\dfrac{5}{96}$	$-\dfrac{5}{96}$
9		$+\dfrac{1}{12}\,(1-2\,x^2+x^3)$	$-\dfrac{1}{12}\,(1-2\,x^2+x^3)$
10		$+x\cdot x_1^2$	$-x^2\cdot x_1$
11		$+\dfrac{1}{8}$	$-\dfrac{1}{8}$
12		$+x\cdot x_1$	$-x\cdot x_1$
13		$+x\cdot x_1\cdot x_2$	$+x\cdot x_1\cdot x_2$
14		$+\dfrac{2}{9}$	$-\dfrac{2}{9}$
15		$+\dfrac{19}{72}$	$-\dfrac{19}{72}$
16		$+\dfrac{5}{16}$	$-\dfrac{5}{16}$
17		$+\dfrac{11}{32}$	$-\dfrac{11}{32}$
18		$+\dfrac{2}{5}$	$-\dfrac{2}{5}$
19		$+\dfrac{n^2-1}{12\,n}$	$-\dfrac{n^2-1}{12\,n}$
20		$+\dfrac{2\,n^2+1}{24\,n}$	$-\dfrac{2\,n^2+1}{24\,n}$
21		$-(2\,x_1-3\,x_1^2)$	$-2\,x-3\,x^2$
22		$+x_2$	$-x_2$
23		$+1-6\,x\cdot x_1$	$+1-6\,x\cdot x_1$

$\dfrac{M'_{ki,0}}{C}$	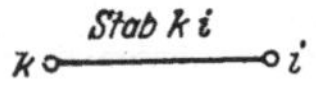 Belastung für M_0	 $\dfrac{M''_{ki,0}}{C}$	$\dfrac{M''_{ik,0}}{C}$	C
$+\dfrac{1}{8}$	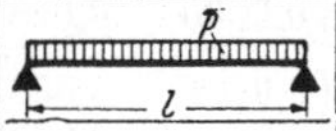	$+\dfrac{1}{3}$	$+\dfrac{1}{6}$	$p \cdot l^2$
$+\dfrac{x^2}{8}(2-x)^2$				„
$+\dfrac{1}{8}(2x_1^2 - x_1^4)$				„
$+\dfrac{1}{4}(3x^2 - 2x^3)$	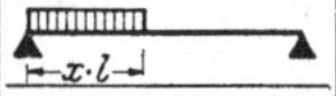	$+\dfrac{1}{6}(3x^2 - x^3)$	$+\dfrac{x^3}{6}$	„
$+\dfrac{1}{4}x^2 \cdot x_1^2$				„
$+\dfrac{7}{120}$				„
$+\dfrac{1}{15}$				„
$+\dfrac{5}{64}$	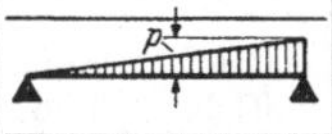	$+\dfrac{5}{24}$	$+\dfrac{1}{8}$	„
$+\dfrac{1}{8}(1 - 2x^2 + x^3)$	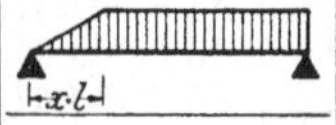	$+\dfrac{1}{24}(8 - 4x^2 + x^3)$	$+\dfrac{1}{24}(4 - x^3)$	„
$+\dfrac{1}{2}(x_1 - x_1^3)$				$P \cdot l$
$+\dfrac{3}{16}$				„
$+\dfrac{3}{2}x \cdot x_1$	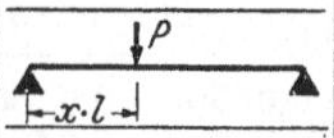	$+\dfrac{1}{2}(2x - x^2)$	$+\dfrac{1}{2}x^2$	„
$+\dfrac{1}{2}x \cdot x_1 \cdot x_2$				„
$+\dfrac{1}{3}$	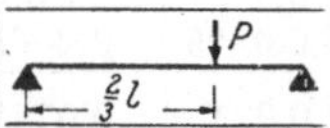	$+\dfrac{4}{9}$	$+\dfrac{2}{9}$	„
$+\dfrac{19}{48}$	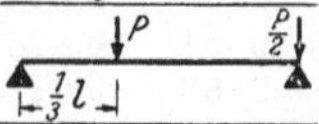	$+\dfrac{19}{36}$	$+\dfrac{11}{36}$	„
$+\dfrac{15}{32}$	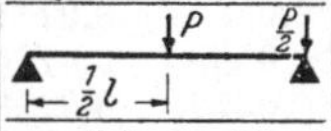	$+\dfrac{5}{8}$	$+\dfrac{3}{8}$	„
$+\dfrac{33}{64}$	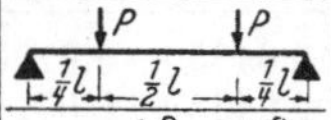	$+\dfrac{11}{16}$	$+\dfrac{5}{16}$	„
$+\dfrac{3}{5}$	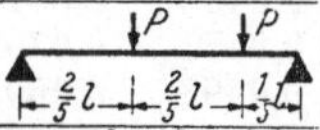	$+\dfrac{4}{5}$	$+\dfrac{2}{5}$	„
$+\dfrac{n^2-1}{8n}$	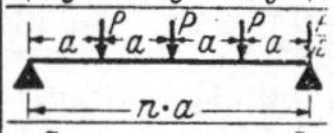	$+\dfrac{4n^2-1}{12n}$	$+\dfrac{2n^2+1}{12n}$	„
$+\dfrac{2n^2+1}{16n}$	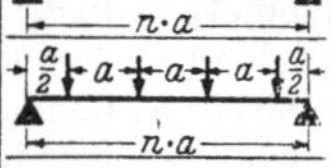	$+\dfrac{8n^2+1}{24n}$	$+\dfrac{4n^2-1}{24n}$	„
$-\dfrac{1}{2}(1 - 3x_1^2)$				M
$+\dfrac{3}{2}x_2$		$+x_1$	$+x$	„
$+\dfrac{1}{2}(1 - 6x \cdot x_1)$				„

a hlentafel A 3   **Funktionswerte von x**

$$x_1 = 1 - x \;\; ; \;\;\; x_2 = 1 - 2x \;\; ;$$

x	$\dfrac{1}{4}\cdot$ $(2x^2-x^4)$	$\dfrac{1}{4}\cdot$ $x^2(2-x)^2$	$\dfrac{1}{2}\cdot$ $(3x^2-2x^3)$	$\dfrac{1}{2}\cdot$ $x^2\cdot x_1^2$	$\dfrac{x^2}{12}\cdot$ $(1+2x_1+3x_1^2)$	$\dfrac{x^3}{12}\cdot$ $(4-3x)$	$\dfrac{x^2}{8}\cdot$ $(2-x)^2$	$\dfrac{x_1^2}{12}\cdot$ $(1+2x+3x^2)$	$\dfrac{1}{8}\cdot$ $(2x^2-x^4)$	$\dfrac{1}{4}\cdot$ $(1-2x^2+x^4)$	$x-x^3$
0,00	0,0000	0,0000	0,0000	0,0000	0,0000	0,0000	0,0000	0,0833	0,0000	0,2500	0,000
0,01	0,0001	0,0001	0,0002	0,0001	0,0001	0,0000	0,0001	0,0833	0,0000	0,2500	0,010
0,02	0,0002	0,0004	0,0006	0,0002	0,0002	0,0000	0,0002	0,0833	0,0001	0,2498	0,020
0,03	0,0005	0,0009	0,0013	0,0004	0,0005	0,0000	0,0004	0,0833	0,0002	0,2496	0,030
0,04	0,0008	0,0015	0,0023	0,0007	0,0007	0,0000	0,0008	0,0833	0,0004	0,2492	0,040
0,05	0,0013	0,0024	0,0036	0,0011	0,0012	0,0000	0,0012	0,0833	0,0006	0,2488	0,050
0,06	0,0018	0,0034	0,0052	0,0016	0,0017	0,0001	0,0017	0,0833	0,0009	0,2483	0,060
0,07	0,0025	0,0046	0,0070	0,0021	0,0022	0,0001	0,0023	0,0832	0,0012	0,2476	0,070
0,08	0,0032	0,0059	0,0091	0,0027	0,0028	0,0002	0,0030	0,0832	0,0016	0,2469	0,080
0,09	0,0041	0,0074	0,0114	0,0034	0,0036	0,0002	0,0037	0,0831	0,0020	0,2461	0,089
0,10	0,0050	0,0090	0,0140	0,0041	0,0043	0,0003	0,0045	0,0830	0,0025	0,2453	0,099
0,11	0,0060	0,0108	0,0168	0,0048	0,0052	0,0004	0,0054	0,0829	0,0030	0,2443	0,109
0,12	0,0072	0,0127	0,0199	0,0056	0,0061	0,0005	0,0064	0,0828	0,0036	0,2432	0,118
0,13	0,0084	0,0148	0,0232	0,0064	0,0071	0,0007	0,0074	0,0827	0,0042	0,2421	0,128
0,14	0,0097	0,0170	0,0267	0,0073	0,0081	0,0008	0,0085	0,0825	0,0048	0,2409	0,137
0,15	0,0111	0,0193	0,0304	0,0081	0,0091	0,0010	0,0096	0,0823	0,0056	0,2396	0,147
0,16	0,0127	0,0217	0,0343	0,0090	0,0102	0,0012	0,0108	0,0821	0,0063	0,2382	0,156
0,17	0,0143	0,0242	0,0384	0,0100	0,0114	0,0014	0,0121	0,0819	0,0071	0,2368	0,165
0,18	0,0160	0,0268	0,0428	0,0109	0,0126	0,0017	0,0134	0,0816	0,0080	0,2353	0,174
0,19	0,0177	0,0296	0,0473	0,0119	0,0138	0,0020	0,0148	0,0814	0,0088	0,2337	0,183
0,20	0,0196	0,0324	0,0520	0,0128	0,0150	0,0023	0,0162	0,0811	0,0098	0,2320	0,192
0,21	0,0216	0,0353	0,0569	0,0138	0,0164	0,0026	0,0177	0,0807	0,0108	0,2303	0,201
0,22	0,0236	0,0383	0,0620	0,0147	0,0177	0,0030	0,0192	0,0804	0,0118	0,2285	0,209
0,23	0,0258	0,0414	0,0672	0,0157	0,0190	0,0034	0,0207	0,0800	0,0129	0,2266	0,218
0,24	0,0280	0,0446	0,0726	0,0166	0,0204	0,0038	0,0223	0,0795	0,0140	0,2247	0,226
0,25	0,0303	0,0479	0,0781	0,0176	0,0218	0,0042	0,0239	0,0791	0,0151	0,2227	0,234
0,26	0,0327	0,0512	0,0838	0,0185	0,0232	0,0047	0,0256	0,0786	0,0163	0,2206	0,242
0,27	0,0351	0,0546	0,0897	0,0194	0,0247	0,0052	0,0273	0,0781	0,0175	0,2185	0,250
0,28	0,0377	0,0580	0,0957	0,0203	0,0261	0,0058	0,0295	0,0775	0,0188	0,2163	0,258
0,29	0,0403	0,0615	0,1018	0,0212	0,0276	0,0064	0,0307	0,0770	0,0201	0,2141	0,266
0,30	0,0430	0,0650	0,1080	0,0221	0,0290	0,0070	0,0325	0,0763	0,0215	0,2118	0,273
0,31	0,0458	0,0686	0,1144	0,0229	0,0305	0,0076	0,0343	0,0757	0,0229	0,2094	0,280
0,32	0,0486	0,0723	0,1208	0,0237	0,0320	0,0083	0,0361	0,0750	0,0243	0,2070	0,287
0,33	0,0515	0,0759	0,1274	0,0245	0,0335	0,0090	0,0380	0,0743	0,0257	0,2045	0,294
$^1/_3$	0,0525	0,0772	0,1296	0,0247	0,0339	0,0093	0,0386	0,0741	0,0262	0,2037	0,296
0,34	0,0545	0,0796	0,1341	0,0252	0,0349	0,0098	0,0398	0,0736	0,0272	0,2020	0,301
0,35	0,0575	0,0834	0,1409	0,0259	0,0364	0,0105	0,0417	0,0728	0,0287	0,1995	0,307
0,36	0,0606	0,0871	0,1478	0,0265	0,0379	0,0114	0,0436	0,0720	0,0303	0,1969	0,313
0,37	0,0638	0,0909	0,1547	0,0272	0,0394	0,0122	0,0455	0,0711	0,0319	0,1942	0,319
0,38	0,0670	0,0947	0,1617	0,0278	0,0408	0,0131	0,0474	0,0702	0,0335	0,1915	0,325
0,39	0,0703	0,0986	0,1688	0,0283	0,0423	0,0140	0,0493	0,0693	0,0351	0,1888	0,331
0,40	0,0736	0,1024	0,1760	0,0288	0,0437	0,0149	0,0512	0,0684	0,0368	0,1860	0,336
0,41	0,0770	0,1062	0,1832	0,0293	0,0452	0,0159	0,0531	0,0674	0,0385	0,1832	0,341
0,42	0,0804	0,1101	0,1905	0,0297	0,0466	0,0169	0,0551	0,0664	0,0402	0,1803	0,346
0,43	0,0839	0,1139	0,1979	0,0300	0,0480	0,0180	0,0570	0,0654	0,0419	0,1774	0,350
0,44	0,0875	0,1178	0,2052	0,0304	0,0494	0,0190	0,0589	0,0643	0,0437	0,1745	0,355
0,45	0,0910	0,1216	0,2126	0,0306	0,0508	0,0201	0,0608	0,0632	0,0455	0,1715	0,359
0,46	0,0946	0,1255	0,2201	0,0309	0,0521	0,0213	0,0627	0,0621	0,0473	0,1685	0,363
0,47	0,0983	0,1293	0,2275	0,0310	0,0534	0,0224	0,0646	0,0609	0,0491	0,1655	0,366
0,48	0,1020	0,1331	0,2350	0,0312	0,0547	0,0236	0,0665	0,0597	0,0510	0,1625	0,369
0,49	0,1057	0,1369	0,2425	0,0312	0,0560	0,0248	0,0684	0,0585	0,0528	0,1594	0,372
0,50	0,1094	0,1406	0,2500	0,0313	0,0573	0,0260	0,0703	0,0573	0,0547	0,1563	0,375

Funktionswerte von x — Zahlentafel A 3

$$x_1 = 1 - x \; ; \quad x_2 = 1 - 2x \; ;$$

x	$3x \cdot x_1$	$x \cdot x_1 \cdot x_2$	$x \cdot x_1^2$	$x^2 \cdot x_1$	$\frac{1}{2} \cdot (x - x^3)$	$1 - 3x^2$	$3x_2$	$1 - 6x \cdot x_1$	$2x - 3x^2$	$\frac{1}{2} \cdot (1 - 3x^2)$
0,00	0,000	+ 0,0000	0,0000	0,0000	0,0000	+ 1,000	+ 3,00	+ 1,000	0,0000	0,5000
0,01	0,030	+ 0,0097	0,0098	0,0001	0,0050	+ 1,000	+ 2,94	+ 0,941	0,0197	0,4998
0,02	0,059	+ 0,0188	0,0192	0,0004	0,0100	+ 0,999	+ 2,88	+ 0,882	0,0388	0,4994
0,03	0,087	+ 0,0274	0,0282	0,0009	0,0150	+ 0,997	+ 2,82	+ 0,825	0,0573	0,4986
0,04	0,115	+ 0,0353	0,0369	0,0015	0,0200	+ 0,995	+ 2,76	+ 0,770	0,0752	0,4976
0,05	0,143	+ 0,0428	0,0451	0,0024	0,0249	+ 0,993	+ 2,70	+ 0,715	0,0925	0,4962
0,06	0,169	+ 0,0496	0,0530	0,0034	0,0299	+ 0,989	+ 2,64	+ 0,662	0,1092	0,4946
0,07	0,195	+ 0,0560	0,0605	0,0046	0,0348	+ 0,986	+ 2,55	+ 0,609	0,1253	0,4926
0,08	0,221	+ 0,0618	0,0677	0,0059	0,0397	+ 0,981	+ 2,52	+ 0,558	0,1408	0,4904
0,09	0,246	+ 0,0672	0,0745	0,0074	0,0446	+ 0,976	+ 2,46	+ 0,509	0,1557	0,4878
0,10	0,270	+ 0,0720	0,0810	0,0090	0,0495	+ 0,970	+ 2,40	+ 0,460	0,1700	0,4850
0,11	0,294	+ 0,0764	0,0871	0,0108	0,0543	+ 0,964	+ 2,34	+ 0,413	0,1837	0,4818
0,12	0,317	+ 0,0803	0,0929	0,0127	0,0591	+ 0,957	+ 2,28	+ 0,366	0,1968	0,4784
0,13	0,339	+ 0,0837	0,0984	0,0147	0,0639	+ 0,949	+ 2,22	+ 0,321	0,2093	0,4746
0,14	0,361	+ 0,0867	0,1035	0,0169	0,0686	+ 0,941	+ 2,16	+ 0,278	0,2212	0,4706
0,15	0,383	+ 0,0893	0,1084	0,0191	0,0733	+ 0,933	+ 2,10	+ 0,235	0,2325	0,4662
0,16	0,403	+ 0,0914	0,1129	0,0215	0,0780	+ 0,923	+ 2,04	+ 0,194	0,2432	0,4616
0,17	0,423	+ 0,0931	0,1171	0,0240	0,0825	+ 0,913	+ 1,98	+ 0,153	0,2533	0,4566
0,18	0,443	+ 0,0945	0,1210	0,0266	0,0871	+ 0,903	+ 1,92	+ 0,114	0,2628	0,4514
0,19	0,462	+ 0,0954	0,1247	0,0292	0,0916	+ 0,892	+ 1,86	+ 0,077	0,2717	0,4458
0,20	0,480	+ 0,0960	0,1280	0,0320	0,0960	+ 0,880	+ 1,80	+ 0,040	0,2800	0,4400
0,21	0,498	+ 0,0962	0,1311	0,0348	0,1004	+ 0,868	+ 1,74	+ 0,005	0,2877	0,4338
0,22	0,515	+ 0,0961	0,1339	0,0378	0,1047	+ 0,855	+ 1,68	— 0,030	0,2948	0,4274
0,23	0,531	+ 0,0956	0,1364	0,0407	0,1089	+ 0,841	+ 1,62	— 0,063	0,3013	0,4206
0,24	0,547	+ 0,0949	0,1386	0,0438	0,1131	+ 0,827	+ 1,56	— 0,094	0,3072	0,4136
0,25	0,563	+ 0,0938	0,1406	0,0469	0,1172	+ 0,813	+ 1,50	— 0,125	0,3125	0,4062
0,26	0,577	+ 0,0924	0,1424	0,0500	0,1212	+ 0,797	+ 1,44	— 0,154	0,3172	0,3986
0,27	0,591	+ 0,0907	0,1439	0,0532	0,1252	+ 0,781	+ 1,38	— 0,183	0,3213	0,3906
0,28	0,605	+ 0,0887	0,1452	0,0565	0,1290	+ 0,765	+ 1,32	— 0,210	0,3248	0,3824
0,29	0,618	+ 0,0865	0,1462	0,0597	0,1328	+ 0,748	+ 1,26	— 0,235	0,3277	0,3738
0,30	0,630	+ 0,0840	0,1470	0,0630	0,1365	+ 0,730	+ 1,20	— 0,260	0,3300	0,3650
0,31	0,642	+ 0,0813	0,1476	0,0663	0,1401	+ 0,712	+ 1,14	— 0,283	0,3317	0,3558
0,32	0,653	+ 0,0783	0,1480	0,0696	0,1436	+ 0,693	+ 1,08	— 0,306	0,3328	0,3464
0,33	0,663	+ 0,0752	0,1481	0,0730	0,1470	+ 0,673	+ 1,02	— 0,327	0,3333	0,3366
$^1/_3$	0,667	+ 0,0741	0,1482	0,0741	0,1482	+ 0,667	+ 1,00	— 0,333	0,3333	0,3333
0,34	0,673	+ 0,0718	0,1481	0,0763	0,1504	+ 0,653	+ 0,96	— 0,346	0,3332	0,3266
0,35	0,683	+ 0,0683	0,1479	0,0796	0,1536	+ 0,633	+ 0,90	— 0,365	0,3325	0,3162
0,36	0,691	+ 0,0645	0,1475	0,0829	0,1567	+ 0,611	+ 0,84	— 0,382	0,3312	0,3056
0,37	0,699	+ 0,0606	0,1469	0,0863	0,1597	+ 0,598	+ 0,78	— 0,399	0,3293	0,2946
0,38	0,707	+ 0,0565	0,1461	0,0895	0,1626	+ 0,567	+ 0,72	— 0,414	0,3268	0,2834
0,39	0,714	+ 0,0523	0,1451	0,0928	0,1653	+ 0,544	+ 0,66	— 0,427	0,3237	0,2718
0,40	0,720	+ 0,0480	0,1440	0,0960	0,1680	+ 0,520	+ 0,60	— 0,440	0,3200	0,2600
0,41	0,726	+ 0,0435	0,1427	0,0992	0,1705	+ 0,496	+ 0,54	— 0,451	0,3157	0,2478
0,42	0,731	+ 0,0390	0,1413	0,1023	0,1730	+ 0,471	+ 0,48	— 0,462	0,3108	0,2354
0,43	0,735	+ 0,0343	0,1397	0,1054	0,1753	+ 0,445	+ 0,42	— 0,471	0,3053	0,2226
0,44	0,739	+ 0,0296	0,1380	0,1084	0,1774	+ 0,419	+ 0,36	— 0,478	0,2992	0,2096
0,45	0,743	+ 0,0248	0,1361	0,1114	0,1794	+ 0,393	+ 0,30	— 0,485	0,2925	0,1962
0,46	0,745	+ 0,0199	0,1341	0,1143	0,1813	+ 0,365	+ 0,24	— 0,490	0,2852	0,1826
0,47	0,747	+ 0,0150	0,1320	0,1171	0,1831	+ 0,337	+ 0,18	— 0,495	0,2773	0,1686
0,48	0,749	+ 0,0100	0,1298	0,1198	0,1847	+ 0,309	+ 0,12	— 0,498	0,2688	0,1544
0,49	0,750	+ 0,0050	0,1275	0,1225	0,1862	+ 0,280	+ 0,06	— 0,499	0,2597	0,1398
0,50	0,750	0,0000	0,1250	0,1250	0,1875	+ 0,250	0,00	— 0,500	0,2500	0,1250

Zahlentafel A3   **Funktionswerte von x**

$$x_1 = 1 - x \; ; \quad x_2 = 1 - 2x \; ;$$

x	$\frac{1}{4} \cdot$ $(2x^2 - x^4)$	$\frac{1}{4} \cdot$ $x^2(2-x)^2$	$\frac{1}{2} \cdot$ $(3x^2 - 2x^3)$	$\frac{1}{2} \cdot$ $x^2 \cdot x_1^2$	$\frac{x^2}{12} \cdot$ $(1 + 2x_1 + 3x_1^2)$	$\frac{x^3}{12} \cdot$ $(4 - 3x)$	$\frac{x^2}{8} \cdot$ $(2-x)^2$	$\frac{x_1^2}{12} \cdot$ $(1 + 2x + 3x^2)$	$\frac{1}{8} \cdot$ $(2x^2 - x^4)$	$\frac{1}{4} \cdot$ $(1 - 2x^2 + x^3)$	$x - x^3$
0,50	0,1094	0,1406	0,2500	0,0313	0,0573	0,0260	0,0703	0,0573	0,0547	0,1563	0,375
0,51	0,1132	0,1444	0,2575	0,0312	0,0585	0,0273	0,0722	0,0560	0,0566	0,1531	0,377
0,52	0,1169	0,1481	0,2650	0,0312	0,0597	0,0286	0,0740	0,0547	0,0584	0,1500	0,379
0,53	0,1207	0,1518	0,2725	0,0310	0,0609	0,0299	0,0759	0,0534	0,0603	0,1468	0,381
0,54	0,1246	0,1554	0,2799	0,0309	0,0621	0 0312	0,0777	0,0521	0,0623	0,1436	0,383
0,55	0,1284	0,1590	0,2874	0,0306	0,0632	0,0326	0,0795	0,0508	0,0642	0,1404	0,384
0,56	0,1322	0,1626	0,2948	0,0304	0,0643	0,0340	0,0813	0,0494	0,0661	0,1374	0,384
0,57	0,1361	0,1661	0,3022	0,0300	0,0654	0,0353	0,0831	0,0480	0,0680	0,1339	0,385
0,58	0,1399	0,1696	0,3095	0,0297	0,0664	0,0367	0,0848	0,0466	0,0699	0,1306	0,385
0,59	0,1438	0,1730	0,3168	0,0293	0,0674	0,0382	0,0865	0,0452	0,0719	0,1273	0,385
0,60	0,1476	0,1764	0,3240	0,0288	0,0684	0,0396	0,0882	0,0437	0,0738	0,1240	0,384
0,61	0,1515	0,1797	0,3312	0,0283	0,0693	0,0410	0,0899	0,0423	0,0757	0,1207	0,383
0,62	0,1553	0,1830	0,3383	0,0278	0,0702	0,0425	0,0915	0,0408	0,0776	0,1174	0,382
0,63	0,1591	0,1862	0,3453	0,0272	0,0711	0,0440	0,0931	0,0394	0,0795	0,1141	0,380
0,64	0,1629	0,1894	0,3523	0,0265	0,0720	0,0454	0,0947	0,0379	0,0814	0,1107	0,378
0,65	0,1666	0,1925	0,3591	0,0259	0,0728	0,0469	0,0963	0,0364	0,0833	0,1074	0,375
0,66	0,1704	0,1955	0,3659	0,0252	0,0736	0,0484	0,0978	0,0349	0,0852	0,1041	0,373
$^2/_3$	0,1729	0,1975	0,3704	0,0247	0,0741	0,0494	0,0988	0,0339	0,0864	0,1019	0,370
0,67	0,1741	0,1985	0,3726	0,0245	0,0743	0,0499	0,0993	0,0335	0,0870	0,1007	0,369
0,68	0,1778	0,2014	0,3792	0,0237	0,0750	0,0514	0,1007	0,0320	0,0889	0,0974	0,366
0,69	0,1841	0,2043	0,3856	0,0229	0,0757	0,0528	0,1021	0,0305	0,0907	0,0941	0,362
0,70	0,1850	0,2070	0,3920	0,0221	0,0763	0,0543	0,1035	0,0290	0,0925	0,0908	0,357
0,71	0,1885	0,2097	0,3982	0,0212	0,0770	0,0558	0,1049	0,0276	0,0942	0,0874	0,352
0,72	0,1920	0,2123	0,4044	0,0203	0,0775	0,0572	0,1062	0,0261	0,0960	0,0841	0,347
0,73	0,1955	0,2149	0,4103	0,0194	0,0781	0,0587	0,1074	0,0247	0,0977	0,0808	0,341
0,74	0,1989	0,2173	0,4162	0,0185	0,0786	0,0601	0,1087	0,0232	0,0994	0,0775	0,335
0,75	0,2022	0,2197	0,4219	0,0176	0,0791	0,0615	0,1099	0,0218	0,1011	0,0742	0,328
0,76	0,2054	0,2220	0,4274	0,0166	0,0795	0,0629	0,1110	0,0204	0,1027	0,0710	0,321
0,77	0,2086	0,2243	0,4328	0,0157	0,0800	0,0643	0,1121	0,0190	0,1043	0,0677	0,314
0,78	0,2117	0,2264	0,4381	0,0147	0,0804	0,0656	0,1132	0,0177	0,1058	0,0644	0,305
0,79	0,2147	0,2284	0,4431	0,0138	0,0807	0,0670	0,1142	0,0164	0,1073	0,0612	0,297
0,80	0,2176	0,2304	0,4480	0,0128	0,0811	0,0683	0,1152	0,0150	0,1088	0,0580	0,288
0,81	0,2205	0,2323	0,4527	0,0119	0,0814	0,0695	0,1161	0,0138	0,1102	0,0548	0,279
0,82	0,2232	0,2341	0,4572	0,0109	0,0816	0,0708	0,1170	0,0126	0,1116	0,0516	0,269
0,83	0,2258	0,2358	0,4616	0,0100	0,0819	0,0720	0,1179	0,0114	0,1129	0,0485	0,258
0,84	0,2284	0,2374	0,4657	0,0090	0,0821	0,0731	0,1187	0,0102	0,1142	0,0454	0,247
0,85	0,2308	0,2389	0,4696	0,0081	0,0823	0,0742	0,1194	0,0091	0,1154	0,0423	0,236
0,86	0,2331	0,2403	0,4734	0,0073	0,0825	0,0753	0,1202	0,0081	0,1165	0,0392	0,224
0,87	0,2353	0,2416	0,4769	0,0064	0,0827	0,0763	0,1208	0,0071	0,1176	0,0362	0,212
0,88	0,2373	0,2429	0,4801	0,0056	0,0828	0,0772	0,1214	0,0061	0,1186	0,0332	0,199
0,89	0,2392	0,2440	0,4832	0,0048	0,0829	0,0781	0,1220	0,0052	0,1196	0,0302	0,185
0,90	0,2410	0,2450	0,4860	0,0041	0,0830	0,0790	0,1225	0,0043	0,1205	0,0273	0,171
0,91	0,2426	0,2460	0,4886	0,0034	0,0831	0,0798	0,1230	0,0036	0,1213	0,0243	0,156
0,92	0,2441	0,2468	0,4909	0,0027	0,0832	0,0805	0,1234	0,0028	0,1220	0,0215	0,141
0,93	0,2455	0,2476	0,4930	0,0021	0,0832	0,0811	0,1238	0,0022	0,1227	0,0186	0,126
0,94	0,2466	0,2482	0,4948	0,0016	0,0833	0,0817	0,1241	0,0017	0,1233	0,0159	0,109
0,95	0,2476	0,2488	0,4964	0,0011	0,0833	0,0822	0,1244	0,0012	0,1238	0,0131	0,093
0,96	0,2485	0,2492	0,4977	0,0007	0,0833	0,0826	0,1246	0,0007	0,1242	0,0104	0,075
0,97	0,2492	0,2496	0,4987	0,0004	0,0833	0,0829	0,1248	0,0005	0,1246	0,0077	0,057
0,98	0,2496	0,2498	0,4994	0,0002	0,0833	0,0831	0,1249	0,0002	0,1248	0,0051	0,039
0,99	0,2499	0,2500	0,4999	0,0001	0,0833	0,0833	0,1250	0,0001	0,1249	0,0025	0,020
1,00	0,2500	0,2500	0,5000	0,0000	0,0833	0,0833	0,1250	0,0000	0,1250	0,0000	0,000

Funktionswerte von x

Zahlentafel A 3

$$x_1 = 1 - x; \qquad x_2 = 1 - 2x;$$

x	$3x \cdot x_1$	$x \cdot x_1 \cdot x_2$	$x \cdot x_1^2$	$x^2 \cdot x_1$	$\frac{1}{2}(x - x^2)$	$1 - 3x^2$	$3x_2$	$1 - 6x \cdot x_1$	$2x - 3x^2$	$\frac{1}{2}(1 - 3x^2)$
0,50	0,750	0,0000	0,1250	0,1250	0,1875	+ 0,250	0,00	— 0,500	0,2500	0,1250
0,51	0,750	— 0,0050	0,1225	0,1275	0,1887	+ 0,220	— 0,06	— 0,499	0,2397	0,1098
0,52	0,749	— 0,0100	0,1198	0,1298	0,1897	+ 0,198	— 0,12	— 0,498	0,2288	0,0944
0,53	0,747	— 0,0150	0,1171	0,1320	0,1906	+ 0,157	— 0,18	— 0,495	0,2173	0,0786
0,54	0,745	— 0,0199	0,1143	0,1341	0,1913	+ 0,125	— 0,24	— 0,490	0,2052	0,0626
0,55	0,743	— 0,0248	0,1114	0,1361	0,1918	+ 0,093	— 0,30	— 0,485	0,1925	0,0462
0,56	0,739	— 0,0296	0,1084	0,1380	0,1922	+ 0,059	— 0,36	— 0,478	0,1792	0,0296
0,57	0,735	— 0,0343	0,1054	0,1397	0,1924	+ 0,025	— 0,42	— 0,471	0,1653	0,0126
0,58	0,731	— 0,0390	0,1023	0,1413	0,1924	— 0,009	— 0,48	— 0,462	0,1508	— 0,0046
0,59	0,726	— 0,0435	0,0992	0,1427	0,1923	— 0,044	— 0,54	— 0,451	0,1357	— 0,0221
0,60	0,720	— 0,0480	0,0960	0,1440	0,1920	— 0,080	— 0,60	— 0,440	0,1200	— 0,0400
0,61	0,714	— 0,0523	0,0928	0,1451	0,1915	— 0,116	— 0,66	— 0,427	0,1037	— 0,0581
0,62	0,707	— 0,0565	0,0895	0,1461	0,1908	— 0,153	— 0,72	— 0,414	0,0868	— 0,0766
0,63	0,699	— 0,0606	0,0863	0,1469	0,1900	— 0,191	— 0,78	— 0,399	0,0693	— 0,0953
0,64	0,691	— 0,0645	0,0829	0,1475	0,1889	— 0,229	— 0,84	— 0,382	0,0512	— 0,1144
0,65	0,683	— 0,0683	0,0796	0,1479	0,1877	— 0,268	— 0,90	— 0,365	0,0325	— 0,1337
0,66	0,673	— 0,0718	0,0763	0,1481	0,1863	— 0,307	— 0,96	— 0,346	0,0132	— 0,1534
$^2/_3$	0,667	— 0,0741	0,0741	0,1482	0,1852	— 0,333	— 1,00	— 0,333	0	— 0,1667
0,67	0,663	— 0,0752	0,0730	0,1481	0,1846	— 0,347	— 1,02	— 0,327	— 0,0067	— 0,1733
0,68	0,653	— 0,0783	0,0696	0,1480	0,1828	— 0,387	— 1,08	— 0,306	— 0,0272	— 0,1936
0,69	0,642	— 0,0813	0,0663	0,1476	0,1808	— 0,428	— 1,14	— 0,283	— 0,0483	— 0,2141
0,70	0,630	— 0,0840	0,0630	0,1470	0,1785	— 0,470	— 1,20	— 0,260	— 0,0700	— 0,2350
0,71	0,618	— 0,0865	0,0597	0,1462	0,1760	— 0,512	— 1,26	— 0,235	— 0,0923	— 0,2561
0,72	0,605	— 0,0887	0,0565	0,1452	0,1734	— 0,555	— 1,32	— 0,210	— 0,1152	— 0,2776
0,73	0,591	— 0,0907	0,0532	0,1439	0,1705	— 0,599	— 1,38	— 0,183	— 0,1387	— 0,2993
0,74	0,577	— 0,0924	0,0500	0,1424	0,1674	— 0,643	— 1,44	— 0,154	— 0,1628	— 0,3214
0,75	0,563	— 0,0938	0,0469	0,1406	0,1641	— 0,688	— 1,50	— 0,125	— 0,1875	— 0,3437
0,76	0,547	— 0,0949	0,0438	0,1386	0,1605	— 0,733	— 1,56	— 0,094	— 0,2128	— 0,3664
0,77	0,531	— 0,0956	0,0407	0,1364	0,1567	— 0,779	— 1,62	— 0,063	— 0,2387	— 0,3893
0,78	0,515	— 0,0961	0,0378	0,1339	0,1527	— 0,855	— 1,68	— 0,030	— 0,2652	— 0,4126
0,79	0,498	— 0,0962	0,0348	0,1311	0,1485	— 0,872	— 1,74	+ 0,005	— 0,2923	— 0,4361
0,80	0,480	— 0,0960	0,0320	0,1280	0,1440	— 0,920	— 1,80	+ 0,040	— 0,3200	— 0,4600
0,81	0,462	— 0,0954	0,0292	0,1247	0,1393	— 0,968	— 1,86	+ 0,077	— 0,3483	— 0,4841
0,82	0,443	— 0,0945	0,0266	0,1210	0,1343	— 1,017	— 1,92	+ 0,114	— 0,3772	— 0,5082
0,83	0,423	— 0,0931	0,0240	0,1171	0,1291	— 1,067	— 1,98	+ 0,153	— 0,4067	— 0,5333
0,84	0,403	— 0,0914	0,0215	0,1129	0,1237	— 1,117	— 2,04	+ 0,194	— 0,4368	— 0,5584
0,85	0,383	— 0,0893	0,0191	0,1084	0,1179	— 1,168	— 2,10	+ 0,235	— 0,4675	— 0,5837
0,86	0,361	— 0,0867	0,0169	0,1035	0,1120	— 1,219	— 2,16	+ 0,278	— 0,4988	— 0,6094
0,87	0,339	— 0,0837	0,0147	0,0984	0,1058	— 1,271	— 2,22	+ 0,321	— 0,5307	— 0,6353
0,88	0,317	— 0,0803	0,0127	0,0929	0,0993	— 1,323	— 2,28	+ 0,366	— 0,5632	— 0,6616
0,89	0,294	— 0,0764	0,0108	0,0871	0,0925	— 1,376	— 2,34	+ 0,413	— 0,5963	— 0,6881
0,90	0,270	— 0,0720	0,0090	0,0810	0,0855	— 1,430	— 2,40	+ 0,460	— 0,6300	— 0,7150
0,91	0,246	— 0,0672	0,0074	0,0745	0,0782	— 1,484	— 2,46	+ 0,509	— 0,6643	— 0,7421
0,92	0,221	— 0,0618	0,0059	0,0677	0,0707	— 1,539	— 2,52	+ 0,558	— 0,6992	— 0,7696
0,93	0,195	— 0,0560	0,0046	0,0605	0,0628	— 1,595	— 2,58	+ 0,609	— 0,7347	— 0,7973
0,94	0,169	— 0,0496	0,0034	0,0530	0,0547	— 1,651	— 2,64	+ 0,662	— 0,7708	— 0,8254
0,95	0,143	— 0,0428	0,0024	0,0451	0,0463	— 1,708	— 2,70	+ 0,715	— 0,8075	— 0,8537
0,96	0,115	— 0,0353	0,0015	0,0369	0,0376	— 1,765	— 2,76	+ 0,770	— 0,8448	— 0,8824
0,97	0,087	— 0,0274	0,0009	0,0282	0,0287	— 1,823	— 2,82	+ 0,825	— 0,8827	— 0,9113
0,98	0,059	— 0,0188	0,0004	0,0192	0,0194	— 1,881	— 2,88	+ 0,882	— 0,9212	— 0,9406
0,99	0,030	— 0,0097	0,0001	0,0098	0,0099	— 1,940	— 2,94	+ 0,941	— 0,9603	— 0,9701
1,00	0,000	— 0,0000	0,0000	0,0000	0,0000	— 2,000	— 3,00	+ 1,000	— 1,0000	— 1,0000

Zahlentafel A 4
Momenten-Abklingungswerte (a_1 ist negativ)

k	$\dfrac{1}{k}$	Leitwerte — a_1												
		0,00	0,02	0,04	0,06	0,08	0,10	0,12	0,14	0,16	0,18	0,20	0,22	0,24
1,00	1,00	250	251	253	254	255	256	258	259	260	262	263	265	266
0,980	1,02	252	254	255	256	258	259	260	261	263	264	266	267	268
0,962	1.04	255	256	257	259	260	261	263	264	265	267	268	269	271
0,943	1,06	257	258	260	261	262	264	265	266	268	269	270	272	273
0,926	1,08	260	261	262	263	265	266	267	269	270	271	273	274	275
0,909	1,10	262	263	264	266	267	268	270	271	272	274	275	276	278
0,893	1,12	264	265	267	268	269	270	272	273	274	276	277	279	280
0,877	1,14	266	268	269	270	271	273	274	275	277	278	279	281	282
0,862	1,16	268	270	271	272	274	275	276	277	279	280	282	283	284
0,847	1,18	271	272	273	274	276	277	278	280	281	282	285	285	286
0,833	1,20	273	274	275	277	278	279	280	282	283	284	286	287	288
0,820	1,22	275	276	277	278	280	281	282	284	285	286	288	289	290
0,806	1,24	277	278	279	280	282	283	284	286	287	288	290	291	292
0,794	1,26	279	280	281	282	284	285	286	288	289	290	292	293	294
0,781	1,28	281	282	283	284	286	287	288	290	291	292	294	295	296
0,769	1,30	283	284	285	286	288	289	290	291	293	294	295	297	298
0,758	1,32	284	286	287	288	289	291	292	293	295	296	297	299	300
0,746	1,34	286	288	289	290	291	293	294	295	296	298	299	300	302
0.735	1,36	288	289	291	292	293	294	296	297	298	300	301	302	304
0,725	1,38	290	291	292	294	295	296	297	299	300	301	303	304	305
0,714	1,40	292	293	294	295	297	298	299	300	302	303	304	306	307
0,704	1,42	293	295	296	297	298	300	301	302	303	305	306	307	309
0,694	1,44	295	296	297	299	300	301	302	304	305	306	308	309	310
0,685	1,46	297	298	299	300	302	303	304	305	307	308	309	311	312
0,676	1,48	298	300	301	302	303	304	306	307	308	310	311	312	314
0,667	1,50	300	301	302	304	305	306	307	309	310	311	313	314	315
0,645	1,55	304	305	306	307	309	310	311	312	314	315	316	318	319
0,625	1,60	308	309	310	311	313	314	315	316	317	319	320	321	323
0,606	1,65	311	312	314	315	316	317	318	320	321	322	323	325	326
0,588	1,70	315	316	317	318	320	321	322	323	324	326	327	328	329
0,571	1,75	318	319	320	322	323	324	325	326	328	329	330	331	333
0,556	1,80	321	323	324	325	326	327	328	330	331	332	333	335	336
0,541	1,85	325	326	327	328	329	330	331	333	334	335	336	338	339
0,526	1,90	328	329	330	331	332	333	335	336	337	338	338	341	342
0,513	1,95	330	332	333	334	335	336	337	338	340	341	342	343	344
0,500	2,00	333	334	336	337	338	339	340	341	342	344	345	346	347
0,476	2,10	339	340	341	342	343	344	345	346	348	349	350	351	352
0,455	2,20	344	345	346	347	348	349	350	351	353	354	355	356	357
0,435	2,30	348	349	351	352	353	354	355	356	357	358	359	360	362
0,417	2,40	353	354	355	356	357	358	359	360	361	362	364	365	366
0,400	2,50	357	358	359	360	361	362	363	364	366	367	368	369	370
0,385	2,60	361	362	363	364	365	366	367	368	369	370	371	372	374
0,370	2,70	365	366	367	368	369	370	371	372	373	374	375	376	377
0,357	2,80	368	369	370	371	372	373	374	375	376	377	378	379	380
0,345	2,90	372	373	374	375	376	377	378	379	380	381	382	383	384
0,333	3,00	375	376	377	378	379	380	381	382	383	384	385	386	387
0,308	3,25	382	383	384	385	386	387	388	389	390	391	392	392	393
0,286	3,50	389	390	391	392	392	393	394	395	396	397	398	399	400
0,267	3,75	395	396	396	397	398	399	400	401	401	402	403	404	405
0,250	4,00	400	401	402	402	403	404	405	406	407	407	408	409	410
0,222	4,50	409	410	411	411	412	413	414	414	415	416	417	417	418
0,200	5,00	417	417	418	419	419	420	421	422	422	423	424	424	425
0,133	7,50	441	442	442	443	443	444	444	445	445	446	446	447	447
0,100	10,00	455	455	455	456	456	457	457	457	458	458	459	459	460
0,050	20,00	476	476	477	477	477	477	478	478	478	478	478	479	479
0	∞	500	500	500	500	500	500	500	500	500	500	500	500	500

$$-a_2 = \frac{1}{2 + k\,(2 + a_1)} = 0,\ldots \text{ für } k < 1$$

0,26	0,268	0,28	0,30	0,32	0,34	0,36	0,38	0,40	0,42	0,44	0,46	0,48	0,50	+1,0	−1,0
267	268	269	270	272	273	275	276	278	279	281	282	284	286	333	200
270	270	271	273	274	276	277	279	280	282	283	285	286	288	335	202
272	273	274	275	277	278	280	281	283	284	286	287	289	290	338	205
275	275	276	277	279	280	282	283	285	286	288	290	291	293	340	207
277	277	278	280	281	283	284	286	287	289	290	292	293	295	342	209
279	280	281	282	284	285	286	288	289	291	293	294	296	297	344	212
281	282	283	284	286	287	289	290	292	293	295	296	298	299	346	214
284	284	285	286	288	289	291	292	294	295	297	298	300	302	348	216
286	286	287	289	290	291	293	294	296	297	299	300	302	304	349	218
288	288	289	291	292	293	295	296	298	299	301	303	304	306	351	220
290	290	291	293	294	296	297	299	300	302	303	305	306	308	353	222
292	292	293	295	296	298	299	300	302	303	305	306	308	310	355	224
294	294	295	297	298	299	301	302	304	305	307	308	310	312	356	226
296	296	297	299	300	301	303	304	306	307	309	310	312	313	358	228
298	298	299	300	302	303	305	306	308	309	311	312	314	315	360	230
300	300	301	302	304	305	307	308	310	311	313	314	316	317	361	232
301	302	303	304	306	307	308	310	311	313	314	316	317	319	363	234
303	304	305	306	307	309	310	312	313	315	316	317	319	321	364	236
305	305	306	308	309	310	312	313	315	316	318	319	321	322	366	238
307	307	308	309	311	312	314	315	316	318	319	321	322	324	367	240
308	309	310	311	313	314	315	317	318	320	321	323	324	326	368	241
310	311	311	313	314	316	317	318	320	321	323	324	326	327	370	243
312	312	313	314	316	317	319	320	321	323	324	326	327	329	371	245
313	314	315	316	317	319	320	322	323	324	326	327	329	330	372	247
315	314	316	318	319	320	322	323	325	326	327	329	330	332	374	248
316	317	318	319	321	322	323	325	326	328	329	330	332	333	375	250
320	321	322	323	324	326	327	328	330	331	333	334	335	337	378	254
324	324	325	327	328	329	331	332	333	335	336	338	339	340	381	258
327	328	329	330	331	333	334	335	337	338	339	341	342	344	382	262
331	331	332	333	335	336	337	339	340	341	343	344	346	347	386	266
334	334	335	336	338	339	340	342	343	344	346	347	349	350	389	269
337	338	338	340	341	342	344	345	346	347	349	350	352	353	391	273
340	341	341	343	344	345	346	348	349	350	352	353	354	356	394	276
343	343	344	345	347	348	349	351	352	353	354	356	357	358	396	279
346	346	347	348	349	351	352	353	354	356	357	358	360	361	398	283
348	349	350	351	352	353	355	356	357	358	360	361	362	364	400	286
353	354	355	356	357	358	360	361	362	363	365	366	367	368	404	292
358	359	359	361	362	363	364	365	367	368	369	370	372	373	407	297
363	363	364	365	366	367	369	370	371	372	373	375	376	377	411	303
367	367	368	369	370	371	373	374	375	376	377	378	380	381	414	308
371	371	372	373	374	375	377	378	379	380	381	382	383	385	417	313
375	375	376	377	378	379	380	381	382	383	385	386	387	388	419	317
378	379	379	380	381	382	383	385	386	387	388	389	390	391	422	321
381	382	382	384	385	386	387	388	389	390	391	392	393	394	424	326
385	385	386	387	388	389	390	391	392	393	394	395	396	397	426	329
388	388	389	390	391	392	393	394	395	396	397	398	399	400	429	333
394	395	395	396	397	398	399	400	401	402	403	404	405	406	433	342
400	401	401	402	403	404	405	406	407	408	409	410	411	412	438	350
406	406	407	408	408	409	410	411	412	413	414	415	416	417	441	357
411	411	412	412	413	414	415	416	417	418	418	419	420	421	444	364
419	419	420	421	421	422	423	424	424	425	426	427	428	429	450	375
426	426	427	427	428	429	430	430	431	432	433	433	434	435	455	385
448	448	449	449	450	451	451	452	452	453	453	453	454	454	469	416
460	460	460	461	461	462	462	463	463	463	464	464	465	465	476	435·
479	479	479	480	480	480	480	481	481	481	481	481	482	482	488	465
500	500	500	500	500	500	500	500	500	500	500	500	500	500	500	500

Zahlentafel A 4 (Fortsetzung)
Momenten-Abklingungswerte (a_1 ist negativ)

k	$\frac{1}{k}$	Leitwerte — a_1												
		0,00	0,02	0,04	0,06	0,08	0,10	0,12	0,14	0,16	0,18	0,20	0,22	0,24
∞	o													
20,00	0,050	024	024	024	025	025	025	025	026	026	026	026	027	027
10,00	0,100	045	046	046	047	047	048	048	049	049	050	050	051	051
7,50	0,133	059	059	060	060	061	062	062	063	063	064	065	065	066
5,00	0,200	083	084	085	085	086	087	088	089	089	090	091	092	093
4,50	0,222	091	092	092	093	094	095	096	096	097	098	099	100	101
4,00	0,250	100	101	102	102	103	104	105	106	107	108	109	110	111
3,75	0,267	105	106	107	108	109	110	111	111	112	113	114	115	116
3,50	0,286	111	112	113	114	115	116	117	118	119	120	121	122	123
3,25	0,308	118	119	119	120	121	122	123	124	125	126	127	128	130
3,00	0,333	125	126	127	128	129	130	131	132	133	134	135	136	137
2,90	0,345	128	129	130	131	132	133	134	135	136	137	139	140	141
2,80	0,357	132	133	134	135	136	137	138	139	140	141	142	143	144
2,70	0,370	135	136	137	138	139	140	141	142	144	145	146	147	148
2,60	0,385	139	140	141	142	143	144	145	146	147	149	150	151	152
2,50	0,400	143	144	145	146	147	148	149	150	152	153	154	155	156
2,40	0,417	147	148	149	150	151	152	154	155	156	157	158	159	161
2,30	0,435	152	153	154	155	156	157	158	159	160	162	163	164	165
2,20	0,455	156	157	158	160	161	162	163	164	165	167	168	169	170
2,10	0,476	161	162	164	165	166	167	168	169	171	172	173	174	176
2,00	0,500	167	168	169	170	171	172	174	175	176	177	179	180	181
1,95	0,513	169	171	172	173	174	175	176	178	179	180	181	183	184
1,90	0,526	172	174	175	176	177	178	179	181	182	183	186	186	187
1,85	0,541	175	177	178	179	180	181	183	184	185	186	188	189	190
1,80	0,556	179	180	181	182	183	185	186	187	188	190	191	192	194
1,75	0,571	182	183	184	185	187	188	189	190	192	193	194	196	197
1,70	0,588	185	186	188	189	190	191	192	194	195	196	198	199	200
1,65	0,606	189	190	191	192	193	195	196	197	199	200	201	203	204
1,60	0,625	192	194	195	196	197	198	200	201	202	204	205	206	208
1,55	0,645	196	197	198	200	201	202	203	205	206	207	209	210	211
1,50	0,667	200	201	202	204	205	206	207	209	210	211	213	214	216
1,48	0,676	202	203	204	205	206	208	209	210	212	213	214	216	217
1,46	0,685	203	204	206	207	208	209	211	212	213	215	216	217	219
1,44	0,694	205	206	207	209	210	211	212	214	215	216	218	219	220
1,42	0,704	207	208	209	210	212	213	214	215	217	218	219	221	222
1,40	0,714	208	210	211	212	213	215	216	217	219	220	221	223	224
1,38	0,725	210	211	213	214	215	216	218	219	220	222	223	224	226
1,36	0,735	212	213	214	216	217	218	219	221	222	223	225	226	228
1,34	0,746	214	215	216	217	219	220	221	223	224	225	227	228	229
1,32	0,758	215	217	218	219	220	222	223	224	226	227	228	230	231
1,30	0,769	217	219	220	221	222	224	225	226	228	229	230	232	233
1,28	0,781	219	220	222	223	224	226	227	228	230	231	232	234	235
1,26	0,794	221	222	224	225	226	228	229	230	232	233	234	236	237
1,24	0,806	223	224	226	227	228	230	231	232	234	235	236	238	239
1,22	0,820	225	226	228	229	230	232	233	234	236	237	238	240	241
1,20	0,833	227	229	230	231	232	234	235	236	238	239	240	242	243
1,18	0,847	229	231	232	233	234	236	237	238	240	241	242	244	245
1,16	0,862	231	233	234	235	237	238	239	240	242	243	245	246	247
1,14	0,877	234	235	236	237	239	240	341	243	244	245	247	248	250
1,12	0,893	236	237	238	240	241	242	244	245	246	248	249	250	252
1,10	0,909	238	239	241	242	243	245	246	247	249	250	251	253	254
1,08	0,926	240	242	243	244	245	247	248	249	251	252	254	255	256
1,06	0,943	243	244	245	246	248	249	250	252	253	254	256	257	259
1,04	0,962	245	246	248	249	250	251	253	254	255	257	258	260	261
1,02	0,980	247	249	250	251	253	254	255	257	258	259	261	262	263
1,00	1,00	250	251	253	254	255	256	258	259	260	262	263	265	266

$$- a_2 = \frac{1}{2 + k\,(2 + a_1)} = 0,\dots \text{ für } k > 1$$

0,26	0,268	0,28	0,30	0,32	0,34	0,36	0,38	0,40	0,42	0,44	0,46	0,48	0,50	+1,0	−1,0
027	027	027	028	028	028	029	029	029	030	030	030	031	031	045	016
052	052	052	053	053	054	054	055	056	056	057	057	058	059	083	031
066	067	067	068	068	069	070	071	071	072	073	074	075	075	105	041
093	094	094	095	096	097	098	099	100	101	102	103	104	105	143	059
102	102	103	104	105	106	107	108	109	110	111	112	113	114	154	065
112	112	113	114	115	116	117	118	119	120	121	123	124	125	167	071
117	118	118	119	120	122	123	124	125	126	127	129	130	131	174	075
124	124	125	126	127	128	129	130	132	133	134	135	137	138	182	080
131	131	132	133	134	135	136	138	139	140	141	143	144	145	190	085
139	139	140	141	142	143	145	146	147	148	150	151	152	154	200	091
142	142	143	144	146	147	148	149	151	152	153	155	156	157	204	093
146	146	147	148	149	150	152	153	154	156	157	158	160	161	208	096
149	150	151	152	153	154	156	157	158	160	161	162	164	165	213	099
153	154	155	156	157	158	160	161	162	164	165	167	168	169	217	102
157	158	159	160	161	163	164	165	167	168	169	171	172	174	222	105
162	162	163	164	166	167	168	170	171	173	174	176	177	179	227	109
167	167	168	169	171	172	173	175	176	177	179	180	182	183	233	112
172	172	173	174	176	177	178	180	181	183	184	186	187	189	238	116
177	177	178	180	181	182	184	185	187	188	190	191	193	194	244	120
182	183	184	185	187	188	189	191	192	194	195	197	198	200	250	125
185	186	187	188	190	191	192	194	195	197	198	200	201	203	253	127
188	189	190	191	193	194	195	197	198	200	201	203	205	206	256	130
192	192	193	194	196	197	199	200	202	203	205	206	208	209	260	132
195	195	196	198	199	200	202	203	205	206	208	210	211	213	263	135
198	199	200	201	202	204	205	207	208	210	211	213	215	216	267	138
202	202	203	205	206	207	209	210	212	213	215	217	218	220	270	141
205	206	207	208	210	211	212	214	216	217	219	220	222	223	274	144
209	210	210	212	213	215	216	218	219	221	222	224	226	227	278	147
213	213	214	216	217	219	220	222	223	225	226	228	230	231	282	150
217	217	218	220	221	223	224	226	227	229	230	232	234	235	286	154
219	219	220	221	223	224	226	227	229	230	232	234	235	237	287	155
220	221	222	223	225	226	228	229	231	232	234	235	237	239	289	157
222	222	223	225	226	228	229	231	232	234	235	237	239	240	291	158
224	224	225	227	228	229	231	232	234	236	237	239	240	242	292	160
225	226	227	228	230	231	233	234	236	237	239	241	242	244	294	161
227	228	229	230	232	233	235	236	238	239	241	242	244	246	296	163
229	230	230	232	233	235	236	238	239	241	243	244	246	247	398	164
231	231	232	234	235	237	238	240	241	243	244	246	248	249	299	166
233	233	234	236	237	239	240	242	243	245	246	248	250	251	301	168
235	235	236	238	239	241	242	244	245	247	248	250	252	253	303	169
237	237	238	239	241	242	244	245	247	249	250	252	253	255	305	171
238	239	240	241	243	244	246	247	249	251	252	254	255	257	307	173
240	241	242	243	245	246	248	249	251	253	254	256	257	259	309	175
243	243	244	245	247	248	250	251	253	255	256	258	259	261	311	177
245	245	246	248	249	251	252	254	255	257	258	260	262	263	313	179
247	247	248	250	251	253	254	256	257	259	260	262	264	265	314	180
249	249	250	252	253	255	256	258	259	261	262	264	266	267	316	182
251	252	252	254	255	257	258	260	261	263	265	266	268	269	318	184
253	254	255	256	258	259	261	262	264	265	267	268	270	271	320	187
255	256	257	258	260	261	263	264	266	268	269	271	272	274	323	189
258	258	259	261	262	264	265	267	268	270	271	273	275	276	325	191
260	261	262	263	264	266	267	269	271	272	274	275	277	279	327	193
262	263	264	265	267	268	270	271	273	274	276	278	279	281	329	195
265	265	266	268	269	271	272	274	275	277	278	280	282	283	331	198
267	268	269	270	272	273	275	276	278	279	281	282	284	286	333	200

Zahlentafel A 5

$$\alpha_{ki} = \frac{a_{ki}}{1 - a_{ki} \cdot a_{ik}} = 0,\ldots$$

$\alpha_{ki} \rightarrow$

Leitwerte a_{ik} zum Ablesen

Leitwerte a_{ki} zum Ablesen von α_{ki}

	0,00	0,02	0,04	0,06	0,08	0,10	0,12	0,14	0,16	0,18	0,20	0,22	0,24
0,000	000	000	000	000	000	000	000	000	000	000	000	000	000
0,005	005	005	005	005	005	005	005	005	005	005	005	005	005
0,010	010	010	010	010	010	010	010	010	010	010	010	010	010
0,015	015	015	015	015	015	015	015	015	015	015	015	015	015
0,020	020	020	020	020	020	020	020	020	020	020	020	020	020
0,025	025	025	025	025	025	025	025	025	025	025	025	025	025
0,030	030	030	030	030	030	030	030	030	030	030	030	030	030
0,035	035	035	035	035	035	035	035	035	035	035	035	035	035
0,040	040	040	040	040	040	040	040	040	040	040	040	040	040
0,045	045	045	045	045	045	045	045	045	045	045	045	045	045
0,050	050	050	050	050	050	050	050	050	050	050	051	051	051
0,055	055	055	055	055	055	055	055	055	055	055	056	056	056
0,060	060	060	060	060	060	060	060	061	061	061	061	061	061
0,065	065	065	065	065	065	065	065	066	066	066	066	066	066
0,070	070	070	070	070	070	070	071	071	071	071	071	071	071
0,075	075	075	075	075	075	076	076	076	076	076	076	076	076
0,080	080	080	080	080	081	081	081	081	081	081	081	081	082
0,085	085	085	085	085	086	086	086	086	086	086	086	087	087
0,090	090	090	090	090	091	091	091	091	091	091	092	092	092
0,095	095	095	095	095	096	096	096	096	096	097	097	097	097
0,100	100	100	100	101	101	101	101	101	102	102	102	102	102
0,105	105	105	105	106	106	106	106	107	107	107	107	107	108
0,110	110	110	110	111	111	111	111	112	112	112	112	113	113
0,115	115	115	115	116	116	116	117	117	117	117	118	118	118
0,120	120	120	121	121	121	121	122	122	122	123	123	123	124
0,125	125	125	126	126	126	127	127	127	127	128	128	128	129
0,130	130	130	131	131	131	132	132	132	133	133	133	134	134
0,135	135	135	136	136	136	137	137	138	138	138	139	139	139
0,140	140	140	141	141	142	142	142	143	143	144	144	144	145
0,145	145	145	146	146	147	147	148	148	148	149	149	150	150
0,150	150	150	151	151	152	152	153	153	154	154	155	155	156
0,155	155	155	156	156	157	157	158	158	159	159	160	160	161
0,160	160	161	161	162	162	163	163	164	164	165	165	166	166
0,165	165	165	166	167	167	168	168	169	169	170	171	171	172
0,170	170	171	171	172	172	173	174	174	175	175	176	177	177
0,175	175	176	176	177	177	178	179	179	180	181	181	182	183
0,180	180	181	181	182	183	183	184	185	185	186	187	187	188
0,185	185	186	186	187	188	188	189	190	191	191	192	193	194
0,190	190	191	191	192	193	194	194	195	196	197	198	198	199
0,195	195	196	196	197	198	199	200	200	201	202	203	204	205
0,200	200	201	202	202	203	204	205	206	207	207	208	209	210
0,205	205	206	207	208	208	209	210	211	212	213	214	215	216
0,210	210	211	212	213	214	215	215	216	217	218	219	220	221
0,215	215	216	217	218	219	220	221	222	223	224	225	226	227
0,220	220	221	222	223	224	225	226	227	228	229	230	231	232
0,225	225	226	227	228	229	230	231	232	233	234	236	237	238
0,230	230	231	232	233	234	235	237	238	239	240	241	242	243
0,235	235	236	237	238	239	241	242	243	244	245	247	248	249
0,240	240	241	242	244	245	246	247	248	250	251	252	253	255
0,245	245	246	247	249	250	251	252	254	255	256	258	259	260
0,250	250	251	253	254	255	256	258	259	260	262	263	265	266
	0,00	0,02	0,04	0,06	0,08	0,10	0,12	0,14	0,16	0,18	0,20	0,22	0,24

Leitwerte a_{ki}

von α_{ki}

0,26	0,28	0,30	0,32	0,34	0,36	0,38	0,40	0,42	0,44	0,46	0,48	0,50	
000	000	000	000	000	000	000	000	000	000	000	000	000	0,000
005	005	005	005	005	005	005	005	005	005	005	005	005	0,005
010	010	010	010	010	010	010	010	010	010	010	010	010	0,010
015	015	015	015	015	015	015	015	015	015	015	015	015	0,015
020	020	020	020	020	020	020	020	020	020	020	020	020	0,020
025	025	025	025	025	025	025	025	025	025	025	025	025	0,025
030	030	030	030	030	030	030	030	030	030	030	030	030	0,030
035	035	035	035	035	035	035	035	035	035	036	036	036	0,035
040	040	040	041	041	041	041	041	041	041	041	041	041	0,040
045	046	046	046	046	046	046	046	046	046	046	046	046	0,045
051	051	051	051	051	051	051	051	051	051	051	051	051	0,050
056	056	056	056	056	056	056	056	056	056	056	056	056	0,055
061	061	061	061	061	061	061	061	062	062	062	062	062	0,060
066	066	066	066	066	067	067	067	067	067	067	067	067	0,065
071	071	072	072	072	072	072	072	072	072	072	072	073	0,070
076	077	077	077	077	077	077	077	077	078	078	078	078	0,075
082	082	082	082	082	082	083	083	083	083	083	083	083	0,080
087	087	087	087	087	088	088	088	088	088	088	089	089	0,085
092	092	093	093	093	093	093	093	094	094	094	094	094	0,090
097	098	098	098	098	098	099	099	099	099	099	099	100	0,095
103	103	103	103	104	104	104	104	104	105	105	105	105	0,100
108	108	108	109	109	109	109	110	110	110	110	111	111	0,105
113	114	114	114	114	115	115	115	115	116	116	116	116	0,110
118	119	119	119	120	120	120	120	121	121	121	122	122	0,115
124	124	124	125	125	125	126	126	126	127	127	127	128	0,120
129	129	130	130	130	131	131	132	132	132	133	133	133	0,125
135	135	135	136	136	136	137	137	138	138	138	139	139	0,130
140	140	141	141	141	142	142	143	143	143	144	144	145	0,135
145	146	146	147	147	147	148	148	149	149	150	150	151	0,140
151	151	152	152	152	153	153	154	154	155	155	156	156	0,145
156	157	157	158	158	159	159	160	160	161	161	162	162	0,150
161	162	163	163	164	164	165	165	166	166	167	167	168	0,155
167	168	168	169	169	170	170	171	172	172	173	173	174	0,160
172	173	174	174	175	175	176	177	177	178	178	179	180	0,165
178	179	179	180	180	181	182	182	183	184	184	185	186	0,170
183	184	185	185	186	187	187	188	189	190	190	191	192	0,175
189	190	190	191	192	192	193	194	195	195	196	197	198	0,180
194	195	196	197	197	198	199	200	201	201	202	203	204	0,185
200	201	201	202	203	204	205	206	206	207	208	209	210	0,190
205	206	207	208	209	210	211	211	212	213	214	215	216	0,195
211	212	213	214	215	216	216	217	218	219	220	221	222	0,200
216	217	218	219	220	221	222	223	224	225	226	227	228	0,205
222	223	224	225	226	227	228	229	230	231	232	234	235	0,210
228	229	230	231	232	233	234	235	236	237	239	240	241	0,215
233	234	236	237	238	239	240	241	242	244	245	246	247	0,220
239	240	241	242	244	245	246	247	248	250	251	252	253	0,225
245	246	247	248	250	251	252	253	255	256	257	259	260	0,230
250	251	253	254	255	257	258	259	261	262	263	265	266	0,235
256	257	259	260	261	263	264	265	267	268	270	271	273	0,240
262	263	264	266	267	269	270	272	273	275	276	278	279	0,245
267	269	270	272	273	275	276	278	279	281	282	284	286	0,250
0,26	0,28	0,30	0,32	0,34	0,36	0,38	0,40	0,42	0,44	0,46	0,48	0,50	

zum Ablesen von α_{ik}

Leitwerte a_{ik} zum Ablesen von α_{ik}

$\leftarrow$ α_{ik}

Zahlentafel A 5

$$\alpha_{ki} = \frac{a_{ki}}{1 - a_{ki} \cdot a_{ik}} = 0,\ldots$$

$\boxed{\alpha_{ki}} \rightarrow$

Leitwerte a_{ik} zum Ablesen

Leitwerte a_{ki} zum Ablesen von α_{ki}

α_{ki}	0,00	0,02	0,04	0,06	0,08	0,10	0,12	0,14	0,16	0,18	0,20	0,22	0,24
0,250	250	251	253	254	255	256	258	259	260	262	263	265	266
0,255	255	256	258	259	260	261	263	264	266	267	269	270	272
0,260	260	261	263	264	266	267	268	270	271	273	274	276	277
0,265	265	266	268	269	271	272	274	275	277	278	280	281	283
0,270	270	271	273	274	276	277	279	281	282	284	285	287	289
0,275	275	276	278	280	281	283	284	286	288	289	291	293	294
0,280	280	282	283	285	286	288	290	291	293	295	297	298	300
0,285	285	287	288	290	292	293	295	297	299	300	302	304	306
0,290	290	292	293	295	297	299	300	302	304	306	308	310	312
0,295	295	297	298	300	302	304	306	308	310	311	313	315	317
0,300	300	302	304	306	307	309	311	313	315	317	319	321	323
0,305	305	307	309	311	313	315	317	319	321	323	325	327	329
0,310	310	312	314	316	318	320	322	324	326	328	330	333	335
0,315	315	317	319	321	323	325	327	329	332	334	336	338	341
0,320	320	322	324	326	328	331	333	335	337	340	342	344	347
0,325	325	327	329	331	334	336	338	340	343	345	348	350	352
0,330	330	332	334	337	339	341	344	346	348	351	353	356	358
0,335	335	337	339	342	344	347	349	351	354	356	359	362	364
0,340	340	342	345	347	350	352	354	357	360	362	365	367	370
0,345	345	347	350	352	355	357	360	362	365	368	371	373	376
0,350	350	352	355	358	360	363	365	368	371	374	376	379	382
0,355	355	357	360	363	365	368	371	374	376	379	382	385	388
0,360	360	363	365	368	371	373	376	379	382	385	388	391	394
0,365	365	368	370	373	376	379	382	385	388	391	394	397	400
0,370	370	373	376	378	381	384	387	390	393	396	400	403	406
0,375	375	378	381	384	387	390	393	396	399	402	405	409	412
0,380	380	383	386	389	392	395	398	401	405	408	411	415	418
0,385	385	388	391	394	397	400	404	407	410	414	417	421	424
0,390	390	393	396	399	403	406	409	413	416	419	423	427	430
0,395	395	398	401	405	408	411	415	418	422	425	429	433	436
0,400	400	403	407	410	413	417	420	424	427	431	435	439	442
0,405	405	408	412	416	419	422	426	429	433	437	441	445	449
0,410	410	413	417	420	424	428	431	435	439	443	447	451	455
0,415	415	418	422	426	429	433	437	441	444	448	453	457	461
0,420	420	424	427	431	435	438	442	446	450	454	459	463	467
0,425	425	429	432	436	440	444	448	452	456	460	464	469	473
0,430	430	434	438	441	445	449	453	458	462	466	470	475	479
0,435	435	439	443	447	451	455	459	463	467	472	476	481	486
0,440	440	444	448	452	456	460	465	469	473	478	482	487	492
0,445	445	449	453	457	461	466	470	475	479	484	488	493	498
0,450	450	454	458	462	467	471	476	480	485	490	495	499	504
0,455	455	459	463	468	472	477	481	486	491	496	500	506	511
0,460	460	464	469	473	478	482	487	492	497	502	507	512	517
0,465	465	469	474	478	483	488	492	497	502	507	513	518	523
0,470	470	474	479	484	488	493	498	503	508	513	519	524	530
0,475	475	479	484	489	494	499	504	509	514	519	525	530	536
0,480	480	485	489	494	499	504	509	515	520	525	531	537	543
0,485	485	490	495	499	505	510	515	520	526	531	537	543	549
0,490	490	495	500	505	510	515	521	526	532	537	543	549	555
0,495	495	500	505	510	515	521	526	532	538	543	549	555	562
0,500	500	505	510	515	521	526	532	538	543	549	556	562	568
	0,00	0,02	0,04	0,06	0,08	0,10	0,12	0,14	0,16	0,18	0,20	0,22	0,24

Leitwerte a_{ki}

von α_{ki}

0,26	0,28	0,30	0,32	0,34	0,36	0,38	0,40	0,42	0,44	0,46	0,48	0,50	
267	269	270	272	273	275	276	278	279	281	282	284	286	0,250
273	275	276	278	279	281	282	284	286	287	289	291	292	0,255
279	280	282	284	285	287	289	290	292	294	295	297	299	0,260
285	286	288	289	291	293	295	296	298	300	302	304	305	0,265
290	292	294	296	297	299	301	303	305	306	308	310	312	0,270
296	298	300	301	303	305	307	309	311	313	315	317	319	0,275
302	304	306	308	309	311	313	315	317	319	321	323	326	0,280
308	310	312	314	316	318	320	322	324	326	328	330	332	0,285
314	316	318	320	322	324	326	328	330	332	335	337	339	0,290
319	322	324	326	328	330	332	334	337	339	341	344	346	0,295
325	328	330	332	334	336	339	341	343	346	348	350	353	0,300
331	333	336	338	340	343	345	347	350	352	355	357	360	0,305
337	339	342	344	347	349	351	354	356	359	362	364	367	0,310
343	345	348	350	353	355	358	360	363	366	368	371	374	0,315
349	351	354	357	359	362	364	367	370	372	375	378	381	0,320
355	357	360	363	365	368	371	374	376	379	382	385	388	0,325
361	364	366	369	372	374	377	380	383	386	389	392	395	0,330
367	370	372	375	378	381	384	387	390	392	396	399	402	0,335
373	376	379	382	384	387	390	394	397	400	403	406	410	0,340
379	382	385	388	391	394	397	400	403	407	410	413	417	0,345
385	388	391	394	397	400	404	407	410	414	417	421	424	0,350
391	394	397	400	404	407	410	414	417	421	424	428	432	0,355
397	400	404	407	410	414	417	421	424	428	431	435	439	0,360
403	406	410	413	417	420	424	427	431	435	439	442	446	0,365
409	413	416	420	423	427	431	434	438	442	446	450	454	0,370
415	419	422	426	430	433	437	441	445	449	453	457	461	0,375
422	425	429	433	436	440	444	448	452	456	460	465	469	0,380
428	431	435	439	443	447	451	455	459	463	468	472	477	0,385
434	438	442	446	450	454	458	462	466	471	475	480	484	0,390
440	444	448	452	456	460	465	469	474	478	483	487	492	0,395
446	450	455	459	463	467	472	476	481	485	490	495	500	0,400
453	457	461	465	470	474	479	483	488	493	498	503	508	0,405
459	463	468	472	476	481	486	490	495	500	505	510	516	0,410
465	470	474	479	483	488	493	498	503	508	513	518	524	0,415
471	476	481	485	490	495	500	505	510	515	521	526	532	0,420
478	482	487	492	497	502	507	512	517	523	528	534	540	0,425
484	489	494	499	504	509	514	519	525	530	536	542	548	0,430
490	495	500	505	510	516	521	527	532	538	544	550	556	0,435
497	502	507	512	517	523	528	534	540	546	552	558	564	0,440
503	508	514	519	524	530	536	541	547	553	559	566	572	0,445
510	515	520	526	531	537	543	549	555	561	567	574	581	0,450
516	521	527	532	538	544	550	556	562	569	575	582	589	0,455
522	528	534	539	545	551	557	564	570	577	583	590	597	0,460
529	535	540	546	552	558	565	571	578	585	591	599	606	0,465
535	541	547	553	559	566	572	579	586	593	600	607	614	0,470
542	548	554	560	566	573	580	586	593	600	608	615	623	0,475
548	555	561	567	574	580	587	594	601	609	616	624	632	0,490
555	561	568	574	581	588	595	601	609	617	624	632	640	0,485
562	568	574	581	588	595	602	609	617	625	633	641	649	0,490
568	575	581	588	595	602	610	617	625	633	641	649	658	0,495
575	581	588	595	602	610	617	625	633	641	649	658	667	0,500
0,26	0,28	0,30	0,32	0,34	0,36	0,38	0,40	0,42	0,44	0,46	0,48	0,50	

Leitwerte a_{ik} zum Ablesen von α_{ik}

zum Ablesen von α_{ik}

α_{ik}

Zahlentafel A 6

$$\alpha'_{ki} = \alpha_{ki} \cdot (1 \pm a_{ik}) = 0,.$$

Diese Tafel dient gleichzeitig zur Berechnung der Leitwerte a_{ik} zum Ablesen

$\alpha'_{ki} \rightarrow$

Leitwerte a_{ki} zum Ablesen von α'_{ki}

α'_{ki}	0,00	0,02	0,04	0,06	0,08	0,10	0,12	0,14	0,16	0,18	0,20	0,22	0,24
0,000	000	000	000	000	000	000	000	000	000	000	000	000	000
0,005	005	005	005	005	005	004	004	004	004	004	004	004	004
0,010	010	010	010	009	009	009	009	009	008	008	008	008	007
0,015	015	015	014	014	014	013	013	013	013	012	012	012	011
0,020	020	020	019	019	018	018	018	017	017	016	016	016	015
0,025	025	024	024	023	023	022	022	022	021	021	020	020	019
0,030	030	029	029	028	028	027	027	026	025	025	024	024	023
0,035	035	034	034	033	032	032	031	030	030	029	028	027	027
0,040	040	039	038	038	037	036	035	035	034	033	032	031	031
0,045	045	044	043	042	041	041	040	039	038	037	036	035	035
0,050	050	049	048	047	046	045	044	043	042	041	040	039	038
0,055	055	054	053	052	051	050	049	048	047	045	044	043	042
0,060	060	059	058	057	055	054	053	052	051	050	049	047	046
0,065	065	064	063	061	060	059	058	056	055	054	053	051	050
0,070	070	069	067	066	065	063	062	061	059	058	057	055	054
0,075	075	074	072	071	069	068	067	065	064	062	061	059	058
0,080	080	079	077	076	074	073	071	070	068	067	065	064	062
0,085	085	083	082	080	079	077	076	074	072	071	069	068	066
0,090	090	088	087	085	083	082	080	078	077	075	073	072	070
0,095	095	093	092	090	088	086	085	083	081	079	077	076	074
0,100	100	098	096	095	093	091	089	087	085	084	082	080	078
0,105	105	103	101	099	097	095	094	092	090	088	086	084	082
0,110	110	108	106	104	102	100	098	096	094	092	090	088	086
0,115	115	113	111	109	107	105	103	100	098	096	094	092	090
0,120	120	118	116	114	111	109	107	105	103	101	098	096	094
0,125	125	123	121	118	116	114	112	109	107	105	103	100	098
0,130	130	128	125	123	121	119	116	114	112	109	107	104	102
0,135	135	133	130	128	126	123	121	118	116	113	111	108	106
0,140	140	138	135	133	130	128	125	123	120	118	115	113	110
0,145	145	142	140	137	135	132	130	127	125	122	119	117	114
0,150	150	147	145	142	140	137	134	132	129	126	124	121	118
0,155	155	152	150	147	144	142	139	136	133	131	128	125	122
0,160	160	157	155	152	149	146	144	141	138	135	132	129	126
0,165	165	162	159	157	154	151	148	145	142	139	136	133	131
0,170	170	167	164	161	159	156	153	150	147	144	141	138	135
0,175	175	172	169	166	163	160	157	154	151	148	145	142	139
0,180	180	177	174	171	168	165	162	159	156	153	149	146	143
0,185	185	182	179	176	173	170	166	163	160	157	154	150	147
0,190	190	187	184	181	178	174	171	168	165	161	158	155	151
0,195	195	192	189	185	182	179	176	172	169	166	162	159	155
0,200	200	197	194	190	187	184	180	177	174	170	167	163	160
0,205	205	202	198	195	192	188	185	181	178	174	171	167	164
0,210	210	207	203	200	197	193	190	186	183	179	175	172	168
0,215	215	212	208	205	201	198	194	191	187	183	180	176	172
0,220	220	217	213	210	206	202	199	195	192	188	184	180	177
0,225	225	221	218	214	211	207	203	200	196	192	188	185	181
0,230	230	226	223	219	216	212	208	204	201	197	193	189	185
0,235	235	231	228	224	220	217	213	209	205	201	197	193	189
0,240	240	236	233	229	225	221	217	214	210	206	202	198	194
0,245	245	241	237	234	230	226	222	218	215	210	206	202	198
0,250	250	246	242	239	235	231	227	223	219	215	211	206	202
α'_{ki}	0,00	0,02	0,04	0,06	0,08	0,10	0,12	0,14	0,16	0,18	0,20	0,22	0,24

Leitwerte a_{ki}

für negative Werte ($\pm a_{ik}$)

der Verteilungszahlen $w^*{}_{ki} = -\,\alpha'{}_{ki}$

von $\alpha'{}_{ki}$

0,26	0,28	0,30	0,32	0,34	0,36	0,38	0,40	0,42	0,44	0,46	0,48	0,50	
000	000	000	000	000	000	000	000	000	000	000	000	000	0,000
004	004	003	003	003	003	003	003	003	003	003	003	002	0,005
007	007	007	007	007	006	006	006	006	006	005	005	005	0,010
011	011	010	010	010	010	009	009	009	008	008	008	008	0,015
015	014	014	014	013	013	012	012	012	011	011	011	010	0,020
019	018	018	017	017	016	016	015	015	014	014	013	013	0,025
022	022	021	021	020	019	019	018	018	017	016	016	015	0,030
026	025	025	024	023	023	022	021	021	020	019	018	018	0,035
030	029	028	028	027	026	025	024	024	023	022	021	020	0,040
034	033	032	031	030	029	028	027	027	026	025	024	023	0,045
037	037	036	035	034	033	032	031	030	029	028	027	026	0,050
041	040	039	038	037	036	035	034	033	032	030	029	028	0,055
045	044	043	042	040	039	038	037	036	035	033	032	031	0,060
049	048	046	045	044	042	041	040	039	037	036	035	034	0,065
053	051	050	049	047	046	045	043	042	040	039	038	036	0,070
057	055	054	052	051	049	048	046	045	043	042	040	039	0,075
060	059	057	056	054	053	051	050	048	046	045	043	042	0,080
064	063	061	059	058	056	054	053	051	049	048	046	044	0,085
068	066	065	063	061	060	058	056	054	052	051	049	047	0,090
072	070	068	067	065	063	061	059	057	055	054	052	050	0,095
076	074	072	070	068	066	064	063	061	059	057	055	053	0,100
080	078	076	074	072	070	068	066	064	062	060	057	055	0,105
084	082	080	078	075	073	071	069	067	065	063	060	058	0,110
088	086	083	081	079	077	075	072	070	068	066	063	061	0,115
092	089	087	085	083	080	078	076	073	071	069	066	064	0,120
096	093	091	088	086	084	081	079	076	074	072	069	067	0,125
100	097	095	092	090	087	085	082	080	077	075	072	070	0,130
103	101	098	096	093	091	088	086	083	080	078	075	072	0,135
108	105	102	100	097	094	092	089	086	084	081	078	075	0,140
111	109	106	103	101	098	095	092	089	087	084	081	078	0,145
116	113	110	107	104	101	099	096	093	090	087	084	081	0,150
119	117	114	111	108	105	102	099	096	093	090	087	084	0,155
124	121	118	115	112	109	106	103	099	096	093	090	087	0,160
128	124	121	118	115	112	109	106	103	100	096	093	090	0,165
132	129	125	122	119	116	113	109	106	103	100	096	093	0,170
136	132	129	126	123	119	116	113	109	106	103	099	096	0,175
140	136	133	130	127	123	120	116	113	109	106	102	099	0,180
144	140	137	134	130	127	123	120	116	113	109	106	102	0,185
148	144	141	138	134	131	127	123	120	116	112	109	105	0,190
152	148	145	141	138	134	131	127	123	119	116	112	108	0,195
156	153	149	145	142	138	134	130	127	123	119	115	111	0,200
160	157	153	149	145	142	138	134	130	126	122	118	114	0,205
164	161	157	153	149	145	141	138	134	130	126	121	117	0,210
168	165	161	157	153	149	145	141	137	133	129	125	120	0,215
173	169	165	161	157	153	149	145	141	136	132	128	124	0,220
177	173	169	165	161	157	152	148	144	140	135	131	127	0,225
181	177	173	169	165	160	156	152	148	143	139	134	130	0,230
185	181	177	173	169	164	160	156	151	147	142	138	133	0,235
189	185	181	177	172	168	164	159	155	150	146	141	136	0,240
194	189	185	181	176	172	167	163	158	154	149	144	140	0,245
198	194	189	185	180	176	171	167	162	157	153	148	143	0,250
0,26	0,28	0,30	0,32	0,34	0,36	0,38	0,40	0,42	0,44	0,46	0,48	0,50	

Leitwerte a_{ik} zum Ablesen von $\alpha'{}_{ik}$

zum Ablesen von $\alpha'{}_{ik}$

$\alpha'{}_{ik}$

Zahlentafel A 6

$$\alpha'_{ki} = \alpha_{ki}\,(1 \pm a_{ik}) = 0,\ldots$$

Leitwerte a_{ik} zum Ablesen

$\alpha'_{ki} \longrightarrow$

Leitwerte a_{ki} zum Ablesen von α'_{ki}

α'_{ki}	0,00	0,02	0,04	0,06	0,08	0,10	0,12	0,14	0,16	0,18	0,20	0,22	0,24
0,250	250	246	242	239	235	231	227	223	219	215	211	206	202
0,255	255	251	247	243	239	235	231	227	223	219	215	211	206
0,260	260	256	252	248	244	240	236	232	228	224	219	215	211
0,265	265	261	257	253	249	245	241	237	232	228	224	219	215
0,270	270	266	262	258	254	250	246	241	237	233	228	224	219
0,275	275	271	267	263	259	254	250	246	242	237	233	228	224
0,280	280	276	272	268	264	259	255	251	246	242	237	233	228
0,285	285	281	277	273	268	264	260	255	251	246	242	237	232
0,290	290	286	282	277	273	269	264	260	255	251	246	242	237
0,295	295	291	287	282	278	274	269	265	260	255	251	246	241
0,300	300	296	291	287	283	278	274	269	265	260	255	251	246
0,305	305	301	296	292	288	283	279	274	269	265	260	255	250
0,310	310	306	301	297	292	288	283	279	274	269	264	260	255
0,315	315	311	306	302	297	293	288	283	279	274	269	264	259
0,320	320	316	311	307	302	298	293	288	283	278	274	269	263
0,325	325	321	316	312	307	302	298	293	288	283	278	273	268
0,330	330	326	321	316	312	307	302	298	293	288	283	278	272
0,335	335	330	326	321	317	312	307	302	297	292	287	282	277
0,340	340	335	331	326	322	317	312	307	302	297	292	287	281
0,345	345	340	336	331	326	322	317	312	307	302	296	291	286
0,350	350	345	341	336	331	326	322	317	311	306	301	296	290
0,355	355	350	346	341	336	331	326	321	316	311	306	300	295
0,360	360	355	351	346	341	336	331	326	321	316	310	305	299
0,365	365	360	356	351	346	341	336	331	326	320	315	310	304
0,370	370	365	361	356	351	346	341	336	330	325	320	314	309
0,375	375	370	365	361	356	351	346	340	335	330	324	319	313
0,380	380	375	370	366	361	356	350	345	340	334	329	323	318
0,385	385	380	375	370	365	360	355	350	345	339	334	328	322
0,390	390	385	380	375	370	365	360	355	349	344	338	333	327
0,395	395	390	385	380	375	370	365	360	354	349	343	337	332
0,400	400	395	390	385	380	375	370	364	359	353	348	342	336
0,405	405	400	395	390	385	380	375	369	364	358	353	347	341
0,410	410	405	400	395	390	385	379	374	369	363	357	352	346
0,415	415	410	405	400	395	390	384	379	373	368	362	356	350
0,420	420	415	410	405	400	395	389	384	378	373	367	361	355
0,425	425	420	415	410	405	399	394	389	383	377	372	366	360
0,430	430	425	420	415	410	404	399	393	388	382	376	370	364
0,435	435	430	425	420	415	409	404	398	393	387	381	375	369
0,440	440	435	430	425	420	414	409	403	398	392	386	380	374
0,445	445	440	435	430	424	419	414	408	402	397	391	385	379
0,450	450	445	440	435	429	424	419	413	407	402	396	390	383
0,455	455	450	445	440	435	429	423	418	412	406	400	394	388
0,460	460	455	450	445	439	434	428	423	417	411	405	399	393
0,465	465	460	455	450	444	439	433	428	422	416	410	404	398
0,470	470	465	460	455	449	444	438	433	427	421	415	409	403
0,475	475	470	465	460	454	449	443	438	432	426	420	414	407
0,480	480	475	470	465	459	454	448	443	437	431	425	419	412
0,485	485	480	475	470	464	459	453	447	442	436	430	423	417
0,490	490	485	480	475	469	464	458	452	447	441	435	428	422
0,495	495	490	485	480	474	469	463	457	452	446	439	433	427
0,500	500	495	490	485	479	474	468	462	457	451	444	438	432
α'_{ki}	0,00	0,02	0,04	0,06	0,08	0,10	0,12	0,14	0,16	0,18	0,20	0,22	0,24

Leitwerte a_{ki}

für negative Werte ($\pm a_{ik}$)

von α'_{ki}

0,26	0,28	0,30	0,32	0,34	0,36	0,38	0,40	0,42	0,44	0,46	0,48	0,50		
198	194	189	185	180	176	171	167	162	157	153	148	143	0,250	
202	198	193	189	184	180	175	170	166	161	156	151	146	0,255	
206	202	197	193	188	184	179	174	169	164	159	154	149	0,260	
211	206	201	197	192	187	183	178	173	168	163	158	153	0,265	
215	210	206	201	196	191	187	182	177	172	166	161	156	0,270	
219	214	210	205	200	195	190	185	180	175	170	165	159	0,275	
223	219	214	209	204	199	194	189	184	179	174	168	163	0,280	
228	223	218	213	208	203	198	193	188	182	177	172	166	0,285	
232	227	222	217	212	207	202	197	192	186	181	175	170	0,290	
236	231	227	221	216	211	206	201	195	190	184	179	173	0,295	
241	236	231	226	220	215	210	205	199	194	188	182	176	0,300	
245	240	235	230	225	219	214	208	203	197	192	186	180	0,305	
250	244	239	234	229	223	218	212	207	201	195	189	183	0,310	
254	249	243	238	233	227	222	216	211	205	199	193	187	0,315	
258	253	248	242	237	231	226	220	214	209	203	197	190	0,320	
263	257	252	247	241	236	230	224	218	212	206	200	194	0,325	
267	262	256	251	245	240	234	228	222	216	210	204	198	0,330	
271	266	261	255	249	244	238	232	226	220	214	208	201	0,335	
276	271	265	259	254	248	242	236	230	224	218	211	205	0,340	
280	275	269	264	258	252	246	240	234	228	221	215	208	0,345	
285	279	274	268	262	256	250	244	238	232	225	219	212	0,350	
289	284	278	272	266	260	254	248	242	236	229	222	216	0,355	
294	288	283	277	271	265	259	252	246	240	233	226	220	0,360	
298	293	287	281	275	269	263	256	250	243	237	230	223	0,365	
303	297	291	285	279	273	267	261	254	247	241	234	227	0,370	
307	302	296	290	284	277	271	265	258	251	245	238	231	0,375	
312	306	300	294	288	282	275	269	262	256	249	242	235	0,380	
317	311	305	299	292	286	280	273	266	260	253	246	238	0,385	
321	315	309	303	297	290	284	277	271	264	257	250	242	0,390	
326	320	314	307	301	295	288	281	275	268	261	253	246	0,395	
330	324	318	312	306	299	292	286	279	272	265	257	250	0,400	
335	329	323	316	310	303	297	290	283	276	269	261	254	0,405	
340	333	327	321	314	308	301	294	287	280	273	265	258	0,410	
344	338	332	325	319	312	305	298	291	284	277	269	262	0,415	
349	343	336	330	323	317	310	303	296	289	281	274	266	0,420	
354	347	341	334	328	321	314	307	300	293	285	278	270	0,425	
358	352	346	339	332	326	319	312	304	297	289	282	274	0,430	
363	357	350	344	337	330	323	316	309	301	294	286	278	0,435	
368	361	355	348	341	335	328	320	313	306	298	290	282	0,440	
372	366	359	353	346	339	332	325	317	310	302	294	286	0,445	
377	371	364	357	351	344	337	329	322	314	306	298	290	0,450	
382	375	369	362	355	348	341	334	326	319	311	303	294	0,455	
387	380	374	367	360	353	346	338	331	323	315	307	299	0,460	
391	385	378	371	364	357	350	343	335	327	319	311	303	0,465	
396	390	383	376	369	362	355	347	340	332	324	316	307	0,470	
401	394	388	381	374	367	359	352	344	336	328	320	311	0,475	
406	399	393	386	379	371	364	356	349	341	333	324	316	0,480	
411	404	397	390	383	376	369	361	353	345	337	329	320	0,485	
416	409	402	395	388	381	373	366	358	350	342	333	325	0,490	
420	414	407	400	393	385	378	370	362	354	346	338	329	0,495	
425	419	412	405	398	390	383	375	367	359	351	342	333	0,500	
0,26	0,28	0,30	0,32	0,34	0,36	0,38	0,40	0,42	0,44	0,46	0,48	0,50		

Leitwerte a_{ik} zum Ablesen von α'_{ik}

zum Ablesen von α'_{ik}

$\leftarrow \alpha'_{ik}$

Zahlentafel A 7

$$\alpha''_{ki} = \alpha_{ki}\,(1 \pm \alpha_{ik}) = 0,\ldots$$

$\alpha''_{ki} \longrightarrow$

Leitwerte a_{ik} zum Ablesen

Leitwerte a_{ki} zum Ablesen von α''_{ki}

α''_{ki}	0,00	0,02	0,04	0,06	0,08	0,10	0,12	0,14	0,16	0,18	0,20	0,22	0,24
0,000	000	000	000	000	000	000	000	000	000	000	000	000	000
0,005	005	005	005	005	005	005	006	006	006	006	006	006	006
0,010	010	010	010	011	011	011	011	011	012	012	012	012	012
0,015	015	015	016	016	016	016	017	017	017	018	018	018	019
0,020	020	020	021	021	022	022	022	023	023	024	024	024	025
0,025	025	025	026	026	027	028	028	029	029	030	030	031	031
0,030	030	031	031	032	032	033	034	034	035	036	036	037	037
0,035	035	036	036	037	038	039	039	040	041	042	042	043	044
0,040	040	041	042	042	043	044	045	046	047	047	048	049	050
0,045	045	046	047	048	049	050	051	052	053	053	054	055	056
0,050	050	051	052	053	054	055	056	057	058	059	061	062	063
0,055	055	056	057	058	060	061	062	063	064	065	067	068	069
0,060	060	061	062	064	065	066	068	069	070	072	073	074	075
0,065	065	066	068	069	071	072	073	075	076	078	079	080	082
0,070	070	071	073	074	076	077	079	081	082	084	085	087	088
0,075	075	077	078	080	081	083	085	086	088	090	091	093	095
0,080	080	082	083	085	087	089	090	092	094	096	098	099	101
0,085	085	087	089	091	092	094	096	098	100	102	104	106	108
0,090	090	092	094	096	098	100	102	104	106	108	110	112	114
0,095	095	097	099	101	103	105	108	110	112	114	116	118	120
0,100	100	102	104	107	109	111	113	116	118	120	122	125	127
0,105	105	107	110	112	114	117	119	121	124	127	129	131	134
0,110	110	112	115	117	120	122	125	127	130	132	135	137	140
0,115	115	118	120	123	125	128	131	133	136	139	141	144	147
0,120	120	123	125	128	131	134	136	139	142	145	147	150	153
0,125	125	128	131	133	136	139	142	145	148	151	154	157	160
0,130	130	133	136	139	142	145	148	151	154	157	160	163	166
0,135	135	138	141	144	147	150	154	157	160	163	166	170	173
0,140	140	143	146	150	153	156	159	163	166	169	173	176	180
0,145	145	148	152	155	158	162	165	169	172	176	179	183	186
0,150	150	153	157	160	164	167	171	175	178	182	186	189	193
0,155	155	159	162	166	169	173	177	181	184	188	192	196	200
0,160	160	164	167	171	175	179	183	187	190	194	198	202	206
0,165	165	169	173	177	181	185	188	193	197	201	205	209	213
0,170	170	174	178	182	186	190	194	198	203	207	211	215	220
0,175	175	179	183	187	192	196	200	204	209	213	218	222	226
0,180	180	184	189	193	197	202	206	210	215	219	224	229	233
0,185	185	189	194	198	203	207	212	216	221	226	230	235	240
0,190	190	194	199	204	208	213	218	222	227	232	237	242	247
0,195	195	200	204	209	214	219	224	228	233	238	243	249	254
0,200	200	205	211	215	219	224	229	235	240	245	250	255	260
0,205	205	210	215	220	225	230	235	241	246	251	256	262	267
0,210	210	215	220	225	231	236	241	247	252	257	263	269	274
0,215	215	220	225	231	236	242	247	253	258	264	270	275	281
0,220	220	225	231	236	242	247	253	259	264	270	276	282	288
0,225	225	230	236	242	247	253	259	265	271	277	283	289	295
0,230	230	236	241	247	253	259	265	271	277	283	289	296	302
0,235	235	241	247	253	259	265	271	277	283	289	296	302	309
0,240	240	246	252	258	264	270	277	283	289	296	302	309	316
0,245	245	251	257	264	270	276	283	289	296	302	309	316	323
0,250	250	256	263	269	275	282	289	295	302	309	316	323	330
	0,00	0,02	0,04	0,06	0,08	0,10	0,12	0,14	0,16	0,18	0,20	0,22	0,24

Leitwerte a_{ki}

für positive Werte ($\pm a_{ik}$)

von α''_{ki}

0,26	0,28	0,30	0,32	0,34	0,36	0,38	0,40	0,42	0,44	0,46	0,48	0,50	
000	000	000	000	000	000	000	000	000	000	000	000	000	0,000
006	006	006	007	007	007	007	007	007	007	007	007	007	0,005
013	013	013	013	013	014	014	014	014	014	015	015	015	0,010
019	019	020	020	020	020	021	021	021	022	022	022	023	0,015
025	026	026	027	027	027	028	028	029	029	029	030	030	0,020
032	032	033	033	034	034	035	035	036	036	037	037	038	0,025
038	039	039	040	041	041	042	042	043	044	044	045	046	0,030
044	045	046	047	047	048	049	050	050	051	052	053	053	0,035
051	052	053	053	054	055	056	057	058	059	059	060	061	0,040
057	058	059	060	061	062	063	064	065	066	067	068	069	0,045
064	065	066	067	068	069	070	071	072	074	075	076	077	0,050
070	071	073	074	075	076	077	079	080	081	082	084	085	0,055
077	078	079	081	082	083	085	086	087	089	090	091	093	0,060
083	085	086	088	089	090	092	093	095	096	098	099	101	0,065
090	091	093	094	096	098	099	101	102	104	106	107	109	0,070
096	098	100	101	103	105	106	108	110	112	113	115	117	0,075
103	105	107	108	110	112	114	116	117	119	121	123	125	0,080
109	111	113	115	117	119	121	123	125	127	129	131	133	0,085
116	118	120	122	124	126	129	131	133	135	137	139	141	0,090
123	125	127	129	131	134	136	138	140	143	145	147	149	0,095
129	132	134	136	139	141	143	146	148	151	153	155	158	0,100
136	138	141	143	146	148	151	153	156	158	161	164	166	0,105
143	145	148	150	153	156	158	161	164	166	169	172	175	0,110
149	152	155	158	160	163	166	169	172	174	177	180	183	0,115
156	159	162	165	168	171	173	176	179	182	185	188	191	0,120
163	166	169	172	175	178	181	184	187	190	194	197	200	0,125
169	173	176	179	182	185	189	192	195	199	202	205	209	0,130
176	180	183	186	190	193	196	200	203	207	210	214	217	0,135
183	186	190	193	197	200	204	208	211	215	218	222	226	0,140
190	193	197	201	204	208	212	215	219	223	227	231	234	0,145
197	200	204	208	212	216	219	223	227	231	235	239	243	0,150
203	207	211	215	219	223	227	231	235	239	244	248	252	0,155
210	214	218	223	227	231	235	239	244	248	252	256	261	0,160
217	221	226	230	234	239	243	247	252	256	261	265	270	0,165
224	228	233	237	242	246	251	255	260	265	269	274	279	0,170
231	235	240	245	249	254	259	263	268	273	278	283	288	0,175
238	243	247	252	257	262	267	272	276	281	286	292	297	0,180
245	250	255	260	265	270	275	280	285	290	295	300	306	0,185
252	257	262	267	272	277	283	288	293	299	303	309	315	0,190
259	264	269	274	280	285	291	296	302	307	313	318	324	0,195
266	271	277	282	288	293	299	304	310	316	322	327	333	0,200
273	278	284	290	295	301	307	313	318	324	330	336	343	0,205
280	286	291	297	303	309	315	321	327	333	339	346	352	0,210
287	293	299	305	311	317	323	329	336	342	348	355	361	0,215
294	300	306	312	319	325	331	338	344	351	357	364	371	0,220
301	307	314	320	326	333	339	346	353	360	366	373	380	0,225
308	315	321	328	334	341	348	355	361	368	375	383	390	0,230
315	322	329	335	342	349	356	363	370	377	385	392	399	0,235
322	329	336	343	350	357	364	372	379	386	394	401	409	0,240
330	337	344	351	358	365	373	380	388	395	403	411	419	0,245
337	344	351	359	366	374	381	389	397	404	412	420	429	0,250
0,26	0,28	0,30	0,32	0,34	0,36	0,38	0,40	0,42	0,44	0,46	0,48	0,50	

Leitwerte a_{ik} zum Ablesen von α''_{ik}

zum Ablesen von α''_{ik}

α''_{ik}

Zahlentafel A 7

$$\alpha''_{ki} = \alpha_{ki}\,(1 \pm a_{ik}) = 0,\ldots$$

$\alpha''_{ki} \rightarrow$

Leitwerte a_{ik} zum Ablesen

Leitwerte a_{ki} zum Ablesen von α''_{ki}

	0,00	0,02	0,04	0,06	0,08	0,10	0,12	0,14	0,16	0,18	0,20	0,22	0,24
0,250	250	256	263	269	275	282	289	295	302	309	316	323	330
0,255	255	261	268	274	281	288	295	301	308	315	322	330	337
0,260	260	267	273	280	287	294	301	308	315	322	329	336	344
0,265	265	272	278	285	292	299	306	314	321	328	336	343	351
0,270	270	277	284	291	298	305	312	320	327	335	342	350	358
0,275	275	282	289	296	304	311	318	326	334	341	349	357	365
0,280	280	287	294	302	309	317	324	332	340	348	356	364	372
0,285	285	292	300	307	315	323	330	338	346	354	363	371	379
0,290	290	297	305	313	321	328	336	345	353	361	369	378	386
0,295	295	303	310	318	326	334	342	351	359	368	376	385	394
0,300	300	308	316	324	332	340	348	357	365	374	383	392	401
0,305	305	313	321	329	338	346	355	363	372	381	390	399	408
0,310	310	318	326	335	343	352	361	369	378	387	397	406	415
0,315	315	323	332	340	349	358	367	376	385	394	403	413	422
0,320	320	328	337	346	355	364	373	382	391	401	410	420	430
0,325	325	334	342	351	360	369	379	388	398	407	417	427	437
0,330	330	339	348	357	366	375	385	394	404	414	424	434	444
0,335	335	344	353	362	372	381	391	401	411	421	431	441	452
0,340	340	349	358	368	377	387	397	407	417	427	438	448	459
0,345	345	354	364	373	383	393	403	413	424	434	445	455	466
0,350	350	359	369	379	389	399	409	419	430	441	452	463	474
0,355	355	365	374	384	395	405	415	426	437	447	459	470	481
0,360	360	370	380	390	400	411	421	432	443	454	465	477	489
0,365	365	375	385	396	406	417	427	438	450	461	472	484	496
0,370	370	380	391	401	412	423	434	445	456	468	479	491	503
0,375	375	385	396	407	417	429	440	451	463	474	486	499	511
0,380	380	391	401	412	423	434	446	457	469	481	493	506	518
0,385	385	396	407	418	429	440	452	464	476	488	500	513	526
0,390	390	401	412	423	435	446	458	470	482	495	508	520	533
0,395	395	406	417	429	440	452	464	477	489	502	515	528	541
0,400	400	411	423	434	446	458	471	483	496	509	522	535	549
0,405	405	416	428	440	452	464	477	489	502	515	529	542	556
0,410	410	422	433	446	458	470	483	496	509	522	536	550	564
0,415	415	427	439	451	464	476	489	502	516	529	543	557	571
0,420	420	432	444	457	469	482	495	509	522	536	550	565	579
0,425	425	437	450	462	475	488	502	515	529	543	557	572	587
0,430	430	442	455	468	481	494	508	522	536	550	564	579	594
0,435	435	448	460	473	487	500	514	528	542	557	572	587	602
0,440	440	453	466	479	492	506	520	534	549	564	579	594	610
0,445	445	458	471	485	498	512	526	541	556	571	586	602	618
0,450	450	463	477	490	504	518	533	547	562	578	593	609	625
0,455	455	468	482	496	510	524	539	554	569	585	601	617	633
0,460	460	473	487	501	516	530	545	560	576	592	608	624	641
0,465	465	479	493	507	522	536	552	567	583	599	615	632	649
0,470	470	484	498	513	527	542	558	573	589	606	622	639	657
0,475	475	489	504	518	533	548	564	580	596	613	630	647	665
0,480	480	494	509	524	539	555	570	587	603	620	637	655	673
0,485	485	499	514	529	545	561	577	593	610	627	644	662	681
0,490	490	505	520	535	551	567	583	600	617	634	652	670	689
0,495	495	510	525	541	557	573	589	606	624	641	659	678	696
0,500	500	515	531	546	562	579	596	613	630	648	667	685	704
	0,00	0,02	0,04	0,06	0,08	0,10	0,12	0,14	0,16	0,18	0,20	0,22	0,24

Leitwerte a_{ki}

für positive Werte ($\pm a_{ik}$)

ven α_{ik}''

0,26	0,28	0,30	0,32	0,34	0,36	0,38	0,40	0,42	0,44	0,46	0,48	0,50	
337	344	351	359	366	374	381	389	397	404	412	420	429	0,250
344	351	359	366	374	382	390	397	405	414	422	430	438	0,255
351	359	367	374	382	390	398	406	414	423	431	440	448	0,260
359	366	374	382	390	398	407	415	423	432	441	449	458	0,265
366	374	382	390	398	407	415	424	432	441	450	459	468	0,270
373	381	390	398	406	415	424	433	441	450	460	469	478	0,275
380	389	397	406	415	423	432	441	451	460	469	479	488	0,280
388	396	405	414	423	432	441	450	460	469	479	489	498	0,285
395	404	413	422	431	440	450	459	469	479	489	499	509	0,290
403	412	421	430	439	449	458	468	478	488	498	509	519	0,295
410	419	429	438	448	457	467	477	487	498	508	519	529	0,300
417	427	436	446	456	466	476	486	497	507	518	529	540	0,305
425	434	444	454	464	475	485	495	506	517	528	539	550	0,310
432	442	452	462	473	483	494	505	515	527	538	549	561	0,315
440	450	460	471	481	492	503	514	525	536	548	559	571	0,320
447	458	468	479	490	501	512	523	534	546	558	570	582	0,325
455	465	476	487	498	509	521	532	544	556	568	580	593	0,330
462	473	484	495	507	518	530	542	554	566	578	591	607	0,335
470	481	492	504	515	527	539	551	563	576	588	601	614	0,340
477	489	500	512	524	536	548	560	573	586	599	612	625	0,345
485	497	508	520	532	545	557	570	583	596	609	623	636	0,350
493	504	516	529	541	553	566	579	592	606	619	633	647	0,355
500	512	525	537	550	562	575	589	602	616	630	644	658	0,360
508	520	533	545	558	571	585	598	612	626	640	655	670	0,365
516	528	541	554	567	580	594	608	622	636	651	666	681	0,370
523	536	549	562	576	590	603	618	632	647	662	677	692	0,375
531	544	558	571	585	599	613	627	642	657	672	688	704	0,380
539	552	566	580	594	608	622	637	652	667	683	699	715	0,385
547	560	574	588	602	617	632	647	662	678	694	710	726	0,390
555	568	582	597	611	626	641	657	672	688	705	721	738	0,395
562	577	591	605	620	635	651	667	683	699	716	733	750	0,400
570	585	599	614	629	645	661	677	693	710	727	744	762	0,405
578	593	608	623	638	654	670	687	703	720	738	755	773	0,410
586	601	616	632	647	663	680	697	714	731	749	767	785	0,415
594	609	625	640	657	673	690	707	724	742	760	778	797	0,420
602	617	633	649	666	682	699	717	735	753	771	790	809	0,425
610	626	642	658	675	692	709	727	745	764	783	802	822	0,430
618	634	650	667	684	701	719	737	756	775	794	814	834	0,435
626	642	659	676	693	711	729	748	766	786	805	826	846	0,440
634	651	668	685	703	721	739	758	777	797	817	837	858	0,445
642	659	676	694	712	730	749	768	788	808	828	849	871	0,450
650	667	685	703	721	740	759	779	799	819	840	862	883	0,455
658	676	694	712	731	750	769	789	810	830	852	874	896	0,460
666	684	702	721	740	760	779	800	821	842	864	886	909	0,465
675	693	711	730	750	769	790	810	831	853	875	898	922	0,470
683	701	720	739	759	779	800	821	843	865	887	911	934	0,475
691	710	729	749	769	789	810	832	854	876	899	923	947	0,480
699	718	738	758	778	799	820	842	865	888	911	936	960	0,485
707	727	747	767	788	809	831	853	876	899	924	948	974	0,490
716	735	756	776	797	819	841	864	887	911	936	961	987	0,495
724	744	765	786	807	829	852	875	899	923	948	974	1,00	0,500
0,26	0,28	0,30	0,32	0,34	0,36	0,38	0,40	0,42	0,44	0,46	0,48	0,50	

Leitwerte a_{ik} zum Ablesen von α_{ik}''

zum Ablesen von α_{ik}''

$\longleftarrow \boxed{\alpha_{ik}''}$

Zahlentafel A 8

$$w_{ki} = \alpha_{ki}\,(2 + a_{ik}) = 0,\ldots$$

w_{ki} →

Leitwerte a_{ik}

w_{ki}	0,00	0,02	0,04	0,06	0,08	0,10	0,12	0,14	0,16	0,18	0,20	0,22	0,24
0,000	000	000	000	000	000	000	000	000	000	000	000	000	000
0,005	010	010	010	010	010	009	009	009	009	009	009	009	009
0,010	020	020	020	019	019	019	019	019	018	018	018	018	018
0,015	030	030	029	029	029	028	028	028	028	027	027	027	026
0,020	040	040	039	039	038	038	038	037	037	036	036	036	035
0,025	050	049	049	049	048	048	047	047	046	046	045	045	044
0,030	060	059	059	058	058	057	057	056	055	055	054	054	053
0,035	070	069	069	068	067	067	066	065	065	064	063	063	062
0,040	080	079	078	078	077	076	076	075	074	073	073	072	071
0,045	090	089	088	087	087	086	085	084	083	083	082	081	080
0,050	100	099	098	097	096	095	095	094	093	092	091	090	089
0,055	110	109	108	107	106	105	104	103	102	101	100	099	098
0,060	120	119	118	117	116	115	114	113	111	110	109	108	107
0,065	130	129	128	127	125	124	123	122	121	120	118	117	116
0,070	140	139	138	136	135	134	133	131	130	129	128	126	125
0,075	150	149	147	146	145	144	142	141	140	138	137	136	134
0,080	160	159	157	156	155	153	152	150	149	148	146	145	144
0,085	170	169	167	166	164	163	161	160	159	157	156	154	153
0,090	180	178	177	176	174	173	171	169	168	166	165	163	162
0,095	190	188	187	185	184	182	180	179	177	176	174	173	171
0,100	200	198	197	195	194	192	190	189	187	185	184	182	180
0,105	210	208	207	205	203	202	200	198	196	195	193	191	190
0,110	220	218	217	215	213	211	210	208	206	204	202	201	199
0,115	230	228	226	225	223	221	219	217	216	214	212	210	208
0,120	240	238	236	234	233	231	229	227	225	223	221	219	217
0,125	250	248	246	244	242	240	239	237	235	233	231	229	227
0,130	260	258	256	254	252	250	248	246	244	242	240	238	236
0,135	270	268	266	264	262	260	258	256	254	252	250	248	246
0,140	280	278	276	274	272	270	268	266	263	261	259	257	255
0,145	290	288	286	284	282	280	277	275	273	271	269	267	264
0,150	300	298	296	294	291	289	287	285	283	281	278	276	274
0,155	310	308	306	303	301	299	297	295	292	290	288	286	283
0,160	320	318	316	313	311	309	307	304	302	300	297	295	293
0,165	330	328	326	323	321	319	316	314	312	309	307	305	302
0,170	340	338	335	333	331	329	326	324	321	319	317	314	312
0,175	350	348	345	343	341	338	336	334	331	329	326	324	321
0,180	360	358	355	353	351	348	346	343	341	339	336	334	331
0,185	370	368	365	363	360	358	356	353	351	348	346	343	341
0,190	380	378	375	373	370	368	365	363	361	358	355	353	350
0,195	390	388	385	383	380	378	375	373	370	368	365	363	360
0,200	400	398	395	393	390	388	385	383	380	377	375	372	370
0,205	410	408	405	403	400	398	395	393	390	387	385	382	379
0,210	420	418	415	413	410	408	405	402	400	397	395	392	389
0,215	430	427	425	423	420	417	415	412	410	407	404	402	399
0,220	440	437	435	432	430	427	425	422	420	417	414	411	409
0,225	450	447	445	442	440	437	435	432	429	427	424	421	419
0,230	460	457	455	452	450	447	445	442	439	437	434	431	428
0,235	470	467	465	462	460	457	455	452	449	447	444	441	438
0,240	480	477	475	472	470	467	465	462	459	456	454	451	448
0,245	490	487	485	482	480	477	475	472	469	466	464	461	458
0,250	500	497	495	492	490	487	484	482	479	476	474	471	468
	0,00	0,02	0,04	0,06	0,08	0,10	0,12	0,14	0,16	0,18	0,20	0,22	0,24

Leitwerte a_{ki} zum Ablesen von w_{ki}

Leitwerte a_{ki}

für negative a-Werte

zum Ablesen von w_{ki}

0,26	0,28	0,30	0,32	0,34	0,36	0,38	0,40	0,42	0,44	0,46	0,48	0,50	
000	000	000	000	000	000	000	000	000	000	000	000	000	0,000
009	009	008	008	008	008	008	008	008	008	008	008	007	0,005
017	017	017	017	017	016	016	016	016	016	015	015	015	0,010
026	026	026	025	025	025	024	024	024	024	023	023	023	0,015
035	035	034	034	033	033	032	032	032	031	031	031	030	0,020
044	043	043	042	042	041	041	040	040	039	039	038	038	0,025
052	052	051	051	050	050	049	049	048	047	047	046	046	0,030
061	061	060	059	059	058	057	057	056	055	055	054	053	0,035
070	070	069	068	067	067	066	065	064	063	063	062	061	0,040
079	078	078	077	076	075	074	073	072	072	071	070	069	0,045
088	087	086	085	084	083	083	082	081	080	079	078	077	0,050
097	096	095	094	093	092	091	090	089	088	087	086	085	0,055
106	105	104	103	102	101	099	098	097	096	095	094	093	0,060
115	114	113	111	110	109	108	107	106	104	103	102	101	0,065
124	123	122	120	119	118 ·	116	115	114	113	111	110	109	0,070
133	132	130	129	128	126	125	124	122	121	120	118	117	0,075
142	141	139	138	136	135	134	132	131	129	128	126	125	0,080
151	150	148	147	145	144	142	141	139	138	136	135	133	0,085
160	159	157	156	154	152	151	149	148	146	145	143	141	0,090
169	168	166	165	163	161	160	158	156	155	153	151	150	0,095
179	177	175	174	172	170	168	167	165	163	161	160	158	0,100
188	186	184	182	181	179	177	175	174	172	170	168	166	0,105
197	195	193	191	190	188	186	184	182	180	178	176	175	0,110
206	204	202	201	199	197	195	193	191	189	187	185	183	0,115
215	214	212	210	208	206	204	202	200	198	196	194	191	0,120
225	223	221	219	217	215	213	210	208	206	204	202	200	0,125
234	232	230	228	226	224	222	219	217	215	213	211	209	0,130
243	241	239	237	235	233	230	228	226	224	222	219	217	0,135
253	251	248	246	244	242	240	237	235	233	230	228	226	0,140
262	260	258	255	253	251	249	246	244	242	239	237	234	0,145
272	269	267	265	262	260	258	255	253	250	248	246	243	0,150
281	279	276	274	272	269	267	264	262	259	257	254	252	0,155
290	288	286	283	281	278	276	273	271	268	266	263	261	0,160
300	297	295	293	290	288	285	283	280	278	275	272	270	0,165
309	307	304	302	299	297	294	292	289	287	284	281	279	0,170
319	316	314	311	309	306	304	301	298	296	293	290	288	0,175
329	326	323	321	318	316	313	310	308	305	302	299	297	0,180
338	336	333	330	328	325	322	320	317	314	311	309	306	0,185
348	345	342	340	337	334	332	329	326	323	321	318	315	0,190
357	355	352	349	347	344	341	338	336	333	330	327	324	0,195
367	364	362	359	356	353	351	348	345	342	339	336	333	0,200
377	374	371	369	366	363	360	357	354	351	349	346	343	0,205
386	384	381	378	375	373	370	367	364	361	358	355	354	0,210
396	393	391	388	385	382	379	376	373	370	367	364	361	0,215
406	403	400	398	395	392	389	386	383	380	377	374	371	0,220
416	413	410	407	404	401	399	396	393	390	386	383	380	0,225
426	423	420	417	414	411	408	405	402	399	396	393	390	0,230
435	433	430	427	424	421	418	415	412	409	406	403	399	0,235
445	442	440	437	434	431	428	425	422	419	415	412	409	0,240
455	452	450	447	444	441	438	435	431	428	425	422	419	0,245
465	462	459	456	453	450	447	444	441	438	435	432	429	0,250
0,26	0,28	0,30	0,32	0,34	0,36	0,38	0,40	0,42	0,44	0,46	0,48	0,50	

zum Ablesen von w_{ik}

Leitwerte a_{ik} zum Ablesen von w_{ik}

$\leftarrow$ w_{ik}

Zahlentafel A 8

$$w_{ki} = \alpha_{ki}\,(2 + a_{ik}) = 0,\ldots$$

Leitwerte a_{ik}

w_{ki}	0,00	0,02	0,04	0,06	0,08	0,10	0,12	0,14	0,16	0,18	0,20	0,22	0,24
0,250	500	497	495	492	490	487	484	482	479	476	474	471	468
0,255	510	507	505	502	500	497	494	492	489	486	484	481	478
0,260	520	517	515	512	510	507	504	502	499	496	494	491	488
0,265	530	527	525	522	520	517	514	512	509	506	504	501	498
0,270	540	537	535	532	530	527	525	522	519	516	514	511	508
0,275	550	547	545	542	540	537	535	532	529	527	524	521	518
0,280	560	557	555	552	550	547	545	542	539	537	534	531	528
0,285	570	567	565	562	560	557	555	552	549	547	544	541	538
0,290	580	577	575	572	570	567	565	562	560	557	554	551	549
0,295	590	588	585	583	580	577	575	572	570	567	564	561	559
0,300	600	598	595	593	590	588	585	582	580	577	574	572	569
0,305	610	608	605	603	600	598	595	593	590	587	585	582	579
0,310	620	618	615	613	610	608	605	603	600	597	595	592	589
0,315	630	628	625	623	620	618	615	613	610	608	605	602	600
0,320	640	638	635	633	630	628	626	•623	621	618	615	613	610
0,325	650	648	645	643	641	638	636	633	631	628	626	623	620
0,330	660	658	655	653	651	648	646	643	641	638	636	633	631
0,335	670	668	665	663	661	659	656	654	651	649	646	644	641
0,340	680	678	676	673	671	669	666	664	662	659	657	654	652
0,345	690	688	686	683	681	679	677	674	672	669	667	664	662
0,350	700	698	696	694	691	689	687	684	682	680	677	675	672
0,355	710	708	706	704	701	699	697	695	692	690	688	685	683
0,360	720	718	716	714	712	709	707	705	703	701	698	696	693
0,365	730	728	726	724	722	720	718	715	713	711	709	706	704
0,370	740	738	736	734	732	730	728	726	724	721	719	717	715
0,375	750	748	746	744	742	740	738	736	734	732	730	727	725
0,380	760	758	756	754	752	750	748	746	744	742	740	738	736
0,385	770	768	766	764	763	761	759	757	755	753	751	749	747
0,390	780	778	776	775	773	771	769	767	765	763	761	759	757
0,395	790	788	787	785	783	781	780	778	776	774	772	770	768
0,400	800	798	797	795	793	792	790	788	786	784	782	781	779
0,405	810	808	807	805	804	802	800	799	797	795	793	791	789
0,410	820	818	817	815	814	812	811	809	807	806	804	802	800
0,415	830	829	827	826	824	823	821	819	818	816	815	813	811
0,420	840	839	837	836	834	833	831	830	828	827	825	824	822
0,425	850	849	847	846	845	843	842	840	839	837	836	834	833
0,430	860	859	857	856	855	854	852	851	850	848	847	845	844
0,435	870	869	868	866	865	864	863	861	860	859	858	856	855
0,440	880	879	878	877	876	874	873	872	871	870	868	867	866
0,445	890	889	888	887	886	885	884	883	882	880	879	878	877
0,450	900	899	898	897	896	895	894	893	892	891	890	889	888
0,455	910	909	908	907	907	906	905	904	903	902	901	900	899
0,460	920	919	918	918	917	916	915	914	914	912	912	911	910
0,465	930	929	929	928	927	927	926	925	924	924	923	922	921
0,470	940	939	939	938	938	937	936	936	935	934	934	933	932
0,475	950	949	949	948	948	947	947	946	946	945	945	944	943
0,480	960	960	959	959	958	958	958	957	957	956	956	955	955
0,485	970	970	969	969	969	968	968	968	967	967	967	966	966
0,490	980	980	980	979	979	979	979	978	978	978	978	977	977
0,495	990	990	990	990	990	989	989	989	989	989	989	989	989
0,500	1,00	1,00	1,00	1,00	1,00	1,00	1,00	1,00	1,00	1,00	1,00	1,00	1,00
	0,00	0,02	0,04	0,06	0,08	0,10	0,12	0,14	0,16	0,18	0,20	0,22	0,24

Leitwerte a_k

für negative a-Werte

zum Ablesen von w_{ki}

0,26	0,28	0,30	0,32	0,34	0,36	0,38	0,40	0,42	0,44	0,46	0,48	0,50		
465	462	459	456	453	450	447	444	441	438	435	432	429	0,250	
475	472	469	466	463	460	457	454	451	448	445	442	438	0,255	
485	482	479	476	473	470	467	464	461	458	455	451	448	0,260	
495	492	489	486	483	480	477	474	471	468	465	461	458	0,265	
505	502	499	496	493	490	487	484	481	478	475	471	468	0,270	
515	512	509	507	504	500	497	494	491	488	485	482	478	0,275	
525	523	520	517	514	511	508	504	501	498	495	492	488	0,280	
536	533	530	527	524	521	518	515	511	508	505	502	498	0,285	
546	543	540	537	534	531	528	525	522	519	515	512	509	0,290	
556	553	550	547	544	541	538	535	532	529	526	522	519	0,295	
566	563	560	557	555	552	548	545	542	539	536	533	529	0,300	
576	574	571	568	565	562	559	556	553	549	546	543	540	0,305	
587	584	581	578	575	572	569	566	563	560	557	554	550	0,310	
597	594	591	588	586	583	580	577	574	570	567	564	561	0,315	
607	605	602	599	596	593	590	587	584	581	578	575	571	0,320	
618	615	612	609	606	604	601	598	595	592	588	585	582	0,325	
628	625	623	620	617	614	611	608	605	602	599	596	593	0,330	
638	636	633	630	628	625	622	619	616	613	610	607	604	0,335	
649	646	644	641	638	635	632	630	627	624	621	618	614	0,340	
659	657	654	651	649	646	643	640	637	634	631	628	625	0,345	
670	667	665	662	659	657	654	651	648	645	642	639	636	0,350	
680	678	675	673	670	667	665	662	659	656	653	650	647	0,355	
691	689	686	683	681	678	676	673	670	667	664	661	658	0,360	
702	699	697	694	692	689	686	684	681	678	675	673	670	0,365	
712	710	707	705	703	700	697	695	692	689	687	684	681	0,370	
723	721	718	716	713	711	708	706	703	701	698	695	692	0,375	
734	731	729	727	724	722	719	717	714	712	709	706	704	0,380	
744	742	740	738	735	733	731	728	726	723	720	718	715	0,385	
755	753	751	749	746	744	742	739	737	734	732	729	727	0,390	
766	764	762	760	757	755	753	751	748	746	743	741	738	0,395	
777	775	773	771	768	766	764	762	760	757	755	752	750	0,400	
788	786	784	782	780	778	775	773	771	769	766	764	762	0,405	
798	797	795	793	791	789	787	785	783	780	778	776	774	0,410	
809	808	806	804	802	800	798	796	794	792	790	788	785	0,415	
820	819	817	815	813	811	810	808	806	804	802	800	797	0,420	
831	830	828	826	825	823	821	819	817	815	814	812	809	0,425	
842	841	839	838	836	834	833	831	829	827	825	824	822	0,430	
853	852	850	849	847	846	844	843	841	839	837	836	834	0,435	
864	863	862	860	859	857	856	854	853	851	849	848	846	0,440	
876	874	873	872	870	869	868	866	865	863	862	860	858	0,445	
887	886	884	883	882	881	879	878	877	875	874	872	871	0,450	
898	897	896	895	893	892	891	890	889	887	886	885	883	0,455	
909	908	907	906	905	904	903	902	901	900	898	897	896	0,460	
920	919	919	918	917	916	915	914	913	912	911	910	909	0,465	
932	931	930	929	929	928	927	926	925	924	923	922	922	0,470	
943	942	942	941	940	940	939	938	937	937	936	935	934	0,475	
954	954	953	953	952	952	951	950	950	949	949	948	947	0,480	
966	965	965	964	964	964	963	963	962	962	961	961	960	0,485	
977	977	976	976	976	976	975	975	975	974	974	974	974	0,490	
988	988	988	988	988	988	988	987	987	987	987	987	987	0,495	
1,00	1,00	1,00	1,00	1,00	1,00	1,00	1,00	1,00	1,00	1,00	1,00	1,00	0,500	
0,26	0,28	0,30	0,32	0,34	0,36	0,38	0,40	0,42	0,44	0,46	0,48	0,50		

Leitwerte a_{ik} zum Ablesen von w_{ik}

zum Ablesen von w_{ik}

$\leftarrow$ w_{ik}

Zahlentafel A 9

$$w'_{ki} = (1 - w_{ki}) \cdot (1 - a_{ik}) = \text{für negative } a\text{-Werte}$$

$w'_{ki} \rightarrow$ Leitwerte a_{ik}

Leitwerte a_{ki} zum Ablesen von w'_{ki}

w'_{ki}	0,00	0,02	0,04	0,06	0,08	0,10	0,12	0,14	0,16	0,18	0,20	0,22	0,24
0,000	000	020	040	060	080	100	120	140	160	180	200	220	240
0,005	990	010	030	050	070	090	110	130	149	169	189	209	229
0,010	980	000	020	039	059	079	099	119	139	159	178	198	218
0,015	970	990	009	029	049	069	088	108	128	148	168	187	207
0,020	960	980	999	019	039	058	078	098	117	137	157	176	196
0,025	950	970	989	009	028	048	067	087	106	126	146	165	185
0,030	940	959	979	998	018	037	057	076	096	115	135	154	174
0,035	930	949	969	988	007	027	046	065	085	104	124	143	163
0,040	920	939	958	978	997	016	035	055	074	094	113	132	152
0,045	910	929	948	967	987	006	025	044	063	083	102	121	141
0,050	900	919	938	957	976	995	014	033	052	072	091	110	130
0,055	890	909	928	947	966	984	003	023	042	061	080	099	118
0,060	880	899	917	936	955	974	993	012	031	050	069	088	107
0,065	870	889	907	926	945	963	982	001	020	039	058	077	096
0,070	860	878	897	916	934	953	971	990	009	028	047	066	085
0,075	850	868	887	905	924	942	961	979	998	017	036	054	073
0,080	840	858	876	895	913	932	950	968	987	006	024	043	062
0,085	830	848	866	884	903	921	940	958	976	995	013	032	051
0,090	820	838	856	874	892	910	928	947	965	984	002	021	039
0,095	810	828	846	864	882	900	918	936	954	972	991	009	028
0,100	800	818	835	853	871	889	907	925	943	961	980	998	016
0,105	790	808	825	843	860	878	896	914	932	950	968	987	005
0,110	780	797	815	832	850	868	885	903	921	939	957	975	993
0,115	770	787	805	822	839	857	875	892	910	928	946	964	982
0,120	760	777	794	811	829	846	864	881	899	917	934	952	970
0,125	750	767	784	801	818	836	853	870	888	905	923	941	959
0,130	740	757	774	791	808	825	842	859	877	894	912	929	947
0,135	730	747	763	780	797	814	831	848	866	883	900	918	936
0,140	720	737	753	770	786	803	820	837	854	872	889	906	924
0,145	710	726	743	759	776	793	809	826	843	860	878	895	912
0,150	700	716	732	749	765	782	798	815	832	849	865	883	900
0,155	690	706	722	738	755	771	787	804	821	838	855	872	889
0,160	680	696	712	728	744	760	777	793	810	826	843	860	877
0,165	670	686	701	717	733	749	766	782	798	815	831	848	865
0,170	660	676	691	707	723	739	755	771	787	803	820	837	853
0,175	650	665	681	696	712	728	744	760	776	792	808	825	841
0,180	640	655	670	686	701	717	733	749	764	781	797	813	829
0,185	630	645	660	675	691	706	722	737	753	769	785	801	818
0,190	620	635	650	665	680	695	711	726	742	758	773	789	806
0,195	610	625	639	654	669	684	700	715	730	746	762	778	794
0,200	600	615	629	644	659	674	689	704	719	735	750	766	782
0,205	590	604	619	633	648	663	678	693	708	723	738	754	770
0,210	580	594	608	623	637	652	666	681	696	711	727	742	757
0,215	570	584	598	612	626	641	655	670	685	700	715	730	745
0,220	560	574	588	602	616	630	644	659	673	688	703	718	733
0,225	550	564	577	591	605	619	633	647	662	676	691	706	721
0,230	540	553	567	580	594	608	622	636	650	665	679	694	709
0,235	530	543	556	570	583	597	611	625	639	653	667	682	697
0,240	520	533	546	559	573	586	600	613	627	641	656	670	684
0,245	510	523	536	549	562	575	589	602	616	630	644	658	672
0,250	500	513	525	538	551	564	577	591	604	618	632	646	660
	0,00	0,02	0,04	0,06	0,08	0,10	0,12	0,14	0,16	0,18	0,20	0,22	0,24

Leitwerte a_{ki}

$$w'_{ki} = \begin{cases} 1,\ldots \text{ oberhalb des Trennstriches} \\ 0,\ldots \text{ unterhalb des Trennstriches} \end{cases}$$

zum Ablesen von w'_{ki}

0,26	0,28	0,30	0,32	0,34	0,36	0,38	0,40	0,42	0,44	0,46	0,48	0,50	
260	280	300	320	340	360	380	400	420	440	460	480	500	0,000
249	269	289	309	329	349	369	389	409	429	449	469	489	0,005
238	258	278	298	318	338	358	378	398	418	437	457	477	0,010
227	247	267	287	307	236	346	366	386	406	426	446	466	0,015
216	236	256	275	295	315	335	355	375	395	415	435	455	0,020
205	225	244	264	284	304	324	343	363	383	403	423	443	0,025
194	213	233	253	273	292	312	332	352	372	392	412	432	0,030
183	202	222	242	261	281	301	321	340	360	380	400	420	0,035
171	191	211	230	250	270	289	309	329	349	368	388	408	0,040
160	180	199	219	238	258	278	297	317	337	357	377	396	0,045
149	168	188	207	227	246	266	286	305	325	345	365	385	0,050
138	157	176	196	215	235	254	274	294	313	333	353	373	0,055
126	146	165	184	204	223	243	262	282	302	321	341	361	0,060
115	134	154	173	192	212	231	251	270	290	309	329	349	0,065
104	123	142	161	181	200	219	239	258	278	297	317	337	0,070
092	111	130	150	169	188	207	227	246	266	285	305	325	0,075
081	100	119	138	157	176	196	215	234	254	273	293	313	0,080
069	088	107	126	145	165	184	203	222	242	261	281	300	0,085
058	077	096	115	134	153	172	191	210	230	249	268	288	0,090
046	065	084	103	122	141	160	179	198	217	237	256	276	0,095
035	054	072	091	110	129	148	167	186	205	224	244	263	0,100
023	042	060	079	098	117	136	155	174	193	212	231	251	0,105
012	030	049	067	086	105	123	142	161	180	200	219	238	0,110
000	019	037	055	074	092	111	130	149	168	187	206	226	0,115
989	007	025	043	062	080	099	118	137	155	174	193	213	0,120
977	995	013	031	050	068	087	105	124	143	162	181	200	0,125
965	983	001	019	038	056	074	093	112	130	149	168	187	0,130
953	971	889	007	025	044	062	080	099	118	136	155	174	0,135
942	959	977	995	013	031	049	068	086	105	124	142	161	0,140
930	947	965	983	001	019	037	055	074	092	111	129	148	0,145
918	935	953	971	988	006	024	043	061	079	098	116	135	0,150
906	923	941	958	976	994	012	030	048	066	085	103	122	0,155
894	911	929	946	964	981	999	017	035	053	072	091	109	0,160
882	899	916	934	951	969	987	004	022	040	059	077	095	0,165
870	887	904	921	939	956	974	991	009	027	045	064	082	0,170
858	875	892	909	926	943	961	979	996	014	032	050	069	0,175
846	863	880	896	914	931	948	966	983	001	019	037	055	0,180
834	851	867	884	901	918	935	953	970	988	005	023	041	0,185
822	838	855	871	888	905	922	939	957	974	992	010	028	0,190
810	826	842	859	875	892	909	926	944	961	978	996	014	0,195
798	814	830	846	863	879	896	913	930	947	965	982	000	0,200
785	801	817	834	850	866	883	900	917	934	951	969	986	0,205
773	789	805	821	837	853	870	887	903	920	937	955	972	0,210
761	776	792	808	824	840	857	873	890	907	924	941	958	0,215
748	764	779	795	811	827	843	860	876	893	910	927	944	0,220
736	751	767	782	798	814	830	846	862	879	896	913	930	0,225
724	739	754	769	785	801	817	833	849	865	882	898	915	0,230
711	726	741	757	772	787	803	819	835	851	868	884	901	0,235
699	714	729	744	759	774	790	805	821	837	853	870	886	0,240
686	701	716	731	746	761	776	792	807	823	839	855	872	0,245
674	688	703	717	732	747	762	778	793	809	825	841	857	0,250
0,26	0,28	0,30	0,32	0,34	0,36	0,38	0,40	0,42	0,44	0,46	0,48	0,50	

zum Ablesen von w'_{ik}

Leitwerte a_{ik} zum Ablesen von w'_{ik}

$\leftarrow \boxed{w'_{ik}}$

Zahlentafel A 9

$$w'_{ki} = (1 - w_{ki})(1 - a_{ik}) = 0,\ldots$$

Leitwerte a_{ik}

$w'_{ki} \rightarrow$

Leitwerte a_{ki} zum Ablesen von w'_{ki}

	0,00	0,02	0,04	0,06	0,08	0,10	0,12	0,14	0,16	0,18	0,20	0,22	0,24
0,250	500	513	525	538	551	564	577	591	604	618	632	646	660
0,255	490	502	515	528	540	553	566	579	593	606	620	633	647
0,260	480	492	505	517	529	542	555	568	581	594	608	621	635
0,265	470	482	494	506	519	531	544	557	569	582	596	609	622
0,270	460	472	484	496	508	520	533	545	558	571	584	593	610
0,275	450	462	473	485	497	509	521	534	546	559	571	584	597
0,280	440	451	463	474	487	498	510	522	534	547	559	572	585
0,285	430	441	452	464	475	487	499	511	523	535	547	560	572
0,290	420	431	442	453	464	476	487	499	511	523	535	547	560
0,295	410	421	432	442	454	465	476	488	499	511	523	535	547
0,300	400	411	421	432	443	454	465	476	488	499	511	523	535
0,305	390	400	411	421	432	443	453	464	476	487	498	510	522
0,310	380	390	400	410	421	431	442	453	464	475	486	498	509
0,315	370	380	390	400	410	420	431	441	452	463	474	485	496
0,320	360	370	379	389	399	409	419	430	440	451	462	473	484
0,325	350	359	369	378	388	398	408	418	428	439	449	460	471
0,330	340	349	358	368	377	387	397	406	416	427	437	447	458
0,335	330	339	348	357	366	376	385	395	405	414	425	435	445
0,340	320	329	337	346	355	364	374	383	393	402	412	422	432
0,345	310	318	327	336	344	353	362	371	381	390	400	409	419
0,350	300	308	316	325	333	342	351	360	369	378	387	397	406
0,355	290	298	306	314	322	331	339	348	357	366	375	384	393
0,360	280	288	296	303	311	320	328	336	345	353	362	371	380
0,365	270	277	285	293	300	308	316	324	333	341	350	358	367
0,370	260	267	275	282	289	297	305	313	321	329	337	345	354
0,375	250	257	264	271	279	286	293	301	309	316	324	333	341
0,380	240	247	254	260	267	274	282	289	296	304	312	320	328
0,385	230	236	243	250	256	263	270	277	284	292	299	307	314
0,390	220	226	232	239	245	252	259	265	272	279	286	294	301
0,395	210	216	222	228	234	241	247	253	260	267	274	281	288
0,400	200	206	211	217	223	229	235	242	248	254	261	268	274
0,405	190	195	201	206	212	218	224	230	236	242	248	255	261
0,410	180	185	190	196	201	207	212	218	224	229	235	241	248
0,415	170	175	180	185	190	195	200	206	211	217	222	228	234
0,420	160	165	169	174	179	184	189	194	199	204	210	215	221
0,425	150	154	159	163	168	172	177	182	187	192	197	202	207
0,430	140	144	148	152	157	161	165	170	174	179	184	189	194
0,435	130	134	138	142	146	150	154	158	162	167	171	175	180
0,440	120	124	127	131	134	138	142	146	150	154	158	162	166
0,445	110	113	117	120	123	127	130	134	138	141	145	149	153
0,450	100	103	106	109	112	115	118	122	125	128	132	135	139
0,455	090	093	095	098	101	104	107	110	113	116	119	122	125
0,460	080	083	085	087	090	092	095	098	100	104	106	109	112
0,465	070	073	074	076	079	081	083	085	088	090	093	095	098
0,470	060	062	064	065	067	069	071	073	075	077	080	082	084
0,475	050	052	053	055	056	058	059	061	063	065	066	068	070
0,480	040	041	042	044	045	046	048	049	050	052	053	055	056
0,485	030	031	032	033	034	035	036	037	038	039	040	041	042
0,490	020	021	021	022	023	023	024	025	025	026	027	028	028
0,495	010	010	011	011	011	012	012	012	013	013	013	014	014
0,500	000	000	000	000	000	000	000	000	000	000	000	000	000
	0,00	0,02	0,04	0,06	0,08	0,10	0,12	0,14	0,16	0,18	0,20	0,22	0,24

Leitwerte a_{ki}

für negative a-Werte

zum Ablesen von w'_{ki}

0,26	0,28	0,30	0,32	0,34	0,36	0,38	0,40	0,42	0,44	0,46	0,48	0,50	
674	688	703	717	732	747	762	778	793	809	825	841	857	0,250
661	675	690	701	719	734	749	764	779	795	811	826	842	0,255
649	663	677	691	706	720	735	750	765	781	796	812	828	0,260
636	650	664	678	692	707	721	736	751	766	782	797	813	0,265
623	637	651	665	679	693	707	722	737	752	767	782	798	0,270
611	624	638	651	665	679	694	708	722	737	752	767	783	0,275
598	611	624	638	652	666	680	694	708	723	737	752	768	0,280
585	598	611	625	638	652	666	680	694	708	723	737	752	0,285
572	585	598	611	624	638	651	665	679	693	708	722	737	0,290
560	572	585	598	614	624	637	651	665	678	693	707	721	0,295
547	559	571	584	597	610	623	636	650	664	677	692	706	0,300
534	546	558	571	583	596	609	622	635	649	662	676	690	0,305
521	533	545	557	569	582	594	607	620	634	647	661	675	0,310
508	519	531	543	555	568	580	593	606	619	632	645	659	0,315
495	506	518	529	541	553	566	578	591	603	616	630	643	0,320
482	493	504	516	527	539	551	563	576	588	601	614	627	0,325
469	480	491	502	513	525	537	548	561	573	585	598	611	0,330
456	466	477	488	499	510	522	534	545	557	570	582	595	0,335
442	453	463	474	485	496	507	519	530	542	554	566	578	0,340
429	439	450	460	471	481	492	504	515	526	538	550	562	0,345
416	426	436	446	456	467	478	488	499	511	522	534	546	0,350
403	412	422	432	442	452	463	473	484	495	506	517	529	0,355
389	399	408	418	428	438	448	458	468	479	490	501	512	0,360
375	385	394	404	413	423	433	443	453	463	474	485	495	0,365
363	371	380	389	399	408	418	427	437	447	458	468	479	0,370
349	358	366	375	384	393	402	412	421	431	441	451	462	0,375
336	344	352	361	369	378	387	396	406	415	425	435	444	0,380
322	330	338	346	355	363	372	381	390	399	408	418	427	0,385
309	316	324	332	340	348	356	365	374	382	391	401	410	0,390
295	302	310	317	325	333	341	349	358	366	375	384	393	0,395
281	288	296	303	310	318	326	333	341	350	358	366	375	0,400
268	274	281	288	295	303	310	317	325	333	341	349	357	0,405
254	260	267	274	280	287	294	301	309	316	324	332	340	0,410
240	246	252	259	265	272	279	285	292	300	307	314	322	0,415
226	232	238	244	250	256	263	269	276	283	290	297	304	0,420
213	218	224	229	235	241	247	253	259	264	272	279	286	0,425
199	204	209	214	220	225	231	237	243	249	255	261	268	0,430
185	190	194	199	205	210	215	220	226	232	238	243	249	0,435
171	175	180	184	189	194	199	204	209	194	220	225	231	0,440
157	161	165	169	174	178	183	187	192	197	202	207	212	0,445
143	147	150	154	158	162	167	171	175	180	184	189	196	0,450
129	132	136	139	143	146	150	154	158	162	166	170	175	0,455
115	118	121	124	127	130	134	137	139	144	148	152	156	0,460
100	103	106	109	111	114	117	120	124	127	130	133	137	0,465
086	089	091	093	096	098	101	104	106	109	112	115	118	0,470
072	074	076	078	080	082	084	086	089	091	093	096	098	0,475
058	059	061	062	064	066	068	069	071	073	075	077	079	0,480
043	045	046	047	048	050	051	052	054	055	056	058	060	0,485
029	030	031	031	032	033	034	035	036	037	038	039	040	0,490
015	015	015	016	016	017	017	017	018	018	019	019	020	0,495
000	000	000	000	000	000	000	000	000	000	000	000	000	0,500
0,26	0,28	0,30	0,32	0,34	0,36	0,38	0,40	0,42	0,44	0,46	0,48	0,50	

Leitwerte a_{ik} zum Ablesen von w'_{ik}

zum Ablesen von w'_{ik}

$\leftarrow$ w'_{ik}

Konforme Abbildung. Von Dipl.-Ing., Dr. phil. **Albert Betz**, Direktor des Max-Planck-Instituts für Strömungsforschung und Professor an der Universität Göttingen. Mit 276 Bildern. VIII, 359 Seiten. 1948. DMark 36.—

Determinanten und Matrizen. Von Dr. **Fritz Neiss**, Professor an der Universität in Berlin. D r i t t e, verbesserte Auflage. Mit 1 Abbildung. VII, 111 Seiten. 1948. DMark 6.—

Integralgleichungen. Einführung in Lehre und Gebrauch. Von Dr. phil. **Georg Hamel**, ord. Professor an der Technischen Hochschule Berlin. Mit 19 Abbildungen im Text. Z w e i t e, berichtigte Auflage. VIII, 166 Seiten. 1949. DMark 15.60

Die Eigenschaften des Betons. Versuchsergebnisse und Erfahrungen zur Herstellung und Beurteilung des Betons. Von **Otto Graf**, ord. Professor an der Technischen Hochschule Stuttgart, Direktor des Instituts für Bauforschung und Materialprüfungen des Bauwesens, Vorstand der Materialprüfungsanstalt. Mit etwa 350 Abbildungen. Etwa 400 Seiten. Etwa DMark 30.—

Die Temperaturverteilung im Beton. Von Dr.-Ing. habil. **Kurt Hirschfeld**, ord. Professor an der Technischen Hochschule Aachen. Mit 173 Abbildungen im Text und in einem Anhang sowie 15 Zahlentafeln. IV, 154 Seiten. 1948. DMark 36.—

Chemie für Bauingenieure und Architekten. Das Wichtigste auf dem Gebiet der Baustoff-Chemie in gemeinverständlicher Darstellung. Von Dr. **Richard Grün** †, ehem. Professor an der Technischen Hochschule Aachen, ehem. Direktor des Forschungsinstituts der Hüttenzementindustrie Düsseldorf. V i e r t e, umgearbeitete Auflage. Mit 65 Abbildungen. Etwa 220 Seiten. Etwa DMark 15.—

Praktisches Handbuch der gesamten Schweißtechnik. Von Prof. Dr.-Ing. **Paul Schimpke**, Chemnitz, und Ober-Ing. **Hans A. Horn**, Berlin-Charlottenburg.
E r s t e r B a n d: **Gasschweiß- und Schneidetechnik.** V i e r t e, umgearbeitete Auflage. Mit 412 Abbildungen. VIII, 400 Seiten. 1948. DMark 19.50
Z w e i t e r B a n d: **Elektrische Schweißtechnik.** V i e r t e, unveränderte Auflage. Mit 401 Textabbildungen und 30 Tabellen. VII, 314 Seiten. 1945. DMark 14.—